LAMBACHER-SCHWEIZER

MATHEMATISCHES UNTERRICHTSWERK

Analysis

Kurzausgabe

Analytische Geometrie

Kurzausgabe

Ausgabe in einem Band

ERNST KLETT VERLAG STUTTGART

Inhaltsverzeichnis und Register befinden sich jeweils am Anfang beziehungsweise Ende des entsprechenden Teilbandes.

ISBN 3-12-739000-9 (enthält ISBN 3-12-736900-X und ISBN 3-12-737900-5)

LAMBACHER-SCHWEIZER

MATHEMATISCHES UNTERRICHTSWERK

Herausgegeben von Oberstudiendirektor Professor Wilhelm Schweizer, Tübingen,
in Verbindung mit Professor Walter Götz, Stuttgart-Bad Cannstatt;
Oberstudiendirektor Helmut Rixecker, Saarbrücken; Professor Kurt Schönwald, Hamburg;
Oberschulrat Dr. Paul Sengenhorst, Rodenberg (Han.); Professor Dr. Hans-Georg Steiner, Bayreuth

Kurzausgabe

Bearbeitet von Oberstudiendirektor Professor Wilhelm Schweizer, Tübingen,
und Professor Kurt Arzt, Tübingen;
unter Mitarbeit von Professor Walter Götz, Stuttgart-Bad Cannstatt;
Gymnasialprofessor Karl Mütz, Tübingen;
Oberschulrat Dr. Paul Sengenhorst, Rodenberg (Han.),
und unter Mitarbeit der Verlagsredaktion Mathematik

ERNST KLETT VERLAG STUTTGART

INHALT

III Weiterführung der Differential- und Integralrechnung

Anmerkung: In der Kurzausgabe werden Nummern von Paragraphen, Definitionen, Sätzen und Aufgaben übersprungen, damit die Numerierung mit der Vollausgabe übereinstimmt. Beide Ausgaben können daher nebeneinander verwendet werden.

Die im Buch verwendeten Kennzeichnungen haben folgende Bedeutung:

▸ *Keil vor der Aufgabennummer:* die Aufgabe stellt höhere Ansprüche an den Schüler und sollte nicht ohne zusätzliche Erläuterungen als Hausaufgabe gestellt werden.

10. *schwarze Aufgabennummer* (ohne oder mit Keil): die Aufgabe sollte möglichst nicht weggelassen werden;

18. *grüne Aufgabennummer* (ohne oder mit Keil): zusätzliche Aufgabe, zur freien Wahl gestellt.

D 1 Definition; Festlegung der Bedeutung und Verwendung eines neuen Namens (Zeichens).

S 1 Satz; aus schon Bekanntem wird eine Folgerung gezogen; ist der Satz fettgedruckt, so ist er für die Weiterarbeit wichtig und soll für dauernd eingeprägt werden.

R 1 Regel; wichtiges Rechenverfahren in Kurzfassung.

1 Diese in kleinerer Schrift gedruckten Vorübungen führen an den neuen Stoff heran; sie sind nicht Lehrtext.

Beispiele sind grün gedruckt; bei eiliger Wiederholung des Stoffes wird es genügen, nur sie durchzuarbeiten.

Änderungen gegenüber der ersten Auflage:

1. Folgende Definitionen wurden geändert: § 13 | D 3, § 13 | D 9, § 26 | D 3, § 29 | D 2.
2. Die Tabelle auf Seite 55 wurde mit Hilfe des in § 13 | D 3 neu eingeführten Begriffes der Lücke ergänzt.

Alle Drucke der ersten beiden Auflagen können im Unterricht nebeneinander benutzt werden.

---

2. Auflage 27 6 | 1973 72

Die letzte Zahl bezeichnet das Jahr dieses Druckes.

Einbandentwurf: S. u. H. Lämmle, Stuttgart Zeichnungen: G. Wustmann, Stuttgart

Gesamtherstellung: Druckkaus Sellier OHG Freising vormals Dr. F. P. Datterer & Cie.

ISBN 3-12-736900-X

1 Eine Einführung in die Analysis

Wer zum erstenmal ein Mathematikbuch mit dem Titel „Analysis" oder „Infinitesimalrechnung"[1] in die Hand nimmt, wird fragen: Was bedeutet dieser Titel? Um welche Fragen, Inhalte und Methoden handelt es sich hier? Aus welchem Grund wird dieses mathematische Teilgebiet in der Schule behandelt, und zwar auf der Oberstufe? Seit wann gibt es diesen Zweig der Mathematik, den man Analysis nennt?

Die letzte Frage wollen wir zuerst beantworten: Die „Analysis" ist eine Schöpfung der Neuzeit. Die größten Verdienste gebühren dabei dem deutschen Mathematiker, Philosophen und Staatsmann *Gottfried Wilhelm Leibniz* (1646—1716) und dem englischen Physiker und Mathematiker *Isaak Newton* (1643—1727). Beide haben gleichzeitig und unabhängig voneinander grundlegende und entscheidende Ergebnisse bei der Entwicklung dieses Wissenschaftszweiges erzielt. Die Mathematik hat dadurch ein ganz neues Gesicht erhalten. Ihre theoretische Leistungsfähigkeit und ihre praktischen Anwendungsmöglichkeiten wurden außerordentlich vergrößert. Der gewaltige Aufschwung von Naturwissenschaft und Technik in der Neuzeit wäre ohne die Infinitesimalrechnung nicht möglich gewesen. Bei der stets wachsenden Bedeutung, welche mathematische Denk- und Verfahrensweisen in den letzten Jahrzehnten auf weiten Gebieten des Lebens gewonnen haben, gehören gerade auch die charakteristischen Methoden der Analysis zu den besonders geeigneten, ja unentbehrlichen Hilfsmitteln bei der Lösung zahlreicher Probleme. Darüber hinaus haben diese Methoden ganz neue Wege aufgezeigt, um mathematische Erkenntnisse zu gewinnen und Fragen zu beantworten, die früher nicht bewältigt werden konnten. Es ist daher verständlich, daß die Analysis im Mathematikunterricht der Oberstufe einer höheren Schule eine bedeutende Rolle spielt.

Beispiel 1: Analysis und Geometrie

In früheren Klassen haben wir gesehen, daß es nicht leicht ist, Formeln für den Flächeninhalt eines Kreises oder für den Rauminhalt einer Kugel exakt herzuleiten. Die Analysis stellt sich nun unter anderem die Aufgabe, den *Rauminhalt beliebiger „Drehkörper"* zu bestimmen (Fig. 2.1).

---

1. infinitum (lat.), unendlich. Wie schon die folgenden Beispiele zeigen, läßt man in der Analysis oft Zahlenfolgen „unbegrenzt" zu- oder abnehmen.

1—7369/2[6]

2.1. Drehkörper

Sie verwendet dabei immer dasselbe Verfahren. Wir wollen es an einem einfachen Beispiel zeigen. Um den Gedankengang nicht unterbrechen zu müssen, beantworten wir zunächst die folgende

Vorfrage: Wie groß ist die *Summe der n ersten natürlichen Zahlen*

$$s_n = 1 + 2 + 3 + 4 + \cdots + (n-1) + n\,?$$

Lösung: Beispiel (Fig. 3.1):

$$\begin{aligned} s_6 &= 1 + 2 + 3 + 4 + 5 + 6 \\ \text{oder auch} \quad s_6 &= 6 + 5 + 4 + 3 + 2 + 1 \\ \hline \text{also} \quad 2s_6 &= 7 + 7 + 7 + 7 + 7 + 7 \\ 2s_6 &= 6 \cdot 7; \quad s_6 = \tfrac{1}{2} \cdot 6 \cdot 7 = 21 \end{aligned}$$

Allgemeiner Fall ($n \in \mathbb{N}$):

$$\begin{aligned} s_n &= 1 + 2 + 3 + \cdots + (n-1) + n \\ s_n &= n + (n-1) + (n-2) + \cdots + 2 + 1 \\ \hline 2s_n &= (n+1) + (n+1) + (n+1) + \cdots + (n+1) + (n+1) \\ 2s_n &= n \cdot (n+1); \quad s_n = \tfrac{1}{2}\, n\,(n+1) \end{aligned}$$

Ergebnis: $\mathbf{s_n = 1 + 2 + 3 + 4 + \ldots + (n-1) + n = \tfrac{1}{2}\, n\,(n+1)}$, $(n \in \mathbb{N})$ (1)

Wir sagen: Zu der Zahlenfolge 1; 2; 3; 4; 5; 6; …; n
gehört die Folge der Summen: 1; 3; 6; 10; 15; 21; …; $\tfrac{1}{2}\, n \cdot (n+1)$

Hauptfrage: In Fig. 2.2 ist der Graph der *Funktion* $y = x^2$ für $-1 \leqq x \leqq 1$ gezeichnet. Welchen *Rauminhalt V* hat der Drehkörper *K*, der entsteht, wenn das grün umrandete Flächenstück um die *y*-Achse rotiert?

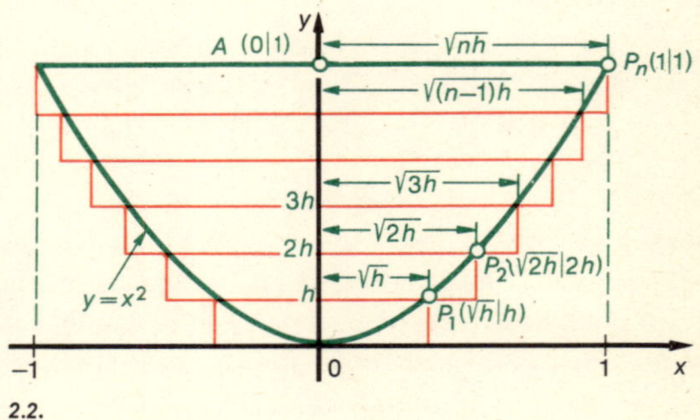

2.2.

Lösung (Fig. 2.2): Wir ersetzen den Körper *K* näherungsweise durch einen äußeren Treppenkörper, der aus *n* gleichhohen zylindrischen Platten besteht. Ist $h = \frac{1}{n}$ die Maßzahl der Plattenhöhe, so bedeuten $\sqrt{h}, \sqrt{2h}, \sqrt{3h}, \ldots, \sqrt{nh}$ die Maßzahlen der Radien, die zu den *n* Platten gehören. Addiert man die Inhalte aller Platten, so hat der Gesamtinhalt die Maßzahl

$$V_n = \pi h^2 + 2\pi h^2 + 3\pi h^2 + \cdots + n\pi h^2 = \pi h^2 \cdot (1 + 2 + 3 + \cdots + n) \qquad (2)$$

Aus (1), (2) und $h = \frac{1}{n}$ folgt:

$$V_n = \pi \frac{1}{n^2} \cdot \frac{1}{2}\, n\,(n+1) = \frac{1}{2}\pi \cdot \frac{n\,(n+1)}{n^2} = \frac{1}{2}\pi \cdot \left(1 + \frac{1}{n}\right) \qquad (3)$$

Zu jeder Plattenzahl *n* gehört eine Maßzahl V_n; wir sagen dafür: diese Zuordnung $n \to V_n$ definiert eine *Funktion* „auf der Menge ℕ".

Wählt man also für n die *Zahlenfolge* 1; 2; 3; 4 ...; so durchläuft h die *Zahlenfolge* $1, \frac{1}{2}, \frac{1}{3}, \frac{1}{4}, \ldots$ und $1+\frac{1}{n}$ die *Folge* $2, 1\frac{1}{2}, 1\frac{1}{3}, 1\frac{1}{4}, \ldots$. Wächst die Plattenzahl n unbegrenzt, so werden die Platten beliebig dünn; $h=\frac{1}{n}$ kommt der Zahl 0 beliebig nahe. Man sagt dafür auch: $h=\frac{1}{n}$ strebt gegen den **Grenzwert** 0; $1+\frac{1}{n}$ strebt gegen den *Grenzwert* 1; V_n strebt gegen den *Grenzwert* $\frac{1}{2}\pi$. Dies meint man, wenn man sagt:

Ergebnis: Für den Körper K ist die Maßzahl des Volumens $\boldsymbol{V=\frac{1}{2}\pi}$.

Aufgaben

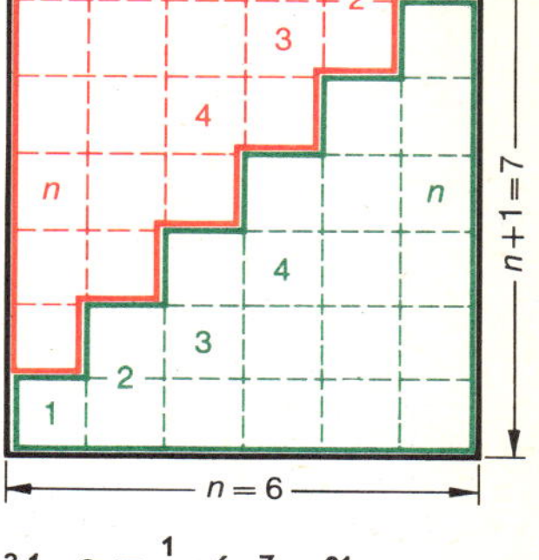

3.1. $s_6 = \frac{1}{2}\cdot 6 \cdot 7 = 21$

1. Wieso ist in Fig. 3.1 Formel (1) geometrisch verdeutlicht?
2. a) Bestimme nach (1): s_9, s_{14}, s_{49}.
   b) Drücke $s_{n-1} = 1+2+3+\cdots+(n-1)$ kurz aus.
3. Vergleiche das Volumen des Körpers K mit dem Volumen eines senkrechten Kreiszylinders (Kreiskegels) mit dem Grundkreisradius $\overline{AP_n}$ und der Höhe $\overline{AO}$ in Fig. 2.2.
4. Gib das Volumen des Körpers K (Fig. 2.2) in cm³ an, wenn die Einheit 2 cm beträgt.

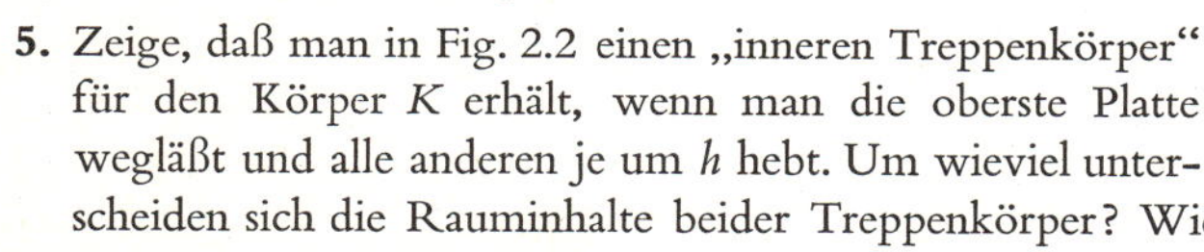

5. Zeige, daß man in Fig. 2.2 einen „inneren Treppenkörper“ für den Körper K erhält, wenn man die oberste Platte wegläßt und alle anderen je um h hebt. Um wieviel unterscheiden sich die Rauminhalte beider Treppenkörper? Wie ändert sich diese Differenz, wenn n unbegrenzt wächst?
6. Bestimme wie in Beispiel 1 das Volumen, wenn der Parabelbogen für $-2 \leqq x \leqq 2$ genommen wird. Wähle dabei $h=\frac{4}{n}$.

Beispiel 2: Analysis und Physik

Eine Kugel rollt auf einer schiefen Ebene (Fig. 3.2). Durch Messung hat sich die Weg-Zeit-Gleichung $s=\frac{1}{2}a\,t^2$ mit $a = 0{,}2\ \mathrm{m/sec^2}$ ergeben. Dabei bedeutet t die Zeit in sec, s den Weg in m. Obwohl die Bewegung offenbar ständig schneller wird, haben wir doch die Überzeugung, daß in jedem Moment eine ganz bestimmte Geschwindigkeit vorhanden ist. Wir wollen diese „*Momentangeschwindigkeit*“ nun für den Zeitpunkt $t = 2\,\mathrm{sec}$ auf Grund der Gleichung $s=\frac{1}{2}a\,t^2$ bestimmen.

Lösung: Zur Zeit $t = 2\,\mathrm{sec}$ ist der Weg $s = 0{,}1\cdot 2^2\ \mathrm{m} = 0{,}4\ \mathrm{m}$ zurückgelegt (Fig. 3.2), zur Zeit $t = 5\ \mathrm{sec}$ der Weg $s = 2{,}5\ \mathrm{m}$. Zur Zeitdifferenz[1] $\Delta t = 5\ \mathrm{sec} - 2\ \mathrm{sec} = 3\ \mathrm{sec}$ gehört also hier die Wegdifferenz $\Delta s = 2{,}5\ \mathrm{m} - 0{,}4\ \mathrm{m} = 2{,}1\ \mathrm{m}$. In 3 sec wurden 2,1 m zurückgelegt. Wir sagen dann: Die *mittlere Geschwindigkeit* in diesem Zeitabschnitt ist

$$\frac{2{,}1\ \mathrm{m}}{3\ \mathrm{sec}} = 0{,}7\ \frac{\mathrm{m}}{\mathrm{sec}}.$$

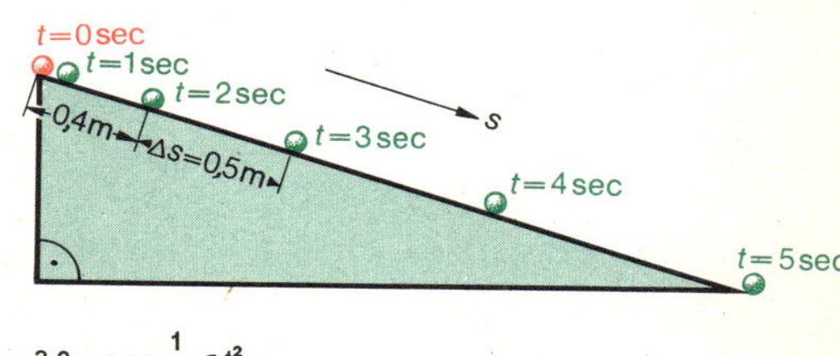

3.2. $s=\frac{1}{2}a\,t^2$

1. Δt lies: Delta t; der griechische Buchstabe Δ(D) soll an „Differenz“ erinnern.

Die mittlere Geschwindigkeit ist also der Quotient $\frac{\Delta s}{\Delta t}$. Wir wollen nun beobachten, wie sich diese mittlere Geschwindigkeit ändert, wenn wir den Zeitzuwachs Δt, den wir zu $t = 2$ sec hinzufügen, gegen 0 sec abnehmen lassen. Dazu stellen wir die folgende Tabelle auf:

Zeitpunkt t in sec	2	5	4	3	2,5	2,1	2,01	2,001
zurückgelegter Weg s in m	0,4	2,5	1,6	0,9	0,625	0,441	0,40401	0,4004001
Zeitzuwachs Δt (ab $t = 2$ sec)		3	2	1	0,5	0,1	0,01	0,001
Wegzuwachs Δs (ab $s = 0{,}4$ m)		2,1	1,2	0,5	0,225	0,041	0,00401	0,0004001
mittl. Geschwindigkeit $\frac{\Delta s}{\Delta t}$ $\left(\text{in } \frac{\text{m}}{\text{sec}}\right)$ im Zeitabschnitt Δt		0,7	0,6	0,5	0,45	0,41	0,401	0,4001

Wir sehen: Strebt Δt gegen 0 sec, so strebt offensichtlich $\frac{\Delta s}{\Delta t}$ gegen $0{,}4\,\frac{\text{m}}{\text{sec}}$. Man sagt: Die *mittlere Geschwindigkeit* hat für Δt gegen 0 sec den *Grenzwert* $0{,}4\,\frac{\text{m}}{\text{sec}}$. Diese Größe bezeichnet man als die *Momentangeschwindigkeit* im Zeitpunkt $t = 2$ sec.
Beachte, daß wir bei der vorstehenden Herleitung statt Δt nie 0 sec setzen durften (warum nicht?).

Aufgaben

7. Bestimme wie in Beispiel 2 die Momentangeschwindigkeit für $t = 1$ sec ($t = 3$ sec).
8. Mache dasselbe wie in Beispiel 2, wenn $s = v\,t$ mit $v = 2$ m/sec ist.
9. Berechne in Beispiel 2 den Wegzuwachs $\Delta s = \frac{1}{2}\,a\,(t_1 + \Delta t)^2 - s_1$ mit $a = 0{,}2$ m/sec², $t_1 = 2$ sec, $s_1 = 0{,}4$ m und bilde dann $\frac{\Delta s}{\Delta t}$. Was ergibt sich jetzt für Δt gegen 0 sec? Behandle Aufg. 7 auf gleiche Art.

Die Beispiele und Aufgaben auf S. 1 bis 4 sollen einen ersten Einblick in das Reich der Analysis geben. Wir haben uns dabei bewußt auf einfache Zahlen und auf die Anschauung gestützt. Die Analysis behandelt solche Probleme ganz allgemein und in voller Strenge. Häufig ist dazu eine viel geringere Rechenarbeit nötig als in den Beispielen. Als zentraler Begriff wird sich dabei (wie schon in den Beispielen) der Begriff des *Grenzwerts bei Folgen und anderen Funktionen* erweisen. Mit diesen Begriffen werden wir uns daher im folgenden eingehend beschäftigen. Wir beginnen in § 2 und 3 mit besonders einfachen und wichtigen Folgen. An ihnen werden wir in anschaulicher Weise Begriffe und Verfahren kennenlernen, die wir dann später auf allgemeine Folgen übertragen.

2 Arithmetische Folgen

❶ Gib bei den nachstehenden „Zahlenfolgen" an, nach welchem Gesetz die ersten 5 Glieder vermutlich entstanden sind und setze jede Folge nach diesem Gesetz fort:

a) 1, 2, 3, 4, 5, ... b) 5, 10, 15, 20, 25, ...
c) −1, −3, −5, −7, −9, ... d) 1, 2, 4, 8, 16, ...
e) $1, -\frac{1}{2}, \frac{1}{4}, -\frac{1}{8}, \frac{1}{16}, \ldots$ f) 1, 4, 9, 16, 25, ...

❷ Wie lautet bei den Folgen in Vorüb. 1 das n-te Glied?

❸ Setze in die Terme a) $2n+1$, b) $4n-1$, c) $10-3n$ für n nacheinander 1, 2, 3, 4, ... ein. Welche gemeinsamen Eigenschaften besitzen die 3 Folgen?

❹ Berechne wie auf S. 2 die Summen
a) $1+2+3+\cdots+20$, b) $1+2+3+\cdots+99$.

D 1 Ordnet man den natürlichen Zahlen 1, 2, 3, 4, ... durch irgendeine Vorschrift je genau eine reelle Zahl zu, so entsteht eine (*unendliche*) **Zahlenfolge.** Die zugeordneten Zahlen heißen die **Glieder** der Folge. Wir bezeichnen das erste Glied mit a_1, das zweite mit $a_2, \ldots$, das n-te mit a_n (Fig. 5.1). Durch die Zuordnung $n \rightarrow a_n$ ist eine *Funktion* definiert.
Die Folge selbst bezeichnen wir kurz mit (a_n), lies: Folge a_n.

Beispiele: In Vorüb. 1 b) ist $a_4 = 20$, $a_n = 5n$; in Vorüb. 1 d) ist $a_5 = 16 = 2^4$, $a_n = 2^{n-1}$.

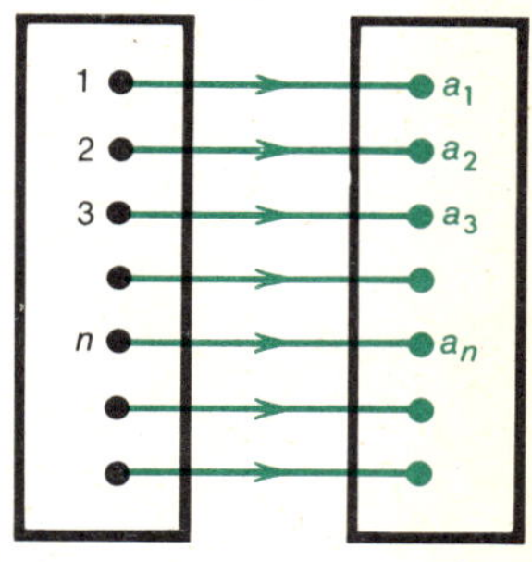

5.1. $n \rightarrow a_n$

D 2 Ordnet man den Zahlen 1, 2, 3, 4, ... nur bis zu einer festen Zahl n_0 je eine reelle Zahl zu, so hat man eine *endliche* Folge.

Beispiele: Mit 4, 7, 10, 13, ... ist eine unendliche Folge gemeint, bei der jedes Glied um 3 größer ist als das vorhergehende; 4, 7, 10, 13, 16 ist eine endliche Folge mit $n_0 = 5$.

Arithmetische Folgen 1. Ordnung

D 3 Eine Folge, bei der die Differenz d zweier aufeinanderfolgender Glieder immer gleich groß ist, heißt eine **arithmetische Folge 1. Ordnung:** $\boldsymbol{a_{n+1} - a_n = d}$, $n \in \mathbb{N}$, $a_1 \neq 0$.

Beispiele: Bei 4, 7, 10, ... ist $d = 3$; bei 20, 16, 12, ... ist $d = -4$.

D 4 Ist $a_1 < a_2 < a_3 < \cdots$, also $d > 0$, so hat man eine *steigende Folge*; ist $a_1 > a_2 > a_3 > \cdots$, also $d < 0$, so liegt eine *fallende Folge* vor.
Im Fall $d = 0$ hat man eine Folge aus gleichen Gliedern, eine *konstante Folge*. Man rechnet sie nicht zu den arithmetischen Folgen 1. Ordnung.

Bemerkungen:

1. Man kann auch sagen: Bei einer arithmetischen Folge 1. Ordnung entsteht jedes Glied aus dem vorhergehenden durch Addition derselben Zahl, der Differenz d.

2. Bildet man die Glieder einer arithmetischen Folge 1. Ordnung auf der Zahlengerade ab (Fig. 6.1), so entsteht eine „*Punktfolge*“, bei welcher der Abstand benachbarter Punkte gleich der konstanten Differenz d ist. Vergleiche die Fälle $d > 0$ und $d < 0$.

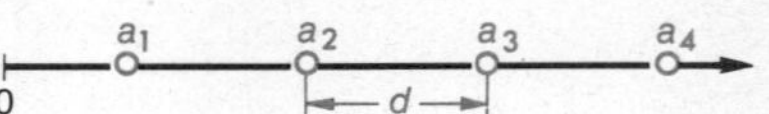

6.1. Bild einer arithmetischen Folge 1. Ordnung

3. Man erkennt: Bei einer arithmetischen Folge 1. Ordnung ist (außer dem Anfangsglied) jedes Glied das *arithmetische Mittel* der beiden benachbarten Glieder: $a_n = \frac{1}{2}(a_{n-1} + a_{n+1})$, $n \in \{2; 3; 4; \ldots\}$ (vgl. Fig. 6.1). Hieraus erklärt sich der Name „arithmetische“ Folge.

S 1 Eine arithmetische Folge 1. Ordnung mit dem Anfangsglied a_1 und der Differenz d lautet: $a_1,\ a_1 + d,\ a_1 + 2d,\ a_1 + 3d, \ldots$. Das *n-te Glied* ist $\boldsymbol{a_n = a_1 + (n-1)\,d}$, $d \neq 0$ (I)

S 2 Die Summe s_n der n ersten Glieder dieser Folge ist $\boldsymbol{s_n = \frac{1}{2} n\,(a_1 + a_n)}$ (II)

Beweis von (II):

$$s_n = a_1 + (a_1 + d) + (a_1 + 2d) + \cdots + (a_n - 2d) + (a_n - d) + a_n$$
$$s_n = a_n + (a_n - d) + (a_n - 2d) + \cdots + (a_1 + 2d) + (a_1 + d) + a_1$$
$$2s_n = (a_1 + a_n) + (a_1 + a_n) + (a_1 + a_n) + \cdots + (a_1 + a_n) + (a_1 + a_n) + (a_1 + a_n)$$

$2s_n = n \cdot (a_1 + a_n)$, also $s_n = \frac{1}{2} n\,(a_1 + a_n)$. Vgl. auch Fig. 6.2.

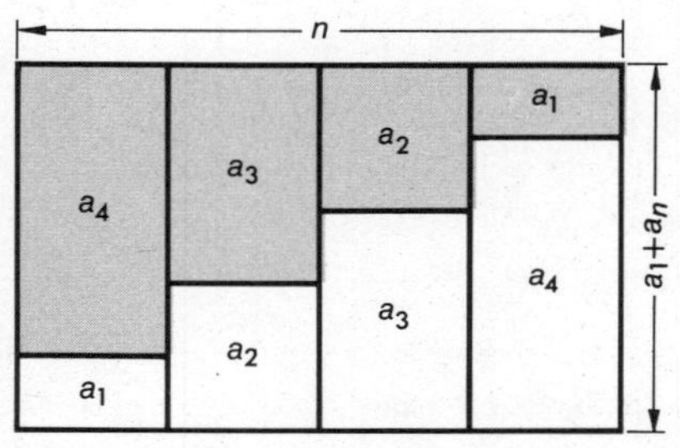

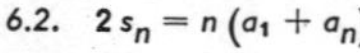

6.2. $2s_n = n\,(a_1 + a_n)$

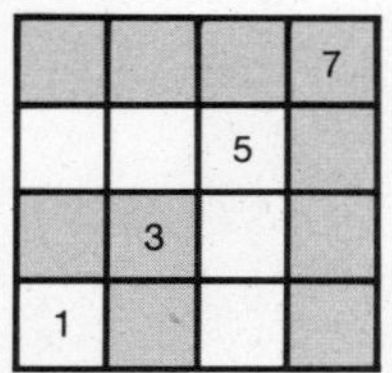

6.3. $1 + 3 + 5 + 7 = 4^2$

Beispiel: Bei 4, 7, 10, 13, ⋯ ist $a_9 = 4 + 8 \cdot 3 = 28$, $s_9 = \frac{1}{2} \cdot 9 \cdot (4 + 28) = 9 \cdot 16 = 144$.

Bemerkung: Zwischen a_1, d, n, a_n, s_n bestehen die Gleichungen (I) und (II). Sind 3 der 5 Werte gegeben, so kann man die beiden übrigen berechnen.

Aufgaben Löse Aufg. 1 bis 3 ohne Benutzung der Formel (II).

1. a) $1 + 2 + 3 + \cdots + 200$ b) $1 + 2 + 3 + \cdots + 999$ c) $1 + 2 + 3 + \cdots + n$

2. a) $2 + 4 + 6 + \cdots + 100$ b) $2 + 4 + 6 + \cdots + 2n$ c) $36 + 40 + 44 + \cdots + 360$

3. a) $1 + 3 + 5 + \cdots + 199$ b) $1 + 3 + 5 + \cdots + (2n - 1)$ c) $75 + 80 + 85 + \cdots + 150$

4. Verdeutliche an Fig. 6.3: a) $1 + 3 + 5 + 7 = 4^2$ b) $1 + 3 + 5 + \cdots + (2n - 1) = n^2$

5. Welche der Folgen in Vorüb. 1 bis 3 sind arithmetische Folgen 1. Ordnung?

6. Berechne bei a) 1, 4, 7, ... a_{11} und s_{11}, b) 5, 9, 13, ... a_{16} und s_{16}, c) 98, 92, 86, ... a_{30} und s_{30}. Gib jeweils auch a_n und s_n an.

7. Berechne s_{12} bei 3, 10, 17, ... b) s_{20} bei 100, 85, 70, ...

8. Drücke s_n mittels a_1, n und d aus; löse dann Aufg. 7, ohne a_n zu bestimmen.

9. Berechne: a) $2 + 5 + 8 + \cdots + 56$, b) $500 + 488 + 476 + \cdots + 80$.

10. Wieviel Glieder von 4, 8, 12, ... (von 1, $1\frac{1}{2}$, 2, ...) ergeben die Summe 1200 (1540)?

11. Wieviel durch 3 (11) teilbare Zahlen liegen zwischen 1 und 1000?

12. Wieviel 3-stellige (4-stellige) Zahlen sind durch 7 (13) teilbar?

▶ **13.** Vom wievielten Gliede ab sind die Glieder der arithmetischen Folge
a) 1, 7, 13, ... größer als 10^4 b) 100, 88, 76, ... kleiner als -10^3?

Beispiel: Bei 15, 50, 85, ... sei $a_n = 15 + (n-1) \cdot 35$ das 1. Glied, das größer als 10^5 ist.

Es gilt dann:

$$\begin{aligned} 15 + (n-1)\,35 &> 100000 \\ 35\,n - 20 &> 100000 \\ 35\,n &> 100020 \\ 7\,n &> 20004 \\ n &> 2857\tfrac{5}{7} \\ \text{also}\quad n &= 2858 \end{aligned}$$

Ergebnis:
Vom 2858sten Glied ab sind die Glieder größer als 100000.

14. a) Schalte zwischen $a_1 = 16$ und $a_{25} = 160$ so viele Zahlen ein, daß eine arithmetische Folge von 25 Gliedern entsteht.
b) Erzeuge durch Einschalten von k Gliedern zwischen a und b eine arithmetische Folge.

Arithmetische Folgen 1. Ordnung und lineare Funktionen

15. Trage bei den nachstehenden arithmetischen Folgen die Nummer n jedes Gliedes als x-Wert, den Wert a_n des zugehörigen Gliedes als y-Wert in ein Achsenkreuz ein. Zeige, daß die erhaltenen Punkte auf einer Gerade liegen. Wie lautet deren Gleichung?
a) 2, 4, 6, 8, ... b) 3, 5, 7, 9, ... c) 2, $2\frac{1}{2}$, 3, $3\frac{1}{2}$, ... d) 8, $6\frac{1}{2}$, 5, $3\frac{1}{2}$, ...

Stellt man bei der arithmetischen Folge a_1, $a_1 + d$, $a_1 + 2d$, ... das Paar (n, a_n) (wie in Aufg. 15) durch den Punkt $P_n(x_n \mid y_n)$ in einem Achsenkreuz dar (Fig. 7.1), so besteht für die Zuordnung $x \to y$ die Funktionsgleichung

$$y = a_1 + (x-1)\,d = d \cdot x + (a_1 - d), \quad (x \in \mathbb{N}).$$

Aus der Figur und durch Vergleich mit $y = m\,x + b$ sieht man, daß die Punkte $P_n(x_n \mid y_n)$ auf einer Gerade mit der Steigung $m = d$ und dem y-Achsenabschnitt $b = a_1 - d$ liegen.

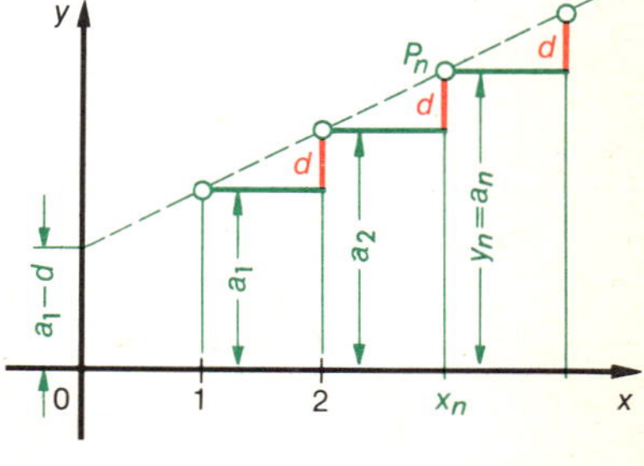

7.1. $y = d \cdot x + (a_1 - d)$

S 3 Wir sehen: *Bei einer arithmetischen Folge 1. Ordnung $a_1, a_2, a_3, \ldots$ geschieht die Zuordnung $n \to a_n$ durch eine lineare Funktion (eine Polynomfunktion 1. Grades), falls $d \neq 0$ ist.*

S 4 Wie schon Fig. 7.1 zeigt, gilt umgekehrt: *Durchläuft in $y = ax + b$ die Variable x eine arithmetische Folge 1. Ordnung und ist $a \neq 0$, so bilden auch die y-Werte eine arithmetische Folge 1. Ordnung* (vgl. auch Aufg. 16 und 17).

16. Wähle $x \in \{1, 2, 3, \ldots\}$ in a) $y = \frac{1}{2}x$, b) $y = \frac{1}{2}x + 2$, c) $y = -\frac{3}{2}x + 4$, d) $y = ax + b$. Gib für die Folge der y-Werte die konstante Differenz an.

▶ **17.** Löse Aufg. 16 d) für $x \in \{c, \; c+h, \; c+2h, \; c+3h, \ldots\}$, $(c \in \mathbb{R}, \; h \in \mathbb{R} \setminus \{0\})$.

18. Begründe: Sind $a_1, a_2, a_3, \ldots$ und $b_1, b_2, b_3, \ldots$ arithmetische Folgen 1. Ordnung mit der Differenz d_1 bzw. d_2, so ist auch $p\,a_1 + q\,b_1 + r$, $p\,a_2 + q\,b_2 + r$, $p\,a_3 + q\,b_3 + r, \ldots$ eine arithmetische Folge 1. Ordnung ($d_1 \neq 0$, $d_2 \neq 0$; $p, q, r \in \mathbb{R}$). Wie groß ist die zugehörige Differenz? Warum dürfen p und q nicht beide gleich Null sein?

Anwendungen

19. Aus der Logarithmentafel liest man ab:
lg 2190 = 3,3404
lg 2200 = 3,3424
lg 2210 = 3,3444
lg 2220 = 3,3464

a) Was kann man über die Folge der angegebenen Numeri und Logarithmen aussagen? Zeichne wie in Aufg. 15.
b) Gib durch Zwischenschalten die Logarithmen der ganzen Zahlen zwischen 2190 und 2200 auf 4 Dezimalen an.
c) Zeichne zum Vergleich die Kurve mit der Gleichung $y = \lg x$ für $0{,}1 \leqq x \leqq 10$. Woher rührt es, daß die Punkte in a) auf einer Gerade und nicht wie in c) auf einer gekrümmten Kurve liegen?

20. Eine Schraubenfeder wird mit verschiedenen Metallstücken vom Gewicht G belastet und jedesmal ihre Länge l gemessen. Welche Funktion drückt die Zuordnung $G \to l$ aus?

a)

Gewicht G in p	0	2	4	6	8
Länge l in cm	12,0	12,9	13,8	14,7	15,6

b)

G in kp	0	5	10	15	20
l in mm	7,5	8,1	8,7	9,3	9,9

21. Die trapezförmige Fläche eines Walmdaches enthält in der obersten Reihe 30 Ziegel, in jeder folgenden einen Ziegel mehr. Im ganzen sind es 28 Reihen.

22. Wie viele Schläge macht innerhalb 24 Stunden
a) eine Wanduhr, die nur ganze und halbe Stunden schlägt,
b) eine Turmuhr mit 1, 2, 3, 4 Viertelstundenschlägen und den Stundenschlägen?

23. Beim freien Fall legt ein Körper in der 1. Sekunde 4,9 m, in jeder folgenden 9,8 m mehr zurück als in der vorhergehenden. (Vom Luftwiderstand wird dabei abgesehen.)
Wie groß ist der Fallweg a) in der 7-ten Sekunde, b) im ganzen nach 7 Sekunden, c) in der n-ten Sekunde, d) im ganzen nach n Sekunden?

▶ **24.** Beim senkrechten Wurf aufwärts legt ein Körper beim Steigen in jeder Sekunde 9,8 m weniger zurück als in der vorhergehenden. Wie lange und wie hoch steigt ein Körper, der in der 1. Sekunde eine Höhe von 73,5 m erreicht?

3 Geometrische Folgen

❶ Welches Bildungsgesetz vermutet man bei nachstehenden Folgen? Setze die Folgen fort.

a) 1, 2, 4, 8, ... b) $1, \frac{1}{2}, \frac{1}{4}, \frac{1}{8}, \dots$

c) 2, 6, 18, 54, ... d) 81, −27, 9, −3, ...

❷ Wie lautet in Vorüb. 1 jeweils das n-te Glied?

❸ Bilde in Vorüb. 1 a) bis c) das „geometrische Mittel" aus irgend einem Glied und dem übernächsten. Was fällt auf?

D 1 Eine Folge $a_1, a_2, a_3, \dots,$ bei der der Quotient zweier aufeinanderfolgender Glieder immer gleich groß ist, heißt **geometrische Folge.** $\boldsymbol{a_{n+1} : a_n = q}, \quad q \neq 0, \quad n \in \mathbb{N}, \quad a_1 \neq 0$

Beispiele: Bei der Folge 2, 6, 18, 54, ... ist $q = 3$; bei $1, -\frac{1}{2}, \frac{1}{4}, -\frac{1}{8}, \dots$ ist $q = -\frac{1}{2}$.
Ist $a_1 > 0$ und $q > 1$, so *steigt* die Folge, für $a_1 > 0$ und $0 < q < 1$ *fällt* sie.
(Wie ist es bei $a_1 < 0$?)

D 2 Für $q < 0$ haben die Glieder ständig wechselnde Zeichen, man hat eine *alternierende Folge*[1].

Bemerkungen:

1. Man kann auch sagen: Bei einer geometrischen Folge entsteht jedes Glied aus dem vorhergehenden durch Multiplikation mit derselben Zahl, dem Quotienten q.

2. Drei aufeinanderfolgende Glieder einer geometrischen Folge haben die Form c, cq, cq^2. Wegen $\sqrt{c \cdot c q^2} = \sqrt{(c q)^2} = |c q|$ gilt: Bei einer geometrischen Folge ist (außer beim Anfangsglied) der Betrag jedes Gliedes das *geometrische Mittel* aus den beiden benachbarten Gliedern.

S 1 Eine geometrische Folge mit dem Anfangsglied $a_1 \neq 0$ und dem Quotienten $q \neq 0$ lautet: $a_1, a_1 q, a_1 q^2, a_1 q^3, \dots$. Das *n-te Glied* ist

$$\boldsymbol{a_n = a_1 \cdot q^{n-1}} \qquad \text{(I)}$$

Beispiele:

Bei 5, 15, 45, ... ist $a_7 = 5 \cdot 3^6 = 3645$; bei 4, −2, 1, ... ist $a_8 = 4 \cdot (-\frac{1}{2})^7 = -\frac{1}{32}$.

S 2 Die *Summe der n ersten Glieder* einer geometrischen Folge mit dem Anfangsglied a_1 und dem Quotienten $q \neq 1$ ist

$$\boldsymbol{s_n = a_1 \cdot \frac{q^n - 1}{q - 1} = a_1 \cdot \frac{1 - q^n}{1 - q}} \qquad \text{(II)}$$

Beweis:

$$\begin{aligned} s_n &= a_1 + a_1 q + a_1 q^2 + \cdots + a_1 q^{n-2} + a_1 q^{n-1} \\ q s_n &= \phantom{a_1 + {}} a_1 q + a_1 q^2 + \cdots + a_1 q^{n-2} + a_1 q^{n-1} + a_1 q^n \end{aligned}$$

$$q s_n - s_n = a_1 q^n - a_1 \quad \Rightarrow \quad s_n (q-1) = a_1 (q^n - 1) \quad \Rightarrow \quad s_n = a_1 \frac{q^n - 1}{q - 1} = a_1 \frac{1 - q^n}{1 - q}$$

Bemerkungen:

3. Für $|q| > 1$ ist die 1. Form von s_n vorteilhafter, für $0 < |q| < 1$ die 2. Form.

4. Für $q = 1$ ist (II) nicht definiert, in diesem Fall ist $s_n = a_1 n$.

5. Zwischen den 5 Zahlen a_1, q, n, a_n, s_n bestehen die Gleichungen (I) und (II). Sind 3 der 5 Zahlen in geeigneter Weise gegeben, so sind die beiden anderen aus (I) und (II) berechenbar. Bei der Berechnung können aber schwierige Gleichungen auftreten (wieso?).

1. alternare (lat.), abwechseln

Aufgaben

1. Bestimme ohne Benutzung der Summenformel (II):

a) $2^1 + 2^2 + 2^3 + \cdots + 2^{10}$ b) $3^1 + 3^2 + 3^3 + \cdots + 3^7$ c) $1 + \frac{1}{2} + \frac{1}{4} + \cdots + \frac{1}{64}$

d) $x^1 + x^2 + x^3 + \cdots + x^n$ e) $1 + x + x^2 + \cdots + x^{n-1}$ f) $1 + x^2 + x^4 + \cdots + x^{12}$

2. Verdeutliche nach Fig. 10.1 und bestätige durch Rechnung:

a) $1 + \frac{1}{2} + \frac{1}{4} + \frac{1}{8} = 2 - \frac{1}{8}$ b) $1 + \frac{1}{2} + \frac{1}{2^2} + \cdots + \frac{1}{2^n} = 2 - \frac{1}{2^n}$

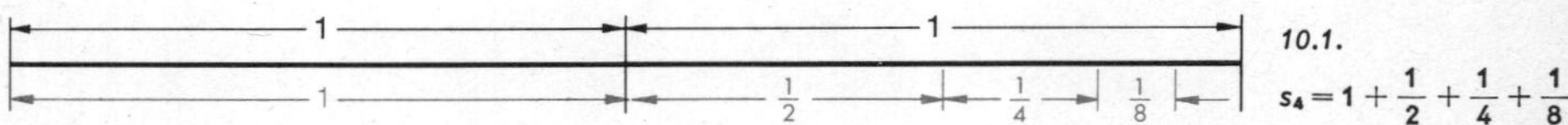

10.1. $s_4 = 1 + \frac{1}{2} + \frac{1}{4} + \frac{1}{8}$

3. Berechne a_n und s_n für die geometrischen Folgen:

a) 3, 6, 12, ... für $n = 10$, b) 36, 12, 4, ... für $n = 7$, c) 50, −20, 8, ... für $n = 6$

4. Gib in Aufg. 3 das n-te Glied und die Summe der n ersten Glieder an.

5. Bestimme die Gliederzahl und den Wert folgender Summen:

a) $1 + 5 + 25 + \cdots + 15625$ b) $2 + 6 + 18 + \cdots + 4374$

6. a) Wie viele Glieder der Folge 5, 10, 20, ... ergeben als Summe 5115?
b) Wie viele Glieder der Folge 32, 48, 72, ... ergeben als Summe 665?

7. Wie viele Potenzen von 2 (von 3) mit positiven ganzen Hochzahlen liegen zwischen 1 und 100000 (zwischen 1 und 1000000)?

▸ **8.** Vom wievielten Gliede ab sind die Glieder der Folge

a) 5, 10, 20, ... größer als 10^6 b) 1, $\frac{1}{3}$, $\frac{1}{9}$, ... kleiner als 10^{-5}

c) 1, $\frac{9}{10}$, $\frac{81}{100}$, ... kleiner als 10^{-4} d) 1000, 800, 640, ... kleiner als 10^{-6}?

Beispiel: Bei 400, 300, 225, ... sei das n-te Glied erstmals kleiner als 10^{-3}. Dann gilt:

$$400 \cdot \left(\frac{3}{4}\right)^{n-1} < 10^{-3} \quad \Big| : 400$$

$$\left(\frac{3}{4}\right)^{n-1} < \frac{1}{4} \cdot \frac{1}{10^5}$$

Kehrwert[1]: $$\left(\frac{4}{3}\right)^{n-1} > 4 \cdot 10^5$$

Durch Logarithmieren folgt:

$$(n-1)(\lg 4 - \lg 3) > 5 + \lg 4$$

$$n - 1 > \frac{5 + \lg 4}{\lg 4 - \lg 3} = 44{,}8$$

Ergebnis: Wenn $n > 45{,}8$, also $n = 46$ ist, ist erstmals $a_n < 0{,}001$.

9. a) Schalte zwischen 5 und 5120 vier natürliche Zahlen so ein, daß eine geometrische Folge von 6 Gliedern entsteht.
b) Schalte ebenso zwischen je 2 Glieder der Folge 16; 36; 81; ... ein weiteres Glied so ein, daß wieder eine geometrische Folge entsteht.

---

1. Beispiel: Es ist $\frac{1}{5} < \frac{1}{4}$, aber $5 > 4$

10. Schalte zwischen $a \in \mathbb{R}^+$ und $2a$ zwei (drei) positive Zahlen so ein, daß eine geometrische Folge von vier (fünf) Gliedern entsteht.

11. Zeige: Bei der geometrischen Folge $a_1, a_2, a_3, \ldots$ gilt für $n > 1$: $|a_n| = \sqrt{a_{n-1} \cdot a_{n+1}}$. Warum sind die Betragsstriche bei a_{n-1} und a_{n+1} entbehrlich? (Vgl. Bemerkung 2.)

14. a) In Fig. 11.1 ist zu $a, q \in \mathbb{R}^+$ eine Strecke mit der Maßzahl aq konstruiert. Wieso?
b) Erläutere die Konstruktion von aq^2 und aq^3 in Fig. 11.2 und führe sie für $q > 1$ (steigende Folge) und für $q < 1$ (fallende Folge) bis aq^6 fort.
c) Erläutere die Konstruktion von aq^2, aq^3, aq^4 und von $s_2, s_3, s_4, \ldots$ in Fig. 11.3. Führe die Zeichnung aus bis aq^4 für $a = \frac{8}{3}$, $q = \frac{5}{4}$ bzw. $q = \frac{3}{4}$.

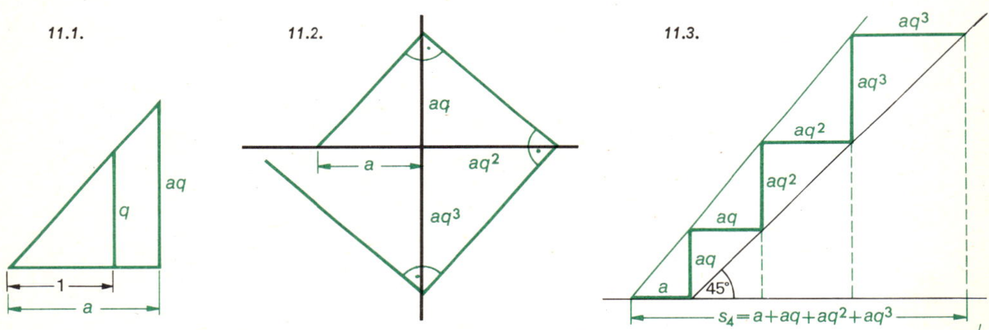

Geometrische Folgen und Exponentialfunktionen

15. Trage bei den nachstehenden geometrischen Folgen die Nummer n jedes Gliedes als x-Wert, den Wert a_n als y-Wert in ein Achsenkreuz ein. Durch welche Gleichung zwischen x und y wird die Zuordnung $x \to y$ geleistet? Wie ändert sich der Graph dieser Gleichung, wenn man $x \in \mathbb{R}$ statt $x \in \mathbb{N}$ wählt?
a) 0,6; 1,2; 2,4; ... b) 0,2; 0,6; 1,8; ... c) 12; 6; 3; ...

Stellt man bei $a_1, a_1 q, a_1 q^2, \ldots$ das Paar (n, a_n) (wie in Aufg. 15) durch den Punkt $P_n(x_n | y_n)$ in einem Achsenkreuz dar (Fig. 11.4), so gilt nach (I) für die Zuordnung $x \to y$ die Funktionsgleichung:

$$y = a_1 \cdot q^{x-1} = \frac{a_1}{q} \cdot q^x, \quad (x \in \mathbb{N}, \quad q > 0)$$

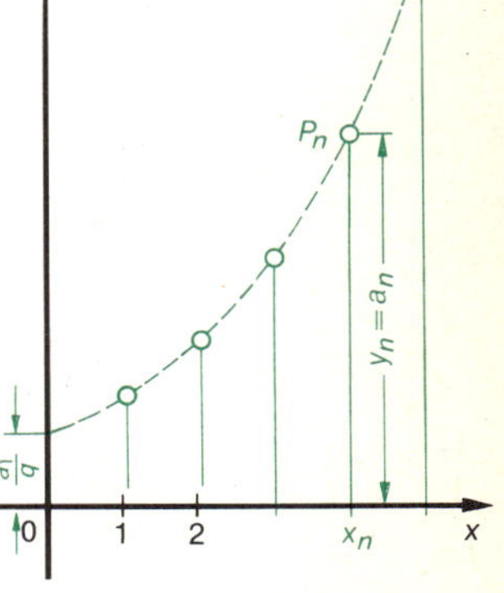

11.4. $y = \frac{a_1}{q} \cdot q^x$

S 3 Wir sehen: Bei *einer geometrischen Folge* $a_1, a_2, a_3, \ldots$ *mit* $q > 0$ *geschieht die Zuordnung* $n \to a_n$ *durch eine Exponentialfunktion.*

S 4 Umgekehrt gilt: *Durchläuft bei einer Exponentialfunktion mit der Gleichung* $y = k \cdot a^x$ *die Variable x eine arithmetische Folge 1. Ordnung, so bilden die zugehörigen y-Werte eine geometrische Folge.* Dabei ist $a \in \mathbb{R}^+$, $k \in \mathbb{R} - \{0\}$.

Beweis: Bedeuten x und $x + h$ zwei aufeinanderfolgende x-Werte, so ist der Quotient der zugehörigen y-Werte: $k a^{x+h} : k a^x = a^h$, also konstant.

16. Setze $x \in \{1, 2, 3, \ldots\}$ in a) $y = 2^x$, b) $y = 0{,}1 \cdot 3^x$, c) $y = 20 \cdot 2^{-x}$.
Gib für die Folge der y-Werte den konstanten Quotienten an. Zeichne Graphen.

Anwendungen

17. Ein Kartoffelkäferweibchen legt ungefähr 1200 Eier. In einem Jahr entwickeln sich 3 bis 4 Generationen. Rechne, wenn $\frac{2}{3}$ der Eier zugrunde gehen und die Hälfte des Restes Weibchen ergibt.

18. Ein Mottenweibchen legt rund 150 Eier. In einem Jahr entwickeln sich bis zu 5 Generationen. Jede Raupe frißt etwa 20 mg Wolle. Rechne wie in Aufg. 17.

19. Eine Flasche ist mit 100 cm³ konzentrierter Lösung von 40 g Farbstoff gefüllt. Beim Leeren bleiben 0,5 cm³ Lösung im Gefäß. Nachdem man die Flasche zweimal mit Wasser nachgefüllt und sie jedesmal wieder bis auf 0,5 cm³ geleert hat, ist das Wasser nach einer weiteren Füllung immer noch deutlich gefärbt. Wieviel g Farbstoff befinden sich nach jeder Füllung noch in der Flasche?

22. Bei den DIN-Papierformaten A 0, A 1, A 2, ..., A 10 entsteht jedes Format aus dem vorhergehenden durch Falten um dessen kleine Symmetrieachse (Fig. 12.1). b_0 ist also zugleich a_1, $\frac{1}{2}a_0$ zugleich b_1. Das Seitenverhältnis $a_0 : b_0$ ist so gewählt, daß das zweite Rechteck ähnlich zum ersten ist. (Warum sind dann auch alle weiteren Rechtecke ähnlich?)
a) Bestimme $a_0 : b_0$ (und damit auch $a : b$ bei allen Formaten).
b) Drücke $a_1, a_2, a_3, \ldots, a_{10}$ durch a_0 aus. Was für eine Folge liegt vor?
c) Nach Festsetzung hat DIN A 0 die Fläche 1 m². Bestimme daraus a_0 und b_0 in Millimetern.

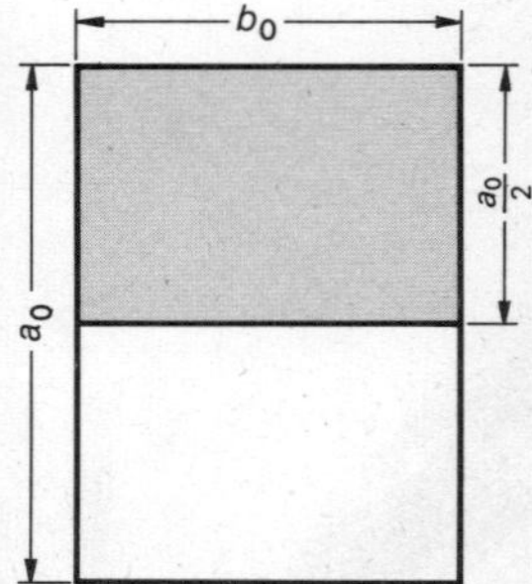

12.1. DIN-Format

24. Michael Stifel (1487—1567) stellte nebenstehende Folgen einander gegenüber und bereitete dadurch das Rechnen mit Logarithmen vor.

−4	−3	−2	−1	0	1	2	3	4
$\frac{1}{16}$	$\frac{1}{8}$	$\frac{1}{4}$	$\frac{1}{2}$	1	2	4	8	16

a) Vergleiche die Folgen. Wie hängen sie zusammen?
b) Zeige allgemein: Die Logarithmen der Glieder einer geometrischen Folge mit positiven Gliedern bilden eine arithmetische Folge. Wie hängt dies mit S 4 zusammen?

Merkwürdiges und Scherzhaftes

25. Der indische König Schehram verlangte, daß Sessa, der Erfinder des Schachspiels, sich eine Belohnung wählen solle. Dieser erbat sich die Summe der Weizenkörner, die sich ergibt, wenn für das erste Feld des Schachbretts 1 Korn, für das zweite 2 Körner, für das dritte 4 Körner usw. gerechnet werden.
a) Wieviel Stellen hat die Gesamtzahl der Körner?
b) Wieviel t wiegt die Gesamtmenge, wenn 20 Körner 1 g wiegen?
c) Wieviel ergibt sich, wenn auf das erste Feld 1 Korn, auf das zweite 3 Körner, auf das dritte 5 Körner usw. kommen?

4 Zinseszinsrechnung

❶ Auf welchen Betrag wachsen 400 DM bei einem Zinssatz von 5 % in 3 Jahren an, wenn der Zins a) am Ende des 3. Jahres, b) am Ende eines jeden Jahres zum Kapital geschlagen wird? („Zinseszins".)

❷ Auf welchen Betrag wächst ein Kapital a bei 5 % Zinseszinsen in 1, 2, 3, . n Jahren an? Zeige, daß sich nach 1 Jahr $a \cdot 1{,}05$, nach 2 Jahren $a \cdot 1{,}05^2$, nach n Jahren $a \cdot 1{,}05^n$ ergibt.

D 1 Ein Kapital steht auf Zinseszins, wenn die Zinsen regelmäßig nach einer bestimmten Zeit zum Kapital hinzugefügt und mit ihm weiter verzinst werden. Der Zuschlag erfolgt gewöhnlich am Ende eines jeden Jahres.

S 1 **Ein Kapital K_0 wächst in n Jahren bei p% mit Zinseszinsen an auf**

$$K_n = K_0\, q^n \qquad \textbf{(Zinseszinsformel)} \qquad \text{(I)}$$

Dabei ist

$$q = 1 + \frac{p}{100} \qquad \textbf{(Zinsfaktor)}$$

Beweis: Im 1. Jahr wächst K_0 an auf $K_0 + K_0 \cdot \frac{p}{100} = K_0\left(1 + \frac{p}{100}\right) = K_0\, q$.

Im 2. Jahr wächst $K_0\, q$ an auf $(K_0\, q)\, q = K_0\, q^2$.

. . . .

Am Ende des n-ten Jahres beträgt das Endkapital $K_0\, q^n$.

Bemerkungen:

1. Die Kapitalien $K_0, K_1, K_2, \ldots$ in (I) bilden die geometrische Folge $K_0, K_0\, q, K_0\, q^2, \ldots$.

2. Man sagt: K_n entsteht aus K_0 durch *Aufzinsung*, q heißt daher auch *Aufzinsungsfaktor*[1].

3. Ist eine Zahlung K_n nach n Jahren fällig, so hat sie heute den *Barwert* $K_0 = \frac{K_n}{q^n}$.
Man sagt dann: K_0 entsteht aus K_n durch *Abzinsung*. Die Zahl $1 : q$ bezeichnet man als *Abzinsungsfaktor*. Das Berechnen des Barwertes heißt *Diskontieren*[2]. Um Zahlungen vergleichen zu können, die zu verschiedenen Zeiten geleistet werden, ist es notwendig, sie auf denselben Tag zu diskontieren.

4. Sind drei der Größen K_0, p, n, K_n gegeben, so läßt sich die fehlende berechnen. Im Geschäftsleben verwendet man hierzu Tabellen.

Beispiel[3]: Auf welchen Betrag wachsen 625 DM bei 4,5% Zinseszinsen in 8 Jahren an?

		lg
$K_0 = 625$ DM	q	0,0191163
$p = 4{,}5$	q^n	0,1529
$q = 1{,}045$	K_0	2,7959
$n = 8$		
$K_n = 888{,}8$ DM	K_n	2,9488

Lösung: $K_n = K_0 \cdot q^n$; $K_n = 888{,}8$ DM

1. In Sieber, Mathematische Tafeln, Ernst Klett Verlag, S. 62, ist q^n tabelliert für $3\% \leqq p \leqq 8\%$ und $1 \leqq n \leqq 50$
2. disconto (ital.), Abrechnung, Abzug
3. Da $\lg q$ bei Zinseszinsrechnungen häufig mit mehrstelligen Hochzahlen multipliziert wird, ist er in der Logarithmentafel auf 7 Stellen angegeben (vgl. Sieber, S. 65)

Aufgaben

1. Auf welchen Betrag wachsen folgende Kapitalien bei Zinseszins an?
a) 750 DM bei 4% in 6 Jahren; b) 1240 DM bei 5,5% in 11 Jahren.

2. Ein Vater legte seinem Sohn auf 1. Januar 1966 ein Sparbuch über 200 DM (450 DM) an. Welcher Kontostand ergibt sich am 1. Januar 1973 (1980) bei 4,5%?

3. Auf welche Summe wachsen 100 DM bei 4% Zinseszins in 5, 10, 15, ... 30 Jahren an? Stelle die Ergebnisse in einem rechtwinkligen Achsenkreuz dar und verbinde die erhaltenen Punkte durch eine möglichst einfache Kurve (I in Fig. 14.1).
b) Zeige, daß die geordneten Paare (n, K_n) zu einer Exponentialfunktion gehören.
c) Stelle zum Vergleich das Anwachsen des Kapitals bei einfachen Zinsen dar. Was für eine Funktion und Kurve ergibt sich jetzt? (II in Fig. 14.1.)
d) Die Zinsesformel gilt zunächst für ganze n. Innerhalb eines jeden Jahres werden einfache Zinsen gerechnet. Was ist also das genaue Bild des Anwachsens? (Die Abweichung von I ist ganz gering.)
e) Zeichne I, wenn der Zinssatz 5% (3%) beträgt.

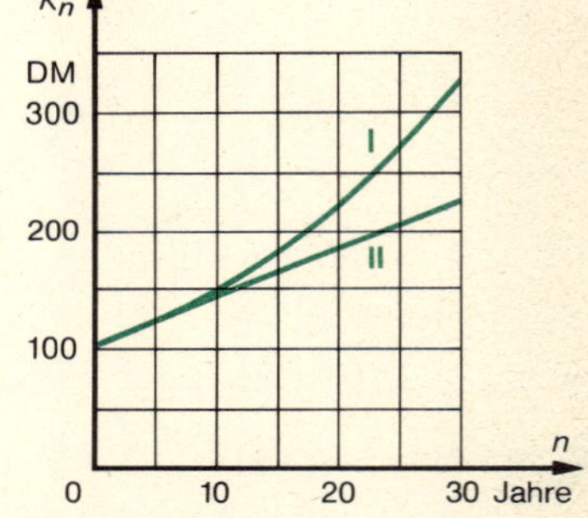

14.1. Zinseszins und einfacher Zins

4. a) Welches Kapital ergibt in 8 Jahren bei 4,5% Zinseszins 1500 DM?
b) Eine Schuld von 24000 DM ist in 10 Jahren fällig, wenn 5% Zinseszins gerechnet werden? Welchen Barwert hat sie heute?

5. a) Eine Zahlung von 12500 DM ist in 5 Jahren fällig. Diskontiere bei 5,5% Zinseszins.
b) Welchen Betrag muß jemand bei der Geburt seiner Tochter anlegen, damit sie mit 20 Jahren 5000 DM abheben kann? (Zinssatz 4%.)

7. Bei wieviel Prozent a) verdoppelt, b) verdreifacht sich ein Kapital in 20 (30) Jahren?

8. In wieviel Jahren a) verdoppelt, b) verdreifacht sich ein Kapital bei 4% (3%, 5%) Zinseszins? Lies das Ergebnis auch aus Fig. 14.1 ab.

9. Eine Stadt zählt heute 276800 (84650) Einwohner. Es ist mit einem jährlichen Zuwachs von $2\frac{1}{2}$% (von $1\frac{1}{2}$%) zu rechnen. Welche Einwohnerzahl ist in 5 (4) Jahren zu erwarten?

10. Die Bevölkerung Deutschlands betrug in Millionen:

1890	1900	1920	1930
49,43	56,37	61,80	65,08

Bestimme den jährlichen Zuwachs in %
a) von 1890 bis 1900, b) von 1920 bis 1930.

11. In welcher Zeit verdoppelt sich eine Bevölkerung? Jährl. Wachstumssatz a) 1,3%, b) 1,1%.

14. Der Anschaffungspreis für eine Maschinenanlage beträgt $a = 24000$ DM. Nach jedem Jahr werden 6% (10%) des jeweiligen „Buchwertes" abgeschrieben. (Die Abschreibung ist häufig wesentlich höher. Vgl. Sieber, S. 61.)
a) Zeige: die Anlage hat nach n Jahren den Buchwert $b_n = a\left(1 - \frac{p}{100}\right)^n$.
b) Berechne b_n für $n = 5, 10, 15, 20, 25$. Zeichne ein Schaubild.
c) Nach wieviel Jahren ist $b_n = 10000$ DM? Beachte das Schaubild.
d) Wieviel % muß man jährlich abschreiben, wenn die Anlage nach 20 (25) Jahren nur noch einen „Schrottwert" von 1500 DM besitzt?

Wachstum bei Zuschlag nach $\frac{1}{n}$ Jahr

Bei vielen Wertpapieren wird der Zins halbjährlich ausbezahlt; bei Darlehen, die von Banken gewährt werden, besteht meist vierteljährliche Zinszahlung.

S 2 In solchen Fällen wird S 1 ersetzt durch den S 2: **Wächst ein Anfangswert K_0 beim Prozentsatz $p\%$ pro Jahr und erfolgt der Zuschlag jeweils nach $\frac{1}{n}$ Jahr, so ist der Endwert**

a) **nach 1 Jahr** $$K_1 = K_0\left(1 + \frac{p}{100\,n}\right)^n \qquad \text{(II)}$$

b) **nach t Jahren** $$K_t = K_0\left(1 + \frac{p}{100\,n}\right)^{nt} \qquad \text{(III)}$$

Beweis zu a): K_0 wächst in $\frac{1}{n}$ Jahr an auf $K_0 + \frac{K_0\,p}{100\,n} = K_0\left(1 + \frac{p}{100\,n}\right)$

$K_0\left(1 + \frac{p}{100\,n}\right)$ wächst in $\frac{1}{n}$ Jahr an auf $K_0\left(1 + \frac{p}{100\,n}\right)^2$, usw.

Beweis zu b): K_1 wächst im 2. Jahr an auf $K_2 = K_1\left(1 + \frac{p}{100\,n}\right)^n = K_0\left(1 + \frac{p}{100\,n}\right)^{2n}$

21. Welche Formel erhält man aus S 2 für $n = 1$?

22. Führe den Beweis von S 2 bei a) und b) noch je um 2 Zeilen fort.

23. Schreibe K_1, K_2, K_3 in S 2 an für a) $p = 4$, $n = 2$, b) $p = 3$, $n = 4$.

24. Welchen Zins tragen 1000 DM in 1 Jahr (in 5 Jahren) bei 4% (6%), wenn man a) jährlichen, b) halbjährlichen, c) vierteljährlichen Zuschlag annimmt? Vergleiche!

In Aufg. 24 hat sich ergeben, daß sich die Endwerte in a), b), c) nur wenig unterscheiden. Ein deutlicher Unterschied gegenüber a) kommt zustande, wenn man in Abweichung von der Bankpraxis, also rein theoretisch, einen sehr hohen Prozentsatz p nimmt und den Zuschlag in recht kleinen Zeitabschnitten vollzieht, also für n eine große Zahl wählt. Nimmt man z. B. $p = 100$, so folgt aus (II):

$$K_1 = K_0 \cdot \left(1 + \frac{1}{n}\right)^n \qquad \text{(IV)}$$

Für den Faktor $\left(1 + \frac{1}{n}\right)^n$ ergibt sich die Tabelle[1]:

n	1	2	5	10	100	1000	10000
$\left(1 + \frac{1}{n}\right)^n$	2,000	2,250	2,488	2,594	2,705	2,717	2,718

Wir sehen: Werden die Zeitabschnitte immer kleiner, so wächst der Endwert K_1 überraschenderweise nicht über alle Grenzen, sondern strebt allem Anschein nach gegen einen „Grenzwert“, der dicht bei 2,718 liegt. Er wird mit e bezeichnet und spielt in der Mathematik, Naturwissenschaft und Technik eine große Rolle. Wir werden ihn in § 11 näher untersuchen.

25. Eine Stiftung stellt für begabte Schüler einer Stadt jährlich 1800 DM zur Verfügung. Welchen Barwert hat diese „ewige Rente“? ($4\frac{1}{2}\%$)

26. Wächst ein Kapital bei 3% Zinseszinsen in 5 Jahren mehr an als bei 5% in 3 Jahren? Wie ist es bei einfachen Zinsen?

---

1. Vgl. Sieber, Mathematische Tafeln, S. 59. Die Zahlen sind gerundet.

5 Unendliche geometrische Folgen und Reihen

Grenzwert bei unendlichen geometrischen Folgen

❶ Setze in $x_n = 0{,}2^n$ für n nacheinander 1, 2, 3, … . Wie ändert sich x_n mit wachsendem n? Von welchem n ab ist a) $x_n < 0{,}001$, b) $x_n < 0{,}0001$? Mache dasselbe bei $0{,}3^n$.

❷ Mache dasselbe für $y_n = (-0{,}2)^n$. Von welchem n ab ist $|y_n| < 0{,}001$?

❸ Von welchem n ab ist a) $2^n > 1000$, b) $2^n > 1\,000\,000$?

Beispiel 1: Bei der geometrischen Folge $0{,}6; 0{,}6^2; 0{,}6^3; \ldots$ ist $q = 0{,}6$. Schreibt man die Folge in der Form 0,6; 0,36; 0,216; 0,1296; …, so erkennt man, daß die Glieder mit wachsendem n ständig abnehmen und der Zahl 0 beliebig nahe kommen. Man kann z.B. die Nummer n von $a_n = 0{,}6^n$ so wählen, daß

$$0{,}6^n < 0{,}00001, \quad \text{also} \quad \left(\frac{3}{5}\right)^n < 10^{-5}, \quad \text{d.h.} \quad \left(\frac{5}{3}\right)^n > 10^5 \quad \text{ist.}$$

Dies ist der Fall, wenn $n(\lg 5 - \lg 3) > 5$ (durch Logarithmieren erhalten),

das heißt, wenn $n > \dfrac{5}{\lg 5 - \lg 3} = \dfrac{5}{0{,}2219} = 22{,}5$ ist.

Ergebnis: Für $n > 22$ ist $0{,}6^n < 0{,}00001$.

Beispiel 2: Bei der Folge $-0{,}6; (-0{,}6)^2; (-0{,}6)^3; (-0{,}6)^4; \ldots; (-0{,}6)^n; \ldots$ ist $q = -0{,}6$. Schreibt man die Folge in der Form $-0{,}6$; $+0{,}36$; $-0{,}216$; $+0{,}1296$; …, so sieht man, daß zwar die Vorzeichen dauernd wechseln, daß aber die Beträge der Glieder ständig abnehmen und die Glieder mit wachsendem n gegen Null streben. Für $n > 22$ ist z.B. $|(-0{,}6)^n| < 0{,}00001$. — Die Vorübungen sowie Beispiel 1 und 2 führen uns zu den Sätzen:

S 1 *Ist $|q| > 1$, so wird $|q^n|$ bei genügend großem n schließlich größer als jede gegebene Zahl.*

Beweis: Da $|q^n| = |q|^n$ ist, kann man sich auf positive q beschränken.
Ist $q > 1$, also $\lg q > 0$, so läßt sich n so bestimmen, daß z.B. $q^n > 10^6$ ist. Dies ist der Fall, wenn $n \cdot \lg q > 6$, also $n > (6 : \lg q)$ ist. (Anderer Beweis siehe S. 25, Aufg. 14.)

S 2 **Ist $|q| < 1$, so strebt q^n mit wachsendem n gegen 0,** (q reell, $n \in \mathbb{N}$).

D 1 Wir sagen: Ist $|q| < 1$, so hat die Folge $q^1, q^2, q^3, \ldots$ mit wachsendem n den **Grenzwert 0.** Oder: Der Grenzwert von q^n für n gegen unendlich ist Null,

geschrieben[1]: $\lim\limits_{n \to \infty} q^n = 0$ (lies: limes q^n für n gegen unendlich ist gleich Null).

D 2 Eine Folge, die den Grenzwert 0 hat, nennt man eine **Nullfolge.**

Beweis von S 2: Man kann sich wieder auf $q > 0$ beschränken. Ist $0 < q < 1$, so ist $\dfrac{1}{q} = r > 1$ und daher $\lg r > 0$. Will man nun z.B. erreichen, daß $q^n < 10^{-6}$ ist, so muß gelten: $r^n > 10^6$. Dies tritt ein, wenn $n \cdot \lg r > 6$, also $n > (6 : \lg r)$ ist.

Bemerkung: Ist $q \neq 0$, so ist auch $q^n \neq 0$ für $n \in \mathbb{N}$. Es gibt also kein Glied der Folge, das gleich dem Grenzwert 0 ist. Die Glieder kommen aber beliebig nahe an 0 heran.

---

1. limes (lat.), Grenze; das Zeichen ∞ bedeutet „unendlich", *es gibt aber keine Zahl ∞.*

Aufgaben

1. Welche Zahlen ergeben sich aus folgenden Termen, wenn man $n \in \{1, 2, 3, 4, 5, 6\}$ setzt?

a) $v_n = \left(\frac{4}{5}\right)^n$ b) $w_n = \left(-\frac{4}{5}\right)^n$ c) $x_n = \left(\frac{5}{4}\right)^n$ d) $y_n = \left(-\frac{5}{4}\right)^n$

Was ergibt sich, wenn n unbegrenzt wächst? Zeichne die zugehörigen Punktfolgen auf der Zahlengerade oder in einem rechtwinkligen Achsenkreuz (vgl. Aufg. 15 von § 3).

2. Von welchem n ab ist a) $0{,}3^n < 0{,}001$ b) $0{,}9^n < 10^{-4}$ c) $\left(\frac{5}{6}\right)^n < 10^{-7}$?

3. Von welchem n ab ist a) $|(-0{,}75)^n| < 10^{-6}$ b) $\left(\frac{1}{2}\sqrt{2}\right)^n < 10^{-5}$ c) $\left(\frac{80}{81}\right)^n < 10^{-9}$?

4. Von welchem n ab ist a) $1{,}05^n > 100$ b) $\left|(-\sqrt{3})^n\right| > 10^8$

5. Bestimme n so, daß a) $5 \cdot \left(\frac{2}{3}\right)^n < 0{,}01$ b) $20 \cdot (0{,}7)^n < 10^{-3}$ c) $\frac{1}{4} \cdot 1{,}1^n > 100$ ist.

S 3 **6.** Begründe: Ist $a \in \mathbb{R}$ und $|q| < 1$, so ist $\lim\limits_{n \to \infty} (a\, q^n) = 0$.

7. Welche Folge ergibt q^n, wenn a) $q = 1$, b) $q = -1$ c) $q = 0$ ist? Welche dieser Folgen hat einen Grenzwert?

8. Es ist $0{,}9^{22} \approx 0{,}0985 < 0{,}1$ (prüfe nach). Was läßt sich dann über $0{,}9^{44}$ sagen, über $0{,}9^{66}$? Von welchem n an ist sicher $0{,}9^n < 0{,}0001$?

Grenzwert bei unendlichen geometrischen Reihen

❹ Bestimme für die geometrische Folge $1, \frac{1}{2}, \frac{1}{4}, \frac{1}{8}, \ldots$ durch Zeichnung und Rechnung die Summen $s_1 = 1$, $s_2 = 1 + \frac{1}{2}$, $s_3 = 1 + \frac{1}{2} + \frac{1}{4}$, ... (vgl. § 3, Aufg. 2). Welchem Wert s nähert sich s_n, wenn man immer mehr Glieder nimmt? Um wieviel unterscheidet sich s_n jeweils von s?

❺ Trage in Vorüb. 4 die Nummer n als x-Wert, den Wert s_n als y-Wert in einem rechtwinkligen Achsenkreuz ab (Einheit 2 cm) für $n = 1$ bis 8 und verbinde die erhaltenen Punkte durch eine Kurve wie in Fig. 11.4. Welcher Parallele zur x-Achse kommt diese Kurve bei wachsendem n beliebig nahe?

Beispiel 3: Bildet man bei der geometrischen Folge $1; \frac{1}{5}; \left(\frac{1}{5}\right)^2; \left(\frac{1}{5}\right)^3; \ldots$ die Summe s_n der n ersten Glieder, so erhält man nach Formel (II) von S. 9:

$$s_n = \frac{1-\left(\frac{1}{5}\right)^n}{1-\frac{1}{5}} = \frac{1-\left(\frac{1}{5}\right)^n}{\frac{4}{5}} = \frac{5}{4}\left[1-\left(\frac{1}{5}\right)^n\right] = \frac{5}{4} - \frac{5}{4}\cdot\left(\frac{1}{5}\right)^n$$

So ist z.B. die Summe der 3, 4, 5 ersten Glieder:

$$s_3 = \frac{5}{4} - \frac{1}{100}; \qquad s_4 = \frac{5}{4} - \frac{1}{500}; \qquad s_5 = \frac{5}{4} - \frac{1}{2500}$$

Nimmt man hinreichend viele Glieder, wählt also n hinreichend groß, so kann dadurch der Bruch $\left(\frac{1}{5}\right)^n$ beliebig nahe an 0 gerückt werden. Entsprechendes gilt offenbar für $\frac{5}{4}\cdot\left(\frac{1}{5}\right)^n$.

2—7369/2⁶

Die Summen s_n unterscheiden sich also schließlich beliebig wenig von der Zahl $\frac{5}{4}$, sie streben
D 3 gegen $\frac{5}{4}$. Man sagt dafür auch: s_n hat für n gegen ∞ den Grenzwert $\frac{5}{4}$. Man schreibt kurz $\lim\limits_{n \to \infty} s_n = \frac{5}{4}$ (lies: limes s_n für n gegen ∞ ist gleich $\frac{5}{4}$).

Bildet man bei der allgemeinen geometrischen Folge $a, aq, aq^2, \ldots$ die Summe s_n der n ersten Glieder, so erhält man nach Formel (II), S. 9, für $q \neq 1$:

$$s_n = a\,\frac{1-q^n}{1-q} = \frac{a}{1-q} - \frac{a}{1-q} \cdot q^n$$

Ist $|q| < 1$ und strebt n gegen unendlich, so strebt nach S 2 q^n gegen 0.

Da $\frac{a}{1-q}$ fest bleibt, strebt also $\frac{a}{1-q} - \frac{a}{1-q} \cdot q^n$ gegen $\frac{a}{1-q}$.

S 4 **Die Summen $s_n = a + aq + aq^2 + \cdots + aq^{n-1}$ streben im Falle $|q| < 1$ mit unbegrenzt wachsendem n gegen den Grenzwert $s = \frac{a}{1-q}$.**

Es ist also: $\lim\limits_{n \to \infty} s_n = s$ oder $\lim\limits_{n \to \infty} a\,\frac{1-q^n}{1-q} = \frac{a}{1-q}$ **für** $|q| < 1$

Geometrischer Beweis (für positives q):

In Fig. 18.1 sind $a, aq, aq^2, \ldots$ und s_n wie in Fig. 11.1 und 11.3 konstruiert. Ist $q < 1$, so schneiden sich die schrägen Geraden in dem „Grenzpunkt“ S.

Nach dem Strahlensatz ist dann

$$\frac{s-a}{s} = \frac{aq}{a} \qquad\qquad s - sq = a$$

$$\frac{s-a}{s} = q \qquad\qquad s = \frac{a}{1-q}$$

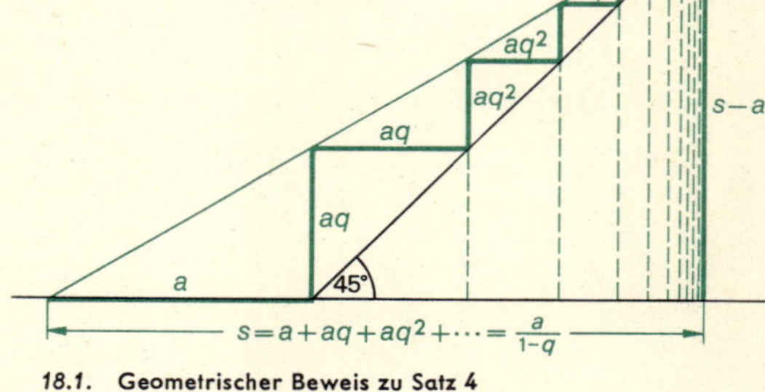

18.1. Geometrischer Beweis zu Satz 4

Zu jeder Folge $a_1, a_2, a_3, \ldots$ kann man die „*Folge der Teilsummen*“ $s_1 = a_1$, $s_2 = a_1 + a_2$, $s_3 = a_1 + a_2 + a_3, \ldots$ bilden. Dafür sagt man auch: Man betrachtet die **„unendliche Reihe“** $a_1 + a_2 + a_3 + \ldots$. Entsprechend sagen wir:

D 4 Man nennt $a + aq + aq^2 + \ldots$ eine **unendliche geometrische Reihe.**

Dies bedeutet: zu der Folge $a, aq, aq^2, \ldots$ soll die **Folge der Teilsummen** $s_1 = a$, $s_2 = a + aq$, $s_3 = a + aq + aq^2, \ldots$ gebildet werden. Tritt die Reihe allerdings in Gleichungen auf (wie z. B. bei D 5), so bedeutet sie dort den Grenzwert der Teilsummen.

D 5 Den Grenzwert $s = \frac{a}{1-q}$ der Summen s_n, der für $|q| < 1$ vorhanden ist, bezeichnet man als die **„Summe“ s der unendlichen geometrischen Reihe** und schreibt kurz

$$s = a + aq + aq^2 + \cdots = \frac{a}{1-q}, \quad |q| < 1$$

D 6 Man sagt dann auch: Die unendliche geometrische Reihe $a + aq + aq^2 + \dots$ ist für $|q| < 1$ **konvergent**[1]. Für $|q| \geqq 1$ und $a \neq 0$ ist die Reihe **divergent**[2]. Die Summen s_n streben in diesem Fall *nicht* gegen einen Grenzwert.

Beispiele für divergente geometrische Reihen:

a) Für $1 + 2 + 4 + 8 + \dots$ ist $q = 2$; $s_n = 2^n - 1$ wächst unbegrenzt für n gegen ∞.
b) Für $1 - 2 + 4 - 8 + - \dots$ ist $q = -2$; s_n wechselt ständig sein Zeichen, $|s_n|$ wächst unbegrenzt.
c) Für $1 + 1 + 1 + \dots$ ist $q = 1$; $s_n = n$ wächst unbegrenzt.
d) Für $1 - 1 + 1 - 1 + \dots$ ist $q = -1$; s_n hat abwechselnd den Wert 1 oder 0, strebt also nicht gegen einen Grenzwert.

Bemerkungen:
1. Die „Summe" einer unendlichen Reihe ist keine Summe im üblichen Sinn, da man immer nur endlich viele Glieder addieren kann. Die Bezeichnung „Summe" stellt lediglich eine Abkürzung für „Grenzwert der Folge von Teilsummen" dar.
2. Ist $|q| < 1$ und bricht man die unendliche Reihe $a + aq + aq^2 + \dots$ nach dem n-ten Glied ab, bildet also die Teilsumme s_n, so unterscheidet sich s_n bei genügend großem n um beliebig wenig von dem Grenzwert s. Der „Fehler" oder „Rest" beträgt:

$$r_n = s - s_n = \frac{a}{1-q} - \frac{a(1-q^n)}{1-q} = \frac{a q^n}{1-q}, \quad |q| < 1$$

Strebt n gegen ∞ so strebt q^n gegen 0, also auch $(s - s_n)$ gegen 0. Es läßt sich aber kein Wert von n angeben, für den $s - s_n = 0$, also $s = s_n$ ist ($a \neq 0$ und $q \neq 0$).

Beispiel 4: In $1 + \frac{1}{2} + \frac{1}{4} + \frac{1}{8} + \dots$ ist $s_n = 2 - \frac{1}{2^{n-1}}$ und $s = 2$ (vgl. Fig. 10.1), also

$$r_n = s - s_n = \frac{1}{2^{n-1}}.$$ Für $n > 10$ ist $r_n < 10^{-3}$, für $n > 20$ ist $r_n < 10^{-6}$.

Periodische Dezimalzahlen als unendliche Reihen

6 Zeige, daß für die Folge der Zehnerbrüche 0,3; 0,03; 0,003; ... die Summe der n ersten Glieder den Wert $s_n = \frac{1}{3} - \frac{1}{3 \cdot 10^n}$ hat. Gegen welchen Grenzwert s strebt s_n, wenn n immer größer wird? Wie groß ist $s - s_n$ für $n = 1; 2; 3; \dots$?

7 Schreibe in Vorüb. 4 die gegebene Folge und die Summen $s_1, s_2, s_3, \dots$ mit Dezimalzahlen. Wie stellt sich jetzt der Grenzwert s als Dezimalzahl dar?

Mit Hilfe von S 4 und der unendlichen geometrischen Reihe ist es möglich, die schon in früheren Klassen aufgetretenen periodischen Dezimalzahlen als Grenzwerte darzustellen.

Beispiel 5: Die periodische Dezimalzahl $0,\overline{7}$ bedeutet:

$$0,\overline{7} = 0,777\dots = \frac{7}{10} + \frac{7}{100} + \frac{7}{1000} + \dots$$

Dies ist eine unendliche geometrische Reihe mit $a = \frac{7}{10}$ und $q = \frac{1}{10}$.

Ihre Summe beträgt: $s = \frac{0,7}{1 - 0,1} = \frac{7}{9}$, also ist $0,\overline{7} = \frac{7}{9}$.

---

1. convérgere (lat.), zusammenlaufen
2. divérgere (lat.), auseinanderlaufen

Bricht man die Dezimalzahl nach der n-ten Stelle nach dem Komma ab, so beträgt der Fehler:

$$r_n = s - s_n = \frac{\frac{7}{10} \cdot \left(\frac{1}{10}\right)^n}{1 - \frac{1}{10}} = \frac{7}{9} \cdot \left(\frac{1}{10}\right)^n$$

Beispiel 6: $0{,}2\overline{36} = 0{,}2\ 36\ 36\ \ldots = \frac{2}{10} + \left(\frac{36}{10^3} + \frac{36}{10^5} + \ldots\right)$

$$= \frac{2}{10} + \frac{36}{10^3} \cdot \frac{1}{1 - \frac{1}{100}} = \frac{2}{10} + \frac{36}{990} = \frac{2}{10} + \frac{4}{110} = \frac{13}{55}$$

S 5 *Jede periodische Dezimalzahl läßt sich als unendliche geometrische Reihe deuten und kann daher mit Hilfe der Summenformel als Bruch geschrieben werden.*

Aufgaben

9. Bestimme die folgenden Grenzwerte:

a) $\lim\limits_{n \to \infty} \left(1 + \frac{1}{2^n}\right)$ b) $\lim\limits_{n \to \infty} \frac{1 - 0{,}9^n}{1 - 0{,}9}$ c) $\lim\limits_{n \to \infty} 6 \cdot \frac{1 - \left(-\frac{5}{8}\right)^n}{1 + \frac{5}{8}}$

Zeichne Punktfolgen wie in Aufg. 1.

10. Bilde bei den folgenden unendlichen geometrischen Reihen die Teilsummen s_n und zeige (wie auf S. 19), daß sie gegen einen Grenzwert s streben, wenn n gegen ∞ strebt. Wie groß ist s und der Fehler, wenn man die Reihe nach dem n-ten Glied abbricht?

a) $1 + \frac{2}{3} + \frac{4}{9} + \frac{8}{27} + \ldots$ b) $5 - \frac{5}{3} + \frac{5}{9} - \frac{5}{27} + - \ldots$

Bestimme in Aufg. 11 bis 14 die Summen der unendlichen geometrischen Reihen.

11. a) $1 + \frac{1}{4} + \left(\frac{1}{4}\right)^2 + \left(\frac{1}{4}\right)^3 + \ldots$ b) $1 + \frac{3}{4} + \left(\frac{3}{4}\right)^2 + \left(\frac{3}{4}\right)^3 + \ldots$

c) $1 - \frac{1}{4} + \frac{1}{16} - \frac{1}{64} + - \ldots$ d) $1 - \frac{3}{4} + \frac{9}{16} - \frac{27}{64} + - \ldots$

12. a) $1 + \frac{5}{6} + \frac{25}{36} + \ldots$ b) $1 - \frac{2}{3} + \frac{4}{9} - + \ldots$

c) $1 - 0{,}4 + 0{,}4^2 - + \ldots$ d) $1 + 0{,}8 + 0{,}64 + \ldots$

13. a) $2 + 2 \cdot \frac{1}{3} + 2 \cdot \left(\frac{1}{3}\right)^2 + \ldots$ b) $4 + \frac{5}{2} + \frac{25}{16} + \ldots$

c) $3 - 2 + \frac{4}{3} - + \ldots$ d) $5 - \frac{3}{2} + \frac{9}{20} - + \ldots$

e) $2{,}5 + 0{,}5 + 0{,}1 + \ldots$ f) $0{,}1 - 0{,}02 + 0{,}004 - + \ldots$

14. a) $1 + \frac{1}{3^2} + \frac{1}{3^4} + \ldots$ b) $1 + \frac{1}{2^3} + \frac{1}{2^6} + \ldots$

c) $\frac{1}{4} - \frac{1}{4^4} + \frac{1}{4^7} - + \ldots$ d) $\frac{1}{5^2} - \frac{1}{5^4} + \frac{1}{5^6} - + \ldots$

15. Verwandle die folgenden periodischen Dezimalzahlen in Brüche:

a) $0,\overline{6}$ b) $0,\overline{5}$ c) $0,\overline{9}$ d) $0,\overline{27}$ e) $0,\overline{09}$

f) $0,\overline{037}$ g) $0,\overline{009}$ h) $0,8\overline{3}$ i) $0,4\overline{72}$ k) $0,74\overline{9}$

16. Wie erkennt man aus Fig. 11.3 und 18.1, daß die unendliche geometrische Reihe $a + a\,q + a\,q^2 + \ldots$ für $q > 1$ divergiert $(a \neq 0)$?

17. a) Erläutere die Konstruktion in Fig. 21.1.
b) Bestimme auf verschiedene Weise die Koordinaten des „Grenzpunktes" G, dem der rechtwinklige Streckenzug zustrebt, falls $0 < q < 1$ ist. c) Was ändert sich bei $q = 1$?

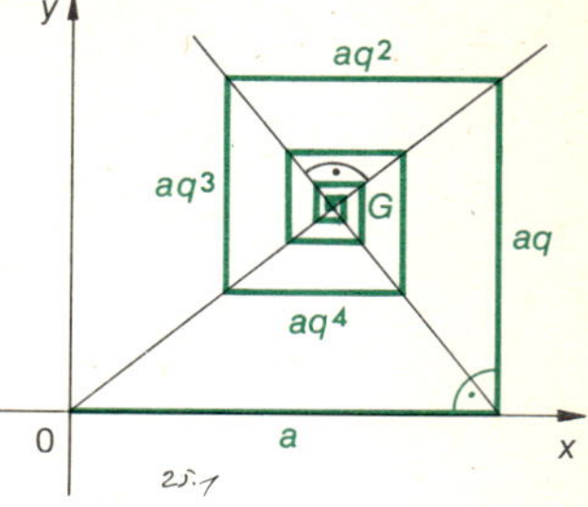

21.1.

Geometrische Aufgaben

18. In ein gleichseitiges Dreieck mit der Seite a wird das Mittendreieck gezeichnet, in dieses wieder das Mittendreieck usw. Wie groß ist die Summe aller Umfänge (Inhalte)?

19. Löse Aufg. 18 für ein Quadrat (regelmäßiges Sechseck).

20. In ein Quadrat mit der Seite a wird der Inkreis gezeichnet, in diesen wieder ein Quadrat usw. Bestimme die Summe der Umfänge (der Inhalte) a) aller Quadrate, b) aller Kreise.

▸ **21.** Übertrage Aufg. 20 auf einen Würfel und dessen Inkugel.

22. In $\triangle\,ABC$ sei $c > b$.
Es wird $\triangle\,C'AC \sim \triangle\,CAB$ gezeichnet, dann $\triangle\,C''AC' \sim C'AC$, usw. Berechne die Summe aller Dreiecksumfänge (Dreiecksinhalte).

Merkwürdiges. Denkaufgaben

24. Sophisma[1] des Philosophen Zeno von Elea (um 450 v. Chr.): Achilles verfolgt eine Schildkröte, die einen Vorsprung von 1 Stadion[2] hat, mit 10facher Geschwindigkeit. Wenn Achilles dahin gelangt, wo die Schildkröte anfangs war, so ist diese um $\frac{1}{10}$ Stadion voraus; hat Achilles diese Strecke durchlaufen, so ist die Schildkröte um $\frac{1}{100}$ Stadion weitergekrochen usw. Achilles kann also die Schildkröte nie einholen. Worin liegt der Trugschluß? Wo holt Achilles die Schildkröte wirklich ein? Zeichne einen „graphischen" Fahrplan dieser Verfolgung (Strecke waagrecht, Zeitachse nach oben; vergleiche Fig. 18.1).

25. Ein Jäger kehrt mit seinem Hund nach Hause zurück. Als beide noch 400 m vom Haus entfernt sind, läuft der Hund voraus, kehrt am Haus wieder um und läuft zurück zu seinem Herrn; dann läuft er wieder heim usw. Welchen Gesamtweg legt der Hund zurück, wenn er die 3fache Geschwindigkeit seines Herrn hat?

28. Berechne näherungsweise mittels geometrischer Reihen: a) $1:0,94$, c) $1:1,08$.

Beispiel: $1:0,97 = \dfrac{1}{1-0,03} = 1 + 0,03 + 0,03^2 + 0,03^3 + \ldots \approx 1 + 0,03 + 0,0009 \approx 1,03.$

29. Gib im Kopf Näherungswerte an für a) $1:0,98$, b) $1:0,986$, c) $1:1,07$.

---

1. Spitzfindige Folgerung, von sophos (griech.) klug 2. rund 192 m

6 Die vollständige Induktion

❶ Setze in dem Term $n^2 + n + 11$ für n nacheinander 1, 2, 3 ... 9. Was für eine Eigenschaft haben die erhaltenen Zahlen? Welche Vermutung liegt nahe? Prüfe sie nach für $n = 10$.

❷ Wiederhole die Herleitung von

$$s_n = 1 + 2 + 3 + \cdots + n = \frac{1}{2} n (n + 1).$$

Für welche Werte von $n \in \mathbb{N}$ gilt der Satz?

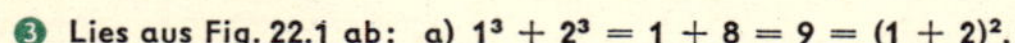

❸ Lies aus Fig. 22.1 ab: a) $1^3 + 2^3 = 1 + 8 = 9 = (1 + 2)^2$,

b) $1^3 + 2^3 + 3^3 = 1 + 8 + 27 = 36 = (1 + 2 + 3)^2 = \left[\frac{1}{2} \cdot 3 \cdot 4\right]^2$

c) $1^3 + 2^3 + 3^3 + 4^3 = 1 + 8 + 27 + 64 = 100 = (1 + 2 + 3 + 4)^2$
$= \left[\frac{1}{2} \cdot 4 \cdot 5\right]^2$

Welche Vermutung ergibt sich hieraus für die Summe $1^3 + 2^3 + 3^3 + \cdots + n^3$?

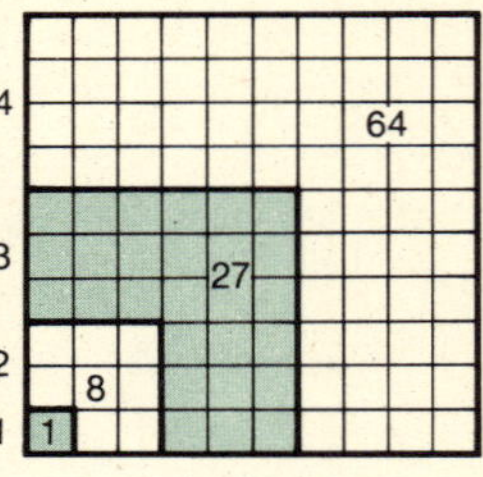

22.1. Summe der Kubikzahlen

In den folgenden drei Beispielen werden wir ein *Beweisverfahren* kennenlernen, das in der Mathematik eine grundlegende Rolle spielt und in vielen Fällen anwendbar ist.

Beispiel 1: Will man ohne die Sätze von Seite 6 die Summe $s_n = 1 + 3 + 5 + \cdots + (2n - 1)$ bestimmen, so liegt es nahe, zunächst Teilsummen anzuschreiben: $s_1 = 1$, $s_2 = 1 + 3 = 4$, $s_3 = 1 + 3 + 5 = 9$, $s_4 = 1 + 3 + 5 + 7 = 16$. Man gelangt so zu der Behauptung:
S 1 $\boldsymbol{s_n = 1 + 3 + 5 + \cdots + (2n - 1) = n^2}$. Sie ist sicher richtig für $n \in \{1, 2, 3, 4\}$.
Wenn man nun weiß, daß für einen *solchen* Wert von n die Formel $s_n = n^2$, also Summe = (Index)^2, gilt, so drängt sich die Frage auf, ob diese Berechnung auch bei den folgenden Werten von n gilt, insbesondere beim nächstgrößeren Wert $n + 1$. Für ihn ist $s_{n+1} = s_n + (2n + 1) = n^2 + (2n + 1)$, also $s_{n+1} = (n + 1)^2$. Man sieht: Gilt die Beziehung Summe = (Index)^2 für irgend einen Wert von n, so gilt sie auch für den nächstgrößeren Wert $n + 1$. Nun kann man sagen: Da die Behauptung $s_n = n^2$ für $n = 4$ gilt, so gilt sie nach dem Vorstehenden auch für $n = 5$; da sie für $n = 5$ gilt, gilt sie auch für $n = 6$, usw. Der Satz 1 gilt also offenbar für jedes beliebig gewählte $n \in \mathbb{N}$.

Beispiel 2: Die Summe der Kubikzahlen $S_n = 1^3 + 2^3 + 3^3 + 4^3 \cdots + n^3$, $(n \in \mathbb{N})$

Bildet man	$s_1 = 1$;	$s_2 = 1 + 2 = 3$;	$s_3 = 1 + 2 + 3 = 6$
und vergleicht mit	$S_1 = 1$;	$S_2 = 1^3 + 2^3 = 9$;	$S_3 = 1^3 + 2^3 + 3^3 = 36$,
so fällt auf, daß	$S_1 = s_1^2$;	$S_2 = s_2^2$;	$S_3 = s_3^2$ ist.

Diese Beispiele und Vorüb. 3 legen die Behauptung nahe, daß für die Summe S_n der n ersten Kubikzahlen gilt: $S_n = 1^3 + 2^3 + 3^3 + \cdots + n^3 = (1 + 2 + 3 + \cdots + n)^2$,

S 2 nach Vorüb. 2 also: $\boldsymbol{S_n = 1^3 + 2^3 + 3^3 + \cdots + n^3 = \frac{1}{4} n^2 \cdot (n + 1)^2}$

Man schreibt kurz: $S_n = \sum_{k=1}^{n} k^3 = \frac{1}{4} n^2 (n + 1)^2$ (lies: „Summe k^3 von $k = 1$ bis n").

Die Behauptung wurde auf Grund der Fälle $n \in \{1, 2, 3\}$ aufgestellt. Wie Vorüb. 1 zeigt, braucht eine Vermutung, die aus Einzelfällen gewonnen wurde, nicht für alle $n \in \mathbb{N}$ richtig zu sein. Ein Beweis von S 2 ist daher nötig, wir führen ihn in 3 Schritten.

Schritt I: Wir stellen fest: Satz 2 ist richtig für $n = 1$ (sogar für $n \in \{1, 2, 3\}$).

Schritt II: Wir nehmen an: S 2 ist richtig für ein gewisses $n \in \mathbb{N}$.

Für dieses n setzen wir also voraus, daß $S_n = \frac{1}{4} n^2 (n + 1)^2$ ist. (*)

Nach der Definition von S_n entsteht S_{n+1} aus S_n durch Addition von $(n + 1)^3$, also ist

$$S_{n+1} = S_n + (n + 1)^3 = \tfrac{1}{4} n^2 \cdot (n + 1)^2 + (n + 1)^3 = \tfrac{1}{4}(n + 1)^2 \cdot [n^2 + 4(n + 1)]$$
$$= \tfrac{1}{4}(n + 1)^2 \cdot (n + 2)^2 .$$

Damit ergab sich gerade auch der Term, den man erhält, wenn man die Formel (*) für $(n + 1)$ statt für n anschreibt. Dies besagt: Wenn S 2 für irgend ein n gilt, so gilt er auch für $n + 1$.

Schritt III: (Folgerung aus *I* und *II*)
Da der Satz für $n = 1$ gilt, so gilt er auch für $n = 2$;
da der Satz für $n = 2$ gilt, so gilt er auch für $n = 3$;
da der Satz für $n = 3$ gilt, so gilt er auch für $n = 4$; usw.

Auf diese Weise kann man die Gültigkeit für ein beliebig gewähltes $n \in \mathbb{N}$ in endlich vielen Schritten aufzeigen.

Beispiel 3: Die **Bernoullische[1] Ungleichung.**

Für $x \neq 0$ ist $(1 + x)^2 = 1 + 2x + x^2 > 1 + 2x$.
Hieraus folgt für $1 + x > 0$: $(1 + x)^3 > (1 + 2x)(1 + x)$, also
$(1 + x)^3 > 1 + 3x + 2x^2 > 1 + 3x$.

S 3 Wir vermuten: $\boldsymbol{(1 + x)^n > 1 + nx}$ für $n > 1$ und $x \neq 0,\ 1 + x > 0$.

Beweis: I) Der Satz ist richtig für $n = 2$.
II) Der Satz gelte für ein gewisses $n \geqq 2$. Für dieses n setzen wir also voraus, daß $(1 + x)^n > 1 + nx$ ist. Dann gilt für $n + 1$ (da ja $1 + x > 0$ ist):

$$(1 + x)^{n+1} = (1 + x)^n \cdot (1 + x) > (1 + nx)(1 + x)$$
$$= 1 + nx + x + nx^2 > 1 + (n + 1)x .$$

Diese Ungleichung erhält man aber gerade in S 3, wenn man n durch $n + 1$ ersetzt. Der Satz gilt also auch für $n + 1$. — Schritt III wie in Beispiel 2 (ohne die erste Zeile). Man sagt:

D 1 Die Sätze in Beispiel 1 bis 3 wurden „**durch Schluß von n auf $n + 1$**" oder „**durch vollständige Induktion**"[2] bewiesen. Dieses Verfahren wird in der Mathematik oft verwendet.

Bemerkungen:

1. In der Naturwissenschaft werden Gesetze oft durch *unvollständige Induktion*, d.h. aus einer begrenzten Anzahl von Einzeltatsachen (z.B. aus Messungen, Experimenten) gewonnen. In der Mathematik dagegen wird durch das Prinzip der vollständigen Induktion die Gesamtheit aller möglichen Fälle bei einem Problem erfaßt und dadurch die Gültigkeit des Ergebnisses für jedes beliebig gewählte $n \in \mathbb{N}$ gesichert.

2. Das Verfahren der vollständigen Induktion kann freilich erst verwendet werden, nachdem die zu beweisende Behauptung gefunden worden ist oder vermutet wird (vgl. Aufg. 2c).

3. Beim Beweis durch vollständige Induktion ist notwendig und hinreichend, daß sowohl der Sachverhalt in Schritt I als auch der in Schritt II erfüllt ist. Schritt III folgt dann aus I und II.

---

1. Jakob Bernoulli (1654—1705), berühmter Mathematiker aus Basel
2. inducere (lat.), hineinführen

Gegenbeispiel 1:
Behauptung: $n^2 + 1$ ist gerade.

Beweis:

I) $n = 1$ ergibt 2. I) ist erfüllt.

II) Ist $n^2 + 1 = 2p$, also gerade, so ist

$$(n+1)^2 + 1 = (n^2+1) + (2n+1) = 2p + (2n+1) = 2(p+n) + 1,$$

also ungerade. II) ist nicht erfüllt, die Behauptung gilt nicht für alle $n \in \mathbb{N}$.

Gegenbeispiel 2:
Behauptung: $n^2 + n + 1$ ist gerade.

Beweis:

I) $n = 1$ ergibt 3; I) ist nicht erfüllt.

II) Ist $n^2 + n + 1 = 2p$, also gerade, so ist

$$(n+1)^2 + (n+1) + 1 = (n^2+n+1) + (2n+2) = 2p + 2n + 2 = 2(p+n+1),$$

also gerade.
I) ist nicht erfüllt. Die Behauptung ist falsch.

Aufgaben

1. Beweise mit vollständiger Induktion folgende (bekannte) Sätze (vgl. § 1 und 2).

a) $1 + 2 + 3 + \cdots + n = \frac{1}{2}n(n+1)$
b) $1 + 4 + 7 + \cdots + (3n-2) = \frac{1}{2}n(3n-1)$
c) $1 + 2 + 4 + \cdots + 2^{n-1} = 2^n - 1$
d) $1 + \frac{1}{2} + \frac{1}{4} + \cdots + \frac{1}{2^{n-1}} = 2\left(1 - \frac{1}{2^n}\right)$

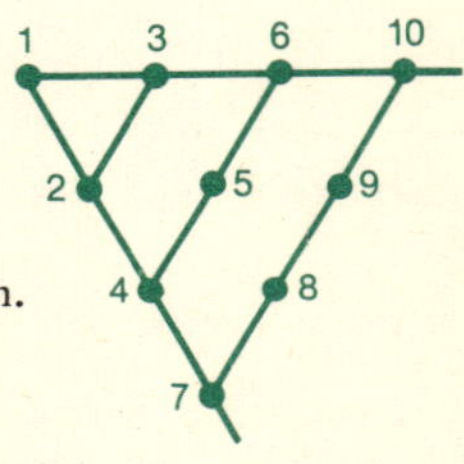

24.1. Dreieckszahlen

2. Die Zahlen 1, 3, 6, 10, ... in Fig. 24.1 nennt man Dreieckszahlen.

a) Erläutere ihre Entstehung.
b) Bilde die Folge ihrer Differenzen und zeige so, daß es sich um eine arithmetische Folge handelt. Welche Ordnung hat sie?
c) Zeige: Die n-te Dreieckszahl heißt $a_n = \frac{1}{2}n \cdot (n+1)$.
d) Beweise: Die Summe $a_n + a_{n+1}$ zweier aufeinander folgender Dreieckszahlen ist eine Quadratzahl:

$$a_n + a_{n+1} = (n+1)^2.$$

e) Beweise durch Schluß von n auf $n+1$: Die Summe der n ersten Dreieckszahlen ist $s_n = \frac{1}{6}n \cdot (n+1) \cdot (n+2)$. Zeige nach b), daß s_n die Form $s_n = an^3 + bn^2 + cn$ hat?

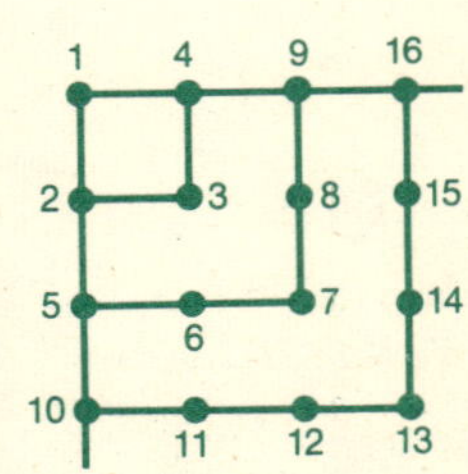

24.2. Viereckszahlen

3. Fig. 24.2 zeigt die Viereckszahlen, Fig. 24.3 die Fünfeckszahlen.

a) Löse die den Aufg. 2 a) bis c) entsprechenden Aufgaben.
b) Setze die Summe der n ersten Vierecks-(Fünfecks-)zahlen in der Form $s_n = an^3 + bn^2 + cn$ an und bestimme a, b und c durch Einsetzen von $n \in \{1, 2, 3\}$.
c) Beweise die Formel durch Schluß von n auf $n+1$.
d) Wende das Verfahren in b) auf die Dreieckszahlen an.

6. Beweise durch Schluß von n auf $n+1$:

$$\sum_{k=1}^{n} k^2 = 1^2 + 2^2 + 3^2 + \cdots + n^2 = \frac{1}{6}n \cdot (n+1) \cdot (2n+1)$$

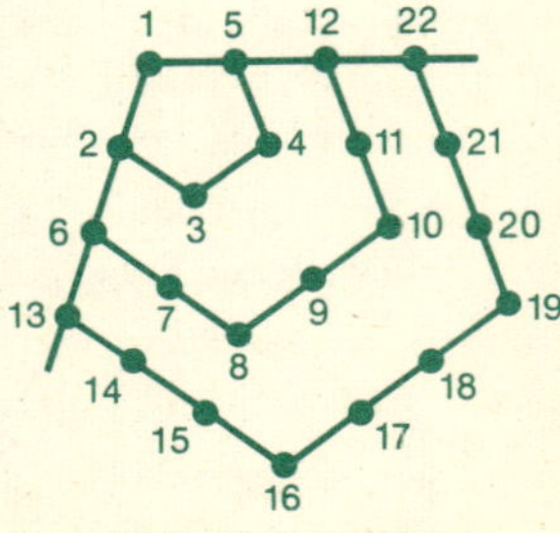

24.3. Fünfeckszahlen

8. Beweise: $\frac{1}{1\cdot 2}+\frac{1}{2\cdot 3}+\frac{1}{3\cdot 4}+\cdots+\frac{1}{n(n+1)}=\frac{n}{n+1}$

9. Zeige: Bildet man bei der Folge 1, 4, 9, 16, … die Differenzen benachbarter Glieder (die Differenzenfolge), so erhält man eine arithmetische Folge 1. Ordnung.

10. Beweise: $n^3 - n$ ist durch 6 teilbar für alle $n \in \mathbb{N}$.

11. Beweise: Die Ungleichung $2^n > 2n + 1$ ist richtig für $n \geqq 3$.

12. Beweise: a) $2^n > n$ für $n \in \mathbb{N}$, b) $2^n > n^2$ für $n \geqq 5$, c) $2^n > n^3$ für $n \geqq 10$.

▸ **13.** Beweise: $7^n - 1$ ist für alle $n \in \mathbb{N}$ durch 6 teilbar.

14. Beweise mit Hilfe der Bernoullischen Ungleichung Satz 1 von S. 20.
(Anleitung: Setze $q = 1 + z$ mit $z > 0$.)

8 Funktionen

Begriff der Funktion

❶ Bei einem Quadrat kann man der Seitenlänge (x cm) den zugehörigen Flächeninhalt (y cm²) zuordnen. Gib für die so definierte „Funktion" die *Zuordnungsvorschrift* in Form einer Gleichung an. Nenne die Menge der Zahlen, die man für x setzen kann (den „*Definitionsbereich*" der Funktion), ferner die Menge der Zahlen, die sich für y ergibt (den „*Wertevorrat*" der Funktion). Zeichne ein Schaubild der Funktion.

Versuche entsprechende Aussagen bei Vorüb. 2 bis 8 zu machen.

❷ Jeder positiven reellen Zahl werde die Zahl 1, jeder negativen die Zahl −1 zugeordnet.

❸ Nimmt man in Vorüb. 1 statt des Quadrats ein Rechteck mit dem Umfang 10 cm (Fig. 25.1). so ist $y = x(5 - x)$.

❹ Zu jedem Winkel gehört ein bestimmter Sinuswert.

❺ Jeder natürlichen Zahl kann man ihre Kehrzahl zuordnen.

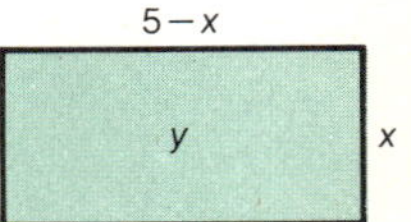

25.1. $y = x(5 - x)$

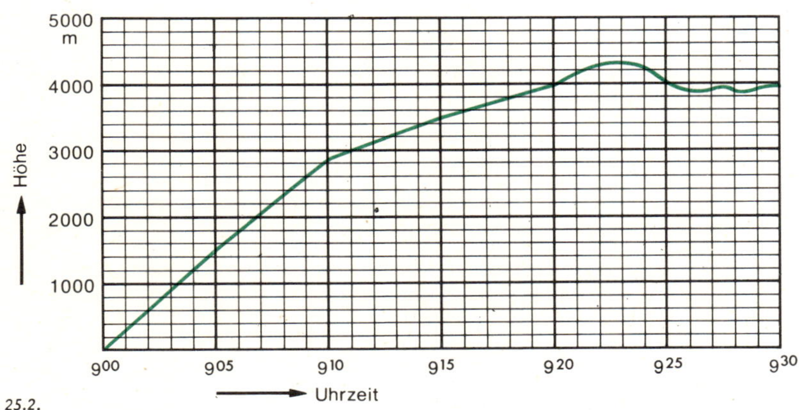

25.2.

❻ In der untenstehenden Tabelle ist das Ergebnis einer Mathematikarbeit in einer Klasse aufgeführt.

Note x	1	2	3	4	5
Anzahl y	3	5	8	6	2

❼ Bei einer Schraubenfeder ruft ein Körper vom Gewicht G (in p) eine Dehnung s (in cm) hervor.

G	50	80	120	150	180	220
s	0,75	1,2	1,8	2,25	2,7	3,3

❽ Der Höhenmesser eines Flugzeugs zeichnet die Kurve in Fig. 25.2 auf. In welchem Bereich von t (von h) gehört zu jedem Wert von t (von h) genau *ein* Wert von h (von t)?

❾ Fig. 26.1 gibt den Wohnort *M, T, U* der Schüler *C, D, E, H, K* an. Fig. 26.2 ihre Zugehörigkeit zum Fußballklub (F), Schachklub (S) und Ruderklub (R). Wodurch unterscheiden sich die beiden Schaubilder?

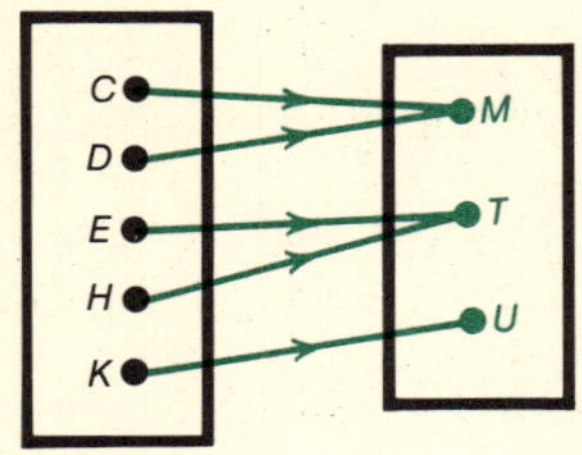

26.1.

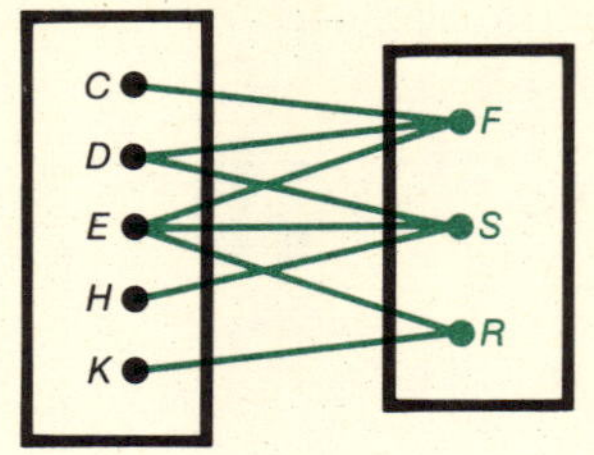

26.2.

Wie die Vorübungen zeigen, bestehen in der Mathematik, in den Naturwissenschaften und in anderen Gebieten des Lebens sehr oft *Zusammenhänge* zwischen den Zahlen oder Größen oder Elementen eines Bereichs und denen eines andern Bereichs: Zur Seitenlänge eines Quadrates gehört ein bestimmter Flächeninhalt; jedem Winkel ist ein Sinuswert zugeordnet, jeder Belastung einer Feder entspricht eine bestimmte Dehnung, usw. Bei einem *solchen* Zusammenhang sagen wir, es liege eine *Funktion* vor; ihre kennzeichnenden Eigenschaften drücken wir in der folgenden Definition aus.

D 1 **Ist jedem Element x einer Menge A als Bild genau ein Element y einer Menge B zugeordnet, so nennt man eine solche Zuordnung eine Funktion** (Fig. 26.3). Verschiedene Elemente von A können *dasselbe* Element von B als Bild haben (26.1 und 26.3). Es kann vorkommen, daß *alle* Elemente von B als Bild erscheinen (Fig. 26.1) oder nur ein Teil von ihnen (Fig. 26.3). Im ersten Fall sagt man: „*A ist auf B abgebildet*", im zweiten Fall: „*A ist in B abgebildet*". Bei uns wird gewöhnlich der 1. Fall vorliegen, da man die Bildmenge von A als Menge B wählen kann. Wir können dann also sagen:

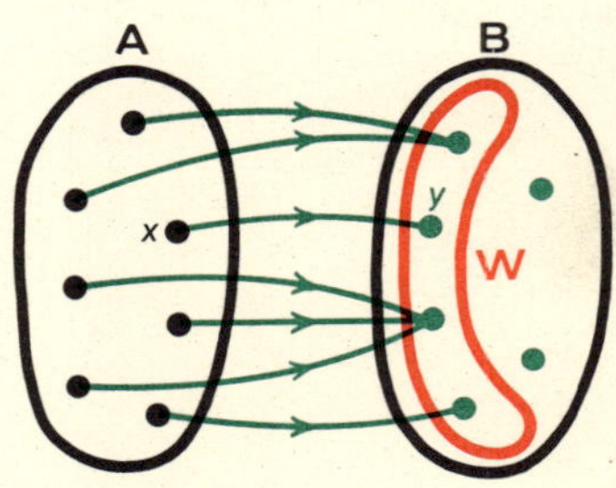

26.3. Funktion $x \to y$

Eine Funktion ist eine eindeutige Abbildung einer Menge A auf eine Menge B.

D 2 Die Menge $\boldsymbol{A}$ der x-Werte heißt der **Definitionsbereich** (Ausgangsbereich) der Funktion, die Menge $\boldsymbol{B}$ der zugeordneten y-Werte ist der **Wertebereich** (Bildbereich) der Funktion.

Die Funktion wird dargestellt durch die Menge der *geordneten Paare* (x, y). Häufig bezeichnet man x als die *unabhängige Variable*, y als die *abhängige Variable* oder als den *Funktionswert*.

D 3 Um die Zuordnung zwischen x und y auszudrücken, schreibt man

$\boldsymbol{x \to y}$ (lies: x abgebildet auf y) oder $\boldsymbol{x \to f(x)}$ (lies: x abgebildet auf f von x).

f bedeutet die *Vorschrift*, nach der man zu $x \in A$ den *Funktionswert* $f(x)$ erhält.

D 3a Man schreibt auch $\boldsymbol{x \to y}$ **mit** $\boldsymbol{y = f(x)}$ und nennt $y = f(x)$ eine *Funktionsgleichung*. Sie wird häufig zur Darstellung der Funktion verwendet (Vorüb. 3). Andere Möglichkeiten der Darstellung sind: Mengenbild, Funktionsgraph, Wertetafel, Menge geordneter Paare (vgl. Vorübungen und Beispiele).

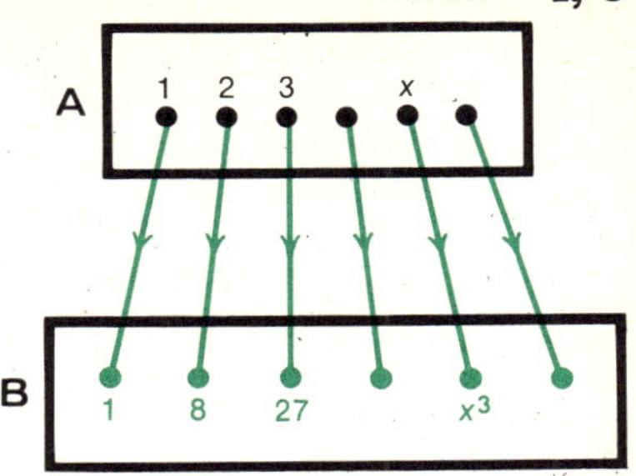

27.1. $x \to x$ mit $y = x^3$

Beispiele: a) Wird der natürlichen Zahl x ihre Kubikzahl y zugeordnet, so schreibt man $x \to y$ mit $y = x^3$ für $x \in \mathbb{N}$ (Fig. 27.1). Die Funktion wird dargestellt durch die Menge der geordneten Paare $\{(1; 1), (2; 8), (3; 27), \ldots, (n; n^3), \ldots\}$. Der Funktionswert ist hier $f(x) = x^3$.

b) Für $x \to y$ mit $y = \lg x$
sei $A = \{x \mid 1 \leqq x \leqq 100\}$;
dann ist $B = \{y \mid 0 \leqq y \leqq 2\}$.

Bemerkungen:

1. In der wichtigen Darstellungsform durch die Funktionsgleichung $y = f(x)$ bedeutet also f die Zuordnungsvorschrift, $f(x)$ bzw. y den Funktionswert. Die Funktion $x \to y$ mit $y = x^3$ läßt sich auch kurz durch $x \to x^3$ oder $y = x^3$ darstellen.

2. Statt „die Funktion $x \to y$ mit $y = f(x)$" sagt man häufig kurz „*die Funktion* $y = f(x)$".

3. Als Variable verwendet man außer x und y auch s, t, u, v, w, z (vgl. $s = \frac{1}{2} a t^2$). Statt $f(x)$ benutzt man häufig $g(x)$, $F(x)$, $y(x)$; vgl. $s = f(t)$, $v = g(t)$, $a = h(t)$.

4. Ist allen Elementen $x \in A$ dasselbe Element c zugeordnet, so schreibt man $x \to c$ oder $y = c$ und sagt:

D 4 *Die Funktion* $x \to c$ *heißt konstante Funktion* (vgl. Fig. 27.2).

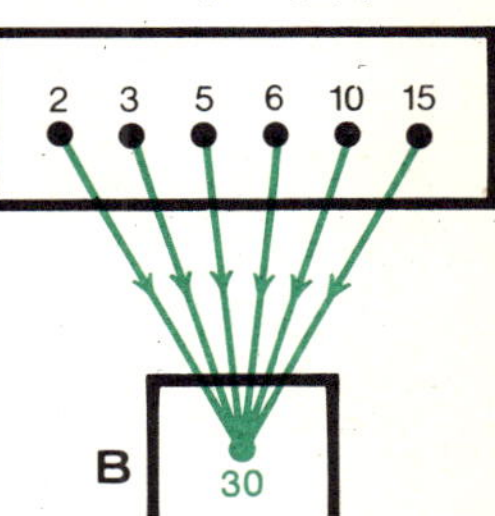

27.2. Konstante Funktion

Aufgaben aus der Geometrie

1. Es bedeute x den Mittelpunktswinkel, y die Fläche eines Kreisausschnitts im Einheitskreis. Gib die Funktion $x \to y$ mittels einer Funktionsgleichung an. Bestimme den Wertebereich für y, wenn der Definitionsbereich $A = \{x \mid 0 \leqq x \leqq 2\pi\}$ ist.

2. Die Kanten eines Quaders verhalten sich wie $1:2:3$. Es bedeute x die kleinste Kante, V den Rauminhalt, O die Oberfläche des Quaders. Drücke die Funktionen $x \to V$ und $x \to O$ durch Funktionsgleichungen aus.

3. Auf einen senkrechten Kreiszylinder mit quadratischem Achsenschnitt ist eine Halbkugel aufgesetzt. Gib a) den Rauminhalt, und b) die Oberfläche des Körpers in Abhängigkeit vom Grundkreisradius r an.

Die Funktion und ihr Graph im Achsenkreuz

Stellt man die geordneten Paare (x, y) einer Funktion $x \to y$ mit $y = f(x)$ in einem Koordinatensystem als Punkte mit den Koordinaten x und y dar, so erhält man eine *Punktmenge*.

D 5 Sie heißt ein **Graph** oder ein *Schaubild* der Funktion.

Beispiele: 1. Vorüb. 6, Fig. 27.3, Paarmenge: M

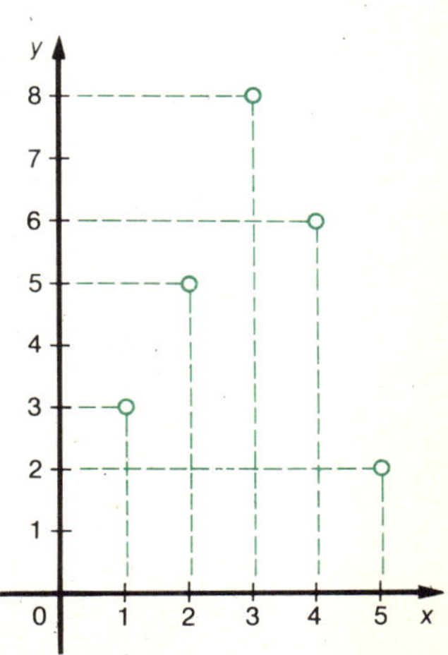

27.3. $M = \{(1; 3), (2; 5), (3; 8), (4; 6), (5; 2)\}$

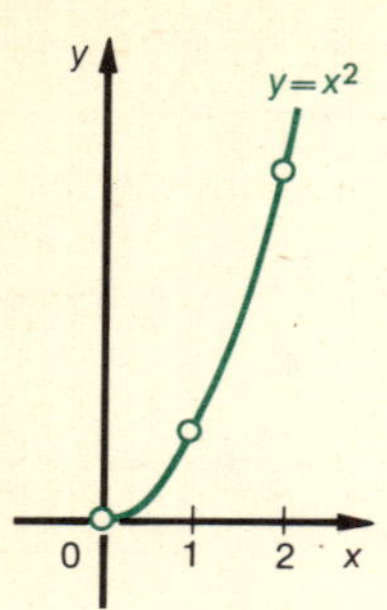

28.1. $x \to x^2$

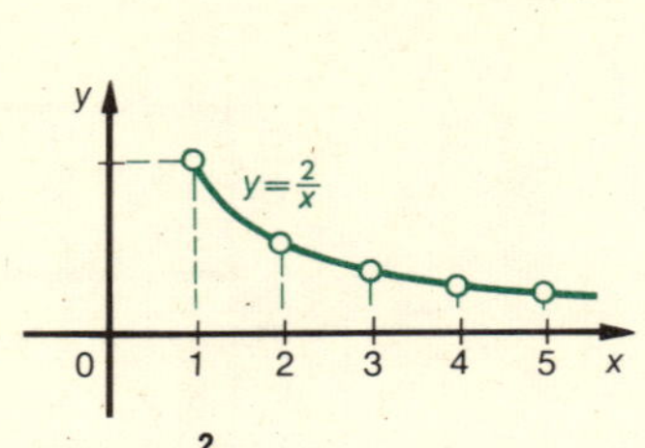

28.2. $x \to \frac{2}{x}$

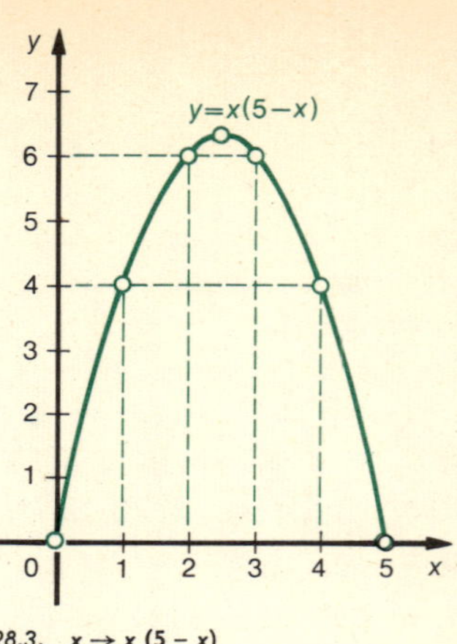

28.3. $x \to x\,(5-x)$

2. Vorüb. 1, Fig. 28.1:

   $x \to x^2;\quad y = x^2,$ $\qquad A = \{x \mid x \geqq 0\},\quad B = \{y \mid y \geqq 0\}.$

3. Fig. 28.2:

   $x \to y$ mit $y = \frac{2}{x},$ $\qquad A = \{x \mid x \geqq 1\},\quad B = \{y \mid 0 < y \leqq 2\}.$

4. Vorüb. 2, Fig. 28.3:

   $x \to x\,(5-x);\quad y = x\,(5-x),$ $\qquad A = \{x \mid 0 \leqq x \leqq 5\},\quad B = \{y \mid 0 \leqq y \leqq 6{,}25\}.$

5. Vorüb. 5, Fig. 28.4:

   $x \to y;\quad y = \frac{|x|}{x},$ $\qquad A = \mathbb{R} \setminus \{0\},\quad B = \{1; -1\}.$

D 6 Ist ein Punkt durch ein Quadrat gekennzeichnet, so gehört er *nicht* zum Schaubild der Funktion.

6. Fig. 28.5:

   $x \to f(x);\quad f(x) = |x^2 - 4|,$ $\qquad A = \mathbb{R},\quad B = \mathbb{R}_0^+$

7. Fig. 28.6: $x \to y$ mit $y = [x].$ $\qquad A = \mathbb{R},\quad B = \mathbb{Z}$

D 7 $[x]$ bedeutet die größte ganze Zahl, die kleiner oder gleich x ist.

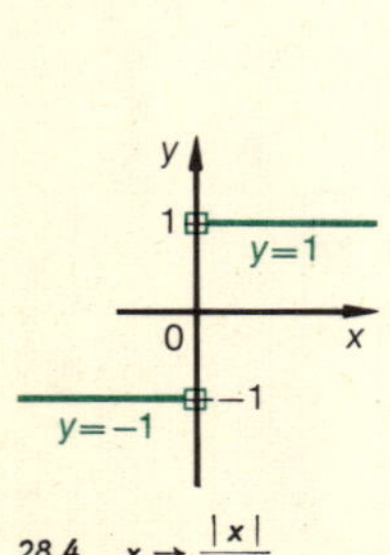

28.4. $x \to \frac{|x|}{x}$

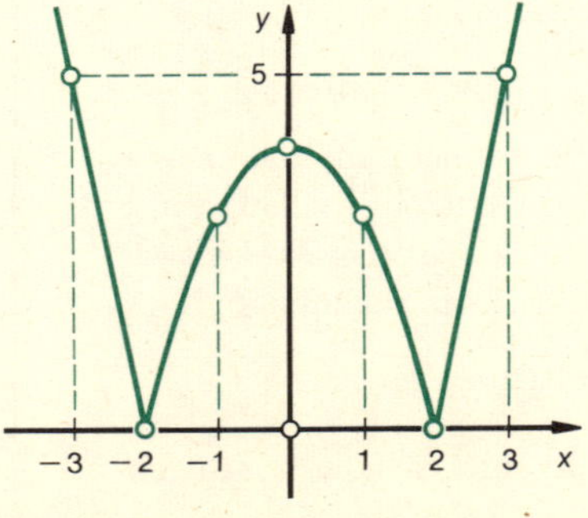

28.5. $x \to |x^2 - 4| \qquad y = |x^2 - 4|$

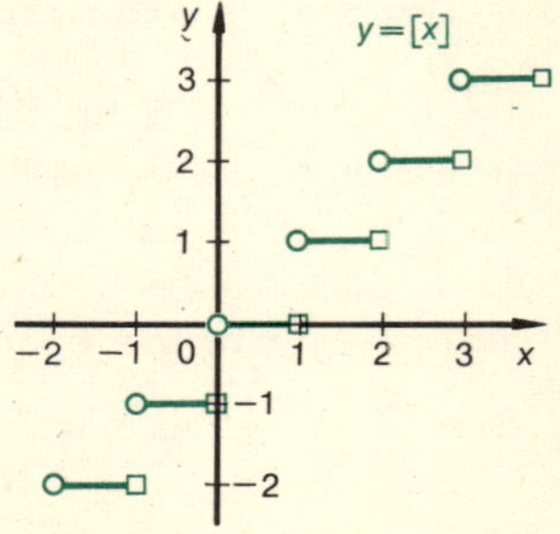

28.6. $x \to [x]$

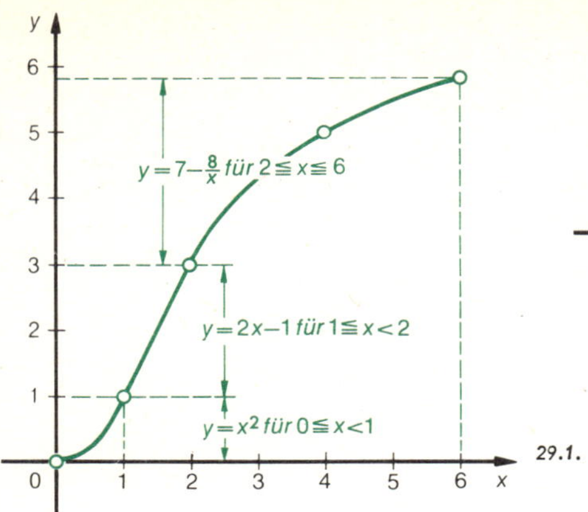

29.1.

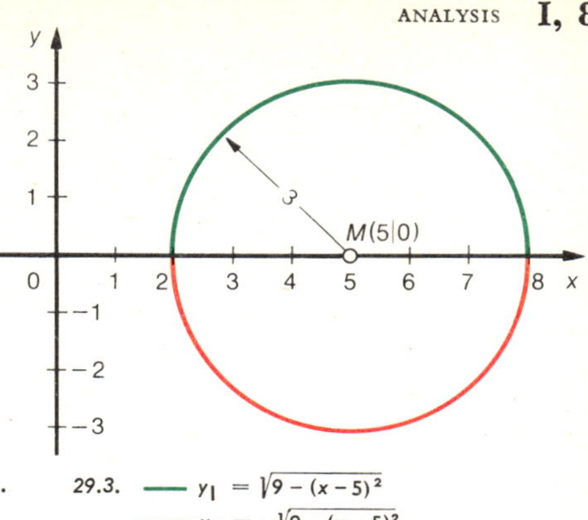

29.3. — $y_I = \sqrt{9-(x-5)^2}$
— $y_{II} = -\sqrt{9-(x-5)^2}$

8. Fig. 29.1: Abschnittsweise Definition

$$y = \begin{cases} x^2 & \text{für } 0 \leqq x < 1 \\ 2x - 1 & \text{für } 1 \leqq x < 2 \\ 7 - \frac{8}{x} & \text{für } 2 \leqq x \leqq 6 \end{cases}$$

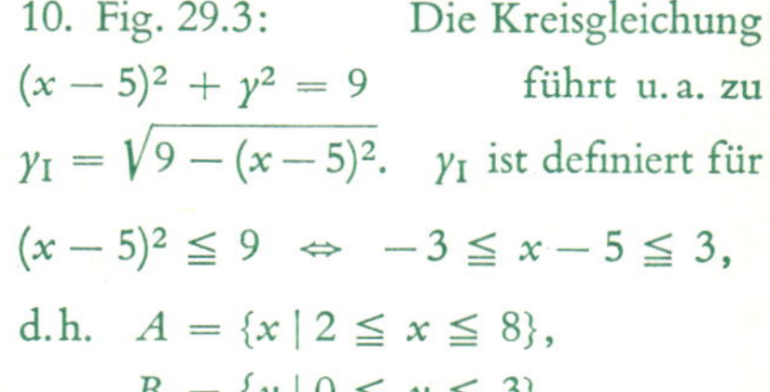

10. Fig. 29.3: Die Kreisgleichung $(x-5)^2 + y^2 = 9$ führt u.a. zu $y_I = \sqrt{9-(x-5)^2}$. y_I ist definiert für $(x-5)^2 \leqq 9 \Leftrightarrow -3 \leqq x - 5 \leqq 3$,

d.h. $A = \{x \mid 2 \leqq x \leqq 8\}$,
$B = \{y \mid 0 \leqq y \leqq 3\}$.

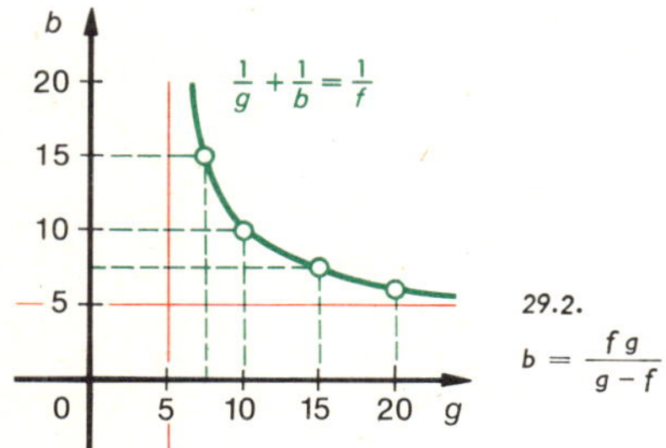

29.2. $b = \frac{fg}{g-f}$

9. Fig. 29.2: In der Optik gilt die Linsengleichung $\frac{1}{g} + \frac{1}{b} = \frac{1}{f}$, also $b = \frac{fg}{g-f}$. Fig. für $f = 5$ cm.

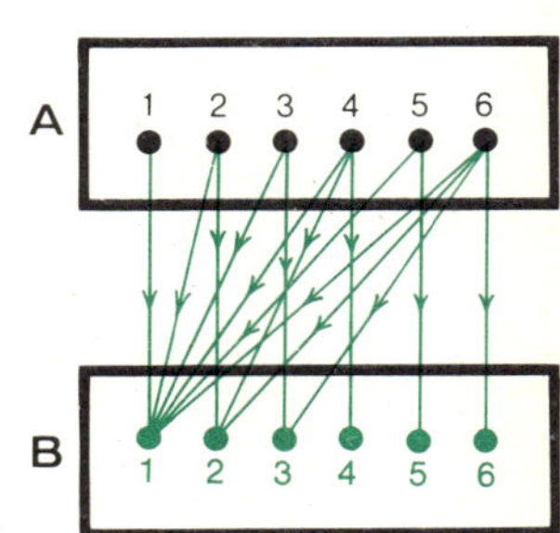

29.4.

Funktion und Relation

Beispiel 11: Die Kreisgleichung $x^2 + y^2 = 1$ führt nicht nur auf $y_I = \sqrt{1-x^2}$ für $|x| \leqq 1$, sondern z.B. auch auf $y_{II} = -\sqrt{1-x^2}$ für $|x| \leqq 1$; aber auch $y = \sqrt{1-x^2}$ für $|x| \leqq 1$ und $x \in \mathbb{Q}$ zusammen mit $y = -\sqrt{1-x^2}$ für $|x| \leqq 1$ und $x \in \mathbb{R} \setminus \mathbb{Q}$ sind Funktionen, die sich aus der Kreisgleichung ergeben. Weil die Zuordnung $x \to y$ die durch die Gleichung $x^2 + y^2 = 1$ vermittelt wird, nicht eindeutig ist, sprechen wir nicht von einer *Funktion*, sondern allgemeiner von einer *Relation*, die durch die Gleichung $x^2 + y^2 = 1$ definiert ist.

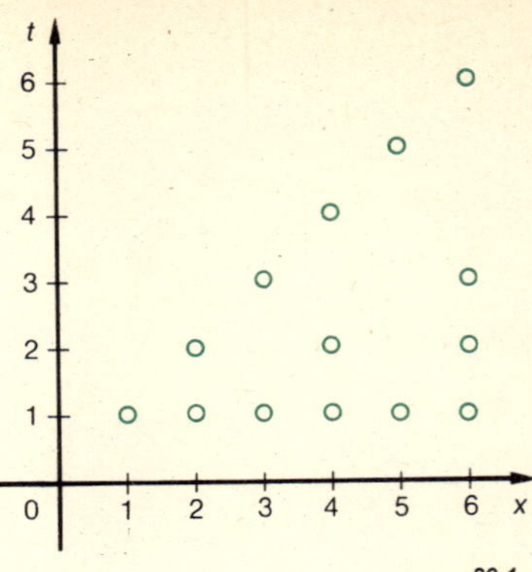
30.1.

Beispiel 12: Auch in Fig. 26.2 (Vorüb. 9) liegt keine Funktion, sondern eine Relation vor, weil den Elementen D und E von A *mehrere* Elemente von B zugeordnet sind. Durch Fig. 26.1 wird dagegen eine Funktion dargestellt.

Beispiel 13: Fig. 30.1 ist ein Graph einer Relation. Hier sind jeder der Zahlen $x \in \{1, 2, 3, 4, 5, 6\}$ ihre Teiler t zugeordnet. Die Relation wird erfüllt durch die Paarmenge $\{(1; 1), (2; 1), (2; 2), (3; 1), (3; 3), (4; 1), (4; 2), (4; 4), (5; 1), (5; 5), (6; 1), (6; 2), (6; 3), (6; 6)\}$. Ein Graph im Achsenkreuz ist für sie in Fig. 30.1 gezeichnet.

Die Beispiele 11 bis 13 führen zu der Definition:

D 8 *Sind jedem Element einer Menge A ein- oder mehrdeutig die Elemente einer Menge B zugeordnet, so nennt man die Zuordnung eine* **Relation** (Fig. 26.2, 29.4, 30.1).

Ist die Zuordnung *eindeutig*, so hat man eine **Funktion**. Eine Funktion ist also ein Sonderfall einer Relation, und zwar ein besonders wichtiger.

Bemerkung: Es gibt Relationen und Funktionen, bei denen die Elemente ein und derselben Menge einander zugeordnet sind (Fig. 29.4). Bei solchen Funktionen wird dann die Menge A in sich bzw. auf sich selbst abgebildet.

Aufgaben

10. Bestimme den Wertebereich B folgender Funktionen und zeichne ihre Schaubilder.
a) $y = 4x - 3$ für $A = \{1; 2; 3; 4; 5\}$ b) $y = \frac{1}{2}x - 3$ für $0 \leqq x \leqq 4$
c) $y = 2^x$ für $A = \{-3; -2; -1; 0; 1; 2; 3\}$ d) $y = \lg x$ für $0 < x \leqq 10$

11. Welche der Zahlenpaare $(1; 1)$, $(2; 0{,}6)$, $(-1; 0)$ sind Zahlenpaare der Funktionen
a) $y = \frac{x+1}{x^2+1}$ für $x \in \mathbb{Z}$ b) $y = 2^x - \frac{1}{2}$ für $x \in \mathbb{R}$ c) $y = \lg x + 1$ für $x \in \mathbb{R}^+$
d) $y = -\frac{3}{10}x^2 + \frac{1}{2}x + \frac{4}{5}$ für $x \in \mathbb{Q}$ e) $y = \frac{5^x - 0{,}2}{4{,}8\,x^2}$ für $x \in \mathbb{N}$?

12. Für $x \to f(x)$ mit $f(x) = x^2$ ist $f(2) = 4$, $f(-2) = 4$, $f(a) = a^2$, $f(x+h) = (x+h)^2$. Berechne ebenso:
a) $f(0)$; $f(1)$; $f(-1)$; $f(-3)$; $f(a)$; $f(a+b)$; $f(x+h)$ für $f(x) = \frac{1}{3}x^3 - x$
b) $g(0)$; $g(2)$; $g(-2)$; $g(x_1)$; $g(-x_1)$; $g(x + \Delta x)$ für $g(x) = \frac{2x}{x^2+4}$
c) $h(0)$; $h(1)$; $h\left(\frac{1}{2}\right)$; $h(\Delta t)$; $h(1+t)$; $h(1-t)$ für $h(t) = \sqrt{1 - t + t^2}$

13. Es ist $u(x) = x + 2$ und $v(x) = \frac{2}{x}$. Bestimme $u + v$; $u \cdot v$; $\frac{u}{v}$; u^2; v^3; 2^v
für a) $x = 4$; b) $x = -4$; c) $x = 0{,}25$.

14. Bestimme den größtmöglichen reellen Definitionsbereich für
a) $y = x^3 - 3x$ b) $y = \frac{1}{x^2+1}$ c) $y = \sqrt{x^2}$ d) $y = 2^x$
e) $y = \frac{1}{x-1}$ f) $y = \frac{1}{2x^2 - 8}$ g) $y = \sqrt{9 - x^2}$ h) $y = \lg x$.

15. Zeichne Graphen: a) $y = \sqrt{2}$, b) $y = -\frac{1}{2}$, c) $y = \lg 1000$, d) $y = 10^{0,301}$

16. Zeichne im angegebenen Bereich die Graphen von
a) $y = \frac{1}{2}x^2 - 5$ für $-2 \leqq x \leqq 3$, b) $y = 4 - \frac{x^2}{4}$ für $-4 \leqq x \leqq 4$.

17. Gib den größtmöglichen reellen Definitionsbereich an und zeichne:
a) $y = |2x|$, b) $y = |x^3|$, c) $y = 2^{|x|}$, d) $y = \frac{x}{|x|}$ e) $y = |\lg x|$

▸ **18.** Zeichne für $-1 \leqq x \leqq 1$ ein Schaubild von a) $y = 1 + [x]$, b) $y = x - [x]$ (vgl. S. 28, Beisp. 7).

19. Zeichne Funktionsgraphen folgender abschnittsweise definierter Funktionen:

a) $y = \begin{cases} x^2 & \text{für } x \leqq 0 \\ x & \text{für } x > 0 \end{cases}$ b) $y = \begin{cases} \frac{1}{x} & \text{für } 0 < x \leqq 1 \\ 2 - x & \text{für } 1 < x \leqq 5 \end{cases}$

c) $s = \begin{cases} 0{,}2\,t^2 & \text{für } 0 \leqq t \leqq 5 \\ 2t - 5 & \text{für } 5 < t \leqq 8 \end{cases}$ d) $F(t) = \begin{cases} 2\sqrt{t} & \text{für } 0 \leqq t < 4 \\ 4 & \text{für } 4 \leqq t \leqq 8 \end{cases}$

Relationen

20. Durch folgende Gleichungen sind Relationen definiert (wieso?). Gib wie in Fig. 29.3 je 2 Funktionen $x \to y$ an, die sich aus den Gleichungen ergeben. Zeichne.
a) $y^2 = x^2$ b) $4x^2 + 4y^2 = 25$ c) $y^2 - 4x = 0$

21. Welche Punktmengen der x, y-Ebene sind durch folgende Relationen bestimmt?
a) $x^2 + y^2 \leqq 4$ b) $y^2 \leqq 2x$ c) $x^2 < 1$ ▸ d) $|x| + |2y| > 4$

e) $\left\{\begin{matrix} x^2 + y^2 \leqq 4 \\ \text{und } \; y \geqq x^2 \end{matrix}\right\}$ ▸ f) $\left\{\begin{matrix} x^2 + y^2 \leqq 16 \\ \text{und } \; y \geqq 4 - |x| \end{matrix}\right\}$ ▸ g) $\left\{\begin{matrix} y \leqq 5 \quad \text{und} \\ y \geqq |4 - x^2| \end{matrix}\right\}$

Beachte: Die 2 Ungleichungen in e) bis g) bedeuten *eine* Relation. Zeige, daß es sich in e) bis g) um den Durchschnitt zweier Mengen handelt.

9 Beschränkte und monotone Funktionen. Umkehrfunktionen

Beschränkte Funktionen

Beispiel 1 (Fig. 31.1): Bei $x \to y$ mit $y = 4 - \frac{6}{x}$ ist für $x \geqq 1$ stets $y \geqq -2$ und $y < 4$.

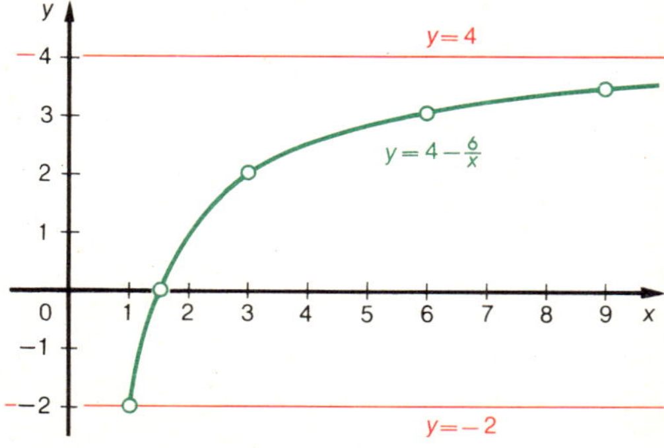

31.1. $-2 \leqq 4 - \frac{6}{x} < 4$ für $x \geqq 1$

D 1 Eine Funktion, die für $x \in A$ definiert ist, heißt **nach oben beschränkt,** wenn es eine Zahl K gibt, so daß $f(x) \leqq K$ für alle $x \in A$ gilt (Fig. 32.1). Sie heißt **nach unten beschränkt,** wenn es eine

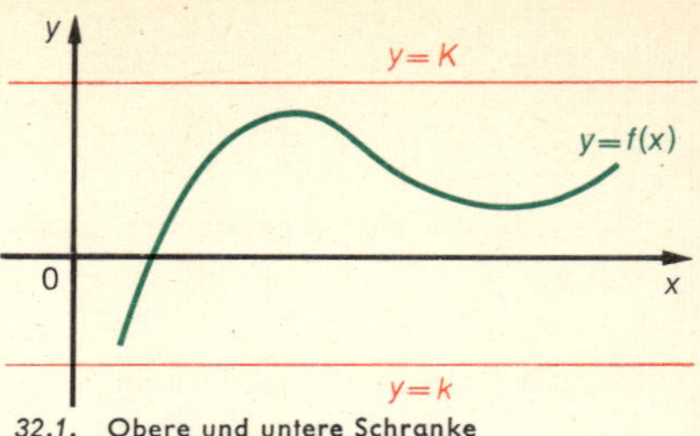

32.1. Obere und untere Schranke

Zahl k gibt, so daß $f(x) \geqq k$ gilt. Eine Funktion heißt **beschränkt,** wenn sie nach **oben und unten** beschränkt ist. Es gibt dann eine Zahl $M > 0$, so daß $|f(x)| \leqq M$ ist für alle $x \in A$. Man nennt k eine **untere Schranke,** K eine **obere Schranke** der Funktion.
Ist k eine untere (K eine obere) Schranke, so ist jede kleinere (größere) Zahl untere (obere) Schranke.
Im Beispiel 1 kann man wählen: $k = -2$, $K = 4$ und $M = 4$.

Aufgabe

1. Gib in Beispiel 1 bis 10 von § 8 an, welche Funktionen auf A beschränkt sind und welche nicht. Nenne untere und obere Schranken. Welche Funktionen sind nur nach oben, welche nur nach unten nicht beschränkt?

Monotone Funktionen

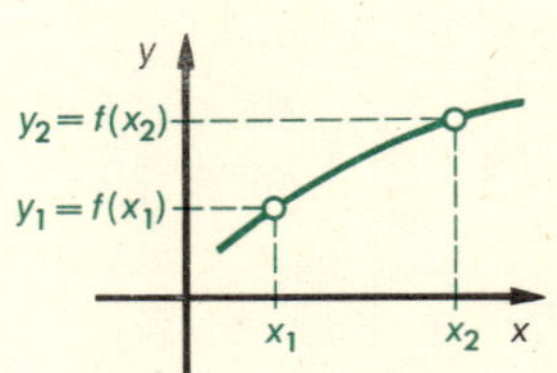

32.2. Strenge Monotonie

Beispiel 2: Ist in Fig. 32.2 $x_2 > x_1$, so ist auch $f(x_2) > f(x_1)$. Wir sehen: wenn x zunimmt, so nimmt auch $f(x)$ zu.

D 2 Die Funktion $x \to f(x)$ heißt in A **streng monoton zunehmend,** wenn für je zwei Werte x_1 *und* x_2 aus A mit $x_2 > x_1$ auch $f(x_2) > f(x_1)$ gilt (Fig. 32.2). Sie heißt **streng monoton abnehmend,** wenn für $x_2 > x_1$ stets $f(x_2) < f(x_1)$ ist. Beides faßt man zusammen unter dem Begriff der „strengen Monotonie".
Ist $f(x_2) \geqq f(x_1)$ oder $f(x_2) \leqq f(x_1)$ für $x_2 > x_1$, so spricht man von *allgemeiner Monotonie* (Fig. 32.3 oder konstante Funktionen). Funktionen können auch „abschnittsweise monoton" sein (Fig. 32.4). Es gibt auch Funktionen, die nirgends monoton sind.

$$\left(\text{Vgl. } x \to f(x) \text{ mit } \begin{cases} f(x) = 1 & \text{für } x \in \mathbb{Q} \\ f(x) = 0 & \text{für } x \in \mathbb{R} \setminus \mathbb{Q}. \end{cases}\right)$$

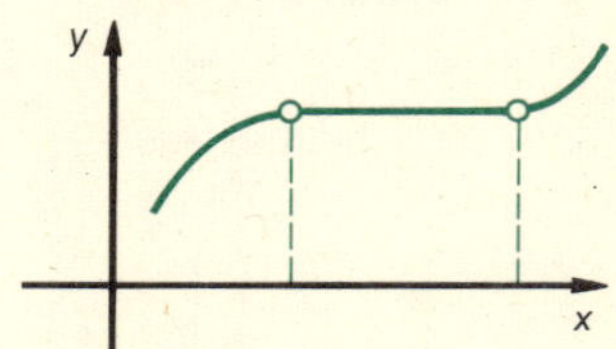

32.3. Allgemeine Monotonie

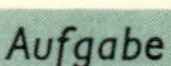

Aufgabe

2. Nenne in Beispiel 1 bis 10 von § 8 Funktionen, die monoton oder abschnittsweise monoton sind.

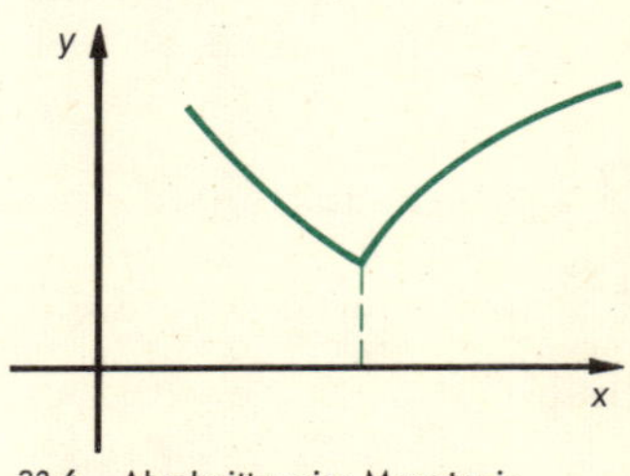

32.4. Abschnittsweise Monotonie

Umkehrfunktionen (Inverse[1] Funktionen)

Aus dem Schaubild einer streng monotonen Funktion $x \to f(x)$ (Fig. 32.2) sieht man, daß nicht nur zu jedem $x \in A$ genau *ein* $y \in B$ gehört, sondern umgekehrt zu jedem $y \in B$ wieder genau das Ausgangselement $x \in A$. Die Funktion $y \to \bar{f}(y)$ (lies: f quer von y), welche den Elementen von B eindeutig diese Elemente von A zuordnet, nennt man die *Umkehrfunktion* (inverse[1] Funktion) zu $x \to f(x)$.

1. inversus (lat.) umgekehrt

Allgemein sagen wir:

D 3 Wird die Menge A durch die Funktion $x \to y$ mit $y = f(x)$ eindeutig auf die Menge B abgebildet und gehören zu verschiedenen Elementen von A stets auch verschiedene Elemente von B (Fig. 32.2), so ist die Paarbildung (x, y) auch in der umgekehrten Richtung eindeutig. Die Menge dieser neuen geordneten Paare (y, x) stellt die Funktion $y \to x$ mit $x = \bar{f}(y)$ dar, die man die **Umkehrfunktion** der Funktion $x \to y$ mit $y = f(x)$ nennt.

Beispiel 3: Funktion $x \to f(x)$: $\{(2;8),(3;27),(4;64)\}$
Umkehrfunktion $y \to \bar{f}(y)$: $\{(8;2),(27;3),(64;4)\}$

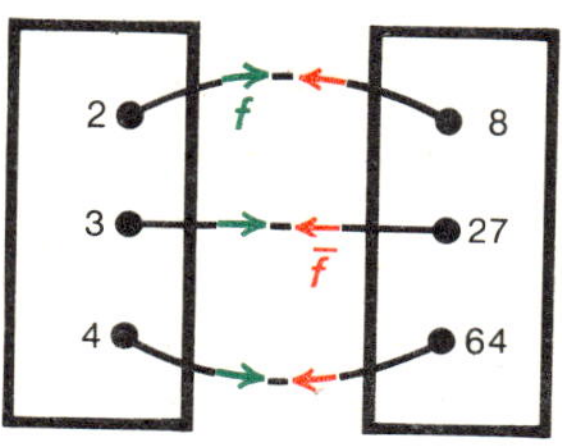

33.1. Funktion und Umkehrfunktion

Die Umkehrfunktion einer Funktion entsteht also, wenn man die Rollen der beiden Mengen A und B als Definitions- und Wertebereich vertauscht und im Mengenbild die Pfeilrichtung umkehrt (Abb. 33.1). Werden die Elemente von A und B durch Variable vertreten, so vertauschen diese ihre Rollen als *unabhängige* und *abhängige* Variable.

Aus den obigen Überlegungen ergibt sich der *Satz* (Fig. 32.2):

S 1 **Zu jeder streng monotonen Funktion gibt es eine Umkehrfunktion.**

Aufgaben

3. Nenne in den Beispielen 1 bis 10 von § 8 die Funktionen, die nach Satz 1 eine Umkehrfunktion haben.

4. Zeige am Beispiel $y = \begin{Bmatrix} 0{,}5\,x & \text{für } 0 \leqq x \leqq 2 \\ -0{,}5\,x + 4 & \text{für } 2 < x \leqq 4 \end{Bmatrix}$, daß der Kehrsatz zu Satz 1 nicht gilt.

Beispiel 4: Gegeben ist $y = x^2$ mit $A = \{x \mid 0 \leqq x \leqq 3\}$ und $B = \{y \mid 0 \leqq y \leqq 9\}$ (Fig. 33.2). Um die Zuordnungsrichtung umzukehren, löst man $y = x^2$ nach x auf und

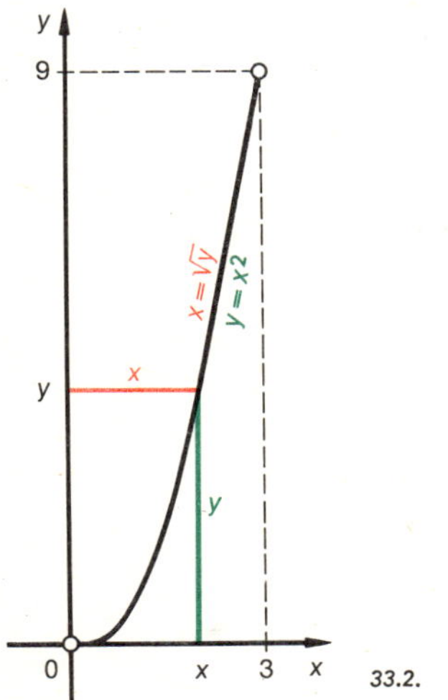

33.2.

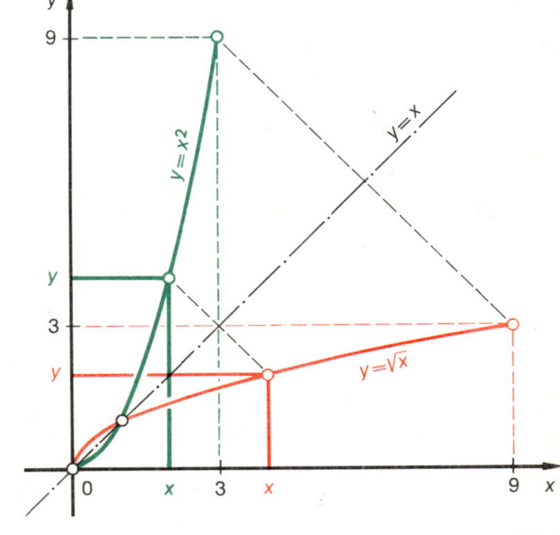

33.3.

3—7369/2[6]

erhält $x = \sqrt{y}$ mit $\bar{A} = \{y \mid 0 \leqq y \leqq 9\}$ und $\bar{B} = \{x \mid 0 \leqq x \leqq 3\}$. Ausgangsbereich und Bildbereich haben ihre Rollen vertauscht. Will man wieder, wie es in der Mathematik üblich ist, die unabhängige Variable x nennen, so vertauscht man die Zeichen y und x und erhält die *Umkehrfunktion von* $y = x^2$ *in der Form* $y = \sqrt{x}$ mit $\bar{A} = \{x \mid 0 \leqq x \leqq 9\}$ und $\bar{B} = \{y \mid 0 \leqq y \leqq 3\}$. Vgl. Fig. 33.2 und 3.

$y = x^2$ und $x = \sqrt{y}$ haben dasselbe Schaubild.	Die Vertauschung von x und y bedeutet: Der Graph wird an der Gerade mit der Gleichung $y = x$ gespiegelt.

R *Ist eine umkehrbare Funktion durch eine Gleichung $y = f(x)$ gegeben, so erhält man die Gleichung $y = \bar{f}(x)$ ihrer Umkehrfunktion, indem man $y = f(x)$ nach x auflöst sowie Definitions- und Wertebereich vertauscht und dann in der neuen Gleichung und in den Bereichen die Buchstaben x und y vertauscht.*

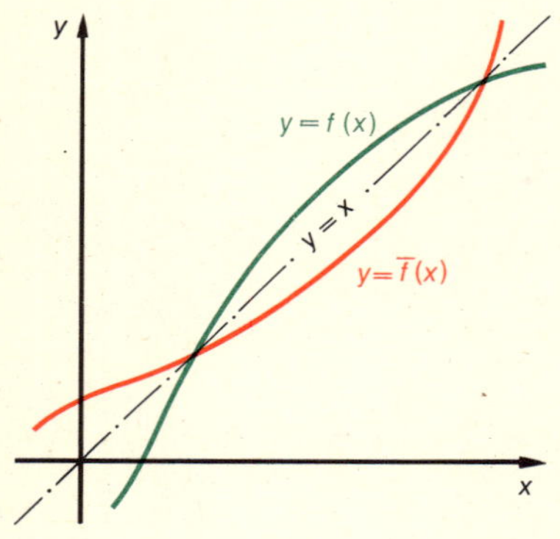

34.1.

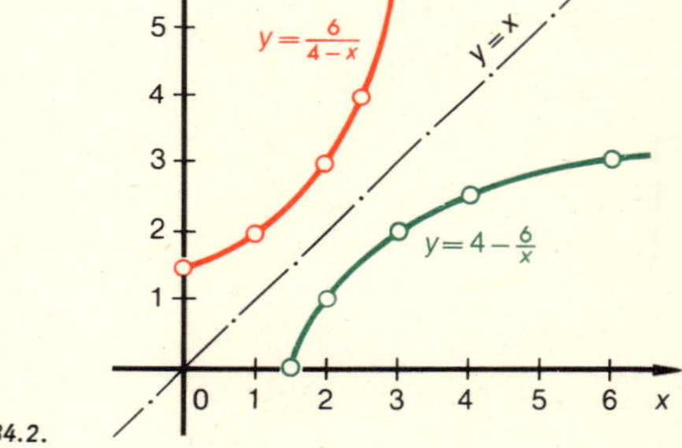

34.2.

R *Der Graph der Umkehrfunktion entsteht, indem man das Schaubild der Ausgangsfunktion an der Gerade mit der Gleichung $y = x$ spiegelt* (Fig. 33.3 und 34.1 und 34.2).

Beispiel 5 (Fig. 34.2): $y = 4 - \frac{6}{x}$ $\begin{cases} A = \{x \mid x \geqq 1{,}5\} \\ B = \{y \mid 0 \leqq y < 4\} \end{cases}$

Auflösen nach x, Vertauschen der Bereiche	$x = \frac{6}{4 - y}$ $\begin{cases} \bar{A} = \{y \mid 0 \leqq y < 4\} \\ \bar{B} = \{x \mid x \geqq 1{,}5\} \end{cases}$	Es ist dann also
Vertauschen von x mit y	$y = \frac{6}{4 - x}$ $\begin{cases} \bar{A} = \{x \mid 0 \leqq x < 4\} \\ \bar{B} = \{y \mid y \geqq 1{,}5\} \end{cases}$	$\bar{A} = B$ $\bar{B} = A$

Bemerkung: Das Wesentliche bei der Aufstellung einer Umkehrfunktion ist die Änderung der Zuordnungs*richtung* zwischen den beiden Bereichen. Der Tausch der Zeichen x und y ist nur üblich. In der Physik kennt man diese Gewohnheit nicht. Aus dem Ohmschen Gesetz der Form $U = R \cdot I$ errechnet der Physiker immer $I = \frac{U}{R}$.

Aufgaben

5. Welche der folgenden Funktionen sind nach oben, welche nach unten beschränkt? Welche sind also beschränkt?

a) $y = 5 - \frac{1}{x}$; $x > 0$ b) $y = 7 + \frac{1}{x}$; $x < 0$

c) $y = 2^x$; $-\infty < x < \infty$ d) $y = \frac{2x}{x+1}$; $x \geqq 0$. Zeichne Schaubilder!

6. Welche Funktionen in Aufg. 5 (in Aufg. 19 von § 8) sind monoton? Welche sind streng monoton zunehmend, welche streng monoton abnehmend? Welche sind abschnittsweise monoton?

7. Welche Funktionen der Aufg. 6 sind im angegebenen Bereich umkehrbar? Gib die Umkehrfunktionen an.

8. a) Gib eine Funktion an, die in $0 \leqq x \leqq 2$ monoton zunehmend ist, aber in $0 \leqq x \leqq 3$ nicht monoton ist. b) Dasselbe für $1 \leqq x \leqq 3$ und $0 \leqq x \leqq 4$.

10 Zahlenfolgen

In § 1 bis § 6 haben wir schon eine Anzahl spezieller Zahlenfolgen betrachtet. Von jetzt ab beschäftigen wir uns mit Folgen beliebiger Art. Dabei werden wir einige schon bekannte Begriffe zur Wiederholung erneut definieren.

❶ Gib bei den nachstehenden Zahlenfolgen an, ob sie wohl nach einem bestimmten Gesetz gebaut sind. Wie könnte man ein solches Gesetz angeben?

a) $1, \frac{1}{4}, \frac{1}{9}, \frac{1}{16}, \frac{1}{25}, \ldots$ b) 4, 7, 10, 13, 16, 19, ...

c) 5, 10, 20, 40, 80, ... d) 2, 8, 18, 32, 50, 72, ...

e) In den Klassenarbeiten Nr. 1 bis 8 erhielt ein Schüler die Noten 4, 2, 5, 3, 4, 2, 2, 3.

f) Der Halleysche Komet erschien in den Jahren 1531, 1607, 1682, 1758, 1834, 1910.

❷ Gib in Vorüb. 1 a) bis d) das n-te Glied a_n so an, daß sich aus ihm die angegebenen Glieder berechnen lassen

❸ Setze statt n nacheinander 1, 2, 3, 4, ... und schreibe die ersten 5 Glieder der Folge an, für welche a_n gleich

a) $2n + 1$ b) n^3 c) $\left(\frac{1}{2}\right)^n$ d) $(-1)^{n+1}$ e) n^n ist.

❹ Bei einer Folge ist $a_1 = 1$ und $a_{n+1} = a_n^2 + 1$ Gib a_2 bis a_6 an.

❺ Inwiefern ist durch jede der Folgen in Vorüb. 1 und 4 eine Funktion festgelegt? Gib den Definitionsbereich an.

D 1 Ordnet man den Elementen 1, 2, 3, ... n, ... von ℕ durch irgendeine Vorschrift je eine reelle Zahl zu, so ist dadurch eine **unendliche Zahlenfolge** definiert. Eine unendliche Zahlenfolge ist also eine *Funktion*, deren Definitionsbereich A die Menge ℕ ist (vgl. S. 26).

D 2 Ordnet man den Elementen der endlichen Menge $A_n = \{1, 2, 3, \ldots n\}$ je eine reelle Zahl zu, so entsteht eine **endliche Zahlenfolge.**

Beispiele: Alle Folgen in den Vorübungen außer 1 e) und 1 f) sind unendlich.

D 3 Bei einer Folge bezeichnen wir die *Glieder* nacheinander mit $a_1, a_2, a_3, \ldots a_n, \ldots$. Man nennt a_n das n-te Glied. Die durch die Folge ausgedrückte *Funktion* kann man dann in der Form schreiben: $n \to a_n$ mit $a_n = f(n)$ für $n \in \mathbb{N}$.

Beispiele:

1. $n \to \frac{1}{n^2}$ für $n \in \{1; 2; 3; 4\}$ bedeutet die endliche Folge $1, \frac{1}{4}, \frac{1}{9}, \frac{1}{16}$.

2. $a_n = \frac{n^2}{n+1}$ für $n \in \mathbb{N}$ gibt die unendliche Folge $\frac{1}{2}, \frac{4}{3}, \frac{9}{4}, \frac{16}{5}, \ldots, \frac{n^2}{n+1}, \ldots$

3. $a_n = 2 - \frac{1}{2^{n-1}}$ für $n \in \mathbb{N}$ gibt die Folge $1, 1\frac{1}{2}, 1\frac{3}{4}, 1\frac{7}{8}, 1\frac{15}{16}, \ldots, 2 - \frac{1}{2^{n-1}}, \ldots$

Bemerkungen:

1. Bei unendlichen Folgen lassen wir von jetzt ab häufig die Angabe $n \in \mathbb{N}$ weg und fügen dafür, wo dies möglich ist, am Schluß 3 Punkte an (vgl. Bsp. 2 und 3).

2. Haben zwei Folgen dieselben Glieder, aber in verschiedener Reihenfolge, so sind die Folgen verschieden. Beispiel: $1, 2, 3, 4, 5, 6, 7, \ldots$ und $1, 3, 2, 5, 4, 7, 6, \ldots$.

3. Statt der Vorschrift $a_n = f(n)$ kann man außer a_1 auch die Vorschrift angeben, wie sich a_{n+1} aus a_n berechnen läßt.

Beispiel 4: $a_1 = 1, \quad a_{n+1} = a_n^2 + 1$ gibt $1, 2, 5, 26, \ldots$

Man sagt dann: $a_{n+1} = a_n^2 + 1$ ist eine *Rekursionsformel*[1].

D 4 Wie wir in § 5 S. 18 gesehen haben, nennt man $a_1 + a_2 + a_3 + \cdots$ eine **unendliche Reihe.** Dies bedeutet, daß zu der Folge (a_n) die *Folge der „Teilsummen"* $s_1 = a_1, \; s_2 = a_1 + a_2, \; s_3 = a_1 + a_2 + a_3, \cdots$ gebildet werden soll. Die n-te *Teil*summe lautet $s_n = a_1 + a_2 + a_3 + \cdots + a_n$.
Mit Hilfe des Summenzeichens Σ schreiben wir kurz:

$$a_1 + a_2 + a_3 + \cdots + a_k + \cdots + a_n = \sum_{k=1}^{n} a_k$$ (lies: Summe a_k von $k = 1$ bis n)

$$\text{bzw. } a_1 + a_2 + a_3 + \cdots + a_k + \cdots = \sum_{k=1}^{\infty} a_k$$ (lies: Summe a_k von $k = 1$ bis unendlich)

Beispiel 5: $\sum_{k=1}^{4} k^3 = 1^3 + 2^3 + 3^3 + 4^3 = 1 + 8 + 27 + 64 = 100$ (vgl. S. 22)

Beispiel 6: $\sum_{k=1}^{\infty} \frac{1}{2^{k-1}} = 1 + \frac{1}{2} + \frac{1}{2^2} + \frac{1}{2^3} + \cdots = 1 + \frac{1}{2} + \frac{1}{4} + \frac{1}{8} + \cdots$

In Beispiel 6 lautet die Folge der Teilsummen: $s_1 = 1; \quad s_2 = 1 + \frac{1}{2}; \quad s_3 = 1 + \frac{1}{2} + \frac{1}{4}$;
allgemein: $s_n = 1 + \frac{1}{2} + \frac{1}{2^2} + \cdots + \frac{1}{2^{n-1}} = 2 - \frac{1}{2^{n-1}}$. Hier ist $\lim_{n \to \infty} s_n = 2$ (vgl. S. 19).

Beispiel 7: $a_n = n - \frac{1}{n}$

Definitionsbereich: n	1	2	3	4	5	...	k
Wertebereich: a_n	0	$1\frac{1}{2}$	$2\frac{2}{3}$	$3\frac{3}{4}$	$4\frac{4}{5}$	...	$k - \frac{1}{k}$

1. recurrere (lat.), zurücklaufen

Aufgaben

1. Berechne die ersten 5 Glieder einer Folge, wenn a_n durch eine Rechenvorschrift gegeben ist. Zeichne ein Schaubild. In d) ist $n! = 1 \cdot 2 \cdot 3 \cdots n$, lies: n Fakultät.)

a) $a_n = n + \frac{1}{n}$ b) $a_n = \frac{n^2}{n+1}$ c) $a_n = \frac{2^n}{n^2}$ d) $a_n = (-1)^n \cdot \frac{2n+1}{n!}$

2. Gib einen Term für a_n an, so daß sich für $n \in \{1, 2, 3, 4, 5, 6\}$ die Folgen ergeben:

a) $1, -\frac{1}{2}, \frac{1}{3}, -\frac{1}{4}, \frac{1}{5}, -\frac{1}{6}$ b) $\frac{1}{2}, \frac{2}{3}, \frac{3}{4}, \frac{4}{5}, \frac{5}{6}, \frac{6}{7}$ c) 0; 1; 0; 1; 0; 1

d) 1,1; 1,01; 1,001; 1,0001; 1,00001; 1,000001 ▸e) 1; 3; 6; 10; 15; 21

3. Läßt sich a_{n+1} aus a_n oder aus a_n und a_{n-1} berechnen, so sagt man, a_{n+1} lasse sich durch Rekursion bestimmen. Gib die ersten 4 Glieder der Folge an, wenn a_1 (bzw. auch a_2) und eine Rekursionsformel gegeben sind.

a) $a_1 = 2;\quad a_{n+1} = \frac{1}{2} a_n + 2$ b) $a_1 = 1;\quad a_{n+1} = \frac{1}{a_n} + 1$

c) $a_1 = 1;\quad a_2 = 2;\quad a_{n+2} = a_{n+1} + a_n$ d) $a_1 = 1;\quad a_2 = -2;\quad a_{n+1} = a_n \cdot a_{n-1}$

Beschränkte und monotone Zahlenfolgen

Folgen sind Funktionen; die Begriffe „beschränkt" und „monoton" treten daher auch bei Folgen auf. Insbesondere haben sie Bedeutung bei unendlichen Folgen; hier interessiert vor allem das Verhalten für große n. In Anlehnung an D 1 von S. 31 sagen wir:

D 6 Eine Zahlenfolge heißt *nach oben (unten) beschränkt*, wenn es eine Zahl K (k) gibt, so daß für alle Glieder a_n der Folge gilt: $a_n \leqq K$ ($a_n \geqq k$).
Eine Folge heißt *beschränkt*, wenn sie *nach oben und nach unten* beschränkt ist. Für alle $n \in \mathbb{N}$ ist dann also $k \leqq a_n \leqq K$, bzw. $|a_n| \leqq M$, $(M \in \mathbb{R}^+)$. k heißt *untere Schranke*, K heißt *obere Schranke* der Zahlenfolge. Eine untere Schranke darf man verkleinern, eine obere Schranke darf man vergrößern.

Beispiel 3 (S. 36): Hier ist $1 \leqq a_n < 2$; also $|a_n| < 2$, also z. B. $k = 1$, $K = 2$; $M = 2$.

Beispiel 8: $a_n = (-1)^n \cdot \frac{1}{n}$ gibt $-1, \frac{1}{2}, -\frac{1}{3}; \frac{1}{4}, \ldots$; also $-1 \leqq a_n \leqq \frac{1}{2}$; $|a_n| \leqq 1$.

D 7 Eine unendliche Zahlenfolge, die keine obere oder keine untere Schranke besitzt, heißt **nicht beschränkt.**

Beispiel 7: Bei $a_n = n - \frac{1}{n}$ kann man $k = 0$ wählen; K ist nicht vorhanden.

Beispiel 9: Bei $a_n = (-2)^n$ ist weder k noch K vorhanden.

D 8 Eine Zahlenfolge heißt **monoton steigend (fallend)**, wenn für alle $n \in \mathbb{N}$ immer $a_{n+1} \geqq a_n$ ($a_{n+1} \leqq a_n$) ist. Sie ist **streng monoton steigend (fallend)**, wenn stets $a_{n+1} > a_n$ ($a_{n+1} < a_n$) ist. Beachte das Fehlen des Gleichheitszeichens.

Beispiel 10: $a_n = \frac{1}{n}$ ergibt eine beschränkte und streng monoton fallende Folge.

Beispiel 7: $a_n = n - \frac{1}{n}$ gibt eine nicht beschränkte und streng monoton steigende Folge.

Beispiel 11: $a_n = 5$ gibt eine *konstante Folge*; sie ist gleichzeitig monoton steigend und monoton fallend.

Aufgaben

4. Welche Folgen in Aufg. 1 bis 3 sind a) nach oben beschränkt, b) nach unten beschränkt, c) beschränkt, d) monoton steigend, e) monoton fallend?

5. Beantworte dieselben Fragen und gib Schranken an, wenn a_n für $n \in \mathbb{N}$ gegeben ist durch:

a) $\frac{n-1}{n}$ b) $\frac{n^2+12}{n}$ c) $\lg n$ d) $(-1)^n \cdot \frac{n+1}{n^2}$ e) $(-3)^{-n}$ f) $10^{\frac{1}{n}}$

6. Wähle $x \in \mathbb{N}$ in $y = \frac{4}{x} + \frac{x}{4}$ $(y = 16x \cdot 2^{-x})$.
Von wo ab ist Monotonie vorhanden?

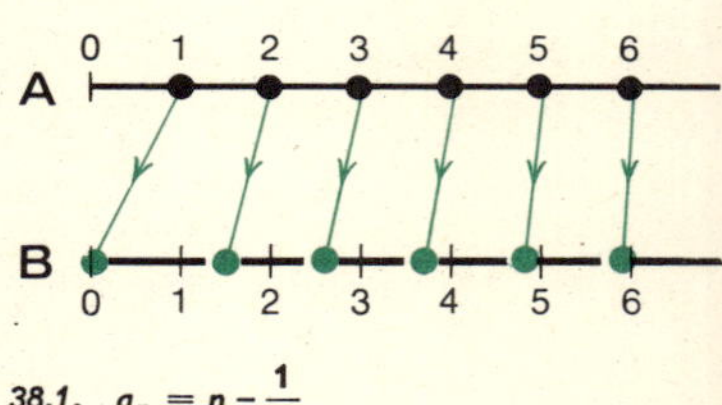

38.1. $a_n = n - \frac{1}{n}$

Intervall und Umgebung

Stellt man die Glieder einer Zahlenfolge durch Punkte auf der Zahlengerade dar (Fig. 38.1), so liegen diese Bildpunkte bei einer beschränkten Folge zwischen k und K.

D 9 Ist $a, b \in \mathbb{R}$ und $a < b$ (Fig. 38.2), so nennt man die Menge aller Zahlen $x \in \mathbb{R}$, welche die Ungleichung $a \leqq x \leqq b$ oder auch $a < x < b$ erfüllen, ein **Intervall.** Im ersten Fall gehören die Endpunkte dazu, das Intervall heißt *abgeschlossen*. Im zweiten Fall heißt das Intervall *offen*.

D 10 Statt „Intervall $a \leqq x \leqq b$" schreibt man oft kurz „Intervall $[a, b]$". Statt „Intervall $a < x < b$" schreibt man entsprechend „Intervall $]a, b[$". Wenn wir $[a, b]$ schreiben, soll stets $a \leqq b$ sein, bei $]a, b[$ ist $a < b$.

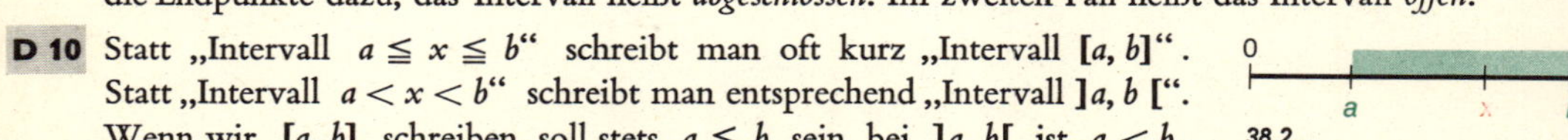

38.2.

D 11 Unter **Umgebung** einer Zahl x_0 versteht man ein offenes Intervall, dem die Zahl x_0 angehört.

Beispiel 12: $]1; 4[$ ist eine Umgebung von 2, auch von 3,5, nicht aber von 4.

Beispiel 13: Die Glieder der Folge mit $a_n = (-1)^n \cdot \frac{1}{n}$ liegen im Intervall $-1 \leqq x \leqq \frac{1}{2}$, aber z.B. auch im Intervall $[-5, 7]$ und auch in $]-5, 7[$. Es ist auch $|a_n| \leqq 1$.

7. Wie unterscheiden sich die Intervalle $0 \leqq x \leqq 2$; $0 < x < 2$; $0 \leqq x < 2$; $0 < x \leqq 2$? Verwende auch D 10. Welche Intervalle sind Umgebungen, welche sind „*halboffen*"?

8. Welches Intervall wird beschrieben durch a) $|x| \leqq 2$, b) $|x| < 3$, c) $|3-x| \leqq \frac{1}{2}$, d) $|5-x| \leqq 10^{-1}$, e) $|x - \frac{1}{2}| < 10^{-2}$?

9. Welches „Intervall" wird beschrieben durch a) $10 \leqq x < \infty$, b) $-3 \leqq x < \infty$, c) $-\infty < x < -10$, d) $-\infty < x < \infty$?

10. Gib Intervalle an, in denen alle Glieder der Folge mit $a_n = \frac{5n + (-1)^n \cdot 8}{n}$ liegen. Zeichne! Von welchem n ab ist $|a_n - 5| < 1$ $(|a_n - 5| < 10^{-4})$?

Vom Rechnen mit Beträgen

11. Es sei $a, b, c \in \mathbb{R}$. Verdeutliche die Beziehungen:

a) $|a+b| \leqq |a| + |b|$ b) $|a-b| \leqq |a| + |b|$ c) $|ab| = |a| \cdot |b|$
d) $|a+b| \cdot |c| = |ac + bc|$ e) $|a-b| \geqq ||a| - |b||$ f) $\left|\frac{a}{b}\right| = \frac{|a|}{|b|}$

11 Grenzwerte von Zahlenfolgen

Konvergenz und Divergenz von Folgen

❶ Welchen Grenzwert haben die Folgen

a) $1, \frac{2}{3}, \frac{4}{9}, \ldots, \left(\frac{2}{3}\right)^{n-1}, \ldots$

b) $3, 2\frac{1}{2}, 2\frac{1}{4}, \ldots, 2 + \frac{1}{2^{n-1}}, \ldots$

c) $+0{,}1, -0{,}01, +0{,}001, \ldots, (-1)^{n-1} \cdot 0{,}1^n, \ldots$?

❷ Bestimme

a) $\lim\limits_{n \to \infty} \frac{1}{4^n}$, b) $\lim\limits_{n \to \infty} \left(-\frac{3}{5}\right)^n$, c) $\lim\limits_{n \to \infty} (3 - 0{,}4^n)$.

❸ Wann ist eine geometrische Folge eine Nullfolge?

Bei den unendlichen geometrischen Folgen haben wir in zahlreichen Aufgaben Grenzwerte bestimmt. Für die „Analysis" (oder „Infinitesimalrechnung") ist der „Grenzwert" ein grundlegender Begriff. Wir werden nun bei allgemeinen Zahlenfolgen und anderen Funktionen Grenzwerte betrachten und untersuchen, wie man mit ihnen rechnet.

Beispiel 1 (Fig. 39.1): Bei der Folge $1, \frac{1}{2}, \frac{1}{3}, \ldots, \frac{1}{n}, \ldots$ liegen „fast alle" Glieder in einer *beliebig* gewählten Umgebung von 0.

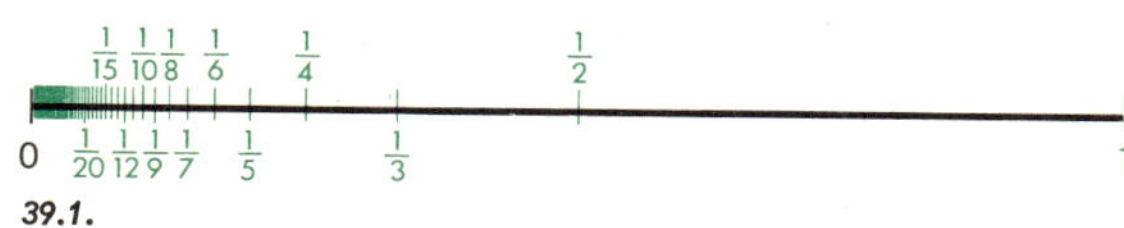

39.1.

D 1 Wenn alle Glieder einer Zahlenfolge oder alle Glieder bis auf endlich viele in einer Umgebung einer Zahl a liegen, so sagt man: *Fast alle* Glieder liegen in dieser Umgebung von a.

Beispiel 2: Ist $a_n = \frac{2n-1}{n+1}$, so hat man die Folge $\frac{1}{2}, \frac{3}{3}, \frac{5}{4}, \frac{7}{5}, \ldots, \frac{199}{101}, \ldots, \frac{1999}{1001}, \ldots$ Fast alle Glieder liegen in *jeder* beliebig ausgewählten Umgebung von 2. Es gibt keine andere Zahl mit dieser Eigenschaft. Die Folge hat den Grenzwert 2.

D 2 Eine Zahl g heißt **Grenzwert** einer Zahlenfolge, wenn *fast alle* Glieder der Zahlenfolge in jeder (beliebig gewählten) Umgebung von g liegen.
Eine Zahlenfolge hat höchstens *einen* Grenzwert. (Begründung?)
Wenn eine Folge einen Grenzwert hat, so heißt sie **konvergent.**

D 3 Ist a_n das n-te Glied einer konvergenten Zahlenfolge mit dem Grenzwert g, so schreibt man $\lim\limits_{n \to \infty} a_n = g$ (lies: limes a_n für n gegen unendlich gleich g); man sagt auch: a_n strebt für n gegen unendlich gegen g. Dabei ist $n \in \mathbb{N}$.

D 4 Eine Zahlenfolge, die *nicht konvergent* ist, heißt **divergent.** Ihre Glieder können nach $+\infty$ oder $-\infty$ streben oder sich um mehrere Zahlen häufen. Auch andere Fälle sind möglich.

Beispiel 3: $a_n = n^2$ strebt mit wachsendem n nach $+\infty$; $a_n = -n^2$ strebt nach $-\infty$.
Beispiel 4: Die Folge $1; \frac{1}{2}; 1\frac{1}{2}; \frac{1}{3}; 1\frac{1}{3}; \frac{1}{4}; 1\frac{1}{4}; \ldots$ hat 0 und 1 als „Häufungswerte".

D 5 Eine Zahl h heißt ein *Häufungswert* oder **Häufungspunkt** einer Folge, wenn in *jeder* Umgebung von h unendlich viele Glieder der Folge liegen. Wir sehen: Eine konvergente Folge hat genau *einen* Häufungspunkt, ihren Grenzwert g.

Bemerkungen:

1. In D 1 ist wesentlich, daß es heißt „beliebig ausgewählte" Umgebung, also auch *jede noch so kleine* Umgebung ist gemeint.

2. Ändert man endlich viele Glieder einer Folge ab, so hat dies keinen Einfluß auf den Grenzwert der Folge.

3. Der Grenzwert g einer Folge *kann* ein Glied der Folge sein, er *muß* es aber nicht (Beispiel 2).

Die Definition D 2 einer konvergenten Folge hat den Vorzug, daß sie sehr anschaulich und leicht faßlich ist. Für rechnerische Untersuchungen eignet sich aber besser eine andere Form der Definition. Wir erläutern sie am folgenden Beispiel.

Beispiel 5: Um zu zeigen, daß die Folge mit $a_n = \frac{(-1)^n}{n}$ den Grenzwert 0 hat, wählen wir zunächst die Umgebung $-\frac{1}{10} < x < \frac{1}{10}$ beliebig aus und stellen fest, daß für $n > 10$ alle a_n in diese Umgebung fallen. Nach D 2 sollen aber in *jeder* Umgebung fast alle Glieder liegen. Wir wählen daher irgendeine „*ε-Umgebung*" $]-\varepsilon, +\varepsilon[$ von 0 mit $\varepsilon > 0$ (Fig. 40.1) und fragen, ob es eine Nummer n gibt, von der ab alle a_n in diese Umgebung fallen. Dies ist der Fall, wenn $\frac{1}{n} < \varepsilon$, also $n > \frac{1}{\varepsilon}$ ist. (Für $\varepsilon = 0{,}1$ erhält man wie oben $n > 10$.)

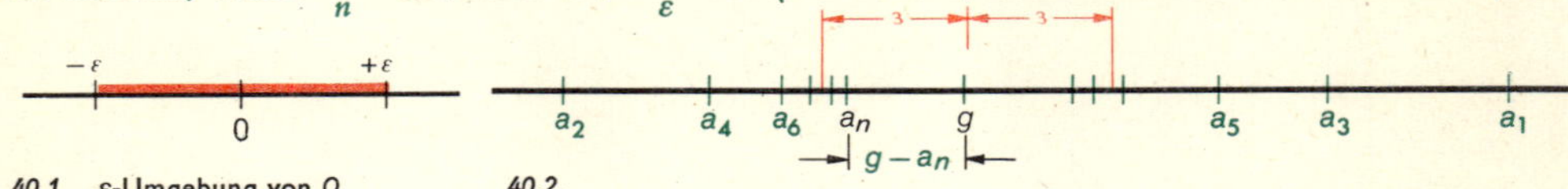

40.1. ε-Umgebung von 0 **40.2.**

Das Beispiel 5 legt nahe, D 2 in der folgenden Form zu schreiben:

D 6 *Eine* **Zahlenfolge** *heißt* **konvergent** *mit dem Grenzwert g, wenn es zu* **jedem** $\varepsilon > 0$ *eine Nummer n_0 gibt, so daß* $|a_n - g| < \varepsilon$ ist für $n > n_0$.
In Fig. 40.2 ist $n_0 = 6$. Man darf aber auch $n_0 = 7$, 10, 1000 wählen.

D 7 Folgen mit $g = 0$ heißen **Nullfolgen** (vgl. § 5). Zu jedem $\varepsilon > 0$ gibt es in diesem Falle ein n_0, so daß $|a_n| < \varepsilon$ ist für $n > n_0$.

Bemerkungen: *1.* Zu jedem ε gibt es, wenn (a_n) konvergiert, beliebig viele geeignete Werte n_0. Es ist wesentlich, daß $\varepsilon > 0$ beliebig vorgegeben werden kann und n_0 hieraus berechnet wird, doch ist nicht nötig, das kleinstmögliche n_0 zu wählen.

2. D 6 ermöglicht es, *nachzuprüfen*, ob ein vermuteter Grenzwert richtig ist.
Das *Auffinden* eines Grenzwerts macht dagegen oft erhebliche Schwierigkeiten.

Weitere Beispiele für Konvergenznachweise

6: $a_n = \frac{10}{\sqrt{n}}$. Beh.: $g = 0$. Es ist $\frac{10}{\sqrt{n}} < \varepsilon$, wenn $\frac{\sqrt{n}}{10} > \frac{1}{\varepsilon}$, also $n > \frac{100}{\varepsilon^2}$ ist. Für $\varepsilon = \frac{1}{4}$ z.B. kann man $n_0 = 1600$ wählen. Ist $n > 1600$, so ist $a_n < \frac{1}{4}$. Probe: $a_{1600} = \frac{10}{\sqrt{1600}} = \frac{1}{4}$, die Folge ist streng monoton fallend.

7: $a_n = \frac{2n+3}{n-1}$. Beh.: $g = 2$. Bew.: Es ist $\left|\frac{2n+3}{n-1} - 2\right| < \varepsilon$, wenn $\frac{5}{n-1} < \varepsilon$, also $\frac{n-1}{5} > \frac{1}{\varepsilon}$ ist. Dies ist der Fall, wenn $n > \frac{5}{\varepsilon} + 1$ ist. Wählt man nun etwa $\varepsilon = \frac{1}{100}$, so kann man $n_0 = 501$ wählen. Für $n > 501$ ist $|a_n - g| < \frac{1}{100}$.

Probe: $a_{501} = 2{,}01$; $a_{501} - g = 0{,}01$. Da $a_n = 2 + \frac{5}{n-1}$ ist, ist die Folge streng monoton fallend.

8: $a_n = \frac{1}{\lg(n+1)}$. Beh.: $g = 0$. Es ist $\frac{1}{\lg(n+1)} < \varepsilon$, wenn $\lg(n+1) > \frac{1}{\varepsilon}$ ist, also $n + 1 > 10^{\frac{1}{\varepsilon}}$ und $n > 10^{\frac{1}{\varepsilon}} - 1$. Für $\varepsilon = \frac{1}{10}$ erhält man $n > 10^{10} - 1 \approx 10^{10}$.

Aufgaben

1. Stelle die Folgen in Beispiel 2 bis 6 wie in Fig. 39.1 auf der Zahlengerade dar und beobachte das Konvergenzverhalten. Gib obere und untere Schranken an.

2. Bilde je zwei Beispiele für Nullfolgen, die a) monoton fallen, b) monoton steigen, c) um 0 hin- und herpendeln (alternierende Folge), d) 0 als Element enthalten.

3. Bilde Folgen mit dem Grenzwert a) 4, b) -4, c) $\frac{2}{3}$, d) -1, e) $\sqrt{2}$.

4. Bestimme bei nachstehenden Nullfolgen n_0 so, daß für $n > n_0$ gilt: $|a_n| < \varepsilon$.

a_n	a) $\frac{1}{3^{n-1}}$	b) $\frac{2}{2n+3}$	c) $\frac{4 \cdot (-1)^n}{3n-4}$	d) $\frac{4}{n^2+3}$	▸ e) $\frac{1}{n!}$	▸ f) $\frac{(-2)^n}{n!}$
ε	0,01	0,005	0,002	0,001	0,0001	0,01

5. Gib divergente Folgen an, deren Glieder a) gegen $+\infty$ wachsen, b) gegen $-\infty$ abnehmen, c) sich um $+2$ und um -2 häufen.

S 1 **6.** Zeige: Strebt a_n gegen g, so strebt $|a_n|$ gegen $|g|$ für n gegen ∞.

S 2 **7.** Zeige: Strebt a_n gegen g, so strebt $|a_n - g|$ gegen 0; $a_n - g$ ist also eine Nullfolge.

8. Vergleiche $\lim\limits_{n \to \infty} \frac{1}{n}$ mit $\lim\limits_{n \to \infty} \left(\frac{1}{n} + 5\right)$ und $\lim\limits_{n \to \infty} 2\left(\frac{1}{n} + 5\right)$.

S 3 **9.** Beweise mit Benutzung von D 6 den Satz: *Ist* $c \in \mathbb{R}$ *und strebt* a_n *gegen* g *für* n *gegen* ∞, *so strebt* $(a_n + c)$ *gegen* $g + c$ und $c\,a_n$ *gegen* $c\,g$.

10. Bestimme nach S 3: a) $\lim\limits_{n \to \infty} \left(\frac{3}{n} + 4\right)$ b) $\lim\limits_{n \to \infty} \frac{3n + 2}{4n}$ c) $\lim\limits_{n \to \infty} \frac{6 - n^2}{5n^2}$

Monotone Folgen. Intervallschachtelungen. Eigenschaften reeller Zahlen

Monotone Folgen treten bei Intervallschachtelungen in der Algebra wiederholt auf.

Beispiel 9: Um $\sqrt{2}$ zu bestimmen stellten wir zwei Folgen auf:

(a_n): 1,4; 1,41; 1,414; ... mit $a_n^2 < 2$ | (b_n): 1,5; 1,42; 1,415; ... mit $b_n^2 > 2$.

dabei ist $b_n - a_n$: 0,1; 0,01; 0,001; 0,0001; ... eine Nullfolge.

Die Folge der a_n und die der b_n ist monoton und beschränkt (wieso?). Die *Zahlenintervalle* $[a_1, b_1]$, $[a_2, b_2]$, $[a_3, b_3]$ ... bestimmen auf der Zahlengerade *Streckenintervalle*, die ineinandergeschachtelt sind und deren Länge gegen Null strebt. Die dadurch bestimmte *„Intervallschachtelung"* definiert, wie wir wissen, den *Grenzwert* $\sqrt{2}$.

Allgemeiner Fall (Fig. 41.1):

D 5 Es sei I) $a_1, a_2, a_3, \ldots$ eine monoton steigende Folge, und II) $b_1, b_2, b_3, \ldots$ eine monoton fallende Folge; ferner sei III) $a_n \leqq b_n$ für alle n und IV) $(b_n - a_n)$ eine Nullfolge.

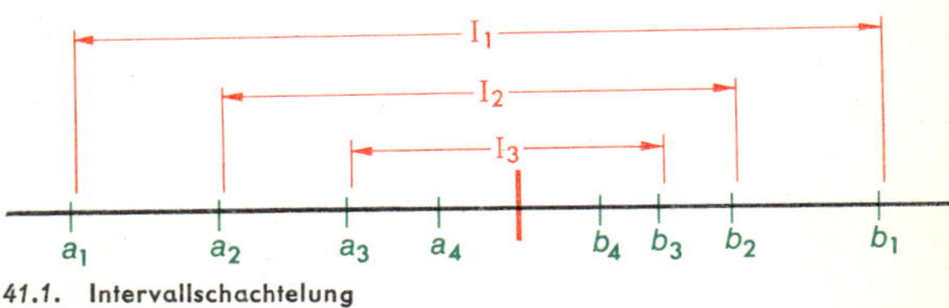

41.1. Intervallschachtelung

Man sagt dann, es sei durch diese Angaben eine **Intervallschachtelung** festgelegt. Die Intervalle $[a_n, b_n]$ liegen ineinander; sie sind in Fig. 42.1 mit $I_1, I_2, I_3, \ldots$ bezeichnet. Auf Grund der Eigenschaften reeller Zahlen (s. u.) gibt es genau *einen* Punkt G, der in *allen* Intervallen liegt und *eine* Zahl $g \in \mathbb{R}$, die zu ihm gehört. In jeder ε-Umgebung von g liegen fast alle a_n und fast alle b_n. Es gilt daher der Satz:

S 4 *Bei einer Intervallschachtelung mit den Intervallen $[a_n, b_n]$ haben (a_n) und (b_n) denselben Grenzwert.*

Beispiel 10: $\left(3 - \frac{1}{2^n}, 3 + \frac{1}{n^2}\right)$ ergibt eine Intervallschachtelung, denn $\left(3 - \frac{1}{2^n}\right)$ steigt monoton, $\left(3 + \frac{1}{n^2}\right)$ fällt monoton; ferner ist $3 - \frac{1}{2^n} < 3 + \frac{1}{n^2}$, und es strebt $\left(3 + \frac{1}{n^2}\right) - \left(3 - \frac{1}{2^n}\right) = \frac{1}{n^2} + \frac{1}{2^n}$ gegen 0 für n gegen ∞, also $\lim\limits_{n \to \infty} a_n = \lim\limits_{n \to \infty} b_n = g = 3$.

Eigenschaften der reellen Zahlen

In Algebra 2 wurde die Menge $\mathbb{Q}$ der *rationalen Zahlen* durch Einführung der irrationalen Zahlen zur Menge $\mathbb{R}$ der *reellen Zahlen* erweitert. Dabei wurde gezeigt, daß alle *Rechengesetze erhalten bleiben* (vgl. Alg. 2, S. 188 | 189).

Zur Definition der einzelnen reellen Zahlen wurden *Intervallschachtelungen* aufgestellt, und das **Axiom** benutzt, daß jede Intervallschachtelung auf der Zahlengerade einen Punkt und eine zugehörige Zahl bestimmt. Da sich umgekehrt zu *jedem* Punkt der Zahlengerade solche Intervallschachtelungen angeben lassen, *überdecken* die Bilder der reellen Zahlen die *Zahlengerade* lückenlos. Diese Grundtatsache nennt man die **Vollständigkeitseigenschaft der reellen Zahlen.** Durch sie ist z. B. auch die Unzulänglichkeit der rationalen Zahlen bei der Lösung von Gleichungen wie $x^2 = 2$ behoben.

Weitere Sätze über konvergente Zahlenfolgen

S 5 *Jede konvergente Zahlenfolge ist beschränkt.*

Beweis: Ist $\lim\limits_{n \to \infty} a_n = g$ und $\varepsilon > 0$, so liegen in der ε-Umgebung von g alle Glieder a_n bis auf endlich viele. Hieraus folgt der Satz (wieso?).

Der Kehrsatz von S 5 gilt im allgemeinen nicht (vgl. 1; -1; 1; -1; ...), wir können aber zeigen, daß er z. B. für monotone Funktionen gültig ist (vgl. Beispiel 10):

Für sie ergibt sich allgemein der anschaulich einleuchtende Satz:

S 6 **Jede monoton steigende und nach oben beschränkte Folge ist konvergent.**

Beweis: Ist a_1 das erste Glied der Folge und b_1 eine beliebige obere Schranke der a_n, so liegen im Intervall $I_1 = [a_1, b_1]$ alle a_n. Halbiert man I_1, so liegen nur in einer der Hälften unendlich viele a_n (wieso?); diese Hälfte heiße I_2. Halbiert man I_2, enthält wieder nur *eine* Hälfte unendlich viele a_n, sie sei I_3. Durch fortgesetzte Halbierung ergibt sich auf diese Weise eine Folge von Intervallen $I_1, I_2, I_3, \ldots$, die ineinander liegen und deren Länge gegen 0 strebt (wieso?). Sie definiert eine Zahl g. Nach der Konstruktion der I_n liegen in jeder ε-Umgebung von g fast alle a_n. Die Folge (a_n) hat also den Grenzwert g.

Bemerkungen:

1. Mit Hilfe von S 6 kann man zwar feststellen, *daß* ein Grenzwert existiert. Seine rechnerische Ermittlung kann aber Schwierigkeiten machen.
2. Bei monoton fallenden Folgen, die nach unten beschränkt sind, verläuft der Beweis ähnlich wie bei S 6. b_1 ist nun eine untere Schranke der a_n also $b_1 < a_n$ und $I_1 = [b_1, a_1]$. Vergleiche $a_n = 2 + \frac{1}{n}$.

Summen, Differenzen, Produkte, Quotienten bei Folgen

Beispiel 11: Ist $a_n = 5 + \frac{1}{n}$, $b_n = 3 + \frac{2}{n}$, so strebt a_n gegen 5, b_n gegen 3 für n gegen ∞.

Ferner strebt $a_n + b_n = 5 + 3 + \frac{1}{n} + \frac{2}{n}$ gegen $5 + 3 = 8$,

$$a_n - b_n = 5 - 3 + \frac{1}{n} - \frac{2}{n} \text{ gegen } 5 - 3 = 2,$$

$$a_n \cdot b_n = \left(5 + \frac{1}{n}\right)\left(3 + \frac{2}{n}\right) = 5 \cdot 3 + \frac{10}{n} + \frac{3}{n} + \frac{2}{n^2} \text{ gegen } 5 \cdot 3 = 15$$

S 7 Das Beispiel läßt den Satz vermuten: Ist $\lim\limits_{n\to\infty} a_n = a$ und $\lim\limits_{n\to\infty} b_n = b$, so gilt:

a) $\boldsymbol{\lim\limits_{n\to\infty} (a_n + b_n) = \lim\limits_{n\to\infty} a_n + \lim\limits_{n\to\infty} b_n = a + b}$

b) $\boldsymbol{\lim\limits_{n\to\infty} (a_n - b_n) = \lim\limits_{n\to\infty} a_n - \lim\limits_{n\to\infty} b_n = a - b}$

c) $\boldsymbol{\lim\limits_{n\to\infty} (a_n \cdot b_n) = \lim\limits_{n\to\infty} a_n \cdot \lim\limits_{n\to\infty} b_n = a \cdot b}$

d) $\boldsymbol{\lim\limits_{n\to\infty} (a_n : b_n) = \lim\limits_{n\to\infty} a_n : \lim\limits_{n\to\infty} b_n = a : b}$, $(b \neq 0)$

Bei d) ist wegen $b \neq 0$ von einem gewissen n ab auch $b_n \neq 0$.

Beim Beweis von S 7 a) bis d) kann man wie in Aufg. 11 bis 13 *oder* wie folgt verfahren:

Beweis zu a): Ist $\varepsilon > 0$, so ist $|a_n - a| < \varepsilon$ für $n > n_1$, $|b_n - b| < \varepsilon$ für $n > n_2$. Wählt man nun n_0 als die größere der Zahlen n_1 und n_2, so gilt für $n > n_0$: $|(a_n + b_n) - (a + b)| = |(a_n - a) + (b_n - b)| \leqq |a_n - a| + |b_n - b| < 2\varepsilon$, also rückt $a_n + b_n$ gegen $a + b$ für n gegen ∞.

Anleitung zum Beweis von c): In Aufg. 11 c (S. 44) sei $|c_n| < \varepsilon < 1$ und $|d_n| < \varepsilon < 1$ für $n > n_0$; nach Aufg. 11 (S. 38) ist dann $|a\,d_n| < |a| \cdot \varepsilon$ und $|b\,c_n| < |b| \cdot \varepsilon$. Setzt man nun $a_n = a + c_n$, $b_n = b + d_n$, so ist $a_n b_n = a b + a d_n + b c_n + c_n d_n$ und somit $|a_n b_n - a b| \leqq |a\,d_n| + |b\,c_n| + |c_n d_n| < a \cdot \varepsilon + b \cdot \varepsilon + \varepsilon^2 = \varepsilon \cdot (a + b + \varepsilon)$, usw.

Beispiel 12: $\frac{5n + 2}{4n + 3} = \frac{5 + \frac{2}{n}}{4 + \frac{3}{n}}$ strebt gegen $\frac{5}{4}$, da $5 + \frac{2}{n}$ gegen 5 und $4 + \frac{3}{n}$ gegen 4 strebt, wenn n gegen ∞ strebt.

Beispiel 13: $\frac{n^2 + n + 4}{n \cdot (n + 2)} = \frac{1 + \frac{1}{n} + \frac{4}{n^2}}{1 + \frac{2}{n}}$ strebt gegen 1, wenn n gegen ∞ strebt.

(Man kürzt in solchen Fällen mit der höchsten Potenz von n.)

Aufgaben

11. Begründe ohne S 7: Strebt c_n gegen 0 und d_n gegen 0 für n gegen ∞, so strebt a) $c_n + d_n$ gegen 0, b) $c_n - d_n$ gegen 0, c) $c_n d_n$ gegen 0, d) c_n^2 gegen 0.

Anleitung zu a): Ist $\varepsilon > 0$, so ist $|c_n| < \varepsilon$ für $n > n_1$ und $|d_n| < \varepsilon$ für $n > n_2$. Schätze nun $|c_n + d_n|$ ab, wenn n_0 die größere der beiden Zahlen n_1 und n_2 ist (vgl. auch Aufg. 11 von § 10).

12. Zeige nach Aufg. 11: Strebt c_n gegen 0, so strebt a) $a \pm c_n$ gegen a, b) $a \cdot c_n$ gegen 0.

13. Beweise S 7 a) bis d) auf Grund von Aufg. 11 und 12 mit Hilfe der Setzungen $a_n = a + c_n$, $b_n = b + d_n$, wobei c_n gegen 0 und d_n gegen 0 streben für n gegen ∞.

14. Zeige: Strebt a_n gegen 0; b_n gegen b für n gegen ∞, so strebt auch $a_n b_n$ gegen 0 und (wenn $b_n \neq 0$ für alle n, $b \neq 0$) auch der Quotient $\frac{a_n}{b_n}$ gegen 0.

15. Zeige, daß nachstehende Folgen monoton sind. Gib bei Konvergenz den Limes an.

a) $a_n = \dfrac{2n+1}{2n}$ b) $a_n = \dfrac{n^2-1}{n}$ c) $a_n = \left(\dfrac{2}{3}\right)^n$ d) $a_n = \dfrac{2n^2+3}{5n^2+6}$

16. Es sei a) $a_n = \dfrac{4n}{8+5n}$, b) $b_n = \dfrac{2n+1}{7-n^2}$, c) $c_n = \dfrac{6-n}{4n-5}$, d) $d_n = \dfrac{n^2+3}{2n+3}$

Bestimme jeweils das Verhalten für n gegen ∞.

17. Beantworte dieselbe Frage für a) $a_n + b_n$; b) $b_n \cdot d_n$; c) $c_n - d_n$; d) $a_n : d_n$.

18. Bestimme a) $\lim\limits_{n \to \infty} \dfrac{n^2+2n+1}{n^2+n+1}$, b) $\lim\limits_{n \to \infty} \dfrac{(5+n)^2}{25-n^2}$, c) $\lim\limits_{n \to \infty} \dfrac{n^2+n-1}{3n-1}$

19. Zeige, daß durch $\left(2 + \dfrac{n}{2n+1},\ 2 + \dfrac{n+1}{2n+1}\right)$ eine Intervallschachtelung bestimmt ist. Gib den Grenzwert an und zeichne ein Bild wie in Fig. 42.1.

Die Zahl $e = \lim\limits_{n \to \infty} \left(1 + \frac{1}{n}\right)^n$

Auf S. 15 haben wir eine Aufgabe gelöst, die zwar im Bankwesen keine Rolle spielt, die aber bei Wachstumserscheinungen in der Natur Bedeutung hat: Auf welches Kapital K_1 wächst das Kapital K_0 in einem Jahr beim Zinssatz 100% an, wenn der Zins jeweils nach $\frac{1}{n}$ Jahr zugeschlagen wird? Als Lösung ergab sich $K_1 = K_0 \cdot \left(1 + \frac{1}{n}\right)^n$.

Für $a_n = \left(1 + \frac{1}{n}\right)^n$ erhielten wir die Tabelle auf S. 15.

Sie führt zu der *Behauptung*: Die Folge der $a_n = \left(1 + \frac{1}{n}\right)^n$ ist konvergent.

Beweis: Wir zeigen: $a_n = \left(1 + \frac{1}{n}\right)^n$ und $b_n = \left(1 + \frac{1}{n}\right)^{n+1}$ bestimmen eine Schachtelung:

(I) $\dfrac{a_n}{a_{n-1}} = \left(\dfrac{n+1}{n}\right)^n \cdot \left(\dfrac{n-1}{n}\right)^{n-1} = \left(\dfrac{n^2-1}{n^2}\right)^n \cdot \dfrac{n}{n-1} = \left(1 - \dfrac{1}{n^2}\right)^n \cdot \dfrac{n}{n-1}$ für $n \geqq 2$.

Mit Hilfe der Bernoullischen Ungleichung folgt: $\dfrac{a_n}{a_{n-1}} > \left(1 - \dfrac{1}{n}\right) \cdot \dfrac{n}{n-1} = 1$

(II) $\frac{b_{n-1}}{b_n} = \left(\frac{n}{n-1}\right)^n \cdot \left(\frac{n}{n+1}\right)^{n+1} = \left(\frac{n^2}{n^2-1}\right)^{n+1} \cdot \frac{n-1}{n} = \left(1 + \frac{1}{n^2-1}\right)^{n+1} \cdot \frac{n-1}{n}$

Wie in (I) folgt: $\frac{b_{n-1}}{b_n} > \left(1 + \frac{1}{n-1}\right) \cdot \frac{n-1}{n} = 1$

(III) $\frac{b_n}{a_n} = 1 + \frac{1}{n} > 1$; (IV) $b_n - a_n = \frac{a_n}{n} < \frac{b_n}{n} < \frac{b_1}{n} = \frac{4}{n}$ strebt gegen 0 für n gegen ∞.

In (I) und (II) wird beim Zeichen $>$ die Bernoullische Ungleichung $(1 + x)^n > 1 + n\,x$ benutzt. Für $n > 1$ folgt aus (I): $a_n > a_{n-1}$, aus (II): $b_{n-1} > b_n$, aus (III): $b_n > a_n$.

Aus (I) bis (IV) folgt, daß die Folge der a_n und b_n konvergiert. Ihren Grenzwert bezeichnet man mit e. Man kann zeigen, daß e eine irrationale Zahl ist. Wir werden später ein Verfahren kennenlernen, nach dem man e mit wenig Mühe beliebig genau berechnen kann; dabei ergibt sich z.B., daß $|e - 2{,}71828| < 0{,}000005$ ist (vgl. die Tabelle).

n	1	2	3	4	5	10	100	1000	10000	100000
$a_n = \left(1 + \frac{1}{n}\right)^n$	2,00	2,25	2,37	2,44	2,49	2,59	2,70	2,717	2,71815	2,71828
$b_n = \left(1 + \frac{1}{n}\right)^{n+1}$	4,00	3,38	3,16	3,05	2,98	2,85	2,73	2,720	2,71842	2,71828

D 6 Zusammenfassend schreiben wir: $\mathbf{e = \lim_{n \to \infty} \left(1 + \frac{1}{n}\right)^n \approx 2{,}71828}$

Aufgabe

20. Berechne logarithmisch a_{1000} und b_{1000}. Entnimm lg 1,001 einer 7-stelligen Tafel der „Zinsfaktoren" (warum?). Zeige so, daß $2{,}717 < e < 2{,}720$ ist.

12 Grenzwerte bei Funktionen

Grenzwerte für x gegen ∞ oder x gegen $-\infty$

1 Setze in $y = \frac{1}{x}$ für x nacheinander a) 1; 10; 100; 1000, b) −1; −10; −100; −1000. Wie ändert sich y? Wie ist es bei c) $x \in \{5; 50; 500\}$, d) $x \in \{-5; -50; -500\}$?

2 Mache dasselbe bei a) $y = \frac{x+1}{x}$, b) $y = \frac{x^2+1}{x}$. Vergleiche mit Vorüb. 1.

Beispiel 1: Die Funktionen mit den Gleichungen a) $y = \frac{4}{x}$, b) $y = \frac{x+4}{x} = 1 + \frac{4}{x}$, c) $y = \frac{x^2+4}{x} = x + \frac{4}{x}$ sind für $x \in \mathbb{R} \setminus \{0\}$ definiert.

Fig. 46.1 zeigt ihr Bild für $1 \leqq x \leqq 8$ auf Grund der Tafel:

	x	1	2	3	4	5	6	7	8	9	99	Kurvenfarbe
a)	$\frac{4}{x}$	4	2	$1\frac{1}{3}$	1	$\frac{4}{5}$	$\frac{4}{6}$	$\frac{4}{7}$	$\frac{4}{8}$	$\frac{4}{9}$	$\frac{4}{99}$	schwarz
b)	$1 + \frac{4}{x}$	5	3	$2\frac{1}{3}$	2	$1\frac{4}{5}$	$1\frac{4}{6}$	$1\frac{4}{7}$	$1\frac{4}{8}$	$1\frac{4}{9}$	$1\frac{4}{99}$	rot
c)	$x + \frac{4}{x}$	5	4	$4\frac{1}{3}$	5	$5\frac{4}{5}$	$6\frac{4}{6}$	$7\frac{4}{7}$	$8\frac{4}{8}$	$9\frac{4}{9}$	$99\frac{4}{99}$	grün

Aus der Tabelle und Fig. 46.1 lesen wir ab:
Strebt x gegen ∞, so strebt offenbar $\frac{4}{x}$ gegen 0, ferner $1 + \frac{4}{x}$ gegen 1 und $x + \frac{4}{x}$ gegen ∞.
Wir wollen dies wie bei den Zahlenfolgen noch auf eine andere Weise ausdrücken: Wenn man x groß genug wählt, so kann man erreichen,

a) daß $\frac{4}{x}$ beliebig nahe bei 0 liegt,

b) daß $\frac{x+4}{x}$ beliebig nahe bei 1 liegt,

c) daß $\frac{x^2+4}{x}$ beliebig groß wird.

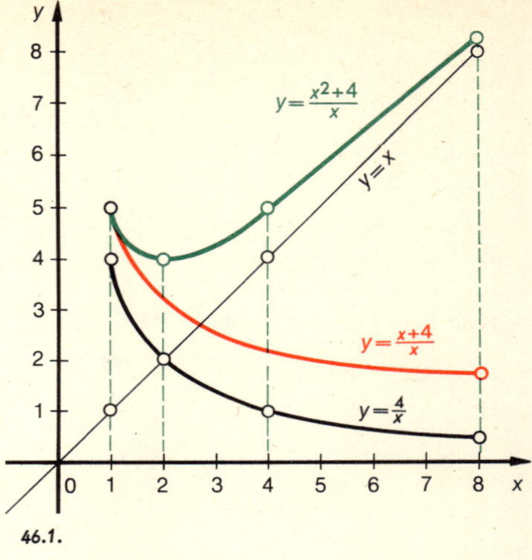

46.1.

Genauer ausgedrückt: Wählt man eine kleine Zahl $\varepsilon > 0$ $\left(\text{z.B. } \varepsilon = \frac{1}{1000}\right)$,

a) so wird $\left|\frac{4}{x}\right| < \varepsilon$, falls $\frac{x}{4} > \frac{1}{\varepsilon}$, also $x > \frac{4}{\varepsilon}$ ist (im Beispiel muß $x > 4000$ sein).

b) Für $x > \frac{4}{\varepsilon}$ wird dann $\left|\left(1 + \frac{4}{x}\right) - 1\right| = \left|\frac{4}{x}\right| < \varepsilon$, bei c) ist $x + \frac{4}{x} > x$ für $x > 0$, also z.B. $x + \frac{4}{x} > 4000$.

Wie bei den Zahlenfolgen schreibt man:

a) $\lim\limits_{x \to \infty} \frac{4}{x} = 0$, b) $\lim\limits_{x \to \infty} \frac{x+4}{x} = 1$, c) $\lim\limits_{x \to \infty} \frac{x^2+4}{x} = \infty$.

Beispiel 2: Setzt man in der Tabelle von Beispiel 1 für x z.B. die Zahl (-99), so erhält man in a) $-\frac{4}{99}$, in b) $1 - \frac{4}{99}$, in c) $-99\frac{4}{99}$. Man kommt zu den Schreibweisen

a) $\lim\limits_{x \to -\infty} \frac{4}{x} = 0$, b) $\lim\limits_{x \to -\infty} \frac{x+4}{x} = 1$, c) $\lim\limits_{x \to -\infty} \frac{x^2+4}{x} = -\infty$.

Bemerkungen:

1. Die Ergebnisse in Beispiel 1 und 2 kann man auch so ausdrücken: Für x gegen ∞ bzw. x gegen $-\infty$ nähert sich a) der Graph von $y = \frac{4}{x}$ immer mehr der x-Achse, b) der Graph von $y = \frac{x+4}{x}$ der Gerade $y = 1$, c) der Graph von $y = \frac{x^2+4}{x}$ der Gerade $y = x$ (vgl. Fig. 46.1). Diese Geraden bezeichnet man als *Asymptoten* der betreffenden Kurve.

2. Die Schreibweise $\lim\limits_{x \to \infty} \frac{x^2+4}{x} = \infty$ bedeutet nicht, daß es eine Zahl ∞ gibt, sondern nur, daß $\frac{x^2+4}{x}$ über alle Grenzen wächst, wenn x unbegrenzt wächst. Man spricht in Beispiel 1 c) und 2 c) auch von einem „uneigentlichen" Grenzwert.

3. Aus Beispiel 1 wird deutlich: Wählt man eine Folge von Werten $x_n \in \mathbb{R}^+$ so, daß x_n gegen ∞ strebt, so strebt a) $\frac{4}{x_n}$ gegen 0, b) $\left(1 + \frac{4}{x_n}\right)$ gegen 1 und $\left(x_n + \frac{4}{x_n}\right)$ gegen ∞. Entsprechendes gilt für Beispiel 2, wenn x_n gegen $-\infty$ strebt. Dagegen kann man umgekehrt aus der Konvergenz *einer* solchen Folge nicht mit Sicherheit auf einen Grenzwert der Funktion schließen.

Im Anschluß an Beispiel 1 sagen wir allgemein: $f(x)$ strebt für x gegen ∞ gegen einen Grenzwert g, wenn $f(x)$ beliebig nahe bei g liegt, falls x hinreichend groß ist.
Wir fassen dies genauer:

D 1 *Eine Funktion $x \to f(x)$ konvergiert für x gegen ∞ gegen einen Grenzwert g, wenn es zu jeder Zahl $\varepsilon > 0$ eine Zahl K gibt, so daß $|f(x) - g| < \varepsilon$* ist für $x > K$.
Konvergenz für x gegen $-\infty$ ist vorhanden, wenn $|f(x) - g| < \varepsilon$ ist für $x < k$.

Beispiel 3: Es ist $\lim\limits_{x \to \infty} \frac{2 + x}{1 + 2x} = \lim\limits_{x \to \infty} \frac{\frac{2}{x} + 1}{\frac{1}{x} + 2} = \frac{1}{2}$. Wählt man z.B. $\varepsilon = \frac{1}{100}$, so ist

$\left| \frac{2 + x}{1 + 2x} - \frac{1}{2} \right| < \frac{1}{100}$, falls $\left| \frac{4 + 2x - 1 - 2x}{2(1 + 2x)} \right| < \frac{1}{100}$, also $\left| \frac{3}{2(1 + 2x)} \right| < \frac{1}{100}$ ist.

Dies ist der Fall, wenn $\frac{2(1 + 2x)}{3} > 100 \Leftrightarrow 1 + 2x > 150 \Leftrightarrow x > 74{,}5$ ist.

Bemerkung: Nehmen für x gegen ∞ (bzw. x gegen $-\infty$) die Funktionswerte *unbeschränkt* zu oder unbeschränkt ab, dann sagt man auch, die Funktion hat den „*uneigentlichen Grenzwert*" $+\infty$ oder $-\infty$ und schreibt $\lim\limits_{x \to \infty} f(x) = \infty$ bzw. $\lim\limits_{x \to \infty} f(x) = -\infty$ usw.
Z.B. $\lim\limits_{x \to \infty} x^3 = \infty$ bzw. $\lim\limits_{x \to -\infty} x^5 = -\infty$.

Aufgaben

1. Gib unmittelbar an: a) $\lim\limits_{x \to \infty} \frac{1}{x}$ b) $\lim\limits_{x \to -\infty} \frac{5}{|x|}$ c) $\lim\limits_{x \to \infty} \left| \frac{-5}{2x} \right|$ d) $\lim\limits_{x \to -\infty} \frac{|x|}{x}$

e) $\lim\limits_{x \to \infty} \frac{500}{x^2}$ f) $\lim\limits_{x \to \infty} \left(4 - \frac{8}{x}\right)$ g) $\lim\limits_{x \to \infty} (1 - x^2)$ h) $\lim\limits_{x \to -\infty} x^3$

2. Bestimme $x_0 > 0$ so, daß für $x > x_0$ a) $\left| \frac{1}{x} \right|$ b) $\left| \frac{x}{x + 1} - 1 \right|$ c) $\left| \frac{3x - 2}{x - 2} - 3 \right|$ kleiner als $\frac{1}{500}$ $\left(\frac{1}{2000}, \frac{1}{10000}\right)$ wird.

3. Bestimme $x_0 > 0$ so, daß für $x < x_0$ a) $\left| \frac{2}{x} \right|$ b) $\frac{1}{x^2 + 1}$ kleiner als $\frac{1}{5000}$ wird.

4. Rechne und zeichne wie in Beispiel 1 bei

a) $y = \frac{-2}{x}$ b) $y = \frac{3x - 2}{x}$ c) $y = \frac{x^2 - 2}{x}$

5. Von welchem x-Wert ab übersteigt $f(x)$ die Zahl 120?

a) $f(x) = \frac{x^3}{8}$ b) $f(x) = \frac{1 - x^2}{1 - x}$ c) $f(x) = \left| x - \frac{x^2}{4} \right|$

6. Bestimme folgende Grenzwerte durch geeignete Umformung wie in Beispiel 3:

a) $\lim\limits_{x \to \infty} \frac{4 - x}{2 + x}$ b) $\lim\limits_{x \to -\infty} \frac{2x^2 + 3}{5x^2 - 1}$ c) $\lim\limits_{x \to \infty} \frac{2x + 3}{x^2 + 3}$ d) $\lim\limits_{x \to \infty} \frac{\sqrt{x^2 + 4}}{2x + 5}$

e) $\lim\limits_{x \to \infty} 2^x$ f) $\lim\limits_{x \to -\infty} 2^x$ g) $\lim\limits_{x \to \infty} e^{-x}$ h) $\lim\limits_{x \to \infty} \frac{x^2}{2^x}$

Grenzwerte für x gegen a

48.1. $y = x^2 + 1$

Beispiel 4: a) $f(x) = x^2 + 1$ mit $x \in \mathbb{R}$ ergibt das Schaubild in Fig. 48.1. Strebt x von rechts (links) gegen 0, so strebt $f(x)$ gegen 1. Der Grenzwert ist diesem Falle zugleich der Funktionswert $f(0) = 1$.
b) $g(x) = (x^3 + x) : x$ ist nur für $x \in \mathbb{R} \setminus \{0\}$ definiert und hier identisch mit $f(x) = x^2 + 1$. Auch für $g(x)$ ist $\lim\limits_{x \to 0} g(x) = 1$.

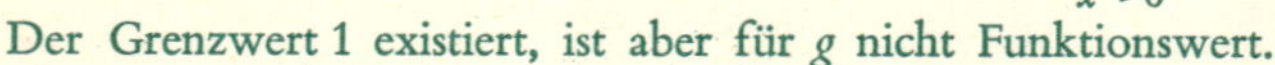

Der Grenzwert 1 existiert, ist aber für g nicht Funktionswert.

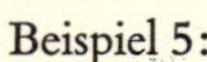

Beispiel 5:

Es sei $x \to f(x)$; $f(x) = \begin{cases} \frac{1}{2}x & \text{für } 0 \leqq x < 2 \\ \frac{1}{2}x + 1 & \text{für } 2 \leqq x \leqq 4 \end{cases}$ (Fig. 48.2)

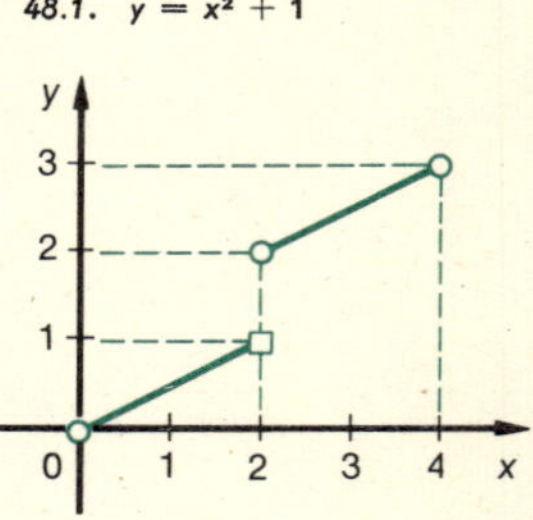

48.2.

Strebt x von *links* gegen 2, so strebt $f(x)$ gegen 1

Strebt x von *rechts* gegen 2, so strebt $f(x)$ gegen 2, und es ist $f(2) = 2$.

D 2 Im 1. Fall schreibt man $\lim\limits_{x \to 2-0} f(x) = 1$ und nennt 1 einen **linksseitigen Grenzwert.**
Im 2. Fall schreibt man $\lim\limits_{x \to 2+0} f(x) = 2$; 2 heißt **rechtsseitiger Grenzwert.**

Beispiel 6: Fig. 48.3 zeigt das Schaubild von $f(x) = \frac{4}{x}$ für $x \in \mathbb{R} \setminus \{0\}$.
Strebt x von rechts gegen 0, so strebt $f(x)$ gegen $+\infty$
Strebt x von links gegen 0, so strebt $f(x)$ gegen $-\infty$
Man schreibt

$$\lim_{x \to +0} \frac{4}{x} = +\infty; \quad \lim_{x \to -0} \frac{4}{x} = -\infty$$

Für $x = 0$ ist jedoch $f(x)$ nicht definiert.

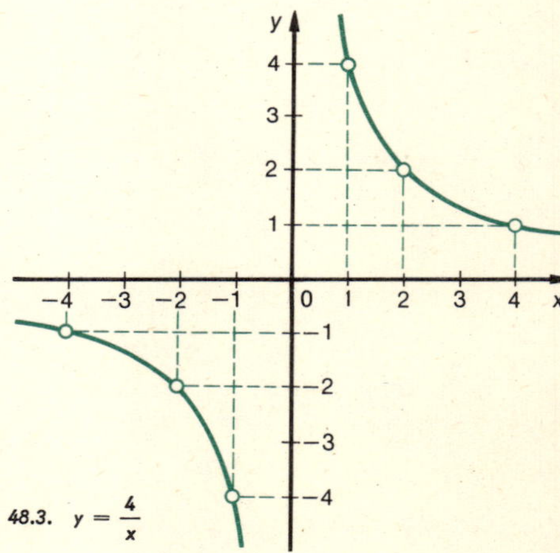

48.3. $y = \frac{4}{x}$

Im Beispiel 4 a) strebt $(x^2 + 1)$ gegen 1, wenn x gegen 0 strebt. Man kann dafür auch sagen: Ist $\varepsilon > 0$, so wird $|(x^2 + 1) - 1| = |x^2| < \varepsilon$, falls $|x| < \sqrt{\varepsilon}$, also $-\sqrt{\varepsilon} < x < +\sqrt{\varepsilon}$ ist. Ist $f(x)$ in der Umgebung einer Stelle a definiert — dabei kann die Stelle $x = a$ *ausgenommen* sein — so sagt man entsprechend:

D 3 *Die Funktion $x \to f(x)$ konvergiert für x gegen a gegen den Grenzwert g, wenn $|f(x) - g|$ dadurch beliebig klein gemacht werden kann, daß man $|x - a|$ hinreichend klein wählt $(x \neq a)$.*

D 4 Andere Fassung: *Es ist $\lim\limits_{x \to a} f(x) = g$, wenn es zu jedem $\varepsilon > 0$ eine Zahl $\delta > 0$ gibt, so daß $|f(x) - g| < \varepsilon$ wird, falls $|x - a| < \delta$ ist und $x \neq a$.*

Aus D 3 und D 4 geht hervor, daß ein Grenzwert genau dann vorhanden ist, wenn der rechtsseitige *und* der linksseitige Grenzwert für x gegen a existiert und beide Werte gleich sind.

Geometrische Deutung von D 4: Zeichnet man im Koordinatensystem den Punkt $G(a \mid g)$ und gibt willkürlich die Parallelen zur x-Achse mit den Gleichungen $y = g - \varepsilon$ und $y = g + \varepsilon$ an (Fig. 49.1), so soll es möglich sein, zwei Parallelen zur y-Achse mit den Gleichungen $x = a - \delta$ und $x = a + \delta$ zu finden, so daß alle Bildpunkte von $y = f(x)$, die zwischen den Parallelen zur y-Achse liegen, zugleich auch zwischen den Parallelen zur x-Achse liegen. In Fig. 49.1 ist z.B. $P(x \mid y)$ ein solcher Punkt. Der Punkt mit $x = a$ ist dabei auszunehmen.

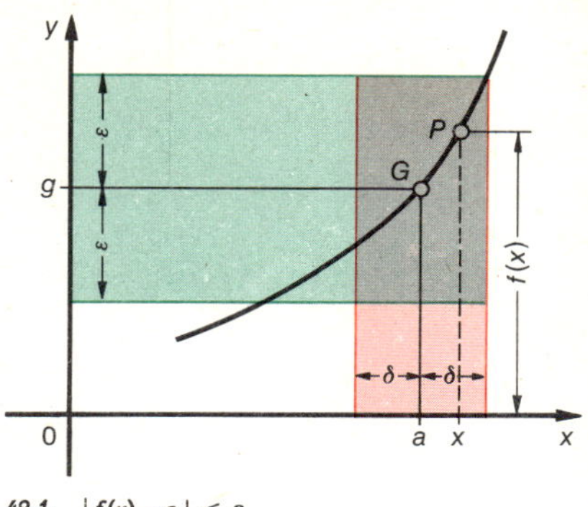

49.1. $|f(x) - g| < \varepsilon$

Bemerkungen:

1. An der Stelle $x = a$ braucht dabei $f(x)$ nicht definiert zu sein (Beispiel 4 b). Wenn $f(a)$ existiert, so kann der Funktionswert $f(a)$ mit dem Grenzwert g übereinstimmen (Beisp. 4 a) oder von ihm verschieden sein (Beisp. 7).

Beispiel 7: $f(x) = (4x^2 - 1) : (2x - 1)$ ist für $x \in \mathbb{R} \setminus \{\frac{1}{2}\}$ definiert, hier ist $f(x) = 2x + 1$. Außerdem setzen wir fest: $f(\frac{1}{2}) = 1$ (Fig. 49.2). Offenbar ist aber $\lim\limits_{x \to \frac{1}{2}} f(x) = 2$.

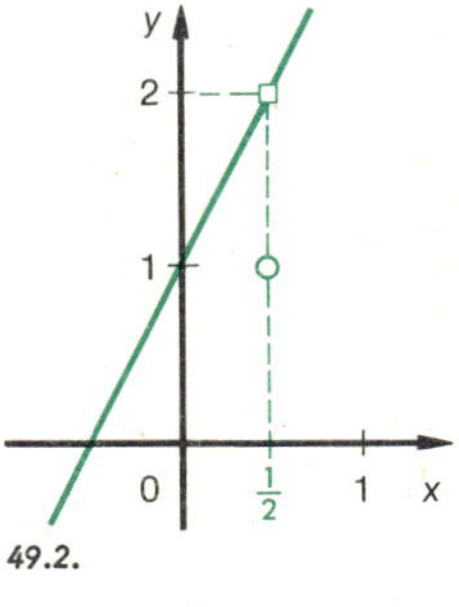

49.2.

2. Nach D 4 hängt δ von ε ab. Dies zeigt auch Beispiel 7.

3. Aus D 3 ergibt sich ferner: Strebt $f(x)$ gegen g für x gegen a, und wählt man irgend eine Folge von Werten x_n, die gegen a streben, aber a nicht enthalten, so strebt auch $f(x_n)$ gegen g. Gelingt es bei einer Funktion $f(x)$, zwei Folgen x_n gegen a und $\bar{x}_n$ gegen a zu finden, die nicht zum selben Grenzwert g führen, so konvergiert $f(x)$ sicher nicht.

4. An Beispiel 5, 6 und 8 sieht man, daß man bei der Definition und dem Nachweis eines *rechtsseitigen Grenzwertes* $\lim\limits_{x \to a+0} f(x) = g_r$ in D 4 statt $|x - a| < \delta$ schreiben muß $0 < (x - a) < \delta$; bei dem Nachweis eines *linksseitigen Grenzwertes* $\lim\limits_{x \to a-0} f(x) = g_l$ statt $|x - a| < \delta$ dagegen $0 < (a - x) < \delta$ (wieso?).

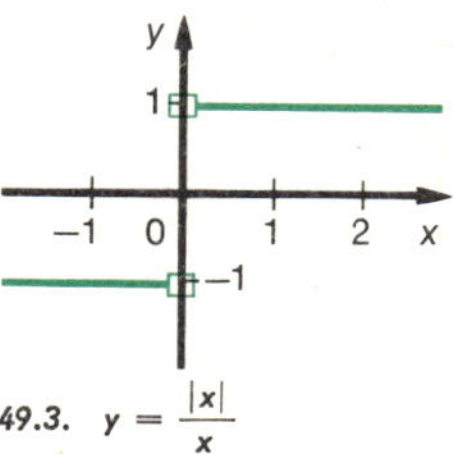

49.3. $y = \frac{|x|}{x}$

Beispiel 8: Bei $f(x) = \frac{|x|}{x}$ $(x \neq 0)$ erhält man für $x > 0$ den Funktionswert 1, für $x < 0$ dagegen den Funktionswert -1. Man hat den *rechtsseitigen Grenzwert* $\lim\limits_{x \to +0} \frac{|x|}{x} = +1$ und den *linksseitigen Grenzwert* $\lim\limits_{x \to -0} \frac{|x|}{x} = -1$ (Fig. 49.3).

Aufgaben

7. Bestimme a) $\lim\limits_{x \to 0} \frac{x}{x+4}$ b) $\lim\limits_{x \to 3} \frac{3x - 9}{2x - 6}$ c) $\lim\limits_{x \to 4} \frac{x^2 - 16}{x - 4}$. In welcher Teilmenge von $\mathbb{R}$ ist die Funktion definiert? Ist der Grenzwert auch Funktionswert? Zeichne!

4—7369/2[6]

8. Gib rechts- und linksseitige Grenzwerte an: a) $\lim\limits_{x \to 0} \frac{x+2}{x}$ b) $\lim\limits_{x \to 0} \frac{4x}{x-3}$

Grenzwerte bei Summe, Differenz, Produkt und Quotient von Funktionen

Strebt $f(x)$ gegen F, $g(x)$ gegen G für x gegen a, so liegen die Werte $f(x)$ nahe bei F und die Werte $g(x)$ nahe bei G, falls x nahe bei a liegt. Dann liegt $f(x) + g(x)$ nahe bei $F + G$, $f(x) - g(x)$ nahe bei $F - G$, $f(x) \cdot g(x)$ nahe bei $F \cdot G$ und $f(x) : g(x)$ nahe bei $F : G$, falls $g(x) \neq 0$ und $G \neq 0$ ist. Diese anschauliche Vorbetrachtung führt zu der Vermutung, daß sich die Grenzwertsätze S 7 a) bis d) von S. 43 auf beliebige Funktionen übertragen lassen.

S 1 *Sind $f(x)$ und $g(x)$ in einer Umgebung der Stelle a definiert und ist $\lim\limits_{x \to a} f(x) = F$, sowie $\lim\limits_{x \to a} g(x) = G$, so gilt:*

a) $\lim\limits_{x \to a} [f(x) + g(x)] = \lim\limits_{x \to a} f(x) + \lim\limits_{x \to a} g(x) = F + G$

b) $\lim\limits_{x \to a} [f(x) - g(x)] = \lim\limits_{x \to a} f(x) - \lim\limits_{x \to a} g(x) = F - G$

c) $\lim\limits_{x \to a} [f(x) \cdot g(x)] = \lim\limits_{x \to a} f(x) \cdot \lim\limits_{x \to a} g(x) = F \cdot G$

d) $\lim\limits_{x \to a} [f(x) : g(x)] = \lim\limits_{x \to a} f(x) : \lim\limits_{x \to a} g(x) = F : G, \quad (G \neq 0)$

Bei d) ist wegen $G \neq 0$ auch $g(x) \neq 0$, falls $|x - a|$ kleiner als ein gewisses δ_0 ist.

Beweis zu a): Ist $\varepsilon > 0$ gegeben, so kann man nach D 4 eine Zahl δ_1 bestimmen, daß $|f(x) - F| < \varepsilon$ ist, falls $|x - a| < \delta_1$ ist, und ebenso eine Zahl δ_2, so daß $|g(x) - G| < \varepsilon$ ist, falls $|x - a| < \delta_2$ ist. Ist δ die kleinere der beiden Zahlen δ_1 und δ_2, so gilt für $|x - a| < \delta$:

$$|[f(x) + g(x)] - [F + G]| = |[f(x) - F] + [g(x) - G]| \leqq |f(x) - F| + |g(x) - G| < 2\varepsilon$$

Daraus folgt nach D 2: $f(x) + g(x)$ rückt gegen $F + G$.

Beweis zu c): Es sei $f(x) = F + u(x)$ und $g(x) = G + v(x)$ mit $|u(x)| < \varepsilon$ und $|v(x)| < \varepsilon$ für $|x - a| < \delta$. Dann ist $f(x)\,g(x) = FG + Fv + Gu + uv$. Nun weiter wie auf S. 43.

Mit Hilfe der Grenzwertsätze lassen sich Grenzwerte oft bequem bestimmen.

Beispiel 9:

Für $x \neq 1$ ist $\lim\limits_{x \to 1} \frac{x^4 - 1}{x - 1} = \lim\limits_{x \to 1} \frac{(x^2 - 1)(x^2 + 1)}{x - 1} = \lim\limits_{x \to 1} [(x + 1)(x^2 + 1)] = 2 \cdot 2 = 4.$

Aufgaben

10. Führe die Beweise zu S 1 b) und d) ausführlich durch.

11. Zeige, daß S 1 a) bis d) auch gelten, wenn x gegen ∞ strebt.

12. Zeige mittels S 1: a) $\lim c \cdot f(x) = c \cdot \lim f(x)$ b) $\lim [f(x)]^n = [\lim f(x)]^n$

13. a) Verdeutliche: $\lim\limits_{x \to \infty} \frac{2x^2 + 3x + 4}{x^2 - 5} = \frac{\lim\limits_{x \to \infty} \left(2 + \frac{3}{x} + \frac{4}{x^2}\right)}{\lim\limits_{x \to \infty} \left(1 - \frac{5}{x^2}\right)} = 2$ b) $\lim\limits_{x \to \infty} \frac{x^2 - 2x + 6}{2x^2 - 7}$

15. Bestimme $\lim\limits_{x \to \infty} \frac{x^n}{x^m}$ $(n, m \in \mathbb{N})$ für a) $n < m$, b) $n > m$, c) $n = m$. (Dasselbe für $x \to -\infty$.)

13 Stetige und unstetige Funktionen

In § 12 betrachteten wir Funktionen $x \to f(x)$, die in einer Umgebung von $x = a$ definiert waren, und fragten nach $\lim\limits_{x \to a} f(x)$. Dabei zeichneten sich besonders diejenigen Funktionen aus, bei denen der links- und rechtsseitige Grenzwert an einer Stelle a in *einen* Wert zusammenfielen und dieser Wert zugleich der Funktionswert an der Stelle a war. Bei der Charakterisierung des Verhaltens von Funktionen an der Stelle a unterscheiden wir so:

Fall 1: I) $\lim\limits_{x \to a} f(x) = g$ ist vorhanden, II) $f(a)$ existiert, III) $g = f(a)$ (Fig. 51.1)

Fall 2: Die Funktion hat an der Stelle a nicht die Eigenschaften I oder III.

Beispiele: Fig. 48.2, 48,3, 49.2, 49.3. Welche Eigenschaften fehlen jeweils?

Im Fall 1 kann man sagen: Nähert sich x der Stelle a, so kommt $f(x)$ dem Wert $f(a)$ beliebig nahe. Oder: Wenn x sich wenig von a unterscheidet, so unterscheidet sich $f(x)$ wenig von $f(a)$. Man spricht dann von einer an der Stelle $x = a$ „stetigen" Funktion und definiert:

D 1 **Eine Funktion $x \to f(x)$,** die in $x = a$ und in einer Umgebung von a definiert ist, **heißt an der Stelle $x = a$ stetig, wenn der Grenzwert von $f(x)$ für x gegen a existiert und mit dem Funktionswert an der Stelle a übereinstimmt.**

Es ist dann also: $\lim\limits_{x \to a} f(x) = f(a)$ (1), in anderer Form: $\lim\limits_{h \to 0} f(a + h) = f(a)$ (2)

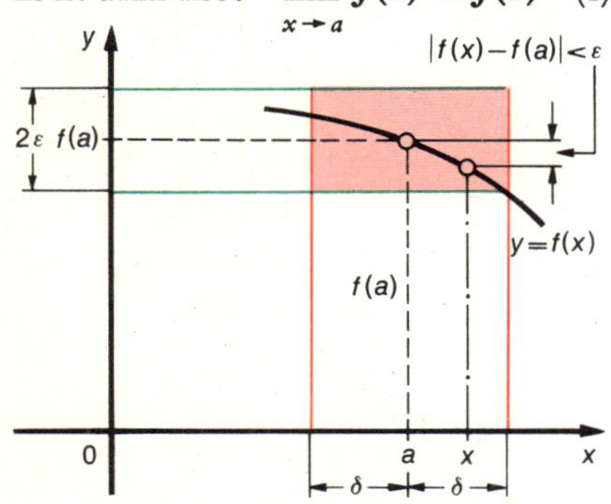

51.1.

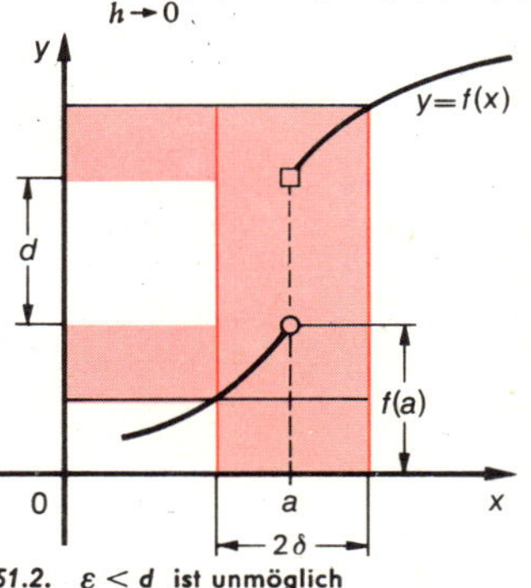

51.2. $\varepsilon < d$ ist unmöglich

D 2 Im Falle 2 sagt man: *Die Funktion $x \to f(x)$ ist an der Stelle a* **unstetig.**

D 3 Wenn $f(x)$ zwar in einer Umgebung der Stelle a definiert ist, nicht aber in a selbst, fehlt also Eigenschaft II, so sagt man: Die Funktion hat an der Stelle a eine **Lücke** (vgl. Fig. 49.2); f ist dann weder stetig noch unstetig.

Auf Grund von § 12, D 4 (S. 48) kann man D 1 in der Form schreiben:

D 4 *Eine in a samt Umgebung definierte Funktion $x \to f(x)$ ist an der Stelle $x = a$ stetig, wenn sich zu jeder noch so kleinen Zahl $\varepsilon > 0$ eine Zahl $\delta > 0$ finden läßt, derart daß $|f(x) - f(a)| < \varepsilon$ wird, sobald $|x - a| < \delta$ ist. Geometrisch* ausgedrückt bedeutet dies: Zu jedem noch so schmalen 2ε-Streifen (parallel zur x-Achse) läßt sich ein 2δ-Streifen wie in Fig. 51.1 finden. Gegenbeispiel Fig. 51.2.

D 5 Eine Funktion $x \to f(x)$ heißt **im Intervall** $]x_1, x_2[$ **stetig,** wenn sie an jeder Stelle des Intervalls stetig ist.

Beispiel 2: $y = x$ ist an jeder Stelle $a \in \mathbb{R}$ stetig, also ist $y = x$ in $\mathbb{R}$ stetig.

Beweis: $\lim\limits_{h \to 0} (a + h) = a$. Nach (2) folgt hieraus die Stetigkeit.

Beispiel 3: $y = x^2$ ist an jeder Stelle $a \in \mathbb{R}$ stetig.

Beweis: $\lim\limits_{h \to 0} (a + h)^2 = \lim\limits_{h \to 0} (a^2 + 2\,a\,h + h^2) = a^2$. Die Bedingung (2) ist erfüllt.

Beispiel 4: $y = \frac{1}{x}$ ist an jeder Stelle $a \neq 0$ stetig; also ist $y = \frac{1}{x}$ z. B. in $\mathbb{R}^+$ stetig.

Beweis: Es sei $a \neq 0$ und $a + h \neq 0$; dann gilt:

$$\lim_{h \to 0} \frac{1}{a + h} = 1 : \lim_{h \to 0} (a + h) = \frac{1}{a}.$$

Für $a = 0$ existiert $\frac{1}{a}$ nicht.

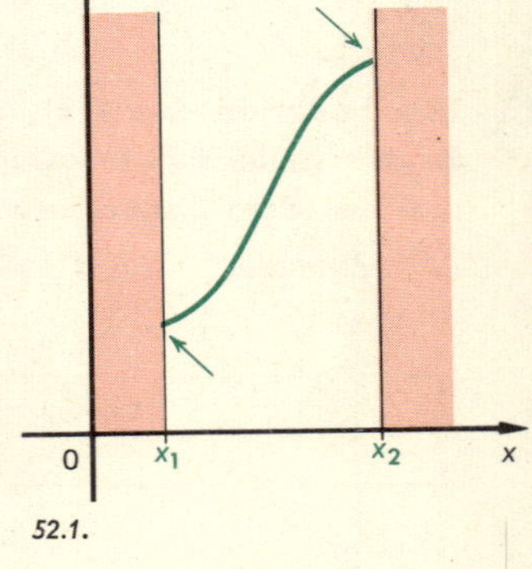

52.1.

Bemerkungen:

1. Aus D 1 folgt, daß der rechts- und linksseitige Grenzwert im Fall der Stetigkeit existieren und beide gleich sein müssen.

2. In einem Randpunkt des Definitionsbereichs kann eine Funktion nicht stetig sein, weil sich keine Umgebung angeben

D 6 läßt, die zum Definitionsbereich gehört. Sind x_1 und x_2 solche Randstellen und ist der rechtsseitige Grenzwert $\lim\limits_{x \to x_1 + 0} f(x) = f(x_1)$ bzw. der linksseitige Grenzwert $\lim\limits_{x \to x_2 - 0} f(x) = f(x_2)$, so spricht man von **rechtsseitiger** bzw. **linksseitiger Stetigkeit** (Fig. 52.1).

3. In anschaulicher, aber unscharfer Weise kann man sagen: Wenn man das Schaubild einer Funktion im Achsenkreuz mit dem Bleistift ohne abzusetzen nachfahren kann, so ist die Funktion in dem betrachteten Intervall stetig. Es gibt aber stetige Funktionen, bei denen sich Schwankungen so häufen, daß ein Nachfahren unmöglich wird. (Vgl. S. 147, Aufg. 51.)

4. Für die „klassische" Naturbetrachtung gilt der Satz: „Die Natur macht keinen Sprung." Danach verlaufen zahlreiche Naturvorgänge „stetig": Das Wachstum von Lebewesen mit der Zeit, die Abnahme des Luftdrucks mit der Höhe, die Zunahme der Beleuchtungsstärke mit der Annäherung an eine Glühlampe. Es gibt aber auch viele sprunghafte (unstetige) Änderungen: Preissenkung, Diskonterhöhung; Dichteänderung an einer Grenzfläche.

Sätze über stetige Funktionen

S 1 **Sind zwei Funktionen an der Stelle a stetig, so ist dort auch die Summe, die Differenz, das Produkt und der Quotient dieser Funktionen stetig;** der Quotient dort, wo die Nennerfunktion nicht 0 ist. Der Beweis ergibt sich aus den Grenzwertsätzen S 1 a) bis d) auf S. 50. Die folgenden 4 Sätze sind anschaulich unmittelbar deutlich. Ihre Beweise sind nicht ganz einfach.

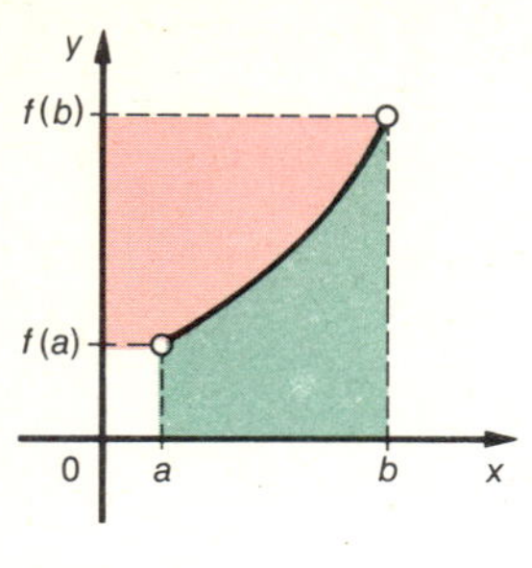

53.1.

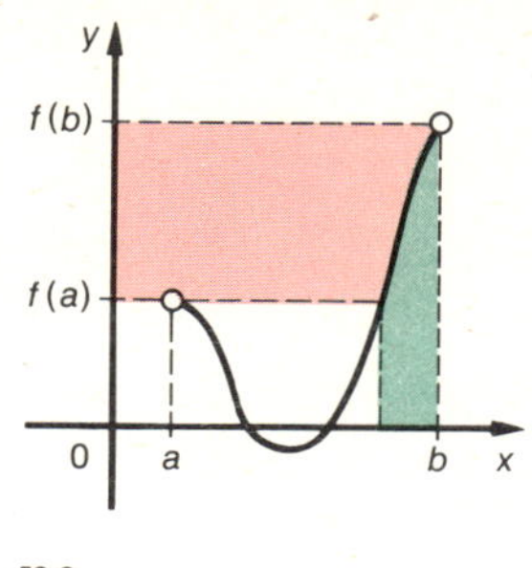

53.2.

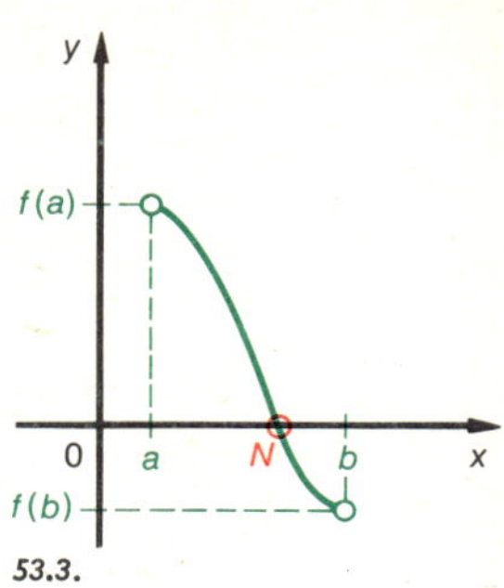

53.3.

S 2 *Eine im Intervall* $a \leqq x \leqq b$ *stetige Funktion* $x \to f(x)$, *bei der* $f(a)$ *und* $f(b)$ *verschiedene Vorzeichen haben, hat in* $]a, b[$ *mindestens eine Nullstelle (Nullstellensatz)* (Fig. 53.3 und 53.4).

S 3 *Eine in* $[a, b]$ *stetige Funktion* $x \to f(x)$, *deren Funktionswerte an den Rändern* $f(a)$ *und* $f(b)$ *sind, nimmt jeden Wert zwischen* $f(a)$ *und* $f(b)$ *mindestens einmal an* (Fig. 53.1 und 53.2, *Zwischenwertsatz*).

S 4 *Eine in* $[a, b]$ *stetige Funktion ist in diesem Intervall beschränkt.*

S 5 *Eine in* $[a, b]$ *stetige Funktion* $x \to f(x)$ *hat dort immer einen kleinsten und größten Wert* (Fig. 53.5/7).

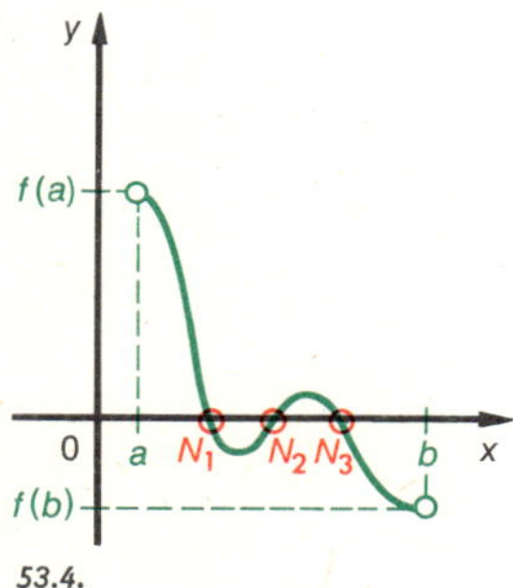

53.4.

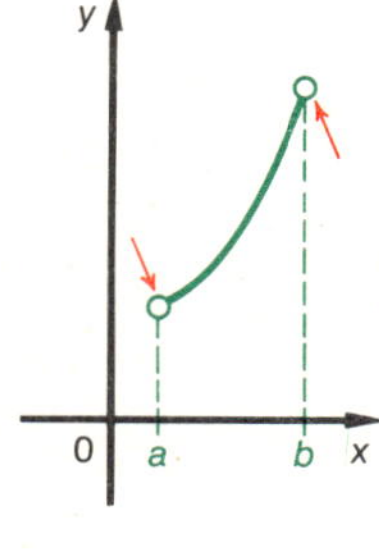

53.5.

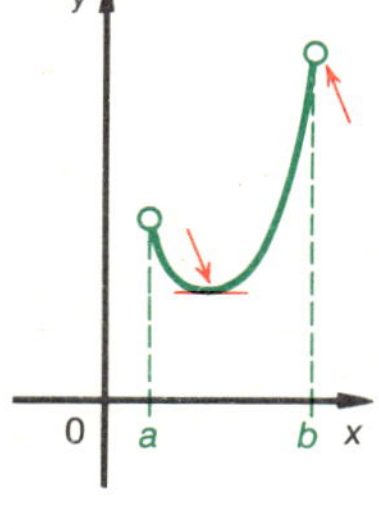

53.6.

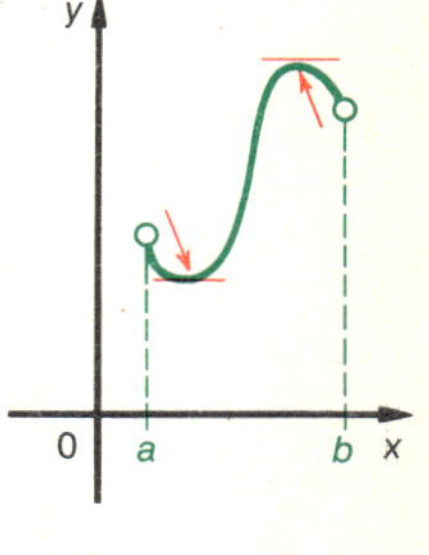

53.7.

Beweis zu S 2: Ist $I_1 = [a, b]$ und x_1 die Mitte von I_1, so ist entweder $f(x_1) = 0$ oder $f(x_1) \neq 0$. Im 2. Fall sei I_2 dasjenige der 2 Teilintervalle, bei dem $f(x)$ Randwerte mit verschiedenen Zeichen hat. Verfährt man mit I_2 wie mit I_1 und setzt dieses Verfahren fort, so kommt man entweder zu einer Nullstelle von $f(x)$, oder man erhält eine Intervallschachtelung $I_1, I_2, I_3, \ldots$. Diese bestimmt eine Zahl g in $[a, b]$. In jeder Umgebung von g, liegen positive und negative Werte von $f(x)$. Wegen der Stetigkeit von $f(x)$ ist dies nur möglich, wenn $f(g) = 0$ ist; es liegt dann g in $]a, b[$.

Beweis zu S 3: Ist $f(b) > c > f(a)$, so ist $g(x) = f(x) - c$ stetig in $[a, b]$. $g(a)$ und $g(b)$ haben verschiedenes Zeichen (wieso?). Nach S 2 gibt es daher mindestens ein x_0 in $]a, b[$ mit $g(x_0) = 0$, also $f(x_0) = c$.

Auf den Beweis von S 4 und S 5 verzichten wir hier.

Aus Satz 1, Beispiel 2 und 3, sowie Aufg. 1 folgt durch Zusammensetzung:

S 6 $\boldsymbol{y = a_0 + a_1 x + a_2 x^2 + \cdots + a_n x^n}$ mit $a_k \in \mathbb{R}$ und $n \in \mathbb{N}_0$ **ist für alle** $\boldsymbol{x} \in \mathbb{R}$ **stetig.**

D 7 Man bezeichnet diese Funktionen als **ganze rationale Funktionen** (vgl. § 18).

S 7 $y = \dfrac{a_0 + a_1 x + a_2 x^2 + \cdots + a_n x^n}{b_0 + b_1 x + b_2 x^2 + \cdots + b_m x^m}$ mit $(a_k, b_k \in \mathbb{R}, b_m \neq 0)$ und $(n \in \mathbb{N}_0, \; m \in \mathbb{N})$ **ist stetig** bis auf diejenigen Stellen, an denen die Nennerfunktion gleich Null wird.

D 8 Die Funktionen in S 7 heißen **gebrochene rationale Funktionen.**

Aufgaben

1. Zeige: a) Die Funktion $y = c$ ist stetig. b) Ist $f(x)$ in $]\,a, b\,[$ stetig, dann auch $c \cdot f(x)$.
4. Zeige, daß folgende Funktionen bei $x = 0$ stetig sind. Zeichne Graphen.
   a) $y = |x|$ b) $y = |x - \frac{1}{4}x^2|$ c) $y = 2^x$
5. Nenne Gesetze der Physik, die durch stetige Funktionen dargestellt werden.

Verschiedene Formen unstetiger Funktionen

In D 2 haben wir gesagt: $y = f(x)$ ist bei $x = a$ unstetig, wenn mindestens eine der folgenden 2 Eigenschaften *nicht* vorhanden ist:

I) $\lim\limits_{x \to a} f(x) = g$ existiert, III) $g = f(a)$. Wir geben Beispiele (S. 55).

Bemerkung: In Beispiel 8 (9) ist es möglich, die Lücke zu beseitigen; man braucht in Beispiel 8 nur $f(0) = 0$ und in Beispiel 9 $f(1) = -1$ zu setzen. In solchen Fällen spricht man
D 9 von einer *stetigen Fortsetzung*. Durch eine solche Änderung entsteht eine andere Funktion, die aber bis auf Einzelwerte mit der ursprünglichen übereinstimmt.

Aufgaben

6. Stelle in Beispiel 5, 6, 8 von S. 55 eine Wertetafel auf und zeichne selbst ein Schaubild.
7. Wo treten in Beispiel 5 bis 10 Asymptoten auf? Welche Grenzwerte führen zu ihnen?
8. An welchen Stellen sind folgende Funktionen unstetig? (Vgl. S. 28, Bsp. 7.)
   a) $y = 1 + [x]$, $(-1 \leqq x \leqq +1)$ b) $y = 1 - x + [x]$, $(-1 \leqq x \leqq +1)$
9. Gib die Lücken und Asymptoten an; zeichne Schaubilder:
   a) $y = \dfrac{-3}{x}$ b) $y = \dfrac{6}{x+2}$ c) $y = \dfrac{2x}{x-3}$ d) $y = \dfrac{3x-2}{2x-3}$
10. Wo haben folgende Funktionen Lücken? Wie kann man sie beheben?
   a) $y = \dfrac{x^2 - 9}{x - 3}$ b) $y = \dfrac{9x^2 - 4}{3x + 2}$ c) $y = \dfrac{x^2 + 4x + 4}{x^2 - 4}$ d) $y = \dfrac{x^2 + 4x}{2x + 8}$
11. Untersuche a) $y = \begin{cases} x^2 & \text{für } -1 \leqq x \leqq 1 \\ -x + 4 & \text{für } 1 < x \leqq 4 \end{cases}$ b) $y = \begin{cases} x + 2 & \text{für } x < 0 \\ 0 & \text{für } x = 0 \\ x - 2 & \text{für } x > 0 \end{cases}$
13. Beurteile die Stetigkeit der Funktion $y = f(x) = \begin{cases} 1 & \text{für } x \in \mathbb{Q} \\ 0 & \text{für } x \in \mathbb{R} \setminus \mathbb{Q}. \end{cases}$
14. Gib Beispiele aus der Physik an mit Unstetigkeiten und „endlichem Sprung".

Beispiel	Funktion	ist unstetig oder hat eine Lücke	es fehlt Eigenschaft	rechts- oder linksseitiger Grenzwert	Graph
5	$f(x) = 2^{\frac{1}{x}}$ $A = \mathbb{R} \setminus \{0\}$	Lücke in $x = 0$	II (§ 12, Aufg. 6)	$\lim\limits_{x \to -0} f(x) = 0$ $\lim\limits_{x \to +0} f(x) = \infty$	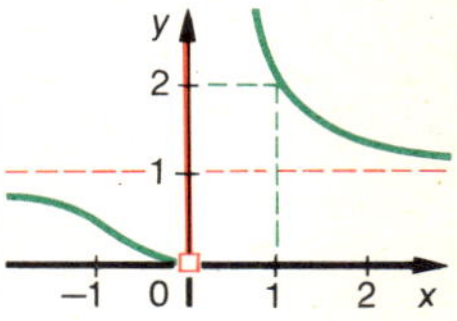
6	$f(x) = \frac{1}{x-1}$ $A = \mathbb{R} \setminus \{1\}$	Lücke in $x = 1$	II	$\lim\limits_{x \to 1+0} f(x) = \infty$ $\lim\limits_{x \to 1-0} f(x) = -\infty$	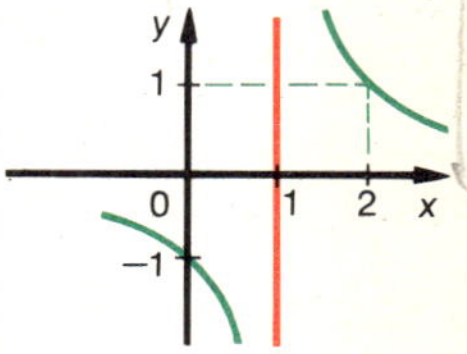
7	$f(x) = \begin{cases} \frac{1}{2}x, & (x<2); \\ \frac{1}{2}x+1, & (x \geqq 2) \end{cases}$	unstetig in $x = 2$ (endlicher Sprung)	I, III (§ 11, Fig. 48.2)	$\lim\limits_{x \to 2+0} f(x) = 2$ $\lim\limits_{x \to 2-0} f(x) = 1$	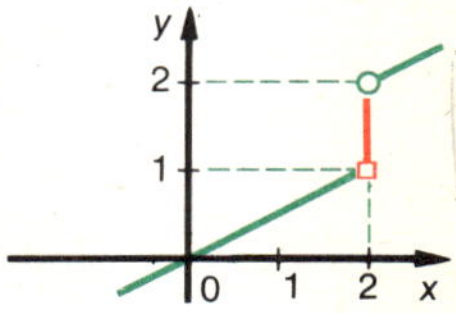
8	$f(x) = 2^{-\frac{1}{x^2}}$ $A = \mathbb{R} \setminus \{0\}$	Lücke in $x = 0$	II (Beispiel 4b, S. 48)	$\lim\limits_{x \to 0} f(x) = 0$	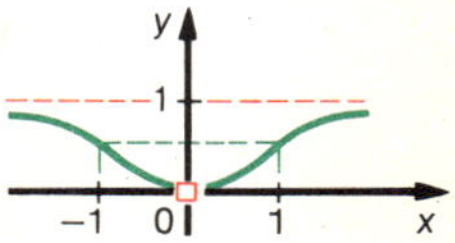
9	$f(x) = \begin{cases} x^2-2x, & (x \neq 1); \\ +1, & (x = 1) \end{cases}$	unstetig in $x = 1$ (Einsiedler E)	III	$\lim\limits_{x \to 1} f(x) = -1$	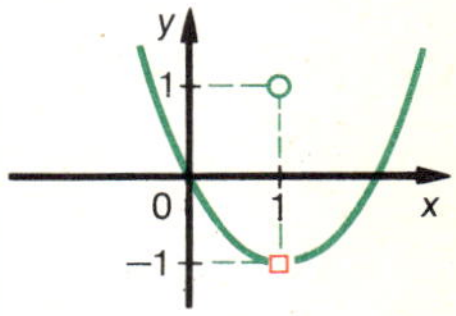
10	$f(x) = \begin{cases} +1, & (x \in \mathbb{Q}); \\ 0, & (x \in \mathbb{R} \setminus \mathbb{Q}) \end{cases}$	unstetig für alle $x \in \mathbb{R}$	I, III	weder rechts- noch linksseitige Grenzwerte	**55.1. bis 55.5.**

14 Aufgabe der Differentialrechnung. Das Tangentenproblem

❶ Fig. 56.1 zeigt die Luftdruckänderung an zwei Orten A und B im Laufe eines Vormittags. Vergleiche die Änderungen des Drucks.

❷ Fig. 56.2 zeigt die Flugbahn eines Steins, der von einem 45 m hohen Turm aus waagrecht geworfen wird. Er befindet sich nach 1 sec in P_1, nach 2 sec in P_2, nach 3 sec in P_3. Welche Fragen kann man im Blick auf diese Figur stellen?

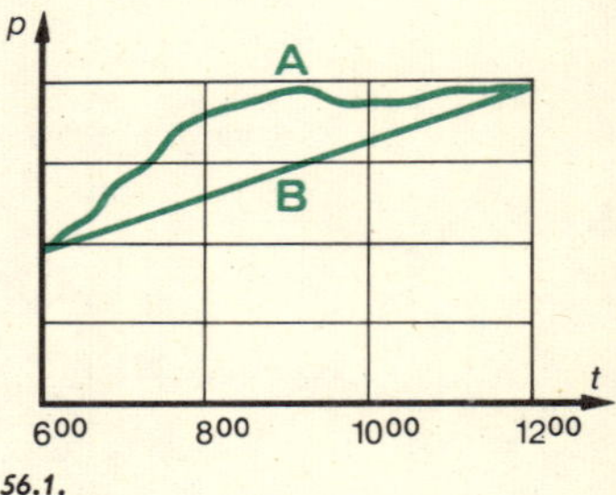

56.1.

Das Wachstum bei stetigen Funktionen

1. Bei vielen Funktionen aus der Erfahrungswelt interessiert es nicht nur, *welche Werte* eine Funktion $y = f(x)$ annimmt und ob sie *stetig* ist, sondern auch, wie rasch bzw. wie stark die y-Werte *zu oder abnehmen*, wenn sich die x-Werte ändern. Der Physiker fragt bei einem Satelliten nicht bloß, wo er sich zu einer bestimmten Zeit befindet, sondern auch, in welcher Richtung und wie schnell er sich bewegt, und wie sich seine Geschwindigkeit ändert. Für den Meteorologen ist bei der Wettervorhersage nicht allein die *Größe* des Luftdrucks wichtig, sondern auch, wie stark der Druck je Stunde steigt oder fällt. Diese Beispiele zeigen, daß es oft darauf ankommt, genaue Aussagen über das *Wachstum von Funktionen* zu machen.

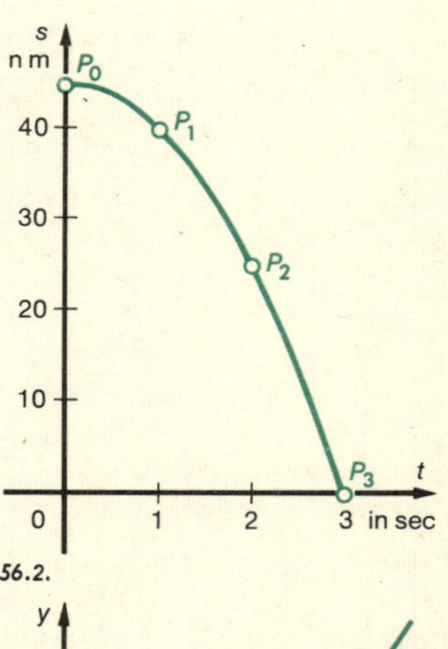

56.2.

2. Um das Wachstum bei einer stetigen Funktion anschaulich zu überblicken, betrachtet man am besten ihr *Schaubild* in einem rechtwinkligen Achsenkreuz (56.3): Ist die Kurve steil (wie in P), so wächst y rasch (mit wachsendem x), ist sie weniger steil (wie in Q), so wächst y langsamer. Bei einer monotonen stetigen Funktion $y = f(x)$ ist also die Steilheit ihres Schaubildes charakteristisch für das Verhalten der Funktionswerte bei wachsenden x-Werten.

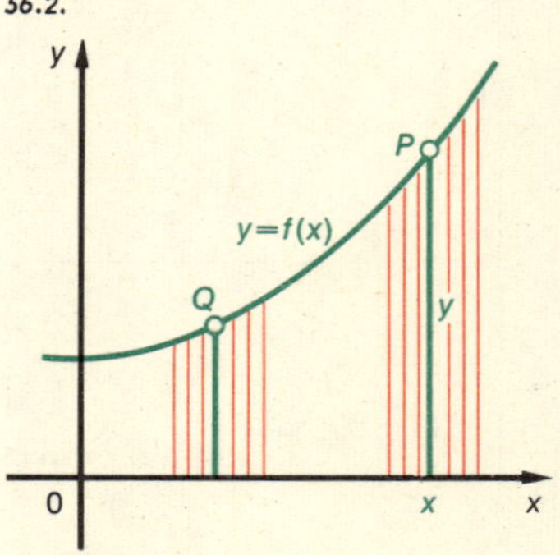

56.3.

Die Steigung von Kurven. Das Tangentenproblem[1]

3. Bei einer *Gerade* wird die Steilheit durch die konstante *Steigung* $m = \tan\alpha$ gemessen (Fig. 57.1). Bei einer *gekrümmten* Kurve ist die Steilheit in einem Punkt P zunächst nicht definiert. Es liegt nahe, P mit einem Nachbarpunkt Q

1. Soweit im folgenden Winkel auftreten, werden gleiche Einheiten auf den Achsen vorausgesetzt.

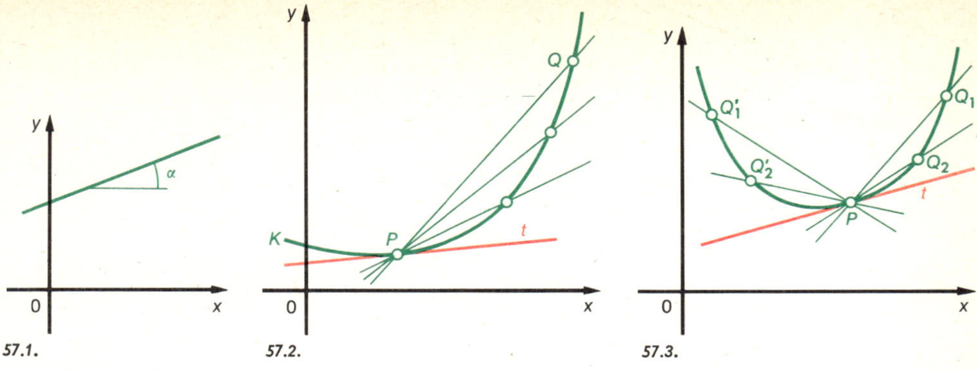

der Kurve geradlinig zu verbinden (Fig. 57.2). Die Steigung der Sekante PQ kann man dann als *mittlere Steigung des Kurvenstücks PQ* bezeichnen.

Hält man nun den Punkt P fest und läßt Q immer näher an P heranrücken (Fig. 57.2), so dreht sich die Sekante PQ um P und nähert sich, wie wir zeigen werden, bei sehr vielen Kurven immer mehr einer *Grenzgerade t*.

D 1 Die Kurve mit der Gleichung $y = f(x)$ sei im Punkt P stetig (Fig. 57.3). Rückt der beliebige Kurvenpunkt Q auf der Kurve von links oder rechts gegen P und strebt dabei die Sekante PQ gegen eine gemeinsame Grenzlage, eine Gerade t, so nennt man t die **Tangente** der Kurve im Punkt P.

4. Besitzt die Sekante PQ den Steigungswinkel σ und die Tangente t den Steigungswinkel τ (Fig. 57.4), so ist $\tan\sigma$ die Sekantensteigung und $\tan\tau$ die Tangentensteigung.

Wir können dann sagen:

D 2 *Die Tangentensteigung ist der Grenzwert der Sekantensteigung:*

$$\tan\tau = \lim_{Q \to P} \tan\sigma$$

D 3 **Unter der Steigung einer Kurve in einem Punkt P versteht man die Steigung der Tangente in P.**

57.4.

Unsere oben aufgeworfenen Fragen (und noch viele andere) führen alle auf *eine* Aufgabe, auf das **Tangentenproblem: Gibt es in einem beliebigen Punkt einer Kurve eine Tangente, und wie groß ist ihre Steigung?**

Man bezeichnet denjenigen Teil der „Analysis", für den dieses Problem eine Grundaufgabe ist, als **Differentialrechnung**[1].

Da die Lösung der Aufgabe stets darauf hinausläuft, den Grenzwert von Sekantensteigungen zu untersuchen, ist der Begriff **Grenzwert ein Grundbegriff der Differentialrechnung.**

Ein anderes Grenzwertproblem ist das „umgekehrte Tangentenproblem". Zu gegebenen Tangentensteigungen sind die zugehörigen Kurven zu finden. Die Lösung dieser Aufgabe ermöglicht erstaunlicherweise auch Flächen- und Rauminhaltsberechnungen. Sie werden in der sogenannten **Integralrechnung**[2] behandelt. Differential- und Integralrechnung sind Teile der **Infinitesimalrechnung**[3] oder **Analysis**[4].

---

1. Die Sekantensteigung wird aus Differenzen der Koordinaten von P und Q berechnet. 2. integrare (lat.), wiederherstellen; die Kurven werden aus ihren Steigungen zurückgewonnen. 3. infinitum (lat.), unendlich; bei Grenzwerten strebt häufig n gegen ∞. 4. analysis (griech.), Zerlegung; durch die Feststellung der Steigung in jedem Kurvenpunkt wird die Kurve sozusagen in ihre „Elemente" zerlegt.

Bemerkung: In Fig. 58.1 ist der Graph von $y = |1 - \frac{1}{4}x^2|$ für $-1 \leqq x \leqq 4$ gezeichnet. Die Funktion ist überall stetig, auch in $P_0(2 \mid 0)$. Dort hat der Graph offenbar eine Ecke mit einer

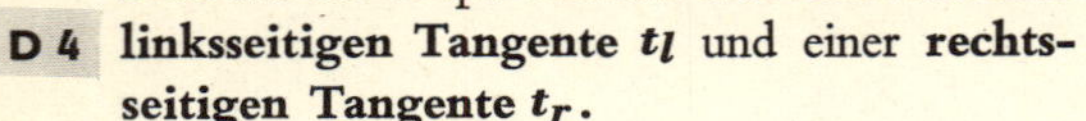

D 4 **linksseitigen Tangente t_l** und einer **rechtsseitigen Tangente t_r.**

In P_0 ist also keine eindeutige Tangente vorhanden. Das Beispiel zeigt:

S 1 Die Stetigkeit von $y = f(x)$ bei x_0 ist *keine hinreichende Bedingung* für die Existenz *einer* Tangente in $P_0(x_0 \mid y_0)$. (Vgl. S. 69.)

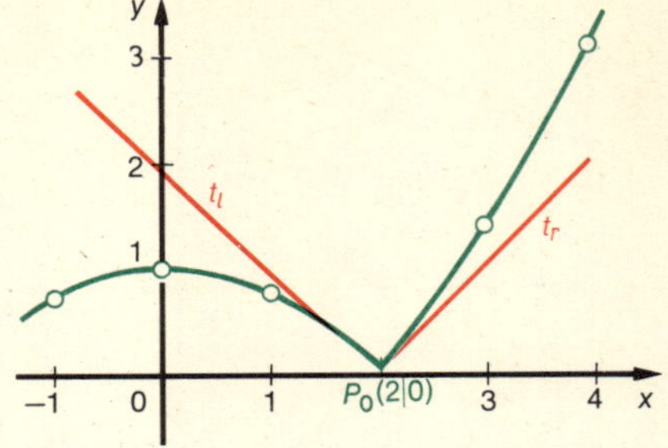

58.1.

Aufgaben

1. Gib auf Grund der Anschauung an, ob an den Unstetigkeitsstellen (einschließlich Lücken) in Fig. 28.4, 28.5, 32.4, 51.2, 55.1, 55.3 und 55.5.

a) eine linksseitige *und* eine rechtsseitige Tangente,

b) nur eine linksseitige,

c) nur eine rechtsseitige,

d) weder eine linksseitige noch eine rechtsseitige Tangente vorhanden ist.

Beachte dabei, daß auch bei einer einseitigen Tangente in P_0 die Funktion dort definiert sein muß.

2. Zeichne ein Schaubild von a) $y = |x^2 - 1| + 2$, b) $y = 2^{|x|}$, c) $y = \frac{4x - x^3}{x}$
Wo besitzt der Graph keine (eindeutige) Tangente?

In den folgenden Paragraphen werden wir nacheinander dieses Tangentenproblem für einzelne Funktionen und Funktionenklassen rechnerisch behandeln. Wir beginnen dabei mit der besonders einfachen Funktion $y = a x^2$.

Bemerkung:

Bei der Behandlung des Tangentenproblems beschränken wir uns auf Funktionen die auf $\mathbb{R}$ oder auf Intervallen von $\mathbb{R}$ definiert sind, obwohl man z. B. auch bei Funktionen, die auf $\mathbb{Q}$ oder auf Teilmengen von $\mathbb{Q}$ definiert sind, von Tangenten sprechen könnte.

15 Ableitung von $y = a x^2$

Steigung und Gleichung einer Gerade

Um die Steigung und Gleichung von Sekanten und Tangenten bei Kurven ausdrücken zu können, benötigen wir einige Hilfsmittel aus der „Analytischen Geometrie“. Sie werden dort ausführlich behandelt (vgl. Lambacher-Schweizer, Anal. Geom. § 3 und 4); im folgenden sind sie kurz zusammengestellt.

D 1 Als **Steigung einer Strecke** bzw. **einer Gerade,** die durch die zwei Punkte $P_1(x_1 \mid y_1)$ und $P_2(x_2 \mid y_2)$ gegeben ist (Fig. 59.1), bezeichnet man den Quotienten $\boldsymbol{m} = \dfrac{y_2 - y_1}{x_2 - x_1}$, falls $x_1 \neq x_2$ ist.

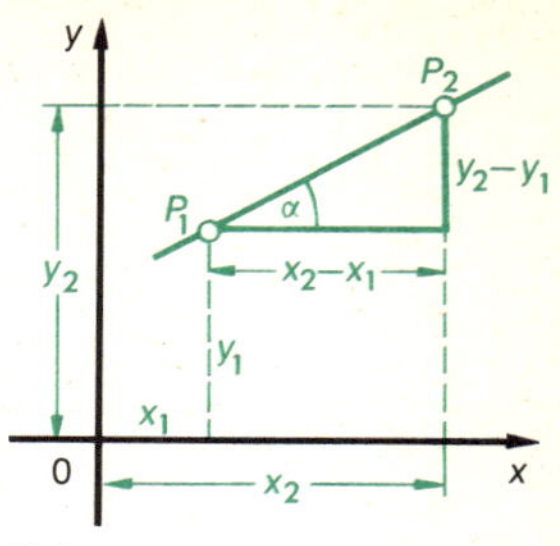

59.1. $m > 0$

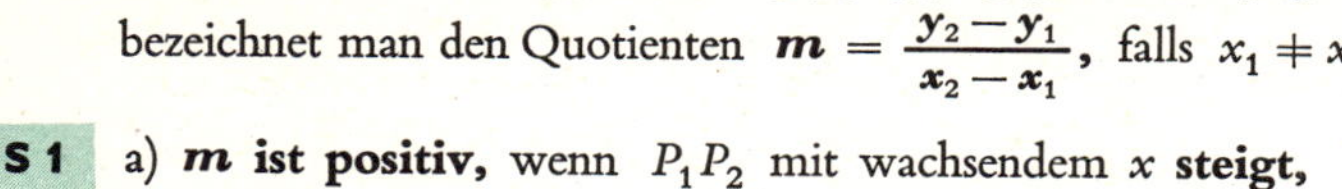

S 1 a) $\boldsymbol{m}$ **ist positiv,** wenn P_1P_2 mit wachsendem x **steigt,**

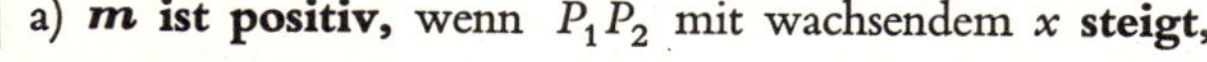

b) $\boldsymbol{m}$ **ist negativ,** wenn P_1P_2 mit wachsendem x **fällt**

c) Es ist $\boldsymbol{m} = \boldsymbol{0}$, wenn P_1P_2 **parallel zur x-Achse** ist.

D 2 Man schreibt $\boldsymbol{m} = \pm\infty$, wenn P_1P_2 **parallel zur y-Achse** ist.

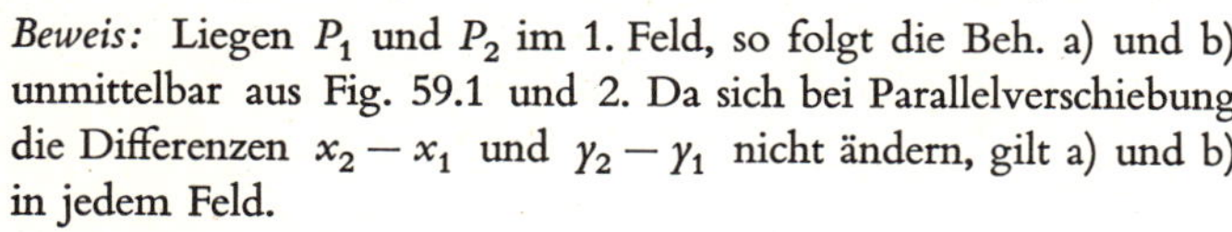

Beweis: Liegen P_1 und P_2 im 1. Feld, so folgt die Beh. a) und b) unmittelbar aus Fig. 59.1 und 2. Da sich bei Parallelverschiebung die Differenzen $x_2 - x_1$ und $y_2 - y_1$ nicht ändern, gilt a) und b) in jedem Feld.

Die Beh. c) ergibt sich aus $y_2 - y_1 = 0$, $x_2 - x_1 \neq 0$.

Läßt man $y_2 - y_1$ in Fig. 59.1 fest und strebt x_2 gegen x_1, so strebt $\dfrac{y_2 - y_1}{x_2 - x_1}$ gegen $+\infty$ oder gegen $-\infty$, und P_1P_2 geht in eine Parallele zur y-Achse über.

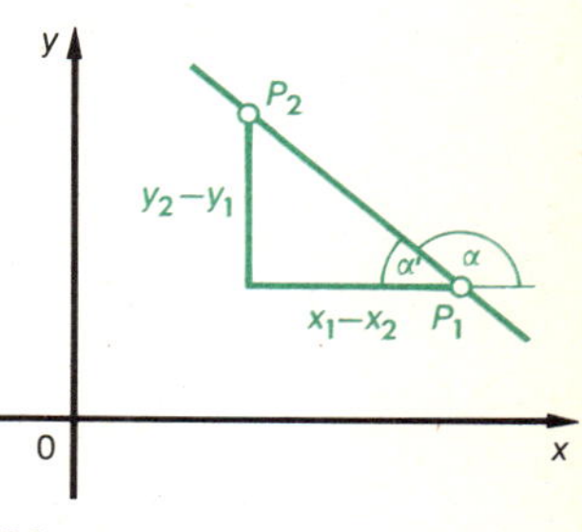

59.2. $m < 0$

Bemerkung: Im Fall a) bis c) ist $m = \tan\alpha$ mit $0° \leqq \alpha < 180°$, wenn der „Steigungswinkel α" wie in Fig. 59.1 und 2 gewählt wird (vgl. Lambacher-Schweizer, Analytische Geometrie).

S 2 Die Gleichung einer nicht achsenparallelen Gerade

a) durch die Punkte $P_1(x_1 \mid y_1)$ und $P_2(x_2 \mid y_2)$ ist

für $x \neq x_1$ und $x_2 \neq x_1$: $\quad \dfrac{\boldsymbol{y} - \boldsymbol{y_1}}{\boldsymbol{x} - \boldsymbol{x_1}} = \dfrac{\boldsymbol{y_2} - \boldsymbol{y_1}}{\boldsymbol{x_2} - \boldsymbol{x_1}}$

b) durch $P_1(x_1 \mid y_1)$ mit Steigung m ist

für $x \neq x_1$ und $m \neq \pm\infty$: $\quad \dfrac{\boldsymbol{y} - \boldsymbol{y_1}}{\boldsymbol{x} - \boldsymbol{x_1}} = \boldsymbol{m}$

c) mit Steigung $m \neq \pm\infty$ und y-Achsenabschnitt b:

$$\boldsymbol{y} = \boldsymbol{m}\boldsymbol{x} + \boldsymbol{b}$$

Beweis (Fig. 59.3):
zu a) und b) Drücke die Steigung von P_1P_2 bzw. P_1P aus.
zu c): Drücke die Steigung von BP aus.

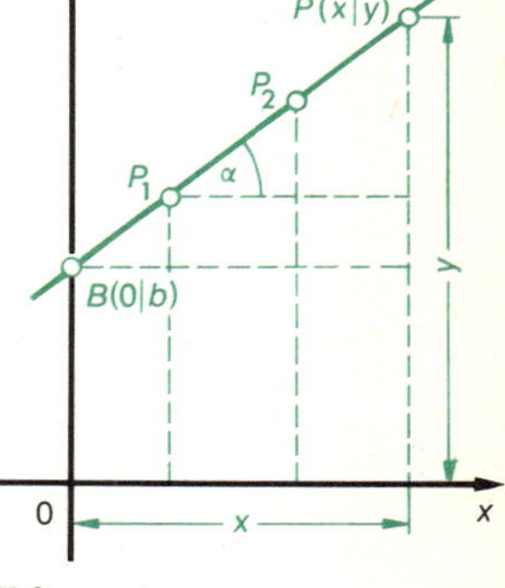

59.3.

Sonderfälle (Fig. 59.4): Eine **Parallele**

1. **zur x-Achse** hat die Gleichung $\boldsymbol{y} = \boldsymbol{b}$,

2. **zur y-Achse** hat die Gleichung $\boldsymbol{x} = \boldsymbol{a}$.
(Wieso folgt 1) auch aus c)?

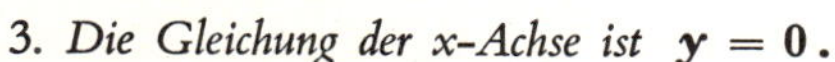

3. *Die Gleichung der x-Achse ist* $\boldsymbol{y} = \boldsymbol{0}$.

4. *Die Gleichung der y-Achse ist* $\boldsymbol{x} = \boldsymbol{0}$.

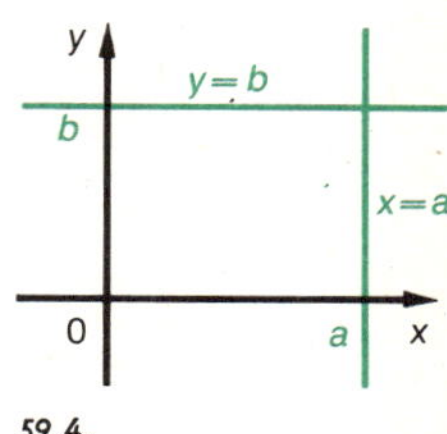

59.4.

Aufgaben

1. Gib die Steigung m von P_1P_2 an und zeichne die Gerade:

a) $P_1(1 \mid 2)$, $P_2(6 \mid 5)$ b) $P_1(1 \mid 2)$, $P_2(6 \mid -1)$

c) $P_1(2 \mid -1)$, $P_2(-2 \mid -5)$ d) $P_1(-4{,}5 \mid 0)$, $P_2(0 \mid -4{,}5)$

e) $P_1\left(-\frac{1}{4} \middle| 4\right)$, $P_2\left(-\frac{1}{4} \middle| -1\right)$ f) $P_1\left(\frac{3}{4} \middle| -\frac{2}{3}\right)$, $P_2\left(-\frac{1}{4} \middle| -\frac{2}{3}\right)$

2. a) In Fig. 60.1 ist $OP_1 \perp OP_2$, $\overline{OP}_1 = \overline{OP}_2$; $m_1 \neq 0$ und $m_2 \neq 0$ seien die Steigungen von OP_1 und OP_2.
Zeige: $\boldsymbol{m_1 \cdot m_2 = -1}$, $\boldsymbol{m_2 = -\frac{1}{m_1}}$

b) Bestimme m_2, wenn $m_1 \in \{3;\ \frac{1}{4};\ \frac{4}{5};\ -\frac{2}{3};\ -2;\ -1;\ 0{,}4\}$ ist.

c) Wie ist es bei $m_1 = 0$ und $m_1 = \pm\infty$?

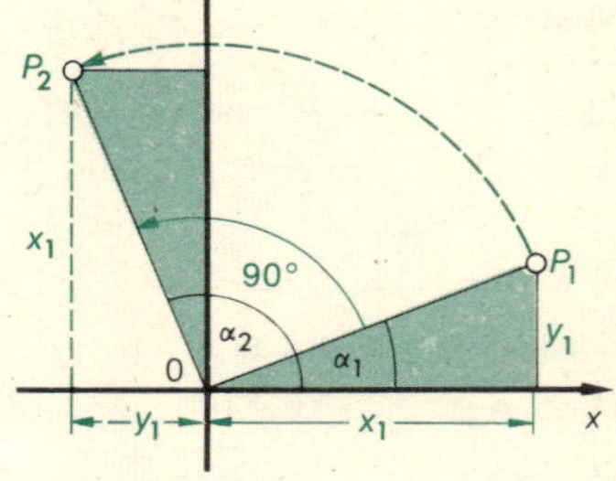

60.1. $m_1 \cdot m_2 = -1$

3. Gib die Gleichung der Gerade P_1P_2 in Aufgabe 1 an.

4. Zeichne die Gerade durch P_1 mit Steigung m. Gib ihre Gleichung an.

a) $P_1(2 \mid 1)$, $m = \frac{3}{5}$ b) $P_1(-3 \mid 4)$, $m = -2$ c) $P_1(-5 \mid 0)$, $m = -0{,}7$

5. Gib bei folgenden Geraden die Steigung und den y-Achsenabschnitt an:

a) $y = \frac{3}{4}x - 2$, b) $y = -0{,}4x + 3$, c) $3x + 5y = 0$, d) $5x - 3y = 9$, e) $2y = 7$

Die Tangentensteigung bei der Parabel mit der Gleichung $y = x^2$

1 Zeichne die Parabel mit der Gleichung $y = x^2$. Lege an sie nach Augenmaß die Tangenten in den Punkten mit $x \in \{0;\ 1;\ 2;\ -1;\ -2\}$. Lies aus der Zeichnung näherungsweise die Steigungen dieser Tangenten ab.

Wir bestimmen rechnerisch die Tangentensteigung bei $y = x^2$ zunächst für den Punkt $P_1(1 \mid 1)$ und dann für einen beliebigen Kurvenpunkt $P(x_0 \mid y_0)$.

Die Tangentensteigung in $P_1(1 \mid 1)$

Wir wählen auf der Kurve die unendliche Punktfolge $Q_1, Q_2, Q_3, \ldots$, wobei Q_n gegen P_1 strebt (Fig. 60.2), und berechnen zu jeder Sekante P_1Q_n ihre Steigung $m_n = \frac{y_n - 1}{x_n - 1}$:

	Q_1	Q_2	Q_3	Q_4	Q_5	…
x_n	2	1,5	1,1	1,01	1,001	…
y_n	4	2,25	1,21	1,0201	1,002001	…
$m_n = \frac{y_n - 1}{x_n - 1}$	3	2,5	2,1	2,01	2,001	…

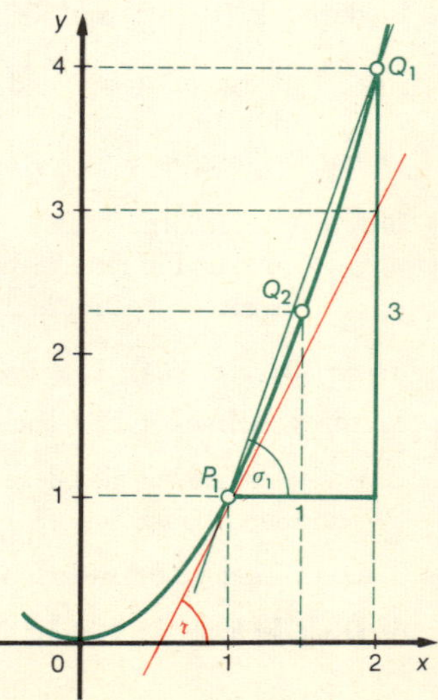

60.2. Tangente in $P(1 \mid 1)$ bei $y = x^2$

Die Punkte Q_n rücken auf der stetigen Kurve mit wachsendem n gegen $P_1(1 \mid 1)$. Die Folge der Sekantensteigungen m_n hat offensichtlich den Grenzwert 2.

Wir wollen noch zeigen, daß sich derselbe Grenzwert ergibt, wenn Q auf irgend eine andere Art längs der Kurve gegen P_1 strebt. Zu diesem Zweck geben wir Q den x-Wert $x_Q = 1 + h$; dann ist $y_Q = (1 + h)^2$ mit $h \in \mathbb{R} \setminus \{0\}$, und als Steigung der Sekante P_1Q ergibt sich

$$m_s = \frac{y_Q - 1}{x_Q - 1} = \frac{(1+h)^2 - 1}{(1+h) - 1} = \frac{2h + h^2}{h} \tag{1}$$

Wegen $h \neq 0$ stimmt (1) überein mit $m_s = 2 + h$. (2)

Strebt Q von links oder rechts gegen P_0, so strebt h gegen 0, also m_s gegen 2.

Ergebnis: Die Tangente in $P_0(1 \mid 1)$ *hat die Steigung* $m_t = \lim\limits_{h \to 0} (2 + h) = 2$.

Die Tangentensteigung in $P(x_0 \mid x_0^2)$

Als Nachbarpunkt zu $P_0(x_0 \mid x_0^2)$ nehmen wir $Q(x_0 + h \mid (x_0 + h)^2)$.

Dann ist die Steigung der Sekante PQ für $h \neq 0$:

$$m_s = \frac{(x_0 + h)^2 - x_0^2}{(x_0 + h) - x_0} = \frac{2x_0 h + h^2}{h} \tag{3}$$

Wegen $h \neq 0$ darf man kürzen: $m_s = 2x_0 + h$. (4)

Strebt Q von links oder rechts gegen P_0 so strebt h gegen 0, also m_s gegen $2x_0$.

Ergebnis: Die Tangente in $P_0(x_0 \mid x_0^2)$ hat die Steigung $m_t = \lim\limits_{h \to 0} (2x_0 + h) = 2x_0$.

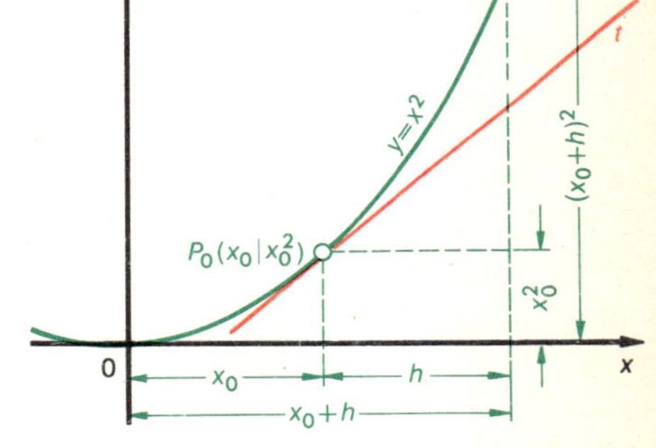

61.1. Tangente an $y = x^2$

Beispiele:

	x_0	0	1	2	3	−1	−2	−3
P_0	y_0	0	1	4	9	1	4	9
Tangentensteigung in P_0:	m_t	0	2	4	6	−2	−4	−6

Zeichne die Parabel samt Tangenten und vergleiche mit Vorüb. 1.

Bemerkung: Die durch Gleichung (1) und (3) ausgedrückten Terme $m_s = \frac{2h + h^2}{h}$ und $m_s = \frac{2x_0 h + h^2}{h}$ bestimmen bei festgehaltenem x_0 je eine Funktion $h \to m_s$, die für $h = 0$ nicht definiert ist, sie hat hier eine Lücke. Die durch Kürzen mit $h \neq 0$ entstandenen Funktionsgleichungen (2) und (4), also $m_s = 2 + h$ und $m_s = 2x_0 + h$, gelten daher nur für $h \neq 0$. Die Grenzwerte der Funktionen $\lim\limits_{h \to 0} (2 + h) = 2$ und $\lim\limits_{h \to 0} (2x_0 + h) = 2x_0$, kann man trotzdem feststellen. Nur auf *diese* kommt es bei der Bestimmung der Tangentensteigung an.

Tangentensteigung in $P(x \mid y)$ bei der Parabel mit der Gleichung[1] $y = a x^2$

Ausgangspunkt: $P(x \mid a x^2)$; Nachbarpunkt: $Q\left((x + h) \mid a(x + h)^2\right)$

Bei der folgenden Überlegung wird Punkt P und damit auch x zunächst festgehalten.

Sekantensteigung: $m_s = \dfrac{a(x + h)^2 - a x^2}{(x + h) - x} = a\,\dfrac{2xh + h^2}{h} = a(2x + h), \quad (h \neq 0)$

Tangentensteigung: $m_t = \lim\limits_{h \to 0} [a(2x + h)] = 2ax$ (5)

D 3 Jedem $x \in \mathbb{R}$ ist so die Tangentensteigung $2ax$ zugeordnet; es ist dadurch für $x \in \mathbb{R}$ die Funktion $x \to 2ax$ definiert. Man nennt diese Funktion die **Ableitung** der gegebenen Funktion und sagt kurz:

S 3 $\boldsymbol{y = a x^2}$ **hat die Ableitung** $\boldsymbol{y' = 2ax}$

Die Ableitung gibt die Steigung der Tangente in einem beliebigen Punkt $P(x \mid y)$ der Parabel m. d. Gl. $y = a x^2$ an.

Beispiel (Fig. 62.1): $y = \frac{1}{4}x^2, \quad y' = \frac{1}{2}x$

x	0	1	2	4	−1	−2	−4
y	0	$\frac{1}{4}$	1	4	$\frac{1}{4}$	1	4
y'	0	$\frac{1}{2}$	1	2	$-\frac{1}{2}$	−1	−2

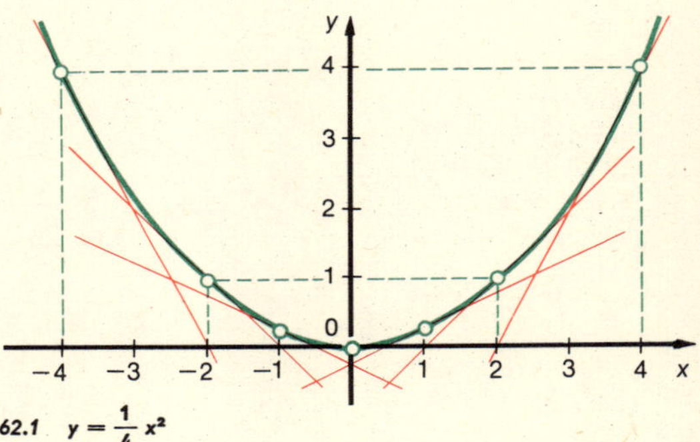

62.1 $y = \frac{1}{4}x^2$

Bemerkung: In der Differentialrechnung bezeichnet man oft

D 4 die **Differenz** $\boldsymbol{x_2 - x_1}$ mit $\boldsymbol{\Delta x}$ (lies[2]: Delta x), die **Differenz** $\boldsymbol{y_2 - y_1}$ mit $\boldsymbol{\Delta y}$ (62.2)
Die Steigung $\boldsymbol{\tan\sigma = m = \dfrac{\Delta y}{\Delta x}}$ heißt **Differenzenquotient.**

Schreibt man Δx statt h, so ergibt sich nun bei $y = a x^2$ (Fig. 62.3) als Steigung der

62.2.

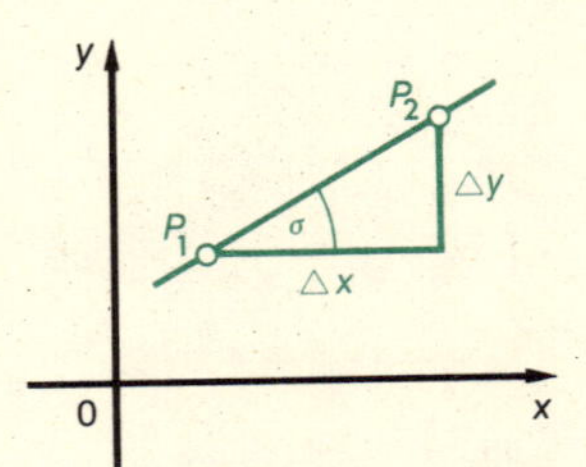

62.3.

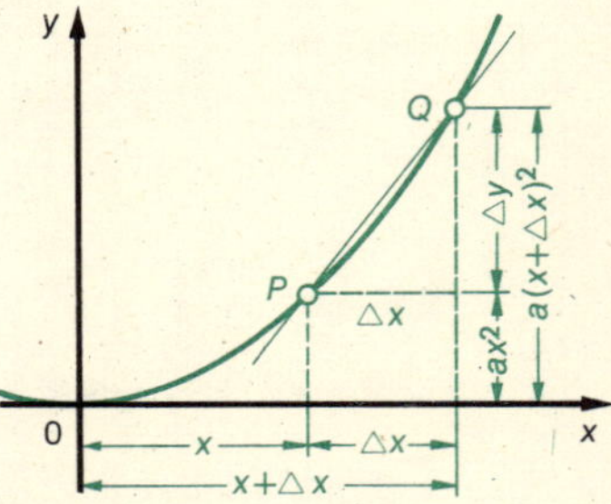

Sekante: $m_s = \dfrac{\Delta y}{\Delta x} = \dfrac{a(x + \Delta x)^2 - a x^2}{(x + \Delta x) - x} = a\,\dfrac{2x \cdot \Delta x + (\Delta x)^2}{\Delta x} = a(2x + \Delta x), \; (\Delta x \neq 0)$

Tangente: $m_t = \lim\limits_{\Delta x \to 0} \dfrac{\Delta y}{\Delta x} = \lim\limits_{\Delta x \to 0} a(2x + \Delta x) = 2ax$

---

1. Die Formvariable a kann jede Zahl aus $\mathbb{R} \setminus \{0\}$ bedeuten; bei der Betrachtung ein und derselben Kurve wird sie festgehalten.
2. Δ ist das griechische D und soll an Differenz erinnern.

Aufgaben

6. Bestimme wie auf S. 60 unten die Tangentensteigung bei $y = \frac{1}{2}x^2$ in $P(2 \mid ?)$.

7. Bestimme wie auf S. 62 die Tangentensteigung in $P(x \mid y)$ bei $y = \frac{1}{3}x^2$ ($y = 0{,}4\,x^2$).

8. Bilde nach Satz 3 die Ableitung folgender Funktionen:
a) $y = 3\,x^2$ b) $y = \frac{2}{3}x^2$ c) $y = 1{,}2\,x^2$ d) $y = -x^2$
e) $y = -\frac{3}{4}x^2$ f) $s = 5\,t^2$ g) $s = \frac{5}{8}t^2$ h) $z = -0{,}15\,v^2$

9. Zeichne folgende Parabeln samt Tangenten für $x \in \{0, \pm 1, \pm 2, \pm 4\}$:
a) $y = \frac{1}{2}x^2$ b) $y = 0{,}2\,x^2$ c) $y = -\frac{1}{4}x^2$ d) $y = -0{,}4\,x^2$

10. a) Zeige: Die Ableitung von $y = a\,x^2$ läßt sich schreiben als $y' = 2\,y : x$, $(x \neq 0)$.
b) Wie läßt sich hiernach die Tangente in $P(x \mid y)$ konstruieren?

11. An welcher Stelle hat der Graph von $y = \frac{1}{8}x^2$ die Steigung a) 1,5, b) $-0{,}5$?

12. a) Wo berührt eine Parallele zur 1. Winkelhalbierenden die Kurve $y = 0{,}2\,x^2$?
b) Welcher Punkt der Parabel mit der Gleichung $y = \frac{1}{6}x^2$ liegt am nächsten bei der Gerade $y = \frac{1}{2}x - 4$? Wie groß ist der kürzeste Abstand beider Kurven?

13. Zeichne ein Quadrat mit der Seitenmaßzahl x. Vergrößere x um Δx und zeige zeichnerisch und rechnerisch, daß der Inhalt um $\Delta A = 2\,x \cdot \Delta x + (\Delta x)^2$ zugenommen hat.

14. Bestimme wie auf S. 61 die Tangentensteigung im Punkt $P(x \mid y)$ der Parabel m. d. Gl.
a) $y = x^2 + 2$, b) $y = x^2 - 4$. Vergleiche mit der Ableitung von $y = x^2$.
Zeichne die 3 Parabeln und begründe die Gleichheit der Ableitungen geometrisch.

15. a) Zeige wie auf S. 62: Für $y = a\,x^2 + c$ ist $y' = 2\,a\,x$, (a und c sind dabei konstant).
b) Zeichne das Schaubild von $y = \frac{1}{2}x^2 - 2$ ($y = 4 - \frac{1}{9}x^2$) mit Tangenten für $x \in \{0; \pm 1, \pm 2, \pm 3, \pm 4\}$.

16. Gib Funktionen $y = f(x)$ an, für welche a) $y' = \frac{4}{5}x$, b) $y' = -\frac{3}{2}x$ ist.

17. Zeichne den Graphen von $y = [x]^2$ (vgl. S. 28, Beisp. 7). Was kann man hier über die Tangentensteigungen sagen?

16 Ableitung von $y = a\,x^n$

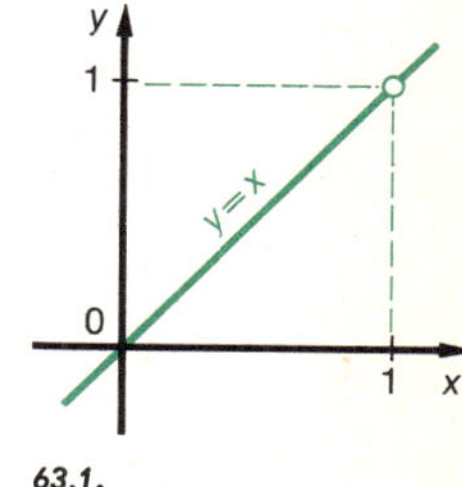

63.1.

❶ Zeichne die Graphen der Funktionen a) $y = x^3$, b) $y = x^4$.
Wie wirkt sich die Symmetrie der einzelnen Kurven auf die Steigungen aus?
❷ Bestimme wie auf S. 60 die Tangentensteigung bei $y = x^3$ in $P_1(1 \mid 1)$.
❸ Bestätige: $a^4 - b^4 = (a - b)(a^3 + a^2 b + a b^2 + b^3)$.

S 1 **Die Ableitung von $y = x^n$ ist $y' = n \cdot x^{n-1}$, $n \in \mathbb{N}_0$ (Potenzregel).**

S 1 gilt zunächst für $n \in \mathbb{N}$. Für $n = 1$ bzw. $n = 0$ erhält man die Geraden $y = x$ bzw. $y = 1$ (Fig. 63.1 und 2). Ihre Steigung ist $m = 1$ bzw. $m = 0$. Dasselbe ergibt sich auch aus S 1 ausgenommen an der Stelle $x = 0$ (wieso?).

Wie bei $y = a\,x^2$ folgt, daß der Faktor a beim Ableiten erhalten bleibt.

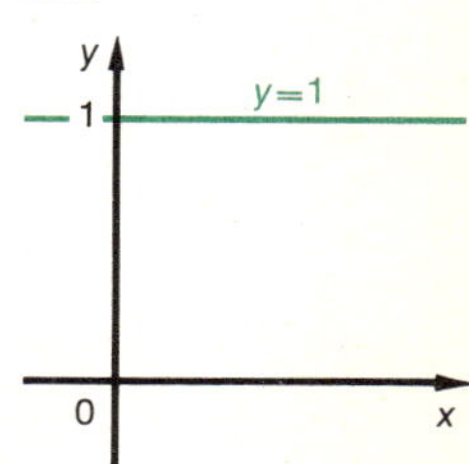

63.2.

Ableitung von $y = x^3$ (vgl. S. 62)

Ausgangspunkt: $P(x \mid x^3)$

Ableitung von $y = x^n$ ($n \in \mathbb{N}$)

Ausgangspunkt: $P(x \mid x^n)$

Bei der Herleitung der Tangentensteigung wird P und damit auch x festgehalten.

Nachbarpunkt: $Q(x + \Delta x \mid (x + \Delta x)^3)$

Steigung der Sekante PQ:

$$m_s = \frac{\Delta y}{\Delta x} = \frac{(x + \Delta x)^3 - x^3}{\Delta x}$$

$$(x + \Delta x)^3 = x^3 + 3x^2 \cdot \Delta x + 3x \cdot (\Delta x)^2 + (\Delta x)^3$$

also $m_s = \frac{1}{\Delta x} \cdot [3x^2 \cdot \Delta x + 3x \cdot (\Delta x)^2 + (\Delta x)^3]$

Wegen $\Delta x \neq 0$ darf man mit Δx kürzen:

$$m = 3x^2 + 3x \cdot \Delta x + (\Delta x)^2$$

Nachbarpunkt: $Q((x + \Delta x) \mid (x + \Delta x)^n)$

Steigung der Sekante PQ:

$$m_s = \frac{\Delta y}{\Delta x} = \frac{(x + \Delta x)^n - x^n}{\Delta x}$$

Setzt man in Aufg. 1 $a = x + \Delta x$, $b = x$,

so ist $m_s = (x + \Delta x)^{n-1} + (x + \Delta x)^{n-2} \cdot x + (x + \Delta x)^{n-3} \cdot x^2 + (x + \Delta x)^{n-4} \cdot x^3 + (x + \Delta x)^{n-5} \cdot x^4 + \cdots + x^{n-1}$

Die obige Summe besteht aus n Summanden; bei jedem von ihnen ist die Exponentensumme $n - 1$.

Strebt Q gegen P, so strebt Δx gegen 0 und m_s gegen die Tangentensteigung m_t. Nach dem Satz über den Grenzwert einer Summenfunktion (S. 50) ergibt sich

$$m_t = \lim_{\Delta x \to 0} \frac{\Delta y}{\Delta x} = 3x^2 \qquad\qquad m_t = \lim_{\Delta x \to 0} \frac{\Delta y}{\Delta x} = n \cdot x^{n-1}$$

S 2 **Die Ableitung von $y = a x^n$ ist $y' = a n x^{n-1}$,** $n \in \mathbb{N}_0$. Insbesondere gilt:

S 3 **Die Ableitung von $y = a x$ ist $y' = a$** (Fig. 64.1).

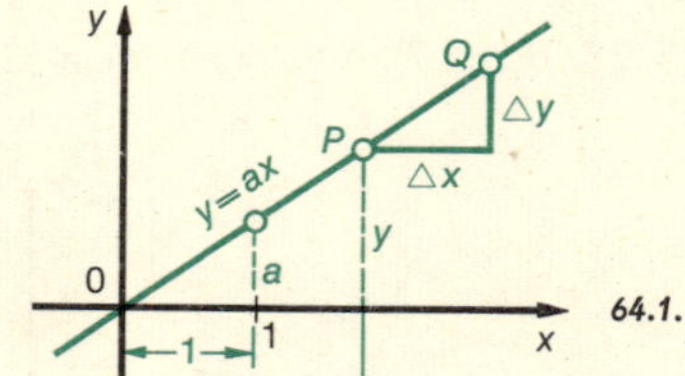

64.1.

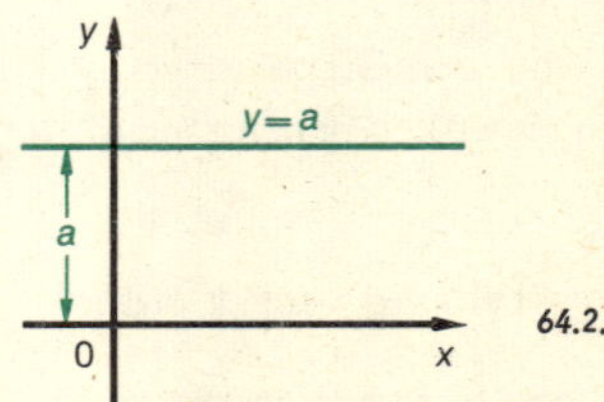

64.2.

S 4 **Die Ableitung von $y = a$ ist $y' = 0$** (Fig. 64.2). In Worten:
Die Ableitung einer konstanten Funktion ist an jeder Stelle 0.

Aufgaben

1. Bestätige die folgende Formel durch Ausmultiplizieren (vgl. Vorüb. 3):
   a) $a^n - b^n = (a - b)(a^{n-1} + a^{n-2} \cdot b + a^{n-3} \cdot b^2 + \cdots + a \cdot b^{n-2} + b^{n-1})$
   b) Forme nach a) den Term $\frac{(x + \Delta x)^n - x^n}{\Delta x}$
   wie in der Herleitung von S 1 um und führe diese Herleitung ausführlich durch.

2. Führe den Beweis der Potenzregel für $n = 4$ (für $n = 5$) durch.

3. Führe den Beweis für a) S 2, b) S 3, c) S 4 ausführlich (wie bei S 1) durch.
Leite die Funktionen in Aufg. 4 bis 8 mündlich ab.

4. a) $y = x^5$ b) $y = x^6$ c) $y = x^8$ d) $y = x^{11}$ e) $y = x^{20}$
f) $s = t^3$ g) $s = t^2$ h) $v = u^4$ i) $z = w^7$ k) $z = y^{15}$

5. a) $y = 4x^3$ b) $y = 5x^4$ c) $y = -3x^6$ d) $y = -15x^7$
e) $y = \frac{1}{2}x^5$ f) $y = \frac{1}{6}x^3$ g) $y = -\frac{5}{8}x^4$ h) $y = -\frac{2}{3}x^6$
i) $y = -\frac{3}{10}x^2$ k) $y = -\frac{4}{9}x^{12}$ l) $y = \frac{3}{4}x^8$ m) $y = \frac{5}{12}x^9$
n) $y = 0{,}3\,x^4$ o) $y = 1{,}6\,x^5$ p) $y = -0{,}5\,x^2$ q) $y = 3{,}25\,x^8$

6. a) $y = c\,x^3$ b) $y = -b\,x^2$ c) $y = 4\,a\,x^5$ d) $y = -2{,}5\,k\,x^6$
e) $y = \frac{3}{4}b\,x^8$ f) $y = \frac{2}{3}a\,x^6$ g) $y = \frac{3}{5}k\,x^3$ h) $y = -\frac{5}{6}p\,x^4$

7. a) $s = 3t^4$ b) $s = \frac{1}{2}t^6$ c) $s = -\frac{7}{10}t^5$ d) $s = \frac{1}{2}g\,t^2$
e) $z = -4u^5$ f) $z = \frac{7}{8}v^2$ g) $w = \frac{1}{3}a\,v^6$ h) $w = \frac{7}{12}b\,z^8$

8. a) $y = x^{n+1}$ b) $y = a\,x^{2n-3}$ c) $y = \dfrac{x^n}{n}$ d) $y = \dfrac{k\,x^{2n-1}}{2n-1}$

9. Zeichne das Schrägbild eines Würfels mit der Kantenmaßzahl x. Vergrößere x um Δx und zeige zeichnerisch und rechnerisch, daß die Maßzahl des Rauminhaltes um $\Delta V = 3x^2 \cdot \Delta x + 3x \cdot (\Delta x)^2 + (\Delta x)^3$ zugenommen hat.

10. Zeichne wie in Fig. 62.1 die folgenden Kurven samt Tangenten:
a) $y = \frac{1}{2}x^3$ b) $y = -\frac{1}{2}x^3$ c) $y = \frac{1}{4}x^4$ d) $y = \frac{1}{5}x^5$
Berechne hierzu y und y' für $x \in \{2;\ 1{,}5;\ 1;\ \ldots;\ -2\}$. (Einheit 2 cm.)
Gib jeweils die Symmetrie an und begründe sie. Wie ist es bei $y = x^n$, $(n \in \mathbb{N}_0)$?

11. Bestimme bei folgenden Kurven die Gleichung der Tangente in Punkt $P_1(x_1 \mid y_1)$:
a) $y = x^2$; $x_1 = 1{,}5$ b) $y = 0{,}4\,x^2$; $x_1 = -2$ c) $y = -\frac{1}{4}x^2$; $x_1 = -3$
d) $y = x^3$; $x_1 = -1$ e) $y = -\frac{1}{5}x^3$; $x_1 = 2{,}5$ f) $y = \frac{1}{8}x^4$; $x_1 = -2$

12. a) Zeige: Die Ableitung von $y = a\,x^3$ läßt sich schreiben als $y' = 3\,y : x$, $(x \neq 0)$.
b) Wie läßt sich hiernach die Tangente in $P(x \mid y)$ mit Hilfe von Strecken mit den Maßzahlen x und y konstruieren? Führe dies bei $y = \frac{1}{4}x^3$ durch.

13. In welchen Punkten hat die Kurve mit der Gleichung
a) $y = x^3$ die Steigung $1; 2; 3$, b) $y = \frac{1}{2}x^4$ die Steigung $1; -1; 2; -2; 3; -3$?
Zeige: Die Steigung der Parabel m. d. Gl. $y = x^3$ ist nie negativ.

14. Zeichne folgende Geraden und gib ihre Steigung bzw. die Ableitung y' an:
a) $y = \frac{4}{5}x$ b) $y = -0{,}3\,x$ c) $5x + 4y = 0$ d) $0{,}7\,x - 1{,}2\,y = 0$
e) $y = 2{,}5$ f) $y = -3\frac{1}{5}$ g) $2 - 3y = 0$ h) $0{,}6\,y + 1{,}3 = 0$

15. a) Lege an die Kurve m. d. Gl. $y = \frac{1}{8}x^3$ Tangenten parallel zur Gerade $y = 1{,}5\,x$.
b) Die Tangente trifft die Kurve außer im Berührpunkt noch in P. Berechne P.

5—7369/2⁶

16. Ziehe eine Parallele zu der Gerade $y = x$, welche die Parabel m. d. Gl. $y = 0{,}4\,x^2$ im 2. Feld rechtwinklig schneidet. Wo und unter welchem Winkel wird die Parabel von der Parallele im 1. Feld geschnitten?

17. Bestimme a so, daß sich die Parabel m. d. Gl. $y = a\,x^2$ und die Gerade $y = 5 - x$ im 1. Feld rechtwinklig schneiden. Berechne diesen Schnittpunkt.

18. a) Zeige: Die Kurve m. d. Gl. $y = a\,x^n$ geht aus dem Schaubild von $y = x^n$ durch Pressung oder Dehnung in y-Richtung im Verhältnis $a:1$ hervor. Bilde Beispiele. Unterscheide $a \gtrless 0$.
b) Zeige, daß dabei auch die Tangentensteigung im Verhältnis $a:1$ geändert wird. Beweise so Satz 2 für die Funktion $y = a\,x^n$.

19. Zeige: Die Ableitung von $y = a\,x^n + c$ ist $y' = a\,n\,x^{n-1}$, $(n \in \mathbb{N})$.

20. Gib Funktionen $y = f(x)$ an, für welche
a) $y' = x^2$, b) $y' = x^3$, c) $y' = \frac{1}{2}x^4$ ist.

21. a) Zeichne das Schaubild der Funktion $y = \frac{3}{4}x^2 \left(y = \frac{1}{3}x^3\right)$ und ihrer Ableitung (letzteres in einem x, y'-Achsenkreuz).
b) Lege die Tangenten an die Parabel m. d. Gl. $y = \frac{3}{4}x^2 \left(y = \frac{1}{3}x^3\right)$ in den Punkten mit $x \in \{1; -1; 2; -2; 3; -3\}$ und entnimm dabei deren Steigung aus der zugehörigen „Ableitungskurve" m. d. Gl. $y' = \frac{3}{2}x$ $(y' = x^2)$.

Beispiel: In Fig. 66.1 ist die Kurve m. d. Gl. $y = \frac{1}{2}x^2$ in einem x, y-Achsenkreuz gezeichnet und die „Ableitungskurve" m. d. Gl. $y' = x$ in einem x, y'-Achsenkreuz. Die Steigung y' im Punkt $P(x\,|\,y)$ wird aus der unteren Kurve entnommen und mit Hilfe eines „Steigungsdreiecks" zur Tangentenkonstruktion in P benutzt.

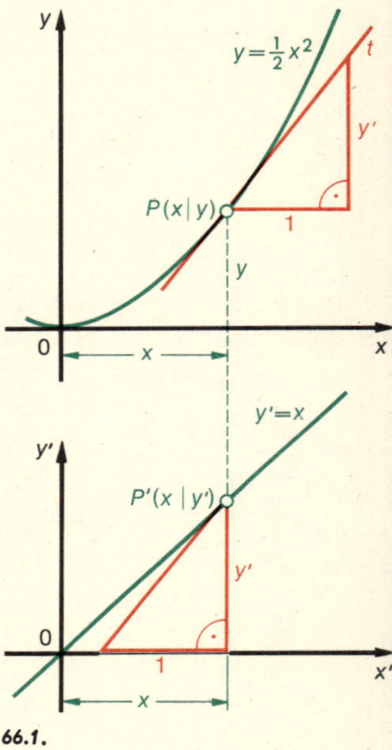

66.1.

Höhere Ableitungen

D 1 Läßt sich die Ableitung y' einer Funktion weiterhin ableiten, so erhält man nacheinander die **zweite Ableitung y''** (lies: y zwei Strich), die **dritte Ableitung y'''**, die **vierte Ableitung $y^{(4)}$** usw., allgemein die **n-te Ableitung $y^{(n)}$** (lies: $y\,n$ Strich).

Beispiel: Für $y = 2\,x^6$ ist $y' = 12\,x^5$, $y'' = 60\,x^4$, $y''' = 240\,x^3$, $y^{(4)} = 720\,x^2$.

Aufgaben

22. Leite viermal ab:

a) $y = 4\,x^5$ b) $y = \frac{1}{12}x^8$ c) $y = -\frac{2}{15}x^{10}$ d) $y = -0{,}5\,x^7$
e) $s = \frac{5}{12}t^6$ f) $s = \frac{5}{48}t^9$ g) $z = -0{,}12\,u^{11}$ h) $w = 0{,}15\,v^{12}$
i) $y = 2\,x^3$ k) $y = 0{,}7\,x^2$ l) $y = 3\frac{1}{2}\,x$ m) $y = \pi$

23. Leite zweimal ab, wenn $n \in \{3; 4; 5; \ldots\}$ sowie a und c „konstant" sind:

a) $y = x^n$ b) $y = x^{n+2}$ c) $s = t^{n-1}$ d) $w = a\,z^{2n+1}$

e) $y = m\,x$ f) $y = x^0$ g) $s = c\,t$ h) $w = a^4$

24. Leite so lange ab, bis sich eine Konstante ergibt:

a) $y = x^2$ b) $y = x^3$ c) $y = x^4$ d) $y = x^7$ e) $y = x^n$

Bemerkung: Für $y = x^7$ ist $y^{(7)} = 1 \cdot 2 \cdot 3 \cdot \cdots \cdot 7 = 5040$. Wie wir auf S. 37, Aufg. 1 gesehen haben, schreibt man dafür kurz 7! (lies: 7 Fakultät).

S 5 **Für $y = x^n$ ist $y^{(n)} = 1 \cdot 2 \cdot 3 \cdot \cdots \cdot n = n!$,** $(n \in \mathbb{N})$.

25. Leite dreimal ab, wenn $n \in \{3; 4; 5; \ldots\}$ ist:

a) $y = \dfrac{x^n}{n!}$ b) $y = \dfrac{x^{n+1}}{(n+1)!}$ c) $y = \dfrac{a\,x^{2n+1}}{(2n+1)!}$ d) $y = (n-1)!\,x^n$

26. Zeichne Graphen der Funktionen $y = \frac{1}{6}x^4$ $\left(y = \frac{1}{4}x^3\right)$ und ihrer zwei ersten Ableitungen für $-2 \leqq x \leqq 2$. (Wähle getrennte Achsenkreuze und nimm als Einheit 2 cm.) Verdeutliche am Bild, daß die y'-Kurve die Steigung der y-Kurve, die y''-Kurve die Steigung der y'-Kurve angibt. Durch welche Kurve läßt sich die Steigung der y''-Kurve darstellen? (Siehe auch Fig. 66.1!)

17 Allgemeiner Begriff der Ableitung

❶ Welche geometrische Bedeutung hat die Ableitung einer Funktion?

❷ Wie erhielten wir die Ableitung von $y = x^2$?

❸ Bestimme bei $y = \frac{1}{5}x^2$, $y = \frac{1}{x}$, $y = f(x)$ die zu x_1, $x_1 + h$, $x_1 + \Delta x$ gehörigen y-Werte.

Es sei $y = f(x)$ eine im Intervall $[a, b]$ stetige Funktion und $P\left(x \mid f(x)\right)$ ein beliebiger Punkt des Funktionsgraphen mit $a < x < b$ (Fig. 67.1), sowie $Q\left(x + h \mid f(x + h)\right)$ ein Nachbarpunkt von P mit $a < x + h < b$. Dann ist für $h \neq 0$ die **Steigung der Sekante PQ:**

$$m_s = \frac{f(x + h) - f(x)}{h} \qquad (1)$$

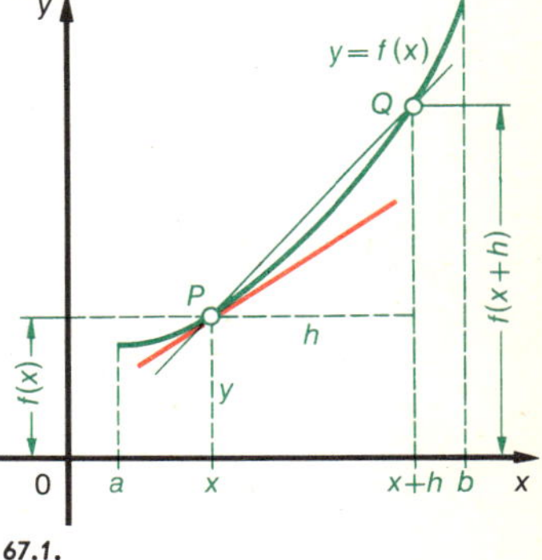

67.1.

D 1 Für alle $h \neq 0$ liefert (1) bei festgehaltenem P eine Sekantensteigungsfunktion $h \to m_s$. Strebt Q längs der Kurve gegen P, so strebt h gegen 0; besitzt dabei die Funktion $h \to m_s$ an der Stelle $h = 0$ einen Grenzwert m_t, so nennt man m_t die **Steigung der Tangente** in P.

D 2 Existiert ein solcher Grenzwert an jeder Stelle x von $]a, b[$ und bezeichnet man ihn mit y', so ist dadurch auf $]a, b[$ die Funktion $x \to y'$ definiert. Man nennt diese Funktion die **Ableitung** von $y = f(x)$ und schreibt $y' = f'(x)$.

Man erhält so die **Grundformel:** $$m_t = y' = f'(x) = \lim_{h \to 0} \frac{f(x+h) - f(x)}{h}$$

in anderer Form (Fig. 68.1): $$y' = f'(x) = \lim_{\Delta x \to 0} \frac{\Delta y}{\Delta x} = \lim_{\Delta x \to 0} \frac{f(x + \Delta x) - f(x)}{\Delta x}$$

D 3 Man bezeichnet $\frac{\Delta y}{\Delta x}$ als **Differenzenquotient** und sagt, die Funktion $y = f(x)$ sei an der Stelle x bzw. in $]a, b[$ *differenzierbar* oder *ableitbar*. $f'(x)$ gewinnt man aus $f(x)$ durch *Ableiten* oder **Differenzieren** (durch *Differentiation*). Umgekehrt heißt $x \to f(x)$ eine zu $x \to f'(x)$ gehörende *Stammfunktion*.

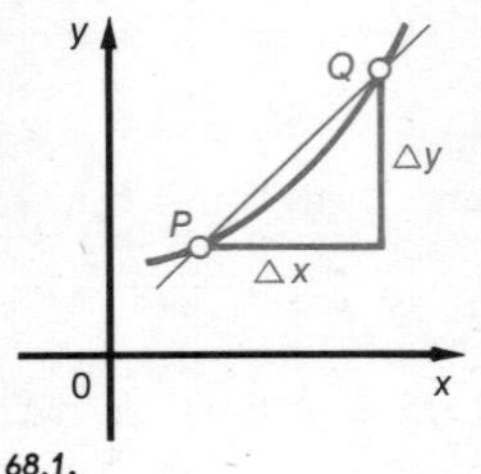

68.1.

Bemerkungen:

1. In D 1 haben wir $f'(x)$ im Anschluß an die geometrische Bedeutung eingeführt. Natürlich existiert $f'(x)$ als Grenzwert auch unabhängig vom Kurvenbild.

D 4 *2.* Existiert an der *Randstelle* $x = a$ bzw. $x = b$ des Definitionsbereichs von $y = f(x)$ nur der rechtsseitige bzw. nur der linksseitige Grenzwert von m_s, so spricht man von einer **rechtsseitigen** *bzw.* **linksseitigen Ableitung.**

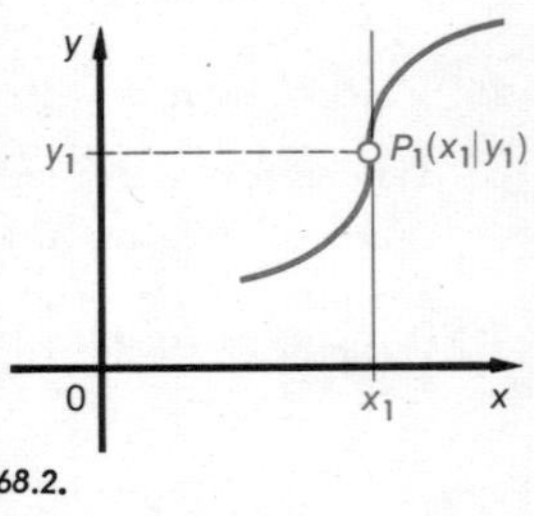

68.2.

3. Ist an einer Stelle x_1 zwar y_1 definiert, aber $\lim_{h \to 0} m_s = \pm\infty$, so existiert die Ableitung nicht. Der Graph hat dann in $P_1(x_1 \mid y_1)$ eine Tangente parallel zur y-Achse (Fig. 68.2).

4. In Gleichung (1) hat die Funktion $m_s(h)$ bei „festem" x für $h = 0$ eine Lücke. Ergänzt man diese Funktion hier durch den Wert m_t, so ist die ergänzte Funktion bei $h = 0$ stetig.

5. Die Grundformel tritt auch in der Form auf $f'(x_1) = \lim_{x_2 \to x_1} \frac{f(x_2) - f(x_1)}{x_2 - x_1}$. Erläutere dies am Schaubild.

Beispiele für die Bestimmung von Ableitungsfunktionen[1]

1. $y = \frac{1}{x}$ mit $x \neq 0$, $x + h \neq 0$, $h \neq 0$:

gibt $$y' = \lim_{h \to 0} \frac{\frac{1}{x+h} - \frac{1}{x}}{h} = \lim_{h \to 0} \frac{-h}{h\,x\,(x+h)} = \lim_{h \to 0} \frac{-1}{x\,(x+h)} = -\frac{1}{x^2}$$

2. $y = \sqrt{x}$ mit $x > 0$, $x + h > 0$, $h \neq 0$,

gibt $$y' = \lim_{h \to 0} \frac{\sqrt{x+h} - \sqrt{x}}{h} = \lim_{h \to 0} \frac{(\sqrt{x+h} - \sqrt{x})(\sqrt{x+h} + \sqrt{x})}{h\,(\sqrt{x+h} + \sqrt{x})} = \lim_{h \to 0} \frac{1}{\sqrt{x+h} + \sqrt{x}} = \frac{1}{2\sqrt{x}}$$

3. $f(x) = |4 - x^2|$ ist für $|x| \geqq 2$ gleichbedeutend mit $f(x) = x^2 - 4$; für $|x| \leqq 2$ ist $f(x) = |4 - x^2|$ gleichbedeutend mit $f(x) = 4 - x^2$ (Fig. 69.1).

1. Als weiteres Beispiel findet sich auf Seite 143 eine Bestimmung der Ableitungsfunktionen der Kreisfunktionen aus der Grundformel.

In $N(2 \mid 0)$ ist daher die rechtsseitige Ableitung $f_r'(2) = +4$
und die linksseitige Ableitung $f_l'(2) = -4$.

Die beiden Ableitungen sind verschieden; das Schaubild von $y = |4 - x^2|$ hat in $N(2 \mid 0)$ eine Ecke mit einer rechtsseitigen und einer linksseitigen Tangente. Die Funktion $f(x) = |4 - x^2|$ ist aber an der Stelle $x_1 = 2$ stetig, denn $f(x)$ ist hier definiert, und $\lim\limits_{x \to 2} |4 - x^2| = 0$ existiert und ist gleich dem Funktionswert $f(2) = 0$.

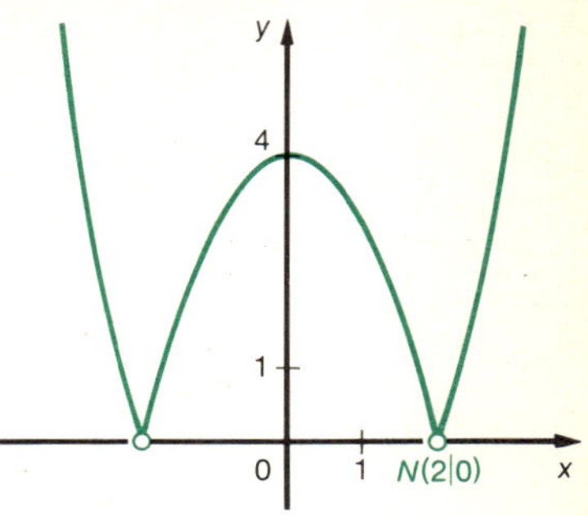

69.1. $y = |4 - x^2|$

Ableitbarkeit und Stetigkeit

S 1 Beispiel 3 zeigt: *Wenn* $y = f(x)$ *an der Stelle* x_1 *stetig ist, dann folgt daraus nicht, daß* $y = f(x)$ *in* x_1 *auch ableitbar ist.* Umgekehrt gilt aber der Satz:

S 2 *Wenn* $y = f(x)$ *an der Stelle* x_1 *ableitbar ist, dann ist* $y = f(x)$ *in* x_1 *auch stetig.*

Beweis: Nach Voraussetzung existiert $\lim\limits_{h \to 0} \frac{f(x_1 + h) - f(x_1)}{h} = f'(x_1)$. Dies bedeutet:

Für $h \neq 0$ ist $\frac{f(x_1 + h) - f(x_1)}{h} = f'(x_1) + \varepsilon(h)$ mit $\varepsilon(h)$ gegen 0 für h gegen 0.

Hieraus folgt: $f(x_1 + h) = f(x_1) + h \cdot f'(x_1) + h \cdot \varepsilon(h)$

h gegen 0 ergibt: $\lim\limits_{h \to 0} f(x_1 + h) = f(x_1)$.

Dies ist aber gleichbedeutend mit der Definition der Stetigkeit (vgl. S. 51).

S 2a *Wenn* $y = f(x)$ *im Intervall* $]a, b[$ *ableitbar ist, dann ist* $y = f(x)$ *hier auch stetig.*

Das Vorstehende können wir auch in der Form ausdrücken:

S 3 Die Ableitbarkeit einer Funktion ist eine *hinreichende*, aber *keine notwendige* Bedingung für ihre Stetigkeit.

S 4 Die Stetigkeit ist zwar eine *notwendige*, aber *keine hinreichende* Bedingung für die Existenz ihrer Ableitung.

Bemerkung: Es ist möglich, Funktionen anzugeben, die in einem Intervall stetig, aber an keiner Stelle des Intervalls differenzierbar sind. Wir können darauf hier nicht näher eingehen.

Die Begriffe „notwendig" und „hinreichend"

Die Begriffe „notwendig" und „hinreichend" treten in der Mathematik sehr häufig auf. Neben S 3 und 4 bringen wir zunächst noch die *Beispiele* a, b, c:

a) *Wenn* eine Zahl durch 6 teilbar ist, *dann* ist sie (erst recht) durch 3 teilbar. Wir schreiben dafür kurz: Teilbarkeit durch 6 ⇒ Teilbarkeit durch 3. Man sagt:
Teilbarkeit durch 6 ist eine *hinreichende* (aber *nicht notw.*) Bedingung für Teilbarkeit durch 3.

Wenn eine Zahl *nicht* durch 3 teilbar ist, *dann* ist sie (erst recht) nicht durch 6 teilbar.
Man sagt: Die Teilbarkeit durch 3 ist eine *notwendige* (aber *nicht hinreichende*) Bedingung für die Teilbarkeit durch 6. (Vgl. z.B. die Zahlen 3 und 15.)

b) *Wenn* eine Zahl durch 6 teilbar ist, *dann* ist sie durch 2 und durch 3 teilbar.
Kurzschreibweise: Teilbarkeit durch 6 $\Rightarrow$ Teilbarkeit durch 2 und 3.
Umgekehrt gilt: Teilbarkeit durch 2 und 3 $\Rightarrow$ Teilbarkeit durch 6.
Faßt man beide Schreibweisen zusammen, so erhält man die Kurzschreibweise:
Teilbarkeit durch 6 $\Leftrightarrow$ Teilbarkeit durch 2 und 3.

Man sagt dafür: Die Teilbarkeit durch 6 ist *notwendig und hinreichend* für die Teilbarkeit durch 2 und 3, und umgekehrt.

Oder: Eine Zahl ist *genau dann* durch 6 teilbar, wenn sie durch 2 und 3 teilbar ist.

c) Das Paar (x, y) erfüllt *genau dann* die Gleichung $x^2 + y^2 = 1$, wenn der Bildpunkt $P(x \mid y)$ auf dem Kreis um O mit Radius 1 liegt.

Kurzschreibweise: $x^2 + y^2 = 1 \Leftrightarrow P(x \mid y)$ auf Kreis um O mit $r = 1$.

Man kann sagen: Die Erfüllung der Gleichung (Aussageform) $x^2 + y^2 = 1$ ist *notwendig und hinreichend* dafür, daß $P(x \mid y)$ auf dem Kreis um O mit $r = 1$ liegt, und umgekehrt.

Allgemein sagen wir: Sind A und B Aussageformen, so betrachten wir 2 Fälle:

I) $\boldsymbol{A \Rightarrow B}$ und *nicht* $\boldsymbol{B \Rightarrow A}$ ist gleichbedeutend mit:

Wenn A erfüllt ist, dann ist auch B erfüllt; das Umgekehrte braucht *nicht* der Fall zu sein.

Oder: *A ist eine hinreichende, aber nicht notwendige Bedingung für B.*

Oder: *B ist eine notwendige, aber nicht hinreichende Bedingung für A.*

(Wenn B nicht gilt, kann auch A nicht gelten; nur wenn B gilt, kann A gelten.)

II) $\boldsymbol{A \Leftrightarrow B}$ ist gleichbedeutend mit:

Wenn A erfüllt ist, dann ist auch B erfüllt und umgekehrt.

Oder: *A ist genau dann erfüllt, wenn B erfüllt ist.*

Oder: *A ist eine notwendige und hinreichende Bedingung für B.*

Oder: *B ist eine notwendige und hinreichende Bedingung für A.*

Aufgaben

1. Wie lautet die Grundformel für die Ableitung bei folgender Bezeichnungsweise der Funktionen a) $g(x)$ b) $h(t)$ c) $u(x)$ d) $F(u)$ e) $v(x)$?
Schreibe die Formel jeweils auf verschiedene Art an.

2. Bestimme nach der Grundformel die Ableitung von:

a) $f(x) = \frac{1}{2} x^3$ b) $f(x) = \frac{1}{x^2}$ c) $f(t) = \frac{1}{3t}$ d) $f(x) = \frac{1}{x+1}$

e) $f(x) = \frac{x+2}{x}$ f) $f(t) = \frac{t}{t+2}$ g) $f(u) = \frac{1}{(u-1)^2}$ h) $y = |x^3|$

i) $y = \left|2x - \frac{x^3}{2}\right|$. Zeichne bei h) und i) auch Graphen.

3. Berechne $f'(1), f'(-1), f'(2), f'(-3), f'(a), f'(-b), f'(x_1)$ für:

a) $f(x) = \frac{1}{8} x^4$ b) $f(x) = -\frac{1}{x^2}$ c) $f(x) = |3x|$ d) $f(x) = \frac{1}{|x+2|}$

4. An welchen Stellen besitzen die Funktionen der Aufg. 2 und 3 keine Ableitung? Zeige, daß ihre Graphen an diesen Stellen keine Tangenten besitzen.

5. Bestimme für die folgenden Funktionen die Steigungen der Tangenten für x_1 und x_2:

a) $y = \frac{1}{2x^2}$; $x_1 = 1$, $x_2 = -1$ b) $y = x^2 - \frac{1}{4}x$; $x_1 = 0$, $x_2 = 4$

6. Zeige, daß die folgenden Funktionen an den angegebenen Stellen stetig sind, aber die Ableitung dort nicht existiert. (Trotzdem gibt es in b) dort *eine* Tangente.)

a) $y = |x - 0{,}25\,x^2|$; $x_1 = 0$, $x_2 = 4$ b) $y = \sqrt{x-2}$; $x_1 = 2$

c) $y = \begin{cases} x^3 & \text{für } 0 \leqq x < 1 \\ x & \text{für } 1 \leqq x \leqq 3 \end{cases}$; $x_1 = 1$ d) $y = |x-1| + |x-2|$ für $0 \leqq x \leqq 3$; $x_1 = 1$, $x_2 = 2$.

7. Gib bei den folgenden im „Wenn-Satz" stehenden Bedingungen an, ob sie notwendig bzw. hinreichend sind für den „Dann-Satz". Verwende auch die Zeichen $\Rightarrow$ und $\Leftrightarrow$.
a) Wenn eine Zahl durch 8 teilbar ist, dann ist sie auch durch 4 teilbar.
b) Wenn Gegenseiten parallel sind, dann hat ein Viereck gleiche Gegenwinkel.
c) Wenn ein Faktor null ist, dann verschwindet das Produkt zweier Zahlen.
d) Wenn die Ableitung null ist, dann verläuft die Tangente parallel zur x-Achse.
Wie ist es, wenn jemand „wenn" und „dann" vertauscht?

Einfache Ableitungsregeln

Die folgenden Sätze traten in Beispielen schon in § 15 und 16 auf. Wir beweisen sie nun allgemein. Von den Funktionen $f(x)$ und $g(x)$ ist dabei vorausgesetzt, daß sie im Intervall $]a, b[$ ableitbar sind.

S 6 **Die konstante Funktion $y = b$ hat die Ableitung $y' = 0$** (vgl. Satz 4 von S. 64).

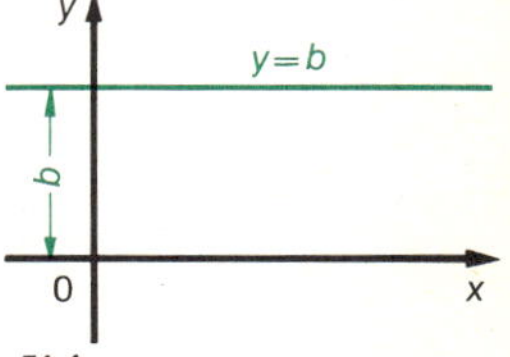

71.1.

S 7 **Ein konstanter Summand fällt beim Ableiten weg.**

Oder: **Die Ableitung von $y = f(x) + b$ ist $y' = f'(x)$.**

S 8 **Ein konstanter Faktor bleibt beim Ableiten erhalten.**

Oder: **Die Ableitung von $y = a \cdot f(x)$ ist $y' = a \cdot f'(x)$.**

S 9 **Eine Summe von Funktionen darf man gliedweise ableiten.**

Oder: **Die Ableitung von**

$$y = f(x) + g(x) \text{ ist } y' = f'(x) + g'(x).$$

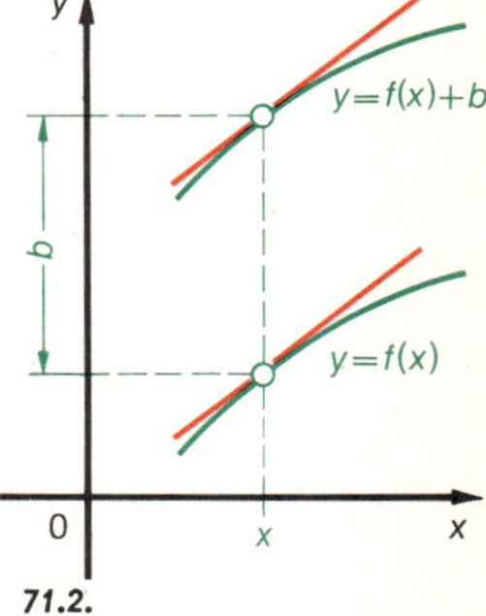

71.2.

Die Sätze 6 und 7 leuchten geometrisch unmittelbar ein (Fig. 71.1 und 2). Wir beweisen die Gültigkeit der Sätze 6 bis 9 in $]a, b[$ nun mit Hilfe der Grundformel von S. 68.

Beweis zu Satz 6:

$$y' = \lim_{h \to 0} \frac{b-b}{h} = \lim_{h \to 0} \frac{0}{h} = 0, \ (h \neq 0)$$

Beweis zu Satz 7:

$$y' = \lim_{h \to 0} \frac{f(x+h) + b - f(x) - b}{h} = f'(x)$$

Beweis zu Satz 8:

$$y' = \lim_{h \to 0} \frac{a f(x+h) - a f(x)}{h}$$
$$= \lim_{h \to 0} a \cdot \frac{f(x+h) - f(x)}{h}$$
$$= a \cdot f'(x)$$

Beweis zu Satz 9:

$$y' = \lim_{h \to 0} \frac{f(x+h) + g(x+h) - f(x) - g(x)}{h}$$
$$= \lim_{h \to 0} \frac{f(x+h) - f(x)}{h} + \lim_{h \to 0} \frac{g(x+h) - g(x)}{h}$$
$$= f'(x) + g'(x)$$ (Beachte S. 50)

Beispiel: $y = 3x - \frac{2}{x} - 5$ hat die Ableitung $y' = 3 + \frac{2}{x^2}$, $(x \neq 0)$.

Höhere Ableitungen

Wendet man die Grundformel (S. 68) auf die Funktion $x \to f'(x)$ an, so erhält man eine neue Funktion $x \to f''(x)$, die 2. Ableitung der gegebenen Funktion $x \to f(x)$.

D 6 Existiert der Grenzwert $f''(x) = \lim\limits_{h \to 0} \frac{f'(x+h) - f'(x)}{h}$ an jeder Stelle $x \in \,]a, b[$, so heißt $y'' = f''(x)$ die *zweite Ableitung* der gegebenen Funktion $y = f(x)$ in $]a, b[$.

Beispiel: $y = 2x^2 - 3x^3 \Rightarrow y' = 4x - 9x^2 \Rightarrow y'' = 4 - 18x$ für $x \in \mathbb{R}$

D 7 Wie schon auf S. 66 erwähnt wurde, läßt sich in vielen Fällen durch weiteres Ableiten die *3. Ableitung* y''', die *4. Ableitung* $y^{(4)}$, allgemein die **n-te Ableitung** $y^{(n)} = f^{(n)}(x)$ in $]a, b[$ bilden. Man sagt dann: Die Funktion $f(x)$ ist in $]a, b[$ (mindestens) *n-mal differenzierbar.*

Bemerkung: In Satz 9 gibt man den Funktionen $f(x)$ und $g(x)$ häufig die Namen u und v. Der Satz lautet dann kurz: Für $y = u + v$ ist $y' = u' + v'$.

Aufgaben

8. Verdeutliche die Sätze 8 und 9 auch geometrisch mit Hilfe von Schaubildern.

9. Beweise: Die Ableitung von $y = f(x) - g(x)$ ist $y' = f'(x) - g'(x)$.

10. Beweise, daß Satz 9 auch für mehr als 2 Summanden gilt.

Leite in Aufg. 11 bis 13 zweimal ab. (a und b sind konstant.)

11. a) $y = 1{,}4\,x^3 - 3{,}5\,x^2 + x$ b) $y = -\frac{3}{8}x^6 + \frac{7}{18}x^4 + 2$

c) $s = a^2 - \frac{3}{4}at$ d) $y = 5(x^2 - 3x + 4)$

e) $y = -\frac{3}{4}(6 - 2x^2 + x^4)$ f) $s = 1{,}8\,(t^5 - 2{,}5\,t^3)$

g) $y = a\left(2x^3 - \frac{1}{2}x\right)$ h) $z = \frac{5x^6 + 4x^3 + 3}{2a}$

12. a) $y = x + \frac{x^2}{2} + \frac{x^3}{3} + \frac{x^4}{4} + \cdots + \frac{x^{n-1}}{n-1} + \frac{x^n}{n}$

b) $y = 1 - \frac{x^2}{2!} + \frac{x^4}{4!} - \frac{x^6}{6!} + - \cdots + (-1)^n \cdot \frac{x^{2n}}{(2n)!}$

c) $y = \frac{x^n}{n!} + \frac{x^{n+1}}{(n+1)!} + \frac{x^{n+2}}{(n+2)!} + \cdots + \frac{x^{2n-1}}{(2n-1)!}$

13. a) $y = (a x + b)^2$ b) $y = (x + a)^3$ c) $y = (a - x)^4$

14. Leite nach Ausmultiplizieren der Klammern ab:

a) $y = (x + 2)\ (x + 3)$ b) $y = (1 - x)\ (4 - x^2)$ c) $y = 5\,x^3\,(3 - 2\,x)^2$

Zeige hierbei, daß die Ableitung eines Produktes nicht gleich dem Produkt der Ableitungen der einzelnen Faktoren ist.

15. Bestimme die rechtsseitigen und linksseitigen Ableitungen folgender Funktionen an der Stelle x_1:

a) $y = \frac{x}{3} + |x|;\ x_1 = 0$ b) $y = |x^2 - 4\,x|;\ x_1 = 4$

c) $y = \frac{1}{4}\,|x^3 - 16\,x|;\ x_1 = -4$

Was kann man somit über die Existenz der 2. Ableitung an der Stelle x_1 sagen?

18 Ganze rationale Funktionen

1. Nachdem wir in § 15 und 16 die Potenzfunktionen $y = a\,x^k$ mit $k \in \mathbb{N}_0$ untersucht haben, liegt es nahe, aus ihnen durch Addition neue Funktionen zu bilden.

D 1 Eine Funktion

$$y = f(x) = a_0 + a_1\,x + a_2\,x^2 + a_3\,x^3 + \cdots + a_n\,x^n = \sum_{k=0}^{n} a_k\,x^k, \quad (a_n \neq 0) \qquad \text{(I)}$$

heißt **eine ganze rationale Funktion n-ten Grades** oder **eine Polynomfunktion n-ten Grades.** Dabei ist $n \in \mathbb{N}_0$. Die Koeffizienten $a_0, a_1, a_2, \ldots, a_n$ sind reelle Zahlen, die bei der Untersuchung ein und derselben Funktion festgehalten werden, also konstant sind.

Eine Funktion vom Grad 0 hat also die Form $y = a_0$ mit $a_0 \neq 0$; $y = 0$ hat keinen Grad.

Beispiele: $y = 2\,x - 0{,}3\,x^3$; $y = \frac{1}{2}\,x^4 - x^2\sqrt{5}$; $y = \frac{4}{3}\,\pi\,(4 - x)^3$; $y = -1{,}7\,\pi$

Wenn nichts anderes gesagt ist, wählen wir als *Definitionsbereich* A der Funktion die Menge der reellen Zahlen, also $x \in \mathbb{R}$. Für den *Wertebereich* B gilt dann: $B \subseteqq \mathbb{R}$.

Beispiel 1: Für $y = x^3$ ist $B = \mathbb{R}$; für $y = x^2$ ist $y \geqq 0$; für $y = 4 - x^2$ ist $y \leqq 4$.

2. Der Name „ganze rationale Funktion“

Die ganzen rationalen Funktionen werden aus der Variable x und den Konstanten $a_0, a_1, a_2, \ldots, a_n$ durch eine endliche Anzahl von Anwendungen der Addition, Subtraktion und Multiplikation aufgebaut. Wendet man diese 3 Rechenoperationen auf *ganze* Zahlen an, die ja zugleich *rational* sind, so entstehen wieder *ganze* Zahlen. Hieraus kommt der Name „ganze rationale Funktion“.

3. Die Abgeschlossenheit der Menge aller ganzen rationalen Funktionen bezüglich Addition, Subtraktion, Multiplikation

Ist $f(x) = \frac{2}{3}x^3 - 4x$ und $g(x) = x^2 + 2x$, so ist $f(x) + g(x) = \frac{2}{3}x^3 + x^2 - 2x$, $f(x) - g(x) = \frac{2}{3}x^3 - x^2 - 6x$ und $f(x) \cdot g(x) = \frac{2}{3}x^5 + \frac{4}{3}x^4 - 4x^3 - 8x^2$.

Allgemein gilt:

S 1 *Die Summe, die Differenz und das Produkt von ganzen rationalen Funktionen ist stets wieder eine ganze rationale Funktion.* — Man sagt dafür auch:

Die Menge der ganzen rationalen Funktionen ist bezüglich der Addition, Subtraktion und Multiplikation „abgeschlossen".

In der Algebra haben wir gesehen, daß die Menge $\mathbb{Z} = \{0, \pm 1, \pm 2, \ldots\}$ der ganzen Zahlen bezüglich dieser 3 Rechenoperationen abgeschlossen ist. In dieser Hinsicht haben die Menge $\mathbb{Z}$ und die Menge der ganzen rationalen Funktionen eine gemeinsame „Struktur".

4. Stetigkeit: Da $y = x^k$ nach § 13 für alle $x \in \mathbb{R}$ und alle $k \in \mathbb{N}_0$ stetig ist, so gilt nach

S 2 S 6 von § 13: *Alle ganzen rationalen Funktionen sind auf $\mathbb{R}$ stetig.*

Aus S 4 von § 13 ergibt sich ferner der Satz:

S 3 *Eine ganze rationale Funktion ist in jedem endlichen Intervall beschränkt.*

5. Verhalten für *x* gegen $\pm\infty$: Bei x gegen $+\infty$ bzw. x gegen $-\infty$ ist in (I) das Glied $a_n x^n$ entscheidend (vgl. Beispiel 2).

S 4 Ist n gerade und $a_n > 0$, so ist $\lim\limits_{x \to \infty} f(x) = +\infty$ und auch $\lim\limits_{x \to -\infty} f(x) = +\infty$.

Ist n ungerade und $a_n > 0$, so ist $\lim\limits_{x \to \infty} f(x) = +\infty$, aber $\lim\limits_{x \to -\infty} f(x) = -\infty$.

Beispiel 2: In $y = \frac{1}{2}x^3 + 4x^2 = \frac{1}{2}x^3\left(1 + \frac{8}{x}\right)$ ist der Summand $4x^2$ das $\frac{8}{x}$-fache des Summanden $\frac{1}{2}x^3$. Wegen $\lim\limits_{x \to +\infty}\left(1 + \frac{8}{x}\right) = 1$ gibt also $\frac{1}{2}x^3$ den Ausschlag, wenn x gegen $+\infty$ oder x gegen $-\infty$ rückt. — Im allgemeinen Fall (I) gelten dieselben Überlegungen.

6. Differenzierbarkeit: Nach § 15 bis 16 und S 6 bis 9 von § 17 gilt:

S 5 *Alle ganzen rationalen Funktionen sind für $x \in \mathbb{R}$ beliebig oft ableitbar.*

Die Summenregel (S 9) von § 17 ergibt sofort:

S 6 *Die Funktion* $y = a_0 + a_1 x + a_2 x^2 + a_3 x^3 + a_4 x^4 + \cdots + a_n x^n$
hat die Ableitungen $y' = a_1 + 2a_2 x + 3a_3 x^2 + 4a_4 x^3 + \cdots + n a_n x^{n-1}$
$y'' = 2a_2 + 6a_3 x + 12 a_4 x^2 + \cdots + n(n-1) a_n x^{n-2}$, usw.

S 7 Wir sehen: *Die Ableitungen einer ganzen rationalen Funktion sind wieder ganze rationale Funktionen.* Dafür sagen wir auch:
Die Menge der ganzen rationalen Funktionen ist bezüglich des Ableitens abgeschlossen.

Beispiel 3: $y = \frac{1}{10}(x^2 - 4)(x^2 - 16) = \frac{1}{10}(x^4 - 20x^2 + 64)$;
$y' = \frac{1}{10}(4x^3 - 40x) = \frac{2}{5}x(x^2 - 10)$; $y'' = \frac{1}{10}(12x^2 - 40) = \frac{2}{5}(3x^2 - 10)$;
$y''' = \frac{1}{10} \cdot 24x = \frac{12}{5}x$; $y^{(4)} = \frac{1}{10} \cdot 24 = \frac{12}{5}$; $y^{(5)} = y^{(6)} = \cdots = 0$

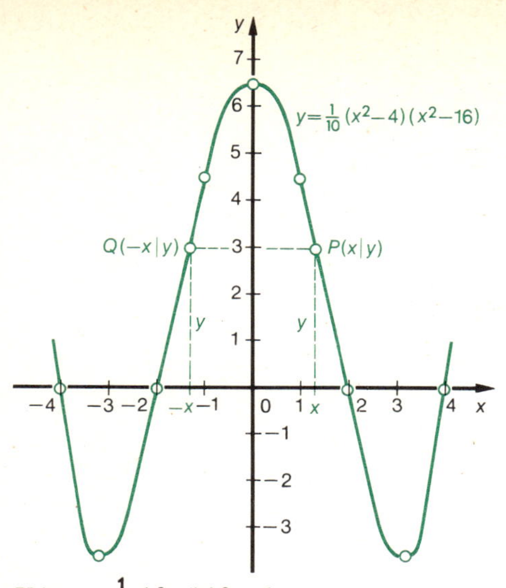

75.1. $y = \frac{1}{10}(x^2 - 4)(x^2 - 16)$

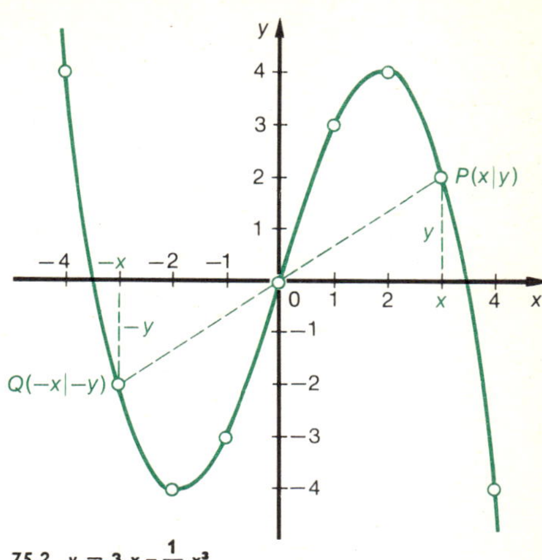

75.2 $y = 3x - \frac{1}{4}x^3$

7. Symmetrie des Funktionsgraphen

Beispiel 3 (s. o.): (Fig. 75.1)

x	0	± 1	± 2	± 3	± 4
$y = \frac{1}{10}(x^4 - 20x^2 + 64)$	$+6{,}4$	$+4{,}5$	0	$-3{,}5$	0

Beispiel 4: (Fig. 75.2)

x	0	$+1$	$+2$	$+3$	$+4$	-1	-2	-3	-4
$y = 3x - \frac{1}{4}x^3$	0	$+2\frac{3}{4}$	$+4$	$+2\frac{1}{4}$	-4	$-2\frac{3}{4}$	-4	$-2\frac{1}{4}$	$+4$

Aus den Gleichungen und den Wertetafeln sieht man

bei Beispiel 3: Ist $P(x_0 \mid y_0)$ ein Kurvenpunkt, dann auch $Q(-x_0 \mid y_0)$.
Die Kurve ist daher achsensymmetrisch bzgl. der y-Achse.

bei Beispiel 4: Ist $P(x_0 \mid y_0)$ ein Kurvenpunkt, denn auch $Q(-x_0 \mid -y_0)$.
Die Kurve ist daher punktsymmetrisch bzgl. O.

S 8 *Kommen in der Gleichung* $y = \sum_{k=0}^{n} a_k x^k$ *nur gerade Exponenten k vor, so ist der Graph der Funktion symmetrisch bzgl. der y-Achse.* (Beachte: $k = 0$ ist ein gerader Exponent.)

S 9 *Kommen in der Gleichung* $y = \sum_{k=0}^{n} a_n x^k$ *nur ungerade Exponenten n vor, so ist der Graph der Funktion symmetrisch bzgl. O.*

Beweis zu S 8: Ist die Gleichung für (x, y) erfüllt, dann auch für $(-x, y)$.
zu S 9: Ist die Gleichung für (x, y) erfüllt, dann auch für $(-x, -y)$.

D 2 Eine Funktion $y = f(x)$, deren Graph achsensymmetrisch bzgl. der y-Achse ist, nennt man eine *gerade Funktion.* Bei ihr ist $f(-x) = f(x)$.
Ist der Graph punktsymmetrisch bzgl. O, so spricht man von einer *ungeraden Funktion.* Bei ihr ist $f(-x) = -f(x)$.

D 3 Ist $n \geqq 2$, so nennt man das Schaubild der Funktion $y = \sum_{k=0}^{n} a_k x^k$ mit $a_n \neq 0$ eine *Parabel n-ten Grades.*

8. Festlegung von ganzen rationalen Funktionen durch Bedingungen

a) Der Graph von $y = ax + b$ mit $a \neq 0$ ist eine „schiefe Gerade". a und b sind durch 2 Punkte, also durch 2 Zahlenpaare (x_1, y_1), (x_2, y_2) bestimmt $(x_1 \neq x_2, y_1 \neq y_2)$.

b) Der Graph von $y = ax^2 + bx + c$ ist für $a \neq 0$ eine Parabel, für $a = 0$ eine Gerade. Wir zeigen: a, b und c sind durch die Angabe von 3 Punkten, also durch 3 Wertepaare (x_1, y_1), (x_2, y_2), (x_3, y_3) bestimmt, falls keine zwei Punkte auf einer Parallele zur y-Achse liegen.

Beispiel 5: Welche Parabel mit der Gleichung $y = ax^2 + bx + c$ geht durch $P_1(3 \mid 0)$, $P_2(1 \mid -2)$, $P_3(-2 \mid 2{,}5)$?

I) *Aufstellung der Kurvengleichung:*
Das Einsetzen der 3 Wertepaare in die Gleichung $y = ax^2 + bx + c$ (1)

ergibt: $0 = 9a + 3b + c$ (2)

$-2 = a + b + c$ (3)

$2{,}5 = 4a - 2b + c$ (4)

Aus (2) und (3) bzw. (3) und (4) folgt:

$2 = 8a + 2b \Rightarrow 1 = 4a + b$ (5)

$4{,}5 = 3a - 3b \Rightarrow 1{,}5 = a - b$ (6)

$2{,}5 = 5a$

$\Rightarrow a = 0{,}5$ (7)

$a = 0{,}5$ eingesetzt gibt
$b = -1$ und $c = -1{,}5$ (8)

Ergebnis: Die gesuchte Kurvengleichung lautet $y = 0{,}5x^2 - x - 1{,}5$ (9)

II) *Untersuchung der Kurve* (Fig. 76.1): Wir bilden noch $y' = x - 1$. (10)

Schnittpunkte mit der x-Achse („Nullstellen" der Funktion):

$y = 0$ gibt $x^2 - 2x - 3 = 0 \Rightarrow x_{1,4} = 1 \pm 2$,
also $x_1 = 3$ und $x_4 = -1$.

Die zugehörigen Tangentensteigungen sind
$y_1' = 2$ bzw. $y_4' = -2$.

Waagrechte Tangente: $y' = 0$ führt zu P_2:
$x_2 = +1$; $y_2 = -2$.

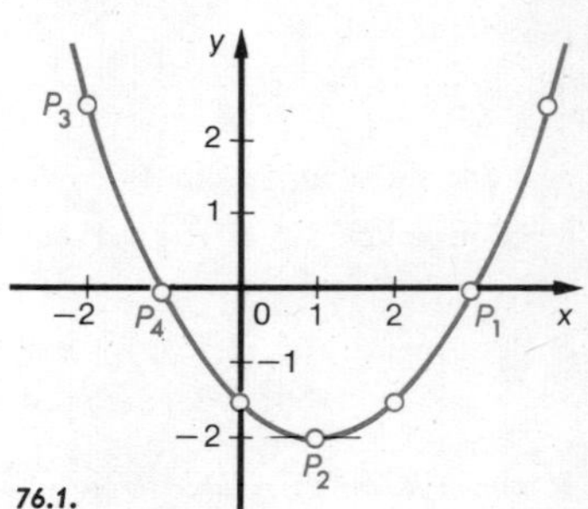

76.1.

Sind allgemein 3 (nicht auf einer Gerade liegende) Punkte $P_1(x_1 \mid y_1)$, $P_2(x_2 \mid y_2)$, $P_3(x_3 \mid y_3)$ gegeben, so ergibt das Einsetzen der 3 Wertepaare in $y = ax^2 + bx + c$ wie im Beispiel ein System von 3 linearen Bedingungsgleichungen für die drei Koeffizienten a, b, c. Liegen keine zwei Punkte auf einer Parallele zur y-Achse, so ist geometrisch deutlich, daß es *eine* Lösung gibt. Liegen P_1, P_2, P_3 nicht auf einer Gerade, so ergibt sich $a \neq 0$, im anderen Fall $a = 0$.

S 10 c) Entsprechend gilt: *Eine ganze rationale Funktion n-ten Grades in x ist im allgemeinen durch* $n + 1$ *Wertepaare* (x_1, y_1), (x_2, y_2), (x_3, y_3), …, (x_{n+1}, y_{n+1}) *bestimmt, falls alle* x_i *verschieden sind.* Bei besonderer Lage der zugehörigen Punkte $P_i(x_i \mid y_i)$ kann sich eine Funktion ergeben, deren Grad kleiner als n ist.

Zur *Begründung:* Durch Einsetzen der $n + 1$ Wertepaare in die Gleichung $y = \sum_{k=0}^{n} a_k x^k$ erhält man ein System von $n + 1$ linearen Gleichungen für die $n + 1$ Koeffizienten $a_0, a_1, a_2, a_3, \ldots, a_n$. Die Bestimmung der Lösung dieses Systems können wir hier nicht behandeln.

Aufgaben

1. Leite zweimal ab

a) $y = 3x^2 + 4x$ b) $y = -3x^2 - 4x$ c) $y = x^3 + 5x^2$

d) $y = 2x^4 - 7x^2$ e) $s = \frac{1}{4}t^2 - 3t + 1$ f) $s = \frac{1}{2}t^3 + \frac{1}{3}t - 2$

g) $s = \frac{3}{4}t^4 - \frac{1}{2}t^2 + t$ h) $z = \frac{7}{10}v^5 + \frac{5}{6}v^3 - \frac{2}{3}v$ i) $z = 0{,}7\,w - 2{,}4\,w^3$

k) $z = 0{,}9\,x^6 - 1{,}7\,x^4 - 2{,}6x^2$

2. Bilde die erste Ableitung folgender Funktionen (a, b, c, g, a_n sind konstant):

a) $y = a + bx$ b) $s = at + b$ c) $s = ct - \frac{1}{2}gt^2$

d) $y = a_0 + a_2x^2 + a_4x^4$ e) $z = a_1x + a_3x^3 + a_5x^5$ f) $s = at^3 - \frac{1}{2}bt^2 + ct$

g) $s = c\left(t^n + \frac{1}{2}t^{2n} + \frac{1}{3}t^{3n}\right)$ h) $s = \frac{1}{n}(t^{n+1} - t^{n-1})$, $(n \in \mathbb{N})$

3. Bilde die n-te Ableitung von $y = 1 + \frac{x}{1!} + \frac{x^2}{2!} + \frac{x^3}{3!} + \cdots + \frac{x^n}{n!}$, $(n \in \mathbb{N})$.

4. Leite ab: a) $y = (x+1)(x+2)$ b) $y = (2x^2 - 1)(3x + 2)$

c) $y = x^3(5-x)(5+x)$ d) $y = (a - x^2)(a - x)^2$

5. Berechne y und y' für $x \in \{4;\ 3;\ 2;\ \ldots;\ -4\}$ bei den Funktionen:

a) $y = \frac{1}{2}x^2 - x - 3$ b) $y = \frac{1}{3}x^3 - 4x$ c) $y = 6 + x^2 - \frac{1}{8}x^4$

Zeichne die Kurven samt den Tangenten in den genannten Punkten.

6. Bestimme in Beispiel 3 (in Beispiel 4) die Steigung in den Schnittpunkten mit der x-Achse sowie die Punkte mit einer Tangente parallel zur x-Achse.

7. Zeichne folgende Kurven samt Tangenten in geeigneten Punkten:

a) $y = x^2 - 4$ b) $y = 8 - x^2$ c) $y = \frac{1}{2}x^2 - 2x$

d) $y = 2x - \frac{1}{4}x^2$ e) $y = \frac{1}{6}x^3 + 2$ f) $y = 2x - \frac{1}{6}x^3$

g) $y = \frac{1}{2}x^3 + \frac{3}{2}x^2$ h) $y = \frac{1}{2}x^4 - 3$ i) $y = 2x^2 - \frac{1}{4}x^4$

Bestimme insbesondere die Schnittpunkte mit der x-Achse ($y = 0$) und die Punkte mit waagrechter Tangente ($y' = 0$). Zeichne außerdem wie in § 16, Aufg. 21 und 26 zu jeder Kurve auch die 1. und 2. Ableitungskurve. Verdeutliche die Steigung der y-Kurve mit Hilfe der y'-Kurve (der y'-Kurve mit Hilfe der y''-Kurve). Beachte auch die Symmetrie der Kurven.

8. Lege an die folgenden Kurven Tangenten parallel zu der gegebenen Gerade:

a) $y = x - \frac{1}{4}x^2;\ x + 2y = 0$ b) $y = \frac{1}{3}x^3 - x;\ x - 2y - 6 = 0$

9. Lege von O aus Tangenten an die Parabeln mit der Gleichung:

a) $y = \frac{1}{4}x^2 + 4$ b) $y = \frac{1}{2}x^2 - x + 2$ c) $y = -x^2 + x - 1$

10. Bestimme a so, daß sich die beiden Parabeln m. d. Gl. $y = ax^2$ und $y = 1 - \frac{x^2}{a}$ rechtwinklig schneiden. Berechne die Schnittpunkte.

11. Bestimme, untersuche und zeichne die Parabel 2. Grades, die durch die Punkte geht:

a) $P_1(4 \mid 1)$, $P_2(1 \mid -\frac{1}{2})$, $P_3(-2 \mid 2{,}5)$ b) $P_1(1 \mid -2{,}5)$, $P_2(2 \mid -6{,}5)$, $P_3(-4 \mid 2{,}5)$

12. Mache dasselbe für eine bzgl. O symmetrische Parabel 3. Grades, die a) durch $P_1(3 \mid 3)$ und $P_2(-1 \mid -3\frac{2}{3})$ geht, b) in $T(2 \mid -4)$ eine waagrechte Tangente hat.

13. Mache dasselbe für eine bzgl. der y-Achse symmetrische Parabel 4. Ordnung, die
a) für $x = 3$ eine waagrechte Tangente und in $P(5 \mid 0)$ die Steigung 10 hat,
b) durch $P(-1 \mid 2)$ geht und in $Q(-4 \mid 0)$ eine waagrechte Tangente besitzt.

14. Gib eine Menge von Funktionen $y = f(x)$ an, für welche auf $A = \mathbb{R}$ gilt:
a) $y' = 2$ b) $y' = 2x$ c) $y' = 3 - x$ d) $y' = 3x^2 + 5$
e) $y' = 4x^3 - x^2$ f) $y' = 1{,}5 - 2x + 0{,}5x^2$

15. Löse Aufg. 14, wenn a) $y'' = 1$ b) $y'' = 5 + x$ c) $y'' = \frac{1}{2}x^2 - 3x + 4$ ist.

16. Zeige auf Grund von S 2 bis 4, daß folgende Funktionen nicht ganz-rational sein können:
a) $y = \frac{1}{x}$ b) $y = \sqrt{x}$ c) $y = 2^x$ d) $y = \sin x$ e) $y = \lg x$

17. Wieso ist $y = |4 + x^2|$ eine ganze rationale Funktion, $y = |4 - x^2|$ aber nicht?

Die Nullstellen der ganzen rationalen Funktionen

❶ Wo schneiden folgende Parabeln die x-Achse:
a) $y = x^2 - 4x$, b) $y = x^3 - 4x$?

❷ Löse die quadratische Gleichung $x^2 - 6x + 8 = 0$. Schreibe sie in der Form $(x - x_1)(x - x_2) = 0$.

❸ Gib eine Gleichung an mit den Lösungen
a) 3; 2; −2, b) 3; 2; −2; −3.
Welchen Grad hat die Gleichung mindestens?

D 4 Unter den **Nullstellen** der ganzen rationalen Funktion $y = a_n x^n + a_{n-1} x^{n-1} + \cdots + a_0$ versteht man die **Lösungen der Gleichung n-ten Grades** in x

$$a_n x^n + a_{n-1} x^{n-1} + a_{n-2} x^{n-2} + \cdots + a_1 x + a_0 = 0 \qquad \text{(I)}$$

Beim Graphen der Funktion gehören sie zu gemeinsamen Punkten von Kurve und x-Achse. In (I) ist $n \in \mathbb{N}$; die Koeffizienten $a_0, a_1, a_2, \ldots, a_n$ sind reelle Zahlen; es ist $a_n \neq 0$.

Wir beweisen den Satz:

S 11 *Ist x_1 eine Lösung der Gleichung (I), so läßt sich (I) auf die Form bringen: $(x - x_1) \cdot g(x) = 0$. Dabei ist $g(x)$ eine ganze rationale Funktion vom Grad $n - 1$.*

Beweis: Wir betrachten $f(x) = a_n x^n + a_{n-1} x^{n-1} + \cdots + a_1 x + a_0$, $a_n \neq 0$.
Für $x = x_1$ gilt: $0 = a_n x_1^n + a_{n-1} x_1^{n-1} + \cdots + a_1 x_1 + a_0$
Durch Subtraktion folgt: $f(x) = a_n (x^n - x_1^n) + a_{n-1}(x^{n-1} - x_1^{n-1}) + \cdots + a_1(x - x_1)$
Nach § 16 Aufg. 1 ist $(x^n - x_1^n) = (x - x_1)(x^{n-1} + x^{n-2} \cdot x_1 + \cdots + x_1^{n-1})$.
Entsprechend kann man auch bei $(x^{n-1} - x_1^{n-1})$ usw. den Faktor $(x - x_1)$ abspalten; daher gilt: $f(x) = (x - x_1)\,[a_n x^{n-1} + b_{n-2} x^{n-2} + b_{n-3} x^{n-3} + \cdots + b_0]$
also ist $f(x) = (x - x_1) \cdot g(x)$, wo $g(x)$ eine ganze rationale Funktion vom Grad $(n - 1)$ ist.

Aus S 11 folgt:

S 12 *Die linke Seite der Gleichung (I) läßt sich als Produkt von höchstens* ***n*** **„Linearfaktoren"** $(x - x_k)$ *darstellen.*

S 13 Hieraus folgt: **Jede Gleichung *n*-ten Grades hat höchstens *n* Lösungen.**

Beispiele: a) $x^2 - 2x + 1 = 0 \Leftrightarrow (x-1)^2 = 0 \Rightarrow x_1 = x_2 = 1$

b) $x^3 - x = 0 \Leftrightarrow x(x^2-1) = 0 \Rightarrow x_1 = 0,\ x_2 = 1,\ x_3 = -1$

S 14 *Wenn die Gleichung* $x^n + a_{n-1}x^{n-1} + a_{n-2}x^{n-2} + \cdots + a_1 x + a_0 = 0$ *eine ganzzahlige Lösung g hat und alle* a_k *ganze Zahlen sind, so ist g ein Teiler von* $a_0 \neq 0$. (Vgl. Aufg. 22.)

Beweis: Es ist $g^n + a_{n-1}g^{n-1} + a_{n-2}g^{n-2} + \cdots + a_1 g = -a_0$.
Da g ein Teiler der ganzzahligen linken Seite ist, ist es auch ein Teiler von a_0.

Beispiel: Falls $x^3 + 3x^2 - 14x + 8 = 0$ ganzzahlige Lösungen hat, wird man nach S 14 an $\pm 1, \pm 2, \pm 4, \pm 8$ denken. Durch Probieren folgt $x_1 = 2$. Die Division durch $(x-2)$ führt nach S 12 auf $(x-2)(x^2+5x-4) = 0$. Aus $x^2 + 5x - 4 = 0$ erhält man $x_{2,3} = \frac{1}{2}(-5 \pm \sqrt{41})$.

Aufgaben

18. Löse folgende Gleichungen, multipliziere aus und bestätige Satz 14:
a) $x(x-1)(x+5) = 0$ b) $(x^2-4)(x^2-9) = 0$ c) $(x-3)^2 \cdot (x+2)^3 = 0$

19. Suche Gleichungen mit den Lösungen:
a) $4;\ -4;\ -\frac{1}{2}$ b) $-6;\ -6;\ 0$ c) $-4;\ 2+\sqrt{5};\ 2-\sqrt{5}$ d) $2;\ 2;\ \frac{1}{2};\ \frac{1}{2}$

20. Folgende Gleichungen haben mindestens *eine* ganzzahlige Lösung. Suche sie nach S 14 und bestimme dann die übrigen Lösungen nach S 12.
a) $x^3 - 3x + 2 = 0$ b) $x^3 - 7x - 6 = 0$ c) $x^3 - 2x^2 - 5x + 6 = 0$

21. Folgende Gleichungen haben mindestens 2 ganzzahlige Lösungen.
a) $x^4 + x^3 + 2x - 4 = 0$ b) $x^4 - x^3 - 11x^2 + 9x + 18 = 0$

22. Beweise: Wenn die Gleichung (I) mit $a_n = 1$ eine rationale Lösung x_1 hat und alle a_k ganze Zahlen sind, so ist x_1 sogar ganz und nach S 14 ein Teiler von a_0.
Anleitung: Setze $x_1 = p : q$, wobei $p \in \mathbb{Z}$, $q \in \mathbb{N}$, sowie p und q teilerfremd sind.

23. Beweise: Eine ganze rationale Funktion n-ten Grades $y = f(x)$ nimmt den Funktionswert a höchstens an n Stellen an.
(Anleitung: Betrachte $g(x) = f(x) - a$ und verwende S 13.)

24. Beweise: Eine Parabel n-ten Grades mit der Gleichung $y = f(x)$ hat mit einer andern Parabel $y = g(x)$, deren Grad nicht größer als n ist, höchstens n Punkte gemeinsam.
(Anleitung: Betrachte $f(x) - g(x)$.)

25. Beweise: Eine Parabel n-ten Grades mit der Gleichung $y = f(x)$ hat höchstens
a) n Schnittpunkte mit einer Gerade,
b) $n - 1$ Tangenten parallel zu einer gegebenen Gerade.

26. Beweise: An eine Parabel n-ten Grades kann man von einem gegebenen Punkt aus höchstens n Tangenten legen.

19 Geschwindigkeit bei geradliniger Bewegung[1]

Bewegungen mit konstanter Geschwindigkeit

1 Eine 50 m lange Strecke wird von dem besten Schwimmer einer Klasse in 40 sec, von einem andern in 50 sec, von einem dritten in 80 sec durchschwommen.

a) Wie groß ist in jedem Fall die mittlere Geschwindigkeit?

b) Welche Strecke s wird jeweils im Mittel in 1, 2, 3, ..., t sec zurückgelegt?

c) Zeichne Schaubilder der 3 Funktionen in einem t, s-Achsenkreuz.

Legt ein Fußgänger in jeder Sekunde 1,5 m zurück, so stehen Zeit t und zurückgelegter Weg s in folgendem Zusammenhang:

Zeit t in sec	0	1	2	3	4	5	6
Weg s in m	0	1,5	3	4,5	6	7,5	9

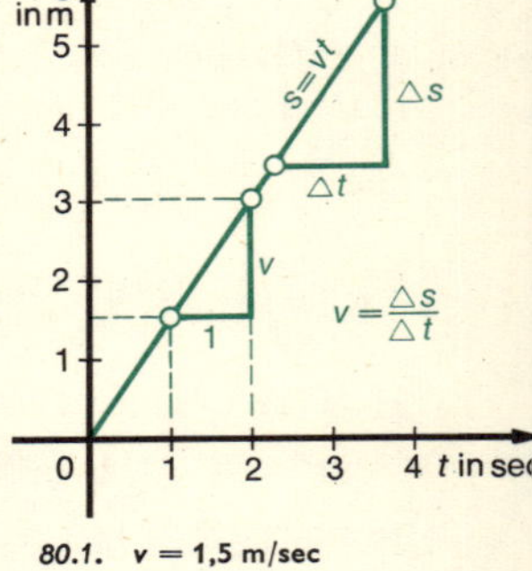

80.1. $v = 1{,}5$ m/sec

Als Graph dieser Funktion ergibt sich das Geradenstück in Fig. 80.1. Der Zahlenwert (die Maßzahl) des konstanten Quotienten $v = \frac{s}{t}$ $= 1{,}5$ m/sec erscheint dabei als Steigung der Gerade. Der Quotient heißt „Geschwindigkeit"[1]. Allgemein gilt:

D 1 Legt ein Körper bei einer geradlinigen Bewegung in gleichen Zeitabschnitten gleiche Wegstrecken zurück, und bezeichnet man den in der Zeit t zurückgelegten Weg mit s, so nennt man den gleichbleibenden Quotienten $v = s : t$ die konstante **Geschwindigkeit** des Körpers[1]. Man kann auch sagen: Nimmt der Weg in gleichen Zeitabschnitten Δt um gleiche Beträge Δs zu, so ist $v = \Delta s : \Delta t$ die konstante Geschwindigkeit (Fig. 80.1).
Für die Zahlenwerte (Maßzahlen) von t, s und v bedeutet dies: Der Zahlenwert der Geschwindigkeit ist gleich dem Zahlenwert des Wegzuwachses je Zeiteinheit.

S 1 Bei einer geradlinigen Bewegung mit konstanter Geschwindigkeit lautet die **„Weg-Zeit-Funktion"** $\boldsymbol{s = v\,t}$. Der Graph von $s = v\,t$ im t, s-System ist eine Ursprungshalbgerade[2], mit dem Zahlenwert von v als Steigung („*Weg-Zeit-Schaubild*").

S 2 Hat ein Körper, der sich mit konstanter Geschwindigkeit v bewegt, z. Z. $t = 0$ sec den Weg s_0 zurückgelegt, so lautet die *Weg-Zeit-Funktion:* $\boldsymbol{s = v\,t + s_0}$.

Bemerkungen:

1. Die Variablen $s, t, v, \ldots$ bedeuten „*physikalische Größen*". Sie sind durch Verknüpfung eines Zahlenwertes mit einer *Einheit* definiert und können als „Produkt" beider aufgefaßt werden (9 m = 9 · 1 m). Gleichungen zwischen physikalischen Größen gelten nicht nur für die Zahlenwerte, sondern auch für die Einheiten. Beispiel einer *Größengleichung:*

$$s = v \cdot t = 1{,}5\,\frac{\text{m}}{\text{sec}} \cdot 6\text{ sec} = 1{,}5 \cdot 6\,\frac{\text{m}}{\text{sec}} \cdot \text{sec} = 9\text{ m}$$

2. Will man ausdrücken, daß die Geschwindigkeit außer ihrem „*Betrag*" auch noch eine „*Richtung*" hat, so schreibt man sie meist als *Vektor* $\mathfrak{v}$ oder $\vec{v}$ und stellt sie zeichnerisch durch einen Pfeil dar. Da wir hier nur *geradlinige* Bewegungen betrachten, begnügen wir uns damit, nur den Zahlenwert von v anzugeben; v kann dabei positiv, negativ oder gleich Null sein.

---

1. spatium (lat.), Weg; tempus (lat.), Zeit; velocitas (lat.), Geschwindigkeit
2. Dabei ist angenommen, daß für $t = 0$ sec auch $s = 0$ m ist (vgl. Aufg. 1).

Aufgaben

1. Erläutere: Bei einer Bewegung mit konstanter Geschwindigkeit ist

a) der Weg proportional zur benötigten Zeit (v ist der Proportionalitätsfaktor),

b) die Geschwindigkeit gleich der Ableitung des Weges: $v = s'$.

2. Welche Gestalt hat das Weg-Zeit-Schaubild bei S 2?

3. Bestimme für die durch $s = c\,t + d$ festgelegte Bewegung die Geschwindigkeit und zeichne die Weg-Zeit-Schaubilder, wenn c und d folgende Werte haben:

a) 0,6 m/sec; 2,4 m b) 12,5 m/sec; 40 m c) 45 m/sec; – 75 m

Für welchen Zeitpunkt ist $s = 0$ m? Was bedeutet dies? (Wähle passende Einheiten.)

Bewegungen mit veränderlicher Geschwindigkeit

❷ Was fällt auf, wenn man beim Anfahren eines Autos auf das Tachometer schaut? Nenne andere Beispiele von Bewegungen mit nicht konstanter Geschwindigkeit.

❸ Bei einem anfahrenden Auto mißt man den nach der Zeit t zurückgelegten Weg s:

Zeit t in sec	0	1	2	3	4
Weg s in m	0	1	4	9	16

Wie lautet die Weg-Zeit-Funktion für $0\,\text{sec} \leqq t \leqq 4\,\text{sec}$?

Bestimme die „mittlere Geschwindigkeit“

a) in der 1., 2., 3., 4. Sekunde,

b) in den ersten 2, 3, 4 Sekunden,

c) zwischen dem Ende der 2. und 4. Sekunde.

❹ Lies nach, wie auf S. 3 die Geschwindigkeit bei der Weg-Zeit-Funktion $s = \frac{1}{2}a\,t^2$ bestimmt wurde.

Bei einer beliebigen geradlinigen Bewegung gehört zu jedem Wert t eines Zeitabschnitts eindeutig ein Wegstück s, das von einer Startmarke aus gemessen sei. Es existiert also eine *Weg-Zeit-Funktion* $s = s(t)$. Da wir in der „klassischen“ Mechanik annehmen, daß die Natur keine Sprünge macht, betrachten wir die Funktion $s = s(t)$ immer als *stetig*; meist auch als *differenzierbar*. Wie man bei einer solchen Funktion die Geschwindigkeit definiert und bestimmt, zeigen wir zunächst an einem Beispiel.

Beispiel 1: Eine Kugel rollt eine schiefe Ebene herab. Die dabei gemessenen Werte von t und s erfüllen die Gleichung $s = k\,t^2$ mit $k = 0{,}25\ \text{m/sec}^2$. Wie groß ist die Geschwindigkeit zur Zeit t?

Lösung: Zu $s = k\,t^2$ ist in Fig. 82.1 das Weg-Zeit-Schaubild gezeichnet. Dabei gehört zum Wertepaar (t, s) der Punkt P. Wächst t um Δt, so wächst s um Δs; man erhält den Punkt $Q(t + \Delta t \mid s + \Delta s)$. Den Quotienten $v_m = \frac{\Delta s}{\Delta t}$ nennt man die „*mittlere Geschwindigkeit*“ im Zeitabschnitt Δt. Ihr Zahlenwert gibt die Steigung der Sekante PQ an. Strebt Δt gegen 0 sec, so strebt die Sekante PQ gegen eine Grenzlage, die Tangente in P, und v_m gegen den Grenzwert $v = \lim\limits_{\Delta t \to 0} \frac{\Delta s}{\Delta t} = s' = 2\,k\,t$. Man bezeichnet v als „*Momentangeschwindigkeit*“ (Augenblicksgeschwindigkeit) zur Zeit t.

So wie in diesem Beispiel kann man stets verfahren, falls die Weg-Zeit-Funktion differenzierbar ist.

6—7369/2⁶

D 2 Ist $s = s(t)$ eine im Intervall $]a, b[$ differenzierbare Weg-Zeit-Funktion einer geradlinigen Bewegung, so versteht man unter der *mittleren Geschwindigkeit* v_m im Zeitabschnitt Δt den Quotienten $v_m = \frac{\Delta s}{\Delta t} = \frac{s(t + \Delta t) - s(t)}{\Delta t}$ und unter der **Momentangeschwindigkeit** $\boldsymbol{v}$ zur Zeit t die erste Ableitung $s'(t)$ der Weg-Zeit-Funktion, also $\boldsymbol{v} = \lim\limits_{\Delta t \to 0} \frac{\Delta \boldsymbol{s}}{\Delta \boldsymbol{t}} = \boldsymbol{s}'(\boldsymbol{t})$.

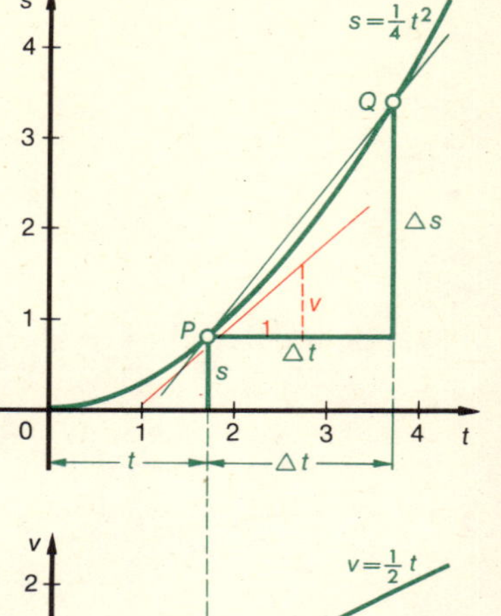

82.1.

Bemerkung:
Ist die unabhängige Veränderliche bei einer Funktion $y = f(t)$ die Zeit t, so bezeichnet man nach I. Newton die Ableitung y' auch mit $\dot{y}$ (lies: y Punkt).

Beispiel 2: a) Für $s = \frac{1}{2} g t^2$ ist $v = \dot{s} = g t$,
b) $s = c t + s_0$ ergibt $v = \dot{s} = c$.

Allgemein gilt (Fig. 82.1):

S 3 Bei der *Weg-Zeit-Kurve* einer geradlinigen Bewegung entspricht der *mittleren Geschwindigkeit* v_m die *Steigung der Sekante PQ*, der *Momentangeschwindigkeit* v die *Steigung der Tangente* in P.

D 3 Ist $s = s(t)$ die Weg-Zeit-Funktion einer Bewegung, so heißt $\boldsymbol{v} = \boldsymbol{s}'(\boldsymbol{t}) = \dot{\boldsymbol{s}}(\boldsymbol{t})$ die **Geschwindigkeit-Zeit-Funktion** der Bewegung. Ihr Graph in einem t, v-Achsenkreuz ist die *Geschwindigkeit-Zeit-Kurve*.

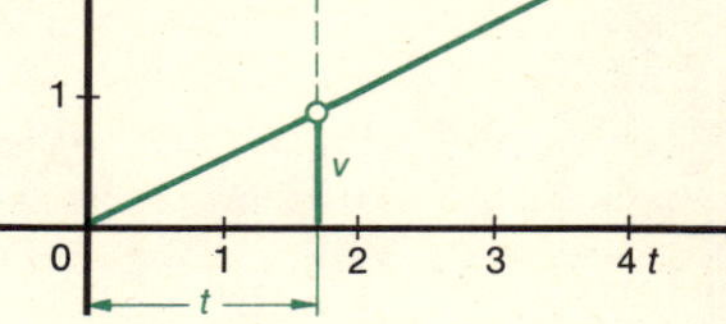

82.2.

Beispiel 3:
Für $s = k t^2$ ist $v = 2 k t$ die Geschwindigkeit-Zeit-Funktion; Fig. 82.2 zeigt die Geschwindigkeit-Zeit-Kurve für $k = \frac{1}{4}$ m/sec².

Aufgabe

4. Bestimme für $s = k t^2$ mit $k = 0{,}25$ m/sec² die mittlere Geschwindigkeit v_m zwischen $t_1 = 2$ sec und a) $t_2 = 3$ sec, b) $t_2 = 2{,}5$ sec, c) $t_2 = 2{,}1$ sec, d) $t_2 = 2{,}01$ sec. Was fällt auf?

20 Beschleunigung bei geradliniger Bewegung

Bewegungen mit konstanter Beschleunigung

Rollt eine Kugel wie im Beispiel 1 von S. 81 auf einer schiefen Ebene, so erhält man aus $v = c t$ mit $c = 0{,}5$ m/sec² die Tabelle:

t in sec	0	1	2	3	4	5	6
v in m/sec	0	0,5	1,0	1,5	2,0	2,5	3,0

Die Geschwindigkeit v nimmt je Sekunde um den gleichen Betrag zu. Als Geschwindigkeit-Zeit-Kurve erhält man die Gerade in Fig. 83.1. Der Zahlenwert des konstanten Quotienten $a = v : t$ erscheint dabei als Steigung der Gerade; der Quotient heißt „Beschleunigung".

D 1 Allgemein gilt: Nimmt bei einer geradlinigen Bewegung eines Körpers die Geschwindigkeit in gleichen Zeitabschnitten Δt um gleiche Beträge Δv zu, so nennt man den gleichbleibenden Quotienten $a = \frac{\Delta v}{\Delta t}$ die konstante **Beschleunigung** des Körpers[1]. Die Beschleunigung ist also der Geschwindigkeitszuwachs je Zeiteinheit.

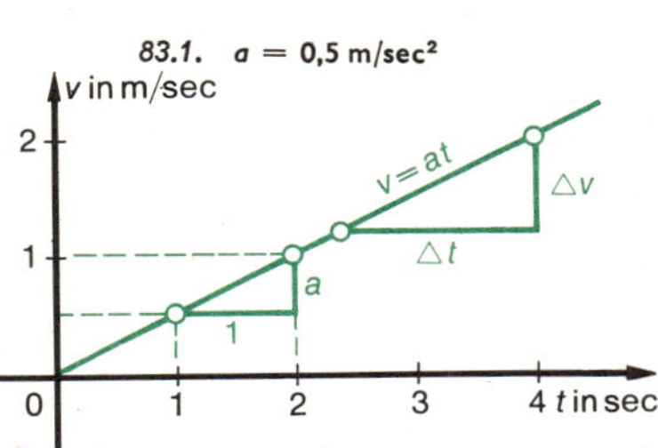

83.1. $a = 0{,}5\ \mathrm{m/sec^2}$

S 1 Bei einer geradlinigen Bewegung mit konstanter Beschleunigung lautet die **Geschwindigkeit-Zeit-Funktion**[2] $\boldsymbol{v = a \cdot t}$. Der Graph von $v = a\,t$ im t, v-System ist eine Ursprungsgerade; ihre Steigung entspricht a (*Geschwindigkeit-Zeit-Kurve,* Fig. 83.1).

Bemerkungen:

1. Bewegungen mit konstanter Beschleunigung werden immer von konstanter Antriebskraft hervorgerufen (Gesetz von I. Newton). Gib Beispiele an.
2. Die Einheit der Beschleunigung ist $\mathrm{m/sec^2}$ (folgt aus D 1, wieso?).
3. Die Beschleunigung hat wie die Geschwindigkeit außer ihrem „*Betrag*" auch eine „*Richtung*" und wird daher gewöhnlich als *Vektor* $\mathfrak{a}$ oder $\vec{a}$ geschrieben. Bei der *geradlinigen* Bewegung begnügen wir uns damit, nur den Zahlenwert anzugeben; er kann dabei positiv, negativ oder gleich Null sein. Wie ist dies zu deuten?

Aufgaben

2. Bestimme in Beispiel 1 von S. 81 die Beschleunigung der Bewegung und zeige, daß sie konstant ist.

3. Zeige: Bei einer Bewegung mit konstanter Beschleunigung ist die Beschleunigung $a = v' = s''$ bzw. $a = \dot{v} = \ddot{s}$.

4. Bestimme für die folgenden Weg-Zeit-Funktionen $s = k\,t^2$ $(s = k\,t^2 + c)$ die Größen v und a. Zeichne Geschwindigkeit-Zeit-Kurven.
a) $k = 1{,}5\ \mathrm{m/sec^3}$ b) $k = \frac{3}{8}\ \mathrm{m/sec^3}$ c) $k = 25\ \mathrm{m/sec^3}$, $c = 30\ \mathrm{m}$.

5. a) Bestätige: Ist bei einer Bewegung mit der konstanten Beschleunigung a zur Zeit $t = 0$ sec der Weg s_0 zurückgelegt und die Geschwindigkeit v_0 vorhanden, so lautet die Weg-Zeit-Funktion: $s = \frac{1}{2}\,a\,t^2 + v_0\,t + s_0$ (*allgemeine geradlinige Bewegung mit konstanter Beschleunigung*).
b) Wie ergibt sich daraus das Gesetz des freien Falls?

6. Untersuche die geradlinige Bewegung $s = p\,t^2 + q\,t + r$ und zeichne Schaubilder für
a) $p = \frac{1}{2}\,\frac{\mathrm{m}}{\mathrm{sec^2}}$, $q = 1\,\frac{\mathrm{m}}{\mathrm{sec}}$, $r = 2\ \mathrm{m}$ b) $p = 5\,\frac{\mathrm{m}}{\mathrm{sec^2}}$, $q = 15\,\frac{\mathrm{m}}{\mathrm{sec}}$, $r = 0\ \mathrm{m}$

Bewegungen mit veränderlicher Beschleunigung

Durch unterschiedliches Gasgeben wird die Antriebskraft eines Automotors verändert. Dadurch kommt es zu Bewegungen mit veränderlicher Beschleunigung. Wie bei der Momentangeschwindigkeit (§ 19), so kann man hier nach der Momentanbeschleunigung fragen. Man braucht dabei auf S. 81/82 nur s durch v und v durch a zu ersetzen.

---

1. acceleratio (lat.), Beschleunigung **2.** Dabei ist angenommen, daß für $t = 0$ sec auch $v = 0$ m/sec ist.

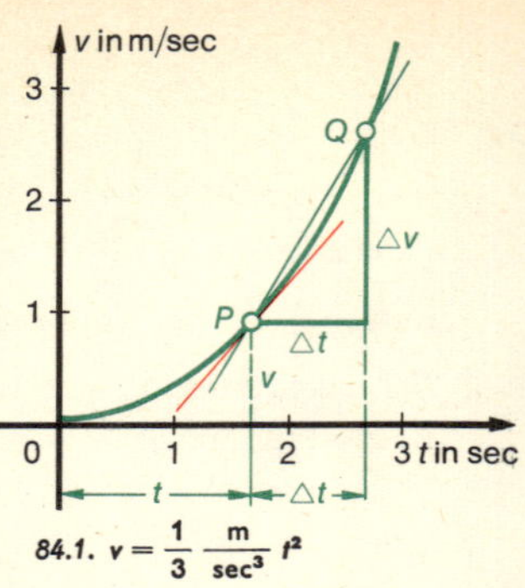

84.1. $v = \frac{1}{3}\,\frac{\text{m}}{\text{sec}^3}\,t^2$

Beispiel: Erfüllen die Werte von v und t die Gleichung $v = k\,t^2$ mit $k = \frac{1}{3}\,\text{m/sec}^3$, so kann man die Geschwindigkeit-Zeit-Kurve zeichnen (Fig. 84.1). Wächst t um Δt, so wächst v um Δv. Den Quotienten $\Delta v : \Delta t$ bezeichnet man dann als die *mittlere Beschleunigung* a_m im Zeitabschnitt Δt. Strebt Δt gegen 0, so strebt a_m gegen den Grenzwert

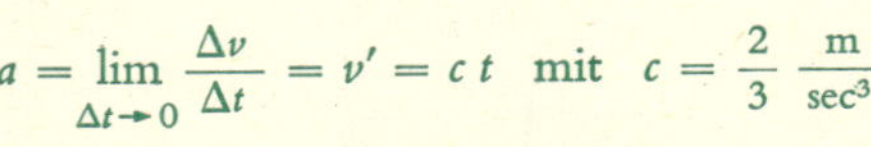

$$a = \lim_{\Delta t \to 0} \frac{\Delta v}{\Delta t} = v' = c\,t \quad \text{mit} \quad c = \frac{2}{3}\,\frac{\text{m}}{\text{sec}^3}$$

a ist die *Momentanbeschleunigung* zur Zeit t.

D 2 Allgemein sagen wir: Ist $v = v(t)$ eine differenzierbare Geschwindigkeit-Zeit-Funktion einer geradlinigen Bewegung, so versteht man unter der *mittleren Beschleunigung* a_m im Zeitabschnitt Δt den Quotienten $a_m = \frac{\Delta v}{\Delta t} = \frac{v(t + \Delta t) - v(t)}{\Delta t}$ und unter der **Momentanbeschleunigung** $\boldsymbol{a}$ zur Zeit t die erste Ableitung der Geschwindigkeit-Zeit-Funktion, also

$$\boldsymbol{a = \lim_{\Delta t \to 0} \frac{\Delta v}{\Delta t} = v'(t) = \dot{v}(t)}$$

S 2 Bei der Geschwindigkeit-Zeit-Kurve entspricht der mittleren Beschleunigung die *Steigung der Sekante PQ*, der Momentanbeschleunigung die *Steigung der Tangente* in P (Fig. 84.1).

D 3 Die Funktion $a = v'(t)$ bzw. $a = \dot{v}(t)$ heißt **Beschleunigung-Zeit-Funktion,** ihr Graph ist die *Beschleunigung-Zeit-Kurve.*

S 3 Aus § 19 und 20 folgt: Ist die Weg-Zeit-Funktion $s = s(t)$ zweimal differenzierbar, so ist die **Beschleunigung-Zeit-Funktion** $\boldsymbol{a = \dot{v} = \ddot{s}}$.

Aufgaben

8. Zeichne a) für $v = k\,t^2$ mit $k = \frac{2}{3}\,\frac{\text{m}}{\text{sec}^3}$, b) für $s = c\,t^4$ mit $c = \frac{1}{16}\,\frac{\text{m}}{\text{sec}^4}$ die Beschleunigung-Zeit-Kurve.

9. Bei einer geradlinigen Bewegung ergab sich

s in cm	0	20	80	180	320
t in sec	0	4	8	12	16

Bestimme eine möglichst einfache Funktion $s(t)$, $v(t)$, $a(t)$, zeichne die zugehörigen Graphen.

21 Untersuchung von Funktionen mit Hilfe der Ableitungen Kurvendiskussion

Steigen und Fallen von Funktionen und ihren Graphen

Es sei $y = f(x)$ im Intervall $A = \,]a, b[$ *zweimal differenzierbar*; daraus folgt dann insbesondere, daß $f'(x)$ in $]a, b[$ stetig ist (vgl. § 17). Statt $y = f(x)$ sagen wir oft kurz $f(x)$.

D 1 **Die Funktion $f(x)$ und ihr Graph steigen (fallen)** *im strengen Sinn beim Durchgang durch die Stelle* $x_1 \in \,]a, b[$, *wenn* für jedes $x_2 \neq x_1$ aus einer hinreichend kleinen Umgebung von x_1 die Differenzen $x_2 - x_1$ *und* $f(x_2) - f(x_1)$ *das gleiche (das entgegengesetzte) Vorzeichen haben.*

S 1 *Wenn $f(x)$ beim Durchgang durch die Stelle x_1 steigt (fällt), so ist $f'(x_1) \geqq 0$ $\left(f'(x_1) \leqq 0\right)$.*
Beweis: Nach D 1 ist $\dfrac{f(x_2) - f(x_1)}{x_2 - x_1}$ positiv (negativ), also $f'(x_1) = \lim\limits_{x_2 \to x_1} \dfrac{f(x_2) - f(x_1)}{x_2 - x_1}$ größer oder gleich 0 (kleiner oder gleich 0). (Vgl. Beispiel 2 auf S. 86.)

S 2 **Ist $f'(x_1) > 0$ ($f'(x_1) < 0$) so steigt (fällt) die Funktion $y = f(x)$ und ihr Graph beim Durchgang durch die Stelle x_1 im strengen Sinn.**
Beweis (für das Steigen): Wegen $\lim\limits_{h \to 0} \dfrac{f(x_1 + h) - f(x_1)}{h} = f'(x_1) > 0$ ist in einer hinreichend kleinen Umgebung von x_1 der Quotient $\dfrac{f(x_1 + h) - f(x_1)}{h} > 0$.
Für $h > 0$ ist daher $f(x_1 + h) > f(x_1)$, für $h < 0$ ist $f(x_1 + h) < f(x_1)$.

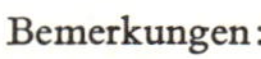
Bemerkungen:

1. S 2 ist nicht genau die Umkehrung von S 1 (wieso?).

Beispiel: Bei $y = f(x) = x^3$ nimmt y mit wachsendem $x \in \mathbb{R}$ ständig zu; die Kurve (Fig. 85.1) steigt somit überall, auch im Durchgang durch die Stelle $x = 0$, hier ist aber $f'(x) = 0$. Die Bedingung $f'(x_1) > 0$ $\left(f'(x_1) < 0\right)$ ist also zwar *hinreichend, aber nicht notwendig* für das Steigen (Fallen) der Kurve.

2. Da $f'(x_1)$ die Steigung der Kurventangente an der Stelle x_1 ist, gilt natürlich:

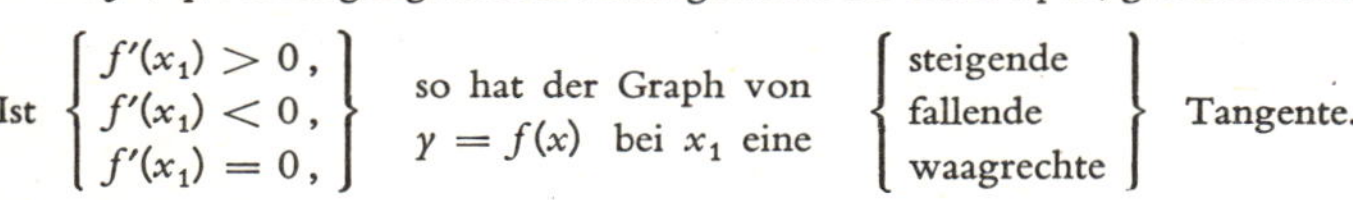
Ist $\left\{\begin{array}{l} f'(x_1) > 0, \\ f'(x_1) < 0, \\ f'(x_1) = 0, \end{array}\right\}$ so hat der Graph von $y = f(x)$ bei x_1 eine $\left\{\begin{array}{l} \text{steigende} \\ \text{fallende} \\ \text{waagrechte} \end{array}\right\}$ Tangente.

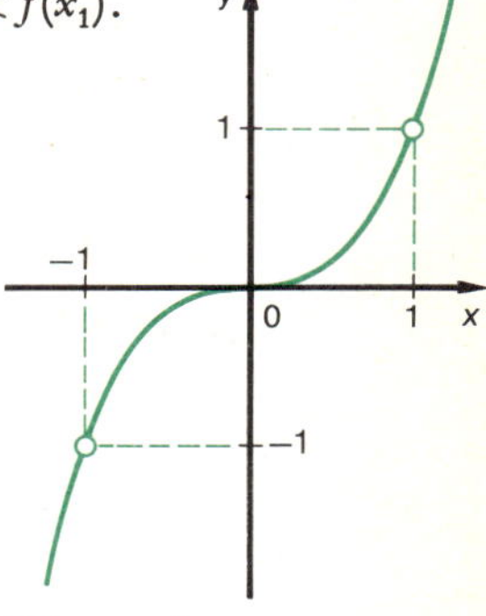

85.1. $y = x^3$

S 2 gibt an, wie sich das Vorzeichen von $f'(x)$ auf das Steigen und Fallen von $f(x)$ beim Durchgang durch *eine Stelle* x_1, also „im Kleinen", auswirkt. Der folgende S 3 bezieht sich auf das Verhalten von $f(x)$ in einem *Intervall A*, also „im Großen".

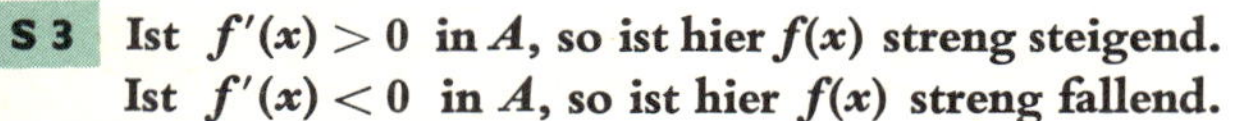
S 3 **Ist $f'(x) > 0$ in A, so ist hier $f(x)$ streng steigend. Ist $f'(x) < 0$ in A, so ist hier $f(x)$ streng fallend.**

D 2 Man sagt dafür auch: *Die Funktion $f(x)$ und ihr Graph sind* **in A streng monoton zunehmend (abnehmend).**
S 3 leuchtet anschaulich ein. Ein Beweis, der die Anschauung nicht benutzt, ergibt sich aus dem sogenannten „*Mittelwertsatz*" (vgl. Vollausgabe § 51, Aufg. 7).

Bemerkung: $f(x)$ ist *allgemein* monoton steigend (fallend) in A, wenn dort $f'(x) \geqq 0$ $\left(f'(x) \leqq 0\right)$ ist.

Beispiele:

1. In Fig. 85.2 ist $y = f(x) = \frac{1}{6}x^3 - \frac{1}{2}x^2 - \frac{3}{2}x + 7$, also $y' = f'(x) = \frac{1}{2}x^2 - x - \frac{3}{2}$.

$y' = 0$ bzw. $x^2 - 2x - 3 = 0$ führt zu $x_1 = 3$; $y_1 = 2\frac{1}{2}$ und $x_2 = -1$; $y_2 = 7\frac{5}{6}$. In $T\left(3 \mid 2\frac{1}{2}\right)$ und $H\left(-1 \mid 7\frac{5}{6}\right)$ hat man waagrechte Tangenten.

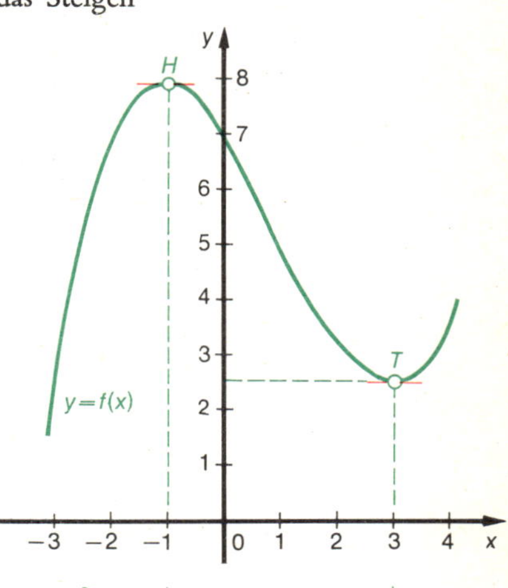

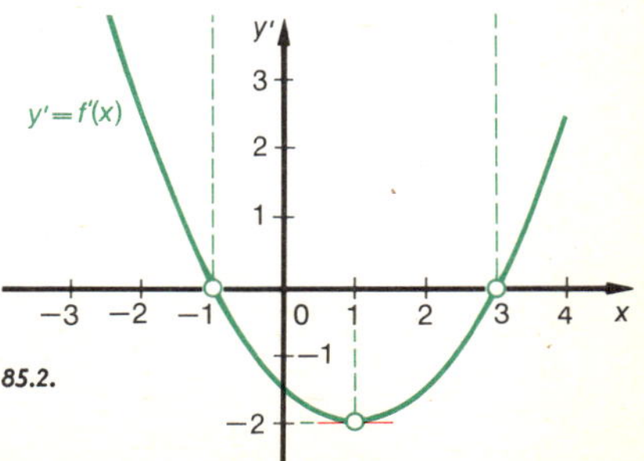

85.2.

Da man schreiben kann: $y' = \frac{1}{2}(x+1)(x-3)$, so gilt:

Für $x < -1$ ist $y' > 0$; die Funktion $y = f(x)$ bzw. ihr Graph steigt.

Für $-1 < x < +3$ ist $y' < 0$; die Funktion $y = f(x)$ bzw. ihr Graph fällt.

Für $x > +3$ ist $y' > 0$; die Funktion $y = f(x)$ bzw. ihr Graph steigt.

2. In Fig. 86.1 ist $y = f(x) = \frac{1}{2}x^2 - 2x + 5$,
also $y' = f'(x) = x - 2$.

Aus $y' = 0$ bzw. $x - 2 = 0$ ergibt sich $x_1 = 2$ und also $y_1 = 3$. In $T(2 \mid 3)$ ist daher die Tangente an die Kurve m. d. Gl. $y = f(x)$ parallel zur x-Achse.

Für $x > 2$ ist $y' > 0$; der Graph von $y = f(x)$ steigt hier.

Für $x < 2$ ist $y' < 0$; der Graph von $y = f(x)$ fällt in diesem Bereich.

Dem entspricht, daß die 1. Ableitungskurve, die Gerade $y = x - 2$, die x-Achse in $(2 \mid 0)$ schneidet, für $x > 2$ oberhalb der x-Achse verläuft, für $x < 2$ dagegen unterhalb der x-Achse.

Statt „Gerade (Tangente) parallel zur x-Achse" sagen wir oft kurz „waagrechte Gerade (Tangente)".

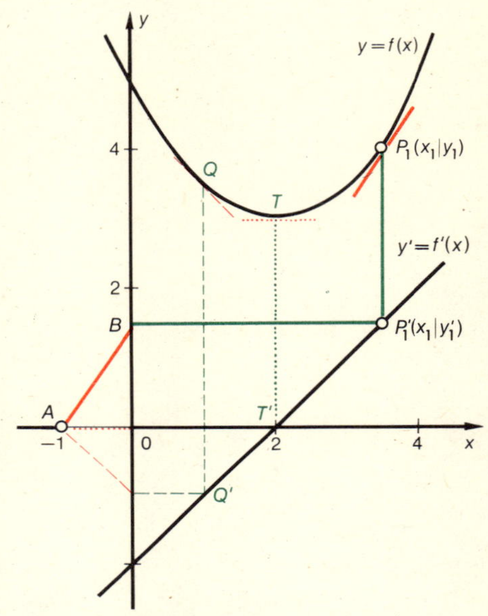

86.1. Kurve und 1. Ableitungskurve. Tangentenkonstruktion

Aufgaben

1. a) Zeige (Fig. 86.1): Gehört zum Punkt P_1 der Kurve m. d. Gl. $y = f(x)$ der Punkt P_1' der Kurve m. d. Gl. $y' = f'(x)$ und zieht man $P_1'B$ parallel zur x-Achse, so gibt CB die Richtung der Tangente in P_1 an. Dabei ist $C(-1 \mid 0)$.

b) Erläutere nach a) die Konstruktion der Tangenten in Q und T.

c) Gib die Gleichung der Tangente in $Q(1 \mid ?)$ an.

2. Zeichne die Kurven in Fig. 85.2 und 86.1 mittels Wertetafeln (vgl. Beispiel 1 und 2). Lege an die Kurven m. d. Gl. $y = f(x)$ weitere Tangenten.

3. Zeichne für die folgenden Funktionen die y-Kurve und die y'-Kurve. Berechne, für welche x die y-Kurve steigt, fällt oder waagrechte Tangenten hat.

a) $y = \frac{1}{2}x^2 - 2$ b) $y = 4 - \frac{1}{4}x^2$ c) $y = x + \frac{1}{4}x^2$

d) $y = \frac{1}{2}x^2 - \frac{5}{2}x$ e) $y = 2x + 3$ f) $y = 5 - \frac{3}{2}x$

g) $y = \frac{1}{6}x^3 + 2x$ h) $y = x^2 - \frac{1}{6}x^3$ i) $y = 2 + 3x + x^2$

k) $y = \frac{1}{4}(2x^2 - 5x - 20)$ l) $y = \frac{1}{10}(2x^3 - 3x^2 - 12x)$

4. Berechne (ohne zu zeichnen) die Punkte mit waagrechter Tangente bei:
a) $y = 4x^3 - 6x^2 - 9x$ b) $y = \frac{1}{8}x^4 + \frac{1}{2}x^3 + 2$ c) $y = 5 + 3x^2 - \frac{1}{2}x^4$

5. Untersuche rechnerisch (ohne zu zeichnen), ob die Funktion steigt oder fällt:
a) $y = \frac{1}{3}x^3 - 4x + 3$ für $x \in \{4;\ 2;\ 0;\ -2;\ -4\}$
b) $y = 5x + 2x^3 - \frac{1}{3}x^5$ für $x \in \{-3;\ -2;\ -1;\ 0;\ 1;\ 2;\ 3\}$

Links- und Rechtskurven. Konvexe und konkave Funktionen

1 a) Zeichne zu der Kurve $y = x^2 - 4$ die y'-Kurve und die y''-Kurve für $-3 \leqq x \leqq 3$. Wie ändert sich die Tangentensteigung y' wenn x von -3 bis $+3$ wächst? Wie drückt sich dies im Verlauf der y'-Kurve und y''-Kurve aus?
b) Führe ein Lineal berührend an der y-Kurve von $x = -3$ bis $x = +3$ entlang. In welchem Sinn dreht es sich dabei? Welchen Namen gibt der Autofahrer einer solchen Kurve?
c) Beantworte a) und b) für $y = 4 - x^2$ und vergleiche!

2 Schildere die Bewegung eines Lenkrades, wenn ein Auto von einer Rechts- in eine Linkskurve einbiegt. Was geschieht im Übergangspunkt (dem „Wendepunkt")?

Im folgenden sei $y = f(x)$ im Intervall $A =]a, b[$ dreimal differenzierbar, dann sind f, f' und f'' stetig.

D 3 Der Graph von $y = f(x)$ ist im Intervall A eine **Linkskurve** (eine **Rechtskurve**), wenn sich mit zunehmendem x die *Tangente* mathematisch positiv, d.h. „*nach links*", (mathematisch negativ, d.h. „*nach rechts*") dreht. Wie Fig. 87.1 und 2 zeigt, ist dies gleichbedeutend damit, daß $y' = f'(x)$ mit zunehmendem x streng *zunimmt* (*abnimmt*).

D 4 Man sagt dann: Die Funktion $f(x)$ ist — von unten — **konvex (konkav)**[1].

Ersetzt man in S 3 $f(x)$ durch $f'(x)$, so erhält man: Ist $f''(x) > 0$ ($f''(x) < 0$), so nimmt $f'(x)$ in A streng zu (streng ab). Es gilt daher:

S 4 **Ist $f''(x) > 0$ in A, so ist $f(x)$ hier konvex und der Graph von $f(x)$ eine Linkskurve.**

S 5 **Ist $f''(x) < 0$ in A, so ist $f(x)$ hier konkav und der Graph von $f(x)$ eine Rechtskurve.**

1. convexus (lat.), gewölbt; concavus (lat.), hohl

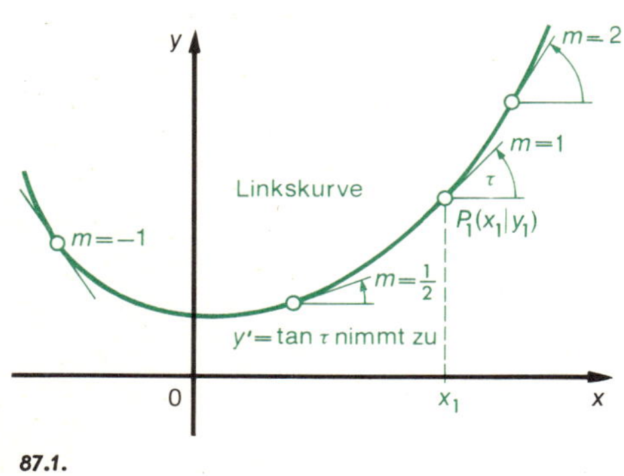

87.1.

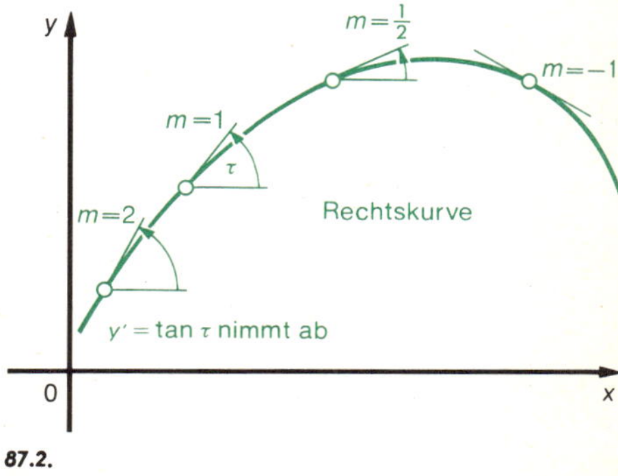

87.2.

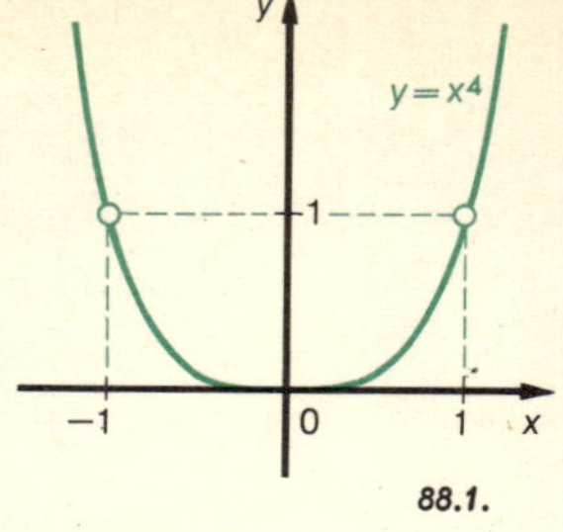

88.1.

Bemerkung: Die Bedingung $f''(x) > 0$ bzw. $f''(x) < 0$ ist *hinreichend* für das Vorhandensein der Links- bzw. Rechtskurve. Daß die Bedingung *nicht notwendig* ist, zeigt z. B. der Graph von $y = f(x) = x^4$ (Fig. 88.1). Diese Kurve ist überall eine Linkskurve, auch beim Durchgang durch O, wo $f''(0) = 0$ ist, denn für $x \in \mathbb{R}$ ist $f''(x) = 12x^2 \geqq 0$.

Extremwerte von Funktionen. Hoch-, Tief- und Wendepunkte

Bei zahlreichen Aufgaben aus recht verschiedenen Gebieten interessieren diejenigen Stellen, an denen eine Funktion $f(x)$ größte oder kleinste Werte annimmt.
Für das Zeichnen des Graphen von $y = f(x)$ sind 2 Arten von Punkten besonders wichtig: die Punkte mit *waagrechter Tangente* und die *Übergangspunkte* zwischen Links- und Rechtskurven.

D 5 Eine in A definierte Funktion $f(x)$ hat in x_1 ein **relatives Minimum (Maximum)**[1], wenn für alle x aus einer gewissen Umgebung von x_1 gilt: $f(x) \geqq f(x_1)$, $(f(x) \leqq f(x_1))$. Minima und Maxima heißen **Extrema**[2]. Man hat in x_1 ein **absolutes Extremum,** wenn die obigen Ungleichungen für *alle* $x \in A$ gelten.
Der Extremwert heißt **streng,** wenn $f(x) > f(x_1)$ bzw. $f(x) < f(x_1)$ ist für $x \neq x_1$.
In D 5 braucht $f(x)$ weder stetig noch differenzierbar zu sein (vgl. Fig. 55.5). Wir wollen nun aber im folgenden *voraussetzen, daß* $f(x)$ *in* A *dreimal differenzierbar*, also f, f' und f'' stetig sind. Dann gilt:

S 6 **Hat $y = f(x)$ in $x_1 \in A$ ein Extremum, so ist $f'(x_1) = 0$** (*Notwendige* Bedingung).
Beweis: Ist $f'(x_1) \neq 0$, so steigt oder fällt $f(x)$ beim Durchgang durch x_1.

Ein *strenges relatives Minimum* ist in x_1 sicher dann vorhanden, wenn $f(x)$ „links" von x_1 streng fällt, „rechts" von x_1 streng steigt. Dazu ist hinreichend, daß $f'(x)$ in einer gewissen Umgebung von x_1 von negativen Werten über 0 (bei x_1) zu positiven Werten streng steigt. Dies ist der Fall, wenn $f''(x_1) > 0$ ist. Wegen der Stetigkeit von $f''(x)$ ist dann $f''(x)$ auch in einer gewissen Umgebung von x_1 positiv, also $f(x)$ dort *konvex*. Der Graph von $y = f(x)$ ist dann in dieser Umgebung eine *Linkskurve*, die in $T(x_1 \mid y_1)$ eine waagrechte Tangente besitzt. $T(x_1 \mid y_1)$ ist ein **Tiefpunkt** des Graph von $y = f(x)$ (Fig. 88.2). Entsprechend gehört ein **Hochpunkt** (Fig. 88.3) zu einem *strengen relativen Maximum* von $y = f(x)$.
Man erhält somit die Sätze:

S 7 **Ist $f'(x_1) = 0$ und $f''(x_1) > 0$, so hat $f(x)$ in x_1 ein strenges relatives Minimum und der Graph von $y = f(x)$ bei x_1 einen Tiefpunkt.**

S 8 **Ist $f'(x_1) = 0$ und $f''(x_1) < 0$, so hat $f(x)$ in x_1 ein strenges relatives Maximum und der Graph von $y = f(x)$ bei x_1 einen Hochpunkt.**

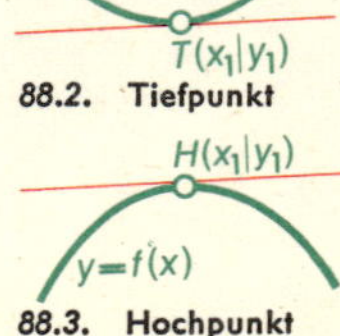

88.2. Tiefpunkt

88.3. Hochpunkt

---

1. minimum (lat.), das Kleinste; maximum (lat.), das Größte
2. extremum (lat.), das Äußerste

Bemerkung: In S 7 ist die Bedingung $f''(x_1) > 0$ bzw. $f''(x_1) < 0$ zusammen mit $f'(x_1) = 0$ *hinreichend*, aber *nicht notwendig* für das Vorhandensein eines Tief- bzw. Hochpunkts. Vgl. Fig. 88.1. Da liegt in O ein Tiefpunkt, obwohl $f''(0) = 0$ ist.

D 7 Ein Kurvenpunkt, in dem bei einer differenzierbaren Funktion ein Linkskurvenbogen in einen Rechtskurvenbogen übergeht oder umgekehrt, heißt ein **Wendepunkt** des Graphen von $y = f(x)$ (Fig. 89.1).
Die Tangente im Wendepunkt nennt man **Wendetangente.**

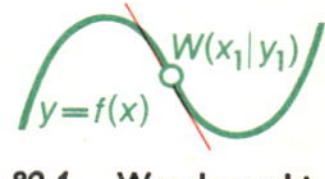

89.1. Wendepunkt

S 9 **Ist $f''(x_1) = 0$ und wechselt $f''(x)$ beim Durchgang durch die Stelle x_1 das Zeichen, so hat der Graph von $y = f(x)$ bei x_1 einen Wendepunkt.** Ist zudem $f'(x_1) = 0$, so liegt ein Wendepunkt mit waagrechter Tangente vor (vgl. Fig. 85.1).

Beweis: Der Zeichenwechsel von $f''(x)$ bedeutet, daß Rechts- und Linkskurve bei x_1 ineinander übergehen. Wegen der Stetigkeit von $f''(x)$ ist dabei $f''(x_1) = 0$.

Die Bedingungen in S 9 sind sicher dann erfüllt, wenn $f''(x_1) = 0$ und $f'''(x_1) \neq 0$ ist. $f''(x)$ steigt oder fällt dann beim Durchgang durch x_1 und wechselt daher bei x_1 sein Zeichen. Es gilt also der Satz:

S 10 **Ist $f''(x_1) = 0$ und $f'''(x_1) \neq 0$, so hat der Graph von $y = f(x)$ bei x_1 einen Wendepunkt.**

Bemerkungen:

1. In S 9 ist $f''(x_1) = 0$ *allein nicht hinreichend*; vgl. $y = x^4$ in O (Fig. 88.1). Die Bedingung $f''(x_1) = 0$ und Zeichenwechsel von $f''(x)$ bei x_1 sind dagegen *hinreichend* (warum?).

2. Die Bedingung $f'''(x_1) \neq 0$ neben $f''(x_1) = 0$ ist *hinreichend*, aber *nicht notwendig*.

Beispiel: $y = x^5$ hat in O einen Wendepunkt, denn es ist $f''(0) = 0$, und $f''(x) = 20\,x^3$ wechselt beim Durchgang durch O das Zeichen, obwohl $f'''(0) = 0$ ist.

3. Die Sätze 1 bis 9 lauten in anschaulicher Form (Fig. 89.2):

a) In Bereichen, in denen die y'-Kurve *oberhalb (unterhalb)* der x-Achse verläuft, *steigt (fällt)* die y-Kurve.

b) In Bereichen, in denen die y''-Kurve *oberhalb (unterhalb)* der x-Achse verläuft, ist die y-Kurve eine *Links*kurve (eine *Rechts*kurve).

c) In Punkten, wo die y'-Kurve die x-Achse trifft, hat die y-Kurve waagrechte Tangenten.

d) In Punkten, wo die y''-Kurve *oberhalb* (*unterhalb*) der x-Achse verläuft und die y'-Kurve die x-Achse trifft, hat die y-Kurve *Tiefpunkte* (*Hochpunkte*).

e) In Punkten, wo die y''-Kurve die x-Achse durchsetzt, hat die y-Kurve Wendepunkte.

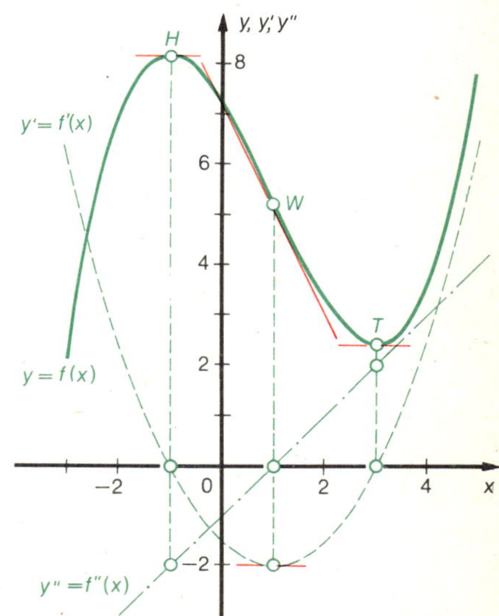

89.2. Kurve mit der Gleichung $y = f(x)$ und ihre 2 ersten Ableitungskurven

Beispiel für Links- und Rechtskurve, Hoch-, Tief- und Wendepunkte. (Vgl. Fig. 89.2.)
$y = \frac{1}{6}x^3 - \frac{1}{2}x^2 - \frac{3}{2}x + 7$; $y' = \frac{1}{2}x^2 - x - \frac{3}{2}$; $y'' = x - 1$ und $y''' = 1$
Für $x > 1$ ist $y'' > 0$: Linkskurve. Für $x < 1$ ist $y'' < 0$: Rechtskurve.
Für $x = 1$ ist $y'' = 0$, $y''' = 1$, $y' = -2$: Wendepunkt mit Tangentensteigung -2.
Für $x = 3$ ist $y' = 0$ und $y'' = 2$: Tiefpunkt.
Für $x = -1$ ist $y' = 0$ und $y'' = -2$: Hochpunkt.

Aufgaben

6. Zeige, daß die in Fig. 87.1 und 2 veranschaulichte Definition der Links- und Rechtskurve auch für fallende Kurven gilt.
7. Zeichne die Graphen für folgende Funktionen: $y = f(x)$, $y = f'(x)$, $y = f''(x)$. Verdeutliche dabei die Sätze 1 bis 9 (Einheit 2 cm):
   a) $y = 3 + x - \frac{1}{3}x^3$ b) $y = \frac{1}{12}x^4 - \frac{1}{3}x^3 + \frac{1}{2}$
8. In welchen Bereichen sind die folgenden Kurven Linkskurven oder Rechtskurven?
   a) $y = x^2 - 4x$ b) $y = x^4 - 6x^2$ c) $y = x^3 + 6x^2$
9. Bestimme die Hoch- und Tiefpunkte folgender Kurven:
   a) $y = x^2 - 5x + 4$ b) $y = x^4 - 4x^2$ c) $y = x^3 + 3x^2 + 4$
10. Bestimme die Wendepunkte und die Steigungen der „Wendetangenten" bei:
   a) $y = x^2 - \frac{1}{3}x^3$ b) $y = \frac{1}{4}x^2(x^2 - 12)$ c) $y = 2 + \frac{1}{2}x^3$
11. Zeichne die Kurven m. d. Gl. $y = f(x)$ und $y'' = f''(x)$
   a) für $y = \frac{1}{8}x^4$ und zeige, daß y'' bei $x = 0$ das Zeichen nicht wechselt, daß daher O kein Wendepunkt ist, obwohl dort $y'' = 0$ ist (vgl. Bemerkung 1 und 2),
   b) für $y = \frac{1}{10}x^5$ und zeige ebenso, daß O Wendepunkt ist, obwohl $y''' = 0$ ist.
   c) Dasselbe für $y = \frac{1}{60}x^5 + x$ (vgl. S 10).

22 Ergänzungen zur Untersuchung von Funktionen und Kurven

Tangenten und Normalen

S 1 **Die Gleichung der Tangente im Punkt $P_1(x_1 | y_1)$ der Kurve mit der Gleichung $y = f(x)$ lautet**

$$y - y_1 = f'(x_1) \cdot (x - x_1).$$

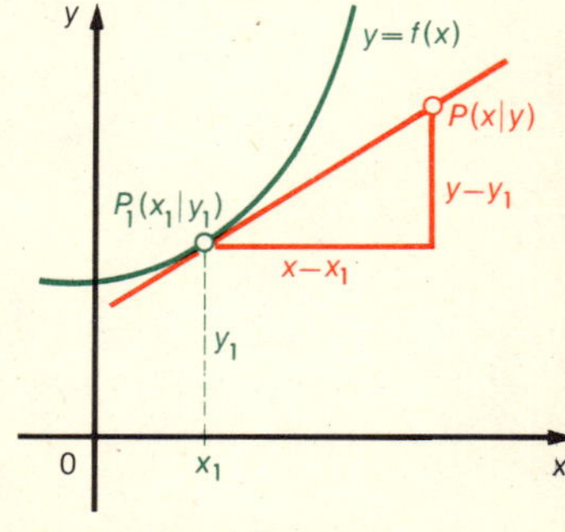

90.1. **Kurve und Tangente**

Beweis: (Fig. 90.1). Ist $P(x | y)$ ein beliebiger Tangentenpunkt, so ist die Steigung von PP_1 einerseits $m = \frac{y - y_1}{x - x_1}$, andererseits $m = f'(x_1)$. Darum folgt die Tangentengleichung für alle x_1, für die $f(x)$ differenzierbar ist.

Beispiel (Fig. 86.1): In $P_0(4 | 5)$ ist $f'(4) = 2$. Die Gleichung der Tangente in P_0 lautet daher $y - 5 = 2(x - 4)$ oder $y = 2x - 3$.

Aufgaben

1. Zeige: Die **Gleichung der Normale**[1] (Fig. 91.1) im Punkt $P_1(x_1 \mid y_1)$ der Kurve mit der Gleichung

S 2 $y = f(x)$ lautet $\boldsymbol{y - y_1 = -\frac{1}{f'(x_1)} \cdot (x - x_1)}$, $(f'(x_1) \neq 0)$

2. Stelle die Gleichung der Tangente und der Normale auf:

a) $y = \frac{1}{2}x^2;\ x_1 = 2$ b) $y = 2x - x^2;\ x_1 = -1$

c) $y = 3x - x^3;\ x_1 = 0$ d) $y = 2x - x^2,\ x_1 = 1$

Wo trifft die Kurve die Normale zum zweiten Mal?

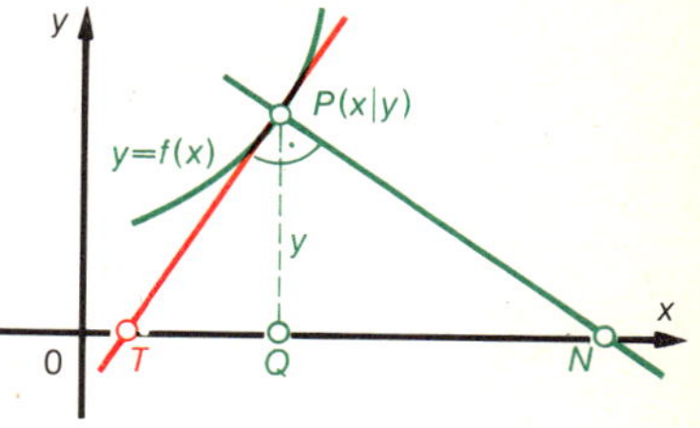

91.1. Tangente und Normale

Symmetrie von Kurven bezüglich O, x-Achse, y-Achse, Winkelhalbierende

8. Begründe die folgenden Sätze a) bis e) über Kurvensymmetrie:

	Eine Kurve ist symmetrisch bzgl.	*wenn ihre Gleichung außer durch $(x_0 \mid y_0)$ erfüllt wird*	*Beispiel*
a)	der x-Achse	durch $(x_0 \mid -y_0)$	$y^2 = x$
b)	der y-Achse	durch $(-x_0 \mid y_0)$	$y = x^2 - 4$
c)	des Ursprungs	durch $(-x_0 \mid -y_0)$	$y = x^3$
d)	$y = x$	durch $(y_0 \mid x_0)$	$y = \frac{1}{x-1} + 1$
e)	$y = -x$	durch $(-y_0 \mid -x_0)$	$y = x - 1$

Achte im folgenden stets auf solche Symmetrien. Es ist aber nur möglich, die Symmetrie bezüglich O, der Koordinatenachsen und der Winkelhalbierenden auf diese Weise festzustellen.

9. Welche Symmetrie liegt vor, wenn a) $f(-x) = f(x)$, b) $f(-x) = -f(x)$ ist? [Beispiel zu a): $y = x^2$, zu b): $y = x^3$]

10. Zeige: Kommt in einer ganzen rationalen Funktion x nur in *gerader* Potenz vor, so ist ihr Graph *symmetrisch bzgl. der y-Achse*. Kommt x nur in *ungerader* Potenz vor, so ist ihr Graph *symmetrisch bzgl. des Ursprungs.*

D 3 Eine Funktion, deren Graph symmetrisch bzgl. der y-Achse ist, heißt eine *gerade* Funktion. Ist der Graph symmetrisch bzgl. O, so hat man eine *ungerade* Funktion.

Untersuche und zeichne die Kurven in Aufg. 11 bis 16 (Symmetrie, Schnittpunkte mit den Achsen samt Steigung, Hoch- und Tiefpunkte, Wendepunkte samt Steigung der Wendetangenten). Vgl. das folgende Beispiel.

Beispiel: Untersuche die Kurve m. d. Gl. $y = \frac{1}{12}x^4 - \frac{1}{6}x^3 - x^2 = \frac{1}{12}x^2(x^2 - 2x - 12)$

1. *Ableitungen:* $y' = \frac{1}{3}x^3 - \frac{1}{2}x^2 - 2x = \frac{1}{6}x(2x^2 - 3x - 12)$; $y'' = x^2 - x - 2$

2. *Symmetrie:* Ist nicht erkennbar.

---

[1] normalis (lat.), rechtwinklig (zur Tangente)

3. *Schnittpunkte* mit der x-Achse (Nullstellen): $y = 0$ führt auf:

a) $x^2 = 0$	also $x_1 = 0$; $y_1' = 0$; $y_1'' = -2$; Hochpunkt
b) $x^2 - 2x - 12 = 0$	also $x_2 = 4{,}61$; $y_2' = 12{,}75$
oder $x = 1 \pm \sqrt{13}$	$x_3 = -2{,}61$; $y_3' = -4{,}08$

4. *Waagrechte Tangenten:* $y' = 0$ führt auf:

a) $x = 0$	also $x_1 = 0$ (vgl. 3 a)
b) $2x^2 - 3x - 12 = 0$	also $x_4 = 3{,}31$; $y_4 = -6{,}97$; $y_4'' > 0$; Tiefpunkt
oder $x = \frac{3 \pm \sqrt{105}}{4}$	$x_5 = -1{,}81$; $y_5 = -1{,}39$; $y_5'' > 0$; Tiefpunkt

5. *Wendepunkte:* $y'' = 0$ führt auf:

$x^2 - x - 2 = 0$	also $x_6 = 2$; $y_6 = -4$; $y_6' = -3\frac{1}{3}$; $y_6''' > 0$
oder $x = \frac{1 \pm 3}{2}$	$x_7 = -1$; $y_7 = -\frac{3}{4}$; $y_7' = 1\frac{1}{6}$; $y_7''' < 0$

6. *Wertetafel:* x	1	3	4	5	-2	-3
y	$-1\frac{1}{12}$	$-6\frac{3}{4}$	$-5\frac{1}{3}$	$6\frac{1}{4}$	$-1\frac{1}{3}$	$2\frac{1}{4}$

7. *Schaubild:* Zeichne mit der Einheit 1 cm.

11. a) $y = \frac{1}{3}x^3 - 3x$ b) $y = 4 - \frac{1}{6}x^3$ c) $y = \frac{1}{10}x^3 + \frac{1}{2}x$

12. a) $y = \frac{1}{2}x^2 - \frac{1}{8}x^3$ b) $y = \frac{1}{2}x^3 - 4x^2 + 8x$ c) $y = \frac{3}{2}x^2 - \frac{1}{16}x^4$

13. a) $y = \frac{1}{4}x^4 + x^3$ b) $y = 2 - \frac{5}{2}x^2 + x^4$ c) $y = \frac{1}{8}x^4 - \frac{3}{4}x^3 + \frac{3}{2}x^2$

14. a) $y = 3x^3 - \frac{4}{5}x^5$ b) $y = 2x - \frac{1}{10}x^5$ c) $y = \frac{1}{10}x^5 - \frac{4}{3}x^3 + 6x$

▸**15.** a) $y = (x-1)(x+2)^2$ b) $y = \frac{1}{6}(1+x)^3(3-x)$
c) $y = \frac{1}{8}(x^2-1)(x^2-9)$ d) $y = \frac{1}{4}(1+x^2)(5-x^2)$ } *Anleitung:* Beachte § 18, S 11 und 14.

▸**16.** a) $y = (x^2-1)^2$ b) $y = (x^3-1)^2$ c) $y = (x^2-1)^3$

17. Wie viele Hoch- und Tiefpunkte bzw. Wendepunkte können die folgenden Parabeln höchstens haben? $(a \neq 0)$

a) $y = ax^2 + bx + c$ b) $y = ax^3 + bx^2 + cx + d$
c) $y = ax^4 + bx^3 + cx^2 + dx + e$

18. Welche Beziehung muß zwischen b und c bestehen, damit die Parabel 3. Grades mit der Gleichung $y = x^3 + bx^2 + cx + d$ a) einen Hoch- und einen Tiefpunkt, b) einen Wendepunkt mit waagrechter Tangente, c) keines von beiden besitzt?

▸**19.** Beweise: Jede Parabel 3. Ordnung m. d. Gl. $y = ax^3 + bx^2 + cx + d$ hat einen Wendepunkt und ist punktsymmetrisch bzgl. des Wendepunktes.

Anleitung: Führe diejenige Parallelverschiebung des Koordinatensystems durch, die den Ursprung in den Wendepunkt überführt. Zeige, daß die Kurvengleichung dann in $y = ax^3 + ex$ übergeht. Anderer Weg: Vgl. Aufg. 37.

Aufstellen von Funktionsgleichungen

Stelle in Aufg. 20 bis 37 die Gleichung der gesuchten Parabeln auf, untersuche und zeichne sie.

20. Eine Parabel 3. Ordnung mit der Gleichung $y = ax^3 + bx^2 + cx + d$ berührt in O die x-Achse. Die Tangente in $P(-3 \mid 0)$ ist parallel zu der Gerade $y = 6x$.

21. Eine Parabel 3. Ordnung hat in $P(1 \mid 4)$ eine waagrechte Tangente und in $Q(0 \mid 2)$ ihren Wendepunkt.

22. Eine Parabel 3. Ordnung durch $P(0 \mid -5)$ und $Q(1 \mid 0)$ berührt die x-Achse in $R(5 \mid 0)$.

23. Eine Parabel 3. Ordnung geht durch O und hat ihren Wendepunkt in $P(1 \mid -2)$. Die Wendetangente schneidet die x-Achse in $Q(2 \mid 0)$.

24. Eine Parabel 3. Ordnung hat dieselben Achsenschnittpunkte wie $y = 2x - \frac{1}{2}x^3$. Beide Parabeln stehen in O senkrecht aufeinander.

25. Eine bzgl. der y-Achse symmetrische Parabel 4. Ordnung hat in $P(2 \mid 0)$ eine Wendetangente mit der Steigung $-\frac{4}{3}$.

26. Eine bzgl. der y-Achse symmetrische Parabel 4. Ordnung geht durch $P(0 \mid -4)$ und hat in $Q(-4 \mid 0)$ eine waagrechte Tangente.

27. Eine Parabel 4. Ordnung hat im Wendepunkt O und für $x = 6$ waagrechte Tangenten. Sie schneidet die x-Achse ein zweites Mal mit der Steigung -8.

28. Eine Parabel 4. Ordnung hat in O eine waagrechte Tangente und in $P(-2 \mid 2)$ einen Wendepunkt mit waagrechter Tangente.

29. Eine bzgl. O punktsymmetrische Parabel 5. Ordnung hat in O die Tangente $y = 7x$ und in $P(1 \mid 0)$ einen Wendepunkt.

30. Eine bzgl. O punktsymmetrische Parabel 5. Ordnung hat in $P(-1 \mid 1)$ eine Wendetangente mit der Steigung 3.

▸ **31.** a) Welche Beziehung besteht zwischen b und c in $y = x^4 + bx^3 + cx^2$, wenn die Parabel nur *einen* Punkt mit $y'' = 0$ hat? b) Zeige: Hier ist die Tangente nicht waagrecht.

32. Zeige: Die Parabel $y = ax^5 - bx^3 + cx$, $(a, b, c > 0)$, besitzt 3 Wendepunkte, die auf einer Ursprungsgerade liegen.

33. Welche Bedingung, müssen a, b, c erfüllen, damit die Parabel $y = ax^3 + bx^2 + cx + d$ a) in keinem Punkt, b) in *einem* Punkt, c) in zwei Punkten eine waagrechte Tangente besitzt? Warum spielt der Koeffizient d dabei keine Rolle?

34. Welche Bedingungen müssen a, b, c erfüllen, damit die Parabel mit der Gleichung a) $y = ax^3 + bx + c$ die x-Achse berührt?

▸ **35.** Kann man $a, b > 0$ in $y = ax^3 - bx$ so wählen, daß die x-Werte des Hoch- und Tiefpunkts der zugehörigen Kurve in der Mitte zwischen 2 Nullstellen liegen?

36. Zeige: Bei der Parabel mit der Gleichung $y = ax^4 - bx^2$, $(a, b > 0)$, hängt das Verhältnis der y-Werte von Tief- und Wendepunkten nicht von a und b ab.

37. Löse Aufg. 19 auch so: Welche Form muß die Gleichung $y = ax^3 + bx^2 + cx + d$ haben, damit ihr Graph in O einen Wendepunkt hat? Zeige, daß die Forderung erfüllbar ist, und daß man aus der betreffenden Gleichungsform die Symmetrie bzgl. des (Wende-)Punktes O ohne weiteres ablesen kann.

23 Extremwerte mit Nebenbedingungen. Anwendungen

❶ Ein Rechteck hat den Umfang 10 cm; die Maßzahl einer Seite sei x; die Maßzahl des Flächeninhalts sei A. Gib die Funktion $x \to A$ durch eine Gleichung an. In welchem Bereich ist A definiert? Für welches x ist A am größten (am kleinsten)? Wie groß ist dieses Maximum (Minimum) von A? Zeichne Graphen im x, A-Achsenkreuz.

Zahlreiche Probleme der Mathematik und ihrer Anwendungen führen auf Fragen nach größten und kleinsten Werten (Extremwerten) von Funktionen. Soweit es sich dabei um differenzierbare Funktionen handelt, geben die Sätze über Hoch- und Tiefpunkte in § 21 unmittelbar die Möglichkeit, solche Aufgaben zu lösen. Insbesondere verwenden wir dabei den Satz (vgl. S. 88):

S 1 *Ist die Funktion $y = f(x)$ im offenen Intervall $]\,a, b\,[$ zweimal differenzierbar und ist $f'(x_0) = 0$ sowie $f''(x_0) < 0$ ($f''(x_0) > 0$), so hat $f(x)$ an der Stelle $x_0 \in\,]\,a, b\,[$ ein relatives Maximum (Minimum).* Ferner ist bei einem abgeschlossenen Intervall der Satz von Nutzen (vgl. § 13):

S 2 *Eine im abgeschlossenen Intervall $[a, b]$ stetige Funktion hat dort einen größten und kleinsten Wert (ein absolutes Maximum und Minimum).* Diese Werte können auch am Rand des Intervalls $[a, b]$ liegen:

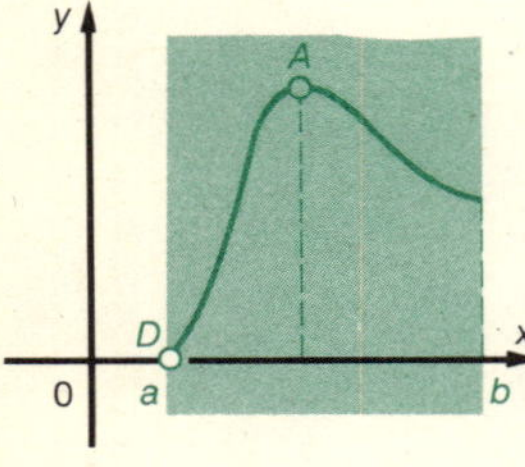

94.1.

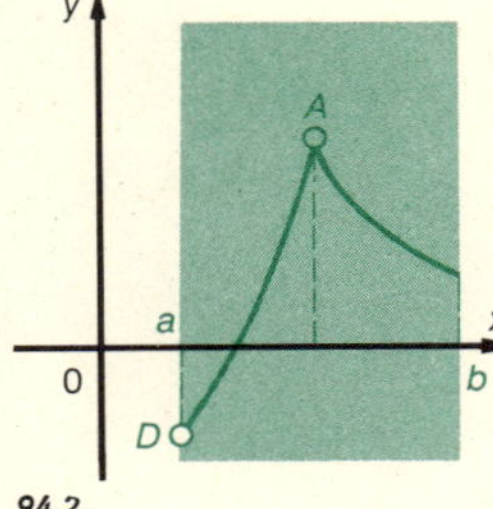

94.2.

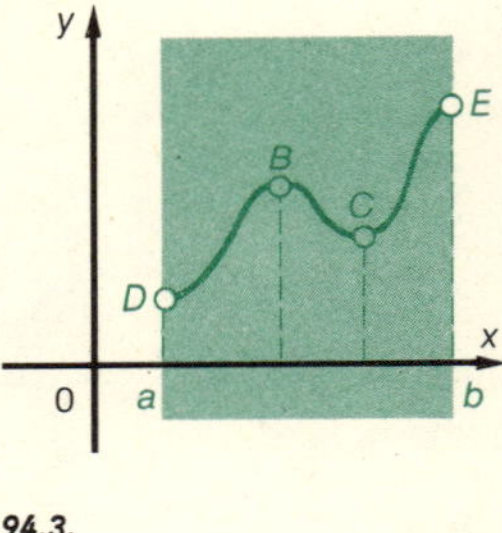

94.3.

D 1 Extremwerte, die auf dem Rand des Definitionsbereichs liegen, heißen **Randextremwerte.** Beispiele (Fig. 94.1 bis 3): Alle Punkte A gehören zu absoluten Maxima; Punkt B gehört zu einem relativen Maximum; C zu einem relativen Minimum; alle Punkte D gehören zu Randminima; E gehört zu einem Randmaximum.

Bemerkungen:

1. Die Hinweise auf notwendige und hinreichende Bedingungen in § 21 (S. 89) sind auch bei den folgenden Extremwertaufgaben zu beachten.

2. Bei einer Funktion, die an der Stelle x_0 zwar nicht differenzierbar, aber stetig ist, fallen die Bedingungen $f'(x_0) = 0$ und $f''(x_0) \gtrless 0$ natürlich weg. Dies ist z. B. bei $y = |x|$ in $x_0 = 0$ der Fall (Fig. 94.4). Hier ergibt sich in $x_0 = 0$ ein Minimum, wie dies ja auch die Figur zeigt.

94.4. $y = |x|$

Beispiel 1: Von einem quadratischen Stück Pappe mit der Seite a werden an den Ecken Quadrate mit der Seite x abgeschnitten. Wie ist x zu wählen, damit der Rest eine Schachtel mit möglichst großem Rauminhalt ergibt? (a und x sind Maßzahlen der Seitenlängen.)

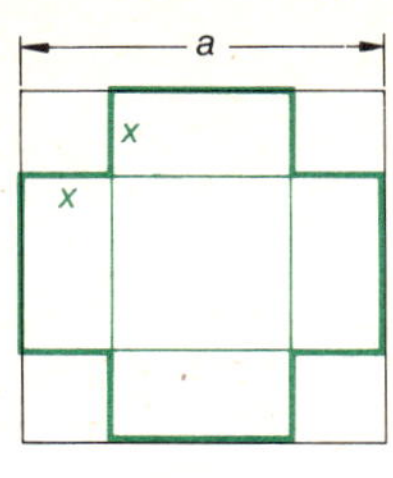

95.1.

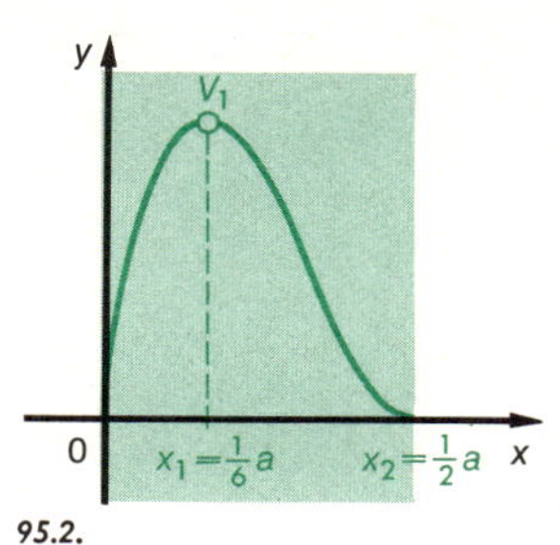

95.2.

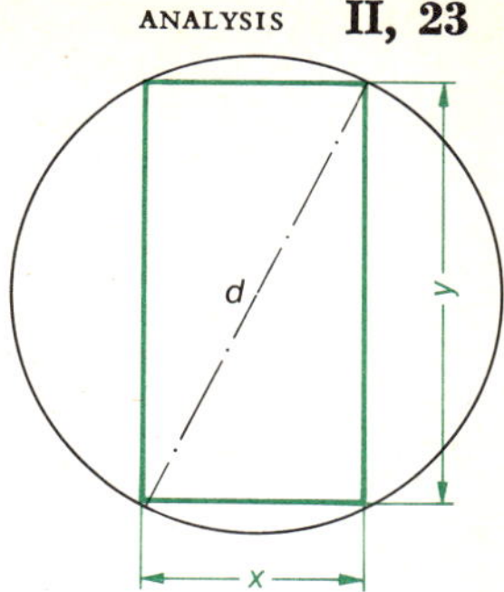

95.3. Balkenquerschnitt

Lösung (Fig. 95.1): Für den Rauminhalt V gilt:

$$V(x) = (a - 2x)^2 \cdot x = 4x^3 - 4ax^2 + a^2 x \qquad (1)$$

Diese Funktion hat nur für $0 < x < \frac{1}{2}a$ Bedeutung (wieso?). $V(x)$ hat für x_1 sicher dann ein strenges relatives Maximum, wenn $V'(x_1) = 0$ und $V''(x_1) < 0$ ist. Man bildet daher

$$V'(x) = 12x^2 - 8ax + a^2 = (6x - a)(2x - a) \qquad (2)$$

$$V''(x) = 24x - 8a = 8(3x - a) \qquad (3)$$

$V'(x) = 0$ ergibt die Bedingung $12x^2 - 8ax + a^2 = 0$

Hieraus kommt: $x_1 = \frac{1}{6}a, \quad V(x_1) = \frac{2a^3}{27}, \quad V''(x_1) = -4a < 0$

$x_2 = \frac{1}{2}a, \quad V(x_2) = 0, \quad V''(x_2) = 4a > 0$

Ergebnis: Für $x_1 = \frac{1}{6}a$ ergibt sich als größter Rauminhalt $V_1 = \frac{2a^3}{27}$.

Der Wert $x_2 = 0{,}5\,a$ hat praktisch keine Bedeutung (siehe oben).

Fig. 95.2 zeigt den Graphen von $V(x) = (a-2x)^2 \cdot x$ für $0 \leqq x \leqq \frac{1}{2}a$. Der linke Randwert ist $x_l = 0$ mit $V_l = 0$, der rechte $x_r = \frac{1}{2}a$ mit $V_r = 0$. Da der Definitionsbereich auf $0 < x < \frac{1}{2}a$ beschränkt ist, sind sie bedeutungslos.

Andere Lösung: Aus (2) folgt: $V'(x) > 0$ für $0 < x < \frac{1}{6}a$, $V'(x) < 0$ für $\frac{1}{6}a < x < \frac{1}{2}a$. Links von $x_1 = \frac{1}{6}a$ ist also $V(x)$ streng steigend, rechts von x_1 streng fallend. $V(x)$ hat daher für $x_1 = \frac{1}{6}a$ ein strenges relatives Maximum.

Beispiel 2: Aus einem zylindrischen Stamm vom Durchmesser d ist ein Balken größter Tragfähigkeit T zu schneiden. T hängt (außer von der gegebenen Länge des Balkens), von den Maßen des rechteckigen Querschnitts ab und ist proportional zur Breite und proportional zum Quadrat der Höhe des Balkenquerschnitts (Fig. 95.3).

Lösung: 1. *Wahl der Variable:* Breite x, Höhe y (Fig. 95.3)

2. *Tragfähigkeit* T des Balkens („*Zielfunktion*"): $T = k \cdot x \cdot y^2$ (1)

3. *Beziehung zwischen x, y und d* („*Nebenbedingung*"): Aus der Menge aller Balken wird die Teilmenge ausgewählt, für die gilt: $y^2 = d^2 - x^2, \quad 0 < x < d$ (2)

4. *Tragfähigkeit* als Funktion $x \to T$: $T(x) = kx(d^2 - x^2) = k(d^2 x - x^3)$ (3)

Diese Funktion hat nur Bedeutung für $0 < x < d$ (warum?)

5. *Berechnung des Maximums von* $T(x)$: $T(x)$ hat an der Stelle x_1 sicher dann ein relatives Maximum, wenn $T'(x_1) = 0$ und $T''(x_1) < 0$ ist. Man bildet daher:

$$T'(x) = k(d^2 - 3x^2) \quad (4) \qquad \text{und} \qquad T''(x) = -6kx \quad (5)$$

$T'(x) = 0$ liefert die Bedingung: $$d^2 - 3x^2 = 0 \quad (6)$$

Hieraus kommt: $$x_1 = \frac{d}{3}\sqrt{3}, \quad y_1 = \frac{d}{3}\sqrt{6}, \quad T(x_1) = \frac{2kd^3}{9}\sqrt{3}, \quad T''(x_1) < 0 \quad (7)$$

Aus (6) erhält man noch den Wert $x_2 = -\frac{d}{2}\sqrt{3}$. Er gehört nicht zum Bereich $0 < x < d$.

Andere Lösung: Aus (4) sieht man, daß $T'(x) < 0$ ist für $d^2 < 3x^2$, und $T'(x) > 0$ für $d^2 > 3x^2$, daß also die Funktion $T(x)$ links von $x_1 = \frac{d}{3}\sqrt{3}$ streng steigt und rechts von x_1 streng fällt, also für x_1 ein Maximum hat.

6. *Ergebnis:* Der Balken mit größter Tragfähigkeit hat die Breite $x_1 = \frac{d}{3}\sqrt{3}$ und die Höhe $y_1 = \frac{d}{3}\sqrt{6}$. Für ihn ist $T_1 = \frac{2}{9}kd^3\sqrt{3}$ und $y_1 : x_1 = \sqrt{2} : 1$.

7. *Figur zum Ergebnis:* In Fig. 96.1 ist $x_1 = \frac{d}{3}\sqrt{3}$ auf Grund der Gleichung $x_1^2 = \frac{d}{3} \cdot d$ nach dem Kathetensatz konstruiert, ferner y_1 nach dem Satz des Pythagoras auf Grund von (2). $ACBD$ ist der Querschnitt des Balkens maximaler Tragfähigkeit.

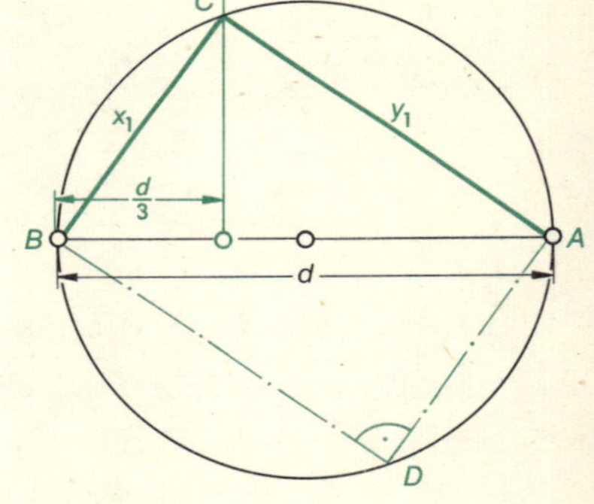

96.1 $x^2 = \frac{d^2}{3}$, $y^2 = d^2 - x^2$

8. *Randwerte:* Betrachtet man $T(x) = kx(d^2 - x^2)$ im Bereich $0 \leqq x \leqq d$, so erhält man die Randwerte $x_l = 0$, $T_l = 0$ und $x_r = d$, $T_r = 0$. Beide Randwerte sind bedeutungslos.

9. *Weiteres Lösungsverfahren:* Entnimmt man aus (2) statt y die Variable x und setzt in (1) ein, so folgt $T(y) = ky^2\sqrt{d^2 - y^2}$. Beachtet man nun, daß mit $T(y)$ auch $Q(y) = [T(y)]^2 = k^2y^4(d^2 - y^2) = k^2(d^2y^4 - y^6)$ ein Maximum an der Stelle y_1 hat, so erhält man hierfür aus $Q'(y) = 0$ die Bedingung $4d^2y^3 - 6y^5 = 0$, also $y_1 = \frac{d}{3}\sqrt{6}$ wie in (7).

Die Werte $y_2 = -\frac{d}{3}\sqrt{6}$ und $y_3 = 0$ haben keine praktische Bedeutung.

Aufgaben (Zeichne in geeigneten Fällen ein Bild der auftretenden Funktion.)

1. Zerlege die Zahl 12 so in zwei Summanden, daß
   a) ihr Produkt möglichst groß, b) die Summe ihrer Quadrate möglichst klein wird.

2. a) Aus einem 120 cm langen Draht ist ein Kantenmodell eines Quaders herzustellen, so daß eine Kante dreimal so lang wie eine andere und der Rauminhalt ein Maximum ist.
   b) Welche quadratische Säule mit der Oberfläche $O = 240\ \text{cm}^2$ hat den größten Rauminhalt? Wie groß ist dieser?

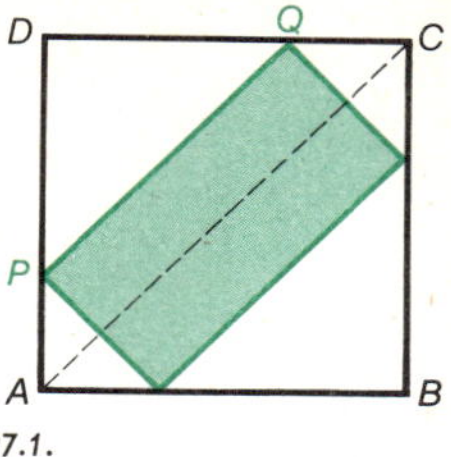

97.1.

3. a) Einem Quadrat mit der Seite $a = 6$ cm ist wie in Fig. 97.1 ein Rechteck einzubeschreiben, das einen möglichst großen Flächeninhalt hat.
b) Wie ist es, wenn man statt des Quadrates eine Raute mit der Seite $a = 6$ cm und dem Winkel $\alpha = 60°$ nimmt?

4. Einem Quadrat mit der Seite $a = 5$ cm ist ein Quadrat kleinsten Inhalts einzubeschreiben, dessen Ecken auf den Seiten des gegebenen Quadrates liegen.

5. Einem gleichseitigen Dreieck mit der Seite $a = 7$ cm ist ein Parallelogramm größten Inhalts einzubeschreiben, das mit dem Dreieck einen Winkel gemeinsam hat.

6. Dem Abschnitt der Parabel m. d. Gl. $y = 6 - \frac{1}{4}x^2$, welcher oberhalb der x-Achse liegt, ist ein Rechteck a) größten Umfangs, b) größten Inhalts einzubeschreiben.

7. Was ergibt sich im Beispiel 1 (S. 94), wenn das Quadrat durch ein Rechteck mit den Seiten $a = 16$ cm (7,5 cm) und $b = 10$ cm (4 cm) ersetzt wird?

8. Welches rechtwinklige Dreieck mit der Hypotenuse $c = 6$ cm erzeugt
a) einen Kegel größten Inhalts, wenn man es um eine Kathete dreht,
b) einen Doppelkegel größten Inhalts, wenn man es um die Hypotenuse dreht? Wie läßt sich b) ohne Rechnung lösen?

9. a) Einem gleichschenkligen Dreieck mit der Grundseite $c = 5{,}6$ cm und der Höhe $h = 3{,}6$ cm ist ein Rechteck größten Inhalts einzubeschreiben.
b) Einem Kegel mit Grundkreishalbmesser $r = 3$ cm und Höhe $h = 5$ cm ist ein Zylinder größten Inhalts einzubeschreiben.
c) Demselben Kegel ist ein Kegel größten Inhalts einzubeschreiben, dessen Spitze im Mittelpunkt der Grundfläche des gegebenen Kegels liegt.

10. Einer Kugel mit Halbmesser $a = 4$ cm ist a) ein Zylinder, b) ein Kegel größten Inhalts einzubeschreiben.

11. Einer senkrechten quadratischen Pyramide mit der Grundkante a und der Höhe h soll ein Quader mit möglichst großem Volumen einbeschrieben werden.

12. Gegeben ist die Gerade mit der Gleichung $y = ax - a^2$ mit $0 < a < 6$.
a) Für welches a schneidet diese Gerade von der Gerade $x = 6$ das größte über der x-Achse liegende Stück ab?
b) Die Gerade begrenzt mit der x-Achse und der Gerade $x = 6$ ein Dreieck. Für welches a hat dieses Dreieck den größten Inhalt?

13. Die beiden durch die Gleichungen $y^2 = 4x$ und $y^2 = -8(x - 8)$ gegebenen Parabeln beranden mit der x-Achse im 1. Feld ein Flächenstück. Diesem Flächenstück ist ein mit einer Seite auf der x-Achse liegendes Rechteck a) größten Umfangs, b) größten Flächeninhalts einzubeschreiben.

14. Lege durch $P(p \mid q)$ eine fallende Gerade, die mit den Koordinatenachsen ein Dreieck kleinsten Inhalts bildet $(p > 0,\ q > 0)$.

7—7369/2[6]

Wende bei Aufgabe 15 bis 17 die Quadrierungsregel an (vgl. Beispiel 2).

15. Welche Punkte der zu den folgenden Funktionen gehörenden Funktionsgraphen haben von O den kleinsten Abstand? Zeichne die Graphen.

a) $y = \sqrt{4 - x}, \quad 0 \leqq x \leqq 4$ b) $y = 4 - \frac{1}{4}x^2; \quad 0 \leqq x \leqq 4$

16. Einem Halbkreis ist ein Trapez so einzubeschreiben, daß die eine Grundseite mit dem Durchmesser zusammenfällt. Bestimme die andere Grundseite so, daß die Trapezfläche ein Maximum wird.

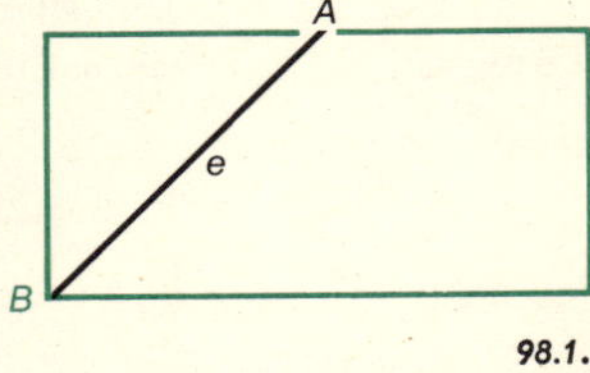

98.1.

17. Kepler hat sich mit folgender Frage beschäftigt: Ein kreiszylinderförmiges Faß besitzt im Mittelpunkt einer Mantellinie das Spundloch A. Der Abstand bis zum entferntesten Punkt B des Grundkreises $e = \overline{AB}$ wird gemessen (Fig. 98.1). Wie muß sich der Grundkreisdurchmesser zur Faßlänge verhalten, damit bei gegebenen e der Rauminhalt den größten Wert annimmt? Berechne den größten Rauminhalt für $e = \sqrt{3}\,\text{m}$.

18. Bestimme das absolute Minimum der Funktion

$$y = x^3 - 6x^2 + 3x + 1 \quad \text{im Bereich} \quad -1 \leqq x \leqq 4.$$

19. Gegeben ist die Parabel mit der Gleichung $y = 4 - ax^2 \quad (a > 0)$.

In das Parabelsegment über der x-Achse soll ein Rechteck größten Umfangs mit einer Seite auf der x-Achse einbeschrieben werden. Berechne die Koordinaten seiner Ecken. Für welchen Wert von a hat dieses Rechteck den Umfang 12?

24 Differentiale

❶ **Der quadratische Querschnitt eines Metallstabes soll 30 mm Seitenlänge haben. Bei der Nachprüfung ergaben sich a) 0,1 mm, b) 0,2 mm, c) 0,3 mm mehr. Um wie viele (ganze) mm² ändert sich dadurch die Querschnittsfläche? Welchen Betrag kann man dabei vernachlässigen?**

❷ **Was ergibt sich in Vorüb. 1, wenn die Quadratseite x um Δx wächst und Δx gegenüber x sehr klein ist?**

Es sei die Funktion $y = f(x)$ in $]a, b[$ differenzierbar; $P(x \mid y)$ sei ein Punkt ihres Graphen (Fig. 98.2). Wächst x um Δx, so wächst y um $\Delta y = f(x + \Delta x) - f(x)$. Bei Anwendungsaufgaben genügt es oft, die Kurve in der Nähe von P durch die Tangente in P zu ersetzen und statt Δy den (meist leichter zu berechnenden) Zuwachs zu nehmen, der sich ergibt, wenn man statt der Kurve ihre Tangente nimmt. Zum Unterschied von Δy nennt man diesen Zuwachs **dy** (Fig. 98.2). Der Übersichtlichkeit und Einheitlichkeit wegen schreibt man in diesem Zusammenhang für $\Delta x \neq 0$ auch **dx**. Auf Grund der geometrischen Bedeutung der Ableitung ist dann (Fig. 98.2):

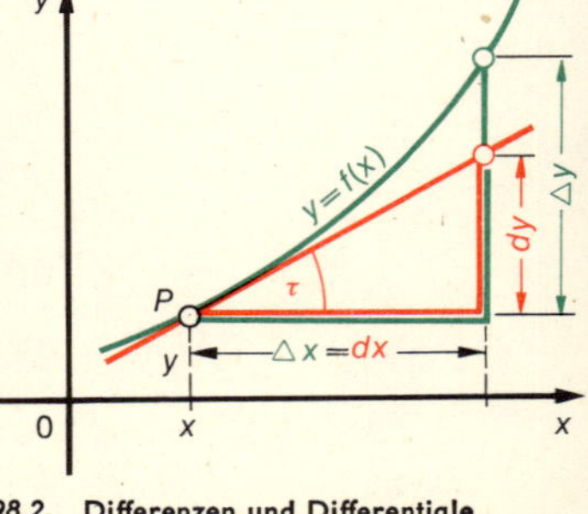

98.2. Differenzen und Differentiale

D 1 $$\frac{dy}{dx} = f'(x) \quad \text{und} \quad dy = f'(x)\,dx, \quad dx = \Delta x \neq 0$$

D 2 Man bezeichnet:

Δx und Δy als **Differenzen**	$\mathrm{d}x$ und $\mathrm{d}y$ als **Differentiale**
$\frac{\Delta y}{\Delta x}$ als **Differenzenquotienten**	$\frac{\mathrm{d}y}{\mathrm{d}x}$ als **Differentialquotienten**

Nach D 1 gilt also: **Der Differentialquotient $\frac{\mathrm{d}y}{\mathrm{d}x}$ einer Funktion $y = f(x)$ ist gleich der Ableitung $f'(x)$.**

Aus Fig. 98.2 und D 1 folgt:

S 1 **Für relativ kleines $\Delta x = \mathrm{d}x$ ist $f(x + \Delta x) - f(x) \approx f'(x) \cdot \Delta x$** oder kurz **$\Delta y \approx \mathrm{d}y$.**

Rechnerische Begründung: Schreibt man h statt Δx so gilt (vgl. auch Fig. 98.2):

$$\frac{f(x+h) - f(x)}{h} = f'(x) + \varepsilon(h), \quad \text{wo } \lim_{h \to 0} \varepsilon(h) = 0 \text{ ist, also}$$

$\Delta y = f(x + h) - f(x) = f'(x) \cdot h + h \cdot \varepsilon(h)$. Hält man hierin x fest und vernachlässigt für kleines h den Summanden $h \cdot \varepsilon(h)$, so folgt S 1.

Beispiel 1: Für $y = x^2$ ist $\frac{\mathrm{d}y}{\mathrm{d}x} = 2x$, also $\mathrm{d}y = 2x \cdot \mathrm{d}x$;
ferner ist $\Delta y = (x + \Delta x)^2 - x^2 = 2x \cdot \Delta x + (\Delta x)^2$.
Setzt man $x = 25$ und $\Delta x = \mathrm{d}x = 0{,}1$,
so ergibt sich $\mathrm{d}y = 50 \cdot 0{,}1 = 5{,}00$ und $\Delta y = 50 \cdot 0{,}1 + 0{,}1^2 = 5{,}01$.

Bemerkungen:

1. $\frac{\Delta y}{\Delta x}$ gibt die Sekantensteigung an, $\frac{\mathrm{d}y}{\mathrm{d}x}$ die Tangentensteigung.

2. Bei nicht-linearen Funktionen ist im allgemeinen $\Delta y \neq \mathrm{d}y$.

3. $\mathrm{d}y$ hängt ab von der in Rede stehenden Funktion f, der gewählten Stelle x und von $\mathrm{d}x$. Bei einer bestimmten Funktion hängt $\mathrm{d}y$ nur von x und $\mathrm{d}x$ ab. Bei festem f und x ist $\mathrm{d}y = f'(x)\,\mathrm{d}x$ eine lineare Funktion von $\mathrm{d}x$. Dem entspricht, daß man die Kurve durch die Tangente ersetzt. Man kann noch sagen: $\mathrm{d}y$ ist proportional zu $\mathrm{d}x$.

4. $\mathrm{d}x$ kann in D 1 jeden Wert ungleich Null annehmen, braucht also nicht sehr klein zu sein. Dies gilt auch für $\mathrm{d}y$, doch ist $\mathrm{d}y = 0$, falls $f'(x) = 0$ ist.

5. Die Schreibweisen y', $f'(x)$ und $\frac{\mathrm{d}y}{\mathrm{d}x}$ werden gleichberechtigt nebeneinander verwendet.

6. Die Schreibweise $\frac{\mathrm{d}y}{\mathrm{d}x}$ rührt von Leibniz her. Sie hat u. a. den Vorzug, daß man *beide Variable* erkennt, insbesondere diejenige, nach der abgeleitet wird.

7. Als besonders zweckmäßig erweisen sich die Leibnizschen Symbole $\mathrm{d}x$ und $\mathrm{d}y$ in der *Fehlerrechnung* und in der *Integralrechnung* (§ 25).

8. Statt $\frac{\mathrm{d}y}{\mathrm{d}x}$ schreibt man oft $\frac{\mathrm{d}f(x)}{\mathrm{d}x}$. So ist z. B. $\frac{\mathrm{d}(x^3)}{\mathrm{d}x} = 3x^2$ und $\mathrm{d}(x^3) = 3x^2\,\mathrm{d}x$.

9. Die Bezeichnung „*Differential*" hat der ganzen „*Differentialrechnung*" den Namen gegeben. Ebenso wird, wie wir wissen, das Wort „*differenzieren*" ganz allgemein für „*ableiten*" gebraucht.

Aufgaben

1. Bilde den Differentialquotienten $\frac{dy}{dx}$ bei den folgenden Funktionen:
a) $y = x^3$ b) $y = -0{,}8\,x^5$ c) $y = a\,x^n$ d) $y = -x$ e) $y = -2$

2. Schreibe den Differentialquotienten für folgende Funktionen an (g, m sind konstant):
a) $s = 4\,t$ b) $s = \frac{1}{2}g\,t^2$ c) $F = \pi\,r^2$ d) $V = \frac{4}{3}\pi\,r^3$ e) $E = \frac{1}{2}m\,v^2$

3. Bilde die Differentiale dy, ds, dv folgender Funktionen (c und g sind konstant):
a) $y = 0{,}5\,x^4$ b) $s = c\,t$ c) $s = c\,t - \frac{1}{2}g\,t^2$ d) $v =$ const

4. Berechne folgende Differentiale: a) $d(x^5)$, b) $d(1+x^2)$, c) $d(5\,t)$, d) $d(1-u)$, e) $d(0{,}5\,v^2)$

7. Berechne dy und Δy bei $y = \frac{1}{4}x^2$ $(y = \frac{1}{3}x^3)$ für:
a) $x = 2;\ \Delta x = dx = 0{,}5$ b) $x = -8;\ \Delta x = 1$ c) $x = 100;\ \Delta x = -4$

8. Bestimme dy und Δy bei a) $y = m\,x + b$, b) $y = c$, wenn $\Delta x = dx$ beliebig ist. Verdeutliche das Ergebnis am Schaubild im Achsenkreuz (m und c sind konstant).

25 Flächeninhalt und bestimmtes Integral

Wir haben uns bisher mit einem ersten Hauptteil der „Analysis", der **Differentialrechnung,** beschäftigt. Mit Hilfe des Grenzwertbegriffs führte sie bei einer Reihe von Funktionen zum Begriff der **Ableitung.** Dieser Begriff war dann der Schlüssel zur Lösung zahlreicher Aufgaben aus verschiedenen Gebieten (Tangentensteigung, Kurvenverlauf, Geschwindigkeit, Beschleunigung, Extremwerte). Ein zweiter Hauptteil der Analysis trägt den Namen **Integralrechnung.** Als eine der wichtigsten Aufgaben wird sich dabei das **Flächenproblem** erweisen, d.h. die Aufgabe, den Inhalt eines beliebigen ebenen Flächenstücks zu definieren und zu berechnen. Diese Aufgabe wird zu einem neuen Grundbegriff, dem **bestimmten Integral** führen. Mit seiner Hilfe lassen sich dann wieder zahlreiche andere Aufgaben lösen, so z.B. die Berechnung von Rauminhalten, Bogenlängen, Oberflächen, Schwerpunkten, usw.
Diese beiden Aufgabengruppen scheinen auf den ersten Blick wenig miteinander zusammenzuhängen. Wir werden aber bald zeigen können, daß sie überraschenderweise doch eng miteinander verknüpft sind (§ 26).

1 Bei welchen Figuren wurde im bisherigen Mathematikunterricht der Flächeninhalt berechnet?

2 Wie kann man näherungsweise den Inhalt des in Fig. 100.1 gefärbten Flächenstücks bestimmen?

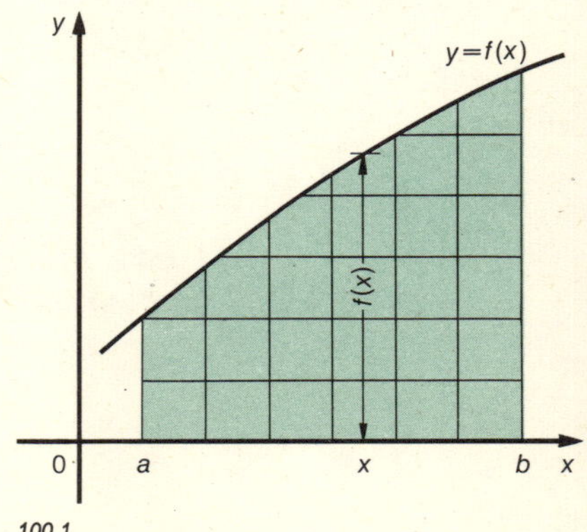

100.1.

Bei der Berechnung von Flächeninhalten beschränken wir uns zunächst auf Flächenstücke, die im 1. Feld liegen und begrenzt sind von dem Graphen einer *monotonen stetigen Funktion* $x \to f(x)$, von der x-Achse und den Parallelen $x = a$ und $x = b$ zur y-Achse. Ein solches Flächenstück (Fig. 100.1) ist gebildet durch die Punktmenge

$$\{(x, y) \mid a \leqq x \leqq b,\quad 0 \leqq y \leqq f(x)\}.$$

101.1.

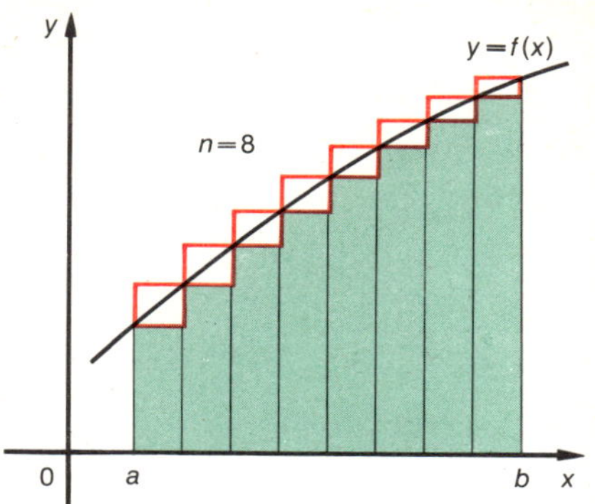

101.2.

Um die Maßzahl seines Inhalts zu definieren, teilen wir das Intervall $[a, b]$ in n gleiche Teile von der Größe $h = (b - a) : n$ und bilden wie in Fig. 101.1 *eine innere und eine äußere Treppenfläche.* Die Maßzahlen dieser 2 Flächen bezeichnen wir als **Untersumme** $\boldsymbol{U_n}$ und **Ober-**
D 1 **summe** $\boldsymbol{O_n}$. Vergrößert man die Streifenzahl n (Fig. 101.2) und streben dabei U_n und O_n für n gegen unendlich gegen denselben **Grenzwert,** so bezeichnen wir diesen $\boldsymbol{[I]_a^b}$ und nehmen ihn als **Maßzahl für den Inhalt** des Flächenstücks, das von den Linien mit den Gleichungen $y = 0$, $x = a$, $x = b$, $y = f(x)$ begrenzt wird.

Wir führen diesen Gedankengang zunächst an 2 Beispielen durch.

Beispiel 1 (Fig. 101.3) ist sehr einfach, der Flächeninhalt ist uns bekannt. Hier ist $f(x) = x$, $a = 0$, $b > 0$, $h = b : n$. Als Maßzahl des Dreiecksinhaltes erwarten wir $[I]_a^b = \frac{1}{2} b^2$.

$$\text{Es ist } O_n = h \cdot [h + 2h + 3h + \cdots + nh] = h^2 [1 + 2 + 3 + \cdots + n] =$$
$$= h^2 \cdot \frac{n(n+1)}{2} = \frac{b^2 \cdot n(n+1)}{n^2 \cdot 2} = \frac{1}{2} b^2 \left(1 + \frac{1}{n}\right)$$

$$U_n = h[h + 2h + 3h + \cdots + (n-1)h] = h^2 [1 + 2 + 3 + \cdots + (n-1)] =$$
$$= h^2 \frac{(n-1)n}{2} = \frac{b^2 (n-1) n}{n^2 \cdot 2} = \frac{1}{2} b^2 \left(1 - \frac{1}{n}\right)$$

Man sieht: $\lim\limits_{n \to \infty} O_n = \lim\limits_{n \to \infty} U_n = \frac{1}{2} b^2$. In Fig. 101.3 ist $[I]_0^3 = \frac{1}{2} \cdot 3^2 = 4\frac{1}{2}$.

Bemerkung: Die Folge der O_n ist fallend, die Folge der U_n steigend, und es ist $U_n \leqq O_n$. Ferner strebt $O_n - U_n = \frac{b^2}{n}$ gegen 0 für n gegen ∞; die Folge der Zahlenpaare (U_n, O_n) ist also eine Intervallschachtelung. $O_n - U_n$ wird dargestellt durch die Summe der rot umrandeten Quadrate in Fig. 101.3, also durch den längsten Streifen, der zu O_n gehört.

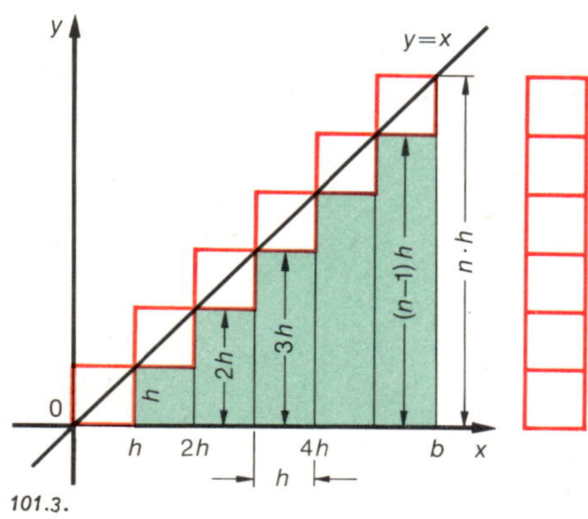

101.3.

Beispiel 2 (Fig. 102.1):

Es ist $y = x^2,\ a = 0,\ h = \frac{b}{n}$, also

$$O_n = h \cdot [h^2 + (2\,h)^2 + (3\,h)^2 + \cdots + (n \cdot h)^2] =$$
$$= h^3 \cdot (1^2 + 2^2 + 3^2 + \cdots + n^2)$$

Nach Aufg. 6 von S. 24 ist

$$1^2 + 2^2 + 3^2 + \cdots + n^2 = \tfrac{1}{6}\,n\,(n+1)\,(2\,n+1), \quad \text{also}$$

$$O_n = \frac{1}{6}\,h^3 \cdot n\,(n+1)\,(2\,n+1) =$$
$$= \frac{1}{6}\,b^3 \cdot \frac{n\,(n+1)\,(2\,n+1)}{n \cdot n \cdot n} = \frac{1}{6}\,b^3 \left(1 + \frac{1}{n}\right)\left(2 + \frac{1}{n}\right),$$

$$U_n = \frac{1}{6}\,h^3 \cdot (n-1)\,n\,(2\,n-1) \quad \text{mit} \quad h^3 = (b:n)^3$$

$$U_n = \frac{1}{6}\,b^3\,\frac{(n-1)\,n\,(2\,n-1)}{n \cdot n \cdot n} = \frac{1}{6}\,b^3\left(1 - \frac{1}{n}\right)\left(2 - \frac{1}{n}\right).$$

Man sieht: $\lim\limits_{n\to\infty} O_n = \lim\limits_{n\to\infty} U_n = \frac{1}{3}\,b^3$. In Fig. 102.1 ist $[I]_0^2 = \frac{8}{3} = 2\frac{2}{3}$.

Auch hier bilden die Zahlenpaare (U_n, O_n) eine Intervallschachtelung (vgl. Aufg. 1).

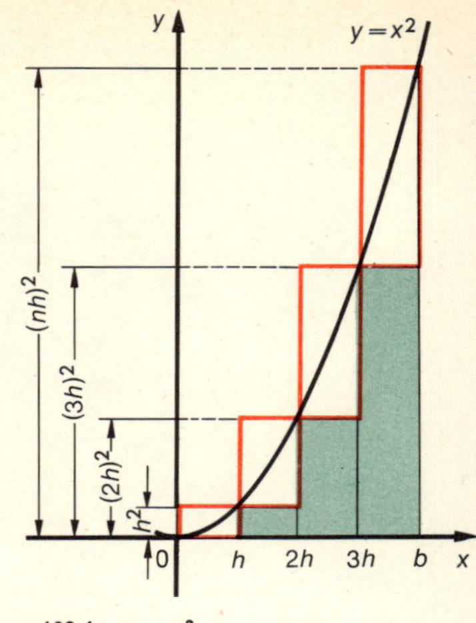

102.1. $y = x^2$

Aufgaben

1. Weise nach, daß die Folge der Zahlenpaare (U_n, O_n) in Beispiel 2 eine Intervallschachtelung bilden. Gib insbesondere das geometrische Bild von $O_n - U_n$ an.

2. Ersetze $y = x^2$ in Beispiel 2 durch $y = x^3$, Zeichne ein entsprechendes Bild, drücke O_n und U_n durch eine Summenformel aus und zeige mittels Beispiel 2 von § 6: $\lim\limits_{n\to\infty} O_n = \lim\limits_{n\to\infty} U_n = [I]_0^b = \frac{1}{4}\,b^4$. Verdeutliche auch $O_n - U_n$ am Bild.

▸ 3. a) Schreibe die Formel $(p-1)^5 = p^5 - 5\,p^4 + 10\,p^3 - 10\,p^2 + 5\,p - 1$ für $p \in \{1, 2, 3, \ldots, n\}$ an, addiere die n Gleichungen und leite so den Satz her:

$$1^4 + 2^4 + 3^4 + \cdots + n^4 = \frac{n}{30}\,(n+1)\,(2\,n+1)\,(3\,n^2 + 3\,n - 1)$$

b) Ersetze $y = x^2$ in Beispiel 2 durch $y = x^4$ und zeige mittels a):

$$\lim_{n\to\infty} O_n = \lim_{n\to\infty} U_n = [I]_0^b = \tfrac{1}{5}\,b^5$$

4. Zeige: In Fig. 102.2 a) bis d) ist der Inhalt $[I]_a^b$ gleich

a) $\frac{b^2}{2} - \frac{a^2}{2}$ bei $y = x$ b) $\frac{b^3}{3} - \frac{a^3}{3}$ bei $y = x^2$

c) $\frac{b^4}{4} - \frac{a^4}{4}$ bei $y = x^3$ d) $\frac{b^5}{5} - \frac{a^5}{5}$ bei $y = x^4$

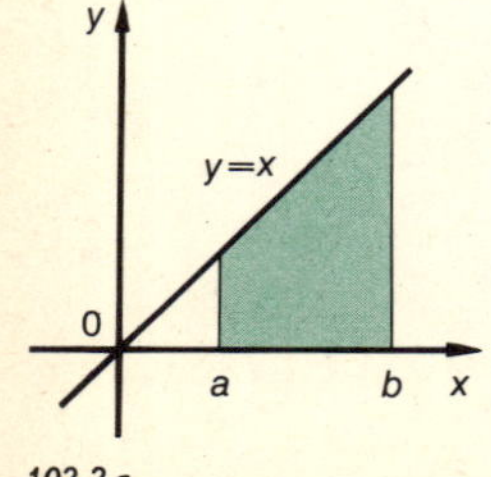

102.2 a

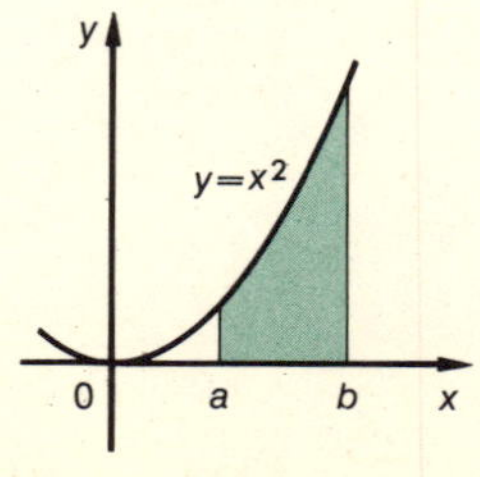

102.2 b

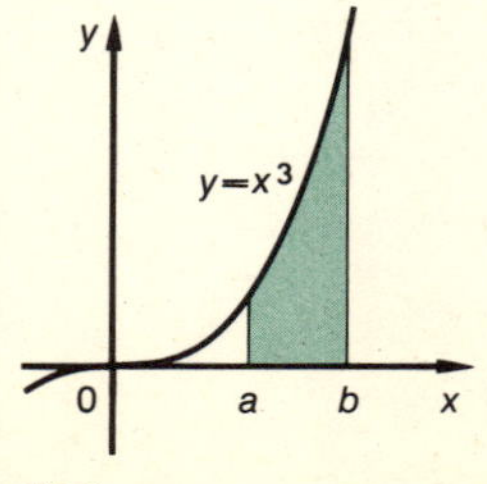

102.2 c

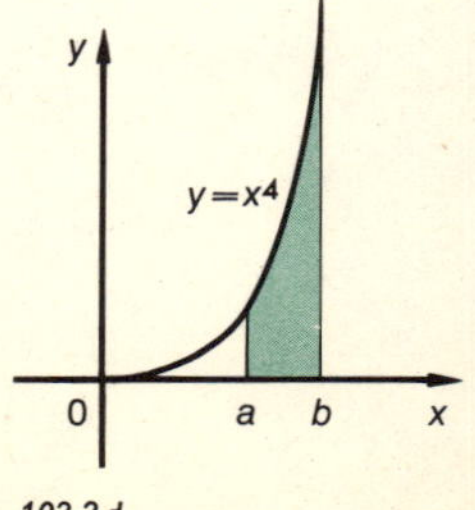

102.2 d

D 2 Man schreibt kurz:

a) $\frac{b^2}{2} - \frac{a^2}{2} = \left[\frac{x^2}{2}\right]_a^b$, b) $\frac{b^3}{3} - \frac{a^3}{3} = \left[\frac{x^3}{3}\right]_a^b$, c) $\frac{b^4}{4} - \frac{a^4}{4} = \left[\frac{x^4}{4}\right]_a^b$, usw.

Dies ist leicht zu merken: Leitet man nämlich in der eckigen Klammer ab, so wird man zur jeweiligen Kurvengleichung geführt. Daß dies kein Zufall ist, werden wir später zeigen.

5. Setze in Aufg. 4 $a = \frac{1}{2}$, $b = \frac{3}{2}$ und zeichne jeweils ein maßtreues Schaubild.

6. Was ändert sich bei U_n, O_n und bei $[I]_a^b$ in Beispiel 1 und 2 sowie in Aufg. 2 bis 4, wenn jeweils $c \cdot f(x)$ statt $f(x)$ gewählt wird? Wähle $c > 0$. Wie wirkt sich die Multiplikation mit c im Schaubild aus?

7. Gib $[I]_a^b$ unmittelbar an, wenn $y = c > 0$ und $0 \leqq a < b$ ist. Zeichne ein Schaubild.

Das bestimmte Integral bei monoton steigenden stetigen Funktionen

1. Es sei $y = f(x)$ eine positive, monoton steigende und stetige Funktion im Intervall $0 \leqq a \leqq x \leqq b$. Wir teilen nun das Intervall $[a, b]$ durch fortgesetzte Halbierung nacheinander in 2, 4, 8, 16, ... gleiche Teile und betrachten die Zahlenfolgen $U_2, U_4, U_8, \ldots$, bzw. $O_2, O_4, O_8, \ldots$, die zu den inneren (grünen) Treppenflächen bzw. zu den äußeren (grün und roten) Treppenflächen gehören (Fig. 103.1 und 103.2). Wir sehen:

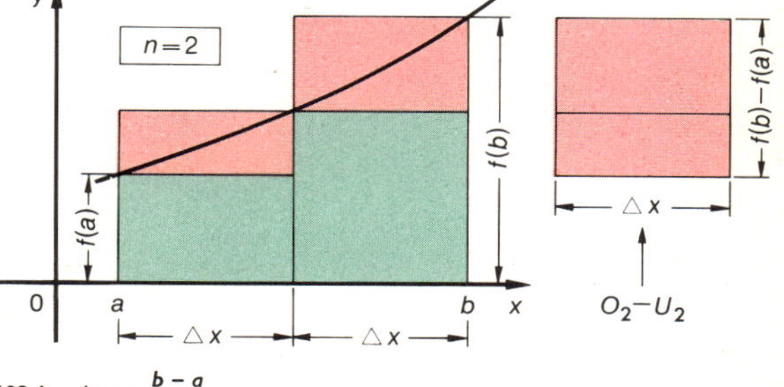

103.1. $\Delta x = \frac{b-a}{2}$

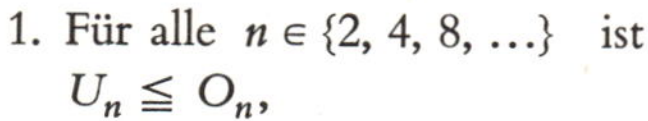

1. Für alle $n \in \{2, 4, 8, \ldots\}$ ist $U_n \leqq O_n$,
2. $U_2 \leqq U_4 \leqq U_8 \leqq \ldots$ und $O_2 \geqq O_4 \geqq O_8, \geqq \ldots$.
3. $O_2 - U_2 = [f(b) - f(a)] \cdot \frac{b-a}{2}$;
   $O_4 - U_4 = [f(b) - f(a)] \cdot \frac{b-a}{4}$;
   $O_8 - U_8 = [f(b) - f(a)] \cdot \frac{b-a}{8}$; .... Für n gegen ∞ strebt also $O_n - U_n$ gegen 0.

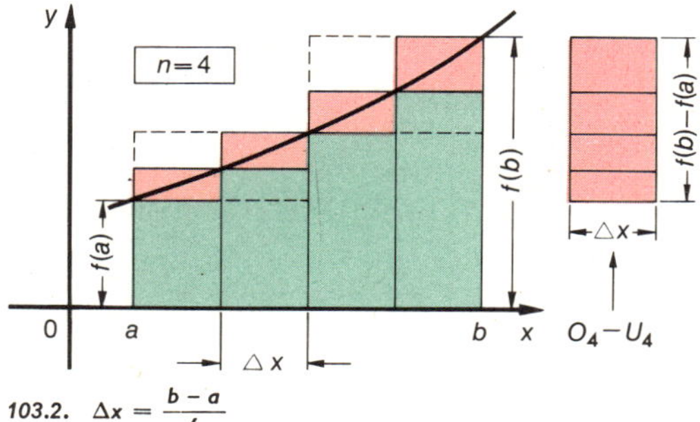

103.2. $\Delta x = \frac{b-a}{4}$

Aus 1. bis 3. folgt (vgl. S. 42): die Paare (U_n, O_n) bilden eine Intervallschachtelung.

Ergebnis: Bei der fortgesetzten Halbierung des Intervalls ist $\lim\limits_{n \to \infty} U_n = \lim\limits_{n \to \infty} O_n$.

2. Man kann beweisen, daß auch für jede andere Zerlegung des Intervalls $[a, b]$ in gleiche oder ungleiche Teilintervalle $\lim\limits_{n \to \infty} U_n = \lim\limits_{n \to \infty} O_n$ ist, und daß alle diese Grenzwerte gleich groß sind, wenn man die Teilung so verfeinert, daß die maximale Intervall-Länge gegen 0 rückt. Der zugehörige Beweis ist für die Schule zu umständlich; wir übergehen ihn hier. Den gemeinsamen Grenzwert $\lim\limits_{n \to \infty} U_n$ bzw. $\lim\limits_{n \to \infty} O_n$ bezeichnen wir wie oben mit $[I]_a^b$.

3. Eine gewisse Ergänzung des Ergebnisses in **1.** läßt sich dagegen leicht vollziehen: Wir wählen in den n Teilintervallen je eine beliebige Stelle $x_1, x_2, x_3, \ldots, x_n$ (Fig. 104.1) und bilden die Treppenfläche aus Rechtecken mit der Breite Δx und den Höhen $f(x_1), f(x_2)\, f(x_3), \ldots, f(x_n)$. Die Maßzahl Z_n dieser Treppenfläche liegt *zwischen* U_n und O_n (wieso?). Es gilt also: $U_n \leqq Z_n \leqq O_n$, dabei ist $Z_n = f(x_1) \cdot \Delta x + f(x_2) \cdot \Delta x + \cdots + f(x_n) \cdot \Delta x =$

$$= \sum_{k=1}^{n} f(x_k) \cdot \Delta x \quad \text{mit} \quad \Delta x = \frac{b-a}{n}.$$

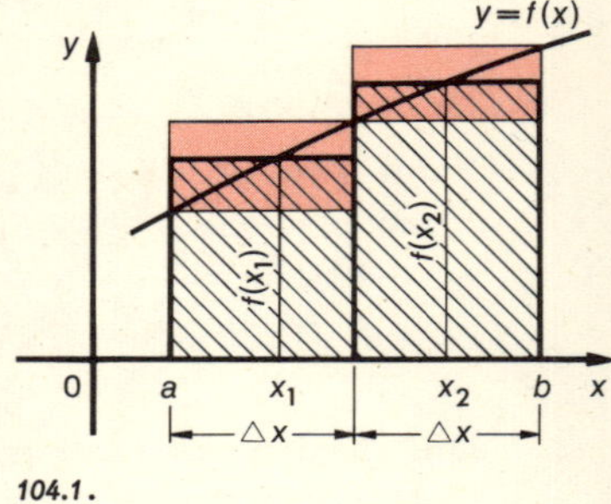

104.1.

Aus **1.** und **2.** folgt somit $\lim\limits_{n \to \infty} Z_n = \lim\limits_{n \to \infty} U_n = \lim\limits_{n \to \infty} O_n = [I]_a^b$.

Da U_n und O_n Sonderfälle von Z_n sind (wieso?), kann man zusammenfassend schreiben:

S 1 Ist $y = f(x)$ positiv, monoton steigend und stetig, so gilt: $\boldsymbol{[I]_a^b = \lim\limits_{n \to \infty} \sum_{k=1}^{n} f(x_k) \cdot \Delta x}$

Entsprechend gilt bei ungleichen Intervallen $(\Delta x)_k$: $[I]_a^b = \lim\limits_{n \to \infty} \sum_{k=1}^{n} f(x_k) \cdot (\Delta x)_k$

D 3 **4.** Den Grenzwert $[I]_a^b$ von $\sum_{k=1}^{n} f(x_k) \cdot \Delta x$ bzw. von $\sum_{k=1}^{n} f(x_k) \cdot (\Delta x)_k$ nennt man **das bestimmte Integral der Funktion $f(x)$ zwischen den Grenzen a und b**

und schreibt dafür $\boldsymbol{\lim\limits_{n \to \infty} \sum_{k=1}^{n} f(x_k)\, \Delta x = \int_a^b f(x)\, dx}$ (lies: Integral $f(x)$ dx von a bis b).

Diese Schreibweise wurde von Leibniz (1646—1716) eingeführt. Das Zeichen $\int$ ist aus einem S (von summa) entstanden; statt Δx ist dx gesetzt, um anzudeuten, daß bei dem Grenzübergang Δx gegen 0 strebt $\left(\text{vgl. die Schreibweise } \frac{dy}{dx} \text{ für } f'(x)\right)$. Wie wir gesehen haben, bedeutet $\int_a^b f(x)\, dx$ geometrisch die *Maßzahl des Inhalts* eines Flächenstücks, das von der (zunächst monoton steigenden stetigen) Kurve mit der Gleichung $y = f(x)$, der x-Achse und den Parallelen $x = a$ und $x = b$ im 1. Feld begrenzt wird.

Beispiel 3:

Nach Aufg. 4 ist a) $\int_a^b x\, dx = \left[\frac{x^2}{2}\right]_a^b = \frac{b^2}{2} - \frac{a^2}{2}$, b) $\int_a^b x^2\, dx = \left[\frac{x^3}{3}\right]_a^b = \frac{b^3}{3} - \frac{a^3}{3}$,

c) $\int_a^b x^3\, dx = \left[\frac{x^4}{4}\right]_a^b = \frac{b^4}{4} - \frac{a^4}{4}$, d) $\int_a^b x^4\, dx = \left[\frac{x^5}{5}\right]_a^b = \frac{b^5}{5} - \frac{a^5}{5}$,

dabei ist (zunächst) $0 \leqq a < b$.

Beispiel 4: Nach Fig. 105.1 ist (zunächst) für $c > 0$

$$\int_a^b c\,dx = c(b-a) = c\,[x]_a^b, \text{ ebenso } \int_a^b dx = \int_a^b 1\,dx = b-a.$$

Beispiel 5: Nach Aufg. 6 ist (zunächst) für $c > 0$

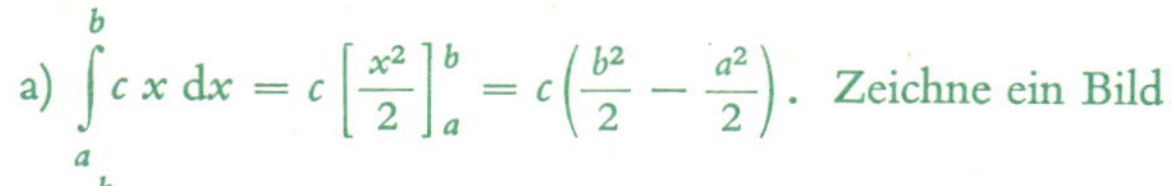

a) $\int_a^b c\,x\,dx = c\left[\frac{x^2}{2}\right]_a^b = c\left(\frac{b^2}{2} - \frac{a^2}{2}\right)$. Zeichne ein Bild!

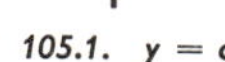

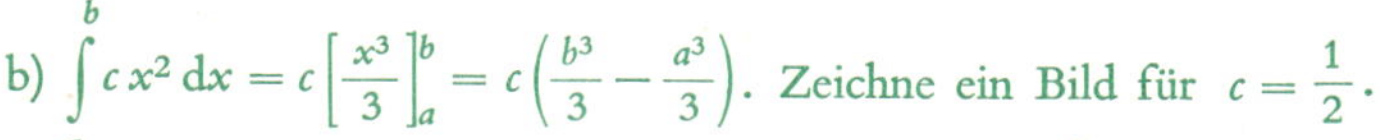

b) $\int_a^b c\,x^2\,dx = c\left[\frac{x^3}{3}\right]_a^b = c\left(\frac{b^3}{3} - \frac{a^3}{3}\right)$. Zeichne ein Bild für $c = \frac{1}{2}$.

105.1. $y = c$

Aufgaben

8. Bestimme nach Beispiel 3 den Wert folgender Integrale und zeichne Schaubilder.

a) $\int_0^3 x\,dx$ b) $\int_1^5 x\,dx$ c) $\int_0^1 x^2\,dx$ d) $\int_2^3 x^2\,dx$ e) $\int_0^1 x^3\,dx$ f) $\int_{0,5}^{1,5} x^3\,dx$

9. Bestimme nach Beispiel 4 und 5 den Wert folgender Integrale. Zeichne Graphen.

a) $\int_0^4 2\,x\,dx$ b) $\int_1^2 \frac{1}{2}x^2\,dx$ c) $\int_1^5 \frac{1}{4}x^2\,dx$ d) $\int_2^3 \frac{1}{3}x^3\,dx$ e) $\int_1^6 3\,dx$ f) $\int_3^7 dx$

10. Bestimme mit Hilfe einer Zeichnung: a) $\int_2^6 (x+2)\,dx$ und $\int_2^6 x\,dx + \int_2^6 2\,dx$

b) $\int_a^b (m\,x + c)\,dx$ und $\int_a^b m\,x\,dx + \int_a^b c\,dx$ c) $\int_a^b (x^3 + x)\,dx$ und $\int_a^b x^3\,dx + \int_a^b x\,dx$

(zunächst für $m > 0,\ c > 0,\ a < b$)

Ergänzungen zum Begriff des bestimmten Integrals stetiger Funktionen

1. In den bisherigen Beispielen haben wir stets *monoton steigende* stetige Funktionen gewählt. Alle Überlegungen gelten aber in gleicher Weise auch für *monoton fallende* stetige Funktionen (vgl. Aufg. 11).

2. Da bei der Herleitung von S 1 die *Grenzen* a und b nur als Differenz $b-a$ auftreten, so dürfen a und b mit $b-a > 0$ beliebig aus ℝ gewählt werden; es muß nur vorerst $f(x) \geqq 0$ in $[a, b]$ stetig und monoton sein.

Beispiel 6 (Fig. 105.2): Es ist $\int_0^2 x^2\,dx = \left[\frac{x^3}{3}\right]_0^2 = \frac{2^3}{3}$

dasselbe wie $\int_{-2}^0 x^2\,dx = \left[\frac{x^3}{3}\right]_{-2}^0 = 0 - \frac{(-2)^3}{3} = \frac{2^3}{3}$

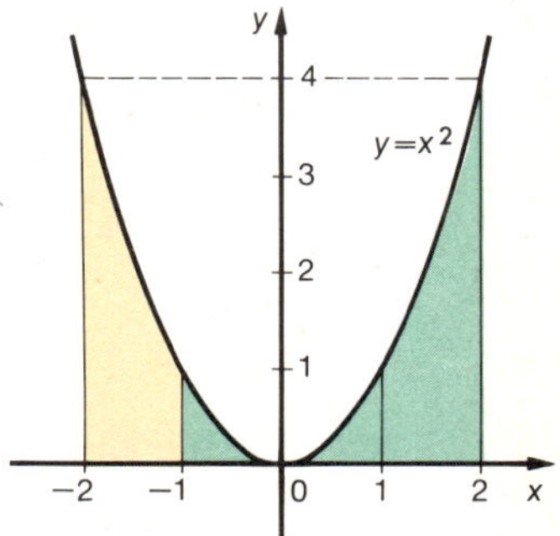

105.2. $y = x^2$

$$\int_1^2 x^2\,dx = \frac{2^3}{3} - \frac{1^3}{3} = \frac{7}{3}; \qquad \int_{-2}^{-1} x^2\,dx = \left[\frac{x^3}{3}\right]_{-2}^{-1} = \frac{(-1)^3}{3} - \frac{(-2)^3}{3} = \frac{7}{3} = 2\frac{1}{3}$$

3. Bei stetigen Funktionen, die *abschnittsweise monoton* sind, kann man die Endpunkte der einzelnen Abschnitte auf der x-Achse als Randpunkte von Teilintervallen nehmen. In jedem Abschnitt konvergieren dann U_n, O_n und Z_n; sie konvergieren dann auch im Gesamtintervall $[a, b]$. Da nun jede *ganze rationale Funktion* auf $\mathbb{R}$ stetig ist und ihr Graph nur endlich viele Hoch- und Tiefpunkte besitzen kann (warum?), ist sie in jedem Intervall $[a, b]$ abschnittsweise monoton, also auch „integrierbar".

Beispiel 7: $\int_{-2}^{0} x^2\,dx + \int_0^4 x^2\,dx = \left[0 - \frac{(-2)^3}{3}\right] + \left[\frac{4^3}{3} - 0\right] = \frac{2^3}{3} + \frac{4^3}{3}$. Dasselbe ergibt sich, wenn man rechnet: $\int_{-2}^{4} x^2\,dx = \left[\frac{x^3}{3}\right]_{-2}^{4} = \frac{4^3}{3} - \frac{(-2)^3}{3} = \frac{4^3}{3} + \frac{2^3}{3}$

4. Wir haben bisher vorausgesetzt, daß $f(x) \geqq 0$ ist. Ist $f(x) < 0$ für $a \leqq x \leqq b$, so folgt aus der Definition des Integrals: $\int_a^b f(x)\,dx < 0$

106.1.

Beispiel 8 (Fig. 106.1): $\int_{-1}^{0} x^3\,dx = \left[\frac{x^4}{4}\right]_{-1}^{0} = \frac{0}{4} - \frac{1}{4} = -\frac{1}{4}$

5. Wechselt $f(x)$ in $[a, b]$ sein Zeichen, liegt also die betreffende Fläche teils oberhalb, teils unterhalb der x-Achse, so gibt $\int_a^b f(x)\,dx$ die algebraische Summe der positiv gerechneten Fläche über der x-Achse und der negativ gerechneten Fläche unterhalb der x-Achse, also die Differenz der Flächeninhaltsbeträge (wieso?). In solchen Fällen sind die Teilflächen getrennt zu berechnen.

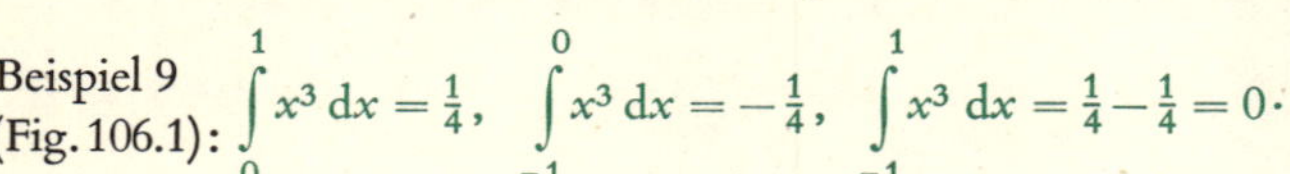

Beispiel 9 (Fig. 106.1): $\int_0^1 x^3\,dx = \frac{1}{4}$, $\int_{-1}^{0} x^3\,dx = -\frac{1}{4}$, $\int_{-1}^{1} x^3\,dx = \frac{1}{4} - \frac{1}{4} = 0$.

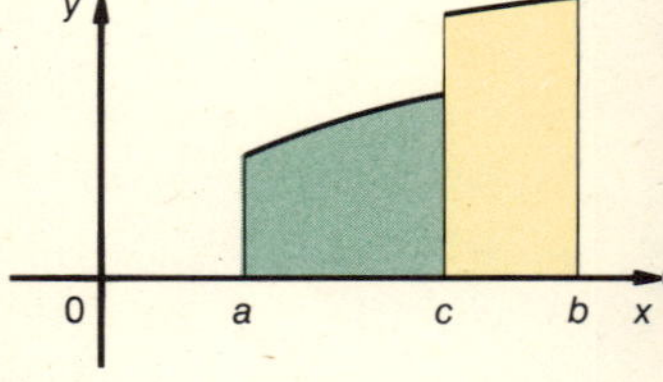

106.2.

Ebenso verfährt man, wenn eine Funktion abschnittsweise monoton und stetig ist und endlich viele Unstetigkeiten mit endlichen Sprüngen besitzt (Fig. 106.2).

6. Sind $f(x)$ und $g(x)$ für $a \leqq x \leqq b$ abschnittsweise monoton und stetig und ist $c \in \mathbb{R}$, so folgt aus den Sätzen über Grenzwerte bei Folgen:

a) $\int_a^b [f(x) + g(x)]\,dx = \int_a^b f(x)\,dx + \int_a^b g(x)\,dx$, b) $\int_a^b c\,f(x)\,dx = c \cdot \int_a^b f(x)\,dx$

S 2 **Das Integral einer Summe von abschnittsweise monotonen und stetigen Funktionen ist gleich der Summe der Integrale der einzelnen Funktionen.**

S 3 **Ein konstanter Faktor kann vor das Integral gezogen werden.**

Beispiel 10 (Fig. 107.1):

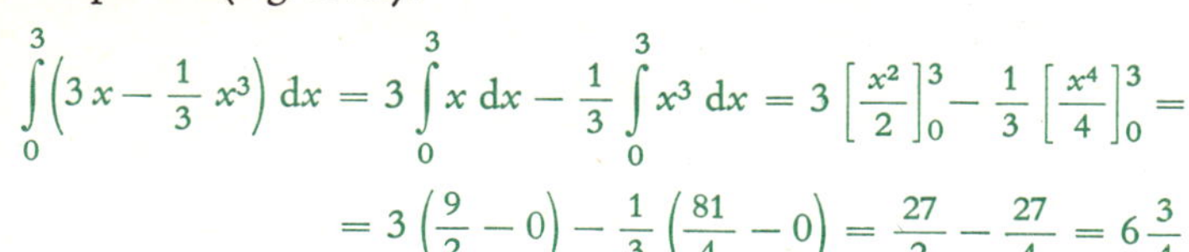

$$\int_0^3 \left(3x - \frac{1}{3}x^3\right) dx = 3\int_0^3 x\, dx - \frac{1}{3}\int_0^3 x^3\, dx = 3\left[\frac{x^2}{2}\right]_0^3 - \frac{1}{3}\left[\frac{x^4}{4}\right]_0^3 =$$

$$= 3\left(\frac{9}{2} - 0\right) - \frac{1}{3}\left(\frac{81}{4} - 0\right) = \frac{27}{2} - \frac{27}{4} = 6\frac{3}{4}$$

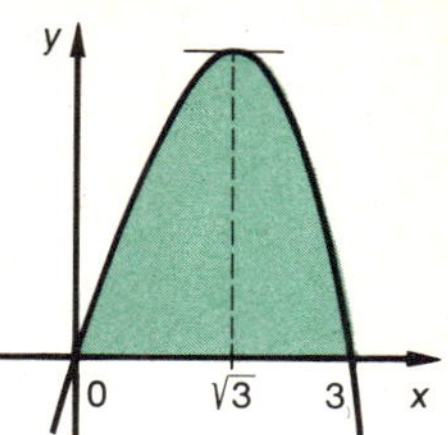

107.1. $y = 3x - \frac{1}{3}x^3$

7. Ist $a < c < b$ und benutzt man in S 1 stets c als Rand eines Teilintervalls, so gilt:

S 4

$$\int_a^b \boldsymbol{f(x)\, dx} = \int_a^c \boldsymbol{f(x)\, dx} + \int_c^b \boldsymbol{f(x)\, dx}$$

D 4 **8.** Ist $a = b$, so ist der Inhalt $[I]_a^a = 0$, man schreibt daher: $\int_a^a \boldsymbol{f(x)\, dx = 0}$.

9. Nach D 3 ist $\int_a^b f(x)\, dx = \lim\limits_{n \to \infty} \sum\limits_{k=1}^{n} f(x_k) \cdot \frac{b-a}{n}$, falls $b > a$ ist.

Läßt man diese Definition auch gelten wenn die „untere" Grenze größer als die „obere" Grenze ist, so erhält man:

D 5

$$\int_b^a f(x)\, dx = \lim_{n \to \infty} \sum_{k=1}^{n} f(x_k) \cdot \frac{a-b}{n}, \quad \text{also} \quad \int_b^a \boldsymbol{f(x)\, dx} = -\int_a^b \boldsymbol{f(x)\, dx}$$

10. Es ist $\int_a^b 3x^2\, dx = [x^3]_a^b = b^3 - a^3$ aber auch $\int_a^b 3u^2\, du = [u^3]_a^b = b^3 - a^3$.

Man sieht, daß es bei einem bestimmten Integral auf die Wahl der Variable unter dem Integral, der „*Integrationsvariable*", nicht ankommt; man kann für sie einen beliebigen Buch-

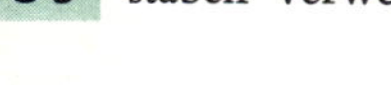

S 5 staben verwenden (Grund?): $\int_a^b \boldsymbol{f(x)\, dx} = \int_a^b \boldsymbol{f(t)\, dt} = \int_a^b \boldsymbol{f(u)\, du}$.

Aufgaben

11. Zeige an einer Figur, daß bei positiven monoton abnehmenden Funktionen die Obersummen O_n monoton abnehmen, die Untersummen U_n monoton zunehmen und (U_n, O_n) eine Intervallschachtelung bilden, wenn z.B. die Teilintervalle gleich lang sind und fortgesetzt halbiert werden.

12. Bestimme den Wert folgender Integrale, zeichne die zugehörigen Kurven und Flächen:

a) $\int_0^4 \left(2x - \frac{1}{2}x^2\right) dx$ b) $\int_{-2}^2 (4 - x^2)\, dx$ c) $\int_{-3}^0 \left(\frac{1}{6}x^3 - \frac{3}{2}x\right) dx$ d) $\int_{-4}^4 \left(2x^2 - \frac{1}{8}x^4\right) dx$

e) $\int_1^5 (6 - t)\, dt$ f) $\int_{-3}^3 (u^2 + 2)\, du$ g) $\int_2^0 \left(\frac{1}{4}v^2 - 4\right) dv$ h) $\int_4^{-4} \left(\frac{1}{4}z^2 - 4\right) dz$

26 Der Hauptsatz der Differential- und Integralrechnung

❶ Vergleiche die Ableitungen von

$$y = \frac{1}{2}x^2, \quad y = \frac{1}{2}x^2 + 2, \quad y = \frac{1}{2}x^2 - 4$$

miteinander. Wie kann man das Ergebnis an den Graphen der Funktionen verdeutlichen?

❷ Gib Funktionen an, welche folgende Ableitung haben: a) $2x$, b) $3x^2$, c) 4, d) x^3.

❸ Nenne Funktionen, welche das Differential besitzen: a) $dy = 4x^2\,dx$, b) $dy = x^4\,dx$.

Funktionen und ihre Stammfunktionen

1. Beispiele: Ist $F(x) =$	x^2	x^2+3	x^3	x^3-5	$2x^4$	$2x^4-1$	$5x-6$
so ist $F'(x) = f(x) =$	$2x$	$2x$	$3x^2$	$3x^2$	$8x^3$	$8x^3$	5

In den Beispielen ist $f(x)$ die Ableitung von $F(x)$, umgekehrt nennt man $F(x)$ eine *Stammfunktion* von $f(x)$. Man definiert allgemein:

D 1 Eine Funktion **$F(x)$ heißt eine Stammfunktion von $f(x)$, wenn $F'(x) = f(x)$ ist** für alle x des Definitionsbereiches von $f(x)$.

Aus D 1 folgt unmittelbar:

2. a) *Ist $F(x)$ eine Stammfunktion von $f(x)$, so gilt dies auch für $F(x) + C$.* Dabei ist C eine beliebige Konstante. – Umgekehrt gilt:

b) Sind $F_1(x)$ und $F_2(x)$ zwei Stammfunktionen von $f(x)$ im Intervall $[a, b]$, so ist $F_2(x) = F_1(x) + C$. Bildet man nämlich die Differenz $R(x) = F_2(x) - F_1(x)$, so ist $R'(x) = f(x) - f(x) = 0$ in $[a, b]$. Dies bedeutet anschaulich, daß der Graph von $R(x)$ in $[a, b]$ weder steigt noch fällt, also parallel zur x-Achse ist, somit ist $R(x) = C$. (Ein rechnerischer Beweis ergibt sich unmittelbar aus dem „Mittelwertsatz", Vollausg. § 51.)

S 1 Hieraus folgt: *Ist $F(x)$ eine Stammfunktion von $f(x)$, so hat jede Stammfunktion von $f(x)$ die Form $F(x) + C$.*

Beispiel: Alle Stammfunktionen von $f(x) = 2x^4 + 3x^3 - 4x^2 + 5x - 6$ haben die Form $F(x) = \frac{2}{5}x^5 + \frac{3}{4}x^4 - \frac{4}{3}x^3 + \frac{5}{2}x^2 - 6x + C$, wobei $C \in \mathbb{R}$ ist.

Aufgaben (*a, b, c, e, g, m* sind konstant.)

In Aufg. 1 bis 8 ist $F'(x)$ bzw. $F'(t)$ gegeben, Stammfunktionen $F(x)$ bzw. $F(t)$ sind gesucht.

	a)	b)	c)	d)	e)	f)
1.	$4x$	$-2x$	$\frac{2}{3}x$	$6t$	$\frac{1}{4}t$	$-0{,}8\,t$
2.	4	1	$-\frac{1}{2}$	0	π	$-\frac{1}{2}e$
3.	$3x^2$	$9x^2$	$\frac{1}{3}x^2$	$-t^2$	$1{,}5\,t^2$	$-4\pi t^2$
4.	$4x^3$	$20x^3$	$-8x^3$	$5t^3$	$t^3\sqrt{2}$	$-\frac{\pi}{4}t^3$
5.	$5x^4$	t^4	$10x^4$	$\frac{1}{2}t^4$	$-1{,}5\,x^4$	$0{,}2\,t^4$
6.	x^5	x^8	t^6	$-x^7$	x^3	$-x$
7.	$0{,}4\,t$	$4{,}5\,x^2$	$15\,t^3$	$-8\,t^4$	$0{,}3\,t^5$	$3{,}5\,x^6$
8.	$g\,t$	a	$c\,x^2$	$b\,x^3$	πt^4	$\frac{2}{e}t^5$

Bestimme in Aufg. 9 bis 12 die Stammfunktionen F.

9. a) $F'(x) = 3x^2 + 4x^3$ b) $F'(x) = x^3 - x^2$ c) $F'(t) = t^4 - \frac{1}{4}t^3$

10. a) $\frac{dF}{dx} = 2x + 3$ b) $\frac{dF}{dx} = x - 1$ c) $\frac{dF}{du} = mu + b$

11. a) $\frac{dF}{dt} = 4t + 5$ b) $F'(t) = c + gt$ c) $F'(v) = av^2 + bv + c$

12. a) $dF = 6x\,dx$ b) $dF = 6t^2\,dt$ c) $dF = 6\,dz$

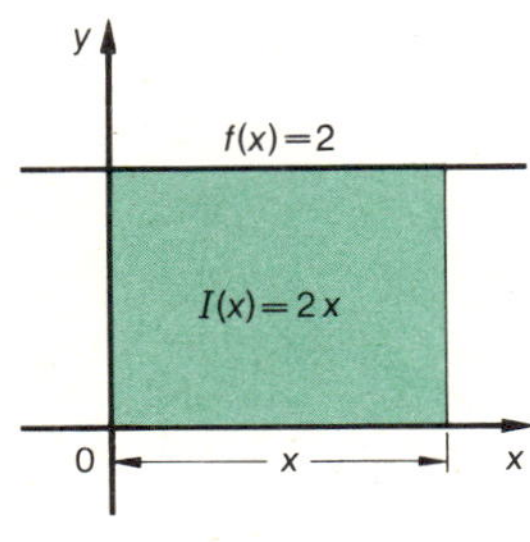

109.1. $I(x) = 2x$

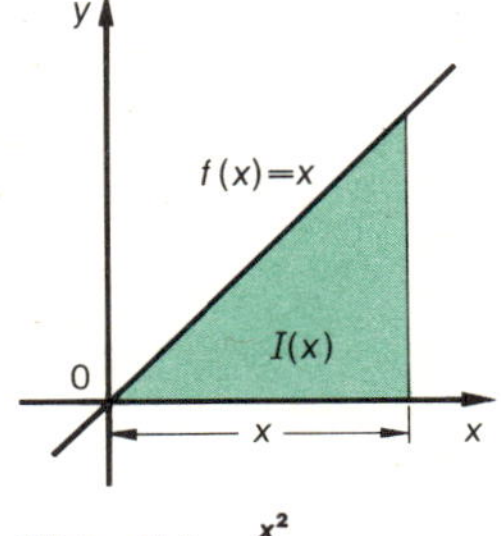

109.2. $I(x) = \frac{x^2}{2}$

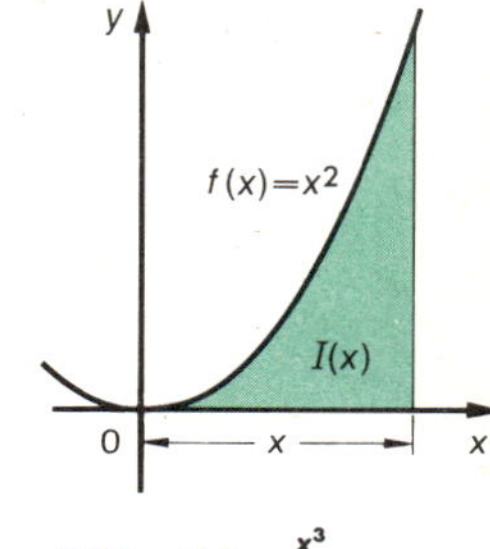

109.3. $I(x) = \frac{x^3}{3}$

Funktionen und ihre Integralfunktionen

1. Beispiele: In Fig. 109.1 bis 3 und nach Aufg. 4 von § 25 ergibt sich für die Fläche zwischen der x-Achse und der Kurve m. d. Gl. $y = f(x)$ im Intervall $[0, x]$ bzw. $[a, x]$ die Inhaltszahl $[I]_0^x$ bzw. $[I]_a^x$ als Funktion $x \to I(x)$. Es gehört z. B.

zur *Kurvenfunktion*	$f(x) = 2$	x	x^2	x^3
die *Inhaltsfunktion*	$I(x) = \int_0^x 2\,dt = 2x$	$\int_0^x t\,dt = \frac{x^2}{2}$	$\int_0^x t^2\,dt = \frac{x^3}{3}$	$\int_a^x t^3\,dt = \frac{x^4}{4} - \frac{a^4}{4}$

Wir sehen: Bei diesen Beispielen ist $I'(x) = f(x)$ für alle $x \in [a, b]$.
Die *Inhaltsfunktion* $I(x)$, die wir auch als „*Integralfunktion*" bezeichnen wollen, ist hier also eine *Stammfunktion der Kurvenfunktion* $f(x)$. Wir werden nun zeigen, daß dies kein Zufall ist, sondern einen der wichtigsten Sätze der Differential- und Integralrechnung betrifft.

2. a) Es sei $f(x)$ eine *monoton zunehmende stetige Funktion* in $]c, d[$, und es sei $[a, b]$ in $]c, d[$ enthalten. Dann ist $\int_a^b f(x)\,dx$ nach Fig. 109.4 die Maßzahl des Inhalts für das dick umrandete Flächenstück. Hält man die untere Grenze a fest und betrachtet die obere Grenze als Variable x in $]c, d[$, so entsteht

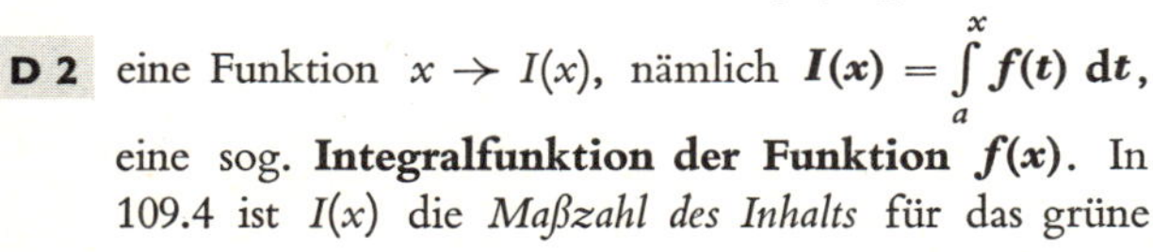

D 2 eine Funktion $x \to I(x)$, nämlich $\boldsymbol{I(x) = \int_a^x f(t)\,dt}$, eine sog. **Integralfunktion der Funktion $f(x)$**. In 109.4 ist $I(x)$ die *Maßzahl des Inhalts* für das grüne

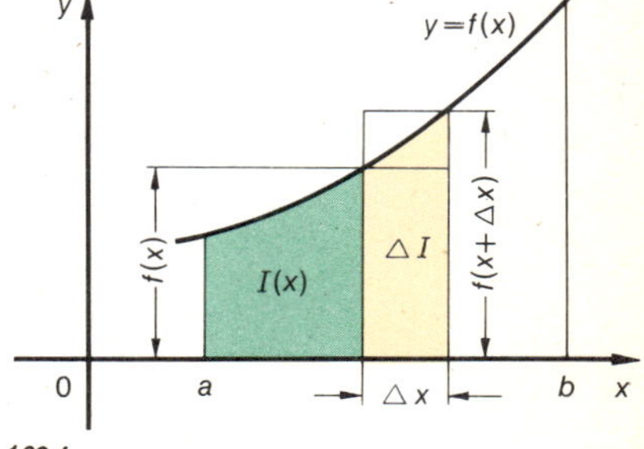

109.4.

Flächenstück. Wächst x um $\Delta x > 0$, so wächst $I(x)$ um $I(x + \Delta x) - I(x) = \Delta I$. Es ist dann: $f(x) \cdot \Delta x \leqq \Delta I \leqq f(x + \Delta x) \cdot \Delta x$, also $f(x) \leqq \frac{\Delta I}{\Delta x} \leqq f(x + \Delta x)$.

Wegen der Stetigkeit von $f(x)$ ist $\lim\limits_{\Delta x \to +0} f(x + \Delta x) = f(x)$, somit $\lim\limits_{\Delta x \to +0} \frac{\Delta I}{\Delta x} = f(x)$.

Andere Herleitung dieses Ergebnisses (ohne Heranziehung einer Figur):

Ist $I(x) = \int\limits_a^x f(t)\,dt$, so ist $I(x + \Delta x) - I(x) = \Delta I = \int\limits_a^{x+\Delta x} f(t)\,dt - \int\limits_a^x f(t)\,dt = \int\limits_x^a + \int\limits_a^{x+\Delta x} = \int\limits_x^{x+\Delta x} f(t)\,dt$.

Nach D 3 von § 25 ist

$$f(x) \cdot \Delta x \leqq \int\limits_x^{x+\Delta x} f(t)\,dt \leqq f(x + \Delta x) \cdot \Delta x, \quad \text{also} \quad f(x) \cdot \Delta x \leqq \Delta I \leqq f(x+\Delta x) \cdot \Delta x, \quad \text{usw.}$$

Ebenso zeigt man (Aufg. 14): $\lim\limits_{\Delta x \to -0} \frac{\Delta I}{\Delta x} = f(x)$. Hieraus folgt: $I'(x) = f(x)$.

b) Dasselbe ergibt sich bei stetigen Funktionen, die *monoton abnehmen* bzw. *abschnittsweise monoton* sind (also z. B. bei allen *ganzen rationalen Funktionen*, vgl. Aufg. 15). Wir verzichten darauf, für *alle* stetigen Funktionen zu zeigen, daß der grundlegende Satz gilt:

Hauptsatz der Differential- und Integralrechnung

S 2 **Ist $f(x)$ eine stetige Funktion** *im Intervall* $]c, d[$ *und ist* $[a, b] \subset]c, d[$, **so ist die Integralfunktion $I(x) = \int\limits_a^x f(t)\,dt$ eine differenzierbare Funktion[1], und es gilt:**

$$I'(x) = f(x) \quad \text{für} \quad x \in [a, b]$$

Aus S 1 und D 1 folgt: Die Integralfunktion $I(x)$ gehört zu den Stammfunktionen von $f(x)$. Ist $F(x)$ irgend eine solche Stammfunktion, so unterscheidet sie sich von $I(x)$ nur durch einen konstanten Summanden.

Es besteht also die Beziehung: $F(x) = \int\limits_a^x f(t)\,dt + C$

Für $x = a$ ist $\int\limits_a^a f(t)\,dt = 0$, also $F(a) = C$, somit $\int\limits_a^x f(t)\,dt = F(x) - F(a)$.

Für $x = b$ erhält man daher: $\int\limits_a^b f(t)\,dt = \int\limits_a^b f(x)\,dx = F(b) - F(a)$.

S 3 Ist $F(x)$ irgend eine Stammfunktion von $f(x)$, so ergibt sich das bestimmte Integral der Funktion $f(x)$ zwischen den Grenzen a und b zu

$$\int\limits_a^b \boldsymbol{f(x)\,dx = F(b) - F(a)}$$

Falls man eine Stammfunktion von $f(x)$ gefunden hat, erlaubt S 3, Flächeninhalte zu berechnen.

---

1. Da $[a, b]$ in $]c, d[$ liegt, ist $I(x)$ in a und in b beiderseitig differenzierbar.

Beispiele und zweckmäßige Schreibweise (vgl. S 2 bis 4 und D 4 und 5 von § 25):

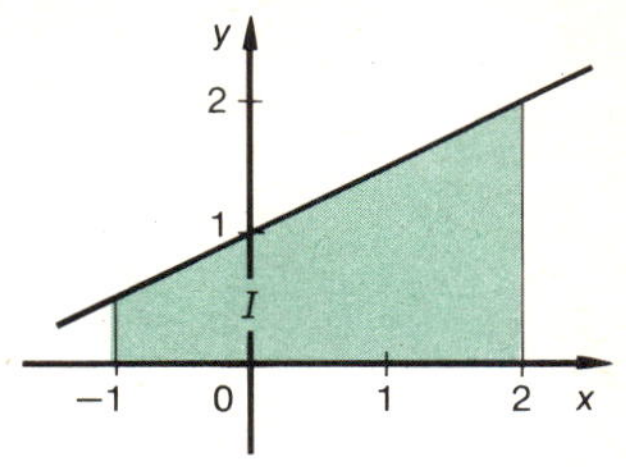

111.1. $y = 1 + \frac{1}{2}x$

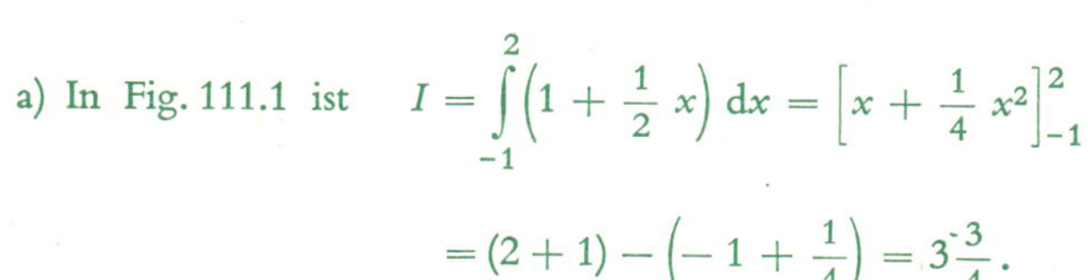

a) In Fig. 111.1 ist $I = \int\limits_{-1}^{2}\left(1 + \frac{1}{2}x\right)\mathrm{d}x = \left[x + \frac{1}{4}x^2\right]_{-1}^{2}$

$$= (2+1) - \left(-1 + \frac{1}{4}\right) = 3\frac{3}{4}.$$

b) Fig. 111.2: Die Parabel m. d. Gl. $y = 1 - \frac{1}{4}x^2$, die x-Achse und die Gerade $x = 4$ begrenzen die zwei Flächen:

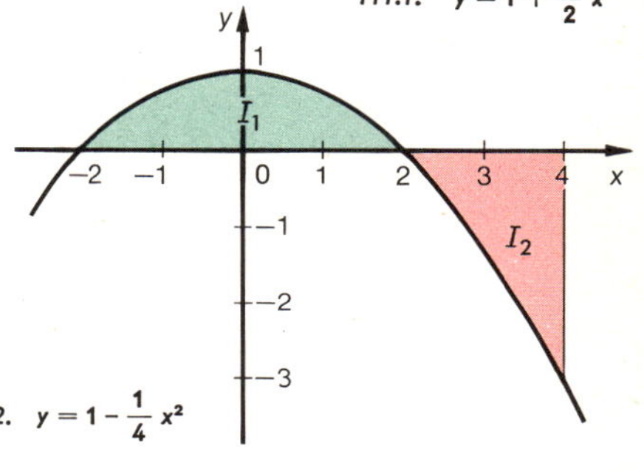

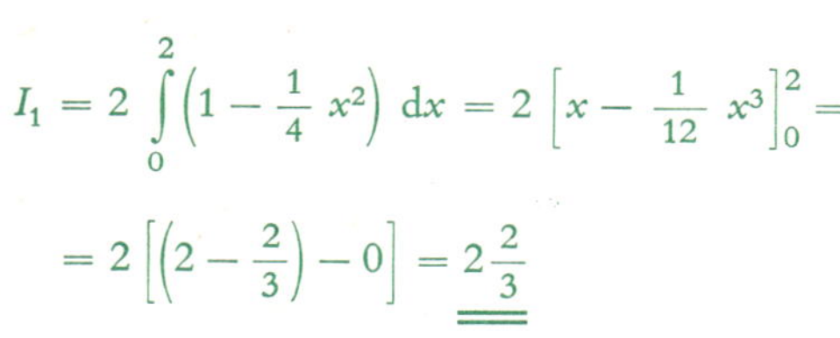

$$I_1 = 2\int\limits_{0}^{2}\left(1 - \frac{1}{4}x^2\right)\mathrm{d}x = 2\left[x - \frac{1}{12}x^3\right]_0^2 =$$

$$= 2\left[\left(2 - \frac{2}{3}\right) - 0\right] = \underline{\underline{2\frac{2}{3}}}$$

111.2. $y = 1 - \frac{1}{4}x^2$

$$I_2 = \int\limits_{2}^{4}\left(1 - \frac{1}{4}x^2\right)\mathrm{d}x = \left[x - \frac{1}{12}x^3\right]_2^4 = \left(4 - \frac{16}{3}\right) - \left(2 - \frac{2}{3}\right) = \underline{\underline{-2\frac{2}{3}}}$$

Die Gesamtfläche ist $I = |I_1| + |I_2| = \underline{\underline{5\frac{1}{3}}}$, während $\int\limits_{-2}^{4}\left(1 - \frac{1}{4}x^2\right)\mathrm{d}x = I_1 + I_2 = 0$ ist.

Aufgaben

13. Zeige an Hand von Fig. 109.4: $\lim\limits_{\Delta x \to 0} \frac{I(x) - I(x - \Delta x)}{\Delta x} = f(x)$, $(\Delta x > 0)$.

14. a) Leite den Satz „$I'(x) = f(x)$" her, wenn $f(x)$ stetig ist und monoton abnimmt.
b) Wie ändert sich die Herleitung an einer Stelle, wo die Monotonie wechselt?

15. Berechne: a) $\int\limits_{2}^{0}\frac{1}{4}x^3\,\mathrm{d}x$ b) $\int\limits_{-1}^{0}x\,\mathrm{d}x$ c) $\int\limits_{-5}^{-2}3\,\mathrm{d}x$ d) $\int\limits_{-3}^{0}\frac{3}{2}t^2\,\mathrm{d}t$

16. Berechne: a) $\int\limits_{0}^{6}(2x + 1)\,\mathrm{d}x$ b) $\int\limits_{2}^{3}(6x^2 - x^3)\,\mathrm{d}x$ c) $\int\limits_{-1}^{2}(4 - 6x - x^2)\,\mathrm{d}x$

17. Berechne: a) $\int\limits_{-\sqrt{3}}^{0}\left(\frac{1}{3}x^3 - 3x\right)\mathrm{d}x$ b) $\int\limits_{-\sqrt{2}}^{\sqrt{2}}(x^2 - 6)\,\mathrm{d}x$ c) $\int\limits_{\sqrt{3}}^{\sqrt{6}}\left(\frac{1}{4}x^4 - x^2\right)\mathrm{d}x$

Berechne in Aufg. 18 bis 20 den Inhalt des Flächenstücks, welches die Kurve mit der Gleichung $y = f(x)$ mit der x-Achse einschließt. Untersuche die Kurve.

18. a) $y = 8 - x^2$ b) $y = 3x - \frac{3}{4}x^2$ c) $y = \frac{1}{2}x^2 - \frac{1}{2}x - 3$

19. a) $y = 6x + 4x^2 + \frac{2}{3}x^3$ b) $y = 6 + \frac{5}{2}x^2 - \frac{1}{4}x^4$ c) $y = \frac{1}{6}x^4 - \frac{2}{3}x^3$

20. a) $y = \frac{1}{4}x^4 - 3x^2 + 9$ b) $y = \frac{1}{5}x^3 - 2x^2 + 5x$ c) $y = x^4 - 4x^3 + 4x^2$

Flächen zwischen zwei Kurven

21. Berechne die Fläche zwischen der Kurve und der Gerade mit der Gleichung
a) $y = 6 - \frac{1}{2}x^2;\quad y = 2$ b) $y = 0{,}6\,x^2 + 3x;\quad y = -1{,}5\,x$

22. Berechne die Fläche zwischen der Kurve mit der Gleichung
a) $y = \frac{1}{4}x^4 - 2x^2 + 4$ und der Tangente im Hochpunkt,
b) $y = 2x - \frac{1}{3}x^3$ und der Normale im Wendepunkt.

23. Berechne die Flächen, welche die folgenden Kurven einschließen:
a) $y = x^3;\quad y = 2x - x^2$ b) $y = \frac{1}{3}x^2;\quad y = x - \frac{1}{12}x^3$

24. Eine bzgl. der y-Achse symmetrische Parabel 4. Ordnung hat in $P(2\,|\,0)$ einen Wendepunkt und geht durch $Q(4\,|\,-3)$. Wie groß ist die Fläche zwischen der Kurve und ihren Wendetangenten?

25. Eine Parabel 3. Ordnung berührt die x-Achse in O und schneidet sie in $P(6\,|\,0)$ unter 45°. Welche Fläche schließt sie mit der Tangente in P ein?

Die Menge der Stammfunktionen von $f(x)$

Bei einem *bestimmten Integral* $\int_a^b f(x)\,dx$ ist für jede der Grenzen a und b eine Zahl einzusetzen; das Integral ergibt dann eine bestimmte Zahl. Demgegenüber wird durch das Integral $\int_a^x f(t)\,d(t)$ nach S 2 eine Stammfunktion von $f(x)$ definiert, aus der durch Addition von Konstanten $C \in \mathbb{R}$ *jede* Stammfunktion von $f(x)$ erhalten wird. Man drückt dies dadurch in kurzer Form aus, daß man die Grenzen wegläßt und z. B. schreibt:

$$\int x\,dx = \frac{1}{2}x^2 + C, \quad \int x^2\,dx = \frac{1}{3}x^3 + C, \quad \int x^3\,dx = \frac{1}{4}x^4 + C, \quad \int dx = x + C.$$

D 3 Wenn $F'(x) = f(x)$ ist, so schreibt man $\int \boldsymbol{f(x)\,dx = F(x) + C}$ und nennt $x \to F(x) + C$ die **Menge der Stammfunktionen von $f(x)$** (unbestimmtes Integral). $C \in \mathbb{R}$ bezeichnet man als **Integrationskonstante.**

Wie man durch Ableiten leicht nachprüft, gilt für $f(x) = x^n$ der Satz:

S 4 $\displaystyle\int \boldsymbol{x^n\,dx = \frac{x^{n+1}}{n+1} + C}$, falls $n \in \{0, 1, 2, 3, \ldots\}$ ist.

Wir können nun sagen: Ist $f(x)$ gegeben und $f'(x)$ gesucht, so muß man *differenzieren.*
Ist $f'(x)$ gegeben und $f(x)$ gesucht, so muß man *integrieren.*

S 5 **Die Integration ist die Umkehrung der Differentiation.**

27 Vermischte Aufgaben

Funktionen

1. Zeichne die Schaubilder folgender Funktionen, untersuche Monotonie und Stetigkeit.

a) $y = \begin{cases} 1 & \text{für } -1 \leqq x < 1 \\ \frac{1}{x} & \text{für } 1 \leqq x \leqq 2 \\ \frac{x}{4} & \text{für } 2 < x \leqq 4 \end{cases}$ b) $y = \begin{cases} 4 & \text{für } -4 \leqq x < -2 \\ x^2 & \text{für } -2 \leqq x \leqq 1 \\ 2x - 1 & \text{für } 1 < x \leqq 4 \end{cases}$

c) $y = \frac{1}{2}x - [x]$ für $-4 \leqq x \leqq 4$ d) $y = 2^{[x]}$ für $-1 \leqq x \leqq 3$ (vgl. § 8, Beispiel 7)

e) $y = x^2 - [x]$ für $x \geqq 0$. f) $y = \sqrt{x^2}$ für $-4 \leqq x \leqq 4$

g) $y = |x^2 - 4| + |2x|$; $x \in \mathbb{R}$ h) $y = \frac{x}{|x|} - \frac{2}{x}$ für $x \neq 0$

2. Gib zu den folgenden Funktionen die Umkehrfunktionen an. Zeichne.
a) $y = 4 - x$; $x \geqq 0$ b) $y = x^3 + 1$; $x \geqq 0$ c) $y = 2^x$; $x \in \mathbb{R}$

3. Folgende Funktionen sind abschnittsweise monoton. Aus welchen monotonen Einzelfunktionen bestehen sie, und welche Umkehrfunktionen haben diese Einzelfunktionen?
a) $y = |x^3|$ für $-2 \leqq x \leqq +2$ b) $y = x^2 \cdot |x|$ für $-3 \leqq x \leqq +3$

Stetigkeit und Differenzierbarkeit

10. Stelle fest, an welchen Stellen die folgenden Funktionen nicht stetig sind, und gib jeweils an, welche der drei Stetigkeitsbedingungen nicht erfüllt ist.

a) $y = \frac{4x}{4 - x^2}$ b) $y = \frac{x+1}{|x+1|} + x$ c) $y = 2^{\frac{1}{x-2}}$ d) $y = \frac{x^3 + x}{|x|}$

11. An welchen Stellen sind folgende Funktionen nicht differenzierbar?
a) $y = |x^3 - 1|$ für $-2 \leqq x \leqq +2$ b) $y = \sqrt[3]{x}$; $x \in \mathbb{R}_0^+$
c) $y = |4x - x^2|$ für $-1 \leqq x \leqq +5$ d) $y = \sqrt{x}$ für $x \geqq 0$
e) $y = \begin{cases} x^3 & \text{für } 0 \leqq x \leqq 1 \\ x^4 & \text{für } 1 < x \leqq 2 \end{cases}$ f) $y = |1 + \sqrt[3]{x}|$ für $0 \leqq x \leqq 8$

12. a) Weise nach, daß bei jeder ganzen rationalen Funktion 2. Grades $y = f(x)$ mit den Nullstellen x_1 und x_2 die Beziehung $f'(x_1) + f'(x_2) = 0$ gilt.
b) Weise nach, daß für jede ganze rationale Funktion 4. Grades, deren Graph symmetrisch zur der y-Achse verläuft und welche die Nullstellen x_1, x_2, x_3, x_4 hat, gilt:

$$f'(x_1) + f'(x_2) + f'(x_3) + f'(x_4) = 0$$

Ganze rationale Funktionen

13. a) Beweise, daß bei allen Kurven mit der Gleichung $y = a x^3 + b x^2$ $(a \neq 0;\ b \neq 0)$ der x-Wert des Wendepunkts das arithmetische Mittel der x-Werte der Extrempunkte ist,
b) Beweise dasselbe für $y = x^3 + a x^2 + b x + c$, wenn zwei Extremwerte existieren.

▶ **14.** Die Kurve mit der Gleichung $y = a + b x + c x^2 + d x^3 + e x^4$ habe die Gerade $x = k$ zur Symmetrieachse. Welche Bedingungen bestehen dann für a, b, c, d, e, k?

8—7369/2⁶

15. Das zur y-Achse symmetrische Schaubild einer ganzen rationalen Funktion möglichst niedrigen Grades soll durch den Ursprung gehen, die Gerade $y = 4$ berühren und in $P_1(2\sqrt{2} \mid 0)$ die x-Achse schneiden. Wie heißt die Funktion?

16. Welche Werte, ausgedrückt in t, müssen bei der Parabel 3. Grades mit der Gleichung $y = t\,x^3 + a\,x^2 + b\,x$ die Koeffizienten a und b annehmen, wenn die Parabel bei $x = 1$ ihren höchsten Punkt und bei $x = 2$ ihren Wendepunkt haben soll? Bestimme t so, daß die Wendetangente durch den Punkt $(4 \mid -2)$ geht. Wie groß ist die dazu gehörende Subtangente? Zeichne die Kurve.

17. a) Zeige: Alle Kurven der Schar mit der Gleichung $y = x^3 + a\,x^2 - (3\,t^2 + 2\,a\,t)\,x$ $(a \in \mathbb{R};\ t \in \mathbb{R}^+)$ haben Extrempunkte auf der Gerade $x = t$.
b) Beweise: Bei festem t haben für alle a die Kurven zwei gemeinsame Punkte. Berechne diese Punkte.

18. Wie muß man u in $y = -\frac{1}{8}x^3 + u\,x^2$ wählen, damit das Schaubild bei $x_1 = 3$ einen Wendepunkt hat? Berechne für $u = \frac{3}{4}$ die Fläche zwischen der Normale im Wendepunkt, der Kurve und der y-Achse.

19. Zeichne das Schaubild von $y = x^5 - x^3 + \dfrac{x}{4}$ für $0 \leqq x \leqq 1$ (Einheit 10 cm) und berechne die Fläche, die von der Tangente im Ursprung und der Kurve begrenzt wird.

20. Untersuche $y = x^2 - 5\,|\,x\,| + 4$ auf Symmetrie, Stetigkeit, Differenzierbarkeit und Integrierbarkeit. Berechne die Fläche, die die Kurve zwischen $x_1 = -1$ und $x_2 = +1$ mit der x-Achse einschließt. Welchen Inhalt hat die Fläche, welche die Kurve im 4. Feld mit der x-Achse einschließt?

21. Berechne den Inhalt des Flächenstücks, das von den Graphen der Funktionen $y = x^2 + 9$ und $y = x^4 + x^2 + 1$ begrenzt ist.

22. Untersuche und zeichne den Graph von $y = \frac{1}{8}(x^2 - 4\,x)$. Eine Parabel 3. Grades ist punktsymmetrisch bzgl. O und schneidet die gezeichnete Kurve zweimal auf der x-Achse. Die beiden Kurven stehen im Ursprung senkrecht aufeinander. Bestimme die Gleichung der Parabel 3. Grades, untersuche sie und zeichne ihren Graph.

23. Bestimme die Gleichung der Parabel 3. Grades, welche die Parabel mit der Gleichung $y = \frac{1}{4}x^2$ in O berührt und in $H\left(5 \mid \frac{25}{4}\right)$ ihren Hochpunkt hat. Berechne die Fläche A_1, die von beiden Kurven umschlossen wird. Bestimme $u > 5$ so, daß die Gerade $x = u$ mit den beiden Kurven die Fläche $A_2 = A_1$ begrenzt.

24. a) Das Schaubild der Funktion $y = a\,x^3 + b\,x^2 + c\,x + d$ geht durch den Ursprung und hat dort die Gerade $y = 2\,x$ als Wendetangente, außerdem schneidet es die x-Achse in $N(6 \mid 0)$. Bestimme $a,\ b,\ c,\ d$ und zeichne die Kurve.
b) Berechne den Inhalt der von der Kurve, der x-Achse und den Geraden $x = 0$ und $x = 6$ um schlossenen Fläche.
c) Halbiere diese Fläche durch die Gerade $x = k$. Bestimme k.
d) Welche Steigung muß man der Wendetangente geben, damit der berechnete Flächeninhalt 12 Flächeneinheiten beträgt?

25. Eine Parabel 4. Grades schneidet die x-Achse in $P(4 \mid 0)$ und hat im Ursprung einen Wendepunkt mit waagrechter Tangente. Sie schließt mit der x-Achse eine Fläche von 6,4 Flächeneinheiten ein. Stelle die Gleichung der Kurve auf und zeichne das Schaubild. Wo trifft die schiefe Wendetangente die Kurve zum zweiten Mal?

26. Bestimme b so, daß $y = \frac{1}{4}x^4 + b\,x^3 + 4\,x^2$ für $x = 4$ eine Nullstelle hat. Berechne den Inhalt der Fläche, die vom Graph der Funktion und der x-Achse im 1. Feld eingeschlossen wird. Beweise rechnerisch, daß die Kurve achsensymmetrisch bzgl. der Gerade $x = 2$ verläuft.

27. a) Bestimme die Stammfunktionen zu $f(x) = 3x^2 - 6x$. Wie lassen sich die Schaubilder aller Stammfunktionen aus *einem* Schaubild gewinnen? Bestimme die Gleichung des Schaubildes, das durch $P(-1 \mid -4)$ geht. Welchen Inhalt hat die Fläche, die es mit der x-Achse umschließt?
b) Welches dieser Schaubilder hat seinen Tiefpunkt auf der x-Achse?

28. Die Ableitung $y' = 1 - \frac{1}{4}x^2$ bestimmt eine Kurvenschar m. d. Gl. $y = f(x) + C$. Welche dieser Kurven geht durch $N_1(3 \mid 0)$? Bestimme nach dem Satz von S. 92 die beiden anderen Schnittpunkte dieser Kurve mit der x-Achse und berechne den Inhalt des über der x-Achse gelegenen Flächenstücks. Wie groß ist der Inhalt des unter der x-Achse gelegenen Flächenstücks?

29. a) Berechne die Fläche zwischen der Kurve mit der Gleichung $y = \frac{1}{2}x^3 - \frac{1}{8}x^4$ und der Gerade mit der Gleichung $y = x - 4$.
b) Dasselbe für $y = \frac{1}{2}x^3 - 4$ und $y = \frac{3}{2}x - 3$.

30. Zeige, daß die Graphen der Funktionen $y = \frac{8}{x^2}$ $(x \neq 0)$ und $y = 4 - \frac{x^2}{2}$ in P_1 und P_2 ohne Knick ineinander übergehen, also eine gemeinsame Tangente besitzen. Bestimme die Fläche, die begrenzt wird von der x-Achse, der Gerade $x = -4$, der 1. Kurve bis P_1, der 2. Kurve bis P_2, dann wieder von der 1. Kurve und der Gerade $x = 4$.

31. Berechne den Inhalt A des Parabelsegments, das die x-Achse von dem Schaubild der Funktion $y = ax - bx^2$ $(a > 0;\ b > 0)$ abschneidet und zeige, daß sich die Archimedische Formel $A = \frac{2}{3}s \cdot h$ ergibt, wobei s die Länge der Sehne auf der x-Achse und h die Höhe des Segments ist.

32. Durch die Funktion $y = \frac{1}{4}x^2$ ist eine Parabel gegeben. Die Sehne, die die Parabelpunkte P_1 und P_2 mit den x-Werten x_1 bzw. $x_2 > x_1$ verbindet, schneidet ein Parabelsegment ab. Zeige: Der Inhalt dieses Segments ist $A = \frac{1}{24}(x_2 - x_1)^3$.

33. Die Gerade $y = x + c$, $(c > 0)$, begrenzt einen Abschnitt der Parabel m. d. Gl. $y = x + \frac{1}{2}x^2$. Berechne den Flächeninhalt dieses Segments in Abhängigkeit von c. Bestimme denjenigen Wert c_1, für den diese Fläche $\frac{16}{3}$ Flächeneinheiten beträgt. Untersuche den Fall $c_2 = 0$.

34. Die Tangente im Punkt P_1 der Kurve mit der Gleichung $y = ax^3 + bx$ schneidet die Kurve in einem zweiten Punkt P_2. Berechne x_2 aus x_1 und a, b. Was fällt im Ergebnis auf?

Anwendungen

35. Der massive Fuß eines Stativs hat eine Form, die entsteht, wenn man das zwischen $x = -2$ und $x = 2$ gelegene Stück der Kurve mit der Gleichung $y = 0{,}25\,x^3$ um die Gerade mit der Gleichung $x = 3$ dreht. Berechne den Flächeninhalt des Achsenschnitts.

36. Ein wasserführender Stollen hat einen parabolischen Querschnitt mit 4 m Sohlenbreite und 3,8 m Scheitelhöhe. Wieviel m³ Wasser kann der Stollen in 1 sec führen bei einer zulässigen Höchstgeschwindigkeit des Wassers von 3,5 m/sec und einer Füllung bis $\frac{3}{4}$ der Scheitelhöhe?

37. In einem Induktionsapparat kann der Stromverlauf in der Primärspule näherungsweise dargestellt werden durch die Funktion

$$I = \begin{cases} I_0\,(a\,t + b\,t^2) & \text{für } 0\,\text{sec} \leqq t \leqq 2\,\text{sec} \\ I_0\,(c\,t^3 + d\,t^2 + e\,t + f) & \text{für } 2\,\text{sec} < t \leqq 3\,\text{sec} \end{cases}$$

mit $I_0 = 1\,\text{A}$, $a = 2\,\text{sec}^{-1}$, $b = -0{,}5\,\text{sec}^{-2}$, $c = 2\,\text{sec}^{-3}$, $d = -16\,\text{sec}^{-2}$, $e = 40\,\text{sec}^{-1}$, $f = -30$.

Welche Elektrizitätsmenge geht während dieses Stromstoßes durch die Leitung, wenn diese Menge durch den Inhalt der Fläche zwischen der Strom-Zeit-Kurve und der Zeitachse gemessen wird.

Lösen von Gleichungen

Die Gleichungen der Aufgaben 42 und 43 haben mindestens *eine* ganzzahlige Lösung. Suche sie nach Satz 14 von § 18 und bestimme dann die übrigen Lösungen nach Satz 11 von § 18.

42. a) $x^3 - 3x + 2 = 0$ b) $x^3 - 7x - 6 = 0$ c) $x^3 - 2x^2 - 3x + 10 = 0$
d) $x^3 - 4x^2 + x + 6 = 0$ e) $x^3 - 4x^2 - 4x - 5 = 0$ f) $x^3 - 5x^2 - 2x + 24 = 0$

43. Suche erst 2 ganzzahlige und dann die übrigen Lösungen der Gleichungen.
a) $x^4 + x^3 + 2x - 4 = 0$ b) $x^4 - x^3 - 11x^2 + 9x + 18 = 0$

Größte und kleinste Werte

44. Für welche $t \in \mathbb{R}$ hat jeder Tiefpunkt der Kurve mit der Gleichung $y = \frac{x^4}{4} - t^2 x^2$ einen Abstand von der x-Achse, der größer ist als 9?

45. Eine Parabel 3. Grades hat im Ursprung einen Wendepunkt und im Punkt $A(-2 \mid 2)$ eine waagrechte Tangente. Durch A geht außerdem eine Parabel 2. Grades, deren Achse die $+y$-Achse ist und deren Scheitel im Ursprung liegt. Untersuche und zeichne die Kurven. Für welches x aus $-2 \leqq x \leqq 0$ hat die Differenz der y-Werte beider Kurven ein Extremum?

46. Gegeben ist die Funktion $y = 3 - \frac{c^3}{2} x - \frac{1}{4} x^2 + \frac{c}{3} x^3$. Für welches c hat der Inhalt des Flächenstücks, das vom Schaubild der Funktion, der x-Achse und den Geraden $x = 0$ und $x = 3$ begrenzt ist, einen größten oder kleinsten Wert?

47. Gegeben ist die Parabelschar mit der Gleichung $y = (x - a)^2$ mit $0 < a \leqq 6$ und $0 \leqq x \leqq 6$. Berechne den Inhalt der Fläche zwischen der Parabel, der x-Achse und den Geraden $x = 0$ und $x = 6$. Für welches a hat diese Fläche den kleinsten Inhalt?

48. Die Kurve mit der Gleichung $y = x^2 - \frac{x^3}{6}$ $(0 \leqq x \leqq 6)$ und die x-Achse begrenzen im 1. Feld die Fläche A. Ein zur y-Achse paralleler Streifen mit der Breite 3 soll so gelegt werden, daß er aus der Fläche A ein Flächenstück möglichst großen Inhalts ausschneidet. Bestimme die Gleichung der beiden Parallelen, die den Streifen begrenzen.

49. Für welche Punkte der Kurve mit der Gleichung $y = \frac{1}{2}x^2 - 2x$ ist der Abstand vom Punkt $P(4 \mid 2)$ ein größter oder kleinster Wert?

50. In die Parabel mit der Gleichung $y = a - x^2$ soll ein Rechteck, dessen eine Seite auf der x-Achse liegt, so einbeschrieben werden, daß bei seiner Drehung um die y-Achse ein Zylinder größter Oberfläche entsteht. Berechne für $a_1 = 8$, $a_2 = 1$, $a_3 = \frac{1}{4}$ jeweils Grundkreisradius und Oberfläche.

53. Eine Parabel 3. Ordnung von der Gleichungsform $y = c\,x - a\,x^3$ geht durch $P_1\,(1 \mid 1)$ und durch $P_2\,(u \mid 0)$ mit $u > 1$. Wie groß ist der Inhalt der Fläche, den die Kurve im 1. Feld mit der x-Achse einschließt? Für welchen u-Wert ist dieser Inhalt am kleinsten und wie groß ist er dann? (Betrachte das Quadrat des Inhalts.)

54. Welche von allen Parabeln (2. Ordnung) mit der y-Achse als Symmetrieachse, die nach unten geöffnet sind und durch den Punkt $A\,(1 \mid 1)$ gehen, schließt die kleinste Fläche mit der x-Achse ein? Zeichne diese besondere Parabel und berechne dieses Minimum für den Flächeninhalt. (Betrachte das Quadrat des Inhalts).

28 Produktregel und Quotientenregel

Produktregel

❶ Leite $y = (1-x)\cdot(4-x)$ nach Ausmultiplizieren der Klammern ab und zeige, daß die Ableitung eines Produkts nicht gleich dem Produkt der Ableitungen der einzelnen Faktoren ist.

Es seien $u = f(x)$ und $v = g(x)$ Funktionen, die in einem gemeinsamen Bereich A differenzierbar sind. Wir wollen zeigen, daß dann auch $y = f(x)\cdot g(x)$ in A differenzierbar ist, und wir wollen eine Regel für die Ableitung eines Produkts herleiten.

Erste Herleitung (Fig. 117.1)

Aus den Graphen von $u = f(x)$ und $v = g(x)$ ergibt sich der Graph von $y = f(x)\cdot g(x)$ durch Multiplikation der u- und v-Werte, die zum gleichen x-Wert gehören.

Zu $x + \Delta x$ gehöre $u + \Delta u$, $v + \Delta v$, $y + \Delta y$.

Es ist dann:
$$\Delta y = (u + \Delta u)(v + \Delta v) - u\,v = u\cdot\Delta v + \Delta u\cdot v + \Delta u\cdot\Delta v$$

Daraus folgt:
$$\frac{\Delta y}{\Delta x} = u\cdot\frac{\Delta v}{\Delta x} + \frac{\Delta u}{\Delta x}\cdot v + \Delta u\cdot\frac{\Delta v}{\Delta x}$$

Strebt Δx gegen 0, so strebt Δu gegen 0 (warum?),

$\frac{\Delta u}{\Delta x}$ gegen $\frac{du}{dx}$, $\frac{\Delta v}{\Delta x}$ gegen $\frac{dv}{dx}$, $\frac{\Delta y}{\Delta x}$ gegen $\frac{dy}{dx}$,

also folgt:

$$\frac{dy}{dx} = y' = u\cdot v' + u'\cdot v + 0\cdot v' = u'\cdot v + u\cdot v'.$$

S 1 **Produktregel:**
Die Ableitung von $y = u\cdot v$ ist $y' = u'\,v + u\,v'$.

Zweite Herleitung

Mit der Grundformel von S. 68 erhält man

$$y' = \lim_{h\to 0}\frac{f(x+h)\cdot g(x+h) - f(x)\cdot g(x)}{h}; \quad h \neq 0$$

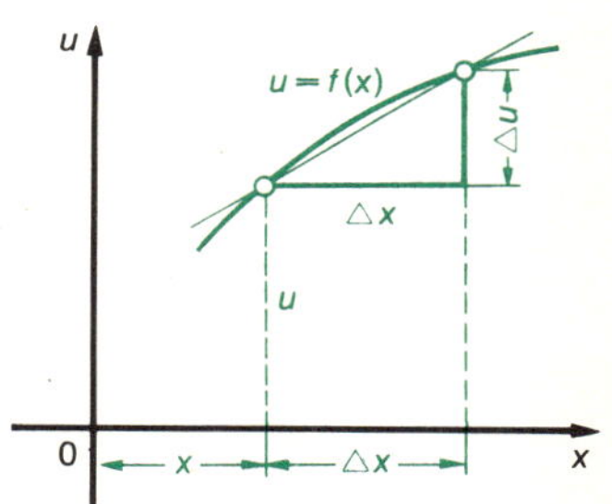

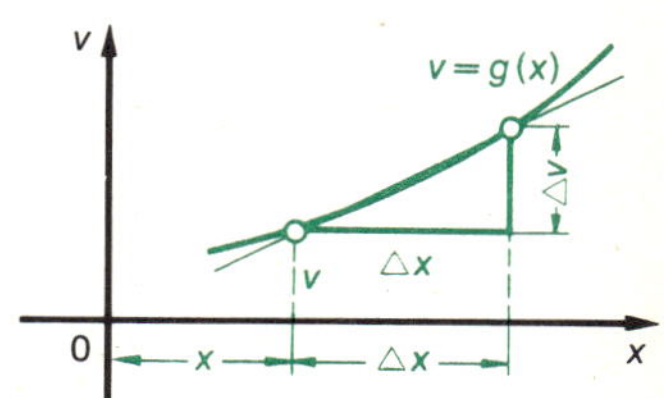

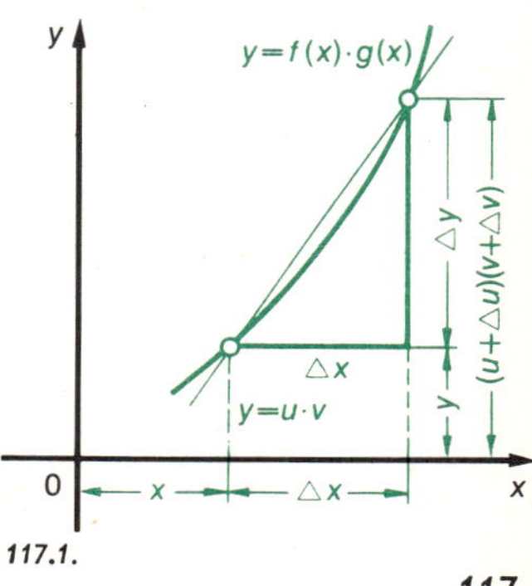

117.1.

Wir formen den Zähler entsprechend um wie bei S 1 c) auf S. 50:

$$y' = \lim_{h \to 0} \frac{f(x+h) \cdot g(x+h) - f(x) \cdot g(x+h) + f(x) \cdot g(x+h) - f(x) \cdot g(x)}{h}; \quad h \neq 0$$

$$y' = \lim_{h \to 0} \left[\frac{f(x+h) - f(x)}{h} \cdot g(x+h) + f(x) \cdot \frac{g(x+h) - g(x)}{h} \right]; \quad h \neq 0$$

Nach S 1 von S. 50 erhält man hieraus (weil f und g differenzierbar und stetig sind):

$$y' = \lim_{h \to 0} \frac{f(x+h) - f(x)}{h} \cdot \lim_{h \to 0} g(x+h) + \lim_{h \to 0} f(x) \cdot \lim_{h \to 0} \frac{g(x+h) - g(x)}{h}; \quad h \neq 0$$

$$y' = f'(x) \cdot g(x) + f(x) \cdot g'(x) \quad \text{bzw.} \quad \boldsymbol{y' = u' \cdot v + u \cdot v' = \frac{du}{dx} \cdot v + u \cdot \frac{dv}{dx}}$$

Beispiel:

$y = (x^2 + 6x) \cdot (8 - 25x^2)$; $u = x^2 + 6x$; $v = 8 - 25x^2$; $u' = 2x + 6$; $v' = -50x$

$y' = (2x + 6) \cdot (8 - 25x^2) + (x^2 + 6x) \cdot (-50x) = -100x^3 - 450x^2 + 16x + 48$

Aufgaben

1. a) $y = (x+1)(x+4)$ b) $y = (x-2) \cdot (3x+5)$ c) $y = (1-x)(35+12x)$
d) $y = (14-3x)(16-9x)$ e) $y = (-1{,}1x + 1{,}5)(1{,}8 - 2{,}5x)$

2. a) $y = (x-4)(x^2+3)$ b) $s = (2t^3 - 5)(7 - 6t)$

3. a) $y = (3x^2 + x)(13x - 9x^2)$ b) $z = (t^2 + 2t + 1)(t^2 - 2t + 1)$
c) $y = (x^2 + 6x + 9)(x^2 + 6x + 9)$ d) $y = (2x^3 - 0{,}5x^2)(2x^3 - 0{,}5x^2)$

4. Multipliziere in Aufg. 1 bis 3 die Klammern aus, leite ab, mache so die Probe.

Leite auf doppelte Weise ab (a ist konstant):

5. a) $y = \frac{1}{2}(x+5)(3x-1)$ b) $y = \frac{3}{5}(4+x)(1-x^2)$ c) $y = 1{,}5(a^2 - x^2)(a^2 + x^2)$

6. a) $y = (x+1)(x+2)(4-x)$ b) $s = (t + 2a) \cdot (2t + a)(2a - t)$

7. a) $y = (x+1)^2$ b) $y = (x^2+4)^2$ c) $y = (a^3 - x^3)^2$

8. Was ergibt die Anwendung der Produktregel auf die Funktion (a, m sind konstant):
a) $y = x^2$ b) $y = mx$ c) $y = ax^n$ ($n \in \mathbb{N}$) d) $y = a \cdot f(x)$?

9. $u(x)$, $v(x)$, $w(x)$ seien differenzierbare Funktionen, a, b, c Konstanten. Leite ab:
a) $y = av$; $y = bw$; $y = cu$ b) $y = au + bv + cw$
c) $y = uv$; $y = uw$; $y = vw$ d) $y = u^2$; $y = v^2$ e) $y = u \cdot v \cdot w$

10. Leite $y = u \cdot v$ dreimal ab. Entwickle $(u + v)^3$ und vergleiche.

11. Die Seiten $u(t)$ und $v(t)$ eines Rechtecks vergrößern sich mit der Geschwindigkeit $\dot{u}$ und $\dot{v}$. Leite die Geschwindigkeit $\dot{A} = \lim\limits_{\Delta t \to 0} \frac{\Delta A}{\Delta t}$ anschaulich her, mit der die Fläche A wächst.

12. Zeige: Sind $u(x)$ und $v(x)$ differenzierbare Funktionen, so ist $d(u \cdot v) = u\,dv + v\,du$.

13. Leite ab: a) $y = x \cdot f(x)$ b) $y = f'(x) \cdot f(x)$ c) $y = [f(x)]^2$

Quotientenregel

Sind die Funktionen $u = f(x)$ und $v = g(x)$ in A differenzierbar und bildet man den Quotienten $y = \frac{f(x)}{g(x)}$ für $g(x) \neq 0$, so ist auch der Quotient ableitbar und man erhält die

S 2 **Quotientenregel: Die Ableitung von $y = \frac{u}{v}$ ist $y' = \frac{u'v - uv'}{v^2}$,** $v \neq 0$.

Beweis: Wie bei der ersten Herleitung der Produktregel können wir schreiben:

$$\Delta y = \frac{u + \Delta u}{v + \Delta v} - \frac{u}{v} = \frac{v(u + \Delta u) - u(v + \Delta v)}{v(v + \Delta v)} = \frac{v \cdot \Delta u - u \cdot \Delta v}{v \cdot (v + \Delta v)}; \quad v \neq 0,\ v + \Delta v \neq 0.$$

$$\frac{\Delta y}{\Delta x} = \frac{1}{v(v + \Delta v)} \cdot \left[v \cdot \frac{\Delta u}{\Delta x} - u \cdot \frac{\Delta v}{\Delta x}\right], \text{ also } y' = \frac{1}{v^2}(u'v - uv').$$

Bemerkung: Da $g(x)$ differenzierbar, also auch stetig ist, so ist im Fall $g(x) \neq 0$ auch $g(x + \Delta x) = v + \Delta v \neq 0$, falls $|\Delta x|$ genügend klein ist.

Sonderfall (Potenzregel für $n \in \mathbb{Z}$): Ist $u = 1$ und $v = x^p$, $(p \in \mathbb{N})$, so ist $y = \frac{1}{x^p}$ und

$$y' = \frac{x^p \cdot 0 - 1 \cdot p \cdot x^{p-1}}{x^{2p}} = \frac{-p}{x^{p+1}} = -p\,x^{-p-1}; \quad \text{also: } y = x^{-p} \Rightarrow y' = (-p)\,x^{-p-1}.$$

Die Potenzregel (S. 63) gilt also auch für negative ganze Hochzahlen $n = -p$, also für $n \in \mathbb{Z}$.

Aufgaben (Gib zunächst den größtmöglichen Definitionsbereich der Funktionen an.)

Leite in Aufg. 14 bis 18 ab und bringe das Ergebnis auf die einfachste Form:

14. a) $y = \frac{x}{x+2}$ b) $y = \frac{x-2}{x+3}$ c) $y = \frac{5x}{3x+4}$ d) $y = \frac{2x+9}{4x-7}$

15. a) $y = \frac{1+x}{1-x}$ b) $y = \frac{5-x}{5+x}$ c) $s = \frac{15-7t}{17-8t}$ d) $w = \frac{11-6z}{-3z}$

16. a) $y = \frac{3x^2}{x^2-4}$ b) $y = \frac{9+5x^2}{3-2x^2}$ c) $u = \frac{2-x^3}{2+x^3}$ d) $v = \frac{0{,}1\,x^4-1}{0{,}2\,x^4}$

17. a) $y = \frac{6x}{15-x^2}$ b) $s = \frac{4t^2-5}{2t}$ c) $y = \frac{2x+x^2}{3x-4}$ d) $z = \frac{t^2-1{,}5\,t}{1+0{,}8\,t}$

18. a) $y = k \cdot \frac{a-bx}{a+bx}$ b) $y = \frac{ax^2+bx+c}{ax^2-bx+c}$ c) $s = \frac{a^2-bt+t^2}{abt}$

19. Zeichne die Schaubilder der Funktionen a) $y = \frac{5x^2}{x^2+2}$, b) $y = \frac{x^2-4}{x^2+1}$ samt Tangenten für $x \in \{0, \pm 1, \pm 2, \dots \pm 5\}$.

20. a) Zeige (mittels der Grundformel von S. 68), wenn a konstant ist:

$$y = \frac{a}{v(x)} \text{ hat die Ableitung } y' = -\frac{a \cdot v'(x)}{[v(x)]^2}, \quad (v(x) \neq 0)$$

b) Führe den Beweis von S 2 wie bei der 2. Herleitung von S 1 durch Einfügen zweier Glieder, die sich zu Null ergänzen.

21. Schreibe $y = u : v$ in der Form $v\,y = u$, leite beide Seiten der Gleichung nach x ab und bestätige so S 2 (unter der Voraussetzung, daß y differenzierbar ist).

22. Führe den Beweis der Potenzregel für negative ganze Hochzahlen
a) mit Hilfe der Produktregel, b) mit Hilfe der Grundformel (S. 68).

23. Leite die folgenden Funktionen von x mündlich ab (für $x \neq 0$):

a)	x^{-1}	x^{-2}	x^{-4}	x^{-7}	x^{-10}	x^{-15}	x^{-19}
b)	$2\,x^{-3}$	$6\,x^{-5}$	$-5\,x^{-6}$	$\frac{1}{2}\,x^{-8}$	$-\frac{2}{3}\,x^{-9}$	$\frac{5}{6}\,x^{-12}$	$0{,}3\,x^{-20}$
c)	$a\,x^4$	$b\,x^{-1}$	$3\,c\,x$	$-\frac{b}{a}\,x^{-2}$	$\frac{1}{6}\,k\,x^3$	$-\frac{3}{4}\,c\,x^{-16}$	$1{,}2\,a\,x^0$
d)	$\frac{1}{x^3}$	$-\frac{1}{x^5}$	$\frac{2}{x^4}$	$-\frac{3}{x^6}$	$\frac{1}{2\,x^2}$	$-\frac{3}{4\,x}$	$\frac{7}{8\,x^{10}}$
e)	$\frac{a}{x}$	$\frac{1}{a\,x}$	$-\frac{b}{x^2}$	$\frac{2\,a}{b\,x^5}$	$\frac{-a^2}{4\,x^3}$	$\frac{1}{6\,a\,x^2}$	$\frac{-4}{3\,b^2\,x}$

Leite in Aufg. 24 und 25 schriftlich zweimal ab (alle Nenner $N \neq 0$):

24. a) $y = \frac{3}{x^2}$ b) $y = \frac{1}{2\,x^4}$ c) $y = -\frac{1}{8\,x^6}$ d) $y = \frac{11}{12\,x}$

e) $s = \frac{5\,t^2}{4\,a^2}$ f) $s = \frac{4\,a^2}{5\,t^2}$ g) $z = \frac{a\sqrt{2}}{2\,b\,u}$ h) $w = \frac{1{,}5\,a\,b}{c\,z^4}$

25. a) $y = x^{-n}$ b) $y = a\,x^{-n-1}$ c) $y = \frac{x^{-2n}}{n}$ d) $y = \frac{x^{-n+1}}{n!}$

e) $y = \frac{1}{x^{n-2}}$ f) $y = \frac{k}{x^{2n-1}}$ g) $s = \frac{n!}{t^{n+1}}$ h) $s = \frac{n}{(n-1)\,t^{1-n}}$

26. Zeichne die Potenzkurven mit der Gleichung a) $y = \frac{4}{x}$, b) $y = \frac{8}{x^2}$ samt Tangenten für $x \in \{\pm 1, \pm 2, \pm 3, \pm 4\}$. Wie ändert sich y und y', wenn nacheinander für x die Zahlen $1, \frac{1}{2}, \frac{1}{4}, \frac{1}{8}, \ldots$ eingesetzt werden? Gib $\lim\limits_{x \to \pm 0} y$ und $\lim\limits_{x \to \pm 0} y'$ an.

27. Leite auf doppelte Weise ab ($x \neq 0$):

a) $y = \frac{x-3}{x}$ b) $y = \frac{4-x^2}{2\,x^2}$ c) $y = \frac{x+1}{10\,x^5}$ d) $y = \frac{x^4 - 2\,x^2 + 4}{6\,x^3}$

28. Leite ab (Nenner $\neq 0$) a) $y = \frac{1}{x+1}$ b) $y = \frac{1}{x^2-4}$ c) $y = \frac{k}{a\,x^2 + b\,x + c}$.
Führe mittels Aufg. 20 a) jeweils die Probe durch.

29. Leite ab (Nenner $\neq 0$):

a) $y = \frac{1}{1+x} - \frac{1}{1-x}$ b) $y = \frac{1}{4\,x^2} - \frac{1}{2\,x^2 - 1}$ c) $s = \frac{t}{a^2 - t^2} - \frac{a^2 - t^2}{t}$

30. Suche durch Überlegen und Nachprüfen Funktionen („*Stammfunktionen*"), welche die folgende Ableitung haben (Nenner $N \neq 0$):

a) $\frac{1}{x^2}$ b) $\frac{2}{x^3}$ c) $\frac{-6}{x^4}$ d) $\frac{1}{x^n}$, $n \in \{2, 3, 4 \ldots\}$

31. Zeige: Sind $u(x)$ und $v(x)$ differenzierbar und ist $v(x) \neq 0$, so ist $\mathrm{d}\left(\frac{u}{v}\right) = \frac{v\,\mathrm{d}u - u\,\mathrm{d}v}{v^2}$.

Bemerkung: Hier kann § 30 angeschlossen werden.

29 Verkettung von Funktionen. Kettenregel

Verkettung von Funktionen

❶ Setze $u = 1 - x^2$ in $y = \sqrt{u}$ ein und bilde so eine neue Funktion. Welche Zahlbereiche kommen für x (für u, für y) in Frage?

❷ Zerlege folgende Funktionen in Hilfsfunktionen $y = f(u)$ und $u = g(x)$ wie in Vorüb. 1:
a) $y = \sqrt{4 - x^2}$, b) $y = (6x^2 - 5)^3$, c) $y = 2^{3-x}$.

D 1 Sind A, B, C drei gegebene Mengen und ordnet eine Funktion g jedem Element $x \in A$ ein Element $u \in B$ zu, ordnet ferner eine Funktion f jedem dieser Elemente $u \in B$ genau ein Element $y \in C$ zu, so ist dadurch eine Funktion F definiert, die jedem $x \in A$ das betreffende Element $y \in C$ zuordnet (Fig. 121.1). Man sagt dann: F ist durch **Verkettung** von f und g entstanden. Für Funktionen, die durch *Funktionsgleichungen* auf Intervallen definiert sind, kann man D 1 in der Form ausdrücken:

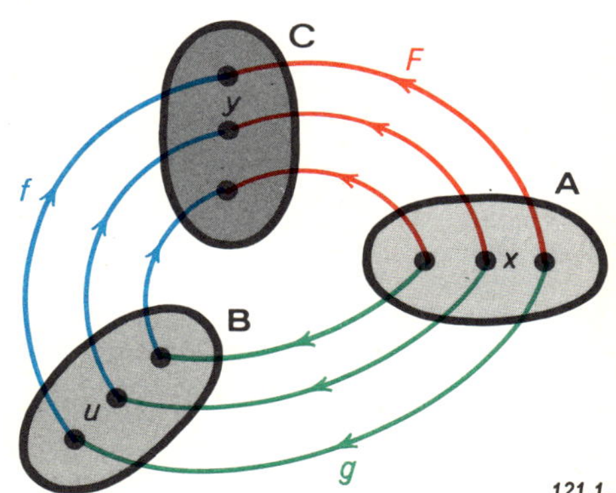

121.1.

Es sei

D 2 $u = g(x)$ in $A = \{x \mid x_1 \leqq x \leqq x_2\}$ definiert und habe dabei den Wertebereich $B = \{u \mid u_1 \leqq u \leqq u_2\}$, ferner sei $y = f(u)$ in B definiert, dann heißt $y = F(x) = f[g(x)]$ für $x \in A$ eine *durch Verkettung entstandene Funktion*. Man nennt oft $u = g(x)$ die innere und $y = f(u)$ die äußere Funktion.

Beispiel: Ist $u = \frac{2}{x}$ und $y = \sqrt{\frac{5}{2}u}$, so erhält man $y = \sqrt{\frac{5}{x}}$ mit $A = \left\{x \,\middle|\, \frac{1}{5} \leqq x \leqq 5\right\}$, $B = \{u \mid 10 \geqq u \geqq 0{,}4\}$ und $C = \{y \mid 5 \geqq y \geqq 1\}$.

Aufgaben

1. Verkette $y = f(u)$ mit $u = g(x)$:
a) $y = u^3$; $u = \frac{1}{2}x$, b) $y = u^4$; $u = \frac{1}{x-2}$, c) $y = \frac{1}{u^2}$, $u = 2x - x^2$
Gib jedesmal die Wertebereiche von u und y an, wenn $0 < x < 2$ ist.

2. Zerlege folgende Funktionen in Hilfsfunktionen $y = f(u)$ und $u = g(x)$:
a) $y = (x^2 - 4)^2$ b) $y = c\,(x - a)^n$ c) $y = \left(\frac{1 - x^2}{1 + x^2}\right)^3$ d) $y = \sqrt[3]{2x + 3}$

▸ 3. Zeichne ein Schaubild von $y = (-1)^{[x]}$. Welche Eigenschaften hat es? (Vgl. § 8, Bsp. 7.)

▸ 4. Welche Veränderung erfährt der Graph der Funktion $y = f(x)$, wenn man x ersetzt durch a) $2x$, b) kx, c) $-x$, ▸ d) $2 - x$, ▸ e) $a + bx$?

Ableitung von $y = u^n = [g(x)]^n$, $(n \in \mathbb{N})$

❸ Leite $y = (a x + b)^2$ mit Hilfe der Produktregel ab (setze $u = a x + b$).

❹ Wie leitet man nun $y = (a x + b)^3$ ab, wie $y = (a x + b)^4$ usw.?

Ist $u = g(x)$ differenzierbar und $y = u^2 = u \cdot u$, so ist $\frac{dy}{dx} = y' = u\,u' + u\,u' = 2\,u \cdot u'$.
Ist $y = u^3 = u^2 \cdot u$, so ergibt die Produktregel $y' = 2\,u\,u' \cdot u + u^2 \cdot u' = 3\,u^2 \cdot u'$.
Ist $y = u^4 = u^3 \cdot u$, so erhält man ebenso $y' = 3\,u^2\,u' \cdot u + u^3 \cdot u' = 4\,u^3 \cdot u'$, usw.
Für ganze positive Hochzahlen n vermutet man daher den Satz:

S 1 **Ist $y = u^n$ und $u \doteq g(x)$, so ist $\frac{dy}{dx} = n \cdot u^{n-1} \cdot \frac{du}{dx}$** bzw.

$$y' = n \cdot u^{n-1} \cdot u', \quad (n \in \mathbb{N}).$$

Beweis: I) Der Satz ist richtig für $n \in \{1, 2, 3, 4\}$.

II) Der Satz sei richtig für ein gewisses n; für *dieses* n habe also $y = u^n$ die Ableitung $y' = n \cdot u^{n-1} \cdot u'$. Dann hat $y = u^{n+1} = u^n \cdot u$ nach der Produktregel die Ableitung $y' = n \cdot u^{n-1} \cdot u' \cdot u + u^n \cdot u' = (n+1) \cdot u^n \cdot u'$. Der Satz gilt also auch für die Hochzahl $n + 1$.

III) Da der Satz für $n = 4$ gilt, so gilt er nach II) auch für $n = 5$; da er für $n = 5$ gilt, gilt er auch für $n = 6$, usw. Er gilt also für alle $n \in \mathbb{N}$. (Vgl. § 6, vollständige Induktion.)

Aufgaben

Leite in Aufg. 5 bis 9 ab:

5. a) $y = (5x + 3)^2$ b) $y = (2x - 7)^3$ c) $y = (1 - x)^4$ d) $y = (8 - 3x)^5$

6. a) $y = (x + a)^2$ b) $y = (a - x)^3$ c) $y = (ax + b)^4$

7. a) $y = (x^2 + 1)^2$ b) $y = (4 - 3x^2)^2$ c) $y = (1 - 2x^3)^2$

8. a) $y = (-x^3 + x)^2$ b) $y = (x^4 - c^2 x^2)^3$ c) $y = (a^3 - x^3)^2$

9. a) $y = (x^2 + 3x - 4)^2$ b) $y = (1 - 2x + 5x^2)^3$ c) $y = (x^5 - x^3 - 4x)^2$

10. Leite folgende Funktionen ab, wenn $u = g(x)$ ist. Vergleiche d) mit S 1.
a) $y = 1 : u^2$ b) $y = 1 : u^3$ c) $y = 1 : u^5$ d) $y = 1 : u^p, (p \in \mathbb{N})$

Leite die Funktionen in Aufg. 11 bis 15 ab:

11. a) $y = \frac{1}{(5x + 3)^2}$ b) $y = \frac{1}{(4 - x)^3}$ c) $y = \frac{1}{(7 - 6x)^4}$ d) $s = \frac{1}{a + bt}$

12. a) $y = \frac{1}{(x^2 - 2)^3}$ b) $y = \frac{1}{(1 - 4x^2)^2}$ c) $y = \frac{1}{(a^3 - x^3)^2}$ d) $y = \frac{1}{(x^3 - a^2 x)^4}$

13. a) $y = (2x - 1)(3x + 4)^2$ b) $y = (5 - 7x)^2 (1 - x)$ c) $y = (a + x)^3 (a - x)^3$

14. a) $y = (x^2 + 1)^2 (x^2 - 1)$ b) $s = (1 - t^2)(1 - t)^2$ c) $s = (a + bt)^2 (a - bt)^2$

15. a) $y = \left(\frac{3x + 2}{3x - 2}\right)^2$ b) $y = \frac{1 + 2x}{(2 - x)^2}$ c) $s = \frac{(a - t)^2}{(a + t)^2}$

16. Zeichne ein Schaubild von $y = (0{,}5\,x - 1)^3$ samt Tangenten für $x \in \{-2, -1, \ldots, 6\}$.

17. Es sei $y = f(u) = a u^2 + b u + c$ und $u = g(x)$. Zeige: $y' = f'(u) \cdot u'$.

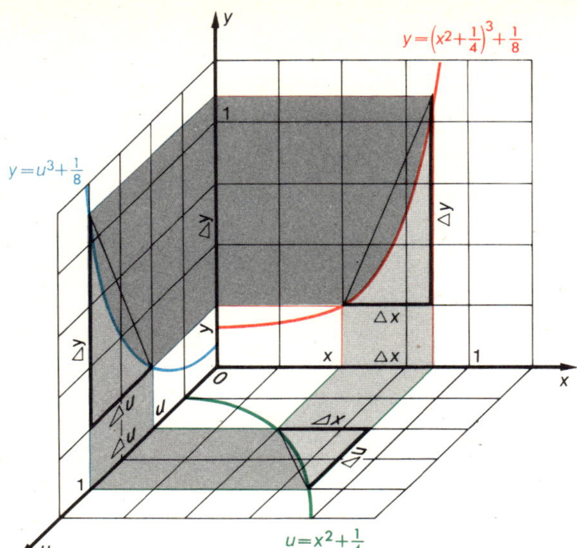

123.1. **Kettenregel**

Die Kettenregel

Erste Form der Herleitung (an Hand von Fig. 123.1)

Erzeugt man den Graphen der verketteten Funktion $y = F(x) = f[g(x)]$ aus den Graphen der Funktionen $u = g(x)$ und $y = f(u)$, so wie dies in Fig. 123.1 dargestellt ist, so sieht man, daß aus der Änderung von x um Δx die Änderung von u um Δu und die Änderung von y um Δy folgt. Die zugehörigen Sekantensteigungen sind $\frac{\Delta y}{\Delta x}$ bzw. $\frac{\Delta y}{\Delta u}$ und $\frac{\Delta u}{\Delta x}$. Zwischen ihnen besteht die Beziehung $\frac{\Delta y}{\Delta x} = \frac{\Delta y}{\Delta u} \cdot \frac{\Delta u}{\Delta x}$, $(\Delta x \neq 0,\ \Delta u \neq 0)$. Sind $g(x)$ und $f(u)$ differenzierbar und strebt Δx gegen 0, so strebt auch Δu gegen 0, ferner strebt $\frac{\Delta u}{\Delta x}$ gegen $g'(x)$ und $\frac{\Delta y}{\Delta u}$ gegen $f'(u)$, also $\frac{\Delta y}{\Delta x}$ gegen $\lim\limits_{\Delta x \to 0}\left[\frac{\Delta y}{\Delta u} \cdot \frac{\Delta u}{\Delta x}\right] = f'(u) \cdot g'(x)$. Es ist also auch $y = F(x)$ differenzierbar, und es gilt: $F'(x) = f'(u) \cdot g'(x)$, in anderer Form:

S 2 **Kettenregel:** Es sei $u = g(x)$ in $x_1 \leqq x \leqq x_2$ differenzierbar und habe dort den Wertevorrat $u_1 \leqq u \leqq u_2$; ferner sei $y = f(u)$ in $u_1 \leqq u \leqq u_2$ differenzierbar, dann ist die verkettete Funktion $y = f[g(x)] = F(x)$ in $x_1 \leqq x \leqq x_2$ differenzierbar und es gilt:

$$\boldsymbol{F'(x) = f'(u) \cdot g'(x) = f'(u) \cdot u'} \qquad \text{(I)}$$

Bemerkungen:

1. Man kann die Kettenregel so aussprechen: Die Ableitung von y nach x ist gleich Ableitung von y nach u mal Ableitung von u nach x.

2. Bei den Herleitungen von S 2 wurde vorausgesetzt, daß $\Delta x \neq 0$ und $\Delta u \neq 0$ ist. Von vornherein wird stets $\Delta x \neq 0$ gewählt. Es kann aber $\Delta u = 0$ sein (Fig. 123.2). Daß S 2 auch in diesem Fall gilt, zeigen wir hier nicht. (Vgl. Vollausg.)

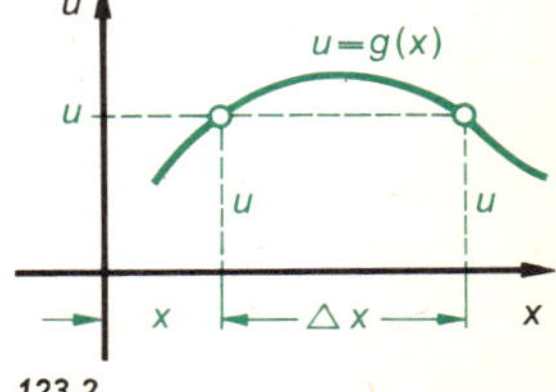

123.2.

3. Die Kettenregel ist eine der am meisten gebrauchten Regeln der Differentialrechnung.

4. Die Kettenregel (I) läßt sich mittels Differentialquotienten (vgl. S. 99) für $dx \neq 0$ und $du \neq 0$ in der leicht merkbaren Form schreiben: $\frac{dy}{dx} = \frac{dy}{du} \cdot \frac{du}{dx}$.

Aufgaben

18. a) Zeichne $y = u^3 + \frac{1}{8}$ und $u = x^2 + \frac{1}{4}$ (Einheit 5 cm) und konstruiere daraus das Bild von $y = (x^2 + \frac{1}{4})^3 + \frac{1}{8}$ für $0 \leqq x \leqq 1{,}5$. Bilde $\frac{dy}{dx}$.

b) Mache dasselbe für $y = \frac{1}{4}u^2$ und $u = \frac{1}{2}x + 1$ (Einheit 1 cm) und $-4 \leqq x \leqq 4$.

19. Leite nach der Kettenregel ab; gib den Definitionsbereich an (a, c, g sind konstant):

a) $y = \left(\frac{3-4x}{3+4x}\right)^2$ b) $y = \left(\frac{x^2-a^2}{x^2+a^2}\right)^3$ c) $y = \left(\frac{c}{a-x}\right)^4$ d) $s = \frac{1}{(c-gt)^n}$

21. Suche Stammfunktionen $F(x)$ zu folgenden Funktionen und mache die Probe:

a) $y = (x-3)^3$ b) $y = (3-x)^3$ c) $y = (6-2x)^3$ d) $y = f'(a-bx)$

22. a) $\int (x+4)^2\,dx$ b) $\int (2x+1)^4\,dx$ c) $\int (5-x)^4\,dx$ ▸ d) $\int (4-3x)^3\,dx$

23. a) $\int_0^2 \left(\frac{1}{2}x+1\right) dx$ b) $\int_0^2 (2-x)^3\,dx$ c) $\int_{-1}^3 \frac{1}{4}(1-x)^4\,dx$ ▸ d) $\int_{-1}^1 \frac{5\,dx}{(2x+3)^2}$

30 Gebrochene rationale Funktionen

Definition und Stetigkeit

❶ Setze in $f(x) = \frac{4}{x}$ a) $x \in \{1; 0{,}1; 0{,}01; 0{,}001; \ldots\}$, b) $x \in \{-1; -0{,}1; -0{,}01; -0{,}001, \ldots\}$. Was ergibt sich für $\lim\limits_{x \to +0} f(x)$ und $\lim\limits_{x \to -0} f(x)$? Zeichne ein Schaubild. Was ergibt die Einsetzung von 0 für x?

❷ Stelle eine Wertetafel auf und zeichne ein Schaubild für $y = \frac{x^2-1}{x-1} = (x+1) \cdot \frac{x-1}{x-1}$, $(x \neq 1)$.

❸ Setze in $f(x) = \frac{2x}{x-1}$

a) $x \in \{1{,}5; 1{,}1; 1{,}01; 1{,}001; \ldots\}$,

b) $x \in \{0{,}5; 0{,}9; 0{,}99; 0{,}999; \ldots\}$.

Gib $\lim\limits_{x \to 1+0} f(x)$ und $\lim\limits_{x \to 1-0} f(x)$ an.

Zeichne ein Schaubild.

D 1 Eine Funktion $\boldsymbol{y = R(x) = \frac{f(x)}{g(x)} = \frac{a_0 + a_1 x + a_2 x^2 + \cdots + a_n x^n}{b_0 + b_1 x + b_2 x^2 + \cdots + b_m x^m}}$ (I)

bezeichnet man als **gebrochene rationale Funktion** (vgl. S. 54).

Dabei ist $a_k, b_k \in \mathbb{R}$, $a_n \neq 0$, $b_m \neq 0$, $m \in \mathbb{N}$, $n \in \mathbb{N}_0$.

Ist $m = 0$, so ist $g(x) = b_0 \neq 0$; $R(x)$ ist dann eine *ganze rationale Funktion.* Die ganzen und die gebrochenen rationalen Funktionen bilden die **Menge der rationalen Funktionen.**

Da $f(x)$ und $g(x)$ für alle $x \in \mathbb{R}$ definiert und stetig sind, so gilt nach § 13:

S 1 *Die gebrochene rationale Funktion* $y = f(x) : g(x)$ ist für $x \in \mathbb{R}$ *definiert und stetig mit Ausnahme der Nullstellen des Nenners* $g(x)$. Deren Anzahl ist höchstens gleich m.

An den Nullstellen von $g(x)$ hat die Funktion $f(x):g(x)$ eine *Definitionslücke* und ist dort *weder stetig noch unstetig.* Ist x_1 eine Nullstelle von $g(x)$, so können zwei Fälle eintreten:

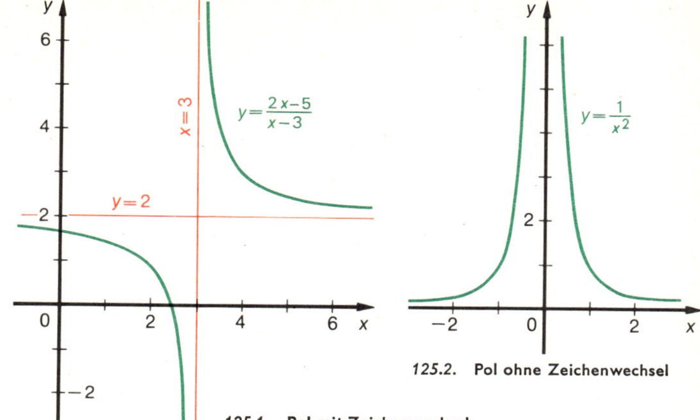

125.1. **Pol mit Zeichenwechsel**

125.2. **Pol ohne Zeichenwechsel**

1. Fall: Es ist $f(x_1) = c \neq 0$. Dann ist $\lim\limits_{x \to x_1} f(x) = c$ und $\lim\limits_{x \to x_1} g(x) = 0$, also $\lim\limits_{x \to x_1} \frac{f(x)}{g(x)} = +\infty$ oder $\lim\limits_{x \to x_1} \frac{f(x)}{g(x)} = -\infty$ (vgl. Beispiel 1 und 2).
Man sagt dann:

D 2 Die Funktion $R(x)$ hat bei x_1 eine **Unendlichkeitsstelle** (einen **Pol**). Der Graph der Funktion kommt von beiden Seiten beliebig nahe an die Parallele zur y-Achse mit der Gleichung $x = x_1$ heran. Man nennt diese zur y-Achse parallele Gerade eine **Asymptote** der Kurve.

Beispiel 1 (Fig. 125.1): $y = \frac{2x-5}{x-3}$ hat die Asymptote $x = 3$. Für die Nullstelle $x_1 = 3$ des Nenners gilt: $\lim\limits_{x \to 3+0} y = +\infty$ und $\lim\limits_{x \to 3-0} y = -\infty$, je nachdem also x

D 3 von rechts oder links gegen 3 strebt. Man hat einen „*Pol mit Zeichenwechsel*".

Beispiel 2 (Fig. 125.2): $y = \frac{1}{x^2}$ hat die Asymptote $x = 0$. Für die Nullstelle $x_1 = 0$

D 4 des Nenners gilt: $\lim\limits_{x \to 0} y = +\infty$, einerlei, ob x von rechts oder von links gegen 0 strebt. Man hat einen „*Pol ohne Zeichenwechsel*".

2. Fall: Es ist $f(x_1) = 0$; x_1 ist also auch Nullstelle des Zählers $f(x)$. Nach § 18 hat dann $y = R(x) = \frac{f(x)}{g(x)}$ die Form $y = \frac{(x-x_1)^p \cdot u(x)}{(x-x_1)^q \cdot v(x)}$ mit $p, q \in \mathbb{N}$; $u(x_1) \neq 0$, $v(x_1) \neq 0$. Für $x \neq x_1$ kann man mit $(x-x_1)^q$ kürzen und erhält $y = (x-x_1)^{p-q} \cdot \frac{u(x)}{v(x)}$.

a) Ist $p = q$, so ist $\lim\limits_{x \to x_1} y = \frac{u(x_1)}{v(x_1)} = c \neq 0$.

b) Ist $p > q$, so ist $\lim\limits_{x \to x_1} y = 0 \cdot \frac{u(x_1)}{v(x_1)} = 0$.

Die Lücke bei x_1 kann man beheben, wenn man definiert: $R(x_1) = c$ (Fall a) bzw. $R(x_1) = 0$ (Fall b).

c) Ist $p < q$, so ist $\lim\limits_{x \to x_1} y = \lim\limits_{x \to x_1} \left[\frac{1}{(x-x_1)^{q-p}} \cdot \frac{u(x)}{v(x)}\right] = \begin{cases} +\infty \\ -\infty \end{cases}$. Die Kurve hat bei x_1 einen *Pol*.

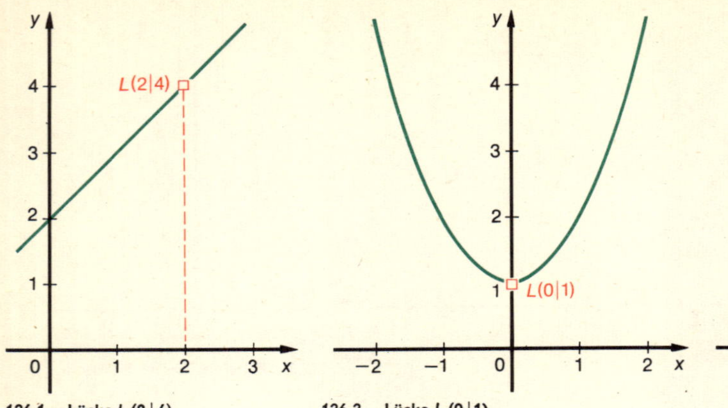

126.1. Lücke $L\,(2\,|\,4)$

126.2. Lücke $L\,(0\,|\,1)$

126.3.

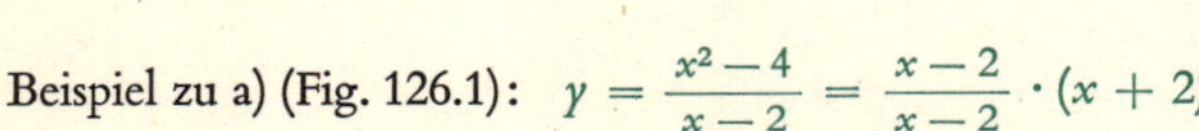

Beispiel zu a) (Fig. 126.1): $y = \dfrac{x^2-4}{x-2} = \dfrac{x-2}{x-2}\cdot(x+2)$

Für $x \neq 2$ ist $y = x + 2$; Gerade ohne Punkt $(2\,|\,4)$

Beispiel zu b) (Fig. 126.2): $y = \dfrac{x^3+x}{x} = \dfrac{x}{x}(x^2+1)$

Für $x \neq 0$ ist $y = x^2 + 1$, Parabel ohne Punkt $(0\,|\,1)$.

Beispiel zu c) (Fig. 125.1): $y = \dfrac{2x^2-11x+15}{x^2-6x+9} = \dfrac{(x-3)}{(x-3)^2}\cdot(2x-5) = \dfrac{x-3}{x-3}\cdot\dfrac{2x-5}{x-3}$.

Für $x \neq 3$ ist $y = \dfrac{2x-5}{x-3}$. Wie könnte man die Lücken beheben?

Verhalten für x gegen $\pm\infty$

Kürzt man in Gleichung (I) mit x^m (vgl. Aufg. 4) so erhält man den Satz:

S 2 *Strebt x gegen $\pm\infty$, so strebt* $y = \dfrac{f(x)}{g(x)} = \dfrac{a_0 + a_1x + a_2x^2 + \cdots + a_nx^n}{b_0 + b_1x + b_2x^2 + \cdots + b_mx^m}$

a) *gegen* 0, *falls* $n < m$ *ist. Das Schaubild hat die Asymptote* $y = 0$.

b) *gegen* $c = a_n : b_m \neq 0$, *falls* $n = m$ *ist. Das Schaubild hat die Asymptote* $y = c$.

c) *gegen* $\pm\infty$, *falls* $n > m$ *ist.*

Beispiel zu a): Für $y = \dfrac{1}{x^2}$ ist $\lim\limits_{x\to\pm\infty} y = 0$. $y = 0$ ist *Asymptote* (Fig. 125.2).

zu b): Für $y = \dfrac{2x-5}{x-3}$ ist $\lim\limits_{x\to\pm\infty} y = \lim\limits_{x\to\pm\infty}\dfrac{2-\frac{5}{x}}{1-\frac{3}{x}} = 2$. *Asymptote* $y = 2$ (Fig. 125.1).

zu c): Für $y = \dfrac{x^2+1}{x-1}$ ist $\lim\limits_{x\to+\infty} y = \lim\limits_{x\to+\infty}\dfrac{x+\frac{1}{x}}{1-\frac{1}{x}} = +\infty$, $\lim\limits_{x\to-\infty}\dfrac{x+\frac{1}{2}}{1-\frac{1}{x}} = -\infty$ (126.3).

In Beispiel c) ist $y = \frac{x^2+1}{x-1} = \frac{(x^2-1)+2}{x-1} = x+1+\frac{2}{x-1}$ für $x \neq 1$.

Da nun $\lim_{x \to \pm\infty} \frac{2}{x-1} = 0$ ist, so strebt die Differenzfunktion $\frac{x^2+1}{x-1} - (x+1)$ gegen 0, für x gegen $\pm\infty$. Wir sagen dann: Außer der Gerade $x = 1$ ist auch die Gerade $y = x + 1$ *Asymptote* der Kurve m. d. Gl. $y = \frac{x^2+1}{x-1}$.

Ist $n \geqq m$, so läßt sich (I) immer als Summe einer ganzen rationalen Funktion und einer gebrochenen rationalen Funktion darstellen, bei welcher der Zähler von niedrigerem Grad als der Nenner ist.

Beispiele: a) Im vorstehenden Beispiel c) ist $y = \frac{x^2+1}{x-1} = x+1+\frac{2}{x-1}$.

b) $y = \frac{2x-5}{x-3} = \frac{(2x-6)+1}{x-3} = 2 + \frac{1}{x-3}$

Asymptoten: $x = 3$ und $y = 2$ (Fig. 125.1)
Die Kurve ist eine rechtwinklige Hyperbel.

c) $y = \frac{1}{6} \cdot \frac{x^3}{x-2}$

Durch „Ausdividieren“ erhält man (siehe unten):

$$y = \frac{1}{6}(x^2+2x+4) + \frac{4}{3(x-2)}$$

Wegen $\lim_{x \to \pm\infty} \frac{4}{3(x-2)} = 0$ ist die Parabel m. d. Gl. $y = \frac{1}{6}(x^2+2x+4)$ *„Näherungskurve“* für große $|x|$. Außerdem ist $x = 2$ eine *Asymptote* parallel zur y-Achse (Fig. 127.1).

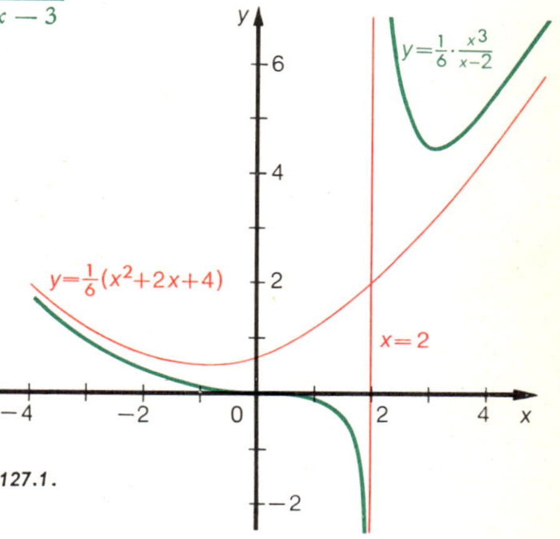

127.1.

S 3 Aus den Beispielen und Gleichung (I) folgt, daß für das Bild von $R(x)$ gilt:

Ist $n \geqq m$, so ist *„Näherungskurve“* für große $|x|$:
1. bei $n = m$ eine Parallele zur x-Achse,
2. bei $n = m + 1$ eine „schiefe“ Gerade,
3. bei $n \geqq m + 2$ der Graph einer ganzen rationalen Funktion vom Grad $n - m$.

$$x^3 : (x-2) = x^2 + 2x + 4 + \frac{8}{x-2}$$

$$\begin{array}{l} \underline{x^3 - 2x^2} \\ \quad 2x^2 \\ \quad \underline{2x^2 - 4x} \\ \qquad 4x \\ \qquad \underline{4x - 8} \\ \qquad\quad 8 \end{array}$$

Aufgaben

1. Bestimme den Grenzwert von y für x gegen 0 (von rechts und links):

a) $y = \frac{4}{x}$ b) $y = \frac{5}{2x^2}$ c) $y = \frac{2x+1}{x}$ d) $y = \frac{x^2+2}{5x}$

2. Bestimme in Aufg. 1 und 3 $\lim_{x \to +\infty} y$ und $\lim_{x \to -\infty} y$.

3. Bestimme den Grenzwert von y für x gegen a (von rechts und links):

a) $y = \frac{1}{x-4}$ für x gegen 4 b) $y = \frac{5x}{x+2}$ für x gegen -2

c) $y = \frac{x^2}{x-1}$ für x gegen 1 d) $y = \frac{x-1}{x^2+x}$ für x gegen -1 und x gegen 0

4. Kürze $y = \frac{a_0 + a_1 x + a_2 x^2 + \cdots + a_n x^n}{b_0 + b_1 x + b_2 x^2 + \cdots + b_m x^m}$ mit x^m, berechne $\lim\limits_{x \to +\infty} y$ und $\lim\limits_{x \to -\infty} y$ und beweise ausführlich die Sätze 2 a) bis c) allgemein.

5. Bestimme die Nullstellen und die Pole folgender Funktionen

a) $y = \frac{4x-5}{2x+3}$ b) $y = \frac{x^2-x-6}{x^2+x-6}$ c) $y = \frac{x^3-4x^2-4x}{x^4-4}$

6. Bestimme die Lücken x_1 folgender Funktionen und berechne jedesmal $\lim\limits_{x \to x_1} y$.

a) $y = \frac{x^2-1}{x+1}$ b) $y = \frac{x^2-2x-15}{x-5}$ c) $y = \frac{x^2+2x-24}{x^2-8x+16}$

7. Ermittle bei folgenden Funktionen die Nullstellen, die Pole und das Verhalten für x gegen $\pm\infty$. Zeichne Schaubilder samt achsenparallelen Asymptoten:

a) $y = \frac{x+2}{x}$ b) $y = \frac{3x-4}{x+2}$ c) $y = \frac{6-x^2}{x^2}$ d) $y = \frac{x^3+8}{x^3}$

Wo steigen (fallen) die Kurven? Wo sind es Rechtskurven (Linkskurven)? Bestimme insbesondere die Steigung in den Achsenschnittpunkten. Zeige, daß es keine Hoch-, Tief- und Wendepunkte gibt.

Kurvenuntersuchungen

Wir haben gesehen, daß gebrochene rationale Funktionen beliebig oft differenzierbar sind, wenn man die Nullstellen der Nennerfunktion ausnimmt. Man kann daher die Verfahren der Differentialrechnung für Kurvenuntersuchungen (§ 21 und 22) auch auf diese Funktionen und ihre Graphen anwenden. Gegenüber den ganzen rationalen Funktionen kommt hier die Bestimmung von Polen, Lücken, Asymptoten hinzu. Außerdem ist es bei komplizierteren Kurven ratsam, Gebiete der x, y-Ebene festzustellen, in denen keine Kurvenpunkte liegen können. Wir zeigen eine solche „Gebietseinteilung" an einem Beispiel:

Gebietseinteilung bei

$$y = \frac{x^2-x}{x^2-x-6} = \frac{x(x-1)}{(x-3)(x+2)}$$

$$= \frac{1-\frac{1}{x}}{1-\frac{1}{x}-\frac{6}{x^2}} \qquad \text{(Fig. 128.1)}$$

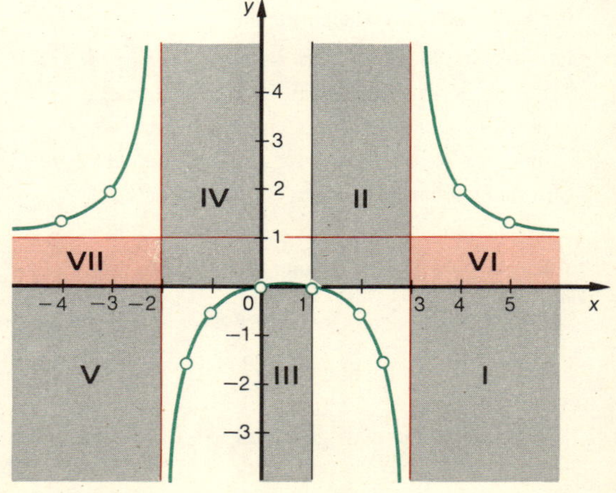

128.1. Gebietseinteilung

Man zeichnet die 3 *Asymptoten:* $x = 3$, $x = -2$, $y = 1$ und die Parallelen zur y-Achse, die zu den *Nullstellen* $x = 1$ (und $x = 0$) gehören.
Nun stellt man fest, daß sich beim Überschreiten der Stellen -2; 0; 1; 3 auf der x-Achse jedesmal das Vorzeichen von y ändert, da jeweils *einer* der 4 Faktoren x, $x-1$, $x-3$, $x+2$ sein Zeichen wechselt. Für $x > 3$ ist $y > 0$, man kann daher das Gebiet I durch Schraffieren sperren und daher auch die Gebiete II bis V. Man sieht ferner, daß für $x > 3$ gilt: $\left(1 - \frac{1}{x}\right) > \left(1 - \frac{1}{x} - \frac{6}{x^2}\right)$, also $y > 1$; daher kann Gebiet VI gesperrt werden und ebenso Gebiet VII. Wenn man nun noch die Nullstellen und die Asymptoten beachtet, ergibt sich die Kurve in ihren Hauptzügen fast zwangsläufig.

Näherungskurven für kleine $|x|$

Außer den Näherungskurven für x gegen ∞ können auch Näherungskurven für kleine Werte von $|x|$ bei Kurvenuntersuchungen gute Dienste leisten. Man erhält solche Näherungsfunktionen, indem man bei *Summanden* in der Kurvengleichung höhere Potenzen von x gegenüber niedrigeren Potenzen oder Konstanten vernachlässigt (Begründung?).

Beispiele: 1. $y = \frac{2x}{x^2+4}$ hat in O die Näherungskurve (Tangente) $y = \frac{2x}{4} = \frac{1}{2}x$.

2. Die Funktion $y =$	$\frac{2x^2-5}{x^3}$	$\frac{x^3}{6(x-2)}$	$\frac{x^2-x}{x^2-x-6}$	$\frac{x^2-4}{x^2+2}$
hat als Näherungsfunktion für kleine $\lvert x \rvert$ z. B. $y =$	$\frac{-5}{x^3}$	$\frac{-x^3}{12}$ (Fig. 127.1)	$\frac{x}{6}$ (Fig. 128.1)	$\frac{-4}{x^2+2}$ (Fig. 129.1)

Im letzten Beispiel ist auch $y = -2$ oder $y = \frac{1}{2}(x^2-4)$ möglich; Zeichne!

Aufgaben

Untersuche und zeichne die Kurven in Aufg. 8 bis 12 (Symmetrie, Gebietseinteilung, Achsenschnittpunkte samt Steigung in ihnen, Hoch- und Tiefpunkte, Wendepunkte samt Steigung der Wendetangenten, Pole, Asymptoten, Näherungskurven für x gegen $\pm\infty$ und für x gegen 0).

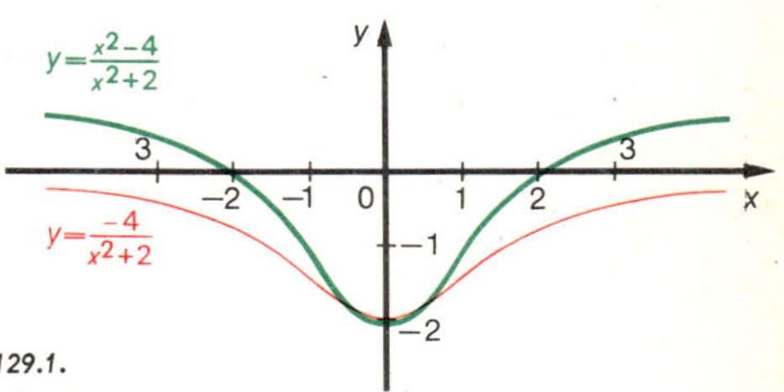

129.1.

8. a) $y = \frac{36}{x^2+9}$ b) $y = \frac{8}{4-x^2}$ c) $y = \frac{12x}{x^2+3}$ d) $y = \frac{4x}{x^2-8}$ e) $y = \frac{2-x^2}{x^2-9}$

9. a) $y = \frac{6+x^2}{6-x^2}$ b) $y = \frac{2x^2-15}{x^2+6}$ c) $y = 5\,\frac{x^2+4}{x^2+12}$ d) $y = \frac{x^2+4x+3}{x^2+3}$

10. a) $y = \frac{4}{x} + \frac{2}{x^2}$ b) $y = \frac{6}{x} - \frac{12}{x^3}$ c) $y = \frac{4(x^2-1)}{x^4}$ d) $y = \frac{4(5-2x)}{x^2}$

11. a) $y = x + \frac{4}{x}$ b) $y = \frac{x^2+x+3}{x}$ c) $y = \frac{0{,}5x^2-2{,}5}{x-3}$ d) $y = \frac{1+x^2}{2-x}$

e) $y = \frac{4-x^3}{2x^2}$ f) $y = \frac{x^3}{x^2+x-6}$ g) $y = \frac{x^3}{3(x+1)^2}$ h) $y = \frac{x^3}{x^2-4}$

Achte auf schiefe Asymptoten. Wende bei a), b), e) Addition der y-Werte an.

9—7369/2[6]

12. a) $y = \frac{x^3 - 8}{4x}$ b) $y = \frac{x^3}{12(x+4)}$ c) $y = \frac{25 + x^4}{5x^2}$ d) $y = \frac{25 - x^4}{5x^2}$

Gib Näherungskurven für x gegen $\pm\infty$ und für kleine $|x|$ an.

Extremwerte bei gebrochenen rationalen Funktionen

13. a) Welches Rechteck vom Inhalt $A = 18\ \text{cm}^2$ hat den kleinsten Umfang?
b) Welcher Kreisausschnitt vom Inhalt $A = 12\ \text{cm}^2$ hat den kleinsten Umfang?

14. a) Einem Rechteck mit den Seiten $a = 5$ cm und $b = 3$ cm ist ein gleichschenkliges Dreieck von kleinstem Inhalt umzubeschreiben.
b) Einem Würfel mit der Kante $a = 4$ cm ist eine senkrechte quadratische Pyramide von kleinstem Inhalt umzubeschreiben.

15. Der Querschnitt eines unterirdischen Entwässerungskanals ist ein Rechteck mit aufgesetztem Halbkreis. Wie sind Breite und Höhe des Rechtecks zu wählen, damit die Querschnittsfläche $A = 8\ \text{m}^2$ beträgt und zur Ausmauerung möglichst wenig Material benötigt wird?

16. a) Wie sind die Ausmaße einer zylindrischen Dose mit Deckel (ohne Deckel) zu wählen, damit sie den Inhalt $V = 2\ \text{dm}^3$ hat und zu ihrer Herstellung möglichst wenig Material benötigt wird?
b) Löse dieselbe Aufgabe für einen kegelförmigen Trichter (ohne Deckel) mit $V = 0{,}5\ \text{dm}^3$. (Anleitung: Betrachte M^2 statt M.)

17. Eine Fabrik stellt Blechgefäße vom Inhalt $V = 15\ \text{dm}^3$ her, welche die Gestalt eines Zylinders mit *einer* aufgesetzten Halbkugel haben. Bei welchen Ausmaßen ist der Materialverbrauch am kleinsten? (Ohne und mit Deckel.) — Was ergibt sich, wenn *beiderseits* Halbkugeln aufgesetzt werden?

18. Bestimme das größte aller Rechtecke, von denen 2 Ecken auf der x-Achse und 2 Ecken auf der Kurve m.d.Gl. $y = 20 : (5 + x^2)$ liegen.

Integrale und Flächeninhalte

22. Bestätige durch Ableiten die *Potenzregel* (S. 63): $\int x^n\,dx = \frac{x^{n+1}}{n+1}$, $n \in \mathbb{Z} \setminus \{-1\}$

23. a) $\int x^{-2}\,dx$ b) $\int x^{-4}\,dx$ c) $\int \frac{dx}{x^3}$ d) $\int \frac{2\,dz}{z^5}$ e) $\int \frac{10\,du}{3u^6}$

24. a) $\int \left(x + 2 + \frac{1}{x^2}\right) dx$ b) $\int \frac{2x^2 - 5}{x^2}\,dx$ c) $\int \frac{4 - x}{2x^3}\,dx$

25. Suche eine Integralfunktion durch Probieren und prüfe durch Ableiten nach:
a) $\int \frac{dx}{(x-1)^2}$ b) $\int \frac{dx}{(3-x)^2}$ c) $\int \frac{dx}{(2x-5)^2}$ d) $\int \frac{6\,dx}{(3x+2)^3}$

27. Berechne die Fläche zwischen der Kurve und der x-Achse von $x = a$ bis $x = b$.
a) in Aufg. 10 c von 1 bis 2, b) in 11 e von $\frac{1}{2}$ bis 1, c) in 12 c von 1 bis 3.

31 Die Ableitung von Umkehrfunktionen. Die Potenzfunktion $y = x^{\frac{p}{q}}$

❶ Welches sind die Umkehrfunktionen $x = \varphi(y)$ von a) $y = x^2$, b) $y = x^3$? (Vgl. S. 33.) Wie kann man den Definitionsbereich bei a) bzw. b) festlegen, damit man eine Umkehrfunktion gewinnt? Vergleiche den Graph von $y = f(x)$ und $x = \varphi(y)$.

Stetigkeit bei Umkehrfunktionen

Wenn $y = f(x)$ eine im Intervall $[a, b]$ streng monoton steigende stetige Funktion ist, so gibt es dazu, wie wir wissen, eine streng monoton steigende Umkehrfunktion $x = \varphi(y)$ (Fig. 131.1). Ist $c = f(a)$ und $d = f(b)$, so ist wegen der strengen Monotonie und Stetigkeit von $f(x)$ *jedes* $y \in [c, d]$ das Bild von genau *einem* $x \in [a, b]$. Umgekehrt ordnet $x = \varphi(y)$ diesem y wieder das ursprüngliche x zu, $y = f(x)$ hat also den Definitionsbereich $[a, b]$ und den Wertebereich $[c, d]$; bei $x = \varphi(y)$ ist es umgekehrt. Die Graphen von $y = f(x)$ und $x = \varphi(y)$ fallen zusammen. Ist $f(x)$ monoton fallend, so ist $[c, d]$ durch $[d, c]$ zu ersetzen (wieso?).

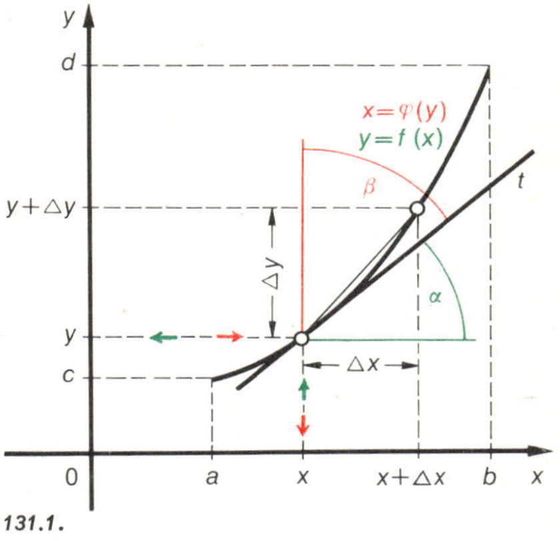

131.1.

S 1 *Ist $y = f(x)$ für $a \leqq x \leqq b$ streng monoton und stetig, so ist die Umkehrfunktion $x = \varphi(y)$ für $c \leqq y \leqq d$ bzw. $d \leqq y \leqq c$ streng monoton und stetig.*

Beweis (Fig. 131.1): Ändert sich x bei $y = f(x)$ um Δx, so ändert sich y um Δy; ändert sich umgekehrt y bei $x = \varphi(y)$ um dieses Δy, so ändert sich x um das ursprüngliche Δx (warum?). Strebt Δx gegen 0, so strebt wegen der Stetigkeit von $f(x)$ auch Δy gegen 0. Strebt umgekehrt Δy gegen 0, so strebt auch das zugehörige Δx gegen 0. Dies bedeutet, daß $x = \varphi(y)$ stetig ist, wie es ja auch die Figur erwarten läßt.

Vertauschung der Buchstaben x und y bei der Umkehrfunktion $x = \varphi(y)$.

Schon in § 9 haben wir gesagt, daß es üblich ist, bei der Umkehrfunktion $x = \varphi(y)$ die Namen x und y zu vertauschen, damit x wieder die Rolle der unabhängigen Variable spielt. Man schreibt also $y = \varphi(x)$ statt $x = \varphi(y)$. Wie wir schon wissen, entsteht der *Graph von* $y = \varphi(x)$ aus dem Schaubild von $x = \varphi(y)$ oder (was dasselbe ist) aus dem Schaubild von $y = f(x)$ durch Spiegelung an der Gerade $y = x$ (Fig. 132.1 und 132.2).

Wurzelfunktionen als Umkehrfunktionen

Die *Potenzfunktionen* $y = x^n$, $n \in \mathbb{N} \setminus \{1\}$, sind im Bereich $x \geqq 0$ streng monoton und stetig. Sie besitzen also in diesem Bereich jeweils eine streng monotone stetige Umkehrfunktion.

D 1 *Die Umkehrfunktion von $y = x^n$ ($n \in \mathbb{N} \setminus \{1\}$, $x \geqq 0$) kann man in der Form schreiben:* $x = \sqrt[n]{y} = y^{\frac{1}{n}}$, $y \geqq 0$. Will man wie üblich, für die unabhängige Variable das Zeichen x, für die abhängige das Zeichen y setzen, so wird die *Umkehrfunktion von $y = x^n$ dargestellt durch* $y = \sqrt[n]{x} = x^{\frac{1}{n}}$, $x \geqq 0$. Während $y = x^n$ und $x = \sqrt[n]{y}$ dasselbe Schaubild haben (warum?), folgt aus der Vertauschung von x und y (Fig. 132.1 und 132.2), wie schon oben erwähnt:

S 2 *Die Graphen von $y = x^n$ und $y = \sqrt[n]{x}$ liegen symmetrisch bzgl. der Gerade $y = x$.*

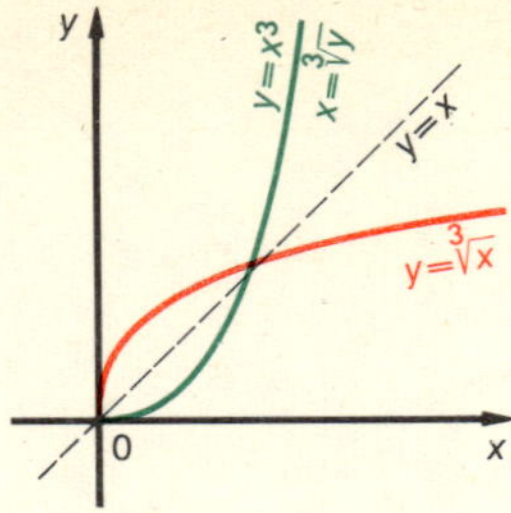

132.1.

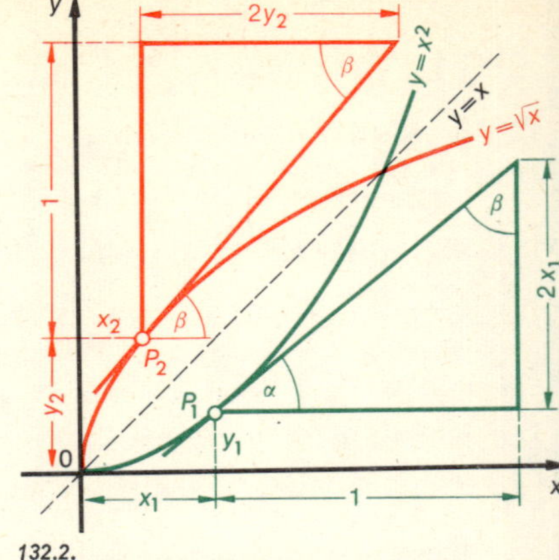

132.2.

Beispiele:

$y = f(x)$	$x = \varphi(y)$	$y = \varphi(x)$	Graph
$y = x^2$	$x = \sqrt{y}$	$y = \sqrt{x}$	132.2
$y = x^3$	$x = \sqrt[3]{y}$	$y = \sqrt[3]{x}$	132.1

Aufgaben

Bilde die Umkehrfunktionen folgender Potenzfunktionen. Bringe sie in die Formen $x = \varphi(y)$ und $y = \varphi(x)$ und zeichne die Graphen.

1. a) $y = \frac{1}{2}x^2,\ x \geqq 0$ b) $y = \frac{1}{4}x^4,\ 1 \leqq x \leqq 2$ c) $y = 0{,}2\,x^5,\ 0 \leqq x \leqq 2$

2. a) $y = (x-2)^2,\ x \geqq 2$ b) $y = (3-x)^3,\ 0 \leqq x \leqq 3$ c) $y = \frac{1}{8}(x+1)^4,\ -1 \leqq x \leqq 1$

Die Ableitung von Umkehrfunktionen. Die Quadratwurzelfunktion

Ist $y = f(x)$ in $]a, b[$ streng monoton und differenzierbar und in $[a, b]$ stetig, so ist nach S 1 die Umkehrfunktion $x = \varphi(y)$ in $[c, d]$ streng monoton und stetig. Gehört wie im Beweis zu S 1 zur Änderung Δx von x die Änderung Δy von y, so ist für $\Delta x \neq 0$ auch $\Delta y \neq 0$. Da nun $f'(x_1) = \lim\limits_{\Delta x \to 0} \frac{\Delta y}{\Delta x}$ existiert, so existiert auch $\varphi'(y_1) = \lim\limits_{\Delta y \to 0} \frac{\Delta x}{\Delta y} = \lim\limits_{\Delta x \to 0} \frac{1}{\frac{\Delta y}{\Delta x}} = \frac{1}{f'(x_1)}$, falls $f'(x_1) \neq 0$ ist.

S 3 **Ist die Funktion $y = f(x)$ im Intervall $]a, b[$ differenzierbar und besitzt sie dort die Umkehrfunktion $x = \varphi(y)$, so ist auch $\varphi(y)$ differenzierbar, und es ist $\varphi'(y) = \frac{1}{f'(x)}$, falls $f'(x) \neq 0$ ist.**

Der Satz geht bei der Vertauschung der Buchstaben x und y über in den Satz:

S 3a *Schreibt man die Umkehrfunktion von $y = f(x)$ nach Vertauschung der Variablen in der Form $y = \varphi(x)$, so ist $\varphi'(x) = \frac{1}{f'(y)}$, falls $f'(y) \neq 0$ ist.*

Beispiel 1 (Fig. 132.1): Für $x > 0$ sei $y = f(x) = x^2$ also $f'(x) = 2x$; dann ist $x = \varphi(y) = \sqrt{y}$ für $y > 0$. S 3 ergibt $\varphi'(y) = \frac{1}{f'(x)} = \frac{1}{2x} = \frac{1}{2 \cdot \sqrt{y}}$ für $x > 0$ bzw. $y > 0$.

Vertauscht man in $x = \sqrt{y}$ wieder die Buchstaben x und y, so hat man den Satz:

S 4 **Die Funktion $y = \sqrt{x}$ hat für $x > 0$ die Ableitung $y' = \frac{1}{2\sqrt{x}}$.**

Aufgaben

3. Zeige: Nach S 4 gilt die *Potenzregel* (S. 63) nun auch für $n = \frac{1}{2}$.

4. Lies an Fig. 132.2 ab: Im Punkt $P_1(x_1 \mid y_1)$ des Graphen von $y = x^2$ ist die Tangentensteigung $\tan \alpha = 2x_1$. Durch Spiegelung an der Gerade $y = x$ entsteht aus P_1 der Punkt $P_2(x_2 \mid y_2)$ von $y = \sqrt{x}$ mit der Tangentensteigung $\tan \beta = \dfrac{1}{2y_2} = \dfrac{1}{2\sqrt{x_2}}$.

6. Bestimme wie in Aufg. 5 die Ableitung von $y = \dfrac{1}{\sqrt{x}}$ für $x > 0$. Prüfe nach, ob die Potenzregel auch für $n = -\frac{1}{2}$ gilt.

7. a) Zeichne das Schaubild von $y = \sqrt{x}$ mit Tangenten für $x \in \{1;\ 2;\ 4;\ 6\frac{1}{4};\ 9\}$.
b) Zeichne das Bild von $y = -\sqrt{x}$ $(x > 0)$ mit Tangenten. Wieso zeigt die Zeichnung, daß $y' = \dfrac{-1}{2\sqrt{x}}$ ist? Von welcher Funktion ist $y = -\sqrt{x}$ die Umkehrfunktion?

8. Wie ändert sich y' bei $y = \sqrt{x}$ und bei $y = -\sqrt{x}$, wenn man nacheinander setzt: $x \in \{1;\ \frac{1}{4};\ \frac{1}{9};\ \frac{1}{100};\ \frac{1}{10000}\}$? Was ist also $\lim\limits_{x \to 0} y'$? Was bedeutet dies für die Tangente in O?

Leite in Aufg. 9 und 10 ab. Gib den Definitionsbereich für Funktion und Ableitung an.

9. a) $y = 3\sqrt{x}$ b) $s = \frac{2}{3}\sqrt{t}$ c) $y = \sqrt{3} \cdot \sqrt{x}$ d) $y = \sqrt{2x}$
e) $s = \sqrt{at}$ f) $y = \sqrt{\dfrac{x}{2}}$ g) $z = \sqrt{\dfrac{8v}{9}}$ h) $s = \sqrt{\dfrac{bt}{a}}$

10. a) $y = (x-1)\sqrt{x}$ b) $s = (a + bt)\sqrt{t}$ c) $s = (a^2 - t^2)\sqrt{t}$

12. Zeige: Ist $y = \sqrt{u}$ und ist $u = g(x)$ eine differenzierbare Funktion mit $u > 0$, so folgt nach der Kettenregel: $\dfrac{dy}{dx} = \dfrac{1}{2\sqrt{u}} \cdot g'(x) = \dfrac{1}{2\sqrt{u}} \cdot u'$. Beispiel 2:
Ist $y = \sqrt{1-x^2}$ mit $|x| < 1$ und setzt man $u = 1 - x^2$, so ist $y' = \dfrac{-2x}{2\sqrt{1-x^2}} = \dfrac{-x}{\sqrt{1-x^2}}$.

Leite in Aufg. 13 bis 16 nach dem Verfahren von Aufg. 12 ab. Wo ist y und y' definiert?

13. a) $y = \sqrt{5x+1}$ b) $y = \sqrt{4-x}$ c) $y = \sqrt{1+x^2}$ d) $y = \sqrt{a^2 - x^2}$

14. a) $y = x\sqrt{2x+3}$ b) $y = x\sqrt{x^2-9}$ c) $y = 2x \cdot \sqrt{4-x^2}$ d) $s = t^2\sqrt{a^2-t^2}$

16. Zeichne für folgende Funktionen Graphen samt Tangenten in geeigneten Punkten.
a) $y = \sqrt{x+4}$ b) $y = -2\sqrt{x-1}$ c) $y = -\sqrt{25-x^2}$ d) $y = \dfrac{10}{\sqrt{x}}$

17. Für $x > 0$ ist a) $y = \sqrt{x^3} = x\sqrt{x}$, b) $y = \sqrt{x^5} = x^2\sqrt{x}$, c) $y = \dfrac{1}{\sqrt{x^3}} = \dfrac{\sqrt{x}}{x^2}$
Leite nach der Produkt- bzw. Quotientenregel ab und stelle damit fest, daß die Potenzregel auch für $n \in \{\frac{3}{2};\ \frac{5}{2};\ -\frac{3}{2}\}$ gilt.

Die Ableitung der Potenzfunktionen $y = x^{\frac{p}{q}}$, $(p \in \mathbb{Z},\ q \in \mathbb{N})$

Nach Seite 131 hat die Funktion $y = x^n$ für $x > 0$ und $n \in \mathbb{N} - \{1\}$ die Umkehrfunktion $x = y^{\frac{1}{n}} = \sqrt[n]{y}$, $y > 0$. Da hierbei $y = f(x) = x^n$ differenzierbar und $f'(x) = n \cdot x^{n-1} > 0$ ist, so ist nach S 3 auch $x = \varphi(y) = y^{\frac{1}{n}}$ differenzierbar, und es ist

$$\varphi'(y) = \frac{1}{f'(x)} = \frac{1}{n \cdot x^{n-1}} = \frac{1}{n \cdot \left(y^{\frac{1}{n}}\right)^{n-1}} = \frac{1}{n \cdot y^{1-\frac{1}{n}}} = \frac{1}{n} \cdot y^{\frac{1}{n}-1}$$

Vertauscht man in $x = y^{\frac{1}{n}}$ wieder die Buchstaben x und y, so gilt:

S 5 **Die Ableitung von $y = x^{\frac{1}{n}} = \sqrt[n]{x}$ ist $y' = \frac{1}{n} \cdot x^{\frac{1}{n}-1}$, $x > 0$, $n \in \mathbb{N} \setminus \{1\}$.**

Die Potenzregel gilt also auch, wenn der Exponent ein Stammbruch ist. — Wir zeigen nun:

S 6 **Allgemeine Potenzregel: Die Ableitung von $y = x^k$ ist $y' = k \cdot x^{k-1}$ für $k \in \mathbb{Q}$ und $x > 0$.**

Beweis für $y = x^{\frac{3}{5}}$:

Es ist $y = \left(x^{\frac{1}{5}}\right)^3 = u^3$ mit $u = x^{\frac{1}{5}}$.

Nach der Kettenregel und S 5 ist

$$\frac{dy}{dx} = 3\,u^2 \cdot \frac{1}{5}\,x^{-\frac{4}{5}} = \frac{3}{5}\left(x^{\frac{1}{5}}\right)^2 \cdot x^{-\frac{4}{5}} = \frac{3}{5} \cdot x^{\frac{2}{5}} \cdot x^{-\frac{4}{5}} = \frac{3}{5} \cdot x^{-\frac{2}{5}}$$

Beweis für $y = x^{\frac{p}{q}}$, $p \in \mathbb{Z}$, $q \in \mathbb{N}$

Es ist $y = \left(x^{\frac{1}{q}}\right)^p = u^p$ mit $u = x^{\frac{1}{q}}$.

Nach der Kettenregel mit S 5 ist

$$\frac{dy}{dx} = p \cdot u^{p-1} \cdot \frac{1}{q}\,x^{\frac{1}{q}-1} = \frac{p}{q}\left(x^{\frac{1}{q}}\right)^{p-1} \cdot x^{\frac{1}{q}-1} = \frac{p}{q}\,x^{\frac{p}{q}-\frac{1}{q}} \cdot x^{\frac{1}{q}-1} = \frac{p}{q} \cdot x^{\frac{p}{q}-1}$$

Bemerkungen:

1. Ist $y = u^n$ und $u = g(x)$ mit $u > 0$ differenzierbar, so ist $\frac{dy}{dx} = n \cdot u^{n-1} \cdot u'$ für rationales n.

2. Man kann zeigen, daß die Potenzregel auch für irrationales n gilt (vgl. S. 189 der Vollausgabe).

Aufgaben (Gib jeweils den Definitionsbereich so an, daß der Radikand positiv ist.)

Leite in Aufg. 18 bis 20 ab:

18. a) $y = \sqrt[3]{x}$ b) $s = \sqrt[4]{t}$ c) $z = \sqrt[5]{v}$ d) $y = \sqrt{x^3}$ e) $y = \sqrt{t^5}$

19. a) $y = \sqrt[3]{x^4}$ b) $v = \sqrt[3]{u^2}$ c) $z = \sqrt[3]{v^5}$ d) $s = \sqrt[4]{t^5}$ e) $z = \sqrt[4]{w^3}$

20. a) $y = \frac{1}{\sqrt{x}}$ b) $y = \frac{1}{\sqrt[3]{x}}$ c) $y = \frac{1}{\sqrt{x^3}}$ d) $z = \frac{1}{\sqrt[4]{t}}$ e) $s = \frac{1}{\sqrt[3]{t^2}}$

27. a) Zeichne die Kurve m. d. Gl. $y^3 = x$ samt Tangenten für $x \in \{1;\ 3;\ 5;\ 8\}$.
b) Berechne y' für $x \in \left\{1,\ \frac{1}{8},\ \frac{1}{64},\ \frac{1}{1000},\ \frac{1}{1000000}\right\}$. Wie ändert sich also y', wenn x gegen 0 strebt? Was bedeutet dies für die Tangente in O?

28. Behandle ebenso die Kurven m. d. Gl. $y = \sqrt[4]{x}$ und $y = -\sqrt[4]{x}$.

Integration von Wurzelfunktionen

30. Gib Stammfunktionen an zu $y = x^2$, $y = x^3$, $y = x^{-2}$, $y = x^{\frac{1}{2}}$.

31. Beweise durch Ableiten:

S 7 Ist $x > 0$ und $n \in \mathbb{Q} \setminus \{-1\}$, so gilt: $$\int x^n \, dx = \frac{x^{n+1}}{n+1} + C$$

Beispiele: a) $\int \sqrt{x}\, dx = \int x^{\frac{1}{2}} dx = \frac{2}{3} x^{\frac{3}{2}} + C = \frac{2}{3}\sqrt{x^3} + C$

b) $\int \frac{dx}{\sqrt[3]{x}} = \int x^{-\frac{1}{3}} dx = \frac{3}{2} x^{\frac{2}{3}} + C = \frac{3}{2}\sqrt[3]{x^2} + C$

32. a) $\int \sqrt{x^3}\, dx$ b) $\int \sqrt[3]{x}\, dx$ c) $\int \frac{dx}{\sqrt{x}}$ d) $\int \frac{dx}{\sqrt{x^3}}$ e) $\int \frac{dx}{\sqrt[4]{x^3}}$

33. Deute als Flächeninhalt, rechne und zeichne: a) $\int_0^4 \sqrt[4]{x}\, dx$ b) $\int_1^8 \frac{4\, dx}{\sqrt{x}}$

32 Algebraische Funktionen

❶ Welche Kurve wird durch die Gleichung $x^2 + y^2 = 16$ charakterisiert? Löse die Gleichung nach y auf. Welche stetigen Wurzelfunktionen ergeben sich? Gib ihren Definitions- und Wertebereich an und zeichne ihre Graphen. Nenne 6 Wertepaare (x, y), welche die gegebene Gleichung erfüllen.

❷ Suche Wertepaare (x, y) welche die Gleichung (Relation) a) $x^2 + y^2 = 0$, b) $x^2 + y^2 + 16 = 0$, c) $x^3 + y^3 - 16 = 0$ erfüllen.

Algebraische Gleichungen, algebraische Funktionen, algebraische Kurven

1. Als „algebraische Gleichungen" zwischen x und y bezeichnet man Gleichungen wie

$2x + y = 0$ (1)	$x^3 - (6x - 12)y = 0$ (3)	$(x-2) + y^2 = 0$ (5)	$5x^2 + 3y^2 = 0$ (7)
$x^2 - 4y = 0$ (2)	$xy^2 - x^2 y = 0$ (4)	$(x^2 - 16) + y^2 = 0$ (6)	$(x^2 + 9) + y^2 = 0$ (8)

D 1 Allgemein lautet eine **algebraische Gleichung** *mit den Variablen x und y*:

$$P_0(x) + P_1(x) \cdot y + P_2(x) \cdot y^2 + \cdots + P_n(x) \cdot y^n = 0, \quad n \in \mathbb{N} \qquad \text{(I)}$$

Dabei ist $P_k(x)$ für $k \in \{0, 1, 2, \ldots, n\}$ ein Polynom der Variable $x \in \mathbb{R}$ mit reellen Koeffizienten (vgl. Gleichung (1) bis (8)).
Durch die Gleichung (I) ist eine *Relation* zwischen x und y festgelegt; sie besteht aus den geordneten reellen Wertepaaren (x, y), welche (I) erfüllen.
Wie die obigen Beispiele zeigen, ist die *Menge dieser lösenden Paare*
a) entweder *unendlich*: dies ist bei Gleichung (1) bis (6) der Fall (wieso?),
b) oder *endlich*: Gleichung (7) hat nur das lösende Paar (0; 0),
c) oder *leer*: Gleichung (8) hat keine Lösung (Grund?).

2. Aus algebraischen Gleichungen lassen sich häufig Funktionsgleichungen von der Form $y = f(x)$ gewinnen; umgekehrt lassen sich viele Funktionsgleichungen in algebraische Gleichungen überführen. Beispiele:

1. Aus Gleichung (1) erhält man die Funktion $y = -2x$; ihr Bild ist eine Gerade. Aus (2) ergibt sich $y = \frac{1}{4}x^2$ (Fig. 136.1); aus (3): $y = \frac{x^3}{6(x-2)}$, $x \in \mathbb{R} - \{2\}$ (vgl. Fig. 127.1),

2. (4) ist äquivalent mit $x \cdot y(y-x) = 0$. Diese Gleichung ist erfüllt, wenn $y = x$ oder $y = 0$ oder aber $x = 0$ erfüllt ist, also für die Punkte der ersten Mediane, der x-Achse und der y Achse (im letzten Fall ist y die unabhängige Variable).

3. Aus (5) erhält man die stetigen Wurzelfunktionen $y = \sqrt{2-x}$ und $y = -\sqrt{2-x}$ für $x \leqq 2$. Gleichung (6) ist die Gleichung eines Kreises um O mit Radius 4. Man hat für $|x| \leqq 4$ die beiden stetigen Funktionen $y = \sqrt{16-x^2}$ und $y = -\sqrt{16-x^2}$ (oberer und unterer Halbkreis in Fig. 136.1).

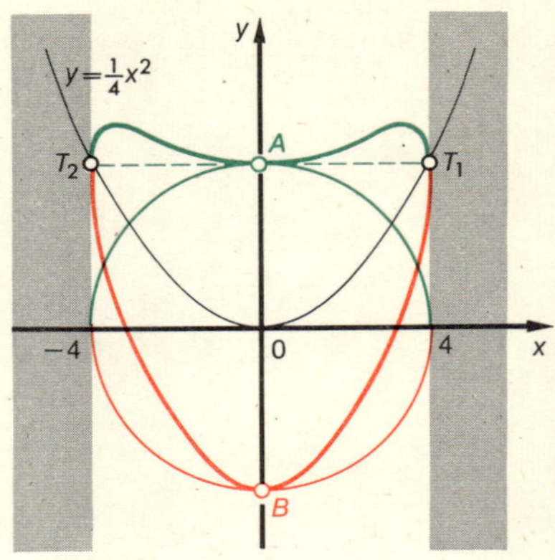

136.1. $\left(y - \frac{1}{4}x^2\right)^2 = 16 - x^2$

4. Aus den für $|x| \leqq 4$ gültigen Funktionsgleichungen $y = f(x) = \frac{1}{4}x^2 + \sqrt{16-x^2}$ und $y = g(x) = \frac{1}{4}x^2 - \sqrt{16-x^2}$ ergibt sich nach Quadrieren beidemal die algebraische Gleichung $(y - \frac{1}{4}x^2)^2 = 16 - x^2 \Leftrightarrow 16y^2 - 8x^2y + x^4 + 16x^2 - 256 = 0$.
Alle Paare (x, y), die zu $y = f(x)$ oder zu $y = g(x)$ gehören, erfüllen diese algebraische Gleichung. Das Schaubild von $y = f(x)$ entsteht aus den Graphen von $y = \frac{1}{4}x^2$ und $y = \sqrt{16-x^2}$ durch Addition der y-Koordinaten; man erhält dabei das Kurvenstück T_1AT_2 in Fig. 136.1. Entsprechend entsteht der Graph von $y = g(x)$ durch Subtraktion dieser y-Koordinaten; dies ergibt das Kurvenstück T_1BT_2 in Fig. 136.1. Die Koordinaten aller Punkte der herzförmigen Kurve in Fig. 136.1 erfüllen dann also die obige algebraische Gleichung. Die Koordinaten aller Kreispunkte in Fig. 136.1 erfüllen entsprechend die Gleichung $x^2 + y^2 = 16$.

3. Die obigen Beispiele führen zu den folgenden Definitionen:

D 2 a) *Eine Kurve, bei der die Koordinaten ihrer Punkte eine algebraische Gleichung erfüllen, bezeichnet man als* **algebraische Kurve.** Nach den obigen Beispielen gehören zu den algebraischen Kurven: Geraden, Parabeln, Kreise, Ellipsen, Hyperbeln, Graphen rationaler Funktionen und wie Fig. 136.1, 137.1 bis 3 und die Aufgaben zeigen, noch eine Vielfalt von Kurvenarten.

D 3 b) *Funktionen, deren Wertepaare (x, y) eine algebraische Gleichung erfüllen und die in einzelnen Intervallen definiert und differenzierbar sind,* nennen wir **algebraische Funktionen.** Da aus einer algebraischen Gleichung oft mehrere Funktionen gewonnen werden können, stellen die Schaubilder dieser Funktionen Teilkurven („Äste") der zur Gleichung gehörigen algebraischen Kurve dar; die algebraische Kurve „zerfällt" in diese Teilkurven (vgl. Gleichung (4) bis (6) und Fig. 137.1 bis 3).

Die Beispiele in Nr. 1. bis 4. des Abschnitts 2 zeigen, daß die ganzen rationalen, die gebrochenen rationalen und die Wurzelfunktionen algebraische Funktionen sind.

4. Einige Besonderheiten, die bei algebraischen Funktionen und Kurven auftreten können, zeigen die folgenden *Beispiele* (Fig. 137.1 bis 3):

	I)	II)	III)
Kurvengleichung:	$y^2 = \frac{1}{4}(x^3 + 2x^2)$	$y^2 = \frac{1}{4}x^3$	$y^2 = \frac{1}{4}(x^3 - 2x^2)$
Zwei Funktionen:	$y = \pm\frac{1}{2}x\sqrt{x+2}$	$y = \pm\frac{1}{2}x\sqrt{x}$	$y = \pm\frac{1}{2}x\sqrt{x-2}$
Definitionsbereich:	$x \geqq -2$	$x \geqq 0$	$x \geqq 2$
Ableitung:	$y' = \pm\frac{3x+4}{4\sqrt{x+2}}$	$y' = \pm\frac{3}{4}\sqrt{x}$	$y' = \pm\frac{3x-4}{4\sqrt{x-2}}$
y' existiert für:	$x > -2$	$x > 0$	$x > 2$
Für $x = 0$ ist:	$y' = \pm\frac{1}{2}\sqrt{2}$	$\lim\limits_{x \to +0} y' = 0$	y' nicht vorhanden
Tangente in O:	$y = \pm\frac{1}{2}x\sqrt{2}$	$y = 0$, rechtsseitig	nicht vorhanden
Der Ursprung ist	ein „*Knotenpunkt*“	eine „*Spitze*“	ein „*Einsiedler*“

der Gesamtkurve, also des Schaubildes der zugehörigen algebraischen Gleichung.

In III) sind die *Funktionen* für $x = 0$ nicht definiert, aber $(0 \mid 0)$ erfüllt die *Kurvengleichung*

Schaubilder der 3 algebraischen Kurven

Bemerkung: Bei y und y' gehört das Pluszeichen zum 1. Ast (im Bild grün), das Minuszeichen zum 2. Ast (im Bild rot).

In $A(-2 \mid 0)$ bzw. in $B(2 \mid 0)$ hat die Gesamtkurve *Tangenten senkrecht zur x-Achse*, da dort $\lim\limits_{x \to -2+0} |y'| = \infty$ bzw. $\lim\limits_{x \to +2+0} |y'| = \infty$ ist.

Eine *Gebietseinteilung* erhält man aus den Definitionsbereichen, in I) auch noch aus der Schreibweise $y^2 - \frac{1}{2}x^2 = \frac{1}{4}x^3 \Leftrightarrow \left(y - \frac{1}{2}x\sqrt{2}\right)\left(y + \frac{1}{2}x\sqrt{2}\right) = \frac{1}{4}x^3$ und der hieraus folgenden Zerlegung der Ebene durch die Geraden $y = \pm\frac{1}{2}x\sqrt{2}$ und $x = 0$.

D 4 In I) sagt man statt „*Knotenpunkt*“ auch „*Doppelpunkt*“, in II) statt „*Spitze*“ auch „*Rückkehrpunkt*“. Eine besondere Merkwürdigkeit ist bei III) der „*Einsiedler*“ in O.

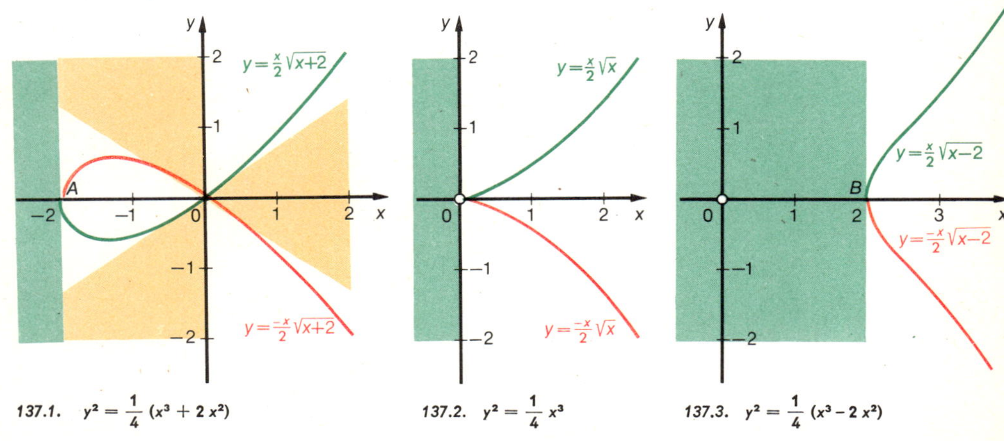

137.1. $y^2 = \frac{1}{4}(x^3 + 2x^2)$ 137.2. $y^2 = \frac{1}{4}x^3$ 137.3. $y^2 = \frac{1}{4}(x^3 - 2x^2)$

Aufgaben

1. Zeige: Die allgemeine algebraische Gleichung (I) auf S. 135 ergibt
a) alle ganzen rationalen Funktionen, wenn $n = 1$ und $P_1(x) = c \neq 0$ ist,
b) alle rationalen Funktionen, wenn $n = 1$ ist,

5. Zeichne die Graphen folgender Funktionen samt Tangenten in einigen Punkten:
a) $y = +\sqrt{16 - x^2}$ b) $y = -\frac{1}{2}\sqrt{16 - x^2}$ c) $y = -\sqrt{x - 3}$
d) $y = +2\sqrt{x + 1}$ e) $y = -\sqrt{5 - 2x}$ f) $y = +\frac{2}{3}\sqrt{x^2 - 9}$
Bestimme waagrechte und senkrechte Tangenten. Beseitige die Wurzeln und gib an, welche Kurven zu den entstandenen algebraischen Gleichungen gehören.

Untersuche und zeichne die Kurven in Aufg. 9 bis 13: Definitionsbereich, Äste, Symmetrie, Gebietseinteilung, besondere Punkte samt Steigung in ihnen, Asymptoten, Näherungskurven für x gegen 0, Verhalten für x gegen ∞.

Wie ändert sich die Kurvenform, wenn man für a alle möglichen Zahlen setzt?

9. a) $y = \pm\sqrt{ax - x^2}$, $(a = 8)$ b) $y = 2 \pm \sqrt{4x + a}$, $(a = 10)$

10. a) $y = \pm\frac{1}{2}x\sqrt{a - x}$, $(a = 3)$ b) $y^2 = ax^2 + x^3$, $\left(a = \frac{9}{2}\right)$
c) $8y^2 = (x + a)^3$, $(a = 2)$ d) $ax^2 + 9y^2 = x^3$, $(a = 3)$

11. a) $y = \frac{1}{3}x\sqrt{a^2 - x^2}$, $(a = 4)$ b) $25y^2 = a^2x^2 - 2x^4$, $(a = 5)$
c) $a^2y^2 = x^4 - a^2x^2$, $(a = 2)$ d) $a^2y^2 = x^4 + a^2x^2$, $(a = 2)$

12. a) $y = \pm\frac{x}{a}\sqrt{2ax - x^2}$, $(a = 3)$ b) $16y^2 = x^4 + ax^3$, $(a = 3)$

13. a) $y^2 = \frac{(2x + a)^2}{x}$, $(a = 3)$ b) $y^2 = \frac{(a - x)^4}{ax}$, $(a = 4)$

38. Berechne die Fläche zwischen der Gerade $x = a$ und der Kurve m. d. Gl.
a) $y^2 = 2x$, $a = 8$ b) $y^2 = \frac{1}{4}x^3$, $a = 4$ c) $y^2 = 4(x + 2)$, $a = 2$

Extremwerte

23. Aus zwei (drei) Brettern von der Breite $b = 20$ cm ist eine Wasserrinne größten Fassungsvermögens herzustellen.

24. a) Welches rechtwinklige Dreieck mit der Hypotenuse $c = 8$ cm,
c) welcher Kegel mit der Mantellinie $s = 6$ cm hat den größten Inhalt?

25. a) Welches gleichschenklige Dreieck mit $A = 18\text{ cm}^2$ hat den kleinsten Schenkel?

27. Einem Halbkreis $(r = 45\text{ m})$ ist ein Trapez einzubeschreiben, dessen eine Grundseite der Durchmesser ist und das a) einen größten Inhalt, b) einen größten Umfang hat.

30. Das Netz einer senkrechten quadratischen Pyramide soll a) aus einem Kreis mit dem Radius $r = 6$ cm, b) aus einem Quadrat mit der Seite $a = 8$ cm so ausgeschnitten werden, daß der Pyramideninhalt möglichst groß wird.

33 Das Bogenmaß des Winkels. Der Grenzwert $\lim\limits_{x \to 0} \frac{\sin x}{x}$

Das Bogenmaß des Winkels

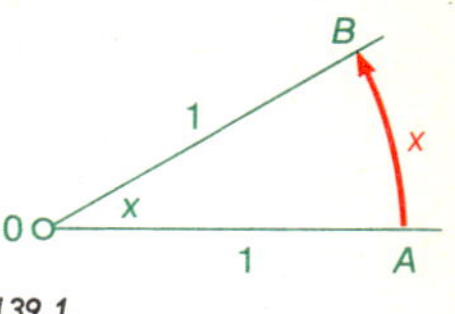

139.1.

In der Analysis und in anderen Bereichen der Mathematik, insbesondere auch in der Physik, werden Winkel fast immer im Bogenmaß gemessen.

In Fig. 139.1 ist um O der Kreis mit Radius $\overline{OA} = \overline{OB} = 1$, der Einheitskreis, gezeichnet.

D 1 Dreht man OA um O in die Lage OB, so versteht man unter dem **Bogenmaß x** des Drehwinkels AOB die **Maßzahl der Länge des Bogens $\widehat{AB}$ im Einheitskreis.**

Das Bogenmaß ist eine *positive Zahl*, wenn die Drehung *gegen den Uhrzeigersinn* erfolgt, im anderen Fall ist es eine *negative Zahl.*

Die Einheit des Bogenmaßes heißt 1 Radiant[1] (1 rad). Ein Radiant ist also das Bogenmaß eines Winkels, bei dem Radius und Bogen dieselbe Länge haben. Da der Umfang des Einheitskreises die Maßzahl 2π hat, gehört zum Gradmaß 360° das Bogenmaß 2π rad. Den *Winkel 1°*, den die Babylonier vor 5000 Jahren als Winkeleinheit eingeführt haben, benutzen wir weiterhin als eine *Sondereinheit*, nur definieren wir ihn jetzt durch die Gleichung

D 2 $$\mathbf{360^\circ = 2\pi}\text{ rad}, \quad \text{bzw.} \quad \mathbf{180^\circ = \pi}\text{ rad}, \quad \text{also} \quad \mathbf{1^\circ = \frac{\pi}{180}}\text{ rad} \approx 0{,}0175\text{ rad}.$$

Umgekehrt gilt: $$1\text{ rad} = \frac{180^\circ}{\pi} = 57^\circ 17' 45'' \approx 57{,}3^\circ$$

S 1 Hat ein Winkel das Gradmaß $y°$ und das Bogenmaß x rad, so gilt für die gegenseitige *Umrechnung von Bogen- und Gradmaß* $\frac{x}{2\pi} = \frac{y}{360}$. Wir benutzen zur Umrechnung eine Tabelle[1].

Beispiel 1: Gib 72,7° im Bogenmaß an.

Lösung:

72°	= 1,2566 rad
0,7°	= 0,0122 rad
72,7°	= 1,2688 rad

Beispiel 2: Gib 2,3750 rad im Gradmaß an.

Lösung:

1,7453 rad	= 100°
0,6283 rad	= 36°
0,0014 rad	= 5′
2,3750 rad	= 136° 5′

Zur Drehung, die OA in OB überführt, kann man noch beliebig viele positive oder negative Volldrehungen hinzufügen, ohne daß sich die Endlage ändert. Da man der Hintereinanderschaltung von Drehungen eine Addition zugehöriger Bogenlängen entsprechen lassen möchte, ist das Bogenmaß nur bis auf positive oder negative ganzzahlige Vielfache von 2π bestimmt. Es ist daher das Bogenmaß von $\sphericalangle AOB$: $x + 2n\pi$, $n \in \mathbb{Z}$.

Das Bogenmaß eines Winkels kann somit jede reelle Zahl sein.

Bemerkung: Die Einheit rad wird in der Mathematik häufig weggelassen. Man schreibt also z. B. 72,7° = 1,2688; früher schrieb man auch arc 72,7° = 1,2688 (lies[2]: arcus 72,7°).

---

1. Sieber, Mathematische Tafeln, Ernst Klett-Verlag, Stuttgart, S. 24

2. arcus (lat.), Bogen

Aufgaben

1. Gib folgende Winkel im Bogenmaß an (als Bruchteile oder Vielfache von π):

a) 180°; 90°; 60°; 45°; 30°; 15° b) 120°; 135°; 150°; 225°; 270°

c) 450°; 540°; 720°; 900°; 1440° d) 36°; 75°; 6°; $67\frac{1}{2}°$; 105°; 54°

2. Gib die folgenden Bogenmaße im Gradmaß an:

a) π; $\frac{1}{3}\pi$; $\frac{1}{4}\pi$; $\frac{1}{6}\pi$; $\frac{1}{9}\pi$; $\frac{1}{10}\pi$ b) $\frac{3}{2}\pi$; $\frac{2}{3}\pi$; $\frac{3}{4}\pi$; $\frac{5}{6}\pi$; $\frac{7}{10}\pi$; 7π

3. a) Gib 1° (1′) auf 5 Dezimalen im Bogenmaß an ($\pi \approx 3{,}14159$).
b) Berechne auf 4 Dez. das Bogenmaß zu 20°; 65°; 126°; 6° 40′; 11,3°.

4. Schlage in der Tafel das Bogenmaß auf zu

a) 47°; 139°; 257°; 411° b) 18° 10′; 39° 42′; 116,7°; 283,8°.

5. a) Wieviel Grade und Minuten entsprechen dem Bogenmaß 1?
b) Welches Gradmaß entspricht dem Bogenmaß 0,3; 1,6; 3,75; 0,09?
c) Schlage in der Tafel das Gradmaß auf zu 0,48; 2,573; 4,816; 7,5.

6. Verwandle mit *einer* Einstellung des Rechenstabs:

a) 37°; 61,4°; 142,5°; 5° 48′ b) 1,25; 2,38; 5,62; 0,283; 0,088

7. Erläutere am Einheitskreis die Formeln (vgl. Fig. 141.1):

a) $\sin(x + 2\pi) = \sin x$; $\cos(x + 2\pi) = \cos x$; $\tan(x + \pi) = \tan x$; $\cot(x + \pi) = \cot x$. Ersetze in a) auch 2π durch $2n\pi$ und π durch $n\pi$, wenn $n \in \mathbb{Z}$ ist.

b) $\sin(\pi - x) = \sin x$; $\cos(\pi - x) = -\cos x$; $\tan(\pi - x) = -\tan x$; $\cot(\pi - x) = -\cot x$.

c) Was ergibt sich in b), wenn man $\pi - x$ durch $\pi + x$ ersetzt?

d) $\sin\left(\frac{\pi}{2} - x\right) = \cos x$; drücke entsprechend aus: $\cos\left(\frac{\pi}{2} - x\right)$, $\tan\left(\frac{\pi}{2} - x\right)$.

e) $\sin(-x) = -\sin x$; gib entsprechend an: $\cos(-x)$, $\tan(-x)$, $\cot(-x)$.

8. Bestimme: a) sin 0,875 b) cos 1,74 c) tan 3,5 d) cot 4 e) sin (−2)

9. Für welche x $(0 \leqq x < 2\pi)$ ist

a) $\sin x = 0{,}6543$ b) $\tan x = 1{,}253$ c) $\cos x = 0{,}85$

d) $\cot x = 0{,}7$ e) $\sin x = -0{,}625$ f) $\cos x = -0{,}2$?

10. Beweise (140.1): Im Kreis mit Halbmesser r gehört zu dem im Bogenmaß gemessenen Mittelpunktswinkel x

S 2 a) der **Kreisbogen** mit der Länge $\boldsymbol{b = r \cdot x}$

b) der **Kreisausschnitt** mit dem Flächeninhalt $\boldsymbol{A = \frac{1}{2} r^2 \cdot x}$

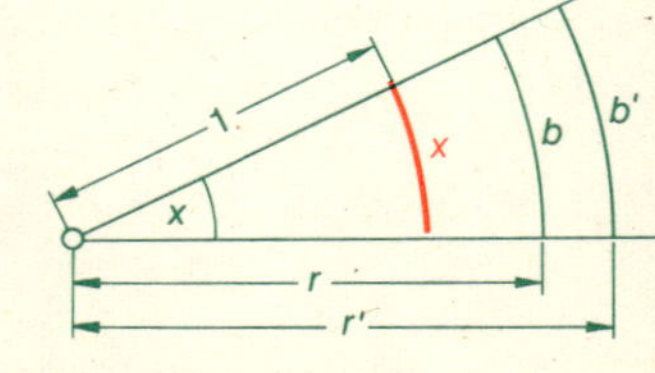

140.1. Zum Bogenmaß

11. Berechne b und A (Aufg. 10) für $r = 4$ cm (1,64 m) und $\varphi = 40°$ (137° 20′).

Die Grenzwerte $\lim\limits_{x \to 0} \frac{\sin x}{x}$ und $\lim\limits_{x \to 0} \frac{\tan x}{x}$

12. a) Vergleiche nach der Tafel Bogenmaß, Sinus und Tangens von 10°; 5°; 2°; 1°.

b) Berechne $\frac{\sin x}{x}$ und $\frac{\tan x}{x}$ nacheinander für 10°; 5°; 2°; 1°. Beobachte!

13. a) Welchen Inhalt haben in 141.1 $\triangle\, OCB$, $\triangle\, OAD$, Kreisausschnitt OAB?

b) Zeige, daß sich durch Vergleich der Flächeninhalte ergibt:

$$\sin x \cos x < x < \tan x$$

oder

$$\cos x < \frac{x}{\sin x} < \frac{1}{\cos x}$$

c) Laß in b) x gegen 0 streben und verdeutliche so:

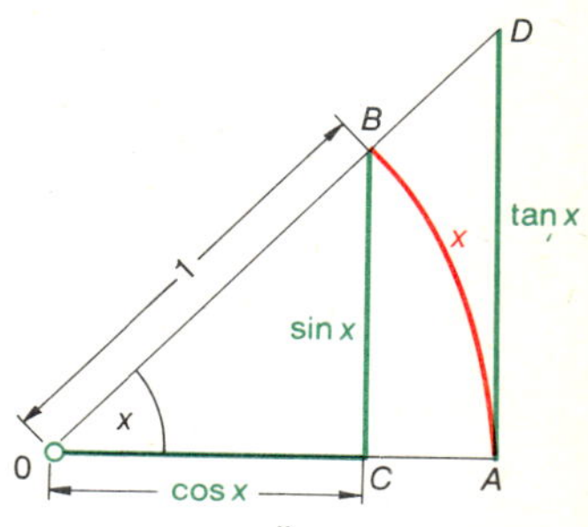

141.1. Zu $\lim\limits_{x \to 0} \frac{x}{\sin x}$

S 3 $\lim\limits_{x \to 0} \frac{x}{\sin x} = 1$ oder auch $\mathbf{\lim\limits_{x \to 0} \frac{\sin x}{x} = 1}$

d) Zeichne Fig. 141.1 mit kleinem x und großem $\overline{OA}$ und veranschauliche so das Ergebnis in c).

14. Zeige, daß aus Aufg. 13 c) folgt: In einem Kreisausschnitt strebt der Quotient „Sehne : Bogen“ mit abnehmendem Mittelpunktswinkel gegen 1.

S 4 **15.** Beweise: $\lim\limits_{x \to 0} \frac{\tan x}{x} = 1$. $\left(\text{Anleitung: Schreibe } \tan x = \frac{\sin x}{\cos x}\right)$

16. a) Zeige, daß aus Fig. 141.1 und Aufg. 13 c) und 15 folgt:

S 5 **Für kleine Werte von $|x|$ ist $\sin x \approx x$ und $\tan x \approx x$.**

b) Berechne den Sinus und Tangens von 4°; 2°; 1° 20′; 0,6°; 5,5°.

17. Bestimme: a) $\lim\limits_{x \to 0} \frac{\sin 2x}{x}$ b) $\lim\limits_{x \to 0} \frac{\tan ax}{x}$ c) $\lim\limits_{x \to 0} \frac{\sin 3x}{\sin 2x}$

d) $\lim\limits_{x \to 0} \frac{x}{\sin ax}$ e) $\lim\limits_{x \to 0} \frac{\tan ax}{\tan bx}$ f) $\lim\limits_{x \to 0} \frac{\sin x}{\tan x}$

Beispiel 3: $\frac{1 - \cos 2x}{2x} = \frac{1 - (\cos^2 x - \sin^2 x)}{2x} = \frac{1 - (1 - 2\sin^2 x)}{2x} = \frac{\sin x}{x} \cdot \sin x$

$$\lim_{x \to 0} \frac{1 - \cos 2x}{2x} = 1 \cdot 0 = 0$$

Beispiel 4: $\lim\limits_{x \to 0} \frac{1 - \cos 2x}{(2x)^2} = \lim\limits_{x \to 0} \left[\frac{1}{2} \cdot \frac{\sin x}{x} \cdot \frac{\sin x}{x}\right] = \frac{1}{2}$ (vgl. Beispiel 3)

Beispiel 5: $\lim\limits_{x \to 0} \frac{1 - \cos 2x}{\tan x} = \lim\limits_{x \to 0} \left[2 \sin^2 x : \frac{\sin x}{\cos x}\right] = \lim\limits_{x \to 0} [2 \sin x \cos x] = 0$

Die Ableitung der Funktion $y = \sin x$

1 a) Zeichne (wie schon im Trigonometrie-Unterricht) ein Schaubild der Funktion $y = \sin x$. Wähle dabei als Einheit 2 cm und trage auf der x-Achse den Winkel im Bogenmaß ab.

b) Welche Steigung vermutet man in O? (Vgl. Fig. 142.1.) Wie ändern sich Steigung und Gestalt der Kurve, wenn man den Maßstab auf der x-Achse ändert?

142.1.

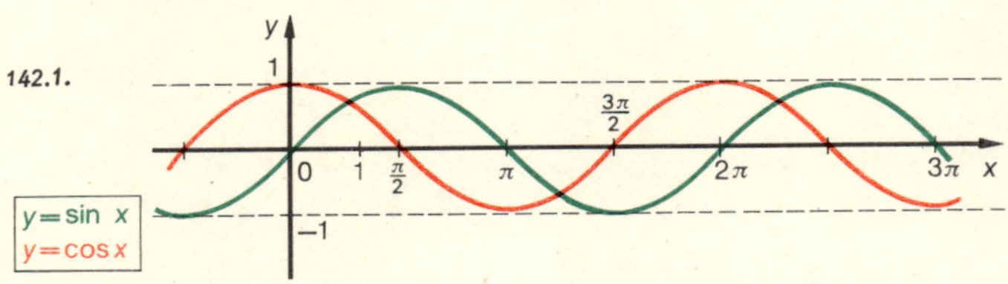

Aus der bekannten Darstellung der Sinusfunktion am Einheitskreis liest man ab (Fig. 142.1): Die Funktion $y = \sin x$ ist *für alle Winkel* $x \in \mathbb{R}$ *definiert*. Für ihren *Wertevorrat* gilt: $-1 \leqq y \leqq 1$. Sie hat die *Periode* 2π (Fig. 142.1) und unendlich viele Nullstellen (bei $x = n\pi$, $n \in \mathbb{Z}$). Die Sinuskurve ist *punktsymmetrisch* bzgl. der Punkte $(n\pi \mid 0)$, und *achsensymmetrisch* bzgl. der Gerade $x = (2n+1) \cdot \frac{\pi}{2}$. Es genügt daher, die Funktion für $0 \leqq x \leqq \frac{\pi}{2}$ zu untersuchen.

Stellt man wie in Vorüb. c) graphisch die Ableitungskurve her, so vermutet man:

S 1 **Die Ableitung von $y = \sin x$ ist $y' = \cos x$** $(x \in \mathbb{R})$.

Erster Beweis: Wir bemerken vorweg, daß im folgenden $\widehat{AP}$, $\widehat{PQ}$, $\overline{BP}$, $\overline{CR}$, $\overline{CQ}$, $\overline{RQ}$, $\overline{PQ}$ die Maßzahlen der betreffenden Längen bedeuten. Um $\frac{\Delta y}{\Delta x}$ zu untersuchen, zeichnet man im Einheitskreis den Winkel $x = \widehat{AP}$ und gibt ihm den Zuwachs $\Delta x = \widehat{PQ}$.

Dann ist $\overline{BP} = \overline{CR} = \sin x$ und $\overline{CQ} = \sin(x + \Delta x)$, also ergibt sich $\overline{RQ} = \sin(x + \Delta x) - \sin x = \Delta y$. Führt man nun die Sehne $\overline{PQ} = \Delta s$ und $\sphericalangle PQR = u$ ein, so ist $\frac{\Delta y}{\Delta x} = \frac{\Delta y}{\Delta s} \cdot \frac{\Delta s}{\Delta x} = \cos u \cdot \frac{\Delta s}{\Delta x}$.

Strebt Δx gegen 0, so strebt Q gegen P. Die Sekante PQ hat als Grenzlage die Tangente in P. Da diese mit BP den Winkel x bildet (Grund?), strebt u gegen x. Nach Aufg. 14 von § 33 strebt $\frac{\Delta s}{\Delta x}$ gegen 1, also gilt:

$$y' = \lim_{\Delta x \to 0} \frac{\Delta y}{\Delta x} = \cos x \cdot 1 = \cos x.$$

Bemerkung: Dieser an Fig. 142.2 anknüpfende Beweis ist für $0 < x < \frac{\pi}{2}$ gedacht. Der folgende, rein rechnerische Beweis gilt für alle $x \in \mathbb{R}$.

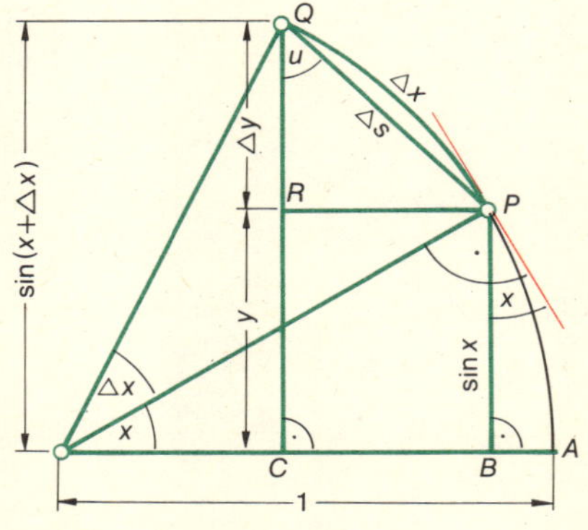

142.2. Zur Ableitung von $y = \sin x$

Zweiter Beweis (mit der Grundformel von S. 68):

Für $y = \sin x$ ist $\dfrac{\Delta y}{\Delta x} = \dfrac{\sin(x + \Delta x) - \sin x}{\Delta x} = \dfrac{\sin x \cdot \cos \Delta x + \cos x \cdot \sin \Delta x - \sin x}{\Delta x}$

$= \cos x \cdot \dfrac{\sin \Delta x}{\Delta x} - \sin x \cdot \dfrac{1 - \cos \Delta x}{\Delta x}$.

Nach § 33, S 3 und Beispiel 3 folgt daraus: $y' = \lim\limits_{\Delta x \to 0} \dfrac{\Delta y}{\Delta x} = \cos x \cdot 1 - \sin x \cdot 0 = \cos x$.

Aufgaben

1. An welcher Stelle der obigen Beweise wird deutlich, daß es zweckmäßig ist, in der Differentialrechnung den Winkel im Bogenmaß zu messen?

2. a) Bestimme die Steigung von $y = \sin x$ für $x = 0;\ \frac{1}{6}\pi;\ \frac{1}{3}\pi;\ \frac{1}{2}\pi;\ \ldots\ 2\pi$ und zeichne die Kurve samt Tangenten (Einheit 2 cm; Fig. 142.1).
b) Wieso ergibt sich die Tangente $y = x$ in O auch nach § 33 Aufg. 13 c)?
c) Ersetze die Kurve durch die Tangente in O und verdeutliche so die Näherungsformel $\sin x \approx x$ für kleine x in Aufg. 16 von § 33.

Leite in Aufg. 3 bis 5 (teilweise mündlich) ab

3. a) $y = 5 \sin x$ b) $y = -0{,}8 \sin x$ c) $s = a \sin t$ d) $v = k^2 \sin u$

4. a) $y = \sin 2x$ b) $y = \sin \frac{1}{2} x$ c) $w = \sin \pi z$ d) $s = a \sin \omega t$
e) $y = 2 \sin \dfrac{x}{4}$ f) $s = k \sin \dfrac{\pi t}{3}$ g) $y = a \sin \dfrac{x}{a}$ h) $y = \dfrac{1}{p} \sin(px + q)$
i) $s = a \sin\left(\dfrac{\pi}{4} + \dfrac{3t}{2}\right) + b \sin\left(\dfrac{\pi}{4} - \dfrac{3t}{2}\right)$

5. a) $y = \sin(x^2)$ b) $y = \sin^2 x$ c) $y = \sqrt{\sin x}$ d) $y = \sin \sqrt{x}$
e) $s = \sin \dfrac{1}{t}$ f) $s = \dfrac{1}{\sin t}$ g) $z = \dfrac{-4}{\sin^3 x}$ h) $z = \sin^n x$

An welchen Stellen ist in Aufg. 5 und 7 die Funktion, bzw. y' nicht definiert?

6. a) $y = x \sin x$ b) $y = x^2 \sin^4 x$ c) $y = x^3 - \frac{1}{2} x^2 \sin x$

7. a) $y = \dfrac{\sin x}{x}$ b) $y = \dfrac{x^n}{\sin x}$ c) $y = \dfrac{x}{\sin^2 x} + \dfrac{1}{\sin 2x}$

8. a) $y = \sin\left(\dfrac{\pi}{2} - x\right)$ b) $y = \sqrt{1 - \sin^2 x}$ c) $y = 1 - 2 \sin^2 \dfrac{x}{2}$

Drücke in a) bis c) y einfacher aus. Welcher Satz ergibt sich?

Die Ableitung der Funktionen $y = \cos x$, $y = \tan x$, $y = \cot x$

S 2

Die Funktion	$y = \cos x$	$y = \tan x$	$y = \cot x$
hat die Ableitung	$y' = -\sin x$	$y' = \dfrac{1}{\cos^2 x}$	$y' = -\dfrac{1}{\sin^2 x}$

Beweis: Schreibe $\cos x = \sin\left(\dfrac{\pi}{2} - x\right)$, $\tan x = \dfrac{\sin x}{\cos x}$, $\cot x = \dfrac{\cos x}{\sin x}$

Aufgaben

9. Führe die angedeuteten Beweise der obigen Sätze im einzelnen durch. Gib an, an welchen Stellen die betreffende Funktion oder ihre Ableitung nicht definiert ist.

10. Leite die Ableitung von $y = \cos x$ ebenso her wie die von $y = \sin x$.

11. Schreibe $y = \cot x = 1 : \tan x$ und bestimme y' aus der Ableitung von $\tan x$.

Leite in Aufg. 12 bis 14 (teilweise mündlich) ab. An welchen Stellen ist y bzw. y' nicht definiert?

12. a) $y = \frac{1}{2}\cos x$ b) $y = \cos \frac{1}{2}x$ c) $y = \frac{2}{3}\cos \frac{3}{2}x$ d) $s = \cos(a - t)$

13. a) $y = \cos^2 x$ b) $s = \cos(t^3)$ c) $z = \cos\sqrt{x}$ e) $y = 1 : \cos x$

14. a) $y = \tan u$ b) $y = \tan 3x$ c) $s = \tan^4 t$ d) $s = \frac{a}{t}\tan\frac{t}{a}$

Kurvenuntersuchungen

Untersuche die Funktionen und zeichne ihre Graphen in Aufg. 21 bis 33. (Achsenschnittpunkte mit Steigungen in ihnen, Tangenten parallel zur x-Achse, Wendepunkte und Wendetangenten, Asymptoten, Symmetrie, Periode, Erzeugung aus einfacheren Kurven.) Wähle passende Einheiten.

21. a) $y = \sin x$ b) $y = \cos x$ (Fig. 142.1) c) $y = \tan x$ d) $y = \cot x$ (Fig. 144.1)
Beachte die Steigung in den Achsenschnittpunkten. Wo und unter welchen Winkeln schneiden sich die Kurven bei a) und b), c) und d), b) und c)?

22. a) $y = \frac{1}{2}\sin x$ b) $y = 2\sin x$ c) $y = -\frac{3}{2}\sin x$
Wie gehen die Kurven aus dem Bild von $y = \sin x$ hervor (Fig. 144.2)? Vergleiche die Steigungen in O und die Hochpunkte.

Bemerkung: Die Funktionen in Aufg. 22 bis 29 sind in der Physik grundlegend für die „*Wellenlehre*". Schwingungen, die auf solche Gleichungen führen, heißen *Sinusschwingungen*. Die *Periode* der Funktion entspricht der *Wellenlänge*. Das Maximum, das die y-Werte erreichen, heißt der *Ausschlag*, der *Scheitelwert* oder die *Amplitude* der Kurve (der Schwingung).

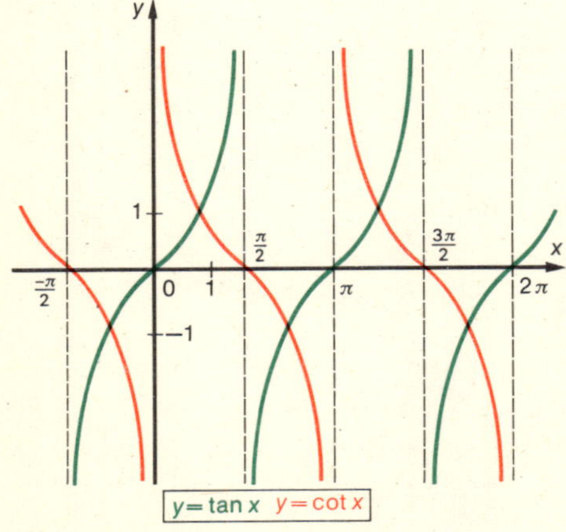

144.1.

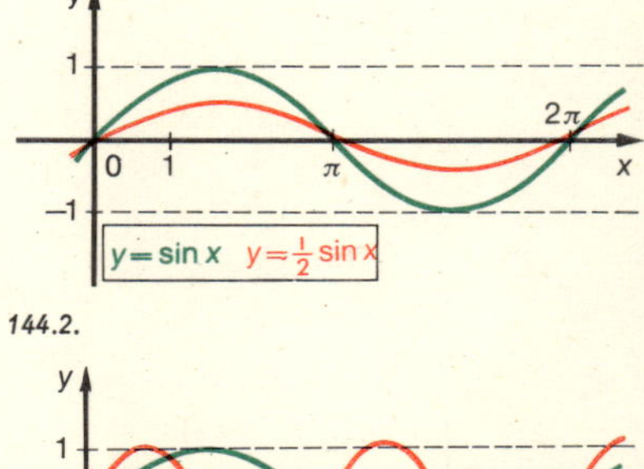

144.2.

y = sin x y = sin 2x

144.3.

S 3 **23.** Zeige: a) Der Graph von $y = a \sin x$ hat die Amplitude $|a|$ und die Periode 2π.
b) Die Kurve $y = a \sin x$ entsteht als Bild der Kurve $y = \sin x$ durch Pressung oder Dehnung in *y-Richtung* im Verhältnis $a : 1$ (durch senkrechte Affinität). Für $0 < a < 1$ hat man eine *Pressung*, für $a > 1$ eine *Dehnung*, bei $a < 0$ kommt eine *Spiegelung* bzgl. der x-Achse hinzu.

24. a) $y = \sin 2x$ b) $y = \sin \frac{1}{2} x$ c) $y = \sin\left(-\frac{2}{3} x\right)$

Wie gehen die Kurven aus der Kurve m. d. Gl. $y = \sin x$ hervor? Vergleiche die Steigungen in O, die Perioden und die Amplituden der 4 Kurven (Fig. 144.3).

S 4 **25.** Zeige: a) *Der Graph von $y = \sin kx$ hat die Amplitude 1 und die Periode $|2\pi : k|$, $k \neq 0$.*

b) Die Kurve m. d. Gl. $y = \sin kx$ entsteht als Bild der Kurve $y = \sin x$ durch Pressung oder Dehnung in *x-Richtung* im Verhältnis $k : 1$. Für $k > 1$ hat man eine *Pressung*, für $0 < k < 1$ eine *Dehnung*; bei $k < 0$ kommt wegen $\sin(-z) = -\sin z$ eine *Spiegelung* an der x-Achse hinzu.

26. a) $y = 2 \sin \frac{2}{3} x$ b) $y = \frac{1}{3} \sin 3x$ c) $y = 3 \sin \frac{1}{2} \pi x$. Beispiel (Fig. 145.2): $y = \frac{1}{2} \sin 2x$.

S 5 **27.** a) Zeige: *Der Graph von $y = a \sin kx$ hat die Amplitude $|a|$ und die Periode $|2\pi : k|$, $k \neq 0$.*
b) Durch welche Transformation erhält man $y = a \sin kx$ aus $y = \sin x$?

28. a) $y = \sin\left(x - \frac{\pi}{4}\right)$ b) $y = \sin\left(x + \frac{\pi}{4}\right)$

Beispiel: Fig. 145.1

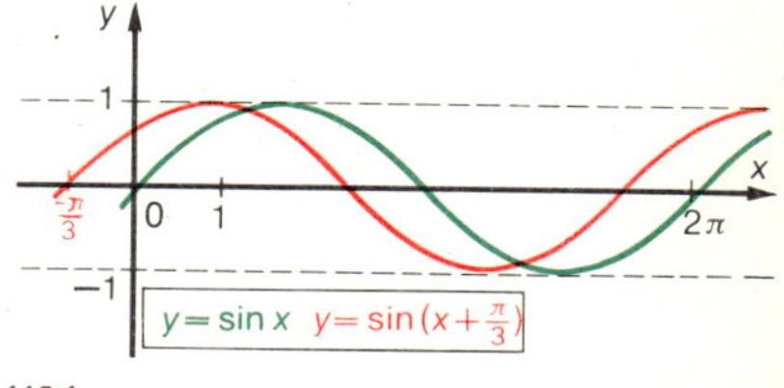

145.1.

S 6 **29.** Zeige: *Der Graph von $y = \sin(x - x_0)$ entsteht aus dem Schaubild von $y = \sin x$ durch Verschiebung um x_0 in x-Richtung.* Ist x_0 positiv, so liegt eine Verschiebung um x_0 nach rechts vor; ist x_0 negativ, so hat man eine Verschiebung um $|x_0|$ nach links.

30. Wie erhält man die Kurven a) $y = 1 + \sin x$, b) $y = 1 - \cos x$ aus $y = \sin x$?

31. a) $y = 2 \cos x + \sin 2x$
b) $y = \sin x - \sin 2x$
c) $y = \cos x + \frac{1}{3} \cos 3x$
d) $y = 3 \sin x + \frac{1}{2} \cos 2x$

Die Kurven in Aufg. 31 und 32 kann man durch Addition der y-Werte (*Überlagerung, Superposition*) aus einfachen Kurven erhalten.

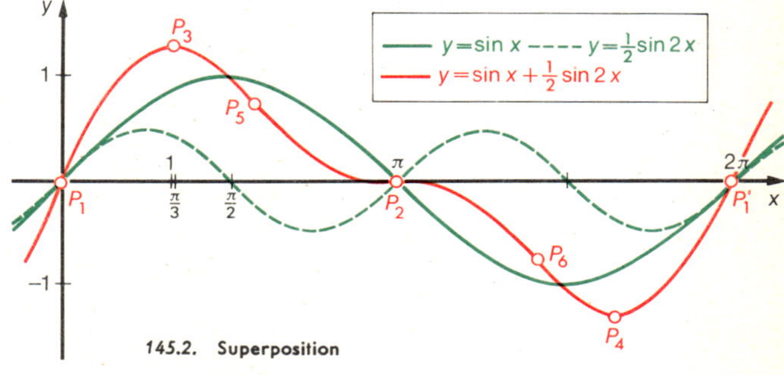

145.2. Superposition

10—7369/2[6]

Beispiel (Fig. 145.1): Die Superposition von $y_{\mathrm{I}} = \sin x$ und $y_{\mathrm{II}} = \frac{1}{2} \sin 2x$ gibt

$$\begin{aligned} y &= \sin x + \tfrac{1}{2} \sin 2x = \sin x \cdot (1 + \cos x) \\ y' &= \cos x + \cos 2x = 2\cos^2 x + \cos x - 1 \\ y'' &= -\sin x - 2 \sin 2x = -\sin x (1 + 4 \cos x) \end{aligned}$$

1. y_{I} hat die Periode 2π, y_{II} die Periode π; daher hat y die Periode 2π. Es genügt also, $0 \leqq x < 2\pi$ zu betrachten (oder auch $-\pi \leqq x < \pi$).

2. y_{I} und y_{II} sind *punktsymmetrisch* bzgl. O und $P_2(\pi \mid 0)$, also auch y.

3. *Nullstellen:* $y = 0$ gibt $\sin x = 0$ oder $1 + \cos x = 0$,
also $x_1 = 0$; $y_1' = 2$ und $x_2 = \pi$; $y_2' = 0$.

4. *Waagrechte Tangenten:* $y' = 0$ gibt $2\cos^2 x + \cos x - 1 = 0$. Daraus kommt:
a) $\cos x = \frac{1}{2}$, also $x_3 = \frac{\pi}{3}$; $y_3 = \frac{3}{4}\sqrt{3} \approx 1{,}30$; $y_3'' < 0$; Hochpunkt
und $x_4 = \frac{5\pi}{3}$; $y_4 = -y_3 \approx -1{,}30$; $y_4'' > 0$; Tiefpunkt
b) $\cos x = -1$, also $x_2 = \pi$; $y_2 = 0$; $y_2'' = 0$; Wendepunkt mit waagrechter Tangente.

5. *Wendepunkte:* $y'' = 0$ gibt $\sin x = 0$, also $x_1 = 0$ oder $x_2 = \pi$ (s. o.),
außerdem $\cos x = -\frac{1}{4}$, also $x_5 \approx 1{,}82$; $y_5 \approx 0{,}73$; $y_5' \approx -\frac{9}{8}$
und $x_6 \approx 4{,}46$; $y_6 = -y_5$; $y_6' = y_5'$

Beachte, daß y'' bei $x_1 = 0$ und $x_2 = \pi$ das Zeichen wechselt.

32. b) $y = \cos x - \sin x$. $\left(\text{Zeige: } y = -\sqrt{2} \sin\left(x - \frac{\pi}{4}\right)\text{; deute dies im Bild.}\right)$

S 7 ▸ e) Zeige: $y = a_1 \sin x + a_2 \cos x$ kann man in der Form schreiben:
$y = a \sin(x + x_0)$. Dabei ist $a = \sqrt{a_1^2 + a_2^2}$ und $\tan x_0 = a_2 : a_1$, $\cos x_0 = a_1 : a$
Anleitung: $a \sin(x + x_0) = a(\cos x_0 \cdot \sin x + \sin x_0 \cdot \cos x)$.

33. a) $y = x - \sin x$ b) $y = \sin^2 x$ c) $y = \sin x \cos x$ d) $y = \sin^3 x$

Extremwerte (Wähle als unabhängige Variable einen Winkel.)

36. Bei welchem Grundwinkel φ hat ein gleichschenkliges Dreieck mit Schenkel s
a) den größten Inhalt, b) den größten Inkreishalbmesser?

37. Einer Halbkugel ist a) ein Zylinder größten Inhalts einzubeschreiben,
b) ein Kegel kleinsten Inhalts umzubeschreiben.

38. Einem Kreis ist ein gleichschenkliges Dreieck a) mit kleinstem Schenkel,
b) mit kleinstem Umfang umzubeschreiben.

▸ **39.** Wie lang darf eine Eisenstange höchstens sein, damit man sie durch einen senkrechten zylindrischen Schacht von 1,5 m Länge und 0,6 m Durchmesser in einen waagrecht verlaufenden zylindrischen Abwasserkanal von 1,8 m Durchmesser schieben kann?

Löse einige der Aufg. 36 bis 39 zur Probe auch ohne Benutzung von Winkeln.

Integrale, Flächeninhalte

Aus den Sätzen 1 und 2 ergeben sich umgekehrt die

Grundintegrale: $\int \sin x \, dx = -\cos x + C$; $\int \cos x \, dx = \sin x + C$

$\int \frac{1}{\cos^2 x} \, dx = \tan x + C, \quad x \neq (2n+1)\frac{\pi}{2}$; $\int \frac{1}{\sin^2 x} \, dx = -\cot x + C, \quad x \neq n\pi$

Aufgaben

44. a) $\int 2 \sin x \, dx$ b) $\int \sqrt{3} \sin t \, dt$ c) $\int \frac{1}{2} \cos x \, dx$ d) $\int \frac{\cos z}{\pi} \, dz$

45. a) $\int \frac{4}{\cos^2 x} \, dx$ b) $\int \frac{du}{2 \cos^2 u}$ c) $\int \frac{3 \, dx}{\sin^2 x}$ d) $\int \frac{5 \, dt}{3 \sin^2 t}$

46. a) $\int (3 \cos x - 2 \sin x) \, dx$ b) $\int \left(\frac{1}{2} \sin t - \frac{3}{4} \cos t\right) dt$ c) $\int (1 - \sin x) \, dx$

48. Integriere durch Überlegen und prüfe durch Ableiten nach:

a) $\int \sin 2x \, dx$ b) $\int \sin kx \, dx$ c) $\int \cos \frac{1}{2} t \, dt$ d) $\int \cos (\omega t) \, dt$

49. Berechne die Fläche zwischen dem Bild von $y = f(x)$, der x-Achse und den Geraden $x = 0$ und $x = b$, wenn b die kleinste positive Nullstelle von $y = f(x)$ ist.

a) $y = \sin x$ b) $y = 2 \cos x$ c) $y = \cos 2x$ d) $y = 3 \sin \frac{1}{2} x$

50. Zeichne das Bild von $y = |\sin x|$. Existiert y' bei $x = n\pi \ (n \in \mathbb{Z})$?

▸ **51.** Gib die Nullstellen von $f(x) = \sin \frac{1}{x}$ und die Steigung in ihnen an. Wo liegen die Hoch- und Tiefpunkte? Zeichne! Wieso ist die Funktion bei $x_1 = 0$ unstetig, auch wenn man $f(x_1) = 0$ setzt?

35 Exponentialfunktionen

Neben den *Potenzfunktionen* $y = x^2$, $y = x^3$, ... und ihren Umkehrfunktionen, den *Wurzelfunktionen* $y = \sqrt{x}$, $y = \sqrt[3]{x}$, ..., traten in der Algebra schon die *Exponentialfunktionen* $y = 2^x$, $y = 3^x$, ... auf. Ihr Name rührt davon her, daß bei ihnen die unabhängige Variable x im Exponenten steht. Eine wichtige Rolle spielt dabei die Funktion $y = 10^x$. Ihre Umkehrfunktion ist die *Logarithmusfunktion* $y \to x$ mit $x = \lg y$; aus $100 = 10^2$ folgt z.B. $2 = \lg 100$. Wegen der Basis 10 nennt man diese Logarithmen bekanntlich *Zehnerlogarithmen*. In der mathematischen Wissenschaft und ihren Anwendungen hat als Basis der Exponential- und Logarithmusfunktionen neben der Zahl 10 die Zahl $e \approx 2{,}718$ eine besondere Bedeutung (vgl. S. 15). Die Bezeichnung e stammt von *L. Euler*.

Wenn man die Funktion $y = e^x$ bildet und ihre Ableitung nach der Grundformel (S. 68) bestimmt, so ergibt sich:

$$y' = \lim_{h \to 0} \frac{e^{x+h} - e^x}{h} = \lim_{h \to 0} e^x \cdot \frac{e^h - 1}{h} = \lim_{h \to 0} e^x \cdot \lim_{h \to 0} \frac{e^h - 1}{h} = e^x \cdot \lim_{h \to 0} \frac{e^h - 1}{h}$$

Um diesen Grenzwert zu bestimmen, wählen wir vorerst $h = \frac{1}{n}$, $(n \in \mathbb{N}$ und $n \geqq 2)$, und erinnern uns daran (vgl. S. 44/45), daß gilt: $\left(1 + \frac{1}{n}\right)^n < e < \left(1 + \frac{1}{n}\right)^{n+1}$, also auch

$$\left(1 + \frac{1}{n}\right)^n < e < \left(1 + \frac{1}{n-1}\right)^n \Leftrightarrow \left(1 + \frac{1}{n}\right) < e^{\frac{1}{n}} < \left(1 + \frac{1}{n-1}\right) \Leftrightarrow \frac{1}{n} < e^{\frac{1}{n}} - 1 < \frac{1}{n-1},$$

somit $1 < \frac{e^{\frac{1}{n}} - 1}{\frac{1}{n}} < \frac{n}{n-1}$. Für n gegen ∞, also h gegen 0, folgt: $\lim\limits_{h \to 0} \frac{e^h - 1}{h} = 1$.

Entnimmt man der Anschauung, daß der Graph von $y = e^x$ in jedem Punkt genau eine Tangente besitzt, so folgt aus dem Vorstehenden:

S 10 **Für $y = e^x$ ist $y' = e^x$.**

Vollständige Beweise von S 10 enthält die Vollausgabe.

Aufgaben

1. a) Zeichne das Schaubild von $y = e^x$ samt Tangenten für $x \in \{0; \pm 0{,}5; \pm 1; \pm 1{,}5; \pm 2\}$. Wie läßt sich die Tangente in jedem Punkt auf einfache Weise zeichnen?
b) Bestätige rechnerisch, daß die Kurve monoton steigt und überall eine Linkskurve ist.
c) Zeige, daß $\lim\limits_{x \to -\infty} e^x = 0$ ist, und bestimme so die Asymptote der Kurve (150.1).

Leite in Aufg. 5 bis 10 (teilweise mündlich) ab.

5. a) $y = 2\,e^x$ b) $y = e^{-2x}$ c) $y = e^{x+2}$ d) $y = e^{x^2}$

6. a) $y = e^{-x}$ b) $y = e^{-3x}$ c) $y = e^{1-x}$ d) $y = -\frac{1}{2}e^{5-4x}$

7. a) $s = e^{\frac{1}{2}t}$ b) $s = 4\,e^{-\frac{3}{8}t}$ c) $s = 6\,e^{\frac{2}{3}-\frac{1}{4}\pi t}$ d) $s = 10\,e^{-\frac{1}{4}x^2}$

10. a) $y = x \cdot e^x$ b) $y = \frac{1}{2}x^2 \cdot e^{-0{,}4x}$ c) $y = (x^2 - 2x + 3)\,e^{\frac{1}{2}x}$

15. Zeichne die Graphen von $y = e^x$, $y = e^{-x}$, $y = e^{2x}$, $y = e^{-2x}$, $y = e^{\frac{1}{2}x}$, $y = e^{-\frac{1}{2}x}$ in ein Achsenkreuz und vergleiche.
Wie erhält man aus dem Schaubild von $y = e^x$ die anderen Kurven?

16. Zeichne die Graphen von a) $y = 5\,e^{-\frac{1}{4}x^2}$, b) $y = 5\,e^{-0{,}1x^2}$ und vergleiche.
Bemerkung: Die Kurve m. d. Gl. $y = a \cdot e^{-k^2x^2}$ heißt auch „*Kurve der normalen Häufigkeitsverteilung*" oder „*Gaußsche Fehlerkurve*".

17. a) $y = 5x \cdot e^{-\frac{1}{2}x}$ b) $y = 2x^2 \cdot e^{-\frac{1}{2}x}$ c) $y = 4x \cdot e^{-\frac{1}{8}x^2}$ d) $y = (\frac{1}{2}x^2 + 2) \cdot e^{-\frac{1}{2}x}$

Wachstumsfunktion

25. a) Bestimme bei der Funktion $y = a \cdot e^{kt}$ die „Wachstumsgeschwindigkeit" $\frac{dy}{dt} = \dot{y}$ und zeige, daß diese Geschwindigkeit proportional zum augenblicklichen Funktionswert y ist. Warum heißt k wohl „Wachstumskonstante"?
b) Zeige, daß der relative Zuwachs $\Delta y : y$ bei gleichem Δt nahezu konstant ist.

26. 1 cm^3 Kuhmilch enthielt 2 Stunden nach dem Melken 9000 „Keime", 1 Stunde später 32000. Bestimme a und k, wenn die Wachstumsfunktion hier $y = a \cdot e^{kt}$ ist und zeichne ein Schaubild. Nach wieviel Minuten hatte sich die Zahl der Keime verdoppelt?

27. Bei der radioaktiven Umwandlung von Wismut 210 in Polonium 210 beträgt die „Halbwertzeit" 5,0 Tage (d.h. in 5 Tagen zerfällt die halbe Menge). Stelle die Zerfallsfunktion $y = a \cdot e^{-kt}$ auf und zeichne ein Schaubild.

Integrale und Flächeninhalte

28. Bestimme durch Überlegen und mache die Probe durch Ableiten:

a) $\int 3\,e^x\,dx$ b) $\int e^{3x}\,dx$ c) $\int e^{-x}\,dx$ d) $\int e^{\frac{x}{2}}\,dx$ e) $\int e^{-kt}\,dt$

30. Deute als Flächenmaßzahl. Berechne und zeichne.

a) $\int_0^1 e^x\,dx$ b) $\int_{-2}^2 e^{-x}\,dx$ c) $\int_0^4 e^{-\frac{1}{2}x}\,dx$

36 Logarithmusfunktionen

Der natürliche Logarithmus

❶ Schreibe in Potenzform:
a) $\lg 100 = 2$, b) $\lg 2 = 0{,}3010\ldots$.

❷ Wiederhole den Begriff des Logarithmus und die 3 Logarithmensätze.

❸ Schreibe auch $y = \lg x$ in Potenzform. Wie ergibt sich der Graph von $y = \lg x$ aus dem Schaubild von $y = 10^x$? Zeichne beide Kurven.

❹ Zeichne das Schaubild der Umkehrfunktion von $y = e^x$. Wie lautet ihre Gleichung?

Aus der Algebra wissen wir, daß man die Umkehrfunktion von $y = 10^x$ mit $y = \log_{10} x$ bezeichnet und dafür kurz $y = \lg x$ schreibt. Dies bedeutet, daß $10^y = x$ ist. Es ist z.B. $0{,}3010 \approx \lg 2 \Leftrightarrow 10^{0{,}3010} \approx 2$.

D 1 Ganz entsprechend sagt man: **Die Umkehrfunktion von $y = e^x$ heißt $y = \log_e x$;** man schreibt für sie kurz $y = \ln x$ (lies: logarithmus naturalis x) und bezeichnet die Logarithmen zur Grundzahl e als **natürliche Logarithmen.** Der natürliche Logarithmus einer Zahl $x > 0$ ist also die Zahl, mit der man e potenzieren muß, um x zu erhalten:

$$y = \ln x \text{ bedeutet dasselbe wie } e^y = x, \quad (x > 0).$$

Beispiel: $\ln 2 = 0{,}6931\ldots$ bedeutet dasselbe wie $e^{0{,}6931\ldots} = 2$.

Merke besonders: $\ln e = 1$, $\ln 1 = 0$, $e^{\ln x} = x$ (Begründung?)

Auch für die natürlichen Logarithmen gelten die bekannten Logarithmensätze:

$\ln(a\,b) = \ln a + \ln b$; $\ln(a : b) = \ln a - \ln b$; $\ln(a^k) = k \ln a$ (Begründung?)

Aufschlagen von natürlichen Logarithmen (vgl. Sieber, Math. Tafeln, S. 108—111):

Findet man in Tabellen nicht alle gewünschten Werte von $\ln x$, so kann man sie häufig durch Anwendung der Logarithmensätze gewinnen.

Beispiel: $\ln 2{,}45 = \ln \frac{245}{100} = \ln 245 - \ln 100 = 5{,}5013 - 4{,}6052 = 0{,}8961$

$\ln 0{,}245 = \ln \frac{245}{1000} = \ln 245 - \ln 1000 = 5{,}5013 - 6{,}9078 = -1{,}4065$

Umwandlung von Zehnerlogarithmen in natürliche Logarithmen und umgekehrt:

Aus $y = \ln x$ oder $x = e^y$ folgt $\lg x = y \cdot \lg e$ oder $\mathbf{\lg x = \ln x \cdot \lg e} = 0{,}4343 \ln x$.

Aus $y = \lg x$ oder $x = 10^y$ folgt $\ln x = y \cdot \ln 10$ oder $\mathbf{\ln x = \lg x \cdot \ln 10} = 2{,}3026 \lg x$.

Schreibt man M für $\lg e = 0{,}4343$, so ist also $\lg x = M \cdot \ln x$ und $\ln x = \frac{1}{M} \cdot \lg x$ (vgl. Sieber, Mathematische Tafeln). M heißt der *Modul* der Zehnerlogarithmen.

Der Graph der Funktion $y = \ln x$ ist in Fig. 150.1 durch Spiegelung des Schaubildes von $y = e^x$ an der Gerade $y = x$ entstanden.

Für $x > 1$ ist $\ln x > 0$;

für $0 < x < 1$ ist $\ln x < 0$.

Die negative y-Achse ist Asymptote für $y = \ln x$:

Es ist $\lim\limits_{x \to +0} \ln x = -\infty$.

Da $\varphi(x) = \ln x$ die Umkehrfunktion von $f(x) = e^x$ ist, gilt nach S 3a von S. 132:

$$\varphi'(x) = 1 : f'(y) = 1 : e^y = 1 : x.$$

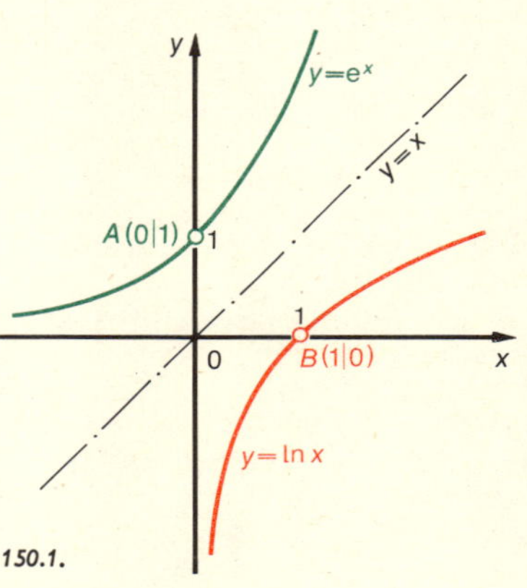

150.1.

S 1 **Die Ableitung der Funktion $y = \ln x$ ist $y' = \frac{1}{x}$,** $(x > 0)$.

S 2 Ist $u = g(x)$ differenzierbar und $y = \ln u$, so ist $\frac{dy}{dx} = \frac{1}{u} \cdot \frac{du}{dx} = \frac{u'(x)}{u(x)}$, $u(x) > 0$.

Aufgaben

1. Zeichne die Kurve m. d. Gl. $y = \ln x$ samt Tangenten. Beachte die Asymptote. Zeige mittels der Ableitungen: Die Kurve ist überall monoton steigend und eine Rechtskurve. Gib den Definitions- und Wertebereich an.

2. Bestimme aus der Tafel für $\ln x$ oder mittels Zehnerlogarithmen:

   a) $\ln 3$ b) $\ln 30$ c) $\ln 3000$ d) $\ln 0{,}3$ e) $\ln 0{,}003$

   f) $\ln 1{,}7$ b) $\ln 5{,}63$ h) $\ln 0{,}75$ i) $\ln 0{,}045$ k) $\ln 8{,}256$

   Wie kann man die Umwandlung mit dem Rechenstab vollziehen?

3. Bestimme: $\ln e^2$, $\ln \frac{1}{e}$, $\ln \frac{1}{e^3}$, $\ln \sqrt{e}$, $\ln e^{kt}$, $\ln a^n$ mit $a > 0$.

Leite in Aufg. 4 bis 11 (teilweise mündlich) ab. Forme in geeigneten Fällen zunächst die rechte Seite mittels der Logarithmensätze um. Gib Definitionsbereiche an.

4. a) $y = \ln t$ b) $y = 2 \ln u$ c) $y = \ln \frac{x}{2}$ d) $y = \ln (a\,t)$ e) $y = \ln \frac{t}{a}$

5. a) $y = \ln x^2$ b) $y = \ln \frac{1}{x}$ c) $u = \ln \frac{a}{x^2}$ d) $v = \ln \sqrt{x}$

6. a) $y = \ln (1 + x)$ b) $y = \ln (2 - x)$ c) $y = \ln (a - b\,x)$

7. a) $s = \ln \frac{a}{1 + t}$ b) $s = \ln \frac{a}{a - t}$ c) $s = \ln \frac{a + t}{a - t}$

8. a) $y = \ln (x^2 - a^2)$ b) $y = \ln (a\,x - x^2)$ c) $y = \ln (4\,x^2 - 4\,x + 1)$

9. a) $y = \ln \frac{5\,x}{x^2 + 1}$ b) $y = \ln \frac{a^2 + x^2}{a^2 - x^2}$ c) $y = \ln \frac{(1 + 2\,x)^2}{1 - 2\,x}$

10. a) $s = \ln \sqrt{4\,t - 5}$ b) $s = \ln \sqrt{1 - t^2}$ c) $s = \ln \sqrt{\frac{1 + t}{1 - t}}$

11. a) $y = \ln \sin x$ b) $s = \ln \cos (\omega t)$ c) $w = \ln \tan x$

Kurvenuntersuchungen

14. Lege von O aus die Tangente an die Kurve mit der Gleichung $y = \ln x$ und bestimme den Berührpunkt. Wie kann man die Tangente in beliebigen Punkten einfach zeichnen?

15. a) In welchem Punkt hat der Graph von $y = \ln x$ die Steigung $\frac{1}{e}$; e; $\sqrt{e}$?

16. a) $y = \ln (1 + x)$ b) $y = \ln (1 + x^2)$ c) $y = \ln (16 - x^2)$ d) $y = \ln \frac{6 + x}{6 - x}$

Erzeuge die zugehörigen Kurven in c) und d) aus zwei einfacheren Kurven.

18. a) $y = \ln |x|$ b) $y = |\ln x|$ c) $y = \sqrt{\ln x}$ d) $y = \ln |x^2 - 4|$

Integrale und Flächeninhalte

Nach S 1 gilt: $\int \frac{dx}{x} = \ln x + C$ für $x > 0$. Für $x < 0$ ist die Funktion $y = \ln(-x)$ definiert (Fig. 151.1). Sie besitzt für $x < 0$ die Ableitung $y' = \frac{-1}{-x} = \frac{1}{x}$.

Für $x < 0$ gilt also $\int \frac{dx}{x} = \ln(-x) + C$.

Es ist üblich, die beiden Integralformeln für $x > 0$ und $x < 0$ in *einer* Gleichung zusammenzufassen:

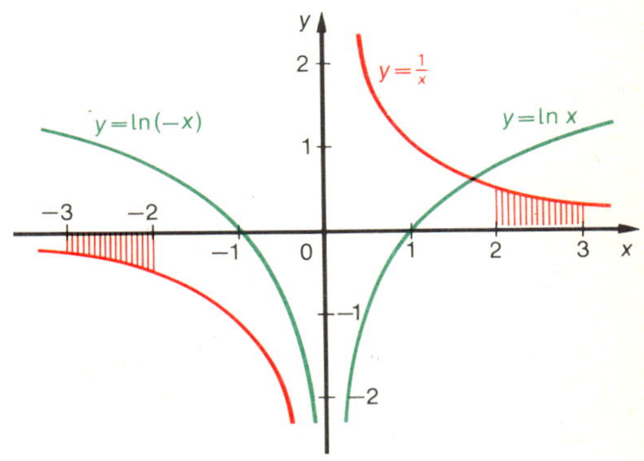

151.1.

S 3 $$\int \frac{dx}{x} = \ln |x| + C, \quad (x \neq 0)$$

Beispiel: (151.1) $\int_{-3}^{-2} \frac{dx}{x} = \left[\ln|x|\right]_{-3}^{-2} = \ln 2 - \ln 3 = \ln\frac{2}{3} = -0{,}406$; $\int_{2}^{3} \frac{dx}{x} = \ln\frac{3}{2} = +0{,}406$

S 4 Aus S 2 folgt für $u(x) \neq 0$ der Satz: $\int \frac{u'(x)}{u(x)}\,dx = \ln|u(x)| + C$

Beispiele:

$\int \frac{2x\,dx}{x^2-4} = \ln|x^2-4| + C$; $|x| \neq 2$; $\int \frac{e^x}{e^x-5}\,dx = \ln|e^x-5| + C$;

$\int \frac{dx}{x\ln x} = \ln|\ln x| + C$, $\binom{x>0}{x\neq 1}$; $\int \tan x\,dx = \int \frac{\sin x}{\cos x}\,dx = -\ln|\cos x| + C$, $\cos x \neq 0$;

Aufgaben

19. Integriere durch Probieren und mache die Probe durch Ableiten:

a) $\int \frac{dx}{x+2}$ b) $\int \frac{dx}{4-x}$ c) $\int \frac{dx}{2x+3}$ d) $\int \frac{dx}{4-3x}$ e) $\int \frac{x^2+4x+3}{2x}\,dx$

21. Berechne die Flächeninhalte (beachte auch S 4):

a) $\int_1^4 \frac{5\,dx}{x}$ b) $\int_{-4}^{-1} \frac{x+4}{2x}\,dx$ c) $\int_0^3 \frac{dx}{1+x}$ d) $\int_0^6 \frac{4x}{x^2+4}\,dx$ e) $\int_0^{0{,}5\pi} \frac{2\cos x}{1+\sin x}\,dx$

22. Welchen Inhalt hat das Flächenstück, das im Intervall $\left[0, \frac{\pi}{2}\right]$ von der x-Achse und den Kurven mit den Gleichungen $y = \tan x$ und $y = \cot x$ umschlossen wird?

Extremwerte

33. Die Schaubilder der Funktionen $y = e^{ax}$ und $y = e^{-bx}$ $(a > 0,\ b > 0)$ schneiden sich rechtwinklig und umschließen mit der x-Achse ein dreieckförmiges Flächenstück. Welche Zahlen muß man für a und b setzen, damit diese Fläche einen kleinsten Inhalt hat?

34. Dem Schaubild von $y = e^{-x^2}$ ist das Rechteck größten Inhalts so einzubeschreiben, daß eine Seite auf die x-Achse zu liegen kommt. Zeige, daß 2 Ecken dieses Rechtecks in den Wendepunkten liegen.

36. An welcher Stelle x hat die Differenz der y-Werte bei $y = \sqrt{x}$ und $y = \ln x$ einen kleinsten Betrag?

37. Bestimme den kürzesten Abstand der Graphen von $y = e^x$ und $y = \ln x$.

38 Integrationsverfahren

1. Grundintegrale (Stammfunktionen)

Wir stellen zunächst die Grundintegrale zusammen, die wir bisher erhielten:

$\int x^k\,dx = \frac{x^{k+1}}{k+1} + C$, $(k \neq -1)$ $\int \frac{dx}{x} = \ln|x| + C$, $(x \neq 0)$

$$\int e^x \, dx = e^x + C$$

$$\int \sin x \, dx = -\cos x + C \qquad \int \cos x \, dx = \sin x + C$$

$$\int \frac{dx}{\cos^2 x} = \tan x + C, \quad \left[x \neq (2n+1)\frac{\pi}{2}\right] \qquad \int \frac{dx}{\sin^2 x} = -\cot x + C, \quad (x \neq n\pi)$$

Als einfache Integrationsregeln kennen wir:

1. $\int a\, f(x)\, dx = a \int f(x)\, dx$

2. $\int [f(x) + g(x)]\, dx = \int f(x)\, dx + \int g(x)\, dx$

Aufgaben (Zur Wiederholung und weiteren Übung)

1. a) $\int x \, dx$ b) $\int 3t^2 \, dt$ c) $\int -\frac{1}{4} x^4 \, dx$ d) $\int dx$ e) $\int \frac{1}{2} \, dt$

2. a) $\int x^{-2} \, dx$ b) $\int \frac{2\, dz}{z^3}$ c) $\int \frac{4\, dt}{5t^4}$ d) $\int \frac{dx}{5x}$ e) $\int z^{-1} \, dz$

3. a) $\int x^{\frac{3}{2}} \, dx$ b) $\int x^{-\frac{3}{2}} \, dx$ c) $\int \sqrt{x} \, dx$ d) $\int \frac{3\, dx}{2\sqrt{x}}$ e) $\int \frac{dz}{3\sqrt{z^5}}$

4. a) $\int x^{\frac{1}{4}} \, dx$ b) $\int x^{-\frac{3}{2}} \, dx$ c) $\int \sqrt[3]{x^4} \, dx$ d) $\int \frac{dt}{\sqrt[3]{t}}$ e) $\int \frac{2\, dz}{5\sqrt[4]{z^5}}$

5. a) $\int \pi \, dx$ b) $\int -dt$ c) $\int \sqrt{2px} \, dx$ d) $\int \frac{dz}{\sqrt{2z}}$ e) $\int \frac{dr}{\pi r^2}$

6. a) $\int \left(\frac{z^2}{a^2} - \frac{a^2}{z^2}\right) dz$ b) $\int \left(\sqrt{ct} - \frac{1}{\sqrt{ct}}\right) dt$ c) $\int \left(\sqrt{\frac{x}{a}} + \sqrt{\frac{a}{x}}\right) dx$

7. a) $\int (5 + 4x)^2 \, dx$ b) $\int (1 - t)^3 \, dt$ c) $\int (az^2 + bz + c) \, dz$

8. a) $\int (t + 5)(t - 2) \, dt$ b) $\int (a^2 - x^2)\sqrt{x} \, dx$ c) $\int (a - z)\sqrt{az} \, dz$

9. a) $\int \left(2x^3 - \frac{3}{4}x^2 + \frac{7}{8}x - \frac{5}{2}\right) dx$ b) $\int \left(4 - \frac{5}{v} - \frac{6}{v^2} + \frac{2}{3v^3}\right) dv$

10. a) $\int \frac{5x^4 - 6x^3 - 7x^2 + x - 3}{2x^2} \, dx$ b) $\int \frac{1{,}5x^3 + 1{,}8x^2 - 0{,}4x + 3{,}5}{x\sqrt{x}} \, dx$

11. a) $\int \frac{dx}{x^n}$ b) $\int \frac{dt}{t^{n+1}}$ c) $\int \sqrt[q]{x^p} \, dx$ d) $\int \frac{dx}{\sqrt[q]{x^p}}$

12. a) $\int \frac{1}{2} \cos x \, dx$ b) $\int \frac{\sin x}{\pi} \, dx$ c) $\int \frac{a\, dx}{\sin^2 x}$ d) $\int \frac{a^2\, du}{b^2 \cos^2 u}$

13. a) $\int 4 e^x \, dx$ b) $\int \frac{a}{2}\sqrt{3}\, e^t \, dt$

14. a) $\int \frac{5}{x} \, dx$ b) $\int \frac{dx}{2x}$ c) $\int \frac{\sqrt{3}\, dz}{4z}$ d) $\int 0{,}1\, v^{-1} \, dv$

3. Integration durch Substitution

❶ Leite nach der Kettenregel ab:
$\frac{1}{4}(2x+7)^4$ und $\frac{1}{5}(2x+7)^5$. Ermittle hiermit:
a) $\int (2x+7)^3 \cdot 2\,dx$; $\int (2x+7)^4 \cdot 2\,dx$,
b) $\int (2x+7)^3\,dx$; $\int (2x+7)^4\,dx$.

❷ Ermittle wie in Vorüb. 1 und 2 die Integrale:
a) $\int (x^2+4)^3 \cdot 2x\,dx$, b) $\int (x^3-1)^4 \cdot 3x^2\,dx$.
Mache die Probe durch Ableiten.

Die meist gebrauchte Regel für das Integrieren erhält man durch die *Umkehrung der Kettenregel.* Wir gewinnen die Regel zunächst an einem Beispiel:

Beispiel: Ist $y = \frac{1}{4}u^4$ und $u = g(x)$ differenzierbar, so ist nach der Kettenregel:

$$\frac{dy}{dx} = u^3 \cdot u'. \quad \text{Andererseits gilt: } \frac{dy}{du} = u^3.$$

Umgekehrt ist also: $y = \int u^3 \cdot u'\,dx = \int u^3\,du = \frac{1}{4}u^4 + C = \frac{1}{4}[g(x)]^4 + C.$

Ist also $\int u^3 \cdot u'\,dx$ bzw. $\int [g(x)]^3 \cdot g'(x)\,dx$ zu ermitteln, so darf man $u'\,dx$ bzw. $g'(x)\,dx$ durch du ersetzen und dann nach u integrieren. Allgemein gilt:

S 2 **Soll $\int f(u) \cdot u'\,dx$ ermittelt werden, wo $u = g(x)$ ist, so darf man $u'\,dx$ durch du ersetzen und dann nach u integrieren.** Man erhält so:

$$\int f(u)\,u'\,dx = \int f(u)\,du \quad \text{oder} \quad \int f[g(x)] \cdot g'(x)\,dx = \int f(u)\,du$$

Hat $f(u)$ die Stammfunktionen $F(u) + C$, so ergeben sich hieraus die Stammfunktionen von $f[g(x)] \cdot g'(x)$, falls man in $F(u)$ noch $u = g(x)$ setzt.

Beweis: Die Ableitung von $F(u) + C$ nach x ist $F'(u) \cdot u'$ oder $f(u) \cdot u'$.

Bemerkungen:

1. Die Regel lautet in anderen Worten: Ist ein Produkt nach x zu integrieren und kann man eine differenzierbare Funktion $u = g(x)$ so wählen, daß der 1. Faktor eine Funktion $f(u)$ und der 2. Faktor die Ableitung u' ist, so braucht man nur $f(u)$ *nach u* zu integrieren. Da es dabei wesentlich auf die Setzung (Substitution) $u = g(x)$ ankommt, heißt das Verfahren
D 2 „*Integration durch Substitution*".

2. Die Regel sagt aus, daß sich etwas Richtiges ergibt, wenn man zu $u = g(x)$ die Differentiale $du = u'\,dx$ bzw. $dx = du : u'$ bildet und diese „mechanisch" in $\int f(u) \cdot u'\,dx$ oder in $\int f(u)\,du$ einsetzt. Damit wird wieder einmal deutlich, wie vorteilhaft es ist, unter dem Integral das Differential dx bzw. du mitzuführen.

3. Hat ein Integral nicht von vornherein die Form $\int f(u) \cdot u'\,dx$, so kann es doch häufig auf diese Form gebracht werden.

4. In S 2 ist vorausgesetzt, daß $f(u)$ und $u'(x)$ stetig sind.

Im folgenden sind einige wichtige Arten solcher Integrale aufgeführt.

1. Art: $u(x)$ ist eine *lineare Funktion* d.h. $\boldsymbol{u = a\,x + b}$. Hierher gehört also

$$\int f(a\,x+b)\cdot a\,dx \quad \text{und auch} \quad \int f(a\,x+b)\,dx = \frac{1}{a}\int f(a\,x+b)\cdot a\,dx.$$

Beispiele: (Um Platz zu sparen, wird im Ergebnis die Konstante C weggelassen.)

a) $\int \frac{dx}{(a\,x+b)^3} = \frac{1}{a}\int (a\,x+b)^{-3}\cdot a\,dx = \frac{1}{a}\int u^{-3}\,du = \frac{-1}{2\,a\,u^2} = \frac{-1}{2\,a\,(a\,x+b)^2}$

Substitution: $u = a\,x + b$; $du = a\,dx$.

b) $\int \sqrt{2-3\,x}\,dx = -\frac{1}{3}\int (2-3\,x)^{\frac{1}{2}}\cdot(-3)\,dx = -\frac{1}{3}\int u^{\frac{1}{2}}\,du = -\frac{2}{9}\,u^{\frac{3}{2}} =$

$= -\frac{2}{9}\sqrt{(2-3\,x)^3}$ Substitution: $u = 2 - 3\,x$; $du = -3\,dx$

c) $\int \sin 2\,x\,dx = \frac{1}{2}\int \sin u\,du = -\frac{1}{2}\cos u = -\frac{1}{2}\cos 2\,x$

Substitution: $u = 2\,x$; $du = 2\,dx$; $dx = \frac{1}{2}\,du$

d) $\int \frac{dx}{5\,x-4} = \frac{1}{5}\int \frac{du}{u} = \frac{1}{5}\ln|u| = \frac{1}{5}\ln|5\,x-4|$, $\left(x \neq \frac{4}{5}\right)$

Substitution: $u = 5\,x - 4$; $du = 5\,dx$; $dx = \frac{1}{5}\,du$

2. Art: $u(x)$ ist eine *ganze rationale Funktion vom Grad* $n \geqq 2$.

Beispiel: $\int \frac{x\,dx}{\sqrt{a^2-x^2}} = -\frac{1}{2}\int u^{-\frac{1}{2}}\,du = -\sqrt{a^2-x^2}$, $(a > 0,\ |x| < a)$

Substitution: $u = a^2 - x^2$; $du = -2\,x\,dx$; $-\frac{1}{2}\,du = x\,dx$

3. Art: $u(x)$ ist eine *Kreisfunktion*.

Beispiel: $\int \cos^3 x\,dx = \int (1-\sin^2 x)\cdot\cos x\,dx = \int (1-u^2)\,du = u - \frac{1}{3}u^3 = \sin x - \frac{1}{3}\sin^3 x$

Substitution: $u = \sin x$; $du = \cos x\,dx$

4. Art: Unter dem Integral steht ein Quotient, dessen *Zähler die Ableitung des Nenners* ist (vgl. S. 152, S 4). Dann gilt: $\int \frac{u'}{u}\,dx = \int \frac{du}{u} = \ln|u|$, $(u \neq 0)$

Beispiele: a) $\int \frac{x\,dx}{a^2+x^2} = \frac{1}{2}\int \frac{2\,x\,dx}{a^2+x^2} = \frac{1}{2}\ln(a^2+x^2)$ b) $\int \frac{\sin x\,dx}{1-\cos x} = \ln|1-\cos x|$

Aufgaben

21. a) $\int (x+3)^2\,dx$ b) $\int (x-5)^4\,dx$ c) $\int (x+b)^n\,dx$

d) $\int (5\,x+1)^3\,dx$ e) $\int (1-3\,x)^2\,dx$ f) $\int (a\,x+b)^n\,dx$

22. a) $\int \frac{dx}{(6-x)^2}$ b) $\int \frac{dx}{(7x+8)^4}$ c) $\int \frac{dx}{(ax+b)^n}$

24. a) $\int \frac{3\,dt}{4\sqrt{t+9}}$ b) $\int \frac{dt}{\sqrt{5-8t}}$ c) $\int \frac{dt}{\sqrt{(a-bt)^3}}$

25. a) $\int \cos 3x\,dx$ b) $\int \sin \frac{1}{2} t\,dt$ c) $\int a \cos \omega t\,dt$

d) $\int \sin\left(\frac{\pi}{4} - x\right) dx$ e) $\int \cos\left(\frac{3}{2} t + \frac{1}{6} \pi\right) dt$ f) $\int \sin\left(\frac{2\pi t}{T} - t_0\right) dt$

26. a) $\int \frac{dx}{\cos^2 2x}$ b) $\int \frac{dt}{\sin^2(\omega t)}$ c) $\int \frac{dt}{\sin^2(\omega t + t_0)}$

28. a) $\int e^{3x}\,dx$ b) $\int e^{-1{,}8x}\,dx$ c) $\int a \cdot e^{-kt}\,dt$ d) $\int e^{a-t}\,dt$

29. a) $\int \frac{dx}{3+x}$ b) $\int \frac{dx}{a-x}$ c) $\int \frac{dt}{2t-3}$ d) $\int \frac{dt}{a-bt}$

31. a) $\int \frac{x^3\,dx}{x^2+4}$ b) $\int 3x \cdot e^{x^2}\,dx$ c) $\int ax \cdot e^{-kx^2}\,dx$

32. a) $\int \sin^2 x \cos x\,dx$ b) $\int \cos^3 x \sin x\,dx$ c) $\int \sin \omega t \cos \omega t\,dt$

34. a) $\int \frac{2x\,dx}{1+x^2}$ b) $\int \frac{6x\,dx}{4-x^2}$ c) $\int \frac{x\,dx}{a^2+b^2x^2}$

35. a) $\int \frac{\sin x\,dx}{1+\cos x}$ b) $\int \frac{\cos x\,dx}{1+\sin x}$ c) $\int \frac{\sin x - \cos x}{\sin x + \cos x}\,dx$

39 Berechnung von Rauminhalten. Uneigentliche Integrale

Der Rauminhalt von Drehkörpern

1 Von welchen Körpern wurde im bisherigen Mathematikunterricht der Rauminhalt berechnet? Welche von ihnen sind Drehkörper? Warum kommen Drehkörper im Alltag und in der Technik besonders häufig vor?

a) Drehung um die x-Achse

In Fig. 156.1 ist eine Kurve mit der Gleichung $y = f(x)$ gezeichnet, die mit wachsendem x im Intervall $[a, b]$ ständig steigt, stetig ist und oberhalb der x-Achse verläuft.

D 1 Die Fläche zwischen der Kurve, der x-Achse und den Geraden $x = a$ und $x = b$ erzeugt bei Drehung um die x-Achse einen **Drehkörper.** Um seinen Rauminhalt zu bestimmen, teilen wir das Intervall $[a, b]$ in n gleiche Teile $\Delta x = \frac{b-a}{n}$.

Die Teilpunkte seien $x_0, x_1, x_2, \ldots, x_n$.

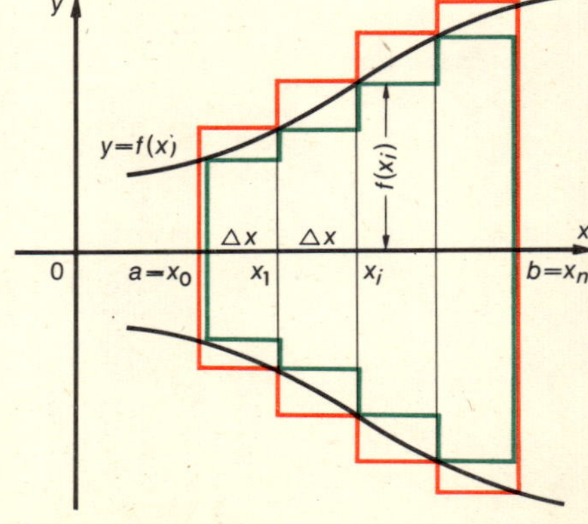

156.1.

Wir bilden nun aus je n zylindrischen Scheiben einen *inneren Treppenkörper* (grün) und einen *äußeren Treppenkörper* (rot). Die Maßzahl ihres Rauminhalts sei V_i bzw. V_a.

Dann ist $V_i = \pi \sum_{k=0}^{n-1} f^2(x_k) \cdot \Delta x$ und $V_a = \pi \cdot \sum_{k=1}^{n} f^2(x_k) \cdot \Delta x$.

Mit wachsendem n ist bei fortgesetzter Halbierung der Teilintervalle V_i monoton zunehmend, V_a monoton abnehmend. (Grund?) Die Differenzen

$V_a - V_i = \pi \cdot [f^2(x_n) - f^2(x_0)] \cdot \Delta x = \pi\, [f^2(b) - f^2(a)] \cdot \frac{b-a}{n}$ streben dabei gegen 0.

(V_i, V_a) bilden daher eine *Intervallschachtelung* und definieren also einen *Grenzwert*.
Er bedeutet für den Drehkörper die *Maßzahl V seines Rauminhalts*.

Wie in § 25 können wir schreiben:

$$V = \lim_{\Delta x \to 0} \pi \sum_{k=1}^{n} f^2(x_k) \cdot \Delta x = \pi \int_a^b [f(x)]^2\, dx = \pi \int_{x=a}^{b} y^2\, dx$$

V_i und V_a kann man auch als Unter- und Obersumme für die Bestimmung der Fläche „unter" der Kurve m.d.Gl. $y = \pi f^2(x)$ deuten; man kann daher auch unmittelbar die Ergebnisse von § 25 übernehmen. Das Ergebnis bleibt wie in § 25 auch richtig, wenn $y = f(x)$ abschnittsweise monoton und stetig ist. Dasselbe gilt, wenn $f(x) < 0$ ist, es ist ja dann nach wie vor $f^2(x) > 0$.

S 1 **Dreht man die Fläche zwischen der stetigen Kurve mit der Gleichung $y = f(x)$, der x-Achse und den Geraden $x = a$ und $x = b$ um die x-Achse, so entsteht ein Drehkörper, dessen Rauminhalt die Maßzahl besitzt**

$$V = \pi \int_{x=a}^{b} [f(x)]^2\, dx = \pi \int_{x=a}^{b} y^2\, dx \qquad \text{(I)}$$

Beispiel 1: In Fig. 157.1 ist $y = x^2 + 1$, also

$$V_1 = \pi \int_0^1 [x^2+1]^2\, dx = \pi \int_0^1 [x^4 + 2x^2 + 1]\, dx =$$

$$= \pi \left[\tfrac{1}{5}x^5 + \tfrac{2}{3}x^3 + x\right]_0^1 = \tfrac{28}{15}\pi \approx 5{,}86$$

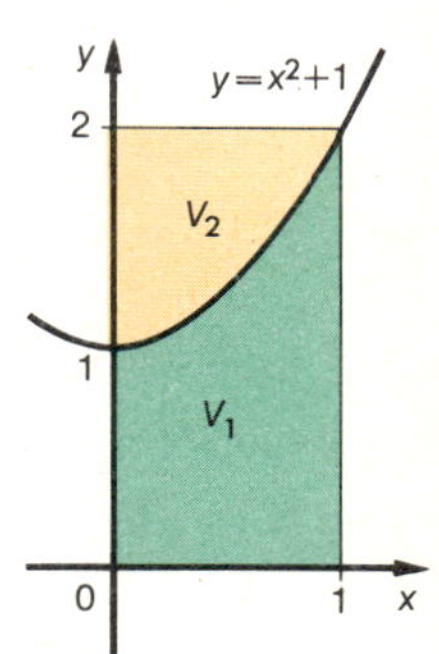

157.1.

b) Drehung um die y-Achse (Fig. 157.2)

Ist $y = f(x)$ in $a \leqq x \leqq b$ monoton und stetig, so existiert eine Umkehrfunktion $x = \varphi(y)$, die in $c \leqq y \leqq d$ monoton und stetig ist. Dann gilt:

S 2 *Dreht man die Fläche zwischen dem Bild von $y = f(x)$ bzw. $x = \varphi(y)$, der y-Achse, und den Geraden $y = c$ und $y = d$ um die y-Achse, so ist für den entstandenen Drehkörper die Maßzahl des Rauminhalts:*

$$V = \pi \int_{y=c}^{d} [\varphi(y)]^2\, dy = \pi \int_{y=c}^{d} x^2\, dy \qquad \text{(II)}$$

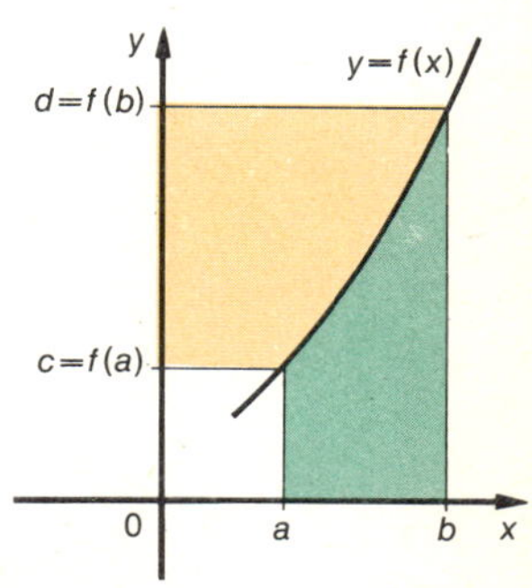

157.2.

Beispiele 2: In Fig. 157.1 ist

$$V_2 = \pi \int_{y=1}^{2} x^2\,dy = \pi \int_1^2 (y-1)\,dy = \pi \left[\tfrac{1}{2}y^2 - y\right]_1^2 = \tfrac{1}{2}\pi \approx 1{,}57$$

Bemerkung: Betrachtet man $y = x^2 + 1$ in V_2 als Substitution, so ist

$$dy = 2x\,dx\,, \quad \text{also} \quad V_2 = \pi \int_{x=0}^{1} x^2 \cdot 2x\,dx = \pi \int_0^1 2x^3\,dx = \tfrac{1}{2}\pi \cdot [x^4]_0^1 = \tfrac{1}{2}\pi$$

Beachte dabei die Transformation der Grenzen: statt $1 \leqq y \leqq 2$ jetzt $0 \leqq x \leqq 1$.
Dieses Verfahren ist immer dann anzuwenden, wenn sich eine Funktionsgleichung $y = f(x)$ nicht nach x^2 auflösen läßt.

Aufgaben

1. Berechne den Rauminhalt a) einer Kugel mit Radius r, b) eines Kugelabschnitts mit der Höhe h und dem Kugelradius r.

2. Mache dasselbe a) für einen Kegel mit Grundkreisradius r und Höhe h, b) für einen Kegelstumpf mit den Radien r_1 und r_2 und der Höhe h.

3. Drehe die Ellipse m. d. Gl. $b^2 x^2 + a^2 y^2 = a^2 b^2$ a) um die x-Achse, b) um die y-Achse. Vergleiche die Rauminhalte der beiden Drehellipsoide.

4. Drehe die Hyperbel m. d. Gl. $b^2 x^2 - a^2 y^2 = a^2 b^2$ zwischen $x = -2a$ und $x = 2a$ samt ihren Asymptoten a) um die x-Achse, b) um die y-Achse. Vergleiche den Rauminhalt des zweischaligen bzw. einschaligen Drehhyperboloids mit dem des zugehörigen Asymptotendoppelkegels zwischen $x = -ka$ und $x = ka$, $(k > 1)$.

5. Drehe die Parabel m. d. Gl. $y^2 = 2px$ zwischen $x = 0$ und $x = 2p$ samt ihrem Scheitelkrümmungskreis und der Tangente in $P(2p \mid ?)$ um die x-Achse. Vergleiche die Rauminhalte von Paraboloid, Kugel und Kegel.

Drehe in Aufg. 6 bis 8 die Fläche zwischen Kurve und x-Achse um die x-Achse. Berechne den Rauminhalt des Drehkörpers. Zeichne das Bild der gegebenen Funktion.

▸ **6.** a) $y = 3x - \frac{1}{2}x^2$ b) $y = 2x^2 - \frac{1}{3}x^3$ c) $y = 3 + x^2 - \frac{1}{4}x^4$
Drehe die Fläche auch um die y-Achse. Zerlege in Teilkörper. Wieviel dm^3 faßt die entstandene „Schale“ (Einheit 1 dm), und welchen Inhalt hat jetzt der Drehkörper?

7. a) $a y^2 = x^2 (a - x)$ b) $a^2 y^2 = x^2 (a^2 - x^2)$ c) $a^3 y^2 = x (a - x)^4$

8. a) $y = \sin x$ b) $y = 1 + \cos x$ c) $y = 5x \cdot e^{-\frac{1}{2}x}$
Drehe die Fläche in b) um die y-Achse und berechne den Rauminhalt.

9. Die Fläche zwischen den folgenden Kurven soll um die x-Achse gedreht werden. Wie groß ist der entstandene Rauminhalt?
a) $y^2 - 12x + 36 = 0$; $y^2 + 6x - 36 = 0$ b) $y^2 = 4x + 8$; $y^2 = 2x^3$
c) $x^2 + y^2 = 16$; $y^2 = 6x$ d) $x^2 + y^2 + 2x - 24 = 0$; $y^2 = 8x$

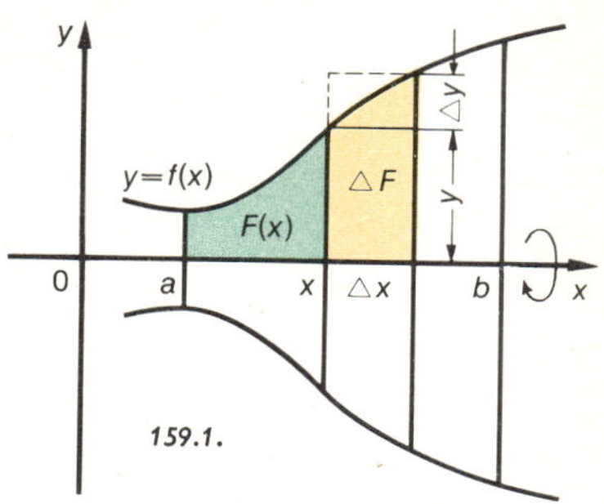

159.1.

10. Bezeichne in Fig. 159.1 den Rauminhalt, der bei Drehung der Fläche $F(x)$ um die x-Achse entsteht mit $V(x)$, den Zuwachs von V, der durch Drehung von ΔF entsteht, mit ΔV und zeige:

$$\pi y^2 \cdot \Delta x < \Delta V < \pi (y + \Delta y)^2 \cdot \Delta x, \quad \text{also}$$
$$\pi y^2 < \frac{\Delta V}{\Delta x} < \pi (y + \Delta y)^2$$

Was ergibt sich, wenn Δx gegen 0 strebt und $f(x)$ stetig ist? Wie erhält man dann S 1?

Anwendungen

11. Ein Faß entsteht durch Rotation des Mittelteils einer Ellipse um deren große Achse. Es hat (im Lichten gemessen) einen größten Durchmesser $d_1 = 5$ dm, einen kleinsten Durchmesser $d_2 = 4$ dm und die Länge $l = 6$ dm. Wieviel dm³ faßt es?

12. Der lichte Raum eines Kessels hat die Form eines Drehparaboloids. Der größte Durchmesser ist $d = 80$ cm, die Höhe $h = 60$ cm.
a) Wieviel dm³ faßt er? b) Bei welcher Höhe ist er halb gefüllt?

15. Der Achsenschnitt eines Stromlinienkörpers wird durch die Gleichung $y = \pm \frac{1}{4}(4 - x)\sqrt{x}$ für $0 \leqq x \leqq 4$ gegeben. Bestimme den größten Durchmesser und das Volumen.

Extremwerte

16. Die Parabel m. d. Gl. $y^2 = 2px$ schneidet den Kreis $x^2 + y^2 - 8x = 0$ in $P_1(x_1 > 0 \mid y_1)$. Wie muß man p wählen, damit die Fläche zwischen der Parabel und der Gerade $x = x_1$ bei Drehung um die x-Achse einen Körper größten Rauminhalts ergibt?

17. Löse Aufg. 16, wenn der Kreis durch die Kurve $y^2 + 6x - 24 = 0$ ersetzt wird.

Flächen und Drehkörper, die ins Unendliche reichen.
(Uneigentliche Integrale)

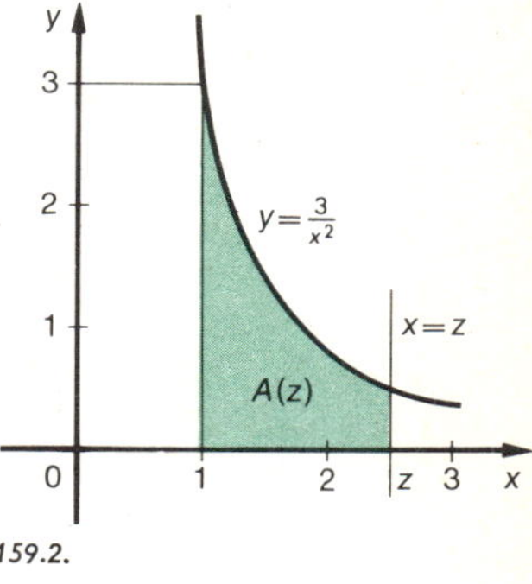

159.2.

Beispiel (Fig. 159.2): a) Die grüne Fläche hat den Inhalt

$$A(z) = \int_1^z \frac{3\,dx}{x^2} = \left[-\frac{3}{x}\right]_1^z = 3 - \frac{3}{z}, \quad \text{also ist } \lim_{z \to \infty} A(z) = 3.$$

Man sagt: Bei der ins Unendliche reichenden Fläche ist $A = 3$.

b) Bei Drehung der grünen Fläche um die x-Achse erhält man

$$V(z) = \pi \int_1^z \frac{9\,dx}{x^4} = 3\pi \left[1 - \frac{1}{z^3}\right], \quad \text{also ist } \lim_{z \to \infty} V(z) = 3\pi.$$

Man sagt: Der ins Unendliche reichende Drehkörper hat das Volumen $V = 3\pi$.

23. Berechne die ins Unendliche reichenden Flächen zwischen folgenden Kurven:
a) $y = \frac{4}{x^2}$; $x = 2$; $y = 0$ b) $y = e^{-x}$; $x = 0$; $y = 0$

27. Drehe bei Aufg. 23 a) und b) die Fläche um die x-Achse und bestimme den Rauminhalt des ins Unendliche reichenden Drehkörpers.

42 Vermischte Aufgaben

Ganze rationale Funktionen

2. Berechne die Fläche zwischen dem Schaubild von $y = -\frac{1}{3}x^3 + 3x^2 - 5x$ und der Tangente von O aus.

3. Berechne die Fläche zwischen der Kurve mit der Gleichung $y = x^2 - \frac{1}{6}x^3 - \frac{1}{12}x^4$ und der Verbindungssehne ihrer Wendepunkte.

4. a) Berechne die Fläche A zwischen dem Schaubild von $y = x^2 - \frac{1}{16}x^4$ und $y = -5$.
▶ b) Drehe A für $x \leqq 0$ um die y-Achse und bestimme das Volumen des Drehkörpers.
c) Wie viele dm^3 faßt die Mulde dieses Körpers? (Einheit 1 dm.)

5. a) Eine Parabel 3. Ordnung hat in $A(0 \mid -2)$ ihren Tiefpunkt und in $B(1 \mid 0)$ ihren Wendepunkt. Wie zerlegt sie die Fläche des Rechtecks, das von $x = 0$, $x = 3$, $y = 2$, $y = -2$ begrenzt wird?
b) Drehe das Kurvenstück zwischen Hoch- und Tiefpunkt um die y-Achse und bestimme den Inhalt der entstandenen „Schale".

6. a) Welche Parabel 4. Ordnung hat in O einen Wendepunkt mit waagrechter Tangente, schneidet diese in $P(4 \mid 0)$ und schließt mit ihr eine Fläche vom Inhalt 12,8 Flächeneinheiten ein?
b) Welcher Rauminhalt entsteht bei Drehung dieser Fläche um $y = 0$ $(x = 0)$?

8. Welche Parabel 3. Ordnung hat in $W(0 \mid 1)$ einen Wendepunkt mit waagrechter Tangente und berührt die Parabel m. d. Gl. $y = x^2 + x$? Welchen Inhalt hat die von beiden Graphen berandete Fläche?

9. Der Graph m. d. Gl. $y = x^2 - \frac{1}{6}x^3$ begrenzt mit der x-Achse im 1. Feld die Fläche A. Ein zur y-Achse paralleler Streifen mit der Breite 1 soll so gelegt werden, daß er aus A ein Flächenstück größten Inhalts ausschneidet.

10. a) Bestimme die Ursprungsgerade, welche der Graph von $y = x^3 + 1$ berührt.
b) Zeige: Die Kurve m. d. Gl. $y = x^3 - 3x^2$ berührt alle Kurven der Schar $y = -\frac{3}{2}ax^2 + 6ax + \frac{1}{2}a^3 + 3a^2$.

Gebrochene rationale Funktionen

18. Die Fläche zwischen der Kurve m. d. Gl. $y = \dfrac{16 - x^2}{x^2}$ und den Geraden $x = 0$, $y = 0$, $y = 8$ soll durch eine Parallele zur x-Achse halbiert werden.

22. a) Bestimme die Fläche zwischen den Graphen von $y = 0$, $y = \dfrac{t}{x^2}$ und $y = \dfrac{x^2}{t}$.
b) Für welchen Wert von t schneiden sich die 2 Kurven rechtwinklig?
c) Drehe die Fläche in b) um die x-Achse und bestimme das Volumen.

23. Welcher Punkt der Kurve m. d. Gl. a) $y = 4 : x^2$, b) $y = 4 : x^3$ liegt am nächsten bei O?

24. Welcher Punkt der Kurve m. d. Gl. $y = 4 : x^2$ liegt am nächsten bei $A(4 \mid 3)$?

25. Ziehe durch den Punkt $A(2 \mid 1)$ eine Gerade, aus welcher die Hyperbel m. d. Gl. $xy = 1$ eine möglichst kurze Sehne ausschneidet.

27. Für eine gebrochene rationale Funktion $y = f(x)$ ist $y'' = \dfrac{-4}{x^3}$. Der Graph der Funktion hat die schiefe Asymptote $y = \frac{1}{4}x + 2$. Bestimme $f(x)$. Zeichne die Kurve.

Algebraische Funktionen

29. a) Zeige, daß sich die Kurven m. d. Gl. $y^2 - 4x + 4 = 0$ und $y^2 = \frac{16}{27}x^3$ berühren.
b) Bestimme die von ihnen eingeschlossene Fläche.
c) Drehe die Fläche um die x-Achse und berechne den Inhalt des Drehkörpers.

32. Der Achsenschnitt eines eiförmigen Körpers ist ein Kreisbogen mit dem Radius $a = 20$ cm und dem Mittelpunktswinkel $\alpha = 240°$, an den sich ohne Knick ein Parabelbogen anschließt. Berechne a) die Fläche des Achsenschnitts, b) den Rauminhalt des Körpers.

33. a) Drehe den Kreis $x^2 + (y - c)^2 = a^2$, wo $c^2 \geqq a^2$ ist, um die x-Achse. Welchen Rauminhalt hat der entstandene „Wulst"?
b) Drehe die Ellipse $b^2(x - c)^2 + a^2y^2 = a^2b^2$, wo $c^2 \geqq a^2$ ist, um die y-Achse und bestimme den Inhalt des Drehkörpers.

37. a) Untersuche und zeichne das Schaubild von $a^4y^2 = x^3 - a^2x$ für $a = 2$.
b) Zeige: Durch Rotation der Kurvenschleife um die x-Achse entsteht ein Drehkörper, der für alle $a \in \mathbb{R}^+$ denselben Rauminhalt hat.

42. Für welche Punkte der Kurve m. d. Gl. $y^2 = 4x^2 - x^3$ hat die Entfernung von $A(4 \mid 0)$ ein relatives Maximum?

43. Bestimme a und b so, daß sich die Graphen von $y = \frac{a}{\sqrt{x}}$ $(x > 0)$ und $y = b - x^2$ für $x_0 = 1$ berühren. Warum ist der Berührpunkt kein Wendepunkt der zusammengesetzten Kurve?

Kreisfunktionen, Exponentialfunktionen, Logarithmusfunktionen

54. Bestimme die ganze rationale Funktion 4. Grades, welche mit $y = \cos x$ an der Stelle $x_0 = 0$ im Funktionswert und den ersten 4 Abbildungen übereinstimmt. Zeichne.

55. In welchem Verhältnis teilt der Graph von $y = \sqrt{2} \cdot \sin x$ das Dreieck, welches die Gerader $y = 1$, $y = x + 1 - 0{,}25\,\pi$ und $x = 0{,}5\,\pi$ umschließen?

56. Bestimme a so, daß sich die Graphen von $y = \cos x$ und $y = a - \sin x$ berühren.

57. Zeige: Die Graphen von $y = \sin x$ und $y = \cot x$ schneiden sich rechtwinklig.

61. Bestimme die Parabel $y = ax^2 + bx + c$ so, daß sie durch $A(0 \mid 0)$, und $B\left(\frac{\pi}{2} \middle| 0\right)$ geht und die Fläche zwischen dem Schaubild von $y = \cos x$, der y-Achse und der x-Achse halbiert.

62. Welche möglichst einfache Relation zwischen y und y'' wird durch $y = \sin x \cos x$ erfüllt?

65. Welche Parabel 2. Ordnung hat mit der Kurve $y = \ln(10 - x^2)$ die Symmetrieachse, die Schnittpunkte mit der x-Achse und den Flächeninhalt zwischen Kurve und x-Achse gemein?

70. Beweise: Die Parabel mit der Gleichung $y^2 = -2\left(x - \frac{3}{2}\right)$ schneidet die Schar von Exponentialkurven mit der Gleichung $y = e^{x-t}$ alle rechtwinklig.

71. Bestimme in der Funktion $y = e^{tx}$ $(t > 0)$ den Wert für t, für den der Funktionsgraph die Gerade $y = mx$ berührt, wenn $0 < m \leqq 10$ ist. Darf m auch Null werden?

72. a) Welche Parabel 2. Ordnung berührt die Kurve m. d. Gl. $y = 4\cos 0{,}5\,x$ für $x = 0$ und stimmt hier mit dieser Funktion in der 2. Ableitung überein?

11—7369/2[6]

Anwendungen, Extremwerte

75. Ein kleines Faß ist 60 cm lang. Der Durchmesser der Bodenkreise beträgt 40 cm, der des Spundkreises 50 cm. Berechne den Inhalt, wenn die Dauben parabolisch gekrümmt sind (vgl. Aufg. 11 von § 39).

76. Der symmetrische Querschnitt eines Abwasserrohrs besteht aus je einem Bogen der Kurven m. d. Gl. $x^2 + y^2 - 4y - 16 = 0$ und $x^2 = 4y + 16$. Wie groß ist die Querschnittsfläche?

77. Ein Stromlinienkörper entsteht dadurch, daß man die Ellipse m. d. Gl. $x^2 + 4y^2 = 100$ samt ihren Tangenten für $x = +6$ um die x-Achse dreht. Berechne den Inhalt der Fläche des Achsenschnitts und das Volumen des Drehkörpers.

78. Der Achsenschnitt eines Luftschiffes läßt sich mit großer Näherung durch die Gleichung $y = \pm a x \sqrt{b - x}$ darstellen. (Beispiel: $a = 0{,}014$, $b = 245$, $0 \leqq x \leqq b$)
Bestimme den Rauminhalt des Luftschiffes.

Allgemeine Eigenschaften von Funktionen

91. Welche Beziehung besteht zwischen a, b und k, wenn der Graph von $y = a x^2 + b x + c$ symmetrisch bezüglich der Gerade $x = k$ ist? Welche Rolle spielt dabei c?

92. Beweise: Schneidet man die Kurvenschar m. d. Gl. $y = a x^2 - x$, $(a \in \mathbb{R})$, mit der Gerade $x = k$, so gehen die Tangenten in den Schnittpunkten alle durch *einen* Punkt. Drücke seine Koordinaten mittels k aus.

93. Zeige: Die Tangente in Punkt $P_0(x_0 \mid y_0)$ der Kurve m. d. Gl. $y = a x^3 + b x$ schneidet die Kurve noch im Punkt $P_1(x_1 \mid y_1)$ mit $x_1 = -2x_0$.

In Aufg. 98 bis 109 bedeutet $f(x)$ stets eine in $]\,a, b\,[$ differenzierbare Funktion.

98. Ist $y = f(x)$ differenzierbar, so ist $2yy'$ die Ableitung von y^2 nach x. Welche Funktionenschar erfüllt demnach die Gleichung:
a) $yy' = 0$, b) $yy' = k = \text{const.}$, c) $yy' = kx$, d) $yy' = kx^2$, e) $yy' = \frac{k}{x}$?

99. Ist $y = f(x)$ differenzierbar und $f(x) > 0$, so hat $\ln y$ die Ableitung $\frac{y'}{y}$. Welche Funktionenschar erfüllt demnach die Gleichung:
a) $\frac{y'}{y} = 0$, b) $y' = ky$, c) $\frac{y'}{y} = kx$, d) $\frac{y'}{y} = \frac{k}{x}$?

102. Für welche Funktionen $y = f(x)$ mit $f(0) = 1$ ist die Bedingung $(y^2)' = (y')^2$ erfüllt?

103. Die Funktion $y = f(x)$ habe die Nullstelle x_1, es sei $f'(x_1) \neq 0$ und $f''(x_1)$ existiere. Zeige: $y = g(x) = \frac{f(x)}{f'(x)}$ hat dieselbe Nullstelle x_1, und es ist $g'(x_1) = 1$.

105. Für die zweimal ableitbare Funktion $y = f(x)$ sei $f(1) = 1$. Welche Bedingungen für $f(x)$ müssen erfüllt sein, damit die Funktion $g(x) = x \cdot f(x)$ an der Stelle $x = 1$ ein relatives Minimum besitzt? Sind die Bedingungen notwendig, hinreichend, oder notwendig und hinreichend?

108. Es sei $f(x)$ eine ganze rationale Funktion und $F(x) = e^{f(x)}$. Bestimme $f(x)$, wenn $F(0) = p > 0$, $F'(0) = 0$, $F''(0) = q \neq 0$ ist und der Grad von $f(x)$ möglichst niedrig sein soll. Welche Form hat der Graph von $y = F(x)$?

109. Zeige: Haben $f(x)$ und $f^2(x)$ bei x_0 einen Wendepunkt, so ist $f'(x_0) = 0$.

Geschichtliches

Folgen und Reihen

Aufgaben über Folgen treten schon in den ältesten Funden auf, welche die Geschichte der Mathematik kennt. In dem sogenannten Rechenbuch des *Ahmes*, einem ägyptischen Papyrus (um 1700 v. Chr.), wird z. B. verlangt, 100 Brote so an 5 Personen zu verteilen, daß die Anteile eine *arithmetische Folge* bilden und die beiden kleinsten Anteile zusammen $\frac{1}{7}$ von der Summe der übrigen betragen. Die Pythagoreer (6. bis 4. Jh. v. Chr.) kannten schon die Formeln $1 + 2 + 3 + \cdots + n = \frac{1}{2} n (n + 1)$ und $1 + 3 + 5 + \cdots + (2n - 1) = n^2$ (vgl. S. 2 und 6). Wenig später findet sich in einem babylonischen Text die Summe der Quadratzahlen in der Form $1^2 + 2^2 + 3^2 + \cdots + n^2 = \frac{1}{3}(2n + 1)(1 + 2 + 3 + \cdots + n)$; vgl. § 6, Aufg. 5.

Über *geometrische Folgen* finden wir bei den Ägyptern und Babyloniern wenig. Die Griechen waren vom Begriff des geometrischen Mittels her zu Folgen gelangt, in denen jedes Glied die mittlere Proportionale zwischen den beiden benachbarten ist. *Euklid* (um 300 v. Chr., Alexandria) leitete die Verhältnisgleichung $(a_2 - a_1) : a_1 = (a_{n+1} - a_1) : s_n$ ab. Damit war die allgemeine Summenformel (S 2 in § 3) gefunden (wieso?). Die Schachbrettaufgabe (§ 3, Aufg. 25) erscheint zuerst bei dem Araber *Al Birmi* (um 1000), der sie wohl auf seinen Reisen bei den Indern kennengelernt hat. Im „*liber abaci*" (1202) des *Leonardo von Pisa* begegnet sie uns im Abendland wieder. Es hat lange gedauert, bis 1657 von dem Engländer *John Wallis* eine Durcharbeitung aller möglichen Aufgaben vorlag, aus irgend 3 der 5 Größen a_1, q, n, a_n, s_n die 2 übrigen zu berechnen.

Die erste *unendliche geometrische Reihe*, nämlich $1 + \frac{1}{4} + (\frac{1}{4})^2 + \cdots$, hat *Archimedes* (287—212 v. Chr.) summiert, als er die Fläche des Parabelabschnitts berechnete. Die allgemeine Summenformel für $|q| < 1$ ist durch *Vieta* (1540—1603) gefunden worden, indem er in der Formel $q = (s_n - a_1) : (s_n - a_n)$ beim Grenzübergang zu s_∞ das Glied $a_n = 0$ setzt. Etwas später finden wir bei *Fermat* (1601—1665) dasselbe Ergebnis in der Proportion $(a_1 - a_1 q) : a_1 q = a_1 : (s_\infty - a_1)$. In beiden Fällen ergibt sich unsere Formel $s = a : (1 - q)$. (Rechne nach!)

Die *Zinseszinsrechnung* gibt es im Altertum nicht. Sie entsteht erst mit dem Aufblühen des Handels im Mittelalter. Im Rechenbuch des *Joh. Widmann von Eger* (1489) werden mehrere Beispiele nach der Formel $k_n = a q^n$ gerechnet. Zinseszinstafeln erscheinen zuerst in der „*Practique d'Arithmetique*" des Holländers *Stevin* (1585, Leyden). *Stevin* geht auch über die Berechnung von k_n hinaus, indem er anhand der Tabellen nach a, p und n fragt. Bei p und n kann er allerdings nur Näherungswerte erhalten. Erst die Erfindung der Logarithmen ermöglicht die genaue Lösung. (Wieso?)

Differential- und Integralrechnung

Mit der Berechnung von *Flächen-* und *Rauminhalten* hat sich schon *Archimedes* beschäftigt. Er zerlegt z. B. die Parabelfläche durch Parallelen zu einer gegebenen Gerade in dünne Streifen und summiert die Flächeninhalte dieser Streifen. In einer anderen Betrachtung beschreibt er seinem Parabelsegment zuerst ein Dreieck ein, jedem der beiden so entstehenden Segmente ein neues Dreieck usw. Durch die unendliche Folge dieser Dreiecke wird der Parabelabschnitt „ausgeschöpft". Die Addition der Dreiecksinhalte führt auf die oben genannte Reihe $1 + \frac{1}{4} + (\frac{1}{4})^2 + \cdots$. *Archimedes* gelingt es ferner, bei Kegel und Kugel den Rauminhalt und die Oberfläche als Grenzwerte zn bestimmen. Diese Grenzwertbetrachtungen machen Archimedes zum ältesten Vorläufer der Integralrechnung,

Es ist eine große Leistung, wenn *Johannes Kepler* (1571—1630) bei seiner Aufgabe, praktische Regeln zur Inhaltsbestimmung von Weinfässern anzugeben, eine eigene Infinitesimalmethode ausdachte, indem er die Flächen und Körper in Elementarteile (z.B. zylindrische Scheiben oder Pyramiden) zerlegte und diese summierte. Er hat so 87 Inhaltsbestimmungen neuer Körper vorgenommen. Bei der Frage nach dem geringsten Materialverbrauch hat er auch schon *Maximalwertaufgaben* gelöst. Einige Jahre später bestimmt der Schüler *Galileis*, *Cavalieri* (1598 —1647), Flächen und Rauminhalte, indem er die Flächen auffaßt als „Gesamtheit" aller zu einer Tangente parallelen Sehnen. Er nennt zwei Flächen gleich, wenn je zwei in gleichen Abständen von der Tangente befindliche Schnitte gleich sind, sie heißen ähnlich, wenn jene Schnitte im gleichen Verhältnis stehen (*Prinzip des Cavalieri*). Wenn *Galilei* 1638 die beim freien Fall zurückgelegte Strecke s mit der Fläche des rechtwinkligen Dreiecks vergleicht, dessen Katheten die Zeit t und die zugehörige Geschwindigkeit $v = g\,t$ sind, so heißt das in unserer Sprache

$$s = \int_0^t v\,\mathrm{d}t = \int_0^t g\,t\,\mathrm{d}t = \tfrac{1}{2} g\,t^2 .$$

Blaise Pascal (1623—1662) verwandelt den Gesamtheitsbegriff Cavalieris in einen *Summenbegriff*, er sieht also das Wesen der Integrationsprobleme in der Bestimmung gewisser Summen und ist damit dem Begriff des bestimmten Integrals recht nahe. Allerdings kannte er keinerlei formale Bezeichnungen, er sprach alles nur in Worten aus. Einen wirklichen *Grenzübergang* finden wir erst 1654 bei *Andreas Tacquet* und 1657 bei *Fermat*.

Aufgaben, welche heute mittels der *Differentiation* gelöst werden, gibt es bei den Alten kaum. *Fermat* (1601—1665) hatte 1629 eine Methode zur Bestimmung von Extremwerten erdacht. Er bildet, ausgedrückt in unserer Symbolik, $\dfrac{f(x + \Delta x) - f(x)}{\Delta x}$ und setzt dann $\Delta x = 0$. Die entstehende Gleichung liefert ihm die Extremstellung (vgl. mit unserem Verfahren). Überhaupt haben *Fermat* und *Descartes* (1596—1650) durch die Entdeckung der Methode der analytischen Geometrie für die Lösung des *Tangentenproblems* wertvolle Vorarbeit getan. Den Zusammenhang zwischen Differentiations- und Integrationsproblemen hat wohl als erster *Newtons* Lehrer *Barrow* (1630—1677) erkannt. Er setzte den Bewegungsbegriff an die Spitze seiner Untersuchungen und leitete z. B. den von einem bewegten Punkt zurückgelegten Weg aus Zeit und Geschwindigkeit, im anderen Falle die Geschwindigkeit der Bewegung aus Weg und Zeit ab.

Es fehlte aber immer noch die klare Erfassung des *Funktionsbegriffes* und die Verwendung eines eigenen Rechnungsverfahrens. Dies haben dann der große englische Mathematiker und Physiker *Isaac Newton* (1643—1727) und der berühmte deutsche Philosoph und Staatsmann *Gottfried Wilhelm Leibniz* aus Leipzig (1646—1716) unabhängig voneinander und auf verschiedenen Wegen geleistet.

Newton wies zunächst nach, daß man die Bestimmung von Flächeninhalten („Quadraturen") allgemein ausführen kann, wenn man $y = f(x)$ in eine *Potenzreihe entwickelt* und die einzelnen Summanden integriert. So erhielt er z. B. den Flächeninhalt zwischen der Hyperbel mit der Gleichung $y = 1 : (1 + x)$ und der x-Achse, indem er $1 : (1 + x)$ in eine geometrische Reihe entwickelte und integrierte (vgl. Vollausgabe S. 227). Diese Methode verwendete er dann auch zur Bestimmung von Rauminhalten („Kubaturen"), Bogenlängen und Schwerpunkten.

In seiner bereits 1671 fertiggestellten, aber erst 1736 (neun Jahre nach seinem Tode) veröffentlichten Abhandlung über seine „Fluxionsmethode" faßt *Newton* seine Entdeckung über den neuen Infinitesimalkalkül zusammen. Er geht aus von der Bewegungslehre, so daß seine x-Koordinate die Zeit t ist, welche dann bei ihm die Bedeutung einer beliebigen veränderlichen Größe annimmt, „die durch gleichmäßiges Wachstum oder Fluß als Maß der Zeit dienen kann". Die beliebig kleinen Zuwächse ($\mathrm{d}t$) derselben bezeichnet er mit dem Buchstaben o (wohl zu unterscheiden von der Null). Die durch die Bewegung entstehenden „schrittweise und ohne Ende wachsenden Größen" (z) heißen „Fluenten", ihre kleinen Zuwächse ($\mathrm{d}z$) sind die „Momente", während die Geschwindigkeiten $\left(\dfrac{\mathrm{d}z}{\mathrm{d}t}\right)$ die „Fluxionen" sind, „durch welche die einzelnen Fluenten infolge der erzeugenden Bewegung vermehrt werden". Sie werden mit $\dot{z}$ bezeichnet. In seinen Reihenentwicklungen vernachlässigt Newton alle mit klein o als Faktor versehenen Glieder.

Mittels dieser Fluxionsmethode bestimmte er aus den Fluenten z die Fluxionen $\dot{z}$, d. h. aus den sich stetig ändernden Wegen die Geschwindigkeiten, und umgekehrt aus den Fluxionen $\dot{z}$ die Fluenten z, d. h. aus den Geschwindigkeiten die Wege. Ferner behandelt er Extremwertaufgaben, die Tangentenkonstruktion sowie die Ermittlung der Krümmung einer Kurve in einem bestimmten Kurvenpunkt. Der Punkt über der Variable wird heute noch von den Physikern für die Ableitung nach der Zeit benutzt, die anderen Bezeichnungen haben sich nicht eingebürgert.

Leibniz erkannte, daß alle Probleme der Infinitesimalrechnung letzten Endes auf zwei zurückgeführt werden können: auf das *Tangentenproblem* und das *Flächenproblem*; er sah auch, wie der Engländer *Barrow*, daß das eine die Umkehrung des andern ist (vgl. den Hauptsatz der Differential- und Integralrechnung, S. 110).

Beim Tangentenproblem ging er von den Differenzen Δx und Δy zweier benachbarter Punkte aus und suchte hieraus die Tangentensteigung zu gewinnen, indem er sich auf das *Prinzip der Stetigkeit* in der Natur stützte. Es ist der Weg, den wir im wesentlichen auch gegangen sind (vgl. § 16). Seine Erfindungen veröffentlichte er 1684 unter dem Titel „*Nova methodus pro maximis et minimis, itemque tangentibus* ...“ Er benutzte bereits die noch heute gebräuchlichen Symbole $\mathrm{d}x$, $\mathrm{d}y$, $\frac{\mathrm{d}y}{\mathrm{d}x}$, $\frac{\mathrm{d}^2y}{\mathrm{d}x^2}$ ... Auch das Integralzeichen stammt von ihm, desgleichen die einfachen Differentiations- und Integrationsregeln.

In regem Gedankenaustausch mit den Brüdern *Jakob* (1654—1705) und *Johann Bernoulli* aus Basel (1667 bis 1748) wurde der neue Rechenkalkül auf viele alte und neue Probleme der Mathematik, Physik und Astronomie angewandt und dadurch die von *Leibniz* geschaffene sehr zweckmäßige Symbolik weiteren Kreisen bekanntgemacht. Von Johann Bernoulli stammt z. B. die Bezeichnung „Integral“.

Einen gewaltigen Ausbau erfuhren die Entdeckungen von *Leibniz* und *Newton* durch den ebenfalls in Basel geborenen Mathematiker *Leonhard Euler* (1707—1783), der von 1726—1783 an den Akademien in Petersburg und Berlin lehrte. Von seiner ungewöhnlichen wissenschaftlichen Leistungsfähigkeit zeugen seine gesammelten Werke, die seit einer Reihe von Jahren neu herausgegeben werden und 70 Bände umfassen sollen. Durch die Einfachheit und Klarheit seiner Darstellung umfassender Bereiche der Mathematik und mathematischen Physik ist Euler auf diesen Gebieten bis ins 19. Jahrhundert hinein der Lehrer Europas geworden. Auch heute noch sind z. B. die von ihm aufgestellten Grundgleichungen für die Bewegung von starren Körpern und von Flüssigkeiten fundamental für die mathematische Behandlung der Mechanik.

Im Lauf des 19. Jahrhunderts, haben sich zahlreiche Mathematiker um eine *strenge Begründung* der Differential- und Integralrechnung verdient gemacht und das Gebäude dieser mathematischen Wissenschaft nach Tiefe, Breite und Höhe weiter ausgestaltet. Wir nennen vor allem die Franzosen *J. Lagrange* (1736—1813), *P. Laplace* (1749—1827), *A. Legendre* (1752—1833), *A. Cauchy* (1789—1864) und die Deutschen *C. F. Gauß* (1777—1855), *B. Riemann* (1826—1866) und *K. Weierstraß* (1815—1897).

Mathematische Zeichen

Relationen zwischen Zahlen

$a = b$	a gleich b	$a \neq b$	a ungleich b
$a < b$	a kleiner b	$a > b$	a größer b
$a \leqq b$	a kleiner oder gleich b	$a \geqq b$	a größer oder gleich b
$a \approx b$	a ungefähr gleich b		

Logische Zeichen

$A \Rightarrow B$ wenn A gilt, dann gilt auch B; aus A folgt B (ob $B \Rightarrow A$ bleibt offen)
$A \Leftrightarrow B$ A gilt genau dann, wenn B gilt; A äquivalent B (gleichbedeutend mit $B \Leftrightarrow A$)

Mengen

Schreibweise einer Menge

$M_1 = \{1, 2, 3, 4\}$ aufzählende Form; endliche Menge
$M_1 = \{x \mid x$ ist eine natürliche Zahl und $x < 5\}$ beschreibende Form;
M_1 ist die Menge aller x, für die gilt: x ist eine natürliche Zahl und $x < 5$.
$M_2 = \{1, 2, 3, 4, \ldots\}$ unendliche Menge
$3 \in M_1$ 3 ist Element von M_1
$5 \notin M_1$ 5 ist nicht Element von M_1
$\emptyset$ oder $\{\,\}$ leere Menge, sie enthält kein Element

Unendliche Zahlenmengen

$\mathbb{N} = \{1, 2, 3, \ldots\}$	Menge der natürlichen Zahlen
$\mathbb{N}_0 = \{0, 1, 2, 3, \ldots\}$	Menge der nicht negativen ganzen Zahlen
$\mathbb{Z} = \{\ldots, -2, -1, 0, 1, 2, \ldots\}$	Menge der ganzen Zahlen
$\mathbb{Z}^- = \{-1, -2, -3, \ldots\}$	Menge der negativen ganzen Zahlen
$\mathbb{Q} = \left\{x \mid x = \frac{p}{q};\ p \in \mathbb{Z},\ q \in \mathbb{Z} - \{0\}\right\}$	Menge der rationalen Zahlen
$\mathbb{Q}^+ = \left\{x \mid x = \frac{p}{q};\ p,\ q \in \mathbb{N} \text{ oder } p, q \in \mathbb{Z}^-\right\}$	Menge der positiven rationalen Zahlen
$\mathbb{Q}_0^+ = \mathbb{Q}^+ \cup \{0\}$	Menge der nicht negativen rationalen Zahlen
$\mathbb{R}$ Menge der reellen Zahlen	
$\mathbb{C}$ Menge der komplexen Zahlen	

Intervalle

$[a; b]$ abgeschlossenes Intervall; $x \in [a; b]$ bedeutet $a \leqq x \leqq b$
$]a; b[$ offenes Intervall; $x \in\ ]a; b[$ bedeutet $a < x < b$

Relationen zwischen Mengen

$A = B$ A gleich B bedeutet $x \in A \Leftrightarrow x \in B$
$A \subset B$ A Teilmenge von B bedeutet $x \in A \Rightarrow x \in B$ (Also auch $\emptyset \subset A$ und $A \subset A$)

Operationen mit Mengen

$A \cup B$ A vereinigt mit B (Vereinigungsmenge); $x \in (A \cup B)$ bedeutet $x \in A$ *oder* $x \in B$ („*oder*" im nicht ausschließenden Sinn)

$A \cap B$ A geschnitten mit B (Schnittmenge); $x \in (A \cap B)$ bedeutet $x \in A$ *und* $x \in B$

$A \setminus B$ A ohne B (Differenzmenge); $x \in (A \setminus B)$ bedeutet $x \in A$ *und* $x \notin B$

$\bar{B} = A \setminus B$ wenn $B \subset A$ ist (Ergänzungsmenge)

Weitere Zeichen

$x \to y$	x Pfeil y; y ist Funktion von x.
$\lim\limits_{n \to \infty} \frac{1}{n} = 0$	Limes $\frac{1}{n}$ für n gegen Unendlich gleich Null
$\lvert a \rvert$	absoluter Betrag von a; $\lvert a \rvert$ ist die nicht negative der Zahlen a und $-a$.
$[a]$	größte ganze Zahl z, die nicht größer als a ist.
$\mathfrak{r} = \overrightarrow{OP} = x\,\mathfrak{i} + y\,\mathfrak{j} + z\,\mathfrak{k}$	Ortspfeil von O nach $P(x \mid y \mid z)$
$\lvert \mathfrak{r} \rvert = \sqrt{x^2 + y^2 + z^2}$	Betrag von $\mathfrak{r}$
$\mathfrak{r}, \mathfrak{v}, \mathfrak{w}, \ldots$	Vektoren (als Klassen gleichlanger, gleichgerichteter Pfeile)

Wichtige Begriffe

Aussageform. Ein sprachliches Gebilde, das Leerstellen enthält und in eine (richtige oder falsche) Aussage übergeht, wenn in die Leerstellen geeignete Namen eingesetzt werden, heißt eine *Aussageform*. Zeichen, welche eine Leerstelle bezeichnen, heißen *Variable* (Platzhalter).
Beispiele:

1) $x < 5$ *Aussageform;* durch Einsetzen der Zahl 6 entsteht die (falsche) *Aussage* $6 < 5$.

2) $x^2 - x = 6$ *Aussageform;* durch Einsetzen der Zahl 3 entsteht die (richtige) *Aussage* $3^2 - 3 = 6$.

Lösungsmenge. Die Menge aller aus einer Grundmenge stammenden Einsetzungen in die Leerstellen einer Aussageform, die diese Aussageform zu einer richtigen Aussage machen, nennt man die Lösungsmenge der Aussageform.

Funktion. Die Menge A ist abgebildet in die Menge B, wenn jedem Element $x \in A$ genau ein Element $y \in B$ zugeordnet ist. Man schreibt $x \to y$ (lies: x abgebildet auf y). Ist f die Zuordnungsvorschrift, so schreibt man $x \to f(x)$; $f(x)$ ist der Funktionswert, der zu x gehört. Eine Funktion f läßt sich auffassen auch als eine Menge von Paaren (x, y), nämlich als die Menge $\{(x, y) \mid y = f(x)\}$.

Implikation $\Rightarrow$ und Äquivalenz $\Leftrightarrow$ (zwischen Aussageformen A und B)

$A \Rightarrow B$ bedeutet: die Lösungsmenge der Aussageform A ist eine Teilmenge der Lösungsmenge der Aussageform B; oder mit anderen Worten: A ist eine hinreichende (aber nicht notwendige) Bedingung für B; oder: B ist eine notwendige (aber nicht hinreichende) Bedingung für A; oder: aus A folgt B. (Es bleibt offen, ob gilt $B \Rightarrow A$.)

$A \Leftrightarrow B$ bedeutet: A hat die gleiche Lösungsmenge wie B; oder mit anderen Worten: B dann und nur dann (genau dann), wenn A; oder: A genau dann, wenn B; oder: A ist eine notwendige *und* hinreichende Bedingung für B; oder: B ist eine notwendige *und* hinreichende Bedingung für A; oder: aus A folgt B und umgekehrt.

Register (Die Zahlen geben die Seiten an)

LAMBACHER-SCHWEIZER

MATHEMATISCHES UNTERRICHTSWERK

Herausgegeben von Oberstudiendirektor Professor WILHELM SCHWEIZER, Tübingen, in Verbindung mit Professor WALTER GÖTZ, Stuttgart-Bad Cannstatt; Oberstudiendirektor HELMUT RIXECKER, Saarbrücken; Professor KURT SCHÖNWALD, Hamburg; Oberschulrat Dr. PAUL SENGENHORST, Rodenberg (Han.); Professor Dr. HANS-GEORG STEINER, Bayreuth

Analytische Geometrie

Kurzausgabe

Bearbeitet von Oberstudiendirektor Professor WILHELM SCHWEIZER, Tübingen; Professor WALTER GÖTZ, Stuttgart-Bad Cannstatt; Gymnasialprofessor KARL MÜTZ, Tübingen; unter Mitarbeit von Gymnasialprofessor REINHOLD EPPLE, Stuttgart; Oberstudiendirektor HELMUT RIXECKER, Saarbrücken; Oberschulrat Dr. PAUL SENGENHORST, Rodenberg (Han.); unter Mitarbeit der Verlagsredaktion Mathematik

ERNST KLETT VERLAG STUTTGART

Änderungen gegenüber der 2. Auflage:

1. Folgende Definitionen und Sätze wurden geändert:
   § 11/D 2, D 2a, D 3 und D 5; § 14/D 6; § 14/S 3.
2. In den Aufgaben 2, 3, 4 und 5 des Paragraphen 11 wurde der Begriff „gleich" bei Pfeilen durch „schiebungsgleich" ersetzt.
3. Statt „Verknüpfung durch Hintereinanderausführung" bei Abbildungen wird jetzt „Verkettung" gesagt, wie es allgemein üblich geworden ist.

Alle Drucke der ersten drei Auflagen können im Unterricht nebeneinander benutzt werden.

---

3. Auflage 36 5 | 1973 72

Die letzte Zahl bezeichnet das Jahr dieses Druckes.

Einbandentwurf: S. u. H. Lämmle, Stuttgart Zeichnungen: G. Wustmann, Stuttgart

Gesamtherstellung: Druckhaus Sellier OHG Freising vormals Dr. F. P. Datterer & Cie.
ISBN 3-12-737900-5

INHALT

Die im Buch verwendeten Kennzeichnungen haben folgende Bedeutung:

- ▸ *Keil vor der Aufgabennummer:* die Aufgabe stellt höhere Ansprüche an den Schüler und sollte nicht ohne zusätzliche Erläuterungen als Hausaufgabe gestellt werden.

10. *schwarze Aufgabennummer* (ohne oder mit Keil): die Aufgabe sollte möglichst nicht weggelassen werden;

18. *grüne Aufgabennummer* (ohne oder mit Keil): zusätzliche Aufgabe, zur freien Wahl gestellt.

D 1 Definition; Festlegung der Bedeutung und Verwendung eines neuen Namens (Zeichens).

S 1 Satz; aus schon Bekanntem wird eine Folgerung gezogen; ist der Satz fettgedruckt, so ist er für die Weiterarbeit wichtig und soll für dauernd eingeprägt werden.

❶ Diese in kleinerer Schrift gedruckten Vorübungen führen an den neuen Stoff heran; sie sind nicht Lehrtext.

Bei eiliger Wiederholung ist es ratsam, insbesondere auch die grün gedruckten Beispiele durchzuarbeiten.

In der Kurzausgabe werden Nummern von Paragraphen, Definitionen, Sätzen und Aufgaben übersprungen, damit die Numerierung mit der Vollausgabe übereinstimmt (Ausnahme § 26). Beide Ausgaben können daher nebeneinander verwendet werden.

1 Ein erster Blick in die analytische Geometrie

In der analytischen Geometrie[1] kennzeichnet man Punkte durch ihre Koordinaten in einem Achsenkreuz (sofern man nicht Vektoren benutzt). In der Algebra haben wir das Koordinatensystem schon oft verwendet zur anschaulichen Erfassung und Darstellung von Funktionen; vgl. Beispiel 1 und 2.

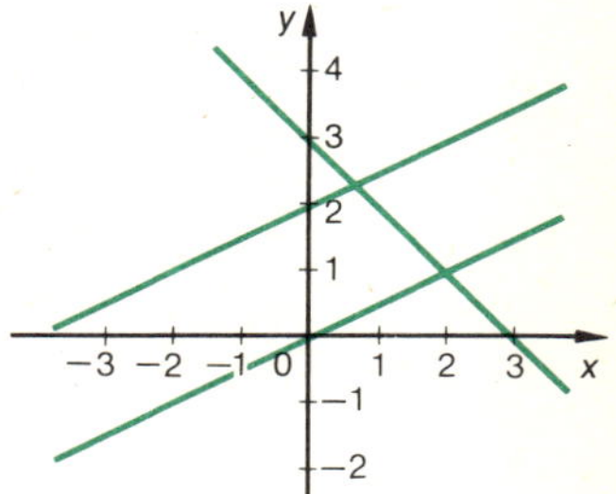

1.1.

Von der Algebra zur Geometrie

Beispiel 1: Wir kennen die Graphen von Funktionen der Form $y = mx + b$ als *Geraden*, vergleiche in Fig. 1.1 die Graphen von $y = \frac{1}{2}x$, $y = \frac{1}{2}x + 2$, $y = 3 - x$.

Beispiel 2: Der Graph von $y = \frac{1}{2}x^2$ ist eine krumme Linie (Fig. 1.2), bei der eine Symmetrieachse auffällt. Wie kann man auf diese Symmetrieachse allein aus der Gestalt der Gleichung schließen?

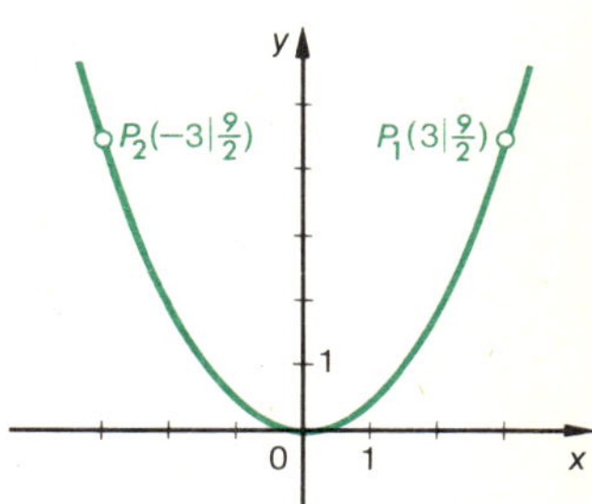

1.2.

In diesen Beispielen wurden algebraische Relationen geometrisch gedeutet, bzw. es wurden geometrische Folgerungen gezogen. In der analytischen Geometrie werden mindestens ebenso oft geometrische Eigenschaften und Fragestellungen am Anfang stehen und „ins Algebraische übersetzt" werden.

Von der Geometrie zur Algebra

Beispiel 3: Um den Nullpunkt eines Achsenkreuzes sei ein Kreis mit Radius 3 beschrieben (Fig. 1.3). Gemeinsame Eigenschaft aller Punkte der Kreislinie: Sie haben die Entfernung 3 von O. Für die Koordinaten $(x; y)$ eines beliebigen Kreispunktes gilt $x^2 + y^2 = 3^2$ (warum?). Welche Beziehung gilt für Punkte innerhalb (auf *und* außerhalb) der Kreislinie?

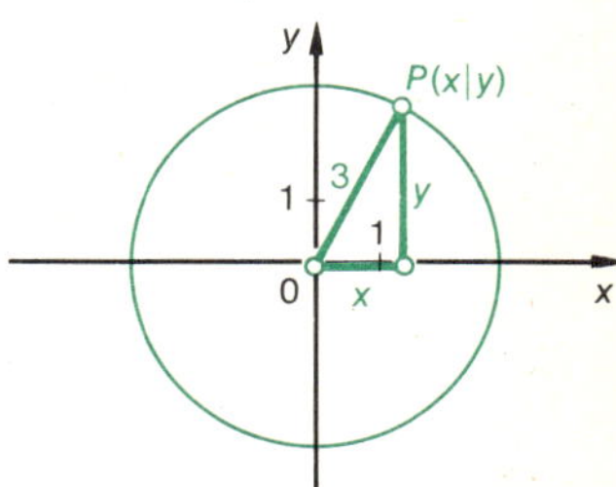

1.3.

Beispiel 4: Wir fragen nach den Punkten der Ebene, die von der x-Achse und der y-Achse gleiche Abstände haben. Im I. Feld sind es die Punkte (1 | 1), (3 | 3) und unzählige andere (Fig. 1.4). Für die Koordinaten dieser Punkte gilt: $y = x$. Diese Gleichung ist auch erfüllt für die Koordinaten von Lösungspunkten im III. Feld, aber nicht für die Koordinaten von Lösungspunkten im II. und IV. Feld. Ergänze durch eine zweite Gleichung. Warum kann man beide ersetzen durch „$|y| = |x|$"?

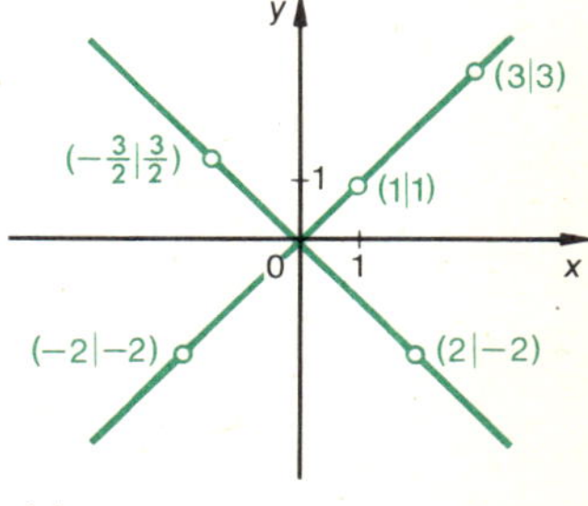

1.4.

1. analysis (griech.), Auflösung, Zerlegung, Zergliederung

Was dieses Hin und Her zwischen geometrischen Eigenschaften und algebraischen Beziehungen bei der Lösung geometrischer Probleme nützen kann, wollen wir an einigen Beispielen sehen. Bei rein geometrischer Behandlung hängt das Gelingen häufig von glücklichen *Einfällen* ab, während sich das „Übersetzen in die Algebra" und ein zielsicheres Arbeiten mit deren geläufigen Verfahren weitgehend *erlernen* läßt.

Die Algebra als Hilfsmittel der Geometrie

Beispiel 5: Eine Leiter stehe auf waagrechtem Boden und sei an eine vertikale Wand gelehnt. Was für eine Bahn beschreibt die mittlere Sprosse, wenn die Leiter abrutscht? (Versuche von der Bahn eine Vorstellung zu gewinnen!)

Lösung: Von der Dicke des Holms sehen wir ab. Wir ersetzen die Leiter durch eine Strecke, legen die x-Achse in die Gleitspur auf dem Boden, die y-Achse in die Spur an der Wand und bezeichnen die Koordinaten der Leitermitte mit x und y (Fig. 2.1). Über die Bahnkurve hoffen wir durch eine Beziehung zwischen x und y Aufschluß zu erhalten. Für $M(x \mid y)$ hat der Anfang A der Leiter von der Wand den Abstand $2x$, das Ende E vom Boden den Abstand $2y$. Nun *sehen* wir, daß im rechtwinkligen Dreieck OAE gilt: $(2x)^2 + (2y)^2 = a^2$, wenn wir a für die *feste* Länge der Leiter schreiben. Die gesuchte Beziehung lautet einfacher: $x^2 + y^2 = \frac{1}{4}a^2$.

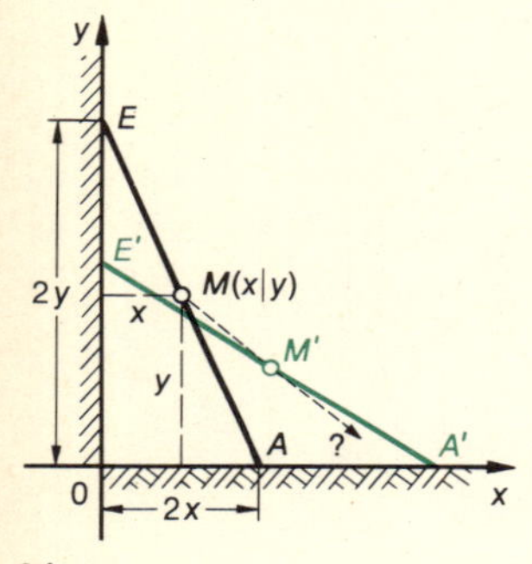

2.1.

Ihre *geometrische Deutung* gelingt uns durch Umkehrung von Beispiel 3: Der Graph ist ein Kreis um O mit Radius $\frac{1}{2}a$ (von dem die gesuchte Bahn ein Teilbogen ist).

Wenn man freilich den Einfall hat, die Hilfsstrecke OM zu zeichnen, kann man ohne Rechnung ihre Länge als $\frac{1}{2}a$ erkennen, also als konstant.

Beispiel 6: Bestimme die Menge der Punkte (Fig. 2.2), die von dem festen Punkt $B(8 \mid 0)$ doppelt so weit entfernt sind wie von $A(2 \mid 0)$.

Lösung: Mit $P(x \mid y)$ bezeichnen wir einen beliebigen („variablen") Punkt der Ebene. Als seine Entfernung von A bzw. B erhalten wir $\sqrt{(x-2)^2 + y^2}$ für e_1 und $\sqrt{(8-x)^2 + y^2}$ für e_2 (Fig. 2.2). Dies sind Terme in zwei zunächst unabhängigen Variablen x und y.

Zwischenbemerkung: Bei anderen Lagen von P können die Katheten $2 - x$ statt $x - 2$ sein (z. B. bei P_1 in Fig. 2.2), $x - 8$ statt $8 - x$ (bei P_2), $-y$ statt $+y$ (bei P_3). Trotzdem stellen diese Terme die Entfernungen e_1 und e_2 richtig dar (warum?).

Die Forderung $2e_1 = e_2$ (I) für die Entfernungen der Punkte A, P, B läßt sich nun in eine äquivalente für die Koordinaten von P übersetzen: $2\sqrt{(x-2)^2 + y^2} = \sqrt{(8-x)^2 + y^2}$ (II). Zunächst scheint dies kein Gewinn: man überblickt die *Lösungsmenge* der Bedingungsgleichung (II) noch weniger als die *Lösungspunktmenge* von (I). Wir können aber die Wurzelgleichung rein algebraisch umformen. Beiderseitiges Quadrieren bringt keine Vergrößerung der Lösungsmenge, weil für jedes x, y-Paar die Wurzeln definiert sind (Radikand $\geqq 0$) und beide Gleichungsseiten nicht negativ sind. Man erhält:

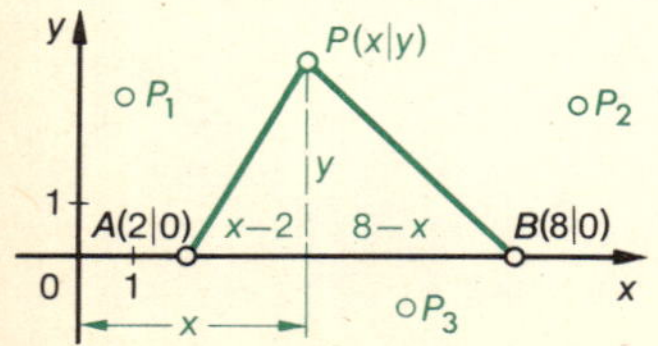

2.2.

$$4(x^2 - 4x + 4 + y^2) = 64 - 16x + x^2 + y^2$$
$$3x^2 + 3y^2 = 48$$
$$x^2 + y^2 = 16 \qquad \text{(III)}$$

Die erhaltene einfachere Gleichung (III) ist äquivalent zur Gleichung (II).

Jetzt ist die Lösungsmenge zu überschauen. In Umkehrung von Beispiel 3 sehen wir, daß die zugehörigen Punkte einen Kreis um O mit dem Radius 4 bilden. Zeichne diesen Kreis und weise für einige Punkte nach, daß tatsächlich $e_2 = 2e_1$ ist.

Die Punkte A und B waren so in das Achsenkreuz gelegt, daß das Ergebnis leicht zu deuten ist. Wiederholt man die Rechnung etwa für $A(0 \mid 0)$, $B(6 \mid 0)$, so ergibt sich die Gleichung $x^2 + y^2 + 4x = 12$ (IV). Nach der vorangehenden Aufgabe bilden die Lösungspunkte einen Kreis um $M(-2 \mid 0)$ mit $r = 4$ (wieso?). Übersetzt man die Forderung, daß $P(x \mid y)$ von $M(-2 \mid 0)$ die Entfernung 4 haben soll, so erhält man ebenfalls die Gleichung (IV).

(Wie man (IV) geometrisch deutet, ohne das Ergebnis vorher zu wissen, bringt § 6.)

Aufgabe: Führe diese Ansätze und Umformungen vollständig durch.

Algebraische Prüfung von Vermutungen über eine geometrische Figur

Beispiel 7: Zeichnet man in ein Achsenkreuz mit der Einheit $\frac{1}{2}$ cm die Punkte $A(-16 \mid -8)$, $B(15 \mid -10)$, $C(1 \mid 18)$ ein, so hat es den Anschein, als ob diese 3 Punkte a) von O dieselbe Entfernung hätten, b) ein gleichseitiges Dreieck bildeten. Prüfe beides nach, sowohl mit Maßstab oder Stechzirkel als auch durch Rechnung mit dem Satz des Pythagoras.

Algebraische Behandlung geometrischer Abbildungen

Beispiel 8: a) Lege flächengleiche Rechtecke so in das I. Feld eines Koordinatensystems, daß 2 Seiten auf die Achsen fallen (Fig. 3.1). Welche Punktmenge bilden die „freien" Ecken $P(x \mid y)$? Das algebraische Äquivalent dieser Bedingung ist $x \cdot y = \text{const}$.

b) In Fig. 3.2 ist schwarz ein Ausschnitt aus dem Graphen der Relation $y = \frac{4}{x}$ $(x \cdot y = 4)$ gezeichnet. Der ganze Graph heißt *rechtwinklige Hyperbel* (vgl. Alg. 1, § 36). Wie erkennt man deren Symmetrie in bezug auf die strichpunktierte Winkelhalbierende aus der Gleichung $x \cdot y = 4$? Der Ausschnitt $0 < |x| \leqq 4$, $0 < |y| \leqq 4$ ist so gewählt, daß auch er diese Symmetrie hat.

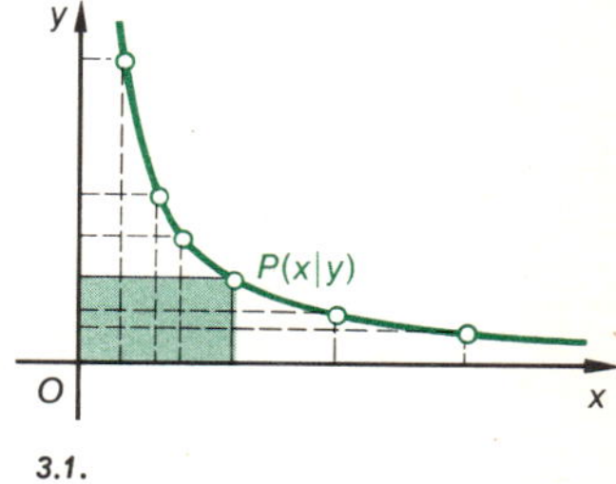

3.1.

Verkleinert man die y-Koordinaten aller Kurvenpunkte auf den 4. Teil, so sind die entstehenden Kurvenstücke offenbar nicht mehr symmetrisch in bezug auf die strichpunktierte Achse der schwarzen Kurve. Beachte auch die Figur der drei auf dem linken Ast hervorgehobenen Punkte vor und nach der „Abbildung".

Die *Rechnung* liefert auch die *Fortsetzung* der grünen Kurventeile. Aus $P(x \mid y)$ entsteht $\bar{P}(\bar{x} \mid \bar{y})$ mit $\bar{x} = x$ und $\bar{y} = \frac{1}{4}y$, also $y = 4\bar{y}$. Die Gleichung $x \cdot y = 4$ geht daher über in $\bar{x} \cdot \bar{y} = 1$, die Gleichung der grünen Kurve. Diese durch ein-

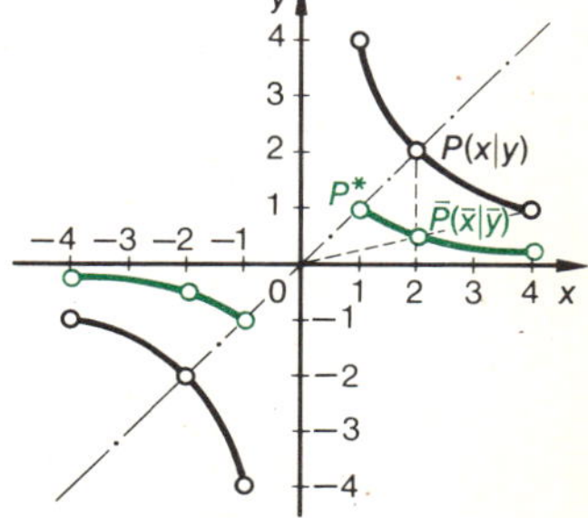

3.2.

seitige Pressung der Ebene schief zur Symmetrieachse der Ausgangskurve entstandene neue Kurve hat also als Ganzes erstaunlicherweise dieselbe Symmetrie, während symmetrische Teilstücke bei der Pressung erwartungsgemäß ihre Symmetrie einbüßen.

2 Aufgaben: 1. Zeichne Fig. 3.2 für $0 < |x| \leqq 8$, $0 < |y| \leqq 8$ und die Längeneinheit 1 cm. Ergänze die grünen Kurventeile im angegebenen Intervall aus der Gleichung $y = \frac{1}{x}$.

2. Was entsteht aus der schwarzen Hyperbel bei der Abbildung $x \to \frac{1}{4}x$ (Pressung in x-Richtung auf den 4. Teil, y-Koordinaten unverändert)?

c) Es hat den Anschein, als könne man die grüne Kurve auch durch *zentrische* Streckung mit dem Faktor $\frac{1}{2}$ aus der schwarzen gewinnen: $P(x \mid y)$ geht über in $P^\star(x^\star \mid y^\star)$ mit $x^\star = \frac{1}{2}x$ und $y^\star = \frac{1}{2}y$, also $x = 2x^\star$ und $y = 2y^\star$. Die Relation $x \cdot y = 4$ für P hat also $4 \cdot x^\star \cdot y^\star = 4$ bzw. $x^\star \cdot y^\star = 1$ zur Folge. $P^\star$ liegt somit auf der grünen Kurve.

Eine Aufgabe mit technischem Einschlag

Beispiel 9: Ein Bauingenieur soll einen Betonbrückenbogen entwerfen (Spannweite 32 m, Scheitelhöhe 8 m, Fig. 4.1). Für solche Bögen ist die Parabel statisch günstig, was hier nicht begründet werden kann.

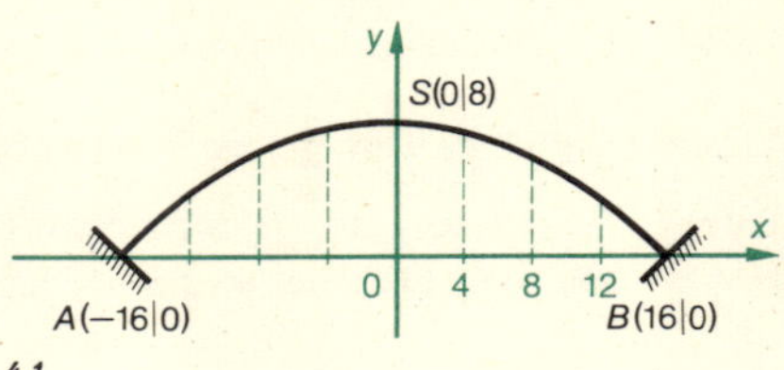

4 1.

Lösung: Wir kennen die Parabel als Graphen der „quadratischen Funktion" und machen unter Berücksichtigung des Scheitels $S(0 \mid 8)$ den Ansatz $y = 8 - a x^2$. Forderung: Für 16 statt x muß sich für y Null ergeben: $0 = 8 - 256\,a$. Die Formvariable a muß somit durch $\frac{1}{32}$ ersetzt werden, die Gleichung ist $y = 8 - \frac{1}{32}x^2$. Berechne (für den Bau des Holzgerüstes) die y-Werte für 4, 8, 12 statt x (Meterzahlen).

Für den Bau der Widerlager ist der Winkel wichtig, unter dem der Bogen in A (B) endet. Das folgende Verfahren zur Ermittlung dieses Winkels ist rechnerisch etwas umständlich, aber unsere Kenntnisse reichen dafür aus; auch lernen wir dabei den wichtigen „Ansatz mit unbestimmten Koeffizienten" (Formvariablen) an einem weiteren Beispiel kennen.
Durch A ist eine Tangente an die Parabel zu legen, d.h. eine Gerade, die nur *einen* Punkt mit ihr gemeinsam hat. (Die Parallele zur y-Achse durch A ist hier nicht gemeint.)
Ansatz: $y = m x + b$. Wegen $A(-16 \mid 0)$ lautet eine 1. Bedingung: $0 = -16\,m + b$.
Diese 1. Bedingung läßt sich sofort erfüllen, indem man b durch $16\,m$ ersetzt. Der Ansatz lautet dann: $y = m x - 16\,m$. Für gemeinsame Punkte von Gerade und Parabel gilt:

$$m x + 16\,m = 8 - \tfrac{1}{32}x^2 \iff \tfrac{1}{32}x^2 + m x + (16\,m - 8) = 0$$
$$x_{1;2} = 16\left[-m \pm \sqrt{m^2 - \tfrac{4}{32}(16\,m - 8)}\right]$$

Soll es nur *einen* gemeinsamen Punkt geben, so muß der Radikand Null sein. Dies liefert die 2. Bedingung: $m^2 - 2\,m + 1 = 0 \iff (m-1)^2 = 0$. Einzige Lösungszahl ist $+1$. Tangente ist also die Gerade durch A mit der Steigung $+1$. Wir schließen weiter, daß das Widerlager einen Winkel von 45° mit der Horizontalen bilden muß. (Wieso?)

Nach diesem ersten Einblick in Leitgedanken und Methoden der analytischen Geometrie werden wir nun ganz von vorn beginnen und in systematischer Weise anhand grundlegender Aufgaben das Werkzeug zur Lösung zahlreicher Probleme gewinnen und anwenden.

2 Koordinaten und Koordinatensysteme

Koordinaten auf der Gerade, in der Ebene, im Raum

D 1 Um die Punkte einer gegebenen **Gerade** durch reelle Zahlen festzulegen, wählt man auf ihr zwei Punkte O (**Nullpunkt** oder **Ursprung**[1]) und E (Einheitspunkt) und faßt sie als Zahlengerade auf. Dann ist jeder reellen Zahl eindeutig ein Geradenpunkt zugeordnet und jedem Punkt der Gerade eine reelle Zahl, die seine **Koordinate**[2] heißt (Fig. 5.1). Einen beliebigen Punkt der Gerade schreibt man $P(x)$.

D 2 Um die Punkte einer **Ebene** festzulegen, verwendet man meist ein rechtwinkliges **Achsenkreuz** aus 2 Zahlengeraden mit gemeinsamem Nullpunkt, der mit 0 (Null) oder O (von origo) beschriftet wird. Man nennt die Geraden ***x*-Achse** und ***y*-Achse** und wählt ihre Lage und ihren Durchlaufsinn[3] wie in Fig. 5.2.

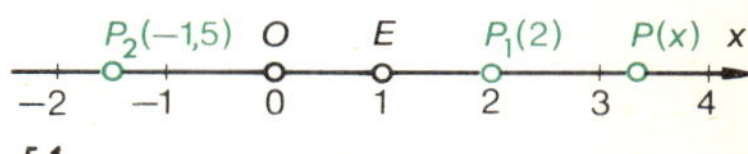

5.1.

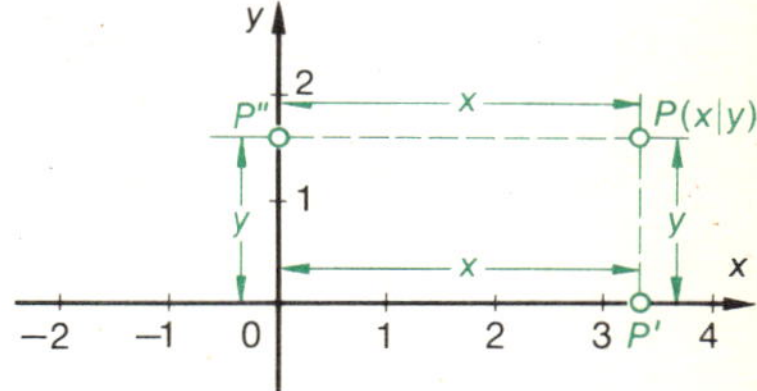

5.2.

Zieht man durch einen Punkt P der Ebene die Parallelen zu den Achsen bis P' und P'' (Fig. 5.2), so heißt die zu P' gehörende Zahl der x-Achse die **1. Koordinate** oder der ***x*-Wert**, die zu P'' gehörende Zahl der y-Achse die **2. Koordinate** oder der ***y*-Wert** von P. Zu jedem Punkt der Ebene gehört ein geordnetes Zahlenpaar $(x; y)$. Einen beliebigen Punkt schreibt man meist $P(x \mid y)$.

Man kann auch sagen: Die 1. Koordinate x ist die mit Vorzeichen versehene Maßzahl der Strecke OP' oder $P''P$, die 2. Koordinate y die Maßzahl von OP'' oder $P'P$ (Fig. 5.2). Beispiele siehe Fig. 5.3.

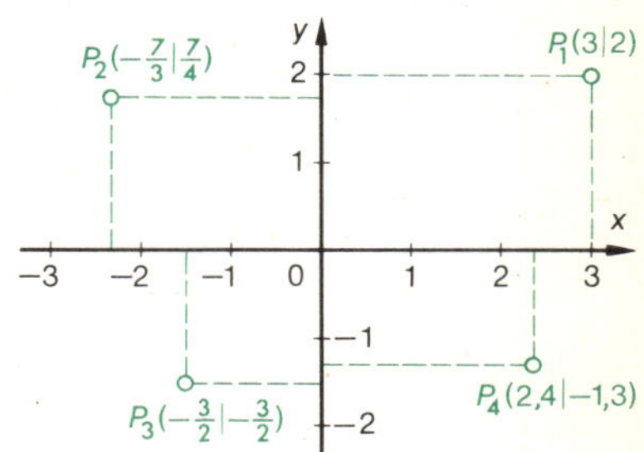

5.3.

Beachte in Fig. 5.4 den Unterschied zwischen den positiven oder negativen *Koordinaten* der *Punkte* und den stets positiven *Maßzahlen* der zugehörigen *Strecken*. Besonders wichtig in Fig. 5.4 ist $Q(u \mid v)$. Dort steht in der gezeichneten Lage im II. Feld u für eine negative Zahl. Die Strecke QQ'' ist dann nicht u sondern $|u|$ oder $-u$, denn wegen $u < 0$ ist $-u > 0$.

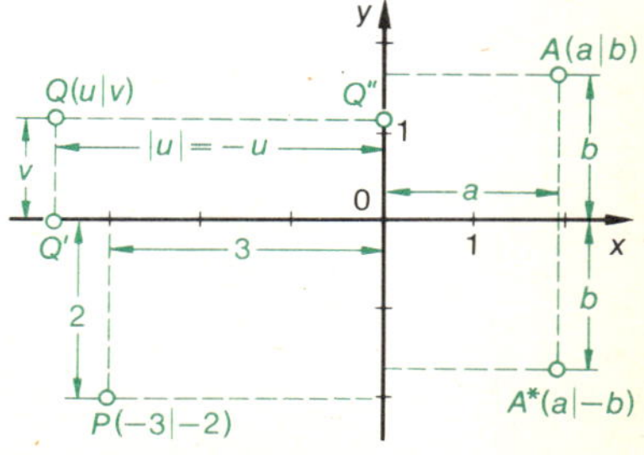

5.4.

1. Lateinisch origo (daher O) 2. ordinare (lat.), ordnen; coordinare, zuordnen 3. die $+\,y$-Achse entsteht durch Drehung um $+\,90°$ (d.h. gegen den Uhrzeigersinn) aus der $+\,x$-Achse.

Die beiden Achsen teilen die Ebene in 4 **Felder** oder **Quadranten**, die man wie in Fig. 6.1 numeriert.

Die Vorzeichen der Koordinaten in den 4 Feldern (Fig. 6.1) sind:

Feld	I	II	III	IV
x	+	−	−	+
y	+	+	−	−

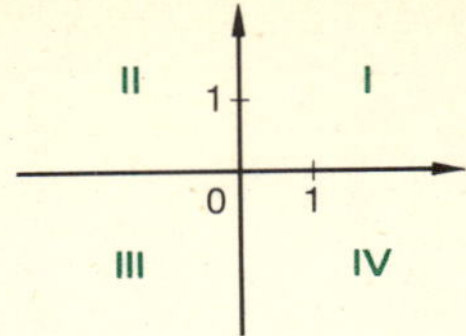

6.1.

D 3 Um die Punkte im **Raum** festzulegen, führt man entsprechend meist ein x, y, z-Achsenkreuz aus 3 (paarweise orthogonalen[1]) Zahlgeraden mit gemeinsamem Ursprung O ein und legt sie i. a. wie in Fig. 6.2 (x, y-Ebene horizontal, x-Achse nach vorn, y-Achse nach rechts, z-Achse nach oben). Zu jedem Punkt des Raumes gehört ein Koordinatentripel $(x; y; z)$, in Fig. 6.2 z. B. (2; 2,5; 3) zu P_1. Einen beliebigen Punkt schreiben wir meist $P(x \mid y \mid z)$. Die drei „Koordinatenebenen" teilen den Raum in 8 „Oktanten"[2].

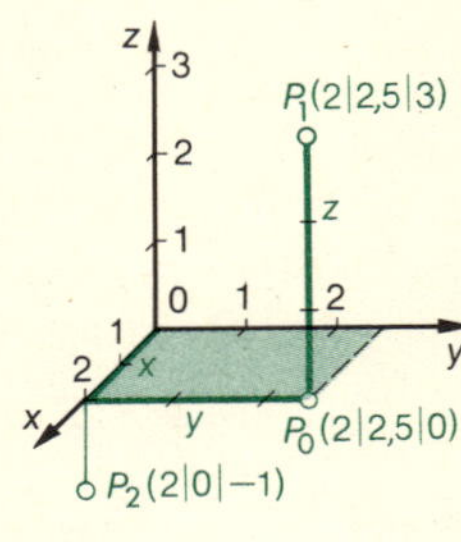

6.2.

D 4 Durch den Ursprung O und die Koordinatenachsen samt ihren Einheitspunkten E_x, E_y, E_z ist ein **Koordinatensystem** bestimmt.

Orthonormalsysteme

D 5 Wenn die Achsen aufeinander senkrecht stehen und gleich lange Einheitsstrecken OE_x, OE_y, OE_z haben, spricht man von einem **Orthonormalsystem.** (Wenn nicht anders vermerkt, verwenden wir im folgenden orthonormierte Systeme.)

Andere Koordinatensysteme

D 6 Ein schiefwinkliges Achsenkreuz mit gleichen oder ungleichen Einheitsstrecken auf den Achsen führt auf **allgemeine Parallelkoordinaten** (Fig. 6.3, Graph von $x \cdot y = 3$; im Raum entsprechend). Es gelten dann aber längst nicht alle Formeln, die wir für orthonomierte Systeme herleiten werden.

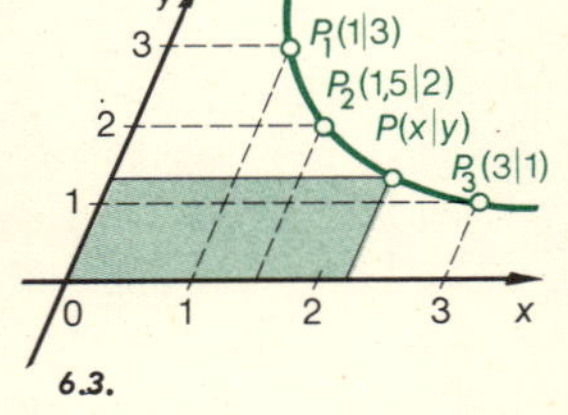

6.3.

Einige weitere Koordinatensysteme, mit denen man sich besonderen Gegebenheiten anpaßt, seien hier nur erwähnt: Polarkoordinaten (Fig. 6.4), Zylinderkoordinaten (Fig. 6.5), Kugelkoordinaten (Fig. 6.6). Wird in Fig. 6.6 r festgehalten (z. B. als Erdradius), so erfaßt man durch die Winkel φ und ϑ die Punkte einer Kugelfläche. Für die Erdoberfläche schreibt man statt φ meist λ (geogr. Länge von einem Nullmeridian aus), statt $90° - \vartheta$ schreibt man φ (geogr. Breite).

1. orthos (griech.), aufgerichtet, recht; gony (griech.), Knie (Winkel); orthogonal bedeutet also rechtwinklig bzw. „senkrecht aufeinander" 2. octo (lat.), acht

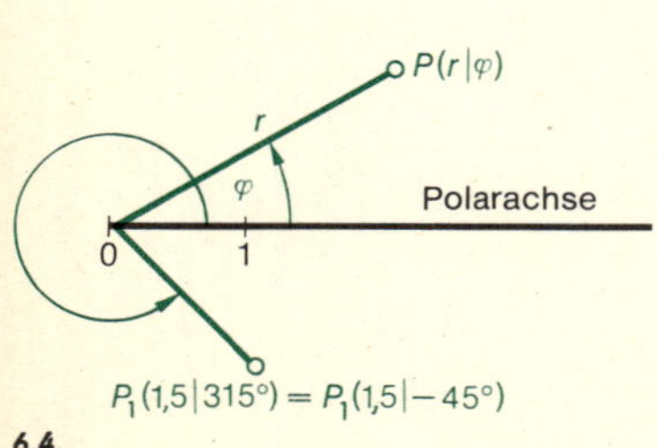

6.4.

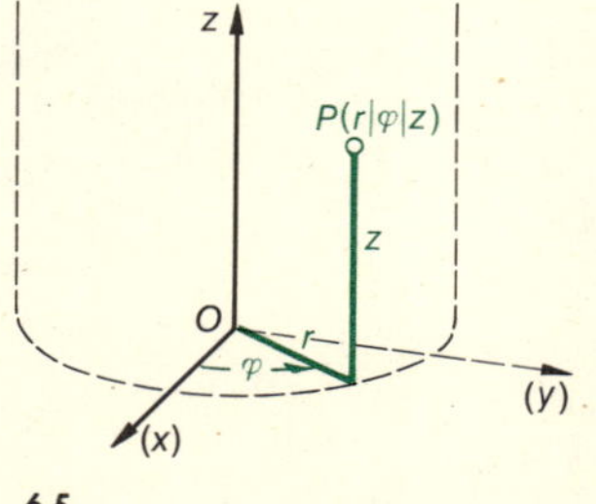

6.5.

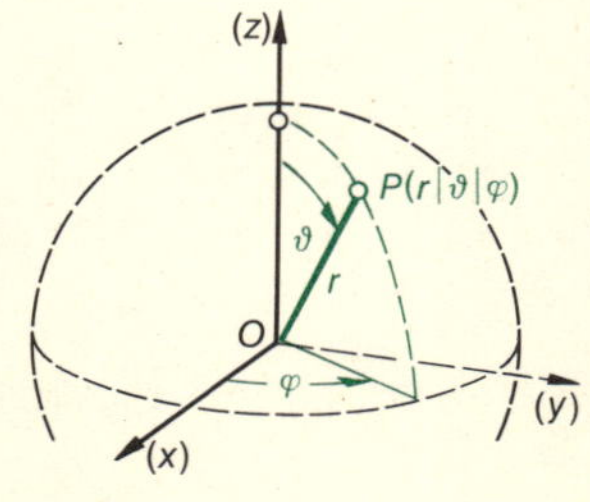

6.6.

Aufgaben

1. Lies aus Fig. 7.1 die Koordinaten von $P_1, P_2, \ldots, P_6$ ab.

2. Lies die Koordinaten der Punkte A bis Q in Fig. 7.2 ab.

3. Zeichne in ein Orthonormalsystem ein (Einheit 1 cm):
a) $P_1(2 \mid 2{,}5)$ b) $P_2(-2 \mid 2)$ c) $P_3(3 \mid -2)$
d) $P_4(-2{,}5 \mid -1)$ e) $P_5(4 \mid 0)$ f) $P_6(0 \mid -4)$

4. Zeichne nach Fig. 7.3 das Schrägbild eines räumlichen Orthonormalsystems. (Verzerrungswinkel 45° und Verkürzungsverhältnis $\frac{1}{2}\sqrt{2}$ zur bequemen Ausnutzung karierten Papiers. Welchen Nachteil hat dies?) Trage wie in 7.2 ein:
a) $P(2|2{,}5|3)$, $Q(2|6|3)$, $R(2|0|-3)$ (Längeneinh. 1 cm)
b) $A(9|9|0)$, $B(5|4|11)$, $C(12|-3|3)$ (Längeneinh. $\frac{1}{2}$ cm)

5. a) Fig. 7.4 zeigt ein Haus mit Walmdach in Grund- und Aufriß (Längeneinh. 1 m). Gib die Koordinaten von A bis F an. (A': Projektion von A in die x, y-Ebene. A''?)
b) Zeichne eine entsprechende Figur (auch den Seitenriß; Längeneinheit $\frac{1}{2}$ cm für 1 m in der Natur,) wenn gegeben ist $D(2 \mid 2 \mid 6)$, $E(7 \mid 6 \mid 12)$, die Firstlänge 6 (Meterzahlen).

6. Der Mittelpunkt eines regelmäßigen Sechsecks liegt in O, eine Ecke in $A(2 \mid 0)$. Gib die Koordinaten aller Ecken an!

7. Die Ecken eines Quadrats mit der Seitenlänge s liegen auf den Koordinatenachsen. Gib die Koordinaten
a) der Ecken, b) der Seitenmitten an.

8. a) Schiebe die Punkte der Aufg. 3 um 3 Einheiten nach links und um 2 Einheiten nach oben. Gib die Koordinaten der neuen Punkte $\bar{P}_1, \bar{P}_2, \ldots, \bar{P}_6$ an.
b) Verfahre ebenso mit dem beliebigen Punkt $P(x \mid y)$.

9. a) Verlängere die Strecke OA (QA) über A hinaus um sich selbst bis P_1 (P_2) für $A(3 \mid 2)$ und $Q(1 \mid 1)$; O ist der Ursprung. Welche Koordinaten hat P_1 (P_2)?
b) Dasselbe (als „Formel") für $A(a \mid b)$, $Q(u \mid v)$, $P(x \mid y)$. Schreibe $P(\ldots \mid \ldots)$, aber auch $x = \ldots$, $y = \ldots$.

10. Vertauscht man die Koordinaten von $P(3 \mid 2)$ und wechselt auf alle Arten die Vorzeichen, so erhält man 8 Punkte, z. B. $Q(2 \mid -3)$. Was für eine Figur bilden sie? Symmetrie?

11. Bestimme die Symmetrie und die Art der Vierecke:
a) $A(-1 \mid 0)$ $B(-2 \mid -3)$ $C(1 \mid 0)$ $D(2 \mid 3)$
b) $A(-2 \mid 0)$ $B(0 \mid -2)$ $C(3 \mid 0)$ $D(0 \mid 3)$
c) $A(0 \mid 0)$ $B(3 \mid -3)$ $C(4 \mid 0)$ $D(3 \mid 3)$
Lies das Ergebnis auch ohne Figur an den Koordinaten ab!

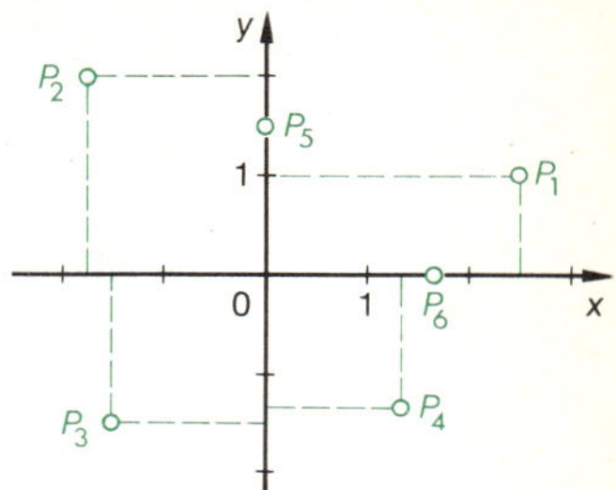

7.1.

7.2.

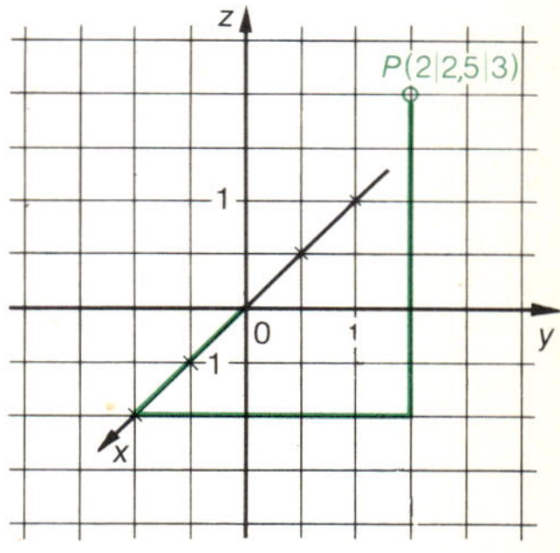

7.3.

7.4.

12. Spiegle die Punkte $A_0(3 \mid 1)$, $B_0(-2 \mid 5)$, $C_0(0 \mid 4)$, $P_0(x_0 \mid y_0)$

a) an der x-Achse nach A_1, B_1, C_1, P_1; b) an der y-Achse nach A_2, B_2, C_2, P_2;

c) am Ursprung nach A_3, B_3, C_3, P_3;

d) an der x-Achse und das Spiegelbild nochmals an der y-Achse nach A_4, B_4, C_4, P_4.

e) Vergleiche A_4 (B_4, C_4, P_4) mit A_3 (B_3, C_3, P_3).

Schreibe in a) bis e) das Ergebnis für P auch so: a) $x_1 = x_0,\ y_1 = -y_0$.

13. Spiegle die Punkte $A_0(2 \mid 0)$, $B_0(0 \mid -5)$, $C_0(3 \mid 1)$, $D_0(2 \mid -4)$, $P_0(x_0 \mid y_0)$

a) an der „1. Winkelhalbierenden" nach $A_1, B_1, \ldots$

b) an der „2. Winkelhalbierenden" nach $A_2, B_2, \ldots$ (vgl. Fig. 8.1)

c) Zeige: Für P_1 in a) gilt: $x_1 = y_0,\ y_1 = x_0$. Schreibe auch b) in dieser Form.

14. Vergleiche das Dreieck $A_0(9 \mid 9 \mid 0)$ $B_0(5 \mid 4 \mid 11)$ $C_0(12 \mid -3 \mid 3)$

a) mit Dreieck $A_1(2 \mid 9 \mid 0)$ $B_1(-2 \mid 4 \mid 11)$ $C_1(5 \mid -3 \mid 3)$

b) mit Dreieck $A_2(9 \mid 12 \mid -5)$ $B_2(5 \mid 7 \mid 6)$ $C_2(12 \mid 0 \mid -2)$

c) mit Dreieck $A_3(10 \mid 8 \mid 2)$ $B_3(6 \mid 3 \mid 13)$ $C_3(13 \mid -4 \mid 5)$

d) mit Dreieck $A_4(9 \mid 9 \mid 0)$ $B_4(5 \mid 4 \mid -11)$ $C_4(12 \mid -3 \mid -3)$

Wie geht jeweils das neue Dreieck aus dem Ausgangsdreieck hervor?

15. Auf welcher besonderen geraden Linie liegen jeweils die Punkte:

a) $(1 \mid 1)$, $(4 \mid 4)$, $(-2 \mid -2)$, $(a \mid a)$ b) $(3 \mid -3)$, $(-2 \mid 2)$, $(-b \mid b)$?

16. Wo liegen alle Punkte, für die

a) $x = 2$, b) $x \geqq -1{,}5$, c) $|x| = 3$, d) $|x| < 2$ ist, wenn man ihre Menge als Teilmenge 1) der x-Achse, 2) der x, y-Ebene, 3) des Raumes auffaßt?

Zeichne im 1. und 2. Fall, beschreibe im 3. Fall. Ein Beispiel für den 2. Fall (Ebene) zeigt Fig. 8.2. Beachte für den 2. und 3. Fall: Wenn für y (bzw. für z) keine Bedingung gestellt ist, so muß man ergänzen: y beliebig (z beliebig). — Warum sieht das Bild bei der Grundmenge $\mathbb{Q}$ ebenso aus wie bei der Grundmenge $\mathbb{R}$?

17. Wie Aufg. 16, aber mit $\mathbb{Z}$ als Grundmenge für x (y, z). Ein Beispiel zeigt Fig. 8.3.

18. Wo liegen 1) in der x,y-Ebene, 2) im Raum alle Punkte mit

a) $y = 3$, b) $y > -\frac{1}{2}$, c) $x = 0$, d) $y \geqq 0$, e) $x = 3$ *und* $y = -1$,

f) $x > 0$ *und* $y > 0$, g) $|x| = 2$ *und* $|y| = 1{,}5$, h) $|x| < 2$ *und* $|y| \leqq 1{,}5$,

i) $x = y$, k) $|x| = |y|$, l) $y > x$, m) $|y| \geqq |x|$?

Nur für den Raum: n) $|x| = 3$ *und* $z = 1$ o) $|x| = 2$ *und* $y = 0$ *und* $|z| = 4$.

19. Wie Aufg. 18, aber mit $\mathbb{Z}$ als Grundmenge für $x, y, (z)$.

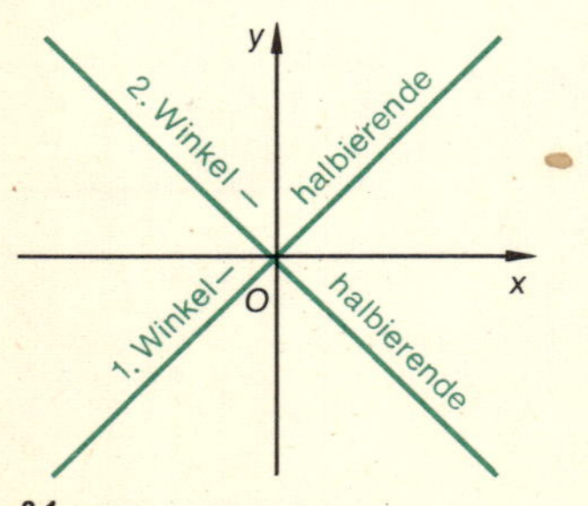

8.1.

$-2 < x \leqq +2 \quad (x, y \in \mathbb{R})$

8.2.

$-2 < x \leqq +2 \quad (x, y \in \mathbb{Z})$

8.3.

Parallelverschiebung des Achsenkreuzes

Bei geometrischen Untersuchungen bringt man das Achsenkreuz oft in eine zweckmäßigere Lage zu den betrachteten Figuren. Dabei ändern sich die Koordinaten der Punkte gesetzmäßig. Die einfachste Lageänderung ist eine Parallelverschiebung, kurz „Schiebung“.

Der Ursprung $\bar{O}$ des neuen (in Fig. 9.1 grün gezeichneten) $\bar{x}, \bar{y}$-Achsenkreuzes habe im alten (schwarzen) x, y-Kreuz die Kordinaten $(x_0\,;\,y_0)$, und ein beliebiger Punkt P habe die alten Koordinaten $(x\,;\,y)$ und die neuen $(\bar{x}\,;\,\bar{y})$. Für das Lagebeispiel von Fig. 9.1 liest man dann ab: $\bar{x} = x - x_0$, $\bar{y} = y - y_0$. Wir werden sehen, daß dies auch für andere Lagen von O, $\bar{O}$ und P gilt. Man spricht von einer *Koordinatentransformation*.

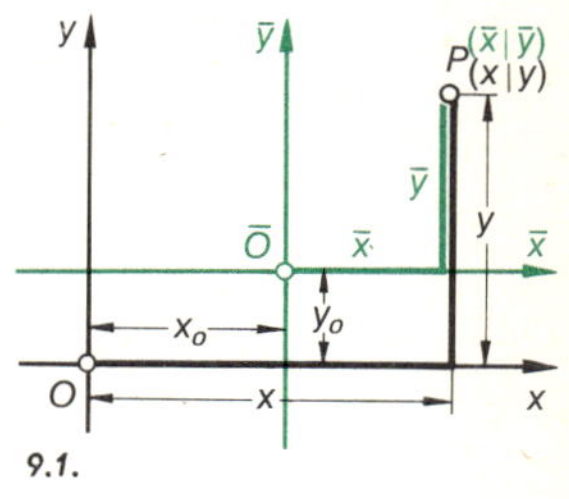

9.1.

S 1 Für die **Schiebung des Achsenkreuzes,** bei der $O(0\,|\,0\,|\,0)$ in $\bar{O}(x_0\,|\,y_0\,|\,z_0)$ übergeht, gelten folgende **Transformationsgleichungen:**

$$\bar{x} = x - x_0 \quad \bar{y} = y - y_0 \quad \bar{z} = z - z_0 \qquad (1\,\text{a})$$

und umgekehrt
$$x = \bar{x} + x_0 \quad y = \bar{y} + y_0 \quad z = \bar{z} + z_0 \qquad (1\,\text{b})$$

(1 b) nennt man die zu (1 a) inversen Transformationsgleichungen.

9.2. $x_0 > 0$

9.3. $x_0 < 0$

Zum Nachweis der Allgemeingültigkeit:

I. Jede Verschiebung läßt sich zusammensetzen aus einer Verschiebung nur in x-Richtung, nur in y-Richtung, nur in z-Richtung. Bei Verschiebung z. B. in x-Richtung ändern sich *nur* die x-Koordinaten. Was hierfür gezeigt wird, gilt auch für die anderen Richtungen.

II. Verschiebung nur in x-Richtung. A. $x_0 > 0$ ($\bar{O}$ rechts von O); B. $x_0 < 0$ ($\bar{O}$ links von O).
A. Verschiebt man O nach rechts (Fig. 9.2), so nimmt x um x_0 ab, also $\bar{x} = x - x_0$.
B. Verschiebt man O nach links (Fig. 9.3), so nimmt x um $|x_0|$ zu, $\bar{x} = x + (-x_0) = x - x_0$.

S 2 **Koordinatendifferenzen ändern sich bei einer Schiebung nicht, sie sind „invariant“[1].**
Beweis: Mit Verwendung von (1 a) ist $\bar{x}_2 - \bar{x}_1 = (x_2 - x_0) - (x_1 - x_0) = x_2 - x_1$.
Bemerkung 1: S 2 ist auch direkt einzusehen, doch erspart (1 a) neue Überlegungen.
Bemerkung 2: Man schreibt manchmal kurz[2] Δx statt $x_2 - x_1$, Δy statt $y_2 - y_1$.

Aufgaben zur Schiebung des Achsenkreuzes

20. a) Schreibe (1 a) und (1 b) an für $\bar{O}(3\,|\,2)$. Zeichne die beiden Achsenkreuze.
b) Im Achsenkreuz mit $O(0\,|\,0)$ sei $A(4\,|\,5)$, $B(-1\,|\,3)$, $C(0\,|\,-4)$, $P_1(x_1\,|\,y_1)$ gegeben. Gib die Koordinaten von O, A, B, C, P_1 im Achsenkreuz mit $\bar{O}$ an. Zeichne.

21. Zeichne die beiden Achsenkreuze zu den Transformationsgleichungen $\bar{x} = x + 1$; $\bar{y} = y - 3$. Welche x,y-Koordinaten haben die Ecken des Rechtecks, dessen Seiten die Gleichungen $\bar{x} = +2$, $\bar{x} = -2$, $\bar{y} = +1$, $\bar{y} = -1$ haben?

---

1. invariabilis (lat.), unveränderlich
2. Δ ist das D des griechischen Alphabets; denke an „Differenz“.

3 Länge, Steigung, Mitte einer Strecke

Die Länge einer Strecke

❶ Welche Entfernung hat der Punkt $P(4 \mid 3)$ vom Koordinatenursprung?

❷ Berechne Katheten und Hypotenuse des rechtwinkligen Dreiecks mit den Ecken $P_1(1 \mid 2)$ $P_2(7 \mid 4{,}5)$ $P_3(7 \mid 2)$.

❸ Welche Länge hat die Strecke P_1P_2 für die Punktepaare a) $P_1(1 \mid 1)$, $P_2(5 \mid 3)$ b) $P_1(-1 \mid 2)$, $P_2(3 \mid -1)$?

❹ Wie berechnet man die Raumdiagonale eines Quaders mit den Kanten a, b, c?

S 1 **Die Maßzahl der Entfernung $\overline{OP}$, die ein Punkt $P(x \mid y)$ bzw. $P(x \mid y \mid z)$ vom Ursprung O hat,** ist in der Ebene $d = \sqrt{x^2 + y^2}$ **(2a)**, im Raum $d = \sqrt{x^2 + y^2 + z^2}$ **(2a′)**.

Beweis: Für Punkte im 1. Feld bedeuten x und y positive Zahlen, man liest (2a) nach dem Satz des Pythagoras unmittelbar ab (Fig. 10.1). Im Raum (Fig. 10.2) erhält man $d^2 = \bar{d}^2 + z^2$ aus Dreieck ORP, $\bar{d}^2 = x^2 + y^2$ nach (2a). Warum gelten (2a) und (2a′) auch für Punkte, deren Koordinaten negativ oder gleich Null sind?

Bemerkung 1: Oft werden wir kurz sagen: „Die Strecke OP hat die Länge d“, oder wir werden schreiben $\overline{OP} = \sqrt{x^2 + y^2}$. Dabei stehen die Zeichen $\overline{OP}$ und d und sogar das Wort „Länge“ für *Maßzahlen* und nicht wie meist in der Elementargeometrie für *Streckengrößen* wie 4 cm.

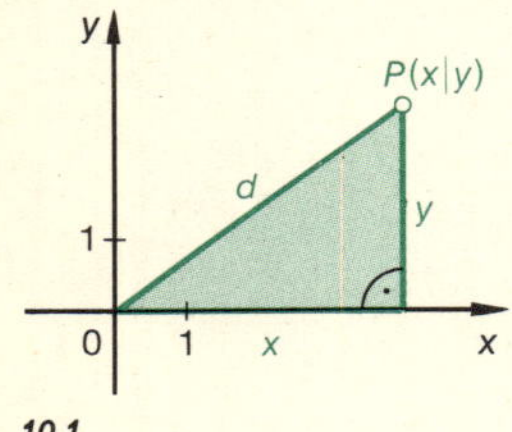

10.1.

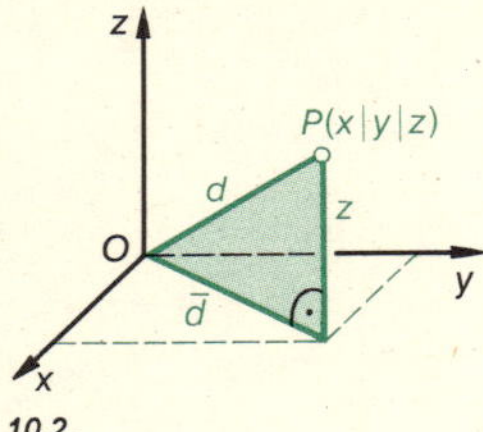

10.2.

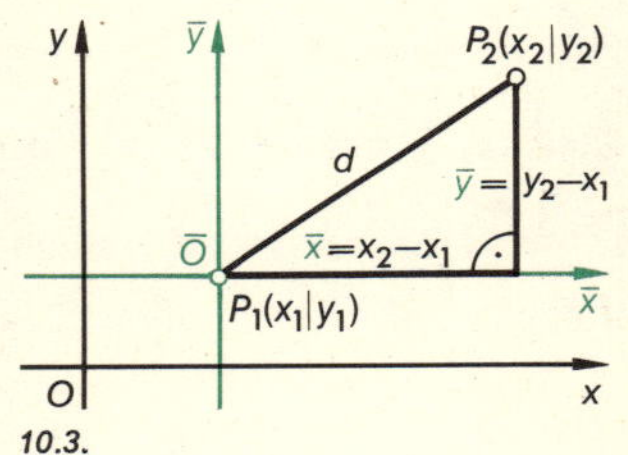

10.3.

S 2 **Die Länge der Strecke P_1P_2 hat die Maßzahl**

$$d = \sqrt{(x_2 - x_1)^2 + (y_2 - y_1)^2} \quad \text{in der Ebene} \qquad (2)$$

$$d = \sqrt{(x_2 - x_1)^2 + (y_2 - y_1)^2 + (z_2 - z_1)^2} \quad \text{im Raum} \qquad (2')$$

Beweis: Bei der Lage der Punkte in Fig. 10.3 liest man (2) unmittelbar ab. Zum Nachweis der Allgemeingültigkeit legt man etwa ein parallelverschobenes Hilfsachsenkreuz durch P_1. In ihm hat P_2 die Koordinaten $\bar{x} = x_2 - x_1$; $\bar{y} = y_2 - y_1$, wofür die Allgemeingültigkeit in § 2 gezeigt ist. Das Einsetzen der Koordinatendifferenzen in $d = \sqrt{\bar{x}^2 + \bar{y}^2}$ ergibt die Formel (2). Entsprechend ergibt sich im Raum (2′).

Beispiel: Bei $P_1(-1 \mid 2)$ und $P_2(3 \mid -1)$ gilt für $\overline{P_1P_2}$ nach (2):

$$d = \sqrt{[3-(-1)]^2 + [-1-2]^2} = \sqrt{4^2 + (-3)^2} = \sqrt{16+9} = \sqrt{25} = +5$$

Zeichne und bestätige das Ergebnis mit Hilfe eines rechtwinkligen Dreiecks.

Bemerkung 2: Vertauschung von P_1 und P_2 in (2) ändert das Ergebnis nicht.

Bemerkung 3: Ist die Strecke parallel zur x-Achse, so erhält man $\overline{P_1P_2} = d = \sqrt{(x_2 - x_1)^2} = |x_2 - x_1|$, was man auch unmittelbar sieht. Beachte die Betragsstriche! $x_2 - x_1$ kann negativ sein, während wir Streckenmaßzahlen nie negativ nehmen. Entsprechendes gilt für Parallelen zu den anderen Achsen.

Bemerkung 4: Mit Δx statt $x_2 - x_1$ usw. lautet (2): $d = \sqrt{(\Delta x)^2 + (\Delta y)^2}$.

Aufgaben zur Länge einer Strecke

1. Berechne die gegenseitige Entfernung für folgende Punktepaare:
$P_1(4 \mid 3)$, $P_2(3 \mid 1)$; $Q_1(3 \mid 2)$, $Q_2(-1 \mid -1)$; $R_1(4 \mid -3)$, $R_2(-2 \mid -\frac{1}{2})$

2. Zeichne folgende Strecken P_1P_2. Berechne ihre Länge sowie die Entfernungen der einzelnen Punkte von O. Prüfe durch Messung nach.

	a)	b)	c)	d)	e)	f)
P_1	$(5 \mid 5)$	$(4{,}8 \mid -2)$	$(3 \mid -4)$	$(\sqrt{2} \mid 0)$	$(5\frac{1}{4} \mid -5)$	$(6 \mid 2{,}5)$
P_2	$(1 \mid 2)$	$(-7{,}2 \mid 3)$	$(4 \mid -3)$	$(0 \mid \sqrt{2})$	$(-3\frac{3}{4} \mid -5)$	$(6 \mid -8)$

3. Berechne für das Dreieck a) PQR, b) ABC von § 2, Aufg. 4, die Längen der Seiten sowie die Entfernungen der Ecken von O. Um was für ein Dreieck ABC, um was für eine Figur $OABC$ handelt es sich?

4. Berechne die Seiten- und Diagonalenlängen für folgende Vierecke:

a) $A(0 \mid -2{,}5)$	$B(6 \mid 0)$	$C(3 \mid 4)$	$D(-3 \mid 1{,}5)$	Was für Vierecke sind es jeweils?
b) $A(-3{,}6 \mid 0)$	$B(2{,}8 \mid -4{,}8)$	$C(6{,}4 \mid 0)$	$D(0 \mid 4{,}8)$	
c) $A(0 \mid 0)$	$B(5 \mid 0)$	$C(5 \mid -2{,}5)$	$D(3 \mid -4)$	
d) $A(-3 \mid 0)$	$B(1{,}8 \mid -1{,}4)$	$C(3 \mid 1)$	$D(-1 \mid 3)$	

▸ **5.** a) Welche Punkte der x-Achse haben von $A(2{,}5 \mid 6)$ die Entfernung 6,5?
Anleitung: Bezeichne den Punkt mit $P(x \mid 0)$ und verwende Formel (2).
b) Welche Punkte mit $x = 4$ haben von $B(-2 \mid 1{,}5)$ die Entfernung 7,5?

▸ **6.** Welche Punkte haben von O und von $A(4 \mid 8)$ je die Entfernung 5?

▸ **7.** a) Welcher Punkt der x-Achse hat von $O(0 \mid 0)$ und $A(4 \mid 8)$ die gleiche Entfernung?
b) Suche den Punkt der y-Achse mit derselben Eigenschaft.
c) Welche Punkte der x-Achse sind von dem Punkt $A(\frac{31}{3} \mid 8)$ doppelt so weit entfernt wie von dem Punkt $B(\frac{1}{3} \mid 3)$?
d) Welcher Punkt $P(x \mid y)$ hat die gleiche Entfernung von den 3 Punkten $A(0 \mid 0)$, $B(7 \mid 7)$, $C(0 \mid 6)$? Wie groß ist diese Entfernung?
e) Welcher Punkt der x-Achse (y-Achse, z-Achse) hat von den beiden Punkten $A(3 \mid 3 \mid -1)$ und $B(1 \mid -1 \mid 3)$ die gleiche Entfernung?

Die Steigung einer Strecke (nur für die Ebene[1])

5 Welche Steigung hat eine Straße, die auf 300 m (horizontal gemessen) 15 m Höhe gewinnt? Gib sie als Bruchteil, in Prozent, in der Form $1 : x$ (lies 1 zu x) an. Schlage in der Tafel den Neigungswinkel auf.

6 Welche Steigung hat eine Schienenseilbahn mit dem Neigungswinkel 14°?

7 Wieviel Meter kommt man auf 800 m tiefer bei einem Gefälle von 9 %?

8 Gibt es Steigungen größer als 100 %? Wie wäre dies, wenn die Steigung als Quotient von Höhendifferenz und *schräg* gemessener Entfernung definiert wäre, wie es früher im Straßenbau üblich war?

Wie man in der Koordinatengeometrie die Länge „schräger“ Strecken auf Längen von Strecken parallel zu den Achsen zurückführt, so geht man auch bei ihrer *Richtung* vor: man arbeitet weniger mit Winkeln, man bevorzugt die „Steigung“ (Vorübungen).

---

1. Richtungen im Raum werden in Kapitel II behandelt.

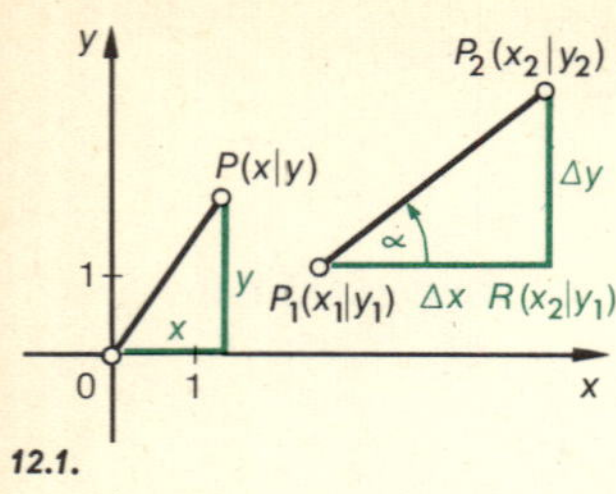

12.1.

D 1 **Als Steigung m einer Strecke P_1P_2** mit $x_2 \neq x_1$ bezeichnet man den Quotienten (Fig. 12.1): $\boldsymbol{m = \frac{\Delta y}{\Delta x} = \frac{y_2 - y_1}{x_2 - x_1}}$ **(3)**

Sonderfall Strecke OP (Fig. 12.1): $m = \frac{y}{x}$ $(x \neq 0)$ (3a)

In Fig. 12.1 sind $\Delta x = x_2 - x_1$ und $\Delta y = y_2 - y_1$ positiv, (3) gibt also eine *positive Steigung*, „die Strecke steigt“.

In Fig. 12.2 ist für die Strecke P_1P_2: $m = \frac{-1-2}{5-1} = -\frac{3}{4}$, die *Steigung* ist *negativ*, „die Strecke fällt“. Vertauscht man P_1 mit P_2, so könnte man auch Vertauschung von „Steigen“ und „Fallen“ erwarten (wieso?). *Man folgt aber Formel* (3), *die bei Vertauschen von P_1 und P_2 dasselbe Ergebnis für m gibt* (warum?). „Steigen“ und „Fallen“ bezieht sich also stets auf das Durchlaufen mit wachsendem x.

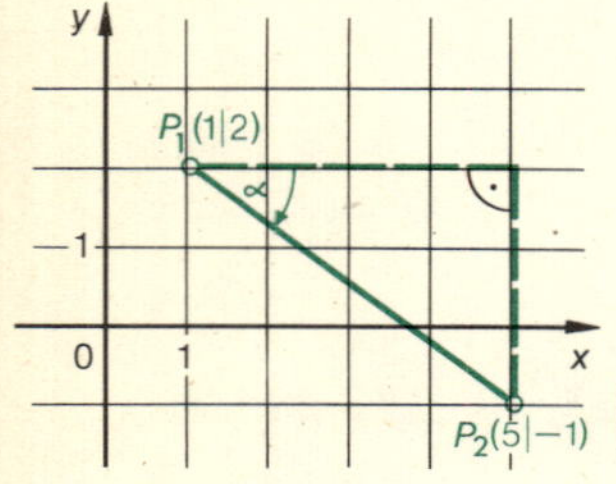

12.2.

S 3 **Parallele Strecken haben gleiche Steigung: $m_1 = m_2$,** oder sie sind parallel zur y-Achse (vgl. unten).

Beweis (Fig. 12.3): Die „Steigungsdreiecke“ sind ähnlich (warum?), die Kathetenverhältnisse also gleich (samt Vorzeichen).

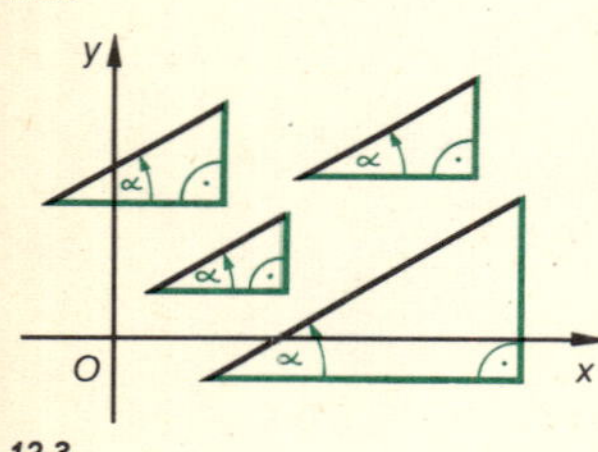

12.3.

S 4 **Sind zwei schräge Strecken orthogonal, dann gilt:**

$$\boldsymbol{m_1 \cdot m_2 = -1} \quad \text{bzw.} \quad \boldsymbol{m_2 = -\frac{1}{m_1}} \qquad \textbf{(4)}$$

(Merke in Worten: m_2 ist negativ reziprok zu m_1.)
Parallelen zu den Achsen s. unten.

Beweis: Wegen Satz 3 genügt es, 2 gleichlange und von O ausgehende Strecken im I. und II. Feld zu betrachten (wieso?). Hat P_1 im I. Feld die Koordinaten $(a;\, b)$, so hat P_2 (Strecke OP_1 um 90° gedreht, Fig. 12.4) die Koordinaten $(-b;\, a)$ (die schraffierten Dreiecke in Fig. 12.4 sind kongruent). Es ist

$$m_1 = \frac{b}{a}, \quad m_2 = \frac{a}{-b}, \quad \text{also} \quad m_1 \cdot m_2 = -1$$

Formuliere und beweise auch die Umkehrung.

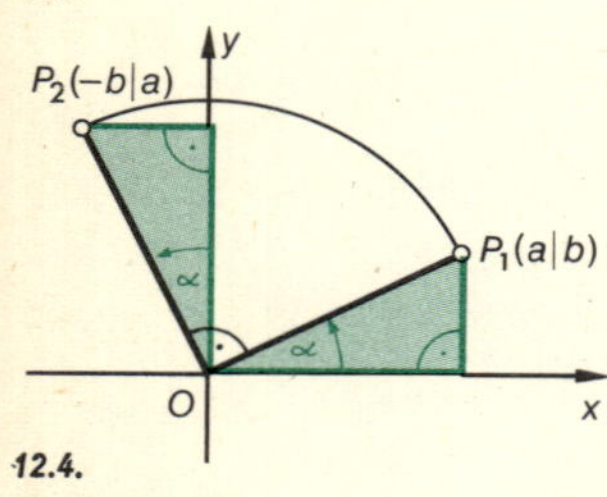

12.4.

Kennzeichnung der Richtung durch Winkel

S 5 Für α in Fig. 12.1 gilt: $\tan\alpha = \frac{\Delta y}{\Delta x} = m$. Bei gegebenem Tangenswert ist α nur bis auf Vielfache von 180° bestimmt.

a) Bei *positiver* Steigung gibt es stets einen spitzen zugehörigen Winkel. Legt man eine Parallele zur x-Achse durch das eine oder andere Ende der Strecke und dreht dann diese Gerade um das Streckenende in mathematisch positivem Sinn (d.h. gegen den Uhrzeiger), bis sie zum erstenmal auf die Strecke fällt, so ist α der nötige Drehwinkel (Fig. 12.5).

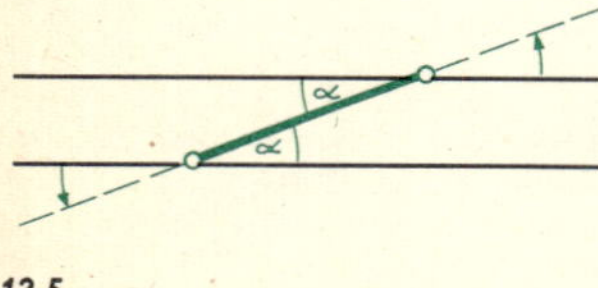

12.5.

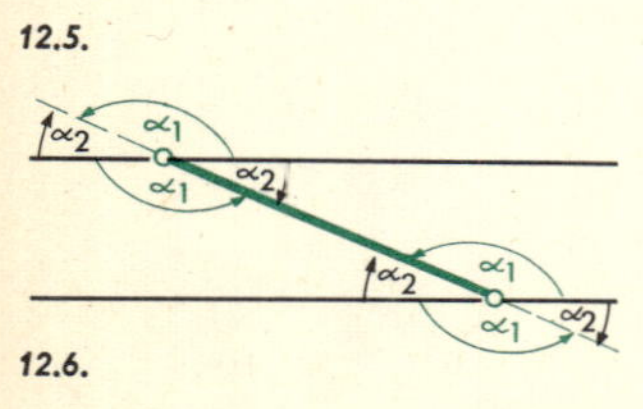

12.6.

b) Bei *negativer* Steigung gibt es sowohl einen Winkel α_1 mit $90° < \alpha_1 < 180°$ als auch α_2 mit $-90° < \alpha_2 < 0°$. Man erhält α_1 wie in a), α_2 für dieselbe Ausgangsgerade bei Drehung im negativen Sinn (mit dem Uhrzeiger, Fig. 12.6).

Besondere Steigungen

Ist eine Strecke parallel zur x-Achse, so ist $\boldsymbol{m = 0}$.
Ist eine Strecke parallel zur 1. Winkelhalbierenden, so ist $\boldsymbol{m = +1}$.
Ist eine Strecke parallel zur 2. Winkelhalbierenden, so ist $\boldsymbol{m = -1}$.
Ist eine Strecke parallel zur y-Achse, so ist **m durch (3) nicht definiert.**

D 2 Da $\tan\alpha$ über alle Grenzen strebt, wenn α steigend oder fallend gegen 90° rückt, so schreibt man in diesem 4. Fall auch *symbolisch* $m = \infty$ (lies: m gleich unendlich) oder $m = -\infty$. Das Symbol ∞ ist aber keine Zahl, mit der man rechnen kann; z. B. versagt Formel (4) für Achsenparallelen. Die Terme $\frac{1}{0}$ und $\frac{1}{\infty}$ sind nicht definiert und haben *nicht* etwa die „Werte“ ∞ bzw. 0.

Aufgaben zur Steigung einer Strecke

8. Berechne für folgende Strecken P_1P_2 die Steigungen m (evtl. auch α):
a) $P_1(-1 \mid 1)$ $P_2(5 \mid 4)$ c) $P_1(3 \mid -3)$ $P_2(-2 \mid -3)$ e) $P_1(0 \mid -7)$ $P_2(-2 \mid 0)$
b) $P_1(-1 \mid 0)$ $P_2\left(-2 \mid -\sqrt{3}\right)$ d) $P_1(5 \mid 4)$ $P_2(-1 \mid 6)$ f) $P_1(5 \mid -2)$ $P_2(5 \mid -5)$

9. Gib bei folgenden Strecken Paare an, die parallel (orthogonal) sind:
$A_1(3 \mid 1)$ $A_2(1 \mid 2)$; $B_1(-3 \mid 6)$ $B_2(-4 \mid 4)$; $C_1(+3 \mid -3)$ $C_2(-2 \mid -3)$;
$D_1(4 \mid -1)$ $D_2(4 \mid 3)$; $E_1(6 \mid 3)$ $E_2(8 \mid 6)$; $F_1(-5 \mid -2)$ $F_2(-1 \mid 6)$;
$G_1(-6 \mid 2)$ $G_2(0 \mid -1)$

10. An welcher Ecke sind folgende Dreiecke rechtwinklig?
a) $A(-1{,}5 \mid 1)$ $B(0 \mid -2)$ $C(2{,}5 \mid 3)$ b) $A(-2 \mid 4)$ $B(1 \mid -2)$ $C(5 \mid 0)$

11. Bestimme für die Strecken mit folgenden Steigungen m_1 die Steigungen m_2 der jeweils orthogonalen Strecken: $m_1 = 2;\ \frac{1}{3};\ -4;\ \frac{2}{5};\ -\frac{3}{2};\ 0{,}8;\ -2{,}5;\ \sqrt{3}$

12. Untersuche, ob folgende Vierecke $ABCD$ Trapeze, Parallelogramme, Rechtecke, Rauten, Quadrate sind:

a) $A_1(-2 \mid -3)$	$B_1(2{,}8 \mid -1{,}4)$	$C_1(1{,}4 \mid 2{,}8)$	$D_1(-3{,}5 \mid 1{,}5)$	Denke auch an
b) $A_2(-2 \mid -4)$	$B_2(4 \mid -2)$	$C_2(2 \mid 3{,}5)$	$D_2(-4{,}5 \mid 1{,}5)$	die Steigungen
c) $A_3(-1{,}4 \mid -3{,}7)$	$B_3(3{,}2 \mid -1{,}4)$	$C_3(1 \mid 3)$	$D_3(-3{,}6 \mid 0{,}7)$	der Diagona-
d) $A_4(-1 \mid -3)$	$B_4(3{,}8 \mid -1{,}6)$	$C_4(0{,}8 \mid 2{,}4)$	$D_4(-4 \mid 1)$	len.

13. Untersuche durch Berechnung von Steigungen, ob folgende Punkttripel auf einer Gerade liegen: a) $P_1(1 \mid 1)$ $P_2(3 \mid 2)$ $P_3(4 \mid 2{,}5)$ b) $Q_1(-8 \mid -4)$ $Q_2(2 \mid 2)$ $Q_3(7 \mid 5)$
c) $R_1(-6 \mid -3)$ $R_2(2 \mid 2)$ $R_3(7 \mid 5)$

14. Auf der Strecke P_1P_2 mit $P_1(1 \mid 1)$ und $P_2(7 \mid 5)$ liegt der Punkt P_3 mit der 1. Koordinate $x_3 = 5{,}5$. Bestimme seine 2. Koordinate y_3.

15. Wo schneidet die Parallele zu AB durch C die x-Achse (die y-Achse)?
a) $A(1 \mid -2)$ $B(4 \mid 4)$; $C(-2 \mid 1)$ b) $A(-2 \mid 3)$ $B(4 \mid -1)$; $C(3 \mid 3)$
Anleitung: Der Punkt sei $P(x \mid 0)$ bzw. $Q(0 \mid y)$. Beachte (3) und Satz 3.

Der Mittelpunkt einer Strecke

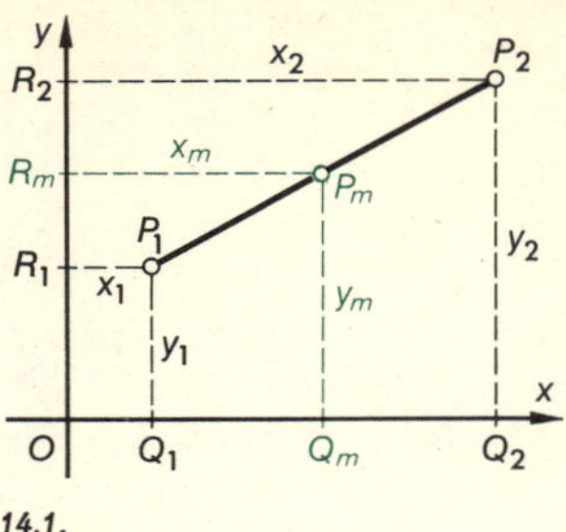

14.1.

S 6 Der Mittelpunkt P_m der Strecke P_1P_2 hat die Koordinaten:

$$x_m = \frac{x_1 + x_2}{2}, \qquad y_m = \frac{y_1 + y_2}{2} \qquad (5)$$

(x_m ist das arithm. Mittel von x_1 und x_2, analog y_m).

Beweis: In Fig. 14.1 ist $x_m - x_1 = x_2 - x_m$ (*), also $2\,x_m = x_1 + x_2$. Entsprechendes gilt für y_m.

Liegen P_1 und P_2 nicht von vornherein im I. Feld, so läßt sich dies durch eine Parallelverschiebung des Achsenkreuzes erreichen. Dabei bleiben nach S 2 von § 2 die Differenzen $x_m - x_1$ und $x_2 - x_m$ unverändert, also gilt (*) stets, wenn P_2 rechts von P_1 liegt. Die Gleichung (*) gilt auch, wenn P_2 links von P_1 liegt bzw. wenn P_1P_2 parallel zur y-Achse ist, also gilt (*) allgemein und damit auch (5).

Aufgaben zum Mittelpunkt einer Strecke

16. D, E, F seien Seitenmitten des Dreiecks $A(-2\,|\,-1)$ $B(4\,|\,0)$ $C(1\,|\,3)$.
(Es liegen sich gegenüber D und A, E und B, F und C.)
a) Berechne Steigung und Länge der Strecken DF und AC. Vergleiche!
b) Dieselbe Aufgabe für die Strecken EF und BC sowie für DE und AB.

17. a) Bestimme für das Viereck $A(-3\,|\,0)$ $B(5\,|\,0)$ $C(4\,|\,4)$ $D(0\,|\,6)$ die Koordinaten der 4 Seitenmitten E, F, G, H und dann diejenigen der Mittelpunkte M_1 bzw. M_2 der Verbindungsstrecken gegenüberliegender Seitenmitten. Was fällt auf? Was folgt daraus über die Art des Vierecks $EFGH$?
b) Dieselbe Aufgabe für das Viereck[1] $A(x_1\,|\,y_1)$ $B(x_2\,|\,y_2)$ $C(x_3\,|\,y_3)$ $D(x_4\,|\,y_4)$.

18. a) Von einer Strecke AB ist der eine Endpunkt A und der Mittelpunkt M gegeben. Berechne die Koordinaten von B für $A(-2\,|\,-1)$ und $M(1\,|\,1)$.
b) Der Mittelpunkt eines Parallelogramms ist $M(2\,|\,1)$, zwei Ecken sind $A(6\,|\,1)$ und $B(4\,|\,3)$. Berechne die Koordinaten der Ecken C und D.

19. a) Die Strecke P_1P_2 ist in drei gleiche Teile zu teilen[1]. Zeige, daß für die Teilpunkte P_3 (bei P_1) und P_4 (bei P_2) gilt:

$$x_3 = \tfrac{1}{3}(2\,x_1 + x_2), \quad y_3 = \tfrac{1}{3}(2\,y_1 + y_2); \qquad x_4 = \tfrac{1}{3}(x_1 + 2\,x_2), \quad y_4 = \tfrac{1}{3}(y_1 + 2\,y_2)$$

Anleitung, wenn P_1P_2 so liegt wie in Fig. 14.1: $(x_2 - x_3) = 2\,(x_3 - x_1)$, usw.
b) Im Dreieck ABC mit den Gegenseitenmitten D, E, F liegt der Schwerpunkt S auf der Strecke AD und teilt sie im Verhältnis 2 : 1 (Geom. 1). Berechne die Koordinaten von S für das Dreieck von Aufg. 16; zur Probe auch als Teilpunkt auf BE und CF.
c) Dasselbe für $A(x_1\,|\,y_1)$ $B(x_2\,|\,y_2)$ $C(x_3\,|\,y_3)$. Zeige: $x_s = \frac{1}{3}(x_1 + x_2 + x_3)$, $y_s = \frac{1}{3}(y_1 + y_2 + y_3)$. Löse b) nachträglich auch nach dieser Formel.

---

1. Bei Behandlung des vektoriellen Kapitels ist diese Aufgabe *hier* entbehrlich

4 Die Gleichung der Gerade

Die Hauptform der Geradengleichung

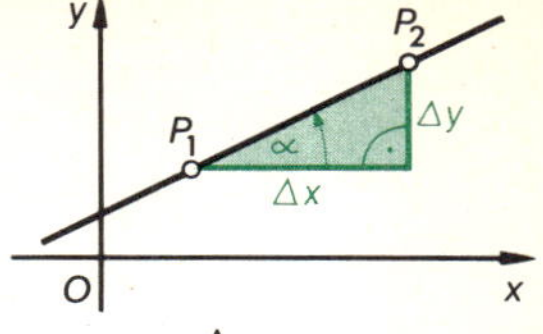

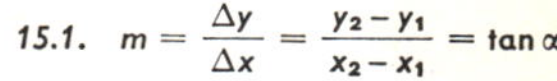

15.1. $m = \frac{\Delta y}{\Delta x} = \frac{y_2 - y_1}{x_2 - x_1} = \tan\alpha$

1 Zeichne mit Hilfe einer Wertetafel die Graphen für a) $y = x$, b) $y = \frac{1}{2}x + 1$, c) $y = \frac{1}{2}x^2$, d) $y = \frac{4}{x}$, e) $y = +\sqrt{x}$. Was für Linien ergeben sich?

2 Zeichne ebenso die Graphen für a) $y = 2x$; $y = 3x$; $y = -\frac{1}{2}x$ b) $y = \frac{1}{2}x$; $y = \frac{1}{2}x + 2$; $y = \frac{1}{2}x - 3$ c) $y \geqq \frac{1}{2}x$; $y < 2 - x$.

3 Zeichne Geraden durch den Ursprung mit den Steigungen $m_1 = 1{,}5$; $m_2 = \frac{3}{4}$; $m_3 = -\frac{3}{2}$. Wie heißen die zugehörigen Geradengleichungen? Verschiebe diese Geraden um 3 „nach oben" (um 1,5 „nach unten").

4 Was gilt für die Koordinaten aller Punkte, die auf der Parallele zur x-Achse (y-Achse) durch den Punkt $A(3 \mid 2)$ liegen?

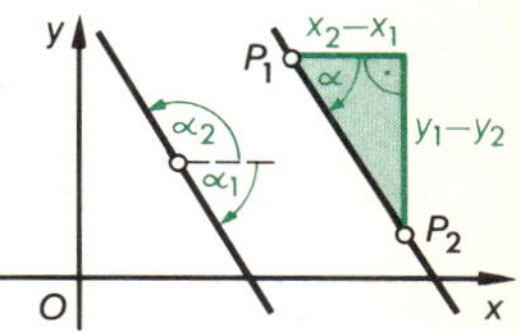

15.2. $m < 0$, $\tan\alpha_1 = \tan\alpha_2 < 0$

D 1 Die Steigung m einer Gerade, die nicht parallel zur y-Achse ist, wird wie bei Strecken definiert: $m = \frac{\Delta y}{\Delta x} = \tan\alpha$ (vgl. Fig. 15.1 und 15.2) für eine beliebige Strecke auf der Gerade.

S 1 Die Gerade durch den **Nullpunkt** mit der **Steigung m** hat die Gleichung (Fig. 15.3):

$$y = mx \qquad \text{(6a)}$$

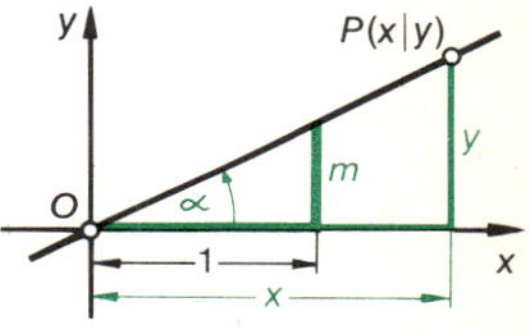

15.3.

S 2 Die Gerade mit der **Steigung m** und dem **Abschnitt b auf der y-Achse** hat die Gleichung (Fig. 15.4):

$$y = mx + b \qquad \textbf{Hauptform der Geradengleichung} \qquad (6)$$

Beweis: Für die Punkte $O(0 \mid 0)$ bzw. $B(0 \mid b)$ sind die Gleichungen (6a) bzw. (6) erfüllt. Für einen beliebigen Punkt $P(x \mid y)$ der Gerade mit $x \neq 0$ hat bei S 1 die Strecke OP die Steigung $\frac{y}{x} = m = \text{const}$, bei S 2 die Strecke BP die Steigung $\frac{y - b}{x} = m = \text{const}$.

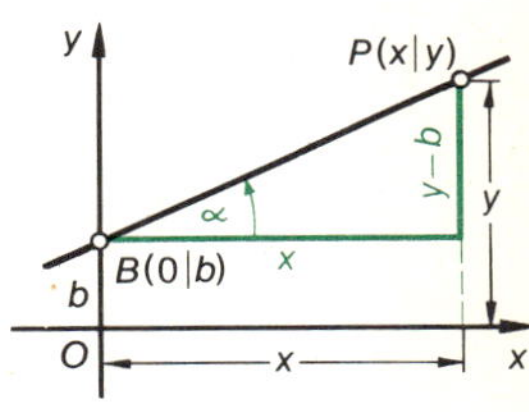

15.4.

Beachte: b ist nicht Streckenmaßzahl, d.h. nicht grundsätzlich > 0, sondern 2. Koordinate von B („Verschiebungszahl"; bei $b < 0$ Verschiebung nach „unten").

Beispiel (Fig. 15.5): Die Gerade mit -1 statt b und $\frac{2}{3}$ statt m hat die Gleichung $y = \frac{2}{3}x - 1$.

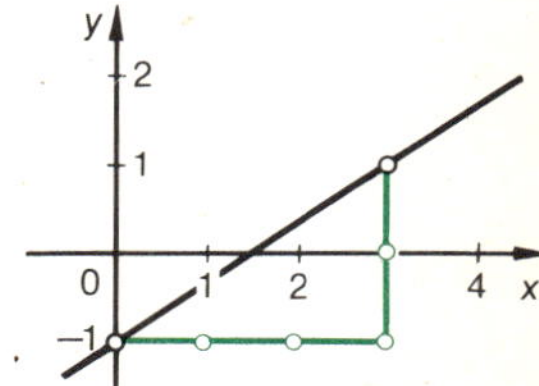

15.5.

Bemerkung 1: Für die Steigungen „schräger" Geraden, die parallel bzw. orthogonal sind, gilt wie bei Strecken $m_1 = m_2$ bzw. $m_1 \cdot m_2 = -1$.
Wie ist dies bei Achsenparallelen?

Sonderfälle der Geradengleichung (Fig. 15.6)

S 3 Eine **Parallele zur x-Achse** hat eine Gleichung der Form $y = b$ **(6b)**

S 4 Eine **Parallele zur y-Achse** hat eine Gleichung der Form $x = a$ **(6c)**

$y = 0$ ist die Gleichung der x-Achse
$x = 0$ ist die Gleichung der y-Achse

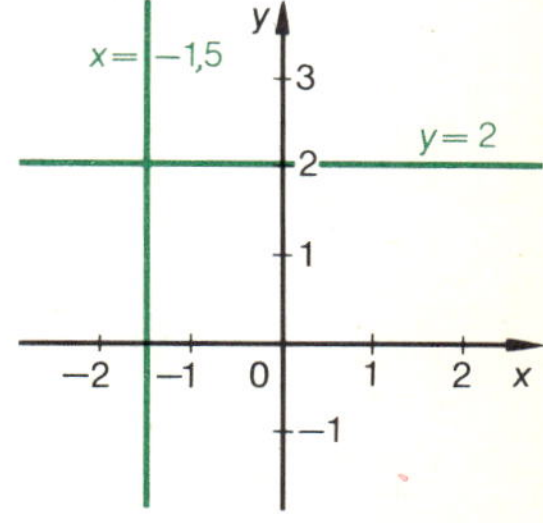

15.6. Beispiele zu S 3 und S 4

Bemerkung 2: (6a) und (6b) sind in (6) enthalten für $b = 0$, bzw. $m = 0$; (6c) ist *nicht* in (6) enthalten und stellt eine unentbehrliche *Ergänzung* zur Hauptform dar.

Bemerkung 3: Die Gleichung jeder Gerade läßt sich also entweder in der Form (6) oder in der Form (6c) schreiben. Umgekehrt stellt jede Gleichung der Form (6) bzw. (6c) eine Gerade dar. Zeichne Geraden ab jetzt i. a. ohne Wertetafel mit Hilfe von b und m oder durch *einen* Punkt und m oder durch 2 Punkte, die nicht nahe beieinander liegen.

Was ist eigentlich eine Kurvengleichung (speziell eine Geradengleichung)?

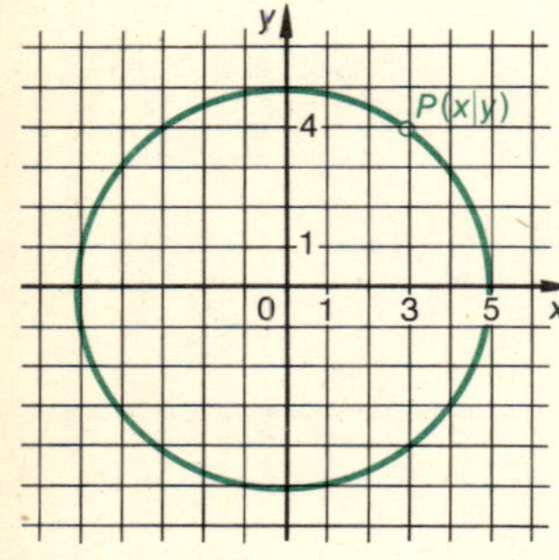

16.1.

In der Geometrie ist es sehr wichtig, Punktmengen durch *Eigenschaften* festzulegen. Beispiel: Die Eigenschaft, 5 Einheiten von O entfernt zu sein, haben alle Punkte der Kreislinie um O mit Radius 5. Für die Koordinaten dieser Punkte bedeutet das, daß sie die Gleichung $x^2 + y^2 = 25$ erfüllen.

Genauer: Denken wir uns diese *Kreislinie gegeben*, so *besteht* zwischen den Koordinaten x und y ihrer Punkte die *Beziehung* $x^2 + y^2 = 25$, d.h. für Punkte der Kreislinie ist diese Aussage richtig, für andere Punkte der Ebene nicht. Ist umgekehrt die Gleichung $x^2 + y^2 = 25$ als *Relationsvorschrift* gegeben und nach der Lösungspaarmenge $\{(x; y) \mid x^2 + y^2 = 25\}$ gefragt, so sind die Koordinatenpaare aller Punkte mit der Distanz 5 von O Lösungspaare und nur diese, also ist der Kreis um O mit Radius 5 der Graph der Lösungsmenge.

Bald gehen wir von einer Bedingungsgleichung in 2 Variablen aus und suchen das Bild ihrer Lösungsmenge mit geometrischen Begriffen zu beschreiben und zu zeichnen (Vorüb. 1 und 2; Vorüb. 2c für Ungleichungen), bald gehen wir von geometrischen (bestehenden oder geforderten) Eigenschaften aus und suchen „äquivalente“ Gleichungen (Vorüb. 3 und 4) bzw. Ungleichungen (Umkehrung von Vorüb. 2c). In den wichtigsten, immer wieder auftretenden Fällen hat man rasch zu geometrischen Vorstellungen die zugehörigen algebraischen Formeln gegenwärtig und umgekehrt. Formelsammlungen helfen dabei.

Bemerkung 4: Statt der Lösungsmenge $\{(x; y) \mid x^2 + y^2 = 25\}$ werden wir meist nur „$x^2 + y^2 = 25$“ schreiben. Diese Relationsvorschrift heißt „Gleichung des Kreises um O mit Radius 5“. Bei der Angabe „$x = 3$“ hat man in der Ebene „y beliebig“ hinzuzudenken; die vollständige Bezeichnung wäre $\{(x; y) \mid x = 3 \text{ und } y \in \mathbb{R}\}$.

Bemerkung 5: Die Untersuchung, ob ein bestimmter Punkt auf einer gegebenen Kurve liegt, nennen wir **Inzidenzprobe**[1]: *ein Punkt liegt auf einer Kurve oder eine Kurve geht durch einen Punkt, wenn die Koordinaten des Punktes die Gleichung der Kurve erfüllen.*

Beispiel: Die Gerade g habe die Gleichung $y = \frac{3}{2}x - 2$. Liegen die Punkte $A(5 \mid 6)$, $B(6 \mid 7)$ auf der Gerade? $A(5 \mid 6)$: Linker Term $T_1 = 6$; rechter Term $T_2 = \frac{3}{2} \cdot 5 - 2 = 5\frac{1}{2}$; $T_1 \neq T_2$.
$B(6 \mid 7)$: Linker Term $T_1 = 7$; rechter Term $T_2 = \frac{3}{2} \cdot 6 - 2 = 7$; $T_1 = T_2$.

Ergebnis: B liegt auf g, A liegt nicht auf g (g geht durch B, aber nicht durch A).

1. Inzidenz von incidere (lat.), hineinfallen (des Punktes in die Kurve). Nicht so treffend, aber einprägsam und verbreitet: Punktprobe.

Bemerkung 6: Oft werden wir *fordern*, daß ein Punkt auf einer gegebenen Gerade liegt, oder daß eine Gerade durch einen gegebenen Punkt geht.

Beispiel: Eine Gerade mit der Steigung 2 soll durch $A(2 \mid 1)$ gehen. Ansatz für die Geradengleichung: $y = 2x + b$. Das Einsetzen von (2; 1) führt auf die Gleichung $1 = 2 \cdot 2 + b$ mit der Lösungszahl -3 für b; die gesuchte Gerade hat also die Gleichung $y = 2x - 3$.
Allgemein: Das Einsetzen der Koordinaten des Punktes in die Gleichung der Gerade liefert eine Bedingungsgleichung für die Formvariablen des Ansatzes (im Beispiel b). Wir sprechen dann vom Aufstellen (und Erfüllen) einer **Inzidenzbedingung.**

Aufgaben zur Hauptform der Geradengleichung

1. Welche Gleichungen haben die Winkelhalbierenden der Koordinatenachsen?

2. Wie heißt die Gleichung der Gerade durch O, die mit der x-Achse den Winkel
a) 30°, b) 120°, c) 135°, d) 62°, e) 0°, f) 90° bildet?

3. Bestimme die Parallelen zu den Geraden von Aufg. 2 durch a) $B(0 \mid 1)$, b) $C(0 \mid -3)$.

4. Zeichne eine Gerade nach folgenden Angaben und schreibe ihre Gleichung an:
a) $m = 3$, $b = -6$ b) $m = \frac{1}{2}$, $b = \frac{3}{2}$ c) $m = -1{,}25$, $b = 2{,}5$

5. Wie heißt die Gleichung der Parallele zur x-Achse (y-Achse) durch
a) $A(3 \mid 2)$, b) $B(-4{,}5 \mid -0{,}5)$, c) $C(0 \mid 3)$, d) $D(-4 \mid 0)$?

6. Welche Punktmenge der Ebene wird erfaßt durch a) $x = 0$, b) $y = 0$,
c) $x \cdot y = 0$ (dies bedeutet $x = 0$ *oder* $y = 0$), d) $x = 0$ *und* $y = 0$?

7. a) Liegt $P(3 \mid 4)$ auf der Gerade durch $A(0 \mid 2)$ mit $m = \frac{2}{3}$? b) Dasselbe für $Q(8 \mid 7)$.
c) Welcher Punkt mit $x = 4{,}5$, d) mit $y = 0$ liegt auf der Gerade von Aufgabe a)?

8. Gib die Lage folgender Geraden an und zeichne sie ohne Wertetafel:
a) $y = 2x - 3$ b) $y = 2 - \frac{1}{2}x$ c) $y = 2x + 1$
d) $y = \frac{1}{\sqrt{3}}x + 1$ e) $y = -\frac{1}{\sqrt{3}}x - 1$ f) $y = \sqrt{3} \cdot x$
Sind parallele oder orthogonale Geraden darunter?

9. Zeige durch Auflösen nach y, daß die Graphen der folgenden Gleichungen Geraden sind. Gib ihre Lage an. Sind Parallelen darunter?
a) $3x - 5y + 2 = 0$ b) $5x + 2y - 6 = 0$ c) $10y - 6x = 3$

10. Wähle m so, daß die Gerade m. d. Gl. a) $y = mx$, b) $y = mx + 2$ durch $A(2 \mid 3)$ geht.

11. Wähle b so, daß die Gerade a) $y = \frac{1}{2}x + b$, b) $y = mx + b$ durch $B(4 \mid 3)$ geht.

12. Bestimme m und b in der Gleichungsform $y = mx + b$ so, daß die Gerade
a) durch $P_1(-1{,}5 \mid 0)$ und $P_2(3 \mid 3)$, b) durch $P_2(3 \mid 3)$ und $P_3(5 \mid -1)$ geht.

Bemerkung 7: Das Verfahren von Aufg. 10 bis 12 ist sehr wichtig (Ansatz mit Formvariablen, Inzidenzbedingungen). Für die Aufstellung von Geradengleichungen benützt man aber meist die folgenden Gleichungsformen (s. S. 18), statt jedesmal m oder b oder beide aus Suchgleichungen zu ermitteln.

13. Stelle graphisch die Mengen von Punkten dar, deren Koordinaten folgende Bedingungen erfüllen. a) $y < \frac{1}{2}x + 1$ b) $y \geqq 4 - x$ c) $y < \frac{1}{2}x + 1$ *und* $y \geqq 4 - x$
d) $x > 0$ *und* $y > 0$ *und* $y \leqq \frac{1}{2}x + 1$ *und* $y \leqq 4 - x$. Schraffiere Gebiete farbig, fahre zugehörige Ränder mit derselben Farbe nach (vgl. das Beispiel S. 18).

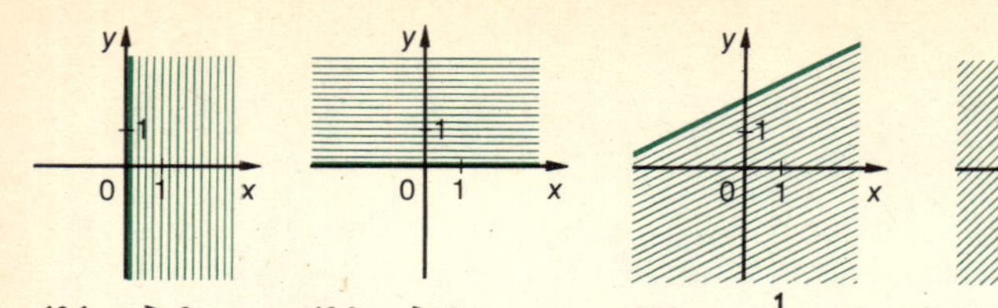

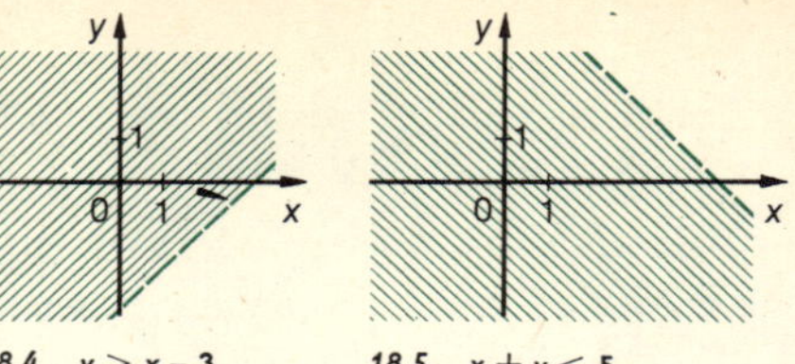

18.1. $x \geqq 0$ 18.2. $y \geqq 0$ 18.3. $y \leqq \frac{1}{2}x + 2$ 18.4. $y > x - 3$ 18.5. $x + y < 5$

Beispiel: $x \geqq 0$ *und* $y \geqq 0$ *und* $y \leqq \frac{1}{2}x + 2$ *und* $y > x - 3$ *und* $x + y < 5$.

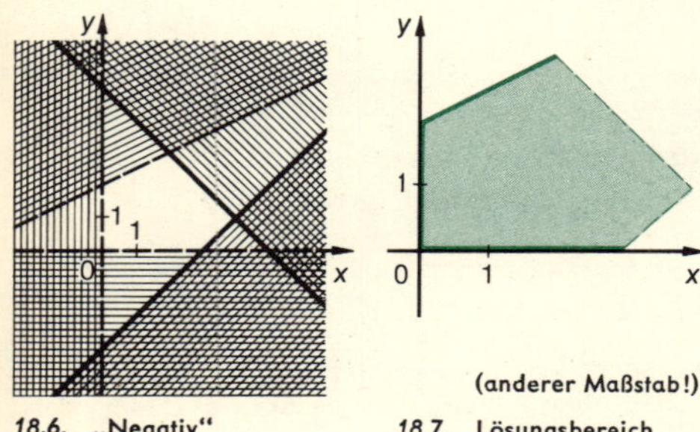

(anderer Maßstab!)

18.6. „Negativ" 18.7. Lösungsbereich

Erfüllungsmengen der 5 Einzelbedingungen: Grüne Gebiete in Fig. 18.1 bis 18.5. Erfüllungsmenge der Gesamtbedingung ist der Durchschnitt; beim Übereinanderzeichnen das fünffach schraffierte Gebiet. Da sich dies schlecht vom vier- bzw. dreifach schraffierten unterscheiden ließe, sind in Fig. 18.6 die „photographischen Negative" übereinandergezeichnet, der Durchschnitt bleibt ganz weiß. Fig. 18.7 ist wieder ein „Positiv" des Ergebnisses.

Gleichungsformen für Geraden

5 Auf welche Arten kann eine Gerade geometrisch festgelegt werden?

6 $P(x \mid y)$ sei ein beliebiger Punkt der Gerade durch $P_1(3 \mid 2)$ mit $m = 0{,}5$. Drücke aus, daß die Steigung der Strecke P_1P gleich 0,5 ist. Zeichne!

7 $P(x \mid y)$ sei ein beliebiger Punkt der Gerade durch $P_1(1 \mid 2)$ und $P_2(4 \mid 4)$. Drücke aus, daß die Steigung der Strecke P_1P gleich derjenigen der Strecke P_1P_2 ist.

8 Welche Steigung hat die Gerade durch $A(3 \mid 0)$ und $B(0 \mid 4)$? Bringe ihre Gleichung auf die Form $\frac{x}{3} + \frac{y}{4} = 1$.

S 5 **Die Gerade durch $P_1(x_1 \mid y_1)$ mit der Steigung m hat die Gleichung** (Fig. 19.1):

$$y - y_1 = m(x - x_1) \qquad (7)$$

Punkt-Steigungs-Form

Leichter merkbar ist die Form: $\frac{y - y_1}{x - x_1} = m$ (7a)

Sonderfall für $P_1 = A(a \mid 0)$: $y = m(x - a)$ (7b)

(Gleichung der Gerade mit Steigung m und x-Achsenabschnitt a)

Ergänzung: Parallele zur y-Achse durch $P_1(x_1 \mid y_1)$: $x = x_1$ (7c)

S 6 **Die Gerade durch $P_1(x_1 \mid y_1)$ und $P_2(x_2 \mid y_2)$ hat die Gleichung** (Fig. 19.2):

$$(x_2 - x_1)(y - y_1) = (y_2 - y_1)(x - x_1) \qquad (8)$$

Zwei-Punkte-Form

Leichter merkbar ist die Form: $\frac{y - y_1}{x - x_1} = \frac{y_2 - y_1}{x_2 - x_1}$ (8a)

Ergänzung: Sonderfall $x_2 = x_1$, $y_2 \neq y_1$: $x = x_1$ (vgl. 7c)

S 7 **Die Gerade mit den Achsenabschnitten a und b hat die Gleichung** (Fig. 19.3)

$$\frac{x}{a} + \frac{y}{b} = 1 \quad (a \neq 0,\ b \neq 0) \qquad (9)$$

Achsenabschnittsform

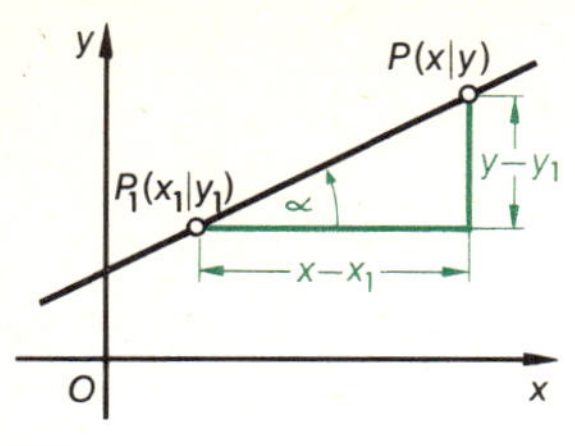

19.1.

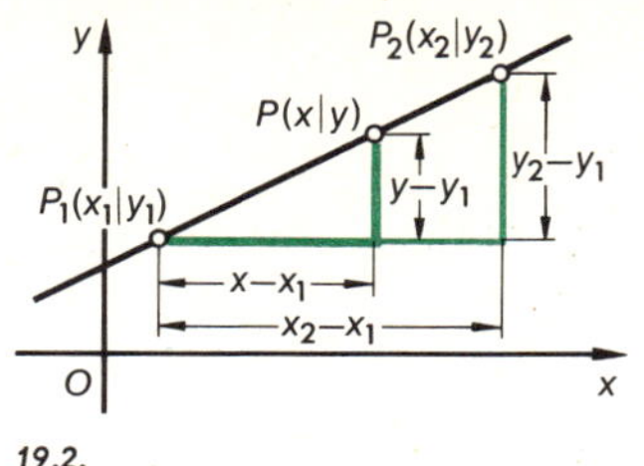

19.2.

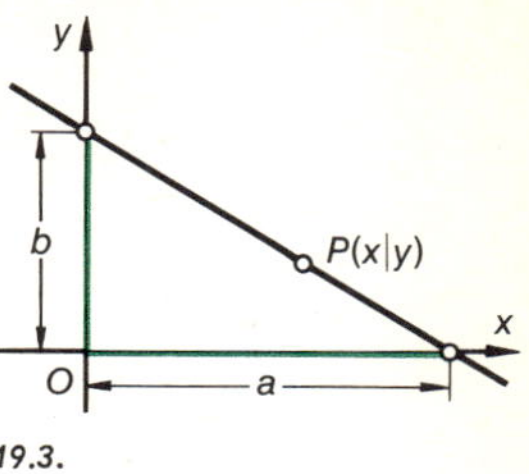

19.3.

Beweise: S 5 (Fig. 19.1): Drücke die Steigung der Strecke P_1P nach Formel (3a) aus.
S 6 (Fig. 19.2): Beachte, daß die Steigungen der Strecken P_1P und P_1P_2 gleich sind.
S 7 (Fig. 19.3): Schreibe nach (8) die Gleichung der Gerade durch $P_1\,(a \mid 0)$ und $P_2\,(0 \mid b)$ an. Forme um!

Bemerkungen: S 5: (7a) ist leichter merkbar, weil auf beiden Seiten die Steigung steht. (7a) ist aber im Gegensatz zu (7) nicht definiert, wenn man x_1, y_1 statt x, y einsetzt (warum?). S 6: (8a) ist nicht definiert für $x_2 = x_1$ oder für $x = x_1$ (wieso?). (8) ist überall definiert. Man schreibt aber gern zunächst (8a) an (warum?) und gewinnt hieraus (8). Für $x_2 = x_1$, $y_2 \neq y_1$ nimmt man am einfachsten (7c), doch ergibt sich $x = x_1$ auch aus (8) (wieso?). Bei Verwendung von (7a) und (8a) schreiben wir meist $x \neq x_1$, $x_2 \neq x_1$ nicht an.

Aufgaben zu den Gleichungsformen (7), (8), (9)

14. Wie lautet die Gleichung der Gerade durch die Punkte P_1 und P_2?

a) $P_1\,(1 \mid 2)$ $P_2\,(5 \mid 4)$ b) $P_1\,(5 \mid 4)$ $P_2\,(1 \mid 2)$ c) $P_1\,(-2 \mid 3)$ $P_2\,(3 \mid -2)$
d) $P_1\,(3\frac{1}{2} \mid 3\frac{1}{4})$ $P_2\,(-4 \mid -\frac{1}{2})$ e) $P_1\,(-2{,}8 \mid 0)$ $P_2\,(0 \mid 3{,}5)$ f) $P_1\,(x_1 \mid y_1)$ $P_2\,(0 \mid 0)$
g) $P_1\,(2 \mid 3)$ $P_2\,(2 \mid -5)$ h) $P_1\,(2 \mid 3)$ $P_2\,(-3 \mid 3)$ i) $P_1\,(a \mid b)$ $P_2\,(3\,a \mid 3\,b)$

Stelle jeweils (soweit möglich!) die Hauptform her. Zeichne!

15. Wie lauten die Gleichungen der Seiten des Dreiecks ABC?

a) $A\,(3 \mid 4)$ $B\,(5 \mid 6)$ $C\,(1 \mid 8)$ b) $A\,(-2 \mid -3)$ $B\,(6 \mid 1)$ $C\,(0 \mid 3)$

Woraus sieht man, daß das Dreieck b) rechtwinklig ist?

16. Untersuche, ob die folgenden drei Punkte auf *einer* Gerade liegen:

a) $P_1\,(1 \mid 1)$ $P_2\,(3 \mid 2)$ $P_3\,(4 \mid 2{,}5)$ b) $P_1\,(-8 \mid -4)$ $P_2\,(2 \mid 2)$ $P_3\,(7 \mid 5)$

Anleitung: Inzidenzprobe für P_3 in der Gleichung für die Gerade P_1P_2. Beachte, daß dies auf einen Steigungsvergleich hinausläuft wie in § 3, Aufg. 13.

17. Gesucht ist der Punkt auf der Gerade durch $P_1\,(-2 \mid 2{,}5)$ und $P_2\,(1 \mid 1)$, der

a) die x-Koordinate 2 (-3; $+5$) hat, b) auf der y-Achse liegt,
c) die y-Koordinate 2 ($-0{,}5$; -2) hat, d) auf der x-Achse liegt.

18. a) Lege durch $P\,(2 \mid -1)$ die Parallele zu der Gerade m. d. Gl. $y = \frac{1}{2}x$.
b) Zeichne durch $Q\,(-2 \mid -2)$ die Senkrechte zur Gerade m. d. Gl. $y = -\frac{1}{2}x$.
Gib jeweils die Gleichung der betreffenden Gerade an.

19. Welche Gleichung hat die Gerade durch $P_1(2 \mid 1)$, die außerdem

a) zur $+x$-Achse unter 45° geneigt ist, b) zur Gerade m. d. Gl. $y = 2x - 1$ parallel ist,
c) zu der Gerade m. d. Gl. $y = 2x - 1$ orthogonal ist,
d) auf der negativen x-Achse 2 Einheiten abschneidet,
e) zur x-Achse parallel ist, f) zur y-Achse parallel ist,
g) durch den Nullpunkt geht, h) durch $P_2(3 \mid -1)$ geht?

20. Gegeben: $A(3 \mid 3)$, $B(-3 \mid 1)$, $C(0 \mid -2)$. Welche Gleichung hat die Parallele zur Gerade a) BC durch A, b) CA durch B, c) AB durch C?

21. a) Welche Gleichung hat nach (9) die Gerade mit den Achsenabschnitten $a = 4$; $b = 2{,}5$?
b) Lege durch $P(2 \mid 6)$ eine Gerade so, daß für ihre Achsenabschnitte $a + b = 15$ $(a - b = 7)$ gilt.

22. Lege durch P_1 eine Gerade, die mit den Koordinatenachsen ein Dreieck vom Umfang u (vom Kathetenverhältnis $a : b$; vom Inhalt A) bildet:

a) $P_1(4{,}5 \mid 0)$, $u = 18$ b) $P_1(1 \mid 3)$, $a : b = 2 : 3$ c) $P_1(4{,}5 \mid -2)$, $A = 6$

23. Ermittle die Achsenabschnitte der Gerade mit der folgenden Gleichung:

a) $4x + 5y - 20 = 0$ b) $5x - 4y + 10 = 0$ c) $13x + 10y + 65 = 0$
Anleitung: Setze 0 für x bzw. für y. Oder: Stelle die Form (9) her.

Die allgemeine Gleichung 1. Grades

9 **Bringe folgende Geradengleichungen auf die Hauptform $y = mx + b$. Sind Parallelen unter den Geraden?**

a) $3x + 4y - 12 = 0$ b) $12x - 9y - 5 = 0$
c) $6x + 8y + 15 = 0$ d) $3x - 4y = 2{,}4$
e) $4x - 3y = 0$ f) $x = 0{,}75y + 3$

D 2 Die Gleichung $\boldsymbol{Ax + By + C = 0}$ ($A, B, C \in \mathbb{R}$; A und B nicht zugleich Null) heißt **allgemeine Gleichung 1. Grades.**

(„Allgemein", weil als Koeffizienten Formvariable und nicht Zahlen stehen; „1. Grades", weil nur Glieder 1. Grades in x und y vorkommen[1])

S 8 **Der Graph der allgemeinen Gleichung 1. Grades $\boldsymbol{Ax + By + C = 0}$** (10)
ist stets eine Gerade (falls man für A, B, C Zahlen setzt, so daß A und B nicht beide Null sind). Umgekehrt kann die Gleichung jeder Gerade auf diese Form gebracht werden.

Beweis: Ist $B \neq 0$, so kann man nach y auflösen: $y = -\frac{A}{B}x - \frac{C}{B}$. Dies ist die Gleichung einer Gerade mit $m = -A : B$ und $b = -C : B$. Ist $B = 0$, so ist $A \neq 0$ nach Voraussetzung in D 2. Man kann dann nach x auflösen: $x = -\frac{C}{A}$. Dies ist die Gleichung einer Parallele zur y-Achse. Die Umkehrung folgt aus der Hauptform der Geradengleichung, bzw. aus der Form $x = a$.

Bemerkung: Man bezeichnet $Ax + By + C = 0$ auch als *allgemeine lineare Gleichung oder* auch als *allgemeine Form der Geradengleichung.*

1. Bei 2 Variablen gilt auch xy als Glied 2. Grades, nicht nur x^2 und y^2.

S 9 Die Gleichungen $\boldsymbol{A_1 x + B_1 y + C_1 = 0}$ und $\boldsymbol{A_2 x + B_2 y + C_2 = 0}$ stellen genau dann
a) **ein und dieselbe Gerade dar,** wenn es eine Zahl $k \neq 0$ gibt, so daß
$\boldsymbol{A_2 = k \cdot A_1,\quad B_2 = k \cdot B_1,\quad C_2 = k \cdot C_1}$ gilt (vgl. auch Aufg. 26).
b) **Parallelen** (oder dieselbe Gerade) **dar,** wenn $\boldsymbol{A_1 B_2 - A_2 B_1 = 0}$ gilt.

Beweis für a): Bei einer Gleichung ändert Multiplikation beider Seiten mit einer von Null verschiedenen Zahl die Lösungsmenge nicht.

Beweis für b): I. Ist $g_1 \parallel g_2$ (oder fallen g_1 und g_2 zusammen), so ist entweder $\frac{A_1}{B_1} = \frac{A_2}{B_2}$ oder $B_1 = B_2 = 0$. In beiden Fällen ist $A_1 B_2 - A_2 B_1 = 0$ erfüllt.

II. Ist $A_1 B_2 - A_2 B_1 = 0$ erfüllt, so gilt
α) für $B_1 \neq 0$ und $B_2 \neq 0$ auch $\frac{A_1}{B_1} = \frac{A_2}{B_2}$, d.h. $g_1 \parallel g_2$; β) für $B_1 = 0$ und $B_2 = 0$ nach D 2 $A_1 \neq 0$ und $A_2 \neq 0$; g_1 und g_2 sind dann beide parallel zur y-Achse.

Anders als bei α) oder β) kann aber $A_1 B_2 - A_2 B_1 = 0$ nicht erfüllt werden, denn für $B_1 \neq 0$, $B_2 = 0$ ist $A_2 \neq 0$ nach D 2, also $A_1 B_2 = 0$ und $A_2 B_1 \neq 0$, somit $A_1 B_2 - A_2 B_1 \neq 0$. Für $B_1 = 0$, $B_2 \neq 0$ ist ebenso $A_1 B_2 \neq 0$ und $A_2 B_1 = 0$, also $A_1 B_2 - A_2 B_1 \neq 0$.

Aufgaben zur allgemeinen Gleichung 1. Grades

24. Was läßt sich über die Lage der Gerade sagen, wenn in ihrer Gleichung $Ax + By + C = 0$
a) $C = 0$, b) $A = 0$, c) $B = 0$ *und* $C = 0$ ist?

25. a) Was haben alle Geraden m. d. Gl. $3x - y + C = 0$ gemeinsam?
b) Halte in (10) A und B fest, ändere C. Wie bewegt sich die zugehörige Gerade?

26. Zeige: Wenn in beiden Gleichungen von S 9a) alle Koeffizienten $\neq 0$ sind, kann man die Bedingungen auch in folgenden Formen schreiben:
$A_1 : B_1 : C_1 = A_2 : B_2 : C_2$ bzw. $A_1 : A_2 = B_1 : B_2 = C_1 : C_2$.

27. Untersuche, wann die Gleichungen $A_1 x + B_1 y + C_1 = 0$ und $A_2 x + B_2 y + C_2 = 0$ zu parallelen bzw. zu orthogonalen Geraden gehören.
Gib die Bedingungen dafür an in Gestalt von
a) Verhältnisgleichungen (Muster: Aufg. 26),
b) Produktgleichungen (vgl. Satz 9b),
c) Gleichungen wie bei Satz 9a.
Beachte, daß die verschiedenen Bedingungen nur dann äquivalent sind, wenn keiner der Koeffizienten Null ist.

28. Welche Gleichung hat
a) die Parallele zur Gerade m. d. Gl. $3x - 2y + 8 = 0$ durch $A(3 \mid 2)$,
b) die Orthogonale zur Gerade m. d. Gl. $4x + 3y = 0$ durch $P(2 \mid 1)$?

29. Woran erkennt man sofort, daß folgende Geradenpaare aus Parallelen bestehen:
a) $7x - 14y + 3 = 0$ und $3x - 6y - 5 = 0$,
b) $7x + 9y = 0$ und $14x + 18y - 6 = 0$?

5 Der Schnittpunkt zweier Geraden

1 Löse nebenstehende Gleichungspaare in 2 Variablen

a) $\begin{cases} y = 2x - 3 \\ y = -x + 3 \end{cases}$

b) $\begin{cases} x + 2y = 4 \\ 3x - 2y = 4 \end{cases}$

Welche geometrische Bedeutung hat
α) jede der Gleichungen für sich
β) das beiden Gleichungen gemeinsame Lösungspaar $(x; y)$?

Sind zwei Kurven K_1 und K_2 in der Ebene[1] durch ihre Gleichungen gegeben, so erfüllen die Koordinaten der Punkte der 1. Kurve die 1. Gleichung, diejenigen der Punkte der 2. Kurve die 2. Gleichung, die Koordinaten etwaiger gemeinsamer Punkte (Schnitt- bzw. Berührpunkte, gemeinsame Teile) *beide* Gleichungen.

Merke: Um die *gemeinsamen Punkte* (Schnittpunkte) zweier *Kurven* zu finden, sucht man die *Koordinatenpaare* $(x; y)$, die *beide Kurvengleichungen* erfüllen. Fassen wir die Kurven als Punktmengen K_1 und K_2 auf, so ist die Menge der gemeinsamen Punkte der Durchschnitt $S = K_1 \cap K_2$. Die Geraden rechnen wir in diesem Fall auch zu den Kurven (= Linien). Sind beide „Kurven" Geraden, so gibt es folgende Möglichkeiten:

1. Fall: Die Geraden haben verschiedene Steigung. Es gibt *einen* Schnittpunkt. Seine Koordinaten ergeben sich aus den 2 Gleichungen durch das Gleichsetzungs-, das Einsetzungs- oder das Additionsverfahren (vgl. Alg. 1, § 38) oder mittels Determinanten (Aufg. 9; vgl. Alg. 1, § 39).

2. Fall: Die Geraden haben dieselbe Steigung.
a) Es sind verschiedene Geraden (Parallelen). Es gibt keinen gemeinsamen Punkt bzw. kein gemeinsames Lösungspaar der beiden Gleichungen (Aufg. 10a; vgl. Alg. 1, § 38).
b) Die Geraden fallen zusammen, d.h. trotz zweier verschiedener Gleichungen handelt es sich um dieselbe Gerade. Die unendlich vielen Lösungspaare der einen Gleichung erfüllen auch die andere (Aufg. 10b; vgl. Alg. 1, § 38).

Bemerkung: In manchen Büchern wird $(x_s; y_s)$ statt $(x; y)$ geschrieben, sobald man gemeinsame Paare (S = Schnittpunkt) *sucht*. *Wir* deuten durch eine geschweifte Klammer links von den beiden Gleichungen an, daß wir nur Paare $(x; y)$ meinen, die *beide* Gleichungen erfüllen. Für einen *gefundenen* Schnittpunkt wie z.B. $S(3 \mid 2)$ schreiben wir gelegentlich auch $x_s = 3$, $y_s = 2$. Es sind dann x_s bzw. y_s nicht Zeichen für Variable, sondern für die berechneten Schnittpunktskoordinaten.

Aufgaben

1. Bestimme die Schnittpunktskoordinaten für folgende Geradenpaare:
a) $y = \frac{3}{4}x - 2, \quad y = -\frac{1}{2}x + 3$ b) $y = 4 - 3x, \quad 3x - 2y - 8 = 0$
c) $2x - 4y = 5, \quad 3x + 5y = 2$

2. Bestimme die Ecken des Dreiecks, dessen Seiten auf folgenden Geraden liegen:
a) $y = 0{,}5x + 2, \quad y = -0{,}2x - 1{,}5, \quad y = 4x - 12$
b) $3x - 2y + 4 = 0, \quad 2x - 6y - 9 = 0, \quad 2x + 2y - 9 = 0$

3. Suche den Diagonalenschnittpunkt S des Vierecks $ABCD$ für
$A(-2{,}5 \mid -3)$ $B(3 \mid -2{,}5)$ $C(2 \mid 1{,}5)$ $D(0 \mid 2)$.

1. Geraden und Kurven im Raum behandeln wir erst im Kap. II.

4. Gegeben sei das Dreieck $A(1{,}5 \mid 1)$ $B(-1{,}5 \mid 2)$ $C(-1 \mid -1)$.
a) Lege durch jede Ecke die Parallele zur gegenüberliegenden Seite. Bestimme die Ecken des Dreiecks $A'B'C'$, das diese Parallelen bilden.
b) Zeige, daß A, B, C die Mitten der Seiten des Dreiecks $A'B'C'$ sind.

5. Untersuche, ob die folgenden 3 Geraden durch *einen* Punkt gehen:
a) $y = -\frac{1}{4}x$, $y = \frac{1}{2}x - 2$, $y = -\frac{3}{2}x + \frac{7}{2}$
b) $x + 3y = 0$, $2x + y + 6 = 0$, $x - 2y + 6 = 0$

6. Zeige, daß in folgenden Dreiecken sich in *einem* Punkte schneiden
a) die drei Seitenhalbierenden in S für $A(-4 \mid 0)$ $B(7 \mid -3)$ $C(0 \mid 6)$,
b) die drei Höhen in H für $A(-5 \mid 0)$ $B(3 \mid -4)$ $C(0 \mid 5)$,
c) die Mittelsenkrechten der Seiten in M für $A(-3 \mid -3)$ $B(6 \mid 0)$ $C(-2 \mid 4)$.
Bestätige durch Distanzberechnungen, daß $\overline{AM} = \overline{BM} = \overline{CM}$ ist.

7. a) Berechne den Schnittpunkt für $y = m_1 x + b_1$ und $y = m_2 x + b_2$.
b) Zeige, daß für 3 Geraden $y = m_1 x + b_1$, $y = m_2 x + b_2$, $y = m_3 x + b_3$, die durch *einen* Punkt gehen, folgende Bedingung erfüllt ist (notwendige Bedingung):

$$m_1(b_2 - b_3) + m_2(b_3 - b_1) + m_3(b_1 - b_2) = 0 \quad \text{bzw.}$$

$$b_1(m_2 - m_3) + b_2(m_3 - m_1) + b_3(m_1 - m_2) = 0$$

Umgekehrt: Wenn diese Bedingung erfüllt ist, gehen die 3 Geraden durch *einen* Punkt oder aber (einzige Ausnahme!) sie sind alle drei parallel ($m_1 = m_2 = m_3$).

8. Beweise durch Rechnung für ein beliebiges Dreieck, daß sich
a) die Höhen, b) die Mittelsenkrechten der Seiten, c) die Seitenhalbierenden in *einem* Punkt schneiden. Nimm als Ecken $A(a \mid 0)$ $B(b \mid 0)$ $C(0 \mid c)$.

9. Zeige: Der Schnittpunkt der Geraden g_1 und g_2 mit den Gleichungen $A_1 x + B_1 y + C_1 = 0$ und $A_2 x + B_2 y + C_2 = 0$ hat die Koordinaten:

	Voraussetzung:	Dasselbe mit Determinanten:
$x = -\dfrac{C_1 B_2 - C_2 B_1}{A_1 B_2 - A_2 B_1}$ $y = -\dfrac{A_1 C_2 - A_2 C_1}{A_1 B_2 - A_2 B_1}$	$A_1B_2 - A_2B_1 \neq 0$ d. h. g_1 und g_2 nicht parallel	$x = -\dfrac{\begin{vmatrix} C_1 & B_1 \\ C_2 & B_2 \end{vmatrix}}{\begin{vmatrix} A_1 & B_1 \\ A_2 & B_2 \end{vmatrix}}$, $y = -\dfrac{\begin{vmatrix} A_1 & C_1 \\ A_2 & C_2 \end{vmatrix}}{\begin{vmatrix} A_1 & B_1 \\ A_2 & B_2 \end{vmatrix}}$

Bemerkung: Bei der Form $Ax + By = C$ steht vor den Bruchstrichen kein Minuszeichen.

10. Zeige, daß bei folgenden Gleichungspaaren $A_1B_2 - A_2B_1 = 0$ ist:
a) $4x - 6y + 9 = 0$, $2x - 3y + 6 = 0$
b) $1{,}5x + 2{,}5y - 6 = 0$, $0{,}6x + y - 2{,}4 = 0$
Untersuche, ob parallele oder zusammenfallende Geraden vorliegen.
▸ c) Zeige: Ist $A_1B_2 - A_2B_1 = 0$ und $B_1 \neq 0$, $B_2 \neq 0$, so kennzeichnet
α) $C_1B_2 - C_2B_1 \neq 0$ parallele Geraden,
β) $C_1B_2 - C_2B_1 = 0$ zusammenfallende Geraden.
Schreibe entsprechende Bedingungen an für den Fall $B_1 = B_2 = 0$.

Bemerkung über Geradenbüschel

Beim Additionsverfahren zur Lösung eines Systems von 2 linearen Gleichungen multipliziert man die Gleichungen mit geeigneten Zahlen so, daß bei der Addition eine Variable eliminiert wird.
Beispiel: $3x + 4y - 16 = 0\ (g_1)$, $\quad x - 2y - 2 = 0\ (g_2)$.

Wenn die Elimination bei anderen Multiplikatoren nicht geschieht, so entsteht wieder eine in x und y lineare Gleichung. Im obigen Beispiel mit den Multiplikatoren $+1$ bzw. -1 ergibt sich $2x + 6y - 14 = 0$ bzw. $x + 3y - 7 = 0$. Die neue Gerade g_3 mit der Gleichung $x + 3y - 7 = 0$ geht durch den Schnittpunkt der Ausgangsgeraden g_1 und g_2; es ist nämlich die Gleichung $p(3x + 4y - 16) + q(x - 2y - 2) = 0$ für *jedes* Multiplikatorenpaar $(p; q)$ erfüllt, wenn für ein x, y-Paar *sowohl* $(3x + 4y - 16)$ *als auch* $(x - 2y - 2)$ Null ist. Dies ist der Fall für die Koordinaten x_s, y_s des Schnittpunktes von g_1 und g_2. Nach den x- und y-Gliedern geordnet, hat die Gleichung jeder dieser neuen Geraden die Form $x(3p + q) + y(4p - 2q) + (-16p - 2q) = 0$, wobei $p = q = 0$ auszuschließen ist; die Paare $(1; 0)$ und $(0; 1)$ für $(p; q)$ ergeben die Ausgangsgeraden. Man nennt diese Schar von Geraden durch *einen* Punkt ein *Geradenbüschel*. Der Quotient $\frac{p}{q}$ legt für $q \neq 0$ die Gerade innerhalb des Büschels fest (ist sozusagen eine Kennzahl für sie). Man kann für eine Büschelgerade z. B. die Steigung vorschreiben oder einen weiteren Punkt (außer dem Schnittpunkt von g_1 und g_2), vgl. Aufg. 11.

Auch wenn man y bzw. x eliminiert, entsteht je eine Geradengleichung; im obigen Beispiel $x = 4$ bzw. $y = 1$ (rechne nach; vgl. Aufg. 11). Man kann das altbekannte Additionsverfahren danach so auffassen: Bestimme im Büschel der Geraden durch den gesuchten Schnittpunkt die beiden zu den Achsen parallelen Geraden. Ihre Gleichungen lassen die Koordinaten des Schnittpunkts unmittelbar erkennen.

Aufgabe

11. Zeichne die Geraden g_1, g_2, g_3 des Beispiels. Beantworte folgende Fragen durch passende Bestimmung von $\frac{p}{q}$ (ohne Benützung des Schnittpunkts): Welche Büschelgerade
a) hat die Steigung 1,5, b) geht durch $A(3 \mid 3)$?
Zeichne auch diese Geraden ein, ebenso die Graphen von $x = 4$ und $y = 1$.

Abstand eines Punktes von einer Gerade

❷ Berechne den Abstand des Punktes $Q(3 \mid 2{,}5)$ von der Gerade g mit der Gleichung $6x + 8y = 13$.

Anleitung: Senkrechte h zu g durch Q, Schnitt von g und h in F („Fußpunkt"). Entfernung $\overline{QF}$ mit der Distanzformel.

Es wäre mühsam, die häufige Aufgabe der Abstandsbestimmung jedesmal in den Einzelschritten der Vorübung durchzuführen. Wir lösen sie *einmal* „allgemein", zuerst für die Hauptform der Geradengleichung.

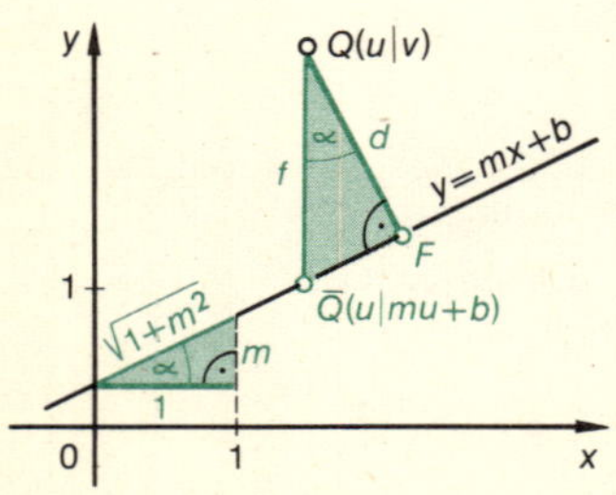

24.1.

Gegeben: $y = mx + b$ und $Q(u \mid v)$ (Fig. 24.1).

Gesucht: Abstand d des Punktes von der Gerade.

Lösung: Für die Strecke f parallel zur y-Achse gilt:

$$f = |v - (mu + b)|$$

In den schraffierten ähnlichen Dreiecken gilt:

$$\frac{d}{f} = \frac{1}{\sqrt{1 + m^2}}. \quad \text{Damit ist } d = \frac{|v - mu - b|}{\sqrt{1 + m^2}}.$$

Für die Geradengleichung $Ax + By + C = 0$ ist $m = -\frac{A}{B}$, $b = -\frac{C}{B}$ (falls $B \neq 0$ ist)

und damit $d = \dfrac{\left| v + \frac{A}{B}u + \frac{C}{B} \right|}{\sqrt{1 + \frac{A^2}{B^2}}}$ Mit $|B|$ erweitert: $\boldsymbol{d = \dfrac{|Au + Bv + C|}{\sqrt{A^2 + B^2}}}$ **(11)**

Da A und B in $Ax + By + C = 0$ nicht beide zugleich Null sind, ist $A^2 + B^2 \neq 0$. Die Gültigkeit von (11) auch für $B = 0$ ist leicht direkt zu sehen (Aufg. 12).

Aufgaben zum Abstand Punkt-Gerade

12. Zeige, daß die Formel (11) auch für $B = 0$ definiert ist und den richtigen Abstand liefert.

13. Berechne den Abstand des Punktes $P(-3 \mid 2)$ von folgenden Geraden:

a) $6x - 8y + 25 = 0$ b) $3x + 3y - 7 = 0$ c) $12x + 5y + 26 = 0$

d) $y = 4 - 0{,}75x$ e) $\frac{x}{1{,}4} - \frac{y}{4{,}8} = 1$ f) $y = \frac{1}{2}(x - 1)$

g) $2x + 5y = 0$ h) $5y - 4 = 0$ i) $x = 0$

14. a) Wie lang sind die Höhen des Dreiecks $A(-6 \mid 2)$ $B(6 \mid -7)$ $C(6 \mid 5{,}5)$?

b) Welche Längen haben die Höhen des Dreiecks, dessen Seiten die Gleichungen $3x - 4y = 0$, $x + 2y = 0$, $14x - 2y - 75 = 0$ haben?

15. Bestimme den Abstand folgender Parallelenpaare:

a) $3x - 4y + 10 = 0$, $3x - 4y + 20 = 0$

b) $3x - 4y - 10 = 0$, $3x - 4y + 20 = 0$

Benütze O oder einen Punkt der einen Gerade als $Q(u \mid v)$.

c) Beweise: Der Abstand zweier Parallelen mit den Gleichungen $Ax + By + C_1 = 0$ und $Ax + By + C_2 = 0$ ist $d = \dfrac{|C_2 - C_1|}{\sqrt{A^2 + B^2}}$.

d) Wie heißt die entsprechende Formel für $y = mx + b_1$ und $y = mx + b_2$?

Anhang: Lineare Optimierung bei 2 Variablen

Beispiel: Eine Firma stellt 2 Typen T_1 und T_2 eines Gerätes her. Der Reingewinn beträgt 4 DM/Stück bei T_1 und 6 DM/Stück bei T_2. Von einem für beide Typen benötigten Maschinenteil können auf einem Automaten höchstens 90 Stück/Tag gefertigt werden. Die Handmontage durch Spezialarbeiter dauert bei T_2 doppelt so lange wie bei T_1; bei Beschränkung auf T_1 lassen sich bis zu 120 Stück/Tag montieren. Sonst sind keine Engpässe bei der Herstellung und keine Absatzschwierigkeiten vorhanden. Bei welcher der möglichen Fertigungszahlen ist der Reingewinn am größten?

Lösung: Bei x Stück/Tag von T_1 und y Stück/Tag von T_2 beträgt der Gesamtgewinn $(4x + 6y)$ DM/Tag. Dies ist ein linearer Term in 2 Variablen; er soll einen Bestwert (ein „Optimum") annehmen. Man spricht daher von *linearer Optimierung*, zumal auch die beiden einschränkenden Bedingungen sich als lineare Ungleichungen schreiben lassen:

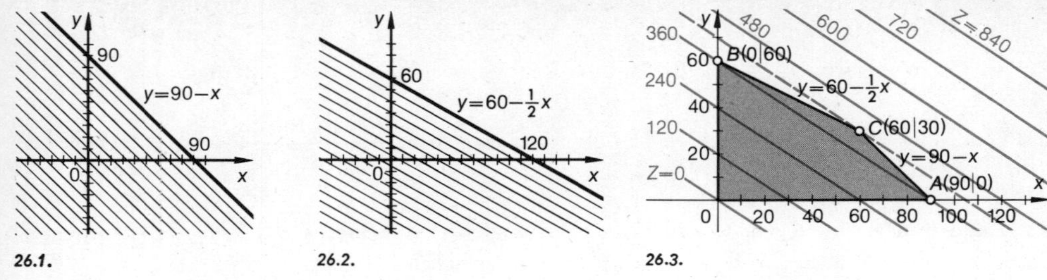

26.1. 26.2. 26.3.

$x + y \leqq 90$ (I) und $x + 2y \leqq 120$ (II) (begründe die zweite Ungleichung).
Dazu kommen $x \geqq 0$ (III) und $y \geqq 0$ (IV) (seither nicht erwähnt; Bedeutung?).
$z = 4x + 6y$ (V) heißt *Zielfunktion.*

Die Graphen der Lösungsmengen von (I) bzw. (II) sind Halbebenen (Fig. 26.1 und 2) ebenso die von (III) und (IV). Der Graph des Durchschnitts ist die graue Fläche in Fig. 26.3 (vgl. das Beisp. S. 18 u. Aufg. 16/18 in § 2). Jeder Gitterpunkt der Vierecksfläche bedeutet also ein *mögliches* Fertigungszahlenpaar. Welches ist das *günstigste*? Zu jedem Punkt liefert $z = 4x + 6y$ den zugehörigen Gesamtgewinn z. Alle Punkte, zu denen ein *bestimmter* Gewinn c gehört, liegen auf der Gerade m. d. Gl. $4x + 6y = c$. Für verschiedene Werte $c_1, c_2, \ldots$ von z erhält man parallele Geraden (in Fig. 26.3 grün) mit $m = -\frac{2}{3}$. Ihr y-Achsenabschnitt ist $\frac{c}{6}$; er nimmt mit wachsendem c bzw. z zu. Der größtmögliche Wert von z gehört also zu der Parallele, die durch C geht. Für den Geradenschnittpunkt C erhält man die Koordinaten (60; 30). (Rechne nach!)

Ergebnis: Der größte Gewinn entsteht, wenn man 60 Stück von T_1 und 30 Stück von T_2 fertigt. Er beträgt $(4 \cdot 60 + 6 \cdot 30)$ DM/Tag = 420 DM/Tag.

Bemerkung 1: Beachte, daß bei geringfügiger Abänderung nur der Zielfunktion sich zwar i. a. der Maximalgewinn ändert, nicht aber die günstigsten Fertigungszahlen (warum?). Zeige, daß aber etwa bei 3 DM/Stück für T_1, 7 DM/Stück für T_2 die günstigste (grüne) Gerade durch $B(0 \mid 60)$ geht, daß es dann also am rationellsten ist, wenn man nur den Typ T_2 fertigt (soweit die Marktlage es zuläßt).

Bemerkung 2: Bei der Zielfunktion $z = 5x + 5y$ ergeben sich für A, B, C die z-Werte 450, 300, 450. Das Optimum 450 wird für 2 Ecken A und C angenommen, aber damit auch für alle Punkte der Strecke AC (hier: soweit sie ganzzahlige Koordinaten haben). Denn erstens gehören alle diese Punkte zum Möglichkeitsbereich, und zweitens gilt die Geradengleichung $5x + 5y = 450$, wenn sie für 2 verschiedene Punkte A und C gilt, für *alle* Punkte der Verbindungsgerade (wieso?). Es gibt also in diesem Fall viele Stückzahlpaare $(x; y)$, für welche die Fertigung möglich ist und für welche sich derselbe Maximalgewinn 450 DM ergibt. (Es sind die Paare (60; 30), (61; 29), (62; 28), …, (88; 2), (89; 1), (90; 0).)

Aufgaben zur linearen Optimierung

16. Der durch Ungleichungen festgelegte Bereich des Beispiels auf S. 18 oben soll alle Randstrecken enthalten durch zwei Abänderungen („oder gleich"):
$x \geqq 0$ *und* $y \geqq 0$ *und* $y \leqq \frac{1}{2}x + 2$ *und* $y \geqq x - 3$ *und* $x + y \leqq 5$ (vgl. Fig. 18.1 bis 18.5).

Berechne die Koordinaten der Ecken dieses Bereiches.

Gib für folgende Zielfunktionen jeweils sowohl deren Maximum als auch ihr Minimum an, ferner die zugehörigen günstigsten Werte für die Variablen x und y. (In einer praktischen Aufgabe kann ein Maximum oder ein Minimum angestrebt sein und somit als Optimum bezeichnet werden; wir lassen hier die praktische Bedeutung der Zielfunktion offen.)

Zielfunktionen:

a) $z = 2x - y$ b) $z = y - 2x$ c) $z = y - x$ d) $z = 2x - 3y$
e) $z = 2y - x$ f) $z = y$ g) $z = x + 2y$ h) $z = x + y + 1$
i) $z = 2x + y - 3$ k) $z = x + 2$

Fertige eine Tabelle an mit doppeltem Eingang für die 5 Ecken des Bereiches und für die Zielfunktionen a) bis k). Beachte: In mehreren Fällen wird das Optimum auf ganzen Randstrecken angenommen.

6 Die Gleichung des Kreises

❶ Wo liegen alle Punkte $P(x \mid y)$, die vom Ursprung O die Entfernung 3 haben? Drücke diese Bedingung in x und y aus.

❷ Ein Kreis hat den Mittelpunkt $M(3 \mid 2)$ und den Radius 5. Drücke in x und y aus, daß für alle Kreispunkte $P(x \mid y)$ die Strecke PM die Längenmaßzahl 5 hat.

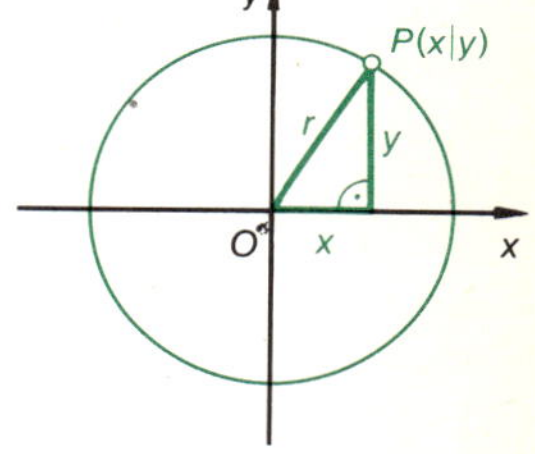

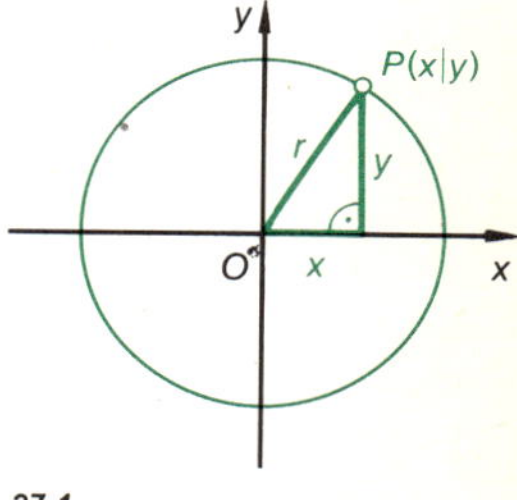

27.1.

S 1 Der Kreis um den Nullpunkt mit Radius r hat die Gleichung

$$x^2 + y^2 = r^2 \quad (12) \qquad \text{bzw.} \qquad y = \pm\sqrt{r^2 - x^2} \quad (12a)$$

S 2 *Der Kreis mit Mittelpunkt $M(x_0 \mid y_0)$ und Radius r hat die Gleichung*

$$(x - x_0)^2 + (y - y_0)^2 = r^2 \quad \textbf{Hauptform der Kreisgleichung} \quad (13)$$

Beweis (Fig. 27.1 und 27.2): Drücke nach (2) aus, daß r Maßzahl der Strecke OP bzw. MP sein soll.

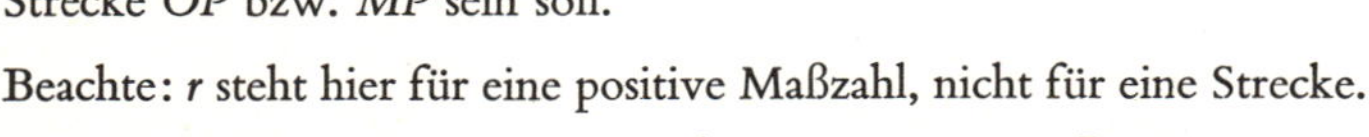

Beachte: r steht hier für eine positive Maßzahl, nicht für eine Strecke.

27.2.

Beispiel 1: Der Kreis um $M(2 \mid -\frac{3}{2})$ mit Radius $r = \frac{7}{2}$ hat die Gleichung $(x - 2)^2 + (y + \frac{3}{2})^2 = (\frac{7}{2})^2$. Quadriert man aus und ordnet, so erhält man $x^2 + y^2 - 4x + 3y - 6 = 0$.

Beispiel 2: Umgekehrt sei gegeben: $4x^2 + 4y^2 + 24x - 20y + 45 = 0$

Division[1] durch 4: $x^2 + 6x + y^2 - 5y = -\frac{45}{4}$

Quadratische Ergänzung[2]: $+ 3^2 \qquad + (\frac{5}{2})^2 = \quad + \frac{36}{4} + \frac{25}{4}$

$$(x + 3)^2 + (y - \tfrac{5}{2})^2 = 4$$

Es handelt sich also um die Gleichung eines Kreises um $M(-3 \mid 2{,}5)$ mit $r = 2$.

---

1. Beachte: $4x^2 + 4y^2 + 24x - 20y + 45 = 0$ und $x^2 + 6x + y^2 - 5y = -\frac{45}{4}$ haben denselben Graphen.
2. Vgl. Algebra 1, § 21, Algebra 2, § 52.

Quadriert man (13) aus und ordnet, so erhält man $x^2 + y^2 - 2x_0 x - 2y_0 y + (x_0^2 + y_0^2 - r^2) = 0$. Multipliziert man noch mit $A \neq 0$, so entsteht eine Gleichung der Form $Ax^2 + Ay^2 + Bx + Cy + D = 0$ $(A \neq 0)$ (14). Wir untersuchen, ob jede Gleichung dieser Form einen Kreis darstellt. Da $A \neq 0$ vorausgesetzt ist, kann man (14) durch A dividieren und erhält $x^2 + \frac{B}{A}x + y^2 + \frac{C}{A}y = -\frac{D}{A}$. Addition von $\left(\frac{B}{2A}\right)^2 + \left(\frac{C}{2A}\right)^2$ (quadr. Ergänzung) ergibt:

$$\left(x + \frac{B}{2A}\right)^2 + \left(y + \frac{C}{2A}\right)^2 = \frac{B^2 + C^2 - 4AD}{4A^2}$$

Je nach Beschaffenheit des rechten Terms sind drei Fälle möglich.

1. $B^2 + C^2 - 4AD > 0$. Der Vergleich mit (13) zeigt: Die Gleichung stellt einen Kreis dar mit $M\left(-\frac{B}{2A} \,\middle|\, -\frac{C}{2A}\right)$ und dem Radius $r = \frac{1}{2|A|}\sqrt{B^2 + C^2 - 4AD}$.

2. $B^2 + C^2 - 4AD = 0$. Nur das Koordinatenpaar $\left(-\frac{B}{2A};\ -\frac{C}{2A}\right)$ erfüllt die Gleichung. Der Kreis ist „zu einem Punkt ausgeartet" („Nullkreis").

3. $B^2 + C^2 - 4AD < 0$. Es gibt keine Punkte, deren Koordinaten die Gleichung erfüllen. (Früher sprach man von einem „imaginären Kreis", dann stellte (14) in *jedem* Fall einen Kreis dar.)

S 3 Eine Gleichung der Form $\boldsymbol{Ax^2 + Ay^2 + Bx + Cy + D = 0}$ mit $A \neq 0$ **(14)**

stellt einen Kreis dar,
ist nur für einen einzigen Punkt erfüllt,
ist für kein reelles Zahlenpaar erfüllt,
} wenn $B^2 + C^2 - 4AD \gtreqless 0$ ist.

Trotz Fall 3 heißt (14) die **„Allgemeine Form der Kreisgleichung"**.

Aufgaben

1. Wie liest man aus der Gleichung $x^2 + y^2 = r^2$ die Symmetrie des Kreises in bezug auf
a) die x-Achse, b) die y-Achse, c) den Nullpunkt ab?

2. a) Wo liegen alle Punkte $P(x \mid y)$ für deren Koordinaten $x^2 + y^2 = 36$ ist?
b) Wo liegen alle Punkte $P(x \mid y)$, für die $x^2 + y^2 < 36$ $(x^2 + y^2 \geqq 36)$ ist?

3. Zeichne die Kreise mit den Gleichungen:
a) $x^2 + y^2 = 20{,}25$ b) $4x^2 + 4y^2 = 25$ c) $x^2 + y^2 = 10$

4. a) Wie heißt die Gleichung des Kreises um O mit dem Halbmesser 5?
b) Liegt $P_1(-3 \mid 4)$ auf diesem Kreis? c) Wie ist es bei $P_2(3{,}5 \mid 3{,}5)$?
d) Berechne die y-Werte für alle ganzzahligen x-Werte. Vgl. Formel (12a).

5. Wie lautet die Gleichung des Kreises, der
a) den Mittelpunkt $M(2 \mid -3)$ und den Halbmesser $r = 4$ hat,
b) den Mittelpunkt $M(3 \mid 0)$ hat und die y-Achse berührt,
c) die x-Achse in $A(2 \mid 0)$ berührt und den Radius 3 hat (2 Lösungen!)?

6. Wie heißt die Gleichung des Kreises um den Nullpunkt, der
a) durch $P_1(12 \mid -5)$, b) durch $P_2(-1{,}6 \mid 3)$, c) durch $P_3(-2 \mid -2)$ geht?

7. Welche von den Punkten $A(13 \mid 11)$, $B(8 \mid 15)$, $C(0 \mid 17)$, $D(-12 \mid 12)$, $E(-15 \mid 8)$ liegen *auf* der Kreislinie mit der Gleichung $x^2 + y^2 = 289$, welche innerhalb, welche außerhalb? Rechne und zeichne. Längeneinheit $\frac{1}{2}$ cm.

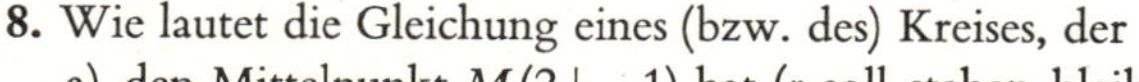

8. Wie lautet die Gleichung eines (bzw. des) Kreises, der
a) den Mittelpunkt $M(2 \mid -1)$ hat (r soll stehen bleiben),
b) den Mittelpunkt $M(2 \mid -1)$ hat und durch den Punkt $P(4 \mid 1)$ geht,
c) den Mittelpunkt $M(-3 \mid 4)$ hat und durch den Nullpunkt geht?

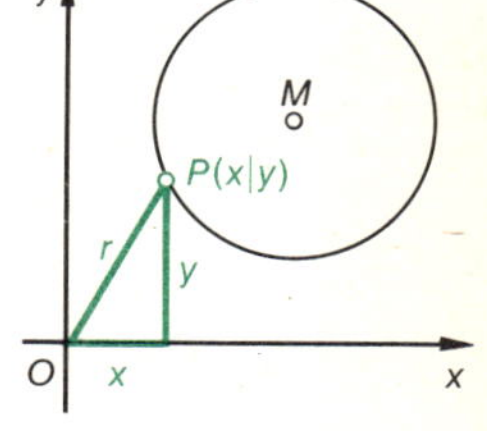

29.1.

9. Ein Schüler sagt: Für jeden Punkt P des Kreises in Fig. 29.1 gilt: $x^2 + y^2 = r^2$; daher ist dies die Gleichung dieses Kreises. Stimmt das?

10. Berechne Mittelpunkt und Radius des Kreises mit der Gleichung:
a) $x^2 + y^2 - 6x - 4y - 3 = 0$ b) $x^2 + y^2 + 10x + 14y + 70 = 0$
c) $x^2 + y^2 - x = 0$ d) $x^2 + y^2 + \frac{2}{3}x - 3y - 1 = 0$
e) $3x^2 + 3y^2 - 12x + 16y = 0$ f) $2x^2 + 2y^2 + x - 7y = 0$

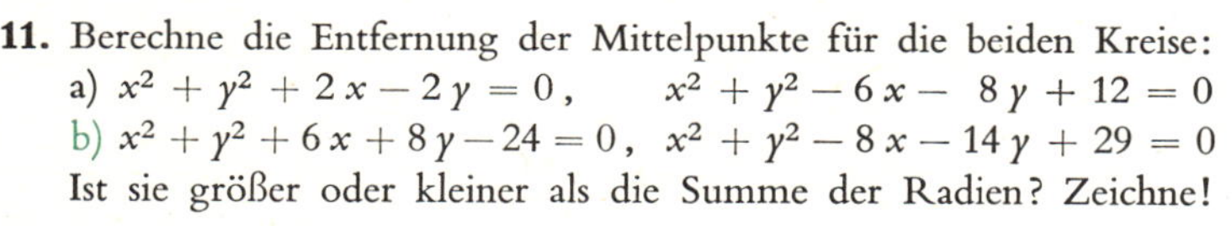

11. Berechne die Entfernung der Mittelpunkte für die beiden Kreise:
a) $x^2 + y^2 + 2x - 2y = 0$, $x^2 + y^2 - 6x - 8y + 12 = 0$
b) $x^2 + y^2 + 6x + 8y - 24 = 0$, $x^2 + y^2 - 8x - 14y + 29 = 0$
Ist sie größer oder kleiner als die Summe der Radien? Zeichne!

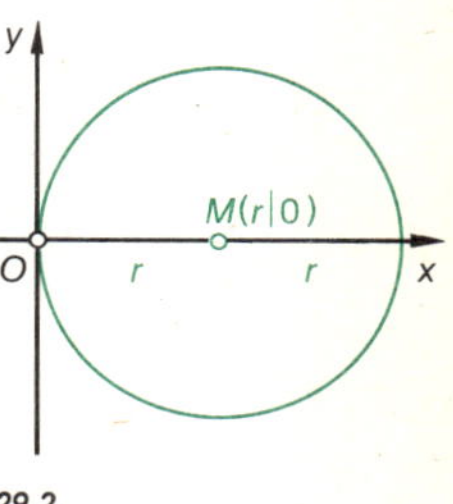

29.2.

12. Zeige: Der Kreis mit Radius r, der die y-Achse im Ursprung von rechts her berührt, hat die Gleichung $y^2 = 2rx - x^2$ (Fig. 29.2).

13. Berechne Mittelpunkt und Radius des Kreises mit der Gleichung
$x^2 + y^2 + ax + by + c = 0$ (14a) (andere Form der allgemeinen Kreisgleichung).
Unterscheide dieselben 3 Fälle wie bei (14).

14. Welche Gestalt hat die Gleichung (14) oder (14a), wenn der Kreis
a) durch O geht, b) seinen Mittelpunkt auf der x-Achse (y-Achse) hat?

15. Bestimme den Kreis durch die Punkte $O(0 \mid 0)$, $A(5 \mid -1)$, $B(6 \mid 4)$
a) mit dem Ansatz $x^2 + y^2 + ax + by + c = 0$ und mit Inzidenzbedingungen
b) durch den Ansatz der Hauptform (13).

16. Wie lautet die Gleichung des Kreises durch die Punkte P_1, P_2, P_3?
a) $P_1(-2 \mid 3)$, $P_2(0 \mid -3)$, $P_3(4 \mid 1)$ b) $P_1(-3 \mid -1)$, $P_2(0 \mid 0)$, $P_3(5 \mid 3)$

17. Bestimme Mittelpunkt und Radius für den Umkreis des Dreiecks ABC:
a) $A(-4 \mid 0)$, $B(3 \mid -1)$, $C(0 \mid 8)$ b) $A(-4 \mid -1)$, $B(3 \mid -2)$, $C(2 \mid 1)$

18. Bestimme den Kreis durch $P_1(1 \mid 1)$ und $P_2(2 \mid 2)$, dessen Mittelpunkt
a) auf der x-Achse, b) auf der Gerade m. d. Gl. $y = 2x$ liegt.

19. Bestimme die Kreise, die durch $P_1(1 \mid 1)$ und $P_2(2 \mid 2)$ gehen und
a) den Radius 5 haben, b) die x-Achse berühren. (Je 2 Lösungen.)

20. Wie heißen die Gleichungen der Kreise, die beide Koordinatenachsen berühren und durch den Punkt a) $P(4{,}5 \mid 1)$, b) $Q(3 \mid -6)$ gehen?

21. Bestimme den konzentrischen Kreis zu $5x^2 + 5y^2 + 24x - 32y - 9 = 0$, der a) die x-Achse berührt, b) durch O geht, c) durch $P_1(1 \mid 2)$ geht.

22. Bestimme mittels (11) den Kreis um M, der die Gerade g berührt: a) $M(4 \mid 0)$; g: $x - y = 0$, b) $M(-3 \mid 4)$; g: $3x - 4y + 10 = 0$

Parameterdarstellung des Kreises

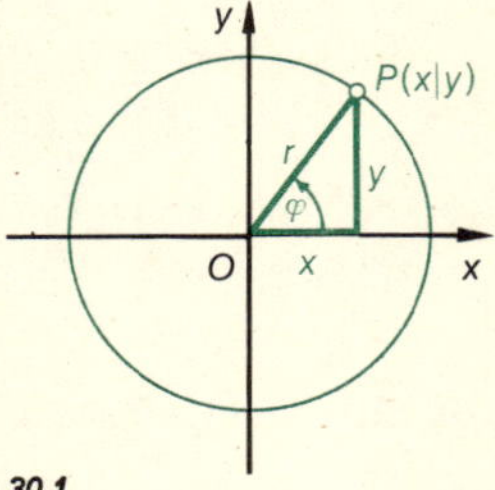

30.1.

Aus Fig. 30.1 liest man für die Koordinaten $(x; y)$ eines Kreispunktes in Abhängigkeit von r und φ ab:

S 4

$$\left.\begin{aligned} x &= r \cdot \cos\varphi \\ y &= r \cdot \sin\varphi \end{aligned}\right\}$$ **Parameterdarstellung eines Kreises um O** (15)

Darin ist r die feste Radiusmaßzahl; φ ist eine „Hilfsvariable", die *Parameter* genannt wird. Andere Auffassungen dieser Gleichungen siehe Aufg. 29.

Aufgaben zur Parameterdarstellung des Kreises

23. Berechne aus (15) in einer dreizeiligen Wertetafel x und y für $r = 2$ und für $\varphi = 0°, 30°, 60°, \ldots, 360°$.

24. Eliminiere φ aus (15) durch Quadrieren und Addieren.

25. a) Stelle entsprechend zu (15) eine Parameterdarstellung des Kreises um $M(x_0 \mid y_0)$ mit Radius r auf. b) Eliminiere φ und zeige, daß sich die Hauptform (13) ergibt.

26. In (15) und in Aufg. 25 wachse φ gleichmäßig mit der Zeit t, und zwar um ω je Zeiteinheit („Winkelgeschwindigkeit" ω, Einheit 1/sec). Für $t = 0$ sec sei $\varphi = 0°$. Drücke x und y durch ω und t aus statt durch φ. (Gleichförmige Kreisbewegung samt ihren senkrechten Projektionen auf die Koordinatenachsen, wenn man die Gleichungen einzeln nimmt.)

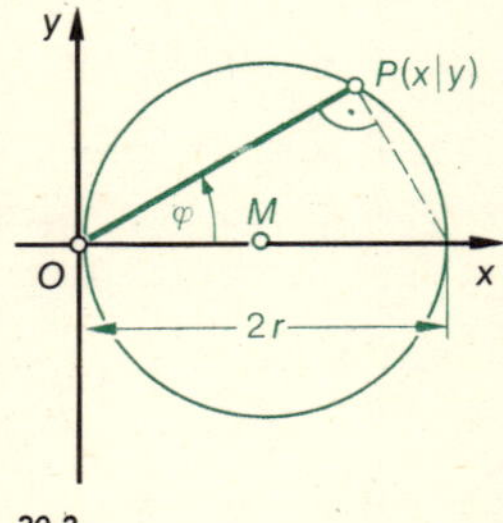

30.2.

27. Was stellt folgendes Gleichungspaar dar: $x = \sin\omega t$, $y = \cos\omega t$?

28. Gib die Parameterdarstellung des Kreises in Fig. 30.2 mit φ als Parameter an.

29. Wenn man r in (15) nicht festhält, so sind es die Transformationsgleichungen für den Übergang von „Polarkoordinaten" (§ 2, Fig. 6.4) zu kartesischen Koordinaten (gleicher Ursprung O, x-Achse = Polarachse). Was stellt (15) dar, wenn man φ festhält und r als Parameter (Variable) nimmt?

Man schreibt in diesem Fall allerdings meist nicht r, sondern etwa t. Verdeutliche, daß man so aus dem Ergebnis von Aufg. 25 eine Parameterdarstellung der Gerade durch einen gegebenen Punkt M mit einem gegebenen Richtungswinkel φ erhält[1].

1. Die Parameterdarstellung der Gerade folgt ausführlich in Kap. II.

7 Kreis und Gerade. Mehrere Kreise

❶ Welche Lagen können ein Kreis und eine Gerade zueinander haben?

❷ Schneide den Kreis $x^2 + y^2 = 25$ mit der Gerade a) $x = 3$, b) $x = 5$, c) $x = 7$. Vergleiche Zeichnung und Rechnung.

❸ Schneide den Kreis $x^2 + y^2 = 5$ mit der Gerade: a) $y = 3x - 5$, b) $y = 2x - 5$ c) $y = x - 5$ d) $y = 1$ Aus welcher Gleichung bestimmt man die y-Werte der Schnittpunkte, nachdem ihre x-Werte gefunden sind?

Die Graphen zu den Gleichungen der Vorüb. 3a und die Graphen von Zwischengleichungen der rechnerischen Lösung zeigt Fig. 31.1. Beachte dabei, daß „(III) und (II)" mit „(I) und (II)" äquivalent ist, nicht aber „(III) und (I)". Man setzt deswegen (III) in (II) ein, nicht in (I).

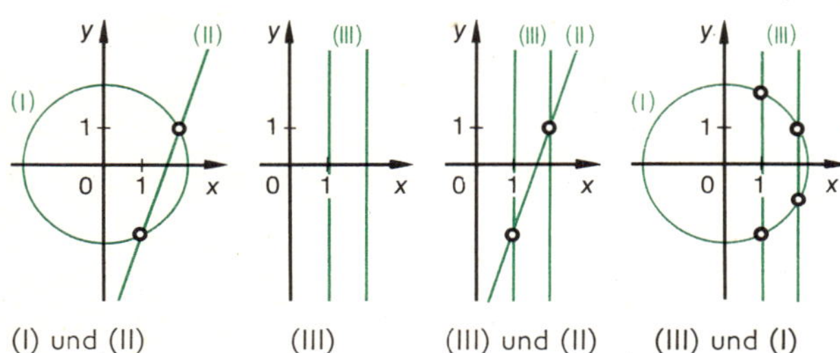

$x^2 + y^2 = 5$ (I)

$y = 3x - 5$ (II)

Elimination von y:

$(x - 1)(x - 2) = 0$ bzw.

„$x = 1$ oder $x = 2$" (III)

31.1.

a) Der Kreis um den Nullpunkt m. d. Gl. $x^2 + y^2 = r^2$ (I) sei mit der beliebigen Gerade m. d. Gl. $y = mx + b$ (II) zu schneiden. Gesucht sind die Zahlenpaare $(x; y)$, die (I) *und* (II) erfüllen (vgl. § 5).

Einsetzen von (II) in (I): $x^2 + (mx + b)^2 = r^2 \Rightarrow (1 + m^2)x^2 + 2mbx + b^2 - r^2 = 0$ (★)

mit den Lösungstermen
$$x_{1;2} = \frac{-bm \pm \sqrt{r^2(1 + m^2) - b^2}}{1 + m^2} \qquad \text{(III)}$$

(III) in (II) gibt:
$$y_{1;2} = \frac{b \pm m\sqrt{r^2(1 + m^2) - b^2}}{1 + m^2} \qquad \text{(IV)}$$

Der Radikand $r^2(1 + m^2) - b^2$ entscheidet über die Art der Lösungen. Er heißt deshalb Diskriminante[1] der quadratischen Gleichung (★).

Ist $r^2(1 + m^2) > b^2$, so erhält man *zwei* gemeinsame Punkte („Schnittpunkte").

Ist $r^2(1 + m^2) = b^2$, so erhält man *einen* gemeinsamen Punkt („Berührpunkt").

Ist $r^2(1 + m^2) < b^2$, so gibt es *keinen* gemeinsamen Punkt (K und g meiden sich).

Bemerkung: Im 2. Fall sagt man auch, die zwei Schnittpunkte seien in *einen* Punkt zusammengefallen. (Im 3. Fall sprach man früher auch von zwei „imaginären" Schnittpunkten. Dann gab es in jedem Fall zwei gemeinsame „Punkte".)

D 1 Eine Gerade, die mit einem Kreis genau einen gemeinsamen Punkt P_1 hat, heißt **Tangente.** Man kann sich die Tangente in P_1 auch als Grenzlage der Sekante P_1P_2 vorstellen, wenn der Punkt P_2 auf dem Kreis gegen P_1 rückt.

1. discriminare (lat.), trennen, sondern, scheiden; vgl. Algebra 2, § 52.

Die Koordinaten des Berührungspunktes P_1 sind: $x_1 = \frac{-bm}{1+m^2}$, $y_1 = \frac{b}{1+m^2}$.
$r^2(1+m^2) = b^2$ heißt *Tangentenbedingung.* (16)
(Sie gilt nicht für Tangenten parallel zur y-Achse und nur, wenn O Kreismittelpunkt ist.)

b) Ist der Kreis $x^2 + y^2 = r^2$ mit der Gerade $x = a$ zu schneiden, so heißt dies: Bestimme für Kreispunkte mit dem x-Wert a die zugehörigen y-Werte. Man erhält nach Formel (12a) die zwei Werte $y_{1;2} = \pm\sqrt{r^2 - a^2}$. Unterscheide auch hier drei Fälle. Zeichne!

Aufgaben

1. a) Schneide den Kreis $x^2 + y^2 = 16$ mit den Geraden $x = 2$; $x = 4$; $x = 5$.
b) $x^2 + y^2 - 4x + 2y - 4 = 0$ und $x = 0$; $x = -1$; $x = -3$. Zeichne!

2. In welchen Punkten schneiden folgende Kreise die Koordinatenachsen?
a) $(x - 1{,}5)^2 + (y + 2)^2 = 2{,}5^2$ b) $2x^2 + 2y^2 - 8x - y - 10 = 0$

3. Berechne Länge und Mittelpunkt der Sehne, die der Kreis von der Gerade abschneidet:
a) $x^2 + y^2 = 10$; $y = 2x - 5$ b) $x^2 + y^2 = 4x$; $x + y = 4$

4. Welche Lage haben Kreis und Gerade zueinander? (Figur!)
a) $(x - 4)^2 + (y + 1)^2 = 25$; $5x + 4y - 48 = 0$
b) $x^2 + y^2 + 6y = 0$; $6x + 10y - 5 = 0$
c) $x^2 + y^2 - 5x = 0$; $48x - 14y - 245 = 0$

Läßt die Zeichnung Zweifel, so entscheidet allein die Rechnung.

5. Schreibe nach (11) den Abstand d des Ursprungs von der Gerade m. d. Gl. $y = mx + b$ an. Nimm den Kreis um O mit Radius r hinzu und zeige: Für die 3 Fälle $r > d$, $r = d$, $r < d$ kommt man so auch auf die algebraische Charakterisierung $r^2(1 + m^2) \gtreqless b^2$.

6. Zeige, daß die Gerade $y = 5 - 2x$ Tangente an den Kreis $x^2 + y^2 = 5$ ist. Bestätige: Diese Tangente ist senkrecht zum Halbmesser im Berührpunkt.

7. a) Bestimme b so, daß die Gerade $y = 3x + b$ den Kreis $x^2 + y^2 = 10$ berührt. Welche Koordinaten hat der Berührpunkt?
b) Lege an den Kreis um O mit $r = \frac{5}{2}$ die Tangenten mit der Steigung $m = \frac{3}{4}$.

8. Bestimme m so, daß die Gerade $y = mx + 5$ den Kreis $x^2 + y^2 = 5$ berührt.

9. Welcher Kreis um O berührt die Gerade m. d. Gl. $7x + 24y - 100 = 0$?

Eine besondere Form der Kreistangentengleichung

4 Bestimme die Steigung und die Gleichung der Tangente im Punkte $P_1(4 \mid y_1 > 0)$ als Senkrechte zu MP_1 für die Kreise a) $x^2 + y^2 = 25$ b) $x^2 + y^2 = 4y + 21$.

S 1 Die Gleichung der Tangente an den Kreis $x^2 + y^2 = r^2$ im Punkt $P_1(x_1 \mid y_1)$ läßt sich in der Form schreiben:

$$\mathbf{x_1 x + y_1 y = r^2} \qquad (17)$$

S 2 Die Tangente an den Kreis $(x - x_0)^2 + (y - y_0)^2 = r^2$ im Punkt $P_1(x_1 \mid y_1)$ hat die Gleichung

$$(x_1 - x_0)(x - x_0) + (y_1 - y_0)(y - y_0) = r^2 \qquad (17a)$$

Beweis zu S 1 (Fig. 33.1): Für $x_1 = 0$, $y_1 = r$ ergibt (17) die richtige Gleichung $y = r$. Entsprechendes gilt für die Punkte $P_1(0 \mid -r)$, $P_1(r \mid 0)$, $P_1(-r \mid 0)$. Im folgenden kann daher $x_1 \neq 0$ und $y_1 \neq 0$ vorausgesetzt werden.

Die Steigung der Strecke OP_1 ist $m_1 = \frac{y_1}{x_1}$. Die zu OP_1 orthogonale Tangente hat also die Steigung $m_2 = -\frac{x_1}{y_1}$ und die Gleichung

$$\frac{y - y_1}{x - x_1} = -\frac{x_1}{y_1} \quad \text{bzw.} \quad x_1 \cdot x + y_1 \cdot y = x_1^2 + y_1^2.$$

Da $P_1(x_1 \mid y_1)$ Kreispunkt ist, gilt $x_1^2 + y_1^2 = r^2$ und damit (17).

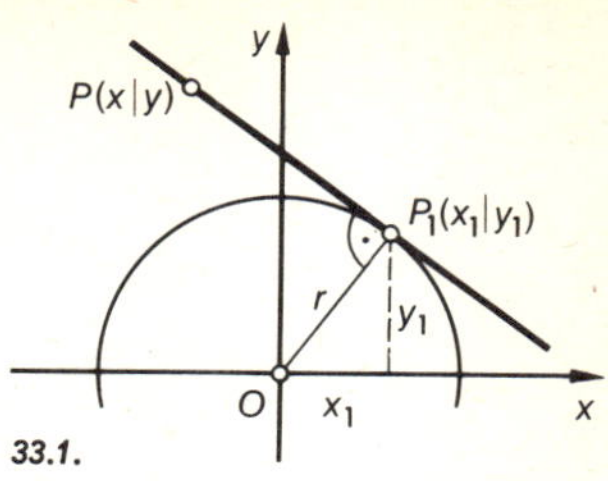

33.1.

Beweis zu S 2 (Fig. 33.2): Wir legen durch $M(x_0 \mid y_0)$ als neuen Ursprung $\bar{O}$ ein $\bar{x}\,\bar{y}$-Achsenkreuz (grün). In ihm lautet die Tangentengleichung nach (17) $\bar{x}_1 \cdot \bar{x} + \bar{y}_1 \cdot \bar{y} = r^2$.

Die Transformationsgleichungen $\bar{x} = x - x_0$, $\bar{y} = y - y_0$ (1a) eingesetzt ergeben: $(x_1 - x_0)(x - x_0) + (y_1 - y_0)(y - y_0) = r^2$.

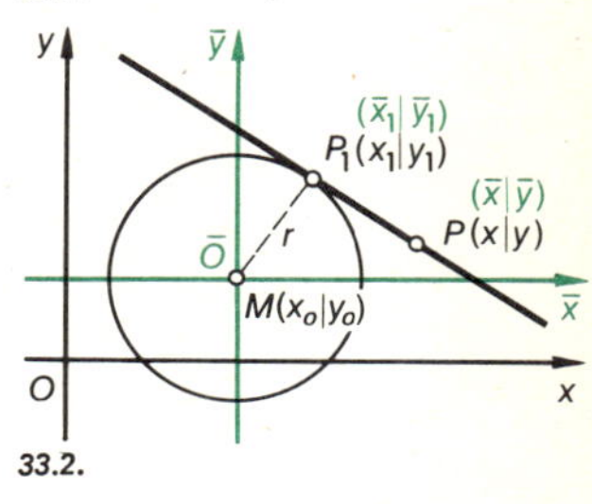

33.2.

Beispiel 1: Gleichung der Tangente an den Kreis $x^2 + y^2 = 25$ in $P_1(4 \mid y_1 > 0)$.

Lösung: Man erhält $y_1 = +3$ und die Tangentengleichung $4x + 3y = 25$.

Beispiel 2: Lege die Tangente t von $Q(-4 \mid 2)$ an den Kreis K m. d. Gl. $x^2 + y^2 = 10$.

Lösung: Ansatz der Tangentengleichung mit „offenem" $(x_1; y_1)$: $x_1 \cdot x + y_1 \cdot y = 10$
$Q(-4 \mid 2)$ soll auf t liegen, also 1. Bedingung für x_1, y_1: $-4x_1 + 2y_1 = 10$ (I)
$P_1(x_1 \mid y_1)$ soll auf K liegen, also 2. Bedingung für x_1, y_1: $x_1^2 + y_1^2 = 10$ (II)

Lösung von (I) und (II): $x_1 = -1$; $y_1 = +3$; Gleichung der 1. Tangente $-x + 3y = 10$;
$x_2 = -3$; $y_2 = -1$; Gleichung der 2. Tangente $-3x - y = 10$.

Andere Ansätze und Lösungswege zu dieser Aufgabe vgl. Aufg. 12.

Aufgaben zur Kreistangentengleichung

10. Stelle die Tangentengleichung auf für die Kreise und Berührpunkte:

a) $x^2 + y^2 = 5$; $x_1 = 2$, $y_1 > 0$
b) $x^2 + y^2 = 16$; $x_1 < 0$, $y_1 = -2$
c) $(x-2)^2 + (y+3)^2 = 25$; $P_1(-2 \mid 0)$
d) $x^2 + 5x + y^2 = 0$; $x_1 = -1$, $y_1 > 0$

11. Lege an den folgenden Kreis die Tangenten parallel zu der gegebenen Gerade. Bestimme auch die Berührpunkte. Wähle verschiedene Wege.

a) $x^2 + y^2 = 13$; $y = \frac{2}{3}x$ b) $x^2 + y^2 = 5y$; $4x + 3y = 0$

Anleitung zu a): Entweder Schnitt mit $y = \frac{2}{3}x + b$ und Nullsetzen der Diskriminante; oder direkt Tangentenbedingung (16) für $m = \frac{2}{3}$, $r^2 = 13$ (insbesondere, wenn die Berührpunkte nicht gefragt sind); oder Ansatz $x_1 x + y_1 y = 13$, wobei die Steigung $-\frac{x_1}{y_1}$ gleich $\frac{2}{3}$ sein soll. Zweite Bedingung wie Beisp. 2.

12. Löse die Aufgabe des Beispiels 2 auf verschiedene Arten:

a) Führe die Auflösung des Gleichungssystems für das Beispiel durch.
b) Ansatz $y = mx + b$. Bedingung 1: Durch $Q(-4 \mid 2)$. Bedingung 2: Tangente!
c) Beliebige Gerade durch Q: $y - 2 = m(x + 4)$. Berechne die gemeinsamen Punkte mit dem Kreis. Wähle m so, daß sich nur *ein* Punkt ergibt. (Mühsam!)

13. Lege von Q die Tangenten an den Kreis. Wähle verschiedene Wege.

a) $Q(15 \mid 5)$; $x^2 + y^2 = 50$ b) $Q(-5 \mid 0)$; $x^2 + y^2 = 5$

c) $Q(3 \mid -4)$; $x^2 + y^2 = 25$ d) $Q(0 \mid 0)$; $(x-3)^2 + (y-1)^2 = 2$

e) $Q(1 \mid 2)$; $x^2 - 5x + y^2 = 0$ f) $Q(5 \mid 3)$; $x^2 + y^2 - 6x - 2y = 0$

Aufg. f) enthält keinen Druckfehler. Deute den unerwarteten Gang.

▶ **14.** Zeichne die Graphen für die Gleichungen (I) und (II) des Beispiels 2 in einem x_1, y_1-Koordinatensystem.

Zu (I) gehört eine Gerade, die aus dem zu (II) gehörenden Kreis Punkte mit den gesuchten Berührpunktskoordinaten ausschneidet. Läßt man den Index 1 weg, so handelt es sich um den gegebenen Kreis und um eine Gerade, deren Gleichung $-4x + 2y = 10$ sich aus $x x_q + y y_q = r^2$ durch Einsetzen von $(-4; 2)$ statt $(x_q; y_q)$ und von 10 statt r^2 ergibt. Diese Gerade schneidet den Kreis in den Berührpunkten der Tangenten, die man von $Q(x_q \mid y_q)$ an ihn legen kann.

Mehrere Kreise

Die Schnittpunkte zweier Kreise

5 **Berechne die Schnittpunkte der Kreise m. d. Gleichungen $x^2 + y^2 - 5 = 0$ und $x^2 + y^2 - 12x - 4y + 15 = 0$.** **Wie erhält man aus den beiden quadratischen Gleichungen eine lineare? Geometrische Bedeutung?**

Die Berechnung der Schnittpunkte zweier beliebiger Kreise erfordert die Auflösung eines Systems von 2 quadratischen Gleichungen mit 2 Variablen:

$x^2 + y^2 + a_1 x + b_1 y + c_1 = 0$ (I) *und* $x^2 + y^2 + a_2 x + b_2 y + c_2 = 0$ (II).

Die naheliegende Subtraktion der linken Seiten gibt die lineare Gleichung

$(a_1 - a_2)x + (b_1 - b_2)y + (c_1 - c_2) = 0$ (III).

Dabei ist der Fall $a_1 - a_2 = b_1 - b_2 = 0$ auszuschließen. (Vgl. Aufg. 20.) Das System „(I) und (III)“ ist äquivalent zum System „(I) und (II)“; ebenso das System „(II) und (III)“. Die Aufgabe ist also zurückgeführt auf den Schnitt eines der beiden Kreise (I) oder (II) mit der Gerade (III). Nach Seite 31 ist die Zahl der gemeinsamen Punkte 2, 1 oder 0. (Schneiden, Berühren, Meiden.)

Besondere Lagen zweier Kreise

Zwei Kreise K_1 und K_2 mit $\overline{M_1 M_2} = d$ berühren sich von außen, wenn $r_1 + r_2 = d$; von innen, wenn $|r_1 - r_2| = d$ ist (Fig. 34.1 und 34.2). Zwei Kreise schneiden sich rechtwinklig, wenn $r_1^2 + r_2^2 = d^2$ ist (Fig. 34.3).

Bemerkung: Diese Berühr- und Orthogonalitätsbedingungen sind nicht aus den Lösungseigenschaften des Systems der beiden Kreisgleichungen gewonnen (was sehr mühsam wäre), sondern geometrische Kenntnisse wurden „übersetzt“.

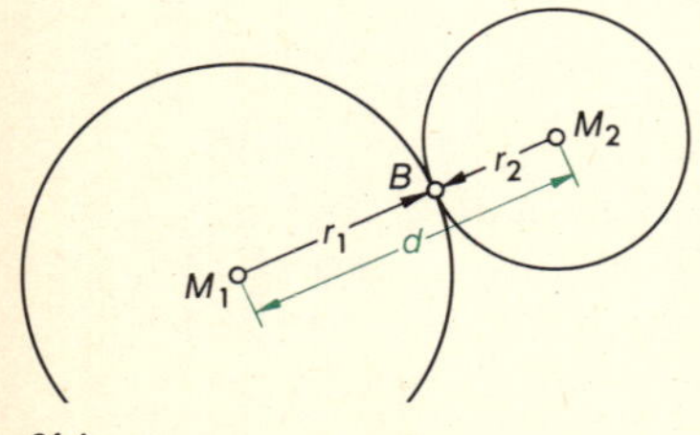

34.1.

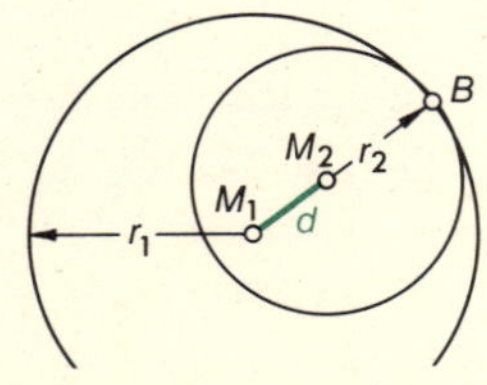

34.2.

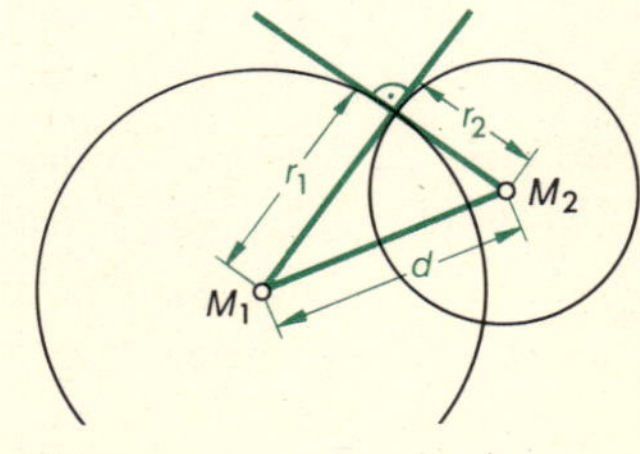

34.3.

Aufgaben mit mehreren Kreisen

15. Berechne die Schnittpunktskoordinaten für das Kreispaar:
a) $x^2 + y^2 = 25$; $(x-3)^2 + (y+1)^2 = 9$
b) $x^2 + y^2 + 2x - 4y - 4 = 0$; $4x^2 + 4y^2 + 12x - 12y - 3 = 0$

16. Die Kreise um $M_1(a \mid 0)$ und $M_2(0 \mid b)$ sollen beide durch O gehen. Berechne ihren zweiten Schnittpunkt und die Länge der gemeinsamen Sehne.

17. Lege von $Q(x_q \mid y_q)$ aus die Tangenten an den Kreis $x^2 + y^2 = r^2$ mit Hilfe des Kreises über OQ als Durchmesser (Mittelstufengeometrie „übersetzen"). Zahlenbeispiel Aufg. 13.

18. Bestimme die Kreise um $M(2 \mid 1)$, die den Kreis um $M_0(5 \mid 5)$, $r_0 = 3$ berühren.

19. a) Bestimme den Kreis um $M(8 \mid 1)$, der den Kreis $x^2 + y^2 = 16$ rechtwinklig schneidet.
b) Dieselbe Aufgabe für $M(p \mid q)$ und $x^2 + y^2 = r_0^2$.

20. Was bedeutet es für die Lage der beiden Kreise auf S. 34 mit den Gleichungen (I) und (II), wenn zugleich $a_1 - a_2 = 0$ *und* $b_1 - b_2 = 0$ ist?

Bemerkung über Kreisbüschel

Im folgenden sind die Kreisgleichungen der Vorübung 5 von S. 34 mit (1) und (2) numeriert. Die Gleichungsseiten werden wie beim Additionsverfahren jeweils mit Zahlen multipliziert und addiert. Das Multiplikatorenpaar (1; − 1) ergibt die lineare Gleichung (3). Die zugehörige Gerade heißt Chordale (Sehnenlinie). Sie geht durch die Schnittpunkte der beiden Kreise. Die Multiplikatorenpaare (4) bis (8) ergeben die Gleichungen (4) bis (8), die wieder Kreise darstellen, vgl. Fig. 35.1.

Gleichungen (1) und (2)		Multiplikatorenpaare (3)	(4)	(5)	(6)	(7)	(8)	(9)
(1)	$x^2 + y^2 - 5 = 0$	+1	+1	+3	+3	+5	−1	p
(2)	$x^2 + y^2 - 12x - 4y + 15 = 0$	−1	+1	−1	+1	−1	+3	q

(3) $+12x + 4y - 20 = 0$ oder $y = 5 - 3x$ (Gerade, Fig. 35.1)
(4) $2x^2 + 2y^2 - 12x - 4y + 10 = 0$ oder $(x-3)^2 + (y-1)^2 = 5$ (Kreis, Fig. 35.1)
(5), (6), (7), (8) entsprechend (siehe Aufg. 21 und Fig. 35.1); (9) Kreis oder Gerade für $(p; q) \neq (0; 0)$.

Für die Koordinaten x_s, y_s der Schnittpunkte der beiden Ausgangskreise gilt einzeln $x_s^2 + y_s^2 - 5 = 0$ und $x_s^2 + y_s^2 - 12x_s - 4y_s + 15 = 0$, also gilt für jedes Multiplikatorenpaar $(p; q)$
$p(x_s^2 + y_s^2 - 5) + q(x_s^2 + y_s^2 - 12x_s - 4y_s + 15) = 0$ (*). Ist $(p; q) \neq (0; 0)$, so beschreibt (9) Kreise, z. B. die Kreise (4) bis (8) oder die Gerade (3). Wegen (*) gehen diese alle durch die Schnittpunkte der Kreise (1) und (2). Man spricht von einem *Kreisbüschel* und seinen beiden Grundpunkten. Die Chordale rechnet man als „entarteten Kreis" mit zu diesem Kreisbüschel. Wenn sich die Ausgangskreise meiden, kann man trotzdem „linear kombinieren" wie oben und neue Gleichungen erhalten. Die zugehörigen Kreise (einschließlich einer Gerade) meiden sich und die Ausgangskreise.

21. Stelle die Gleichungen (5) bis (8) des Beispiels auf. Suche Mittelpunkte und Radien der Kreise, vergleiche mit Fig. 35.1.

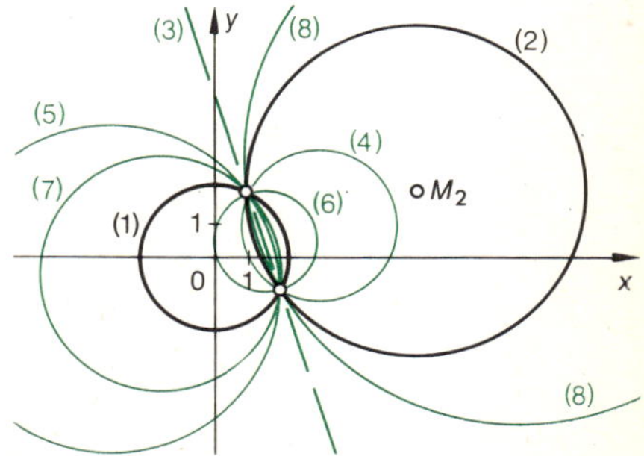

35.1.

8 Ortslinien in der Ebene

Eine der Aufgaben der analytischen Geometrie ist die Untersuchung von Punktmengen, die durch bestimmte Bedingungen festgelegt sind. Bei den einfachsten Beispielen (etwa der Mittelsenkrechten als Menge der Punkte gleicher Entfernung von 2 fest gegebenen Punkten) ist die bekannte rein geometrische Behandlungsweise übersichtlicher als die analytische. Sehr oft ist aber der Weg über Koordinaten und algebraische Umformungen vorteilhafter und zielsicherer (vgl. § 1, Beispiele 5 und 6). Obwohl es keine neuen geometrischen Erkenntnisse bringt, beginnen wir mit der Gleichungsaufstellung für einige elementare Ortslinien, schon weil wir sie gelegentlich als Hilfslinien brauchen werden. Wir wollen dabei nicht das von früher bekannte *Ergebnis*, sondern die *Bedingung* „in Koordinaten übersetzen".

Behandlung einiger bekannter Ortslinien nach der Koordinatenmethode

Beispiel 1: Bestimme die Gleichungen der Winkelhalbierenden für das Geradenpaar mit den Gleichungen $x+y+1=0$ (g_1) und $x+7y-14=0$ (g_2).

Lösung: Die beiden Winkelhalbierenden bilden die „Menge der Punkte mit gleichen Abständen von g_1 und g_2"[1]. Nach (11) gilt für den Abstand d_1 (d_2) eines Punktes $\bar{P}(\bar{x} \mid \bar{y})$ von g_1 (g_2): $d_1 = \frac{|\bar{x}+\bar{y}+1|}{\sqrt{2}}$, $\left(d_2 = \frac{|\bar{x}+7\bar{y}-14|}{\sqrt{50}}\right)$. Die Bedingung $d_1 = d_2$ bedeutet je nach Vorzeichen der beiden Terme zwischen den Betragsstrichen

$$\frac{\bar{x}+\bar{y}+1}{\sqrt{2}} = +\frac{\bar{x}+7\bar{y}-14}{5\sqrt{2}} \quad \text{oder aber} \quad \frac{\bar{x}+\bar{y}+1}{\sqrt{2}} = -\frac{\bar{x}+7\bar{y}-14}{5\sqrt{2}}$$

$$5(\bar{x}+\bar{y}+1) = +(\bar{x}+7\bar{y}-14) \quad \text{oder} \quad 5(\bar{x}+\bar{y}+1) = -(\bar{x}+7\bar{y}-14)$$

$$4\bar{x}-2\bar{y}+19=0 \quad \text{oder} \quad 6\bar{x}+12\bar{y}-9=0$$

Ergebnis: Die Gleichungen der Winkelhalbierenden sind, wenn wir zuletzt die gewohnten Variablen x, y schreiben: $4x-2y+19=0$ und $2x+4y-3=0$.

Aufgaben

1. Bestimme die Gleichungen der Winkelhalbierenden für die Geradenpaare
a) $x-2y+2=0,\ 2x-y-5=0$ b) $7x-4y-10=0,\ x+8y-10=0$
c) $y=3x,\ y=\frac{9}{13}x$ d) $y=x,\ y=2$ e) $x=a,\ y=0$

2. Ermittle die Gleichungen der beiden Parallelen zu g im Abstand d:
a) g: $7x-24y-30=0,\ d=2$ b) g: $6x+8y-25=0,\ d=4$

3. a) Welche Punkte haben von $A(-1 \mid 2)$ und $B(3 \mid 0)$ dieselbe Entfernung?
b) Welche Gleichung hat die Mittelsenkrechte der Strecke $A(-4 \mid -3)\ B(0 \mid 5)$?
Löse auch Aufg. b) durch einen Ansatz gemäß dem Wortlaut von a)! Beachte S. 37.

1. Es ist hier günstiger, die Abstandsgleichheit statt der Winkelgleichheit zu benutzen.

Bemerkung: In Aufg. 3 kann man einen beliebigen Punkt, der die Forderung erfüllen soll, *sofort* mit $P(x \mid y)$ bezeichnen, was bei Aufg. 1 und 2 leicht zu Verwirrung führen könnte. Betrachten wir indes noch eine andere Fassung der Aufg. 3a:
„Wo liegen die Mittelpunkte M aller Kreise, die durch A und B gehen?"
Man kann *überlegen:* Es muß $\overline{MA} = \overline{MB}$ sein (vgl. Aufg. 3a). Man kann aber auch zunächst die Gleichungsform für einen beliebigen *Kreis* ansetzen. Man braucht dann die Buchstaben x und y mindestens vorübergehend, um die Punkte der Kreislinie zu beschreiben, und muß solange für den Mittelpunkt z. B. $M(\bar{x} \mid \bar{y})$ oder $M(x_0 \mid y_0)$ schreiben. Für $M(\bar{x} \mid \bar{y})$ lautet der Ansatz: $(x-\bar{x})^2 + (y-\bar{y})^2 = r^2$. Die Inzidenzbedingungen für A und B liefern 2 Gleichungen in $\bar{x}$, $\bar{y}$ und r^2, aus denen man r^2 eliminiert. Zuletzt kann man statt $\bar{x}$, $\bar{y}$ wieder x, y schreiben. Führe dies durch.

Weitere Ortslinien für dieselbe Behandlungsweise

Vorbemerkung: In den Aufg. 5a, 6, 7, 8 *kann* man sofort $P(x \mid y)$ ansetzen statt $P(\bar{x} \mid \bar{y})$.

4. Wo liegen alle Punkte, die von der Gerade m. d. Gl. $y = 7x$ den dreifachen Abstand haben wie von der Gerade m. d. Gl. $x + y = 4$? (2 Lösungslinien!)

5. Für welche Punkte ist die Entfernung vom Nullpunkt doppelt so groß wie der Abstand a) von der x-Achse, b) von der Gerade m. d. Gl. $y = x$?

6. Wo liegen alle Punkte, für welche die Summe der Entfernungsquadrate
a) von $A(-3 \mid 0)$ und $B(+3 \mid 0)$ gleich 50 (36) ist?
b) von $A(0 \mid 0)$, $B(5 \mid 0)$, $C(1 \mid 3)$ gleich 36 (20) ist?
} Wie ist es, wenn man die Summe 16 fordert?
c) von $A(-a \mid 0)$, $B(0 \mid -a)$, $C(a \mid 0)$, $D(0 \mid a)$ gleich p^2 ist (z. B. $a = 3$, $p = 10$)?

7. Wo liegen alle Punkte, für die das Verhältnis der Entfernungen von den festen Punkten $A(-a \mid 0)$ und $B(+a \mid 0)$ den konstanten Wert k hat? Z. B. $(a; k) = (3; 2)$ oder $(2; 3)$

▸ **8.** Wo liegen alle Punkte, von denen aus die Strecke AB mit $A(-a \mid 0)$, $B(+a \mid 0)$ unter Winkel δ mit $0° < \delta < 180°$ erscheint?
Anleitung (Fig. 37.1): Für $x \neq \pm a$ ist

$$\tan\alpha_1 = \frac{y}{x+a}, \quad \tan\alpha_2 = \frac{y}{x-a}.$$ Es soll $\tan\delta = \tan(\alpha_2 - \alpha_1)$

37.1.

konstant sein. Ist $\delta \neq 90°$ und setzt man $\tan\delta = k$, so soll sein:

$$k = \tan(\alpha_2 - \alpha_1) = \frac{\tan\alpha_2 - \tan\alpha_1}{1 + \tan\alpha_2 \tan\alpha_1} \quad \text{bzw.} \quad k\left(1 + \frac{y}{x-a} \cdot \frac{y}{x+a}\right) = \frac{y}{x-a} - \frac{y}{x+a}$$

Beachte, daß für Punkte „unterhalb der x-Achse" nicht derselbe Ansatz zu machen ist, daß also die erhaltene Kurvengleichung nur für $y > 0$ die gesuchte Lösungsmenge gibt. (Wie ist es bei $x = \pm a$?) Wie erhält man nun am einfachsten die Gleichung für Punkte mit $y < 0$? Wie erhält man die Ortslinie, wenn $\delta = 90°$ ist?

▸ **9.** Wo liegen alle Punkte, für welche die Summe der Abstände von dem Geradenpaar durch den Punkt $A(1 \mid 2)$ mit den Steigungen $m_1 = -\frac{1}{2}$ und $m_2 = -2$ gleich der Summe der Abstände von den Koordinatenachsen ist?

Aufgaben mit einer Hilfsvariable

Vorbemerkung: Oft ist es zweckmäßig, zunächst beide Koordinaten x und y eines Ortslinienpunktes durch eine dritte Variable auszudrücken, z. B. durch einen Winkel, eine Steigung, eine Koordinate eines beweglichen Ausgangspunktes; vgl. die Parameterdarstellung des Kreises Seite 30. Bei der Bewegung eines Punktes in der Ebene hängen z. B. x und y von der Zeit t als einer naturgegebenen Variable ab; in anderen Fällen gibt es häufig mehrere Möglichkeiten für die Wahl einer *Hilfs*variable (eines „Parameters"). Durch Elimination des Parameters erhält man die Gleichung der Ortslinie in x und y. Die folgenden Aufgaben können teilweise auch ohne Hilfsvariable gelöst werden.

10. Q sei ein beliebiger Punkt der Gerade m. d. Gl. $y = 2x$, $A(4 \mid 0)$ sei ein fester Punkt. Wo liegen die Mittelpunkte P der Strecken AQ?
Anleitung: Nimm für Q die Koordinaten $(u; 2u)$. Löse die Aufg. auch ohne Parameter.

11. Wo liegen die Mitten der Strecken, welche die Koordinatenachsen aus den Geraden der Schar m. d. Gl. $\frac{x}{a} + \frac{y}{4-a} = 1$ ausschneiden? (Nimm a als Parameter.)

12. Die Geraden m. d. Gl. $y = 2x$, $y = 6 - x$ und die x-Achse bilden ein Dreieck. Diesem werden Rechtecke so einbeschrieben, daß eine Seite auf der x-Achse liegt. Gib die Gleichung der Ortslinie für die Mittelpunkte dieser Rechtecke an. Es handelt sich um eine Strecke; die gefundene Geradengleichung ist also durch $0 < y < 2$ zu ergänzen. (Wieso?) Man kann diese Bedingung auch durch eine Ungleichung für x ersetzen. Wie lautet diese?

13. Q ist ein Punkt des Kreises um O mit Radius r. Die Parallele zur y-Achse durch Q schneidet die x-Achse in S. Die Streckenlänge a) $\overline{SQ}$, b) $\overline{OS}$ wird von O aus auf der Strecke OQ abgetragen bis P. Welche Linie erzeugt P, wenn man Q auf dem Kreis führt?

14. Das eine Ende eines Stabes der Länge s gleite auf der x-Achse, das andere auf der y-Achse. Welche Kurve beschreibt die Stabmitte? Vgl. § 1, Beispiel 5. Löse die Aufgabe jetzt mit einer Hilfsvariable, etwa dem Winkel φ des Stabes mit der x-Achse.

15. Die Punkte $A(-a \mid 0)$ und $B(a \mid 0)$ sind fest, Q wird auf der Gerade m. d. Gl. $y = b$ bewegt. Welche Bahn beschreibt der Höhenschnittpunkt des Dreiecks ABQ für $a > 0$? Zahlenbeispiele (Figur!): a) $a = 2$, $b = 4$ b) $a = 3$, $b = 2$

16. Im Punkt $A(r \mid 0)$ des Kreises um O mit Radius r ist t die Tangente. Auf t wird der Punkt Q bewegt. Die zweite durch Q gehende Kreistangente berührt den Kreis in R. Welche Bahn beschreibt der Höhenschnittpunkt $H(x \mid y)$ des Dreiecks AQR?

Beispiel 2: Der Punkt $C(0 \mid c)$ mit $c > 0$ ist fest. Im beliebigen Punkt R der x-Achse ist auf ihr die Senkrechte errichtet. Sie schneidet die Parabel m. d. Gl. $y = \frac{1}{4}x^2$ in Q. Bestimme die Gleichung der Ortslinie für den Schnittpunkt P der Geraden OQ und RC. Für welchen Wert von c ist sie ein Kreis?

Lösung: Wir schreiben $R(u \mid 0)$ und damit $Q(u \mid \frac{1}{4}u^2)$. Für $u \neq 0$ ist die Gleichung von OQ: $y = \frac{u}{4}x$ (I), von RC: $y = c - \frac{c}{u}x$ (II). Aus (I) und (II) ergibt sich durch Gleichsetzung die erste Koordinate x_P von P und dann aus (I) die zweite Koordinate y_P:

$$x_P = \frac{4cu}{u^2 + 4c} \quad \text{(III)}, \qquad y_P = \frac{cu^2}{u^2 + 4c} \quad \text{(IV)}.$$

Die Aufstellung dieser Parameterdarstellung der Ortslinie und die anschließende Elimination von u ist umständlich; führe diese Rechnung trotzdem einmal durch.

Viel rascher kommt man zum Ziel, wenn man u schon aus (I) und (II) eliminiert. Aus (I) folgt $u = \frac{4y}{x}$ (wegen $u \neq 0$ ist $x \neq 0$ und $y \neq 0$); in (II) eingesetzt ergibt dies: $y = c - \frac{cx^2}{4y}$ (V) bzw. $cx^2 + 4y^2 - 4cy = 0$ (VI). Für 4 statt c ist dies eine Kreisgleichung. Zu jedem $u \neq 0$ erhält man nach (I) und (II) einen Punkt $P(x \mid y) \neq O$. Jedes solche Paar $(x; y)$ erfüllt mit (I) und (II) auch die daraus hergeleiteten Gleichungen (V) und (VI). Strebt u gegen 0, so rückt R gegen O, Q gegen O und P gegen O.

Der erhaltene „Grenzpunkt“ O entsteht nicht durch die in der Aufgabe geforderte Konstruktion. Das Paar (0; 0) erfüllt Gleichung (V) nicht, wohl aber Gleichung (VI), es ist durch die Multiplikation von (V) mit y als Lösungspaar von (VI) hinzugekommen.

Einige Ortslinien mit Gleichungen zweiten Grades

17. a) Zeichne durch jeden Punkt Q des Kreises m. d. Gl. $x^2 + y^2 = a^2$ die Senkrechte QR zur x-Achse. Auf welcher Linie liegen die Mittelpunkte P der Strecken QR?

Anleitung: Gehe von $v_{1;2} = \pm\sqrt{a^2 - x^2}$ aus (Fig. 39.1).

b) Die Strecken QR der Aufg. a) sollen für $k > 1$ von R aus auf das k-fache gedehnt werden (für $0 < k < 1$ gepreßt werden) bis P. Gib eine Gleichung für die Koordinaten von P an.

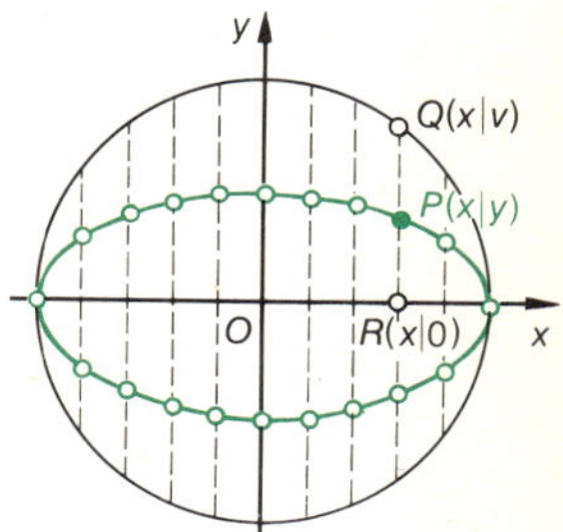

39.1.

Beispiel 3: Lösung von Aufg. 17b) mit 2 Hilfsvariablen:

Nach Fig. 39.2 ist $x = u$, $y = k \cdot v$ (I) und umgekehrt $u = x$, $v = \frac{1}{k}y$ (II)

Ferner gilt $u^2 + v^2 = a^2$ (III)

Aus der Gleichung (III) entsteht durch Einsetzen von (II) die gesuchte Gleichung $x^2 + \frac{y^2}{k^2} = a^2$ bzw. $\frac{x^2}{a^2} + \frac{y^2}{k^2 a^2} = 1$.

D 1 Die Kurve, die durch Dehnung bzw. Pressung eines Kreises in *einer* Richtung entsteht, heißt **Ellipse.**

S 1 **Die Gleichung einer Ellipse in der Lage von Fig. 39.2 lautet,** wenn man noch b statt $k \cdot a$ schreibt (geom. Bedeutung s. Fig.):

$$\frac{x^2}{a^2} + \frac{y^2}{b^2} = 1 \qquad (18)$$

a und b nennt man die **Halbachsen** der Ellipse.

In Fig. 39.2 ist $a = 5$, $b = 3$.

Die zugehörige Gleichung lautet $\frac{x^2}{25} + \frac{y^2}{9} = 1$.

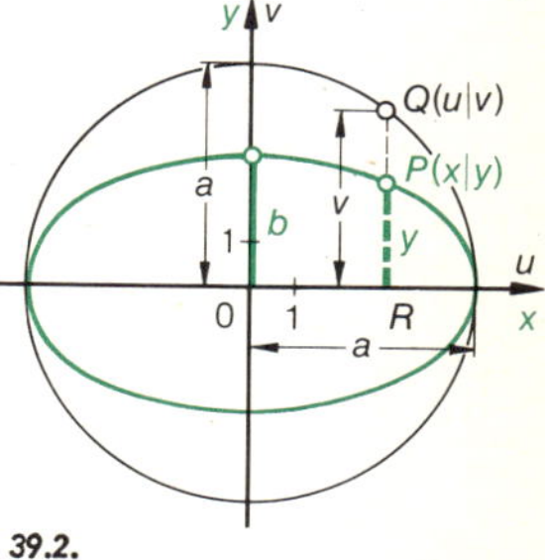

39.2.

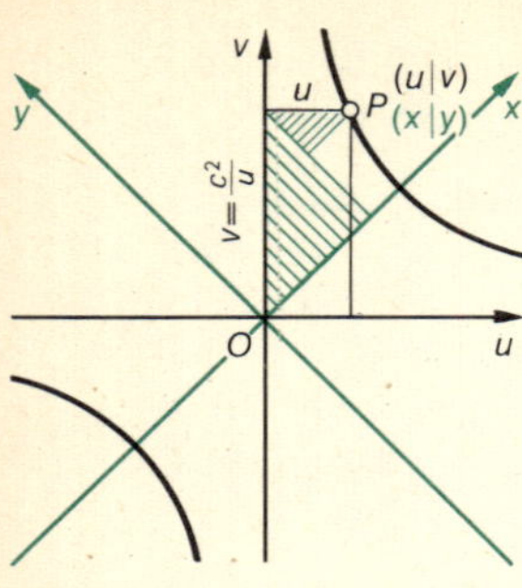

40.1.

18. In § 1, Beisp. 8 betrachteten wir die Ortslinie der „freien“ Ecken flächengleicher Rechtecke, von denen zwei Seiten auf den positiven Koordinatenachsen liegen. Die freien Ecken bildeten eine Punktmenge, die durch $x \cdot y = c^2$ beschrieben wurde. Diese Gleichung als Bedingung liefert einen 2. Kurvenast im III. Feld, man erkennt die 1. Winkelhalbierende als Symmetrieachse der Kurve (wieso?). Gib die Gleichung dieser **rechtwinkligen Hyperbel** an, wenn man diese Symmetrieachse als x-Achse nimmt.

a) Geh von der Gleichung $u \cdot v = c^2$ aus (Fig. 40.1). Mit *einer* Hilfsvariable u und mit $\frac{c^2}{u}$ statt v ergibt sich die Darstellung:

$$x = \frac{1}{\sqrt{2}} \cdot \frac{c^2}{u} + \frac{u}{\sqrt{2}}; \quad y = \frac{1}{\sqrt{2}} \cdot \frac{c^2}{u} - \frac{u}{\sqrt{2}}.$$

Kunstgriff für die Elimination von u: Bilde x^2 und y^2.

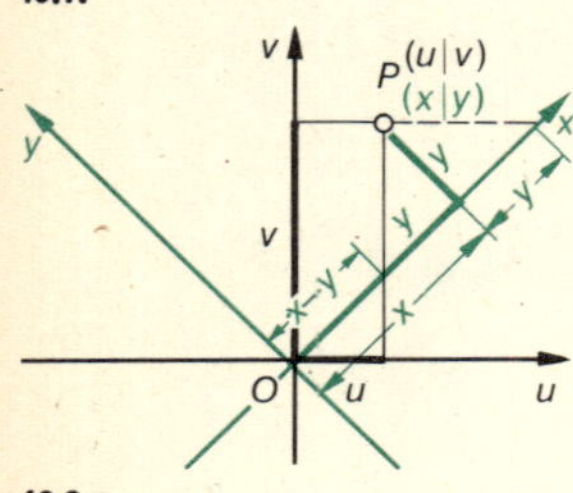

40.2.

b) Dasselbe lautet übersichtlicher mit 2 Variablen u und v:

$$x = \frac{v}{\sqrt{2}} + \frac{u}{\sqrt{2}}; \quad y = \frac{v}{\sqrt{2}} - \frac{u}{\sqrt{2}}.$$

Löse nach u und v auf; setze in $u \cdot v = c^2$ ein.

c) Drücke u und v nach Fig. 40.2 unmittelbar durch x und y aus:

$$x - y = u\sqrt{2}, \quad x + y = v\sqrt{2}, \quad c^2 = u \cdot v = \frac{x-y}{\sqrt{2}} \cdot \frac{x+y}{\sqrt{2}}$$

bzw. $x^2 - y^2 = 2c^2$.

Der Schnitt mit der x-Achse gibt: $x_{1;2} = \pm c\sqrt{2}$. Man pflegt den Abschnitt $c\sqrt{2}$ auf der x-Achse mit a zu bezeichnen.

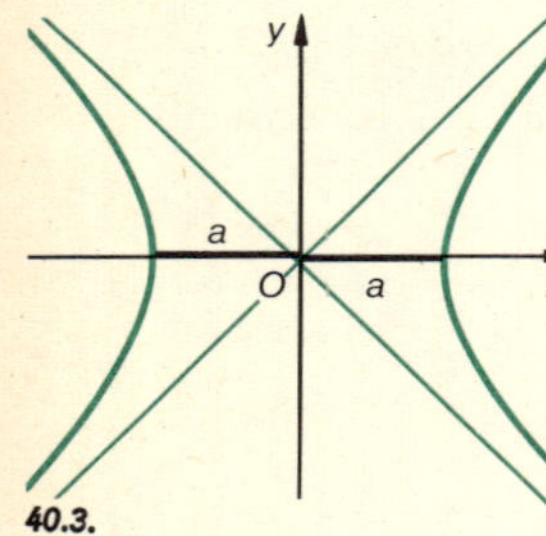

40.3.

S 2 **Die Gleichung einer rechtwinkligen Hyperbel in der Lage von Fig. 40.3 lautet:** $\boldsymbol{x^2 - y^2 = a^2}$ **(19)**

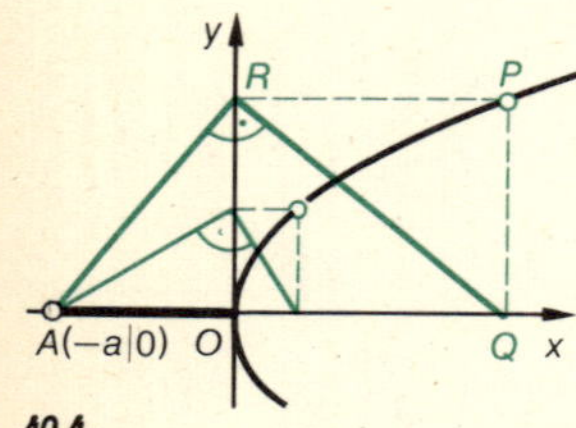

40.4.

19. a) $A(-a\,|\,0)$ mit $a > 0$ sei fest. Eine beliebige Gerade durch A schneidet die y-Achse in R. Die Senkrechte zu AR in R schneidet die x-Achse in Q. Die Parallelen zur x-Achse durch R und zur y-Achse durch Q schneiden sich in P (Fig. 40.4). Zeige, daß die Ortslinie für P die Gleichung $y^2 = a\,x$ hat.

Anleitung: Lies die Gleichung nach dem Höhensatz unmittelbar ab. Andere Möglichkeit: Wähle als Hilfsvariable die Steigung m der Gerade durch A oder aber die 2. Koordinate v von R.

b) Die gezeichnete Kurve sieht wie eine Parabel aus: Vertauscht man in der Gleichung die Buchstaben x und y, so erhält man $y = \frac{1}{a}x^2$, also die bekannte Parabelgleichung. Verdeutliche, daß diese Vertauschung geometrisch eine Spiegelung an der 1. Winkelhalbierende bedeutet.

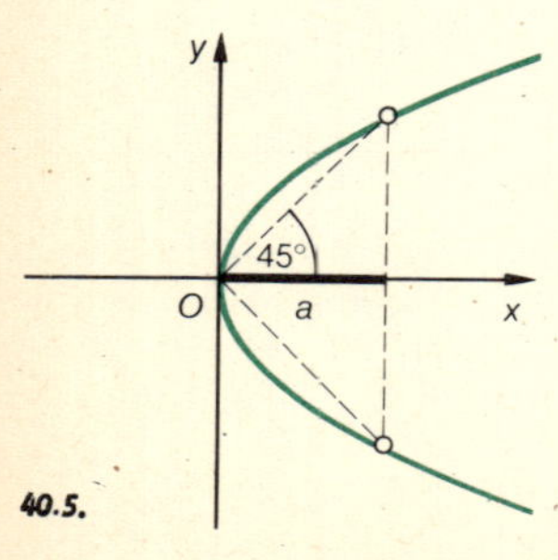

40.5.

c) Die Gleichung $y^2 = -a\,x$ mit $a > 0$ stellt eine kongruente Parabel zu der Parabel in a) dar. Wie liegt sie?

S 3 **Die Gleichung der Parabel in der Lage von Fig. 40.5 lautet:** $y^2 = a\,x$ (20)

Bedeutung von a: Für $x = a$ erhält man $y_{1;2} = \pm a$ (unabhängig von Aufg. 19a).

20. a) Um O dreht sich eine Ursprungsgerade; sie schneidet die Gerade m.d.Gl. $y = 4$ in R. Die Senkrechte auf OR in R schneidet die Gerade m.d.Gl. $x = 4$ in Q. Zeige: Für die Mitten P von RQ gilt die Gleichung $y = \frac{1}{2}x^2 - 3x + 8$.

b) Bringe die Gleichung der Ortslinie durch „quadratische Ergänzung" (vgl. S. 27) auf die Form $y = \frac{1}{2}(x-3)^2 + \frac{7}{2}$. Warum ist die Kurve eine Parabel, wie liegt sie im Achsenkreuz?

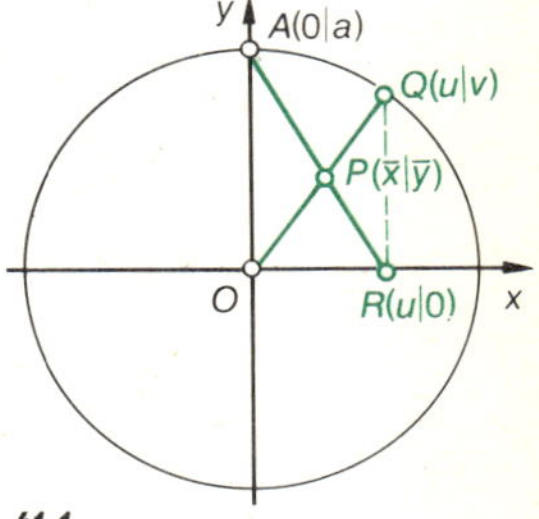

41.1.

Beispiel 4 für die Verwendung von 2 Hilfsvariablen u, v (Fig. 41.1):
Der Punkt $A(0\,|\,a)$ mit festem $a \neq 0$ sei gegeben. Die Senkrechte zur x-Achse durch den beliebigen Punkt $Q(u\,|\,v)$ schneidet für $u \neq 0$ die x-Achse in R. Die Geraden OQ und AR schneiden sich in $P(\bar{x}\,|\,\bar{y})$. Welche Kurve durchläuft P, wenn Q auf dem Kreis um O durch A geführt wird?

1. Lösungsweg (man folgt zunächst dem Text von Q aus zu P hin):

Gerade OQ für $Q(u\,|\,v)$: $y = \frac{v}{u}x$ (I) Gerade AR für $R(u\,|\,0)$: $\frac{x}{u} + \frac{y}{a} = 1$ (II)

Für den Schnittpunkt $P(\bar{x}\,|\,\bar{y})$ gilt also $\bar{y} = \frac{v}{u}\bar{x}$ (I′) und $\frac{\bar{x}}{u} + \frac{\bar{y}}{v} = 1$ (II′)

Wegen der Bedingung $u^2 + v^2 = a^2$ (III) für $Q(u\,|\,v)$ lösen wir (I′) und (II′) nach u und v auf:

$$u = \frac{a\bar{x}}{a-\bar{y}} \quad \text{(IVa)}, \qquad v = \frac{a\bar{y}}{a-\bar{y}} \quad \text{(IVb)}$$

(IVa) und (IVb) in (III) eingesetzt gibt als Ortsliniengleichung $\bar{y} = \frac{a}{2} - \frac{1}{2a}\bar{x}^2$ (V). Der Punkt $S\left(0\,\middle|\,\frac{a}{2}\right)$ gehört nicht zur Linie (s. unten). Wegen $y < \frac{a}{2}$ sind in (IVa, b) die Nenner nicht Null.

2. Lösungsweg (man geht „rückwärts" von P aus zu Q hin). Gerade PO für $P(\bar{x}\,|\,\bar{y})$: $y = \frac{\bar{y}}{\bar{x}} \cdot x$;

Gerade AP: $y - a = \frac{\bar{y}-a}{\bar{x}}x$; Schnitt von AP mit der x-Achse in R: $x_R = \frac{a\bar{x}}{a-\bar{y}}$.

(Dabei ist mit $u \neq 0$ auch $\bar{x} \neq 0$ und $\bar{y} \neq a$.) Für die Koordinaten u und v des Schnittpunktes Q der Parallele zur y-Achse durch R und der Gerade OP gelten nun $u = \frac{a\bar{x}}{a-\bar{y}}$ (VIa) und $v = \frac{\bar{y}}{\bar{x}}u$ (VII).

(VIa) ist schon „nach u aufgelöst". (VII) nach v aufgelöst gibt mit (VIa): $v = \frac{a\bar{y}}{a-\bar{y}}$ (VIb).

Beachte: (VIa) = (IVa), (VIb) = (IVb). Fortsetzung wie beim 1. Lösungsweg.

Bemerkung 1: Beim 1. Lösungsweg *kann* man statt $P(\bar{x}\,|\,\bar{y})$ unmittelbar $P(x\,|\,y)$ ansetzen.

Bemerkung 2: Fällt $Q(u\,|\,v)$ nach $A(0\,|\,a)$, so sind (I) und (II) wegen $u = 0$ nicht definiert. Es ist dann auch die Konstruktion von P nicht möglich (wieso?). Aus Fig. 41.1 liest man ab: Rückt Q gegen A, so rückt P gegen $S\left(0\,\middle|\,\frac{a}{2}\right)$. Beachte: Dieser „Grenzpunkt" liegt auch auf der Kurve m.d.Gl. (V).

Eine Aufgabe für 2 Hilfsvariablen

21. Der Punkt $A(0\,|\,a)$ mit $a \neq 0$ ist fest, $Q(u\,|\,v)$ ist ein beweglicher Punkt mit $u \neq 0$. Die Gerade AQ schneidet (für $v \neq a$) die x-Achse in R, die Gerade OQ schneidet die Parallele zur y-Achse durch R in $P(\bar{x}\,|\,\bar{y})$. Stelle die Zuordnungsgleichungen für P und Q auf (vgl. das Beispiel). Welche Kurve beschreibt P, wenn Q a) auf dem Kreis um O mit Radius a, b) auf dem Kreis über der Strecke OA als Durchmesser, c) auf der Parabel m.d.Gl. $y = -\frac{1}{a}x^2$ bzw. $v = -\frac{1}{a}u^2$ geführt wird?

9 Ellipse, Hyperbel, Parabel als Brennpunktskurven

Die Ellipse

❶ Wie stellt der Gärtner ein länglich-rundes Beet her? Führe diese „Gärtnerkonstruktion“ (Fig. 42.1) auf Papier aus mittels zweier Stecknadeln und eines Fadens. Welche Eigenschaft ist allen Kurvenpunkten gemeinsam? Welche Symmetrieeigenschaften hat die Kurve?

❷ Wähle verschiedene Abstände der Nadeln bei gleicher Fadenlänge. Nimm auch verschiedene Fadenlängen bei gleichem Abstand der Nadeln. Beobachte die Gestaltänderungen. Welche Grenzfälle sind möglich?

Nach § 8, Aufg. 7 ist die Ortslinie aller Punkte, für die der Quotient der Entfernungen von zwei festen Punkten konstant ist, ein Kreis. Es liegt nahe, den Quotienten durch die Summe bzw. die Differenz (oder das Produkt) zu ersetzen und nach den entsprechenden Ortslinien zu fragen.

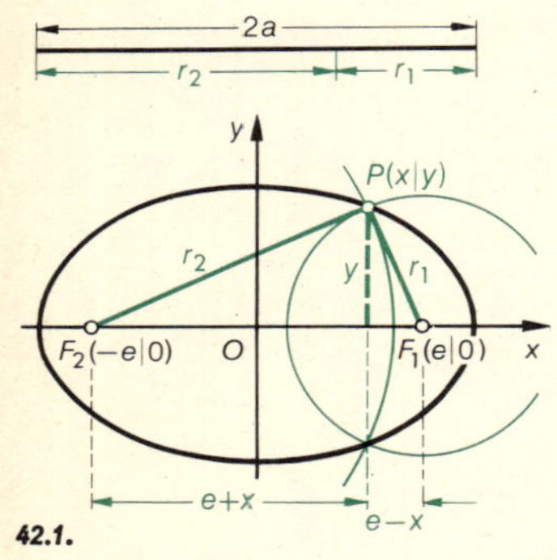

42.1.

Aufgabe: Wo liegen alle Punkte P, für welche die Summe der Entfernungen von zwei festen Punkten F_1, F_2 konstant ist?

Lösung (Fig. 42.1): Die festen Punkte seien $F_1(e\,|\,0)$ und $F_2(-e\,|\,0)$ mit $e \geqq 0$, die konstante Entfernungssumme sei $2a > 0$. Damit es solche Punkte P gibt, muß $2a \geqq 2e$ sein (warum?). Wir setzen daher $a \geqq e$ voraus, wobei $a = e$ offenbar ein wenig interessanter Sonderfall ist. Für den beliebigen Punkt $P(x\,|\,y)$ ist $r_1 = \sqrt{(x-e)^2 + y^2}$ und $r_2 = \sqrt{(x+e)^2 + y^2}$. Die Koordinaten der Lösungspunkte müssen also der Bedingung genügen: $r_1 + r_2 = 2a$ (I)

bzw. $\sqrt{(x-e)^2 + y^2} + \sqrt{(x+e)^2 + y^2} = 2a$ (II)

Das Quadrieren der äquivalenten Gleichung $\sqrt{(x+e)^2 + y^2} = 2a - \sqrt{(x-e)^2 + y^2}$ ergibt $x^2 + 2ex + e^2 + y^2 = 4a^2 + x^2 - 2ex + e^2 + y^2 - 4a\sqrt{x^2 - 2ex + e^2 + y^2}$ bzw. $4a\sqrt{x^2 - 2ex + e^2 + y^2} = 4a^2 - 4ex$.

Division durch 4 und Quadrieren: $a^2x^2 - 2a^2ex + a^2e^2 + a^2y^2 = a^4 - 2a^2ex + e^2x^2$

Zusammenfassen und Ordnen: $(a^2 - e^2)\,x^2 + a^2y^2 = a^2(a^2 - e^2)$ (III)

Für $a > e$ ergibt die Division durch $a^2(a^2 - e^2)$: $\dfrac{x^2}{a^2} + \dfrac{y^2}{a^2 - e^2} = 1$ (IV)

Der Vergleich mit $\frac{x^2}{a^2} + \frac{y^2}{b^2} = 1$ (§ 8, Gl. 18) zeigt, daß es sich um die Gleichung einer Ellipse handelt. Dabei ist $b^2 = a^2 - e^2$ (vgl. Fig. 43.1). Alle Punkte, für die (I) mit $a > e$ erfüllt ist, liegen also auf einer Ellipse. Wegen des Quadrierens könnte die Lösungsmenge von (IV) größer sein als die von (I) (vgl. Alg. 2, § 55 Wurzelgleichungen). Daß dies nicht der Fall ist, erwarten wir auf Grund der Gärtnerkonstruktion; der Beweis hierfür folgt in der Bemerkung nach Aufg. 10.

Bemerkung: Man könnte als *Lehrsatz* formulieren, daß die „Gärtnerkurve“ eine Ellipse ist, d. h., daß sie die Kurve ist, die wir zunächst durch Pressung eines Kreises fanden. Es ist aber weithin üblich, die Ellipse durch die Eigenschaft $r_1 + r_2 = \text{const.}$ zu *definieren*. Zwecks einheitlicher Definitionen für Ellipse, Hyperbel, Parabel tun wir dies hier auch.

Bei verschiedenen Definitionen für denselben Begriff muß die Gleichwertigkeit gezeigt werden. Für die beiden Ellipsendefinitionen geschieht dies in der Bemerkung auf S. 44. Für die in § 9 noch folgenden geometrischen Definitionen von Hyperbel und Parabel ist die Verträglichkeit mit den Definitionen in Alg. 1 durch $y = c : x$ bzw. $y = a x^2$ zu zeigen.

D 1 **Die Ortslinie aller Punkte P, für welche die Summe der Entfernungen von zwei festen Punkten F_1, F_2 konstant ist, heißt Ellipse.**

D 2 Die Punkte F_1 und F_2 heißen *Brennpunkte*[1], die Strahlen von F_1 bzw. von F_2 durch P heißen *Brennstrahlen*[1]. Wir können nun sagen:

S 1 **Die Ellipse mit den Brennpunkten $F_1(e \mid 0)$, $F_2(-e \mid 0)$ und der konstanten Entfernungssumme $2a$ hat die Gleichung $\frac{x^2}{a^2} + \frac{y^2}{b^2} = 1$ (18). Dabei ist $b^2 = a^2 - e^2$.**

Sonderfall $e = 0$: Die Ortslinie für P ist der Kreis um O mit Radius a.
Grenzfall $a = e$: Die Lösungsmenge bilden die Punkte der Strecke F_1F_2 (wieso?). Für $a = e > 0$ lautet die Gleichung (III): $y^2 = 0$; sie ist erfüllt für *alle* Punkte der x-Achse auch außerhalb der Strecke F_1F_2. Hier ist die Lösungsmenge von (III) größer als die von (I)!
Konstruktion von Ellipsenpunkten siehe Fig. 42.1 (dort ist $a = 2{,}5$; $e = 2$).

Eigenschaften der Ellipse und weitere Definitionen

1. Sowohl aus der (Faden-)Konstruktion von Ellipsenpunkten als aus (18) folgt: Die Ellipse ist symmetrisch bzgl. der Gerade F_1F_2 und der Mittelsenkrechte von F_1F_2, und damit auch bzgl. der Mitte O von F_1F_2, dem **Mittelpunkt** *der Ellipse*. Die Entfernung der Brennpunkte vom Mittelpunkt O heißt **lineare Exzentrizität**[2] e; der Quotient $\varepsilon = e : a$ heißt **numerische Exzentrizität** der Ellipse; es ist $0 \leqq \varepsilon < 1$.

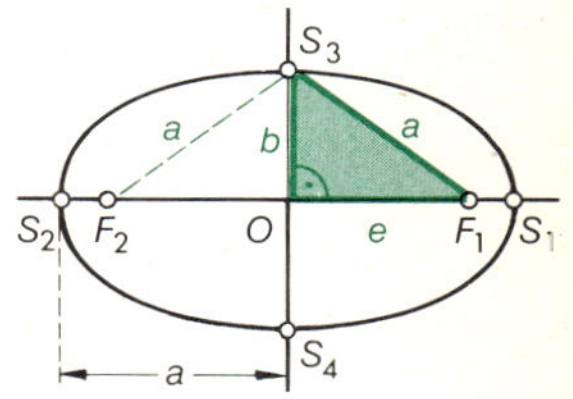

43.1.

2. Die auf den Symmetrieachsen gelegenen Ellipsenpunkte heißen **Hauptscheitel S_1** und **S_2** bzw. **Nebenscheitel S_3** und **S_4**.
Sind die Symmetrieachsen die Koordinatenachsen, so ergeben sich die Scheitel aus der Konstruktion und aus (IV) für $y = 0$: $S_1(a \mid 0)$, $S_2(-a \mid 0)$; für $x = 0$: $S_3(0 \mid b)$, $S_4(0 \mid -b)$. $\overline{S_1S_2} = 2a$ heißt **Hauptachse,** $\overline{S_3S_4} = 2b$ **Nebenachse;** a, b heißen **Halbachsen** (Fig. 43.1).

3. Die Entfernung eines Ellipsenpunktes von einem der Brennpunkte liegt zwischen $a - e$ und $a + e$ (Begründung?). Für die Nebenscheitel beträgt sie a.

Aufgaben

1. Führe die Aufstellung der Ellipsengleichung erneut durch für das Zahlenbeispiel $a = 5$, $e = 3$ ($e = 4$). Zeichne die Ellipse punktweise (Fig. 42.1).
2. Konstruiere und berechne die fehlenden der 4 Zahlen a, b, e, ε (Fig. 42.1, 43.1). Wie lautet die Ellipsengleichung bzgl. der Symmetrieachsen als Koordinatenachsen? Konstruiere Ellipsenpunkte, zeichne die Kurve. Welche Ungleichung gilt für alle Punkte inner-(außer-)halb der Ellipse? Warum sind alle Ellipsen mit gleichem ε ähnlich?
   a) $a = 5$, $e = 4$ b) $a = 6$, $b = 2$ c) $b = 4$, $e = 4{,}5$

1. Die Namengebung wird auf S. 56 erläutert.
2. ex centro (lat.), aus der Mitte; e ist Strecke(nmaßzahl), ε ist dimensionslos.

3. Wie groß sind die Halbachsen der Ellipse mit folgender Gleichung?

a) $\frac{x^2}{6{,}25} + \frac{y^2}{4} = 1$ b) $4x^2 + 9y^2 = 16$ c) $x^2 + 2y^2 = 12$

d) $4x^2 + 9y^2 = 1$ e) $3x^2 + 4y^2 = 48$ f) $x^2 + 4y^2 = 2a^2$

Konstruiere die Brennpunkte, berechne ihre Koordinaten sowie ε.

4. Bei einer Ellipse mit dem Mittelpunkt O liegen die Hauptscheitel auf der x-Achse. Die Kurve geht durch den Punkt P. Wie lautet ihre Gleichung?

a) $a = 5$; $P(3 \mid 2)$ b) $a = 5$; $P(1{,}4 \mid -3)$ c) $a = 6{,}5$; $P(-6 \mid 1)$

5. Bestimme die Ellipse mit den Koordinatenachsen als Symmetrieachsen, die durch

a) $P_1(2 \mid 2)$, $P_2(4 \mid 1)$; b) $Q_1(2 \mid 1)$, $Q_2(-\frac{3}{2} \mid \frac{4}{3})$ geht.

6. Zeige: Wenn die Gleichung (18) für das Zahlenpaar $(x_1; y_1)$ erfüllt ist, so ist sie auch für $(x_1; -y_1)$, $(-x_1; y_1)$, $(-x_1; -y_1)$ erfüllt. Geometrische Bedeutung?

7. Zeige, daß kein Punkt der Ellipse außerhalb des „Hauptkreises" um O mit Radius a und kein Punkt innerhalb des „Nebenkreises" um O mit Radius b liegt.

8. Bestimme die Punkte der Ellipse a) $3x^2 + 8y^2 = 120$, b) $b^2x^2 + a^2y^2 = a^2b^2$, für welche die Brennstrahlen orthogonal sind. Wann gibt es keine solchen Punkte?

9. Zeige, daß für den Punkt $P(e \mid p)$ mit $p > 0$ bei der Ellipse (18) gilt: $p = \frac{b^2}{a}$. p heißt *Parameter* der Ellipse.

10. Andere Herleitung von (IV), wenn $a > e > 0$ ist:

a) In Fig. 42.1 schneiden sich die Kreise um F_1 mit $r_1 = a - t$ und um F_2 mit $r_2 = a + t$ in $P(x \mid y)$ mit $y > 0$ und in $Q(x \mid -y)$; t ist dabei eine Hilfsvariable (Fig. 44.1). Stelle die Gleichungen der beiden Kreise auf.

44.1.

b) Zeige: $x = \frac{a}{e}\,t$. (Welche Linie bedeutet $x = \frac{a}{e}\,t$ bei festem t?)

c) Eliminiere t durch Einsetzen von $t = \frac{e}{a}\,x$ in eine der Kreisgleichungen.

d) Zeige: Wegen $r_1 = a - t$, $r_2 = a + t$ und $e : a = \varepsilon$ gilt: $r_1 = a - \varepsilon x$, $r_2 = a + \varepsilon x$.

Bemerkung: Auf S. 42 ergab sich: Ist $(x; y)$ für $a > e > 0$ Lösung von $r_1 + r_2 = 2a$ (I), so erfüllt $(x; y)$ auch (IV). Umgekehrt gibt es zu jedem Punkt $P(x_1 \mid y_1)$ mit $|x_1| \leqq a$, für den (IV) gilt, ein $t_1 = \frac{e}{a}\,x_1$ mit $|t_1| \leqq e$ und daher 2 Radien $r_1 = a - t_1 > 0$, $r_2 = a + t_1 > 0$ zu P, die (I) erfüllen. (I) und (IV) haben somit gleiche Lösungsmengen.

Die Hyperbel

D 3 Die Ortslinie aller Punkte, für welche die *Differenz* der Entfernungen von zwei festen Punkten F_1 und F_2 konstant ist, heißt **Hyperbel.** F_1 und F_2 heißen *Brennpunkte*[1], die von F_1 bzw. F_2 nach P ausgehenden Strahlen heißen *Brennstrahlen*[1].

Konstruktion von Hyperbelpunkten siehe Fig. 45.1. Die gegebene konstante Differenz wird $2a$ genannt $(a > 0)$. $r_2 - r_1 = 2a$ (I′) gibt den ausgezogenen Kurvenast, $r_1 - r_2 = 2a$ (I″) gibt sein Spiegelbild an der Mittelsenkrechte von F_1F_2, das gestrichelt ist.

1. Die Namengebung wird auf S. 56 erläutert.

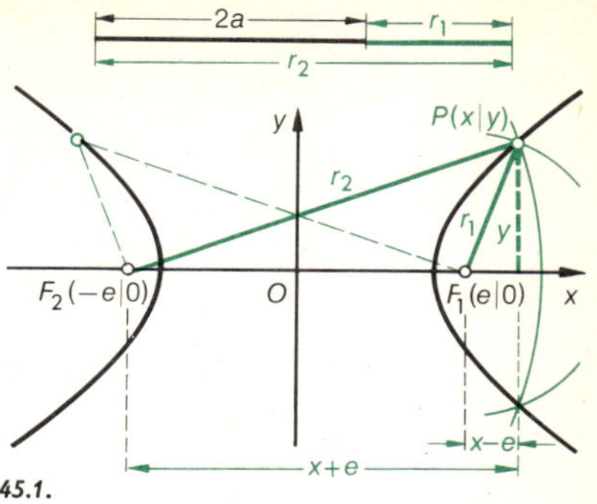

45.1.

Gleichungsaufstellung: Wir legen das Achsenkreuz wie bei der Ellipse (Fig. 45.1) und verfahren auch sonst wie dort. Damit es hier überhaupt Lösungspunkte gibt, muß $a \leqq e$ sein (warum?). Wir setzen zunächst $a < e$ voraus.

Bedingung für den „rechten" Ast $r_2 - r_1 = 2a$ (I') bzw. $\sqrt{(x+e)^2 + y^2} - \sqrt{(x-e)^2 + y^2} = 2a$ (II'). Fährt man fort wie auf S. 42, so verschwindet spätestens beim 2. Quadrieren der Vorzeichenunterschied gegenüber der Ellipse und man erhält dieselbe Gleichung (IV) $\frac{x^2}{a^2} + \frac{y^2}{a^2 - e^2} = 1$. Da aber hier, im Gegensatz zur Ellipse, $a < e$ ist, schreiben wir (IV) in der Form $\frac{x^2}{a^2} - \frac{y^2}{e^2 - a^2} = 1$ (IV'). Mit der Abkürzung $e^2 - a^2 = b^2$ erhält man: $\frac{x^2}{a^2} - \frac{y^2}{b^2} = 1$ (IV''). Auf dieselbe wurzelfreie Gleichung (IV) bzw. (IV') kommt man bei der Umformung der Bedingung $r_1 - r_2 = 2a$ (I'') für den „linken" Hyperbelast (Aufg. 11). (IV) bzw. (IV') umfassen also (mindestens!) die Lösungsmengen von (I') und (I''). Da D 3 die Richtung der Subtraktion von r_1 und r_2 offen läßt, liefert sie beide Äste wie auch die Gleichung (IV) bzw. (IV').

Wegen des Quadrierens könnte die Lösungsmenge von (IV) bzw. (IV') für $a < e$ größer sein, als die Vereinigung der Lösungsmengen von (I') und (I''). Daß dies nicht gilt, zeigt Aufg. 17.

S 2 **Die Hyperbel mit den Brennpunkten $F_1(e\,|\,0)$, $F_2(-e\,|\,0)$ und der konstanten Entfernungsdifferenz $2a$ hat die Gleichung $\frac{x^2}{a^2} - \frac{y^2}{b^2} = 1$ (21). Dabei ist $b^2 = e^2 - a^2$.**

Sonderfall: Für $a = 0$, d.h. $r_1 = r_2$, ist die Ortslinie die Mittelsenkrechte der Strecke F_1F_2. Für $a = 0$ wird aus (III) auf S. 42 $-e^2 x^2 = 0$. Man sagt: Die Hyperbel „artet in eine Doppelgerade aus". (Vgl. die Gestalt der Hyperbel, wenn a nahe bei Null ist.)

Grenzfall $a = e > 0$: Die Vereinigung der Lösungsmengen von (I') und (I'') besteht aus den Punkten der Gerade F_1F_2 „rechts von F_1" zusammen mit denen „links von F_2" (wieso?). Für $a = e > 0$ lautet die Gleichung (III) $y^2 = 0$. Sie ist erfüllt für *alle* Punkte der Gerade F_1F_2, auch für diejenigen zwischen F_1 und F_2; die Lösungsmenge von (III) ist hier größer als die von (I') und (I'') zusammen.

Bemerkung 1: Der Grenzfall $a = e$ zeigt, daß sich die Lösungsmenge der Gleichungen (I') und (I'') zusammengenommen beim Quadrieren dieser Gleichungen vergrößern kann, und daß in solchen Fällen eine Probe unerläßlich ist (vgl. Alg. 2, § 55, Wurzelgleichungen). Ein anderes Beispiel hierfür: Für $a > e$ ist die Bedingung $r_2 - r_1 = 2a$ (I') *unerfüllbar* (wieso?). Beim Quadrieren von (I') entsteht aber die Gleichung (IV), und diese ist bei $a > e$ für alle Punkte einer Ellipse erfüllt (vgl. noch Aufg. 17).

Bemerkung 2: Die Hyperbel mit der Gleichung $-\frac{x^2}{a^2} + \frac{y^2}{b^2} = 1$ heißt *konjugiert* zu der Hyperbel (21). Wie liegt sie (vgl. Aufg. 15)?

Eigenschaften der Hyperbel und weitere Bezeichnungen

1. Symmetrieachsen der Hyperbel sind die Gerade F_1F_2 und die Mittelsenkrechte der Strecke F_1F_2; Symmetriezentrum ist die Mitte O von F_1F_2, der **Mittelpunkt** der Hyperbel.

2. Hauptscheitel, kurz: **Scheitel,** heißen die Hyperbelpunkte auf der Gerade F_1F_2. Bei unserer Lage der Koordinatenachsen sind es die Punkte $S_1(a \mid 0)$ und $S_2(-a \mid 0)$. $\overline{S_1S_2} = 2a$ heißt auch hier **Hauptachse.** Analog zur Ellipse heißt $2b$ **Nebenachse;** sie ist zunächst ohne anschauliche geometrische Bedeutung. a und b nennt man **Halbachsen.**

3. Lineare Exzentrizität: $e = \overline{OF_1} = \overline{OF_2}$; **numerische Exzentrizität:** $\varepsilon = \frac{e}{a} > 1$.

4. Für $b = a$ gibt (21) die Gleichung $x^2 - y^2 = a^2$ der *rechtwinkligen Hyperbel*, vgl. mit (19) in § 8. Die Definition D 3 umfaßt also die früher definierte rechtwinklige Hyperbel als Sonderfall.

5. Löst man (21) nach y auf, so erhält man $y_{\mathrm{I;II}} = \pm \frac{b}{a}\sqrt{x^2 - a^2}$ (21a).

y ist also nicht definiert für $-a < x < +a$.
Die Geraden m. d. Gl. $x = a$ bzw. $x = -a$ heißen *Scheiteltangenten* (vgl. § 10).
Damit gilt: Im Streifen zwischen den Scheiteltangenten liegen keine Hyperbelpunkte. Setzt man für x Zahlen von $+a$ bis $+\infty$ (und $-a$ bis $-\infty$) ein, so erhält man für y_{I} Zahlen von 0 bis $+\infty$, für y_{II} von 0 bis $-\infty$. Auch hieraus sieht man, daß die Kurve in allen 4 Feldern sich ins Unendliche erstreckt und daß sie aus zwei getrennten *Ästen* besteht.

6. Da für $|x| \geqq a$ gilt: $\sqrt{x^2 - a^2} < |x|$, so ist für die Koordinaten von Hyperbelpunkten $|y| < \frac{b}{a}|x|$. Die Hyperbeläste liegen also ganz in den von den Geraden $y_{\mathrm{III}} = \frac{b}{a}x$ und $y_{\mathrm{IV}} = -\frac{b}{a}x$ begrenzten Winkelfeldern, welche die Scheitel enthalten (vgl. Fig. 46.1). Die Hyperbel kommt mit wachsenden Werten $|x|$ diesen Geraden beliebig nahe. Um dies nachzuweisen, genügt z.B. nicht die Tatsache, daß für x gegen ∞ der Term $\frac{y_{\mathrm{I}}}{x} = \frac{b}{a}\sqrt{1 - \frac{a^2}{x^2}}$, $(x > 0)$, gegen $\frac{b}{a}$ strebt; dies ist nur eine notwendige Bedingung (wieso?). Wir schreiben (für einen der 4 Zweige) $y_{\mathrm{I}} = \frac{b}{a}\sqrt{x^2 - a^2}$, $y_{\mathrm{III}} = \frac{b}{a}x$. Dann ist $y_{\mathrm{III}}^2 - y_{\mathrm{I}}^2 = b^2$, also $y_{\mathrm{III}} - y_{\mathrm{I}} = b^2 : (y_{\mathrm{III}} + y_{\mathrm{I}})$. Für x gegen ∞ rückt $y_{\mathrm{III}} + y_{\mathrm{I}}$ gegen ∞ und daher $y_{\mathrm{III}} - y_{\mathrm{I}}$ gegen 0, w. z. b. w.

D 4 Bei der Hyperbel (21) nennt man die Geraden m. d. Gl. $\boldsymbol{y = \frac{b}{a}x}$ und $\boldsymbol{y = -\frac{b}{a}x}$ **(22)** *Grenzgeraden* oder **Asymptoten**[1].

Sie sind für das Zeichnen einer Hyperbel wichtig (Fig. 46.1). Dabei erhält auch die „Halbachse b" eine anschauliche Bedeutung (Fig. 46.1). Woher rührt wohl der Name „rechtwinklige" Hyperbel für den Fall $b = a$?

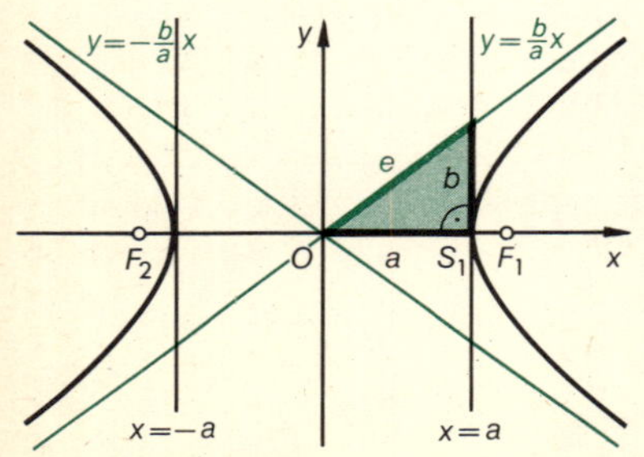

46.1.

---

1. sympiptein (griech.), zusammenfallen, zusammentreffen; *a* ist verneinende Vorsilbe.

Aufgaben

11. Stelle die Hyperbelgleichung erneut auf für das Zahlenbeispiel $F_1(5 \mid 0)$, $F_2(-5 \mid 0)$ und $2a = 8$, und zwar für den „linken" Ast.

12. Nenne die Gleichungen der Hyperbeln mit den Symmetrieachsen als Koordinatenachsen für a) $a = 3$, $e = 5$ b) $a = 4{,}8$, $e = 5$ c) $a = 1$, $e = 5$
Berechne und konstruiere jeweils b. Zeichne auch die Asymptoten.

13. Konstruiere und berechne die fehlenden der 4 Zahlen a, b, e, ε (Fig. 46.1):
a) $a = 5$, $e = 7$ b) $a = 6$, $b = 2$ c) $b = 6$, $e = 6{,}5$
Warum sind alle Hyperbeln mit demselben ε ähnlich?

14. Zeichne für folgende Hyperbeln Haupt- und Nebenachse samt den Asymptoten. Konstruiere die Brennpunkte und berechne ihre Koordinaten. Zeichne die Kurven punktweise.
a) $\frac{x^2}{9} - \frac{y^2}{16} = 1$ b) $\frac{x^2}{16} - \frac{y^2}{20} = 1$ c) $x^2 - 9y^2 = 9$ d) $9x^2 - y^2 = 9$ e) $x^2 - y^2 = a^2$

15. Gib die Lage, Halbachsen, Asymptoten an bei den Hyperbeln m. d. Gleichungen
a) $\frac{y^2}{16} - \frac{x^2}{4} = 1$ b) $y^2 - 4x^2 = 4$ c) $-\frac{x^2}{a^2} + \frac{y^2}{b^2} = 1$ (vgl. Bem. 2, S. 45).
Löse die Gleichungen auch nach y auf. Zeichne a) und b) *auch* nach einer Wertetafel.

16. Erläutere die „Fadenkonstruktion" der Hyperbel in Fig. 47.1. Wie erhält man den anderen Ast? Inwiefern läßt sich durch diese Konstruktion anschaulich verdeutlichen, daß die Lösungen von (IV) auch (I′) bzw. (I″) erfüllen?

Ring
F_2
F_1

47.1.

17. Setze in Aufg. 10 $r_1 = t - a$, $r_2 = t + a$. Stelle die Gleichungen der Kreise auf, welche Punkte des rechten Hyperbelastes ergeben. Zeige: $x = \frac{a}{e}t$, also $t = \frac{e}{a}x$ mit $e > a > 0$. Leite dann (IV) durch Elimination von t her. Zeige nun: Zu jedem Punkt $P(x_1 \mid y_1)$ mit $x_1 \geqq a$, für den (IV) gilt, ergibt sich $t_1 \geqq e > a$ und hiermit ein Paar $(r_1 > 0;\ r_2 > 0)$, das (I′) erfüllt. Zeige ferner: (IV) gilt auch für $Q(-x_1 \mid y_1)$; hierzu gehören $\overline{r_1} = r_2$, $\overline{r_2} = r_1$, die (I″) erfüllen. Verdeutliche so, daß (IV) dieselbe Lösungsmenge hat wie (I′) und (I″) zusammen (vgl. Bem., S. 45).

18. Zeige, daß die unerfüllbare Ellipsenbedingung $r_1 + r_2 = 8$ bei $e = 5$ rechnerisch (Quadrieren!) auf die erfüllbare Gleichung $9x^2 - 16y^2 = 144$ führt.

19. Skizziere, ausgehend von der Hyperbel mit $e = 5$, $a = 1$ (vgl. Aufg. 12c) auch ein Stück der Hyperbel mit $e = 5$, $a = 0{,}2$; zeichne ihre Asymptoten. Verdeutliche den Übergang zu der „Ausartung" $a = 0$ m. d. Gl. $x^2 = 0$.

20. Zeige, daß sich die Asymptotengleichungen in der Form schreiben lassen:
$\frac{x}{a} - \frac{y}{b} = 0$ bzw. $\frac{x}{a} + \frac{y}{b} = 0$ oder beide zusammen $\frac{x^2}{a^2} - \frac{y^2}{b^2} = 0$ (22a).

21. Bestimme a und b so, daß die Hyperbel mit der Gleichung $b^2x^2 - a^2y^2 = a^2b^2$ durch die Punkte P_1 und P_2 geht. a) $P_1(2 \mid 1)$, $P_2(3 \mid 2)$ b) $P_1(3{,}4 \mid 4)$, $P_2(5 \mid -10)$.

22. Zeige, daß man in Aufg. 9 „Ellipse (18)" durch „Hyperbel (21)" ersetzen kann.

23. Bestimme die Punkte auf der Hyperbel m. d. Gl. $16x^2 - 9y^2 = 144$, für die sich r_1 und r_2 wie $1:3$ verhalten.

24. Zeige: Wenn $P(x \mid y)$ ein Punkt der rechtwinkligen Hyperbel mit der Gleichung $x^2 - y^2 = a^2$ ist, so gilt $\overline{PF_1} \cdot \overline{PF_2} = \overline{PO}^2$.

Ellipsen als Planetenbahnen

25. Nach dem 1. Keplerschen Gesetz sind die Planetenbahnen Ellipsen, in deren einem Brennpunkt die Sonne steht. (Freilich unterscheiden sie sich wenig von Kreisen.)

a) Die Entfernungen der Erde von der Sonne in der größten Sonnennähe und in der größten Sonnenferne verhalten sich wie $59:61$. Wie groß ist das Verhältnis $e:a = \varepsilon$ (als Bruchzahl) für die Erdbahnellipse?

b) Wie groß ist die kleine Halbachse b, wenn die „mittlere Entfernung" der Erde von der Sonne 150 Millionen Kilometer beträgt? (Hier ist das arithmetische Mittel zwischen der kleinsten und der größten Entfernung $a - e$ bzw. $a + e$ gemeint, also a.)

c) Für die Bahnellipse des Planeten Mars, deren Untersuchung Kepler auf sein 1. und 2. Gesetz führte, ist $a = 230 \cdot 10^6$ km, $\varepsilon = 0{,}093$. Zeige, daß $b = 229 \cdot 10^6$ km ist. Zeichne die Ellipse im Maßstab $1:(5 \cdot 10^{12})$ als Kreis mit 46 mm Radius und zeige, daß dabei der Fehler in der Nähe der Nebenscheitel nur 0,2 mm beträgt (e wird 4,3 mm).

Anwendung der Hyperbel beim Schallmeßverfahren

Beim Schallmeßverfahren ermittelt man den unbekannten Standort einer Schallquelle aus dem verschiedenzeitigen Eintreffen des Signals an verschiedenen Beobachtungsstellen, die telefonisch verbunden sind. Die Schallgeschwindigkeit v wird in Abhängigkeit von Luftdruck, -temperatur und -feuchtigkeit Tabellen entnommen; v sei 340 m/sec. Eine Laufzeitdifferenz des Schalls von Δt (in sec) bedeutet eine Streckendifferenz $v \cdot \Delta t$; die Schallquellen liegen somit für festes Δt auf einem Hyperbelast mit den Beobachtungsstellen als Brennpunkten und $2a = v \cdot \Delta t$ (wieso?). Zur Ortsbestimmung braucht man mindestens 2 solche Linien (3 Beobachtungsstellen). Welche Linie bedeutet $\Delta t = 0$ sec?

Beispiel: In Fig. 48.1 im Maßstab 1:50000 bilden die Beobachtungsstellen A, B, C ein Dreieck mit $\overline{AB} = 1200$ m, $\overline{BC} = 1500$ m, $\overline{AC} = 2600$ m. Gemessen seien die Zeitdifferenzen $t_B - t_A = 1{,}4$ sec, $t_C - t_B = 1{,}2$ sec, $t_C - t_A = 2{,}6$ sec. Dem entsprechen für die Hyperbeln $2a = 476$ m, 408 m, 884 m; in der Figur $2a = 9{,}52$ mm, 8,16 mm, 17,68 mm. Rechne nach und zeichne selbst das Dreieck ABC und die 3 Hyperbeläste im Maßstab 1:25000. Für die Entfernung der Schallquelle von A ergibt sich etwa 2,6 km.

Was würde z. B. $t_A - t_B = 1{,}4$ sec bedeuten, statt wie oben $t_B - t_A = 1{,}4$ sec? Wie man aus den roten Asymptoten in Fig. 48.1 erkennt, kann man unter Umständen im Rahmen der nicht sehr großen Genauigkeit den Hyperbelast durch seine Asymptote ersetzen (Vereinfachung der Zeichnung).

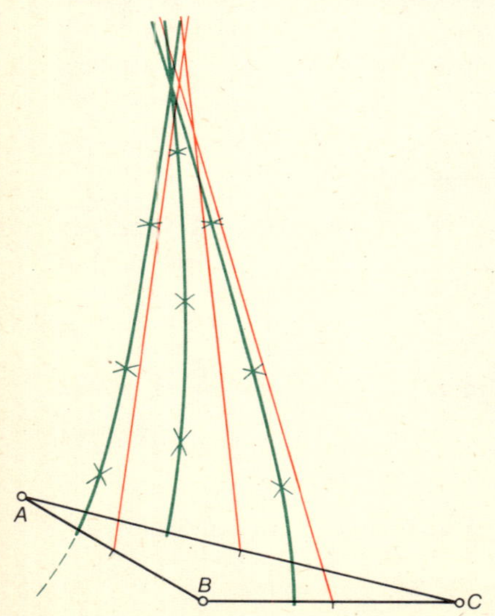

48.1.

Zwei konzentrische Kreisscharen, Ellipse und Hyperbel

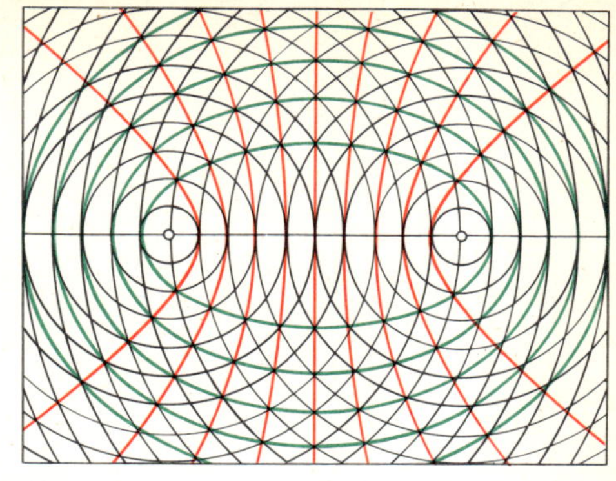

49.1.

In Fig. 49.1 sind (schwarz) 2 konzentrische Scharen von Kreisen mit *gleichen Abständen* gezeichnet. Es entsteht ein Netz von krummlinigen Vierecken. Die Ecken dieser Vierecksmaschen sind (grün bzw. rot) diagonal verbunden. (Nicht geradlinig, sondern so, wie es sich bei Verfeinerung der Mascheneinteilung ergibt.) Aus D 1 bzw. D 3 folgt, daß es sich um *Ellipsen* bzw. *Hyperbeln* mit den beiden Kreismittelpunkten als Brennpunkten handelt (wieso?). Man spricht daher von „konfokalen" Kurven. Bei der Interferenz von Wasserwellen, die sich kreisförmig von zwei Erregungszentren ausbreiten, werden diese Kurven bei geeigneter Versuchsanordnung deutlich sichtbar, vgl. Fig. 49.2.

49.2.

Die Parabel

3 Rückt der Mittelpunkt der einen Kreisschar in Fig. 49.1 weit nach links, so ergibt sich Fig. 49.3.
a) Wie heißen die Kurven, von denen Stücke gezeichnet sind?
b) Was wird aus der einen Kreisschar, wenn man ihren Mittelpunkt nach links ins Unendliche rückt (Fig. 49.4)? Warum müssen die beiden Kurven in Fig. 49.4 kongruent sein? Warum vermutet man, daß es sich weder um Ellipsen noch um Hyperbeln handeln kann?

4 In Fig. 49.4 hat S gleiche Abstände vom Kreismittelpunkt und von der gestrichelten Gerade. Zeige, daß dies auch für jeden anderen Punkt dieser Kurve gilt.

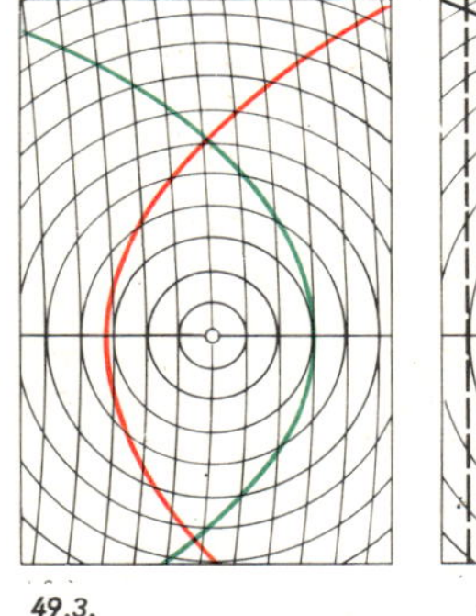

49.3.

49.4.

Wir lösen die nach den Vorübungen naheliegende **Aufgabe:** Wo liegen alle Punkte P, für welche die Entfernung von einem festen Punkt F gleich dem Abstand von einer festen Gerade L ist (F nicht auf L)?

Lösung (Fig. 49.5): F habe von L den Abstand p. Damit der Punkt S von Vorüb. 4 nach O fällt, wählen wir als festen Punkt $F\left(\frac{p}{2}\,\middle|\,0\right)$ und $x = -\frac{p}{2}$ als Gleichung der festen Gerade. Dann gehört O zur gesuchten Punktmenge, diese liegt symmetrisch bzgl. der x-Achse (warum?). Für einen beliebigen Punkt $P(x\,|\,y)$ der gesuchten Menge soll gelten:

$$\sqrt{\left(x-\frac{p}{2}\right)^2 + y^2} = x + \frac{p}{2}, \quad (p > 0).$$ Quadrieren ergibt:

$$x^2 - p\,x + \frac{p^2}{4} + y^2 = x^2 + p\,x + \frac{p^2}{4} \quad \text{bzw.} \quad y^2 = 2\,p\,x\,.$$

Diese wurzelfreie Gleichung $y^2 = 2\,p\,x$ hat nur Lösungen für $x \geqq 0$.

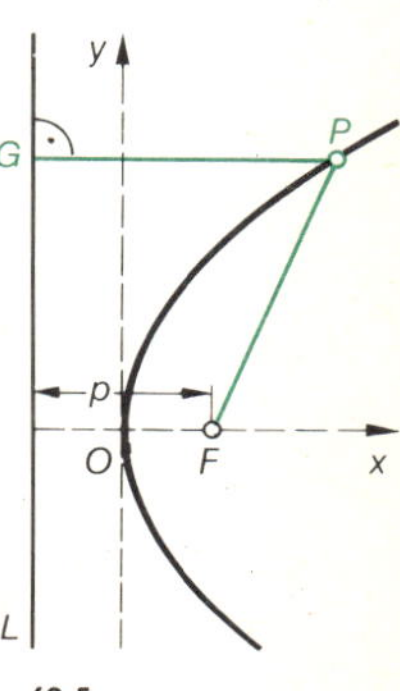

49.5.

Für $x \geqq 0$ ist aber die rechte Seite der Wurzelgleichung positiv, also sind die Lösungspaare von $y^2 = 2px$ auch Lösungen der Wurzelgleichung. (Führe die Probe auch ganz durch!) Der Vergleich mit § 8, (20) ergibt, daß es sich bei dieser Punktmenge um eine Parabel handelt.

Wir können daher eine Parabel auch wie folgt definieren:

D 5 Die Ortslinie aller Punkte, für welche die Entfernung von einem festen Punkt F gleich dem Abstand von einer festen Gerade L ist, heißt **Parabel** (vgl. § 8, S. 41).

D 6 F heißt **Brennpunkt**, L **Leitgerade**, ihr Abstand von F heißt **Parameter** p. (In D 5 ist $p \neq 0$ vorausgesetzt!) Der Strahl FP heißt *Brennstrahl*, der Strahl *GP Leitstrahl* (Fig. 49.5).
Beachte: p steht für eine positive Zahl (Maßzahl einer Strecke), wenn nicht später ausdrücklich anderes vermerkt wird.

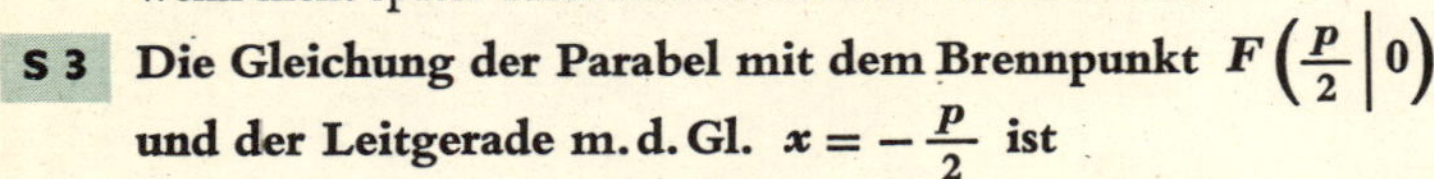

S 3 **Die Gleichung der Parabel mit dem Brennpunkt $F\left(\frac{p}{2}\middle|0\right)$ und der Leitgerade m. d. Gl. $x = -\frac{p}{2}$ ist**

$$y^2 = 2px \quad \textbf{(Scheitelgleichung).} \quad (23)$$

50.1.

Zur Konstruktion von Parabelpunkten vgl. Fig. 50.1 und 41.1.

Eigenschaften der Parabel und weitere Bezeichnungen

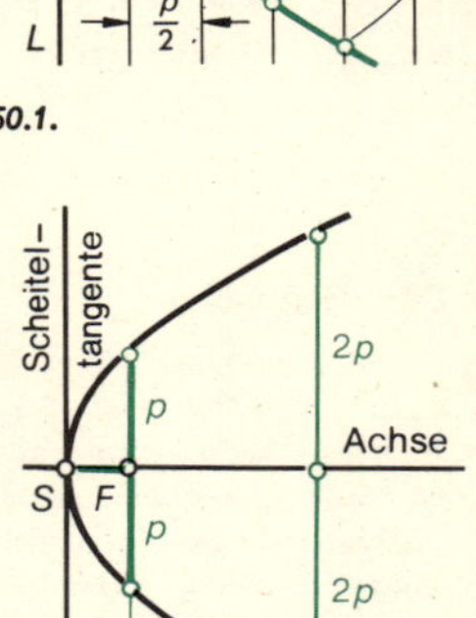

50.2.

1. Die Senkrechte zu L durch F ist Symmetrieachse, sie heißt **Achse** der Parabel. Der *eine* Parabelpunkt auf der Achse heißt **Scheitel,** die Senkrechte zur Achse im Scheitel heißt *Scheiteltangente* (vgl. Ziff. 2 und § 10).

2. Auflösung von (23) nach y ergibt $y_{\mathrm{I;II}} = \pm\sqrt{2px}$ (23a). Wegen $p > 0$ erhält man nur für $x \geqq 0$ reelle y-Werte, und zwar entgegengesetzt gleiche (die für $x = 0$ zusammenfallen; Scheiteltangente!). Für x gegen $+\infty$ strebt y_{I} gegen $+\infty$, y_{II} gegen $-\infty$. Die Kurve hat nur *einen* Ast und besitzt keine Asymptote.

3. Für $x = \frac{1}{2}p$ ist $y_{\mathrm{I}} = p$. Der y-Wert im Brennpunkt ist also gleich dem Parameter p (vgl. Aufg. 9 und 22). Unabhängig vom Achsenkreuz gilt: Die Längenmaßzahl der Parabelsehne durch F senkrecht zur Achse ist $2p$. Man nennt sie die **Sperrung** der Parabel (Fig. 50.2).

4. Für $x = 2p$ ist $y_{\mathrm{I;II}} = \pm 2p$. Um eine Parabel zu skizzieren, genügt oft die Scheitelpartie mit den 5 Punkten der Fig. 50.2: $(0\,|\,0)$, $(\frac{1}{2}p\,|\,\pm p)$, $(2p\,|\,\pm 2p)$.

Die 4 wichtigsten Lagen der Parabel im Achsenkreuz

Die zu Fig. 50.3 bis 6 gehörigen Scheitelgleichungen ergeben sich für $p > 0$ aus $y^2 = 2px$ durch Vorzeichenänderung bzw. Vertauschen von x und y. Vergleiche S. 51.

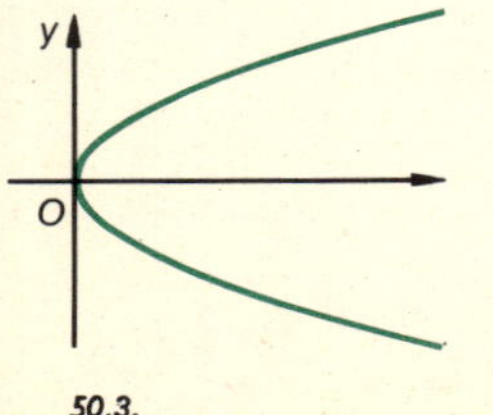

50.3.

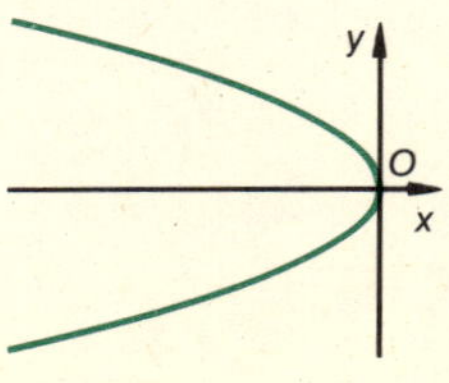

50.4.

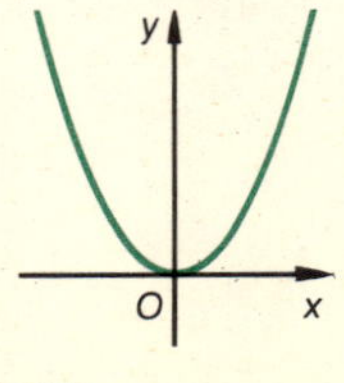

50.5.

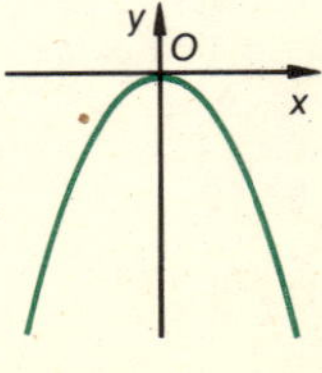

50.6.

50.3 „nach rechts geöffnet“ $y^2 = 2px$

$y_{I;II} = \pm\sqrt{2px}, \quad x \geqq 0$

50.4 „nach links geöffnet“ $y^2 = -2px$

$y_{I;II} = \pm\sqrt{-2px}, \quad x \leqq 0$

50.5 „nach oben geöffnet“ $x^2 = 2py$

$y = \frac{x^2}{2p}, \quad x \in \mathbb{R}$

50.6 „nach unten geöffnet“ $x^2 = -2py$

$y = -\frac{x^2}{2p}, \quad x \in \mathbb{R}$

Bemerkung: Für die 3. und 4. Lage schreibt man als Gleichungsform oft $y = ax^2$ $(a \lessgtr 0)$. Beachte, daß dabei a *nicht* Längenmaßzahl einer Strecke ist.

Aufgaben

26. Wo liegen alle Punkte, deren Entfernung von $F(1 \mid 0)$ gleich ihrem Abstand von der Gerade $x = -1$ ist? Konstruiere die Kurve (in der Nähe des Scheitels mehr Punkte als in Fig. 50.1). Stelle die Gleichung auf wie auf S. 49.

27. Wie heißt die Gleichung der Parabel in den 4 Lagen der Fig. 50.3 bis 50.6,
a) wenn der Abstand des Brennpunkts von der Leitgerade 4 (1; c) ist?
b) wenn die Entfernung des Brennpunkts vom Scheitel 1 (2,5; c) ist?
c) wenn die Sperrung 6 (5; c) ist?

28. Konstruiere eine Parabel, von der gegeben ist
a) Scheitel S und Brennpunkt F,
b) F, die Achse, ein Punkt P,
c) Leitgerade L, Achse, ein Punkt P,
d) Leitgerade, zwei Punkte P_1, P_2.

29. Skizziere folgende Parabeln mit Hilfe der „5 Punkte“ von Fig. 50.2. Gib jeweils an: Die Sperrung $2p$, den Parameter p und die Entfernung $\overline{OF}$.
a) $y^2 = 6x$ b) $y^2 = -8x$ c) $x^2 = 4y$ d) $x^2 + 5y = 0$ e) $y = -\frac{1}{2}x^2$

30. Zeige, daß bei $y^2 = 2px$ für x gegen $+\infty$ der Quotient $\frac{y}{x}$ gegen Null strebt. Geometrische Bedeutung? Vergleiche mit der Hyperbel.

31. Bestimme die Gleichung der Parabel, die den Scheitel in O hat,
a) nach rechts geöffnet ist und durch $P(3 \mid 2)$ geht,
b) die x-Achse als Achse hat und durch $P(-1 \mid \sqrt{3})$ geht,
c) die y-Achse als Achse hat und durch $P(-4 \mid -1)$ geht,
d) die x-Achse (y-Achse) als Achse hat und durch $P_0(x_0 \mid y_0)$ geht.
Verwende bei der y-Achse als Achse auch den Ansatz $y = ax^2$.

32. Strecke die Parabel m. d. Gl. $y^2 = 2x$ von O aus zentrisch im Verhältnis
a) 2:1, b) 1:2 („Pressung“). Gib Gleichung und Art der neuen Kurve an.

33. a) Wo trifft die Gerade $y = mx$ mit $m \neq 0$ die Parabel $y^2 = 2px$ zum zweitenmal?
b) Wieso folgt aus dem Ergebnis, daß die Parabel $y^2 = 2px$ durch zentrische Streckung von O aus im Verhältnis $p:1$ aus der Parabel $y^2 = 2x$ entsteht? Beweise so den Satz:
S 4 **Alle Parabeln sind ähnlich.**

34. Wie ändert sich der Graph der Gleichung $y = ax^2$, wenn der Faktor a alle Werte von $+\infty$ bis $-\infty$ durchläuft? Zeichne einige Kurven der Schar.

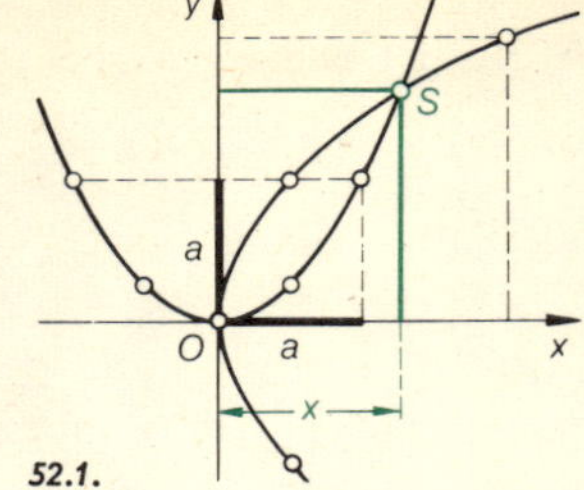

52.1.

35. Zeichne in die Parabel m. d. Gl. $y^2 = 2\,p\,x$ ein gleichseitiges Dreieck ein, von dem eine Ecke im Scheitel O liegt. Welche Gleichungen und Längen haben die Seiten?

36. a) Beweise: Der x-Wert des Schnittpunkts der Parabeln m. d. Gl. $y^2 = 2\,a\,x$ und $x^2 = a\,y$ (Fig. 52.1) mißt die Kante eines Würfels vom Volumen $2\,a^3$. (Würfelverdoppelung nach Menächmus, 350 v. Chr.)
b) Ermittle diesen x-Wert aus einer genauen Zeichnung auf Millimeterpapier für $a = 10$ cm und bestimme so $\sqrt[3]{2}$. Mache die Rechenprobe!

Bemerkung: Hier kann § 27 von Kapitel III eingeschoben werden (Parallelverschiebung).

10 Tangenten bei Ellipse, Hyperbel, Parabel

❶ Wie gelangte man in der Mittelstufengeometrie zur Kreistangente? (Fig. 52.2)
❷ Wie kommt man in der Analysis zur Tangente einer Kurve?

Um die Tangentenrichtung in einem beliebigen Ellipsenpunkt $P_1(x_1 \mid y_1)$ mit $y_1 \neq 0$ zu ermitteln, legen wir eine Sekante durch P_1 und einen Ellipsenpunkt $P_2(x_2 \mid y_2)$ (Fig. 52.3).

Die Sekantensteigung ist $m_s = \dfrac{y_2 - y_1}{x_2 - x_1}$, falls $x_2 \neq x_1$ ist.

52.2.

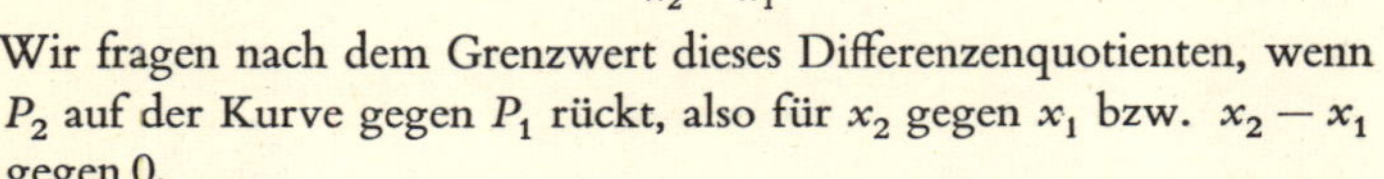

Wir fragen nach dem Grenzwert dieses Differenzenquotienten, wenn P_2 auf der Kurve gegen P_1 rückt, also für x_2 gegen x_1 bzw. $x_2 - x_1$ gegen 0.
Dabei suchen wir $y_2 - y_1$ mittels der Kurvengleichung durch x_1 und x_2 auszudrücken, und zwar womöglich so, daß der betreffende Term den Faktor $x_2 - x_1$ enthält (warum?)

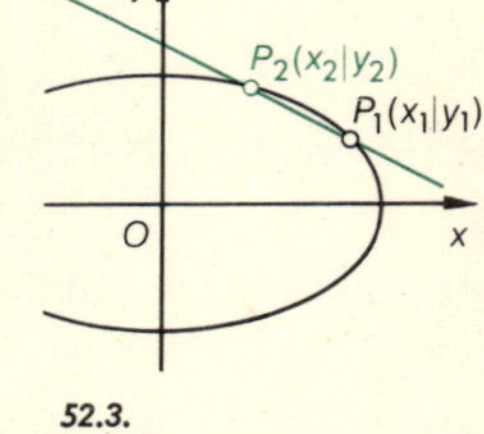

52.3.

Für P_2 bzw. P_1 gilt: $\dfrac{x_2^2}{a^2} + \dfrac{y_2^2}{b^2} = 1$ und $\dfrac{x_1^2}{a^2} + \dfrac{y_1^2}{b^2} = 1$.

Subtraktion ergibt:

$$\frac{y_2^2 - y_1^2}{b^2} + \frac{x_2^2 - x_1^2}{a^2} = 0 \quad \text{bzw.} \quad \frac{(y_2 - y_1)(y_2 + y_1)}{b^2} = -\frac{(x_2 - x_1)(x_2 + x_1)}{a^2}, \quad \text{also}$$

$$y_2 - y_1 = -\frac{b^2}{a^2} \cdot \frac{x_2 + x_1}{y_2 + y_1}(x_2 - x_1) \quad \text{bzw.} \quad m_s = \frac{y_2 - y_1}{x_2 - x_1} = -\frac{b^2}{a^2} \cdot \frac{x_1 + x_2}{y_1 + y_2} \quad \text{für } x_2 \neq x_1.$$

Das eine Ziel der Umformung, der Faktor $x_2 - x_1$, wurde erreicht; das ermöglichte für $x_2 \neq x_1$ das Kürzen. Jetzt ist der Grenzwert zu ermitteln:

$$m_t = \lim_{x_2 \to x_1} m_s = -\frac{b^2}{a^2} \cdot \frac{2\,x_1}{2\,y_1} = -\frac{b^2\,x_1}{a^2\,y_1} \quad \text{für } y_1 \neq 0.$$

Da dieser Grenzwert m_t also existiert und unabhängig von der Art ist, wie P_2 gegen P_1 rückt, haben die Sekanten eine eindeutige Grenzlage t mit der Steigung m_t, wobei die Gerade t nur *einen* Punkt mit der Ellipse gemeinsam hat (wieso?).

D 1 Die Ellipsentangente in P_1 ist die Grenzlage der *Sekanten* P_1P_2, wenn P_2 gegen P_1 rückt.
Die Gleichung der Tangente ist somit $\frac{y - y_1}{x - x_1} = -\frac{b^2 x_1}{a^2 y_1}$.
Durch Umformen entsteht eine Gleichung, die man sich leichter merken kann:
Zunächst erhält man $\frac{y_1 y - y_1^2}{b^2} = -\frac{x_1 x - x_1^2}{a^2}$ bzw. $\frac{x_1 x}{a^2} + \frac{y_1 y}{b^2} = \frac{x_1^2}{a^2} + \frac{y_1^2}{b^2}$.
Da P_1 Ellipsenpunkt ist, hat der Term rechts den Wert 1. Entsprechend erhält man Steigung und Gleichung der Hyperbel- und Parabeltangente. Damit gilt für $y_1 \neq 0$:

S 1 **Die Tangente im Kurvenpunkt $P_1(x_1 | y_1)$ der Kurven**

	Ellipse $\frac{x^2}{a^2} + \frac{y^2}{b^2} = 1$	Hyperbel $\frac{x^2}{a^2} - \frac{y^2}{b^2} = 1$	Parabel $y^2 = 2px$	
hat die **Gleichung**	$\frac{x_1 x}{a^2} + \frac{y_1 y}{b^2} = 1$	$\frac{x_1 x}{a^2} - \frac{y_1 y}{b^2} = 1$	$y_1 y = p(x_1 + x)$	**(24)**
und die **Steigung**	$m_t = -\frac{b^2 x_1}{a^2 y_1}$	$m_t = \frac{b^2 x_1}{a^2 y_1}$	$m_t = \frac{p}{y_1}$	**(25)**

Wählt man statt $P_1(x_1 | y_1)$ den Ellipsenscheitel $S_1(a | 0)$, so ist die Steigung der Sekante S_1P_2: $m_s = -\frac{b^2}{a^2} \cdot \frac{a + x_2}{y_2}$. Rückt nun P_2 von oben (von unten) gegen S_1, so strebt m_s gegen $-\infty$ (gegen $+\infty$), die Scheiteltangente in S_1 ist also parallel zur y-Achse und hat die Gleichung $x = a$. Man überzeugt sich leicht, daß man die Scheiteltangentengleichung für alle 3 Kurvenarten auch richtig aus den Formeln (24) erhält.

Konstruktion der Tangenten

Aus (24) erhält man für den Schnittpunkt $T(x_T | 0)$ der Tangente mit der x-Achse bei der Ellipse: $x_T = \frac{a^2}{x_1}$, Hyperbel: $x_T = \frac{a^2}{x_1}$ (für $x_1 \neq 0$); Parabel: $x_T = -x_1$.
a) Bei der Ellipse ist $|x_1| \leqq a$, also $|x_1| \leqq a \leqq |x_T|$, bei der Hyperbel ist $|x_1| \geqq a$, also $|x_1| \geqq a \geqq |x_T|$. Beidesmal hat x_T dasselbe Vorzeichen wie x_1.
Da x_T und x_1 von O aus gerechnet werden, kann man x_T bei Ellipse und Hyperbel bequem nach dem Kathetensatz konstruieren (Fig. 53.1 und 2). Verwende den Kreis um O mit $r = a$.
Bemerkung: Was hier kurz mit x_1, x_T formuliert ist, könnte man auch mit „Abschnitt auf der Hauptachse vom Kurvenmittelpunkt aus" usw. rein geometrisch formulieren.
b) Bei der Parabel führt $x_T = -x_1$ zur einfachen Konstruktion in Fig. 53.3, ferner zum Satz:

S 2 **Bei der Parabel halbiert die Scheiteltangente den Abschnitt jeder anderen Tangente zwischen Berührpunkt und Achse.**

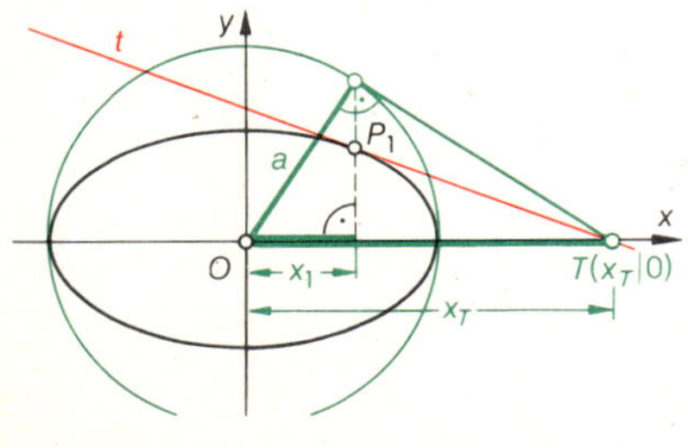

53.1.

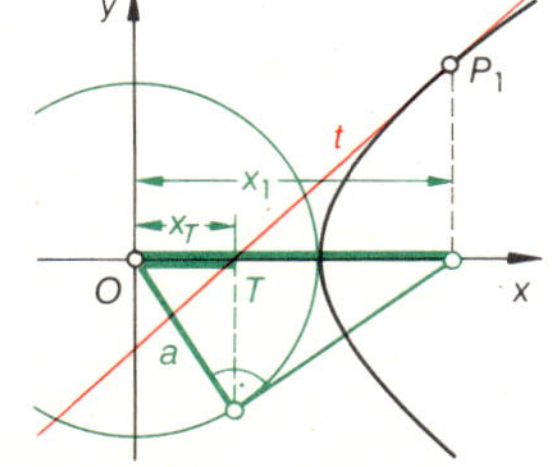

53.2.

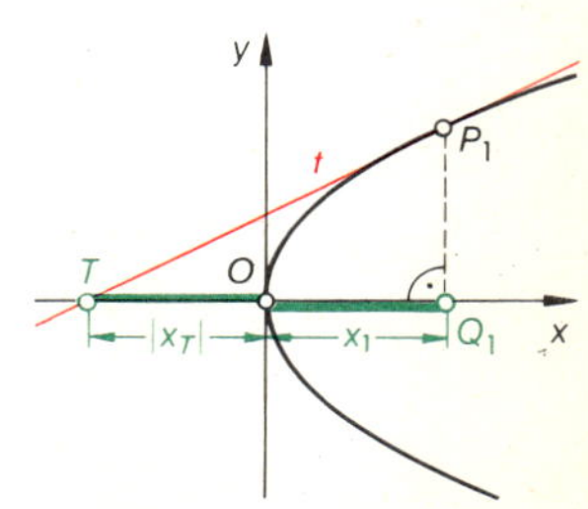

53.3.

Aufgaben

1. Leite die Tangentensteigungen und -gleichungen für Hyperbel und Parabel entsprechend dem Lehrtext für die Ellipse her. Prüfe die Ergebnisse auch für die Scheitel.

2. Löse die Gleichungen der Ellipse (18), Hyperbel (21), Parabel (23) nach y auf und differenziere die erhaltenen Funktionen. Ermittle auch so die Tangentensteigungen (25).

3. Bestimme für die folgenden Ellipsen die Tangenten im Punkt $P_1(x_1 \mid y_1)$:
a) $\frac{x^2}{25} + \frac{y^2}{9} = 1$; $x_1 = 4$, $y_1 > 0$ b) $\frac{x^2}{20} + \frac{y^2}{5} = 1$; $x_1 < 0$, $y_1 = 2$
c) $x^2 + 9y^2 = 9$; $x_1 = -1$, $y_1 < 0$ d) $4x^2 + y^2 = 16$; $y_1 = 4$
Welche Koordinaten haben die Schnittpunkte der Tangente mit den Achsen? Zeichnerische und rechnerische Lösung.

4. a) Bestimme b so, daß die Ellipse m. d. Gl. $\frac{x^2}{36} + \frac{y^2}{b^2} = 1$ die Gerade $y = \frac{x}{2} - 5$ berührt.
Anleitung: Vergleiche die Koeffizienten von $\frac{x_1 x}{36} + \frac{y_1 y}{b^2} = 1$ und $\frac{x}{10} - \frac{y}{5} = 1$.
b) Bestimme a und b so, daß die Ellipse mit der Gleichung $b^2x^2 + a^2y^2 = a^2b^2$ die Gerade $x + 2y = 12$ im Punkt mit $x_1 = 4$ berührt.
c) Beschreibe dem Quadrat $A(-5 \mid 0)$ $B(0 \mid -5)$ $C(5 \mid 0)$ $D(0 \mid 5)$ eine Ellipse ein, deren Achsen $2a$ und $2b$ sich wie 4 : 3 verhalten.

5. Berechne bei folgenden Hyperbeln die fehlende Koordinate des Punktes P_1 und konstruiere in ihm die Tangente. Gib ihre Gleichung an.
a) $\frac{x^2}{16} - \frac{y^2}{9} = 1$; $P_1(5 \mid y_1 > 0)$ b) $\frac{4x^2}{9} - \frac{4y^2}{81} = 1$; $P_1(x_1 > 0 \mid -6)$
c) $x^2 - 4y^2 = 36$; $P_1(10 \mid y_1 > 0)$ d) $x^2 - y^2 = 9$; $P_1(x_1 < 0 \mid 4)$

6. Von einer Hyperbel kennt man die Asymptoten mit der Gleichung $y_{I;II} = \pm\frac{2}{3}x$ und den Punkt $P_1(2 \mid 1)$. Stelle die Gleichung der Hyperbel und der Tangente in P_1 auf.

7. Von einer Hyperbel kennt man die Asymptoten $y_{I;II} = \pm\frac{6}{5}x$ und die Tangente mit der Gleichung $y = 2x - 4$. Welche Gleichung hat die Hyperbel?

8. Lege an folgende Parabeln die Tangente im Punkt P_1: a) $y^2 = 8x$; $P_1(2 \mid y_1 > 0)$
b) $y^2 = -20x$; $P_1(? \mid -5)$ c) $y = 1{,}5x^2$; $P_1(2 \mid ?)$ d) $y = -\frac{1}{2}x^2$; $P_1(-3 \mid ?)$
Konstruiere und errechne P_1. Konstruiere die Tangente und gib ihre Gleichung an.

9. Welche der 3 Geraden mit den Gleichungen $2x + 3y + 4 = 0$; $2x + 4y + 7 = 0$; $3x + 7y + 14 = 0$ berührt die Parabel m. d. Gl. $y^2 = 3{,}5x$? Gib den Berührpunkt an.

10. a) Lege von $T(-4 \mid 0)$ die Tangenten an die Parabel mit der Gleichung $y^2 = 4x$.
b) Bestimme r so, daß der Kreis m. d. Gl. $(x + 2)^2 + y^2 = r^2$ die Parabel m. d. Gl. $y^2 = 4{,}5x$ rechtwinklig schneidet. Anleitung: Benutze a), wähle den Punkt T passend.

11. Zeige: Für die Gerade m. d. Gl. $y = mx + c$ und die Kurven mit nebenstehenden Gleichungen sind die **Tangentenbedingungen** (vgl. S. 32):

$\frac{x^2}{a^2} + \frac{y^2}{b^2} = 1$	$\frac{x^2}{a^2} - \frac{y^2}{b^2} = 1$	$y^2 = 2px$
$a^2m^2 + b^2 = c^2$	$a^2m^2 - b^2 = c^2$	$p = 2cm$

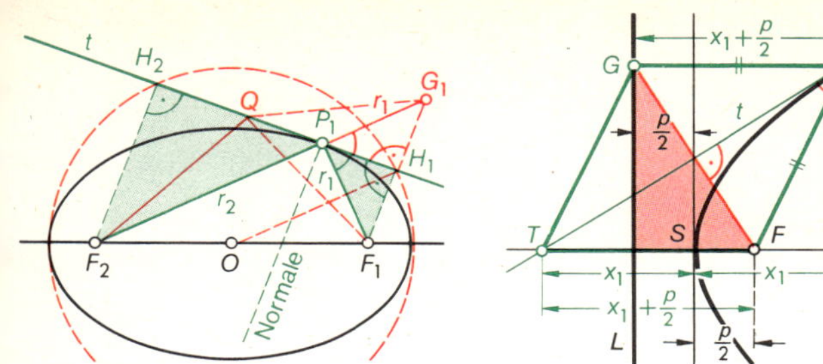

55.1.

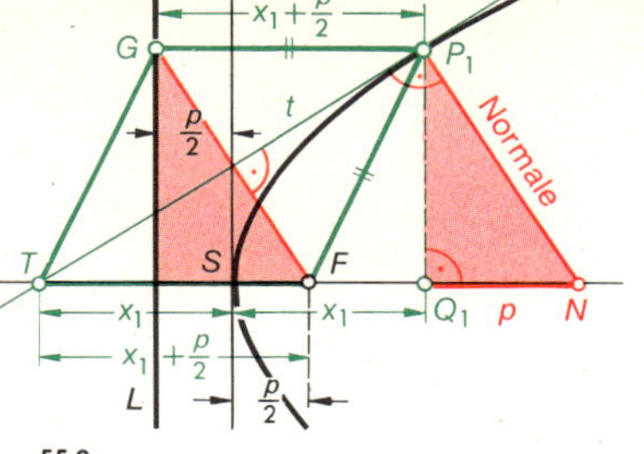

55.2.

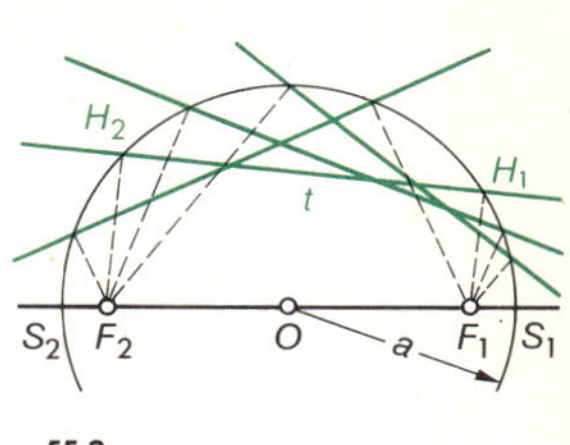

55.3.

D 3 Die Senkrechte auf einer Kurventangente im Berührpunkt heißt **Normale.**

Tangenten und Brennstrahlen

S 3 **Ellipsentangente und Ellipsennormale halbieren die Winkel zwischen den Brennstrahlen.**

Beweis: In 55.1 ist die Strecke F_2P_1 um $\overline{P_1F_1}$ verlängert bis G_1, also ist $\overline{F_2G_1} = 2a$. Die Gerade H_1P_1 ist Symmetrieachse des gleichschenkligen Dreiecks $P_1F_1G_1$, halbiert also den Nebenwinkel der Brennstrahlen. Für beliebiges Q auf der Gerade H_1P_1 gilt $\overline{QG_1} = \overline{QF_1}$. Somit ist $\overline{F_1Q} + \overline{QF_2} = \overline{G_1Q} + \overline{QF_2} > 2a$ für $Q \neq P_1$. P_1 ist also einziger Ellipsenpunkt auf der Gerade H_1P_1, alle Geradenpunkte Q *beiderseits* von P_1 liegen außerhalb der Ellipse, d.h. H_1P_1 ist Ellipsentangente. Da die Normale die Senkrechte zur Tangente durch P_1 ist, halbiert sie $\sphericalangle\, F_1P_1F_2$.

Aufgaben

S 4 **12.** Zeige: *Hyperbeltangente und Hyperbelnormale halbieren die Winkel zwischen den Brennstrahlen.*

13. Zeige, daß in Fig. 55.2 $\overline{P_1G} = \overline{P_1F} = \overline{TF}$ ist. Warum ist Viereck TFP_1G eine Raute? Beweise:

S 5 **Die Parabeltangente halbiert den Winkel zwischen Brennstrahl und Leitstrahl.**

14. In Fig. 55.1 stehen F_1H_1 und F_2H_2 senkrecht auf der Tangente t in P_1. Begründe den Satz:

S 6 Zeichnet man bei einer Ellipse (Hyperbel) zu einer beliebigen Tangente die Senkrechten durch die Brennpunkte F_1 und F_2 (Fig. 55.1), so liegen deren Schnittpunkte H_1 und H_2 mit der Tangente auf dem Kreis über der Hauptachse der Ellipse (Hyperbel) als Durchmesser.

15. Konstruiere nach S 6 Tangenten für eine Ellipse, die durch F_1, F_2, a gegeben ist (Fig. 55.3; beginne mit 2 Parallelen durch F_1, F_2). Zeichne die Kurve als „Einhüllende ihrer Tangenten".

16. Die Projektion des Normalabschnitts P_1N auf die Parabelachse (Q_1N in Fig. 55.2)

S 7 heißt „Subnormale". Zeige: *Die Subnormale der Parabel hat die Länge p.*

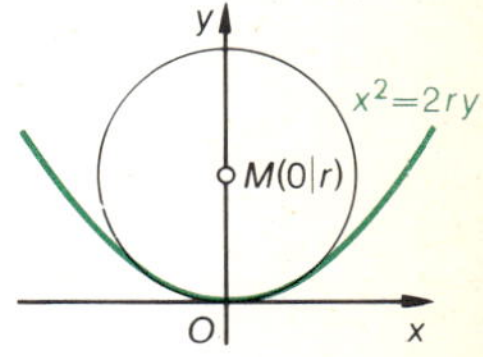

55.4.

Näherungskurven in den Scheiteln. Scheitelkrümmungskreise

Der Kreis um $M(0\,|\,r)$ mit Radius r (Fig. 55.4) hat die Gleichung $x^2 + y^2 = 2ry$ (I) (wieso?). Für Kreispunkte nahe bei O ist y klein, also y^2 sehr klein. Vernachlässigt man daher y^2 in (I) gegenüber $2ry$, so erhält man als „Näherungskurve" des Kreises in der Umgebung von O die Parabel m.d.Gl. $x^2 = 2ry$; für sie ist $p = r$. Umgekehrt ist natürlich der Kreis auch Näherungskurve für die Parabel in der Umgebung von O, man nennt ihn den **Krümmungskreis** der Parabel in O, sein Radius $\boldsymbol{r = p}$ heißt der **Krümmungsradius** im Scheitel der Parabel.

17. Zeige: a) Der Kreis (I) und die Parabel m.d.Gl. $x^2 = 2py$ treffen sich außer in O noch in zwei Punkten, falls $r > p$ und p fest ist.

b) Diese zwei Schnittpunkte rücken nach O, falls r gegen p strebt.

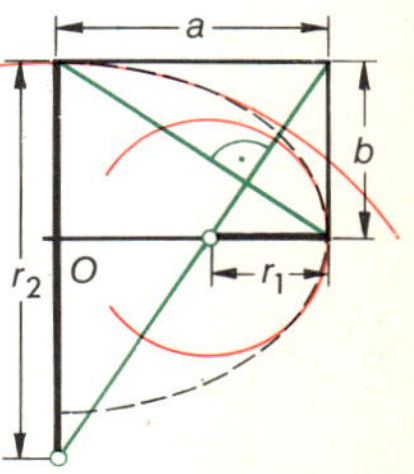

55.5.

18. Zeige: a) Die Ellipse mit Mittelpunkt $M(0 \mid b)$ und einem Nebenscheitel in O hat die Gleichung $b^2 x^2 + a^2 y^2 = 2 a^2 b y$ (II) und in O die Näherungskurve $b x^2 = 2 a^2 y$.
b) Nimmt man als Krümmungsradius r_2 im Ellipsenscheitel O den Krümmungsradius der Parabel $b x^2 = 2 a^2 y$, so ist $r_2 = a^2 : b$.
c) Der Krümmungsradius im Hauptscheitel ist entsprechend $r_1 = b^2 : a$.
d) Man erhält r_1 und r_2 durch die Konstruktion in Fig. 55.5.
e) Die Kurven (I) und (II) treffen sich außer in O noch in zwei Schnittpunkten, falls $b < r < a^2 : b$ und $a > b$ ist. Die zwei Schnittpunkte rücken nach O, wenn r gegen $a^2 : b$ strebt.

19. Zeige wie in Aufg. 18, daß die Formel $r_1 = b^2 : a$ auch für die Hyperbel gilt.
Zeichne samt Scheitelkrümmungskreisen die Kurven mit der Gleichung
a) $y^2 = 6x$, b) $16x^2 + 25y^2 = 400$, c) $x^2 + 5y^2 = 25$, d) $9x^2 - 16y^2 = 144$.

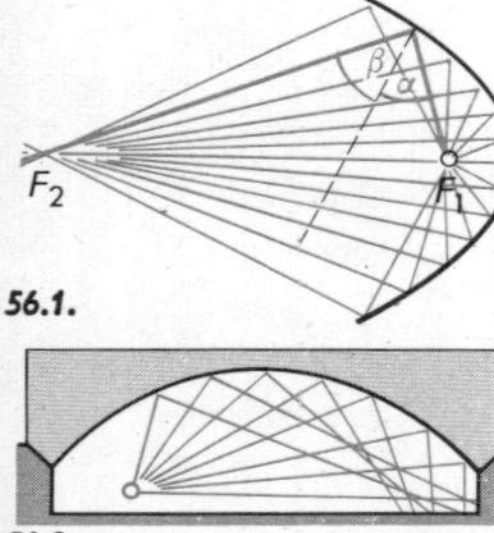

56.1.

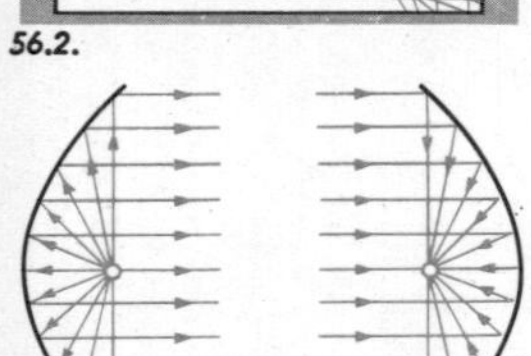
56.2.

56.3.

Physikalische Bedeutung der Sätze 3 und 4

Dreht man eine Ellipse um ihre Hauptachse, so entsteht ein Rotationsellipsoid. Fig. 56.1 sei ein Schnitt durch die Drehachse eines innen spiegelnden Ellipsoidabschnitts. Strahlen, die von einer Quelle in F_1 ausgehen, werden nach F_2 reflektiert (S 3: Reflexionswinkel = Einfallswinkel mit der Flächennormale). In F_2 entsteht eine hohe Strahlendichte, so erklärt sich der Name Brennpunkt (Focus).
Rotationsellipsoide gibt es bei Gegenständen kaum. Bei kugelig oder ähnlich gewölbten Schalen tritt aber in der Umgebung einer Stelle eine wesentlich größere Strahlendichte auf, als sie sonst in dieser Entfernung von der Strahlenquelle gewesen wäre. So erklären sich manche Schallerscheinungen z. B. unter Betonbogenbrücken (Fig. 56.2). Das „Ohr des Dionys" war ein Gewölbe zum Abhören der Flüstergespräche von Gefangenen.
Bei Parabolspiegeln werden vom Brennpunkt ausgehende Strahlen in „Leitstrahlen" reflektiert (warum?), so daß ein Parallelstrahlenbüschel in Richtung der Achse entsteht. Umgekehrt werden achsenparallele Strahlen in den Brennpunkt reflektiert. Beides wird ausgenützt, das erstere für Scheinwerfer, das letztere für Fernrohre (Spiegelteleskope), neuerdings mit riesigen Gitterspiegeln bei den Radioteleskopen, die unsichtbare Strahlung ferner Welten auffangen (Fig. 56.3 und 56.4). Bei Radar und Richtfunk werden beide Richtungen ausgenutzt (Fig. 56.3). Parabolspiegel aus Metall sieht man auf Richtfunktürmen der Post, auf Flugplätzen, bei astronomischen Beobachtungsstationen u. a.

Aufgaben

20. Wo muß der Leuchtfaden in einem Autoscheinwerfer sitzen, dessen Parabolspiegel 16 cm Durchmesser hat und 8 cm (5 cm) tief ist, wenn das Licht parallel gebündelt werden soll? (Fernlicht; durch die Ausdehnung des Leuchtfadens und das gerippte Abdeckglas kommt trotzdem eine Streuung zustande.)

21. Welche Tiefe hat der Parabolspiegel eines Flugplatzscheinwerfers, wenn er bei einer Brennweite von 12 cm den Durchmesser 60 cm haben soll? (Brennweite = Abstand des Brennpunkts vom Paraboloidscheitel.)

56.4.

Wir wollen im zweiten Kapitel *erstens* eine neue Darstellungsart und ein neues Werkzeug kennenlernen (Vektorschreibweise, Vektorrechnung), *zweitens* dieses Werkzeug auf geometrische Gegenstände anwenden und so das Kapitel I auch stofflich ergänzen (Teilverhältnis einer Strecke, Parameterdarstellung der Gerade, Flächeninhalte), *drittens* dabei nicht nur in der Ebene arbeiten, sondern auch im dreidimensionalen Raum.

11 Geordnete Punktepaare. Pfeile und Vektoren

Eine besonders einfache geometrische „Figur" wird gebildet durch ein *„geordnetes Punktepaar"* (P_1, P_2) in der Ebene oder im Raum (Fig. 57.1 und 57.2).

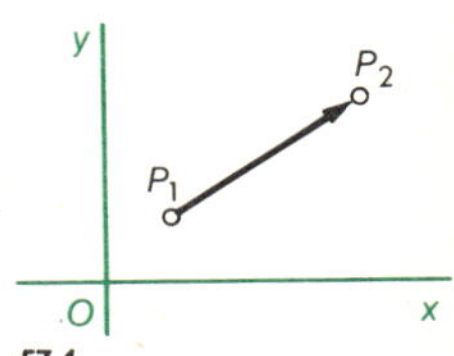

57.1.

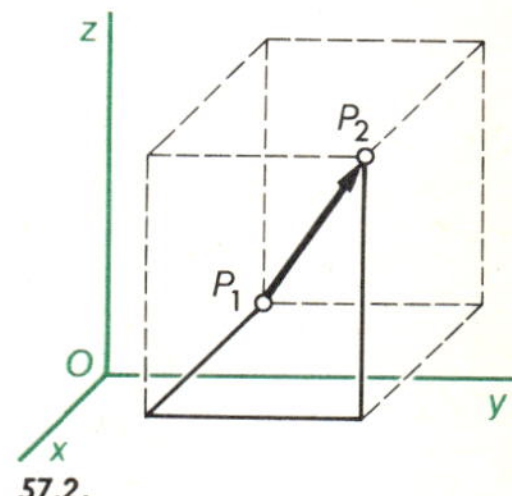

57.2.

D 1 Wir sagen: Das *geordnete Punktepaar* (P_1, P_2) bestimmt einen **Pfeil,** der von P_1 nach P_2 führt. P_1 heißt der **Anfangspunkt,** P_2 die **Spitze** des Pfeils. Wir schreiben für diesen Pfeil das Zeichen $\overrightarrow{\mathbf{P_1P_2}}$ (lies: Pfeil P_1P_2) und bezeichnen $\overrightarrow{P_1P_2}$ auch als *„gerichtete Strecke"*. Ist $P_2 = P_1$, so heißt $\overrightarrow{P_1P_2}$ *Nullpfeil.*

D 2 Für die Eigenschaft von Pfeilen, gleiche Länge[1] zu haben *und* gleichsinnig parallel zu sein, ist eine kurze Bezeichnung zweckmäßig. Da solche Pfeile durch Parallelverschiebung auseinander hervorgehen (vgl. Fig. 57.3), sagen wir:

D 2a *Pfeile heißen* **schiebungsgleich,** *wenn sie durch eine Parallelverschiebung auseinander hervorgehen;* gleichwertig damit ist:

D 2b *Pfeile heißen* **schiebungsgleich,** *wenn sie gleiche Länge*[1] *haben und gleichsinnig parallel sind* („gleiche Richtung haben").

Nullpfeile sind stets schiebungsgleich; sie haben die Länge 0 und keine Richtung.

Auf ein besonderes Zeichen für „schiebungsgleich" verzichten wir. Die durch D 2a bzw. D 2b definierte Schiebungsgleichheit stellt eine Äquivalenzrelation auf der Menge der Pfeile dar (vgl. Algebra 1, § 31). Wir fassen schiebungsgleiche Pfeile in **Äquivalenzklassen** zusammen und definieren:

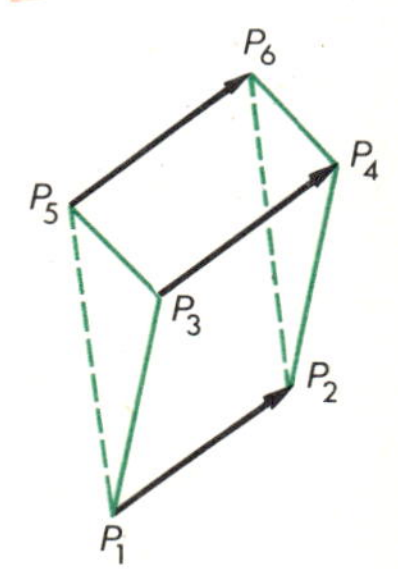

57.3. Schiebungsgleiche Pfeile

1. Die Länge des Pfeils $\overrightarrow{P_1P_2}$ ist die Länge der Strecke P_1P_2.

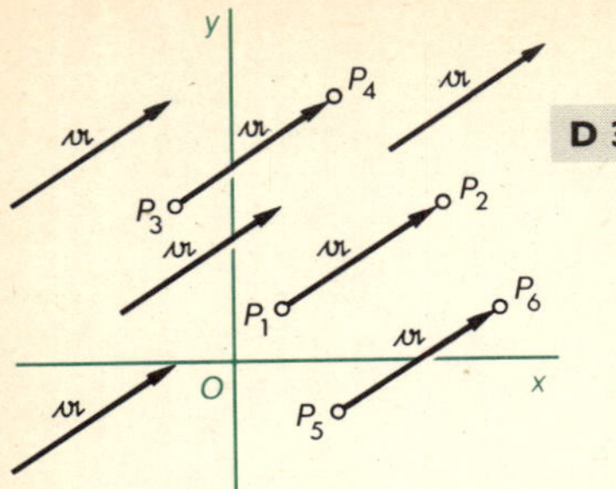

58.1. $\overrightarrow{P_1P_2}$, $\overrightarrow{P_3P_4}$, $\overrightarrow{P_5P_6}$ sind Repräsentanten desselben Vektors $\mathfrak{a}$

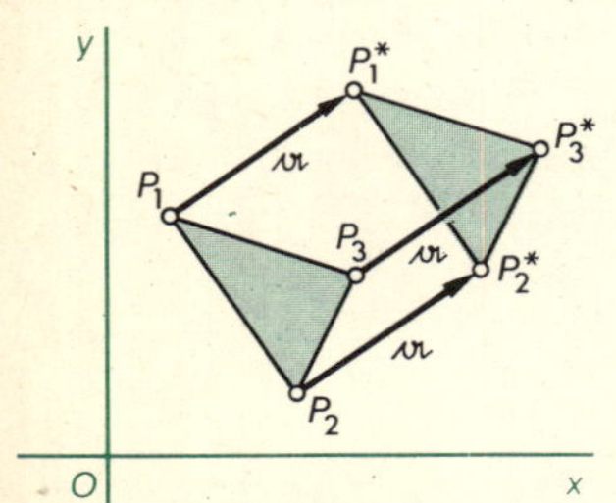

58.2. „$\mathfrak{a}$" als Schiebung

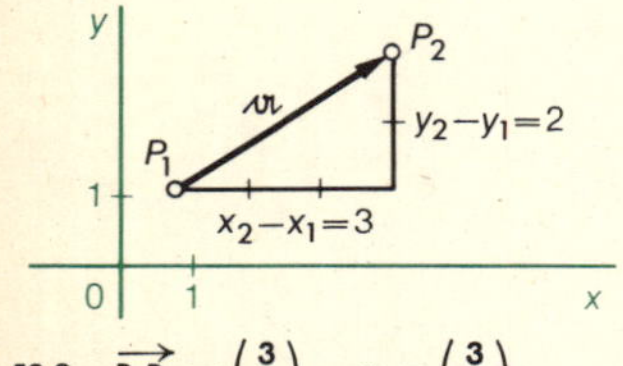

58.3. $\overrightarrow{P_1P_2} = \binom{3}{2}$, $\mathfrak{a} = \binom{3}{2}$

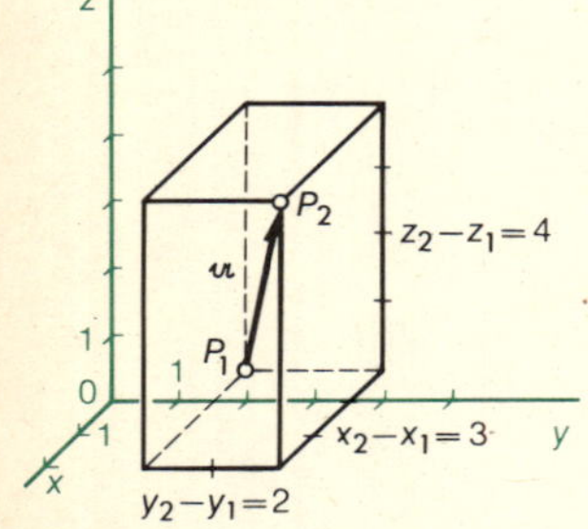

58.4. $\overrightarrow{P_1P_2} = (3;\ 2;\ 4)$, $\mathfrak{a} = (3;\ 2;\ 4)$

D 3 Eine Klasse schiebungsgleicher Pfeile nennt man einen **Vektor**[1]. Jeder Pfeil einer Klasse legt diese fest, er ist ein **Repräsentant** des betreffenden Vektors. Vektoren bezeichnen wir meist mit deutschen Buchstaben $\mathfrak{a}$, $\mathfrak{b}$, $\mathfrak{c}$, ..., die man in Figuren auch an Repräsentanten anschreibt (vgl. Fig. 58.1). Umgekehrt ist es oft geschickt, $\overrightarrow{P_1P_2}$ auch als Zeichen für den zugehörigen Vektor zu verwenden. Man darf dann[2] kurz schreiben $\overrightarrow{P_1P_2} = \mathfrak{a}$.
Die Klasse der Nullpfeile heißt der **Nullvektor** $\mathfrak{o}$.

Zu der in D 2 und D 3 ausgesprochenen Beziehung zwischen Pfeilen, Vektoren und Schiebungen tritt eine zweite: Ein gegebener Vektor $\mathfrak{a}$ ordnet jedem Punkt P eindeutig einen Punkt $P^\star$ zu, nämlich die Spitze desjenigen Repräsentanten von $\mathfrak{a}$, der den Anfangspunkt P hat (wir sagen kurz: $P^\star$ erhält man durch „Ansetzen von $\mathfrak{a}$ an P"). Die Zuordnung $P \to P^\star$ stellt aber eine Schiebung der Ebene (des Raums) in sich dar (Fig. 58.2).

Umgekehrt gehört zu jeder Schiebung genau ein Vektor $\mathfrak{a}$. Seine Repräsentanten sind diejenigen Pfeile $\overrightarrow{PP^\star}$, bei denen $P^\star$ der dem Punkt P durch die Schiebung $\mathfrak{a}$ zugeordnete Punkt ist. Aus diesem Grund werden wir gelegentlich die zum Vektor $\mathfrak{a}$ gehörende **Schiebung** ebenfalls mit $\mathfrak{a}$ bezeichnen.

Zum Nullvektor $\mathfrak{o}$ gehört die *Nullschiebung* (die „Identität"), bei der stets $P^\star = P$ ist.

Statt $\mathfrak{a}, \mathfrak{b}, \mathfrak{c}, \mathfrak{d}, \mathfrak{e}, \ldots$ druckt man auch Fraktur $\mathfrak{a}, \mathfrak{b}, \mathfrak{c}, \mathfrak{d}, \mathfrak{e}$. Man schreibt und druckt auch $\vec{a}, \vec{b}, \vec{c}, \vec{d}, \vec{e}, \ldots$, den Nullvektor $\mathfrak{o}$ bzw. $\mathfrak{o}$ dann $\vec{o}$. Man sollte die Schreibweisen aber nicht vermengen, sondern sich für eine von ihnen entscheiden.

Pfeile und Vektoren in Koordinatendarstellung

In Fig. 58.3 ist $\overrightarrow{P_1P_2}$ bzw. $\mathfrak{a}$ durch die *Koordinatendifferenzen* $x_2 - x_1 = 3$, $y_2 - y_1 = 2$ bestimmt.

Man schreibt kurz: $\mathfrak{a} = (3;2)$ oder auch $\mathfrak{a} = \binom{3}{2}$.

Entsprechend ist $\overrightarrow{P_1P_2}$ in Fig. 58.4 durch die Differenzen $x_2 - x_1 = 3$, $y_2 - y_1 = 2$, $z_2 - z_1 = 4$ bestimmt.

Man schreibt hier: $\mathfrak{a} = (3;\ 2;\ 4)$ oder $\mathfrak{a} = \begin{pmatrix}3\\2\\4\end{pmatrix}$
(lies: Vektor $\mathfrak{a}$ = drei zwei vier).

1. Von vehere (lat.), fahren. Früher nannte man die einzelnen Pfeile „Vektoren". Die Menge gleicher Pfeile bezeichnete man als „freien Vektor" (frei parallel verschiebbare Pfeile).

2. Für $\overrightarrow{P_1P_2}$ als Einzelpfeil wäre es falsch, „gleich" zu schreiben, da $\mathfrak{a}$ ein Vektor, also eine Klasse von Pfeilen ist.

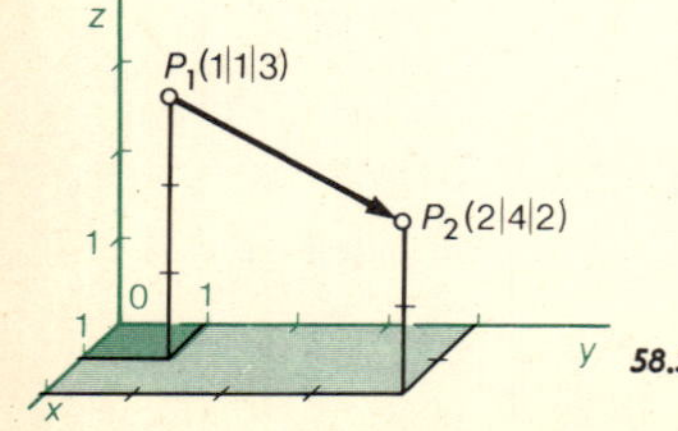

58.5.

D 4 Allgemein gehören im Koordinatensystem zu jedem Vektor $\mathfrak{a}$ in der Ebene zwei, im Raum drei *Koordinatendifferenzen* $x_2 - x_1$, $y_2 - y_1$ bzw. $x_2 - x_1$, $y_2 - y_1$, $z_2 - z_1$, die man auch **Vektorkoordinaten** nennt und mit a_x, a_y bzw. mit a_x, a_y, a_z bezeichnet.
Man schreibt:

$$\mathfrak{a} = (x_2 - x_1;\ y_2 - y_1;\ z_2 - z_1) \text{ bzw. } \mathfrak{a} = (x_2 - x_1;\ y_2 - y_1) \text{ oder } \mathfrak{a} = \begin{pmatrix} x_2 - x_1 \\ y_2 - y_1 \end{pmatrix};$$

in anderer Form:

$$\mathfrak{a} = (a_x;\ a_y;\ a_z) \text{ oder } \mathfrak{a} = \begin{pmatrix} a_x \\ a_y \\ a_z \end{pmatrix}$$

Beispiel (Fig. 58.5): $P_1(1\,|\,1\,|\,3)$, $P_2(2\,|\,4\,|\,2)$ gibt $a_x = 2 - 1 = 1$, $a_y = 3$, $a_z = -1$, also $\mathfrak{a} = \begin{pmatrix} 1 \\ 3 \\ -1 \end{pmatrix}$
Für den Nullvektor $\mathfrak{o}$ *ist* $a_x = a_y = a_z = 0$.

D 5 Zu jedem Pfeil $\overrightarrow{P_1P_2}$ gehört ein **Gegenpfeil** $\overrightarrow{P_2P_1}$, entsprechend gehört zu jedem Vektor $\mathfrak{a}$ ein **Gegenvektor** $-\mathfrak{a}$. Ist $\overrightarrow{P_1P_2}$ Repräsentant von $\mathfrak{a}$, so ist $\overrightarrow{P_2P_1}$ Repräsentant von $-\mathfrak{a}$. (Fig. 59.1). Die Schiebung $-\mathfrak{a}$ ist gleich (invers) zur Schiebung $\mathfrak{a}$. Sind a_x, a_y, a_z die Vektorkoordinaten von $\mathfrak{a}$, so sind $-a_x$, $-a_y$, $-a_z$ diejenigen von $-\mathfrak{a}$.

Beachte: Eine Strecke und eine Gerade haben *zwei* Richtungen, ein Pfeil und ein Vektor nur *eine*.

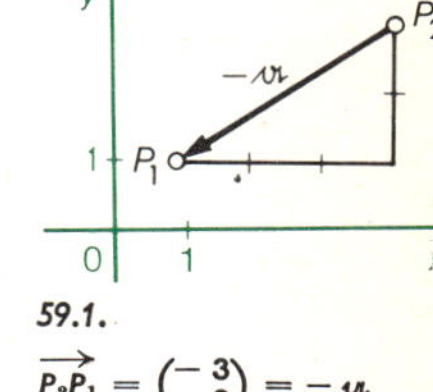

59.1. $\overrightarrow{P_2P_1} = \begin{pmatrix} -3 \\ -2 \end{pmatrix} = -\mathfrak{a}$ falls $\mathfrak{a} = (3;\ 2)$

Aufgaben

1. Im folgenden sind Vektoren durch Anfangspunkt und Spitze eines Repräsentantenpfeiles gegeben. Gib sie in Vektorkoordinaten an, z. B. $\mathfrak{a} = \begin{pmatrix} 1 \\ 2 \\ 4 \end{pmatrix}$ oder $\mathfrak{a} = (1;\ 2;\ 4)$.
a) $\overrightarrow{P_1P_2} = \mathfrak{a}$, $P_1(2\,|\,1\,|\,5)$, $P_2(3\,|\,3\,|\,1)$ b) $\overrightarrow{Q_1Q_2} = \mathfrak{b}$, $Q_1(3\,|\,-1)$, $Q_2(1\,|\,2)$
c) $\overrightarrow{AB} = \mathfrak{r}$, $A(-1\,|\,3\,|\,0)$, $B(2\,|\,0\,|\,-1)$ d) $\overrightarrow{OP} = \mathfrak{w}$, $O(0\,|\,0)$, $P(a\,|\,b)$

2. Prüfe, ob die Pfeile $\overrightarrow{AB}$ schiebungsgleich sind. Wie viele Vektoren treten auf?
$A_1(-1\,|\,2\,|\,-3)$ $B_1(2\,|\,2\,|\,2)$; $A_2(1\,|\,-2\,|\,1)$ $B_2(4\,|\,-2\,|\,6)$;
$A_3(1\,|\,0\,|\,-1)$ $B_3(-2\,|\,0\,|\,-6)$; $A_4(0\,|\,3\,|\,-5)$ $B_4(3\,|\,3\,|\,0)$;
$A_5(-2\,|\,1\,|\,5)$ $B_5(1\,|\,1\,|\,0)$; $A_6(-3\,|\,4\,|\,-5)$ $B_6(3\,|\,4\,|\,5)$.

3. Fig. 59.2 stellt einen Quader dar. Gib jeweils alle als Kanten oder Diagonalen auftretenden schiebungsgleichen Pfeile an zu
a) $\overrightarrow{A_1B_1}$, b) $\overrightarrow{A_2A_1}$, c) $\overrightarrow{A_1D_2}$, d) $\overrightarrow{A_2B_1}$.

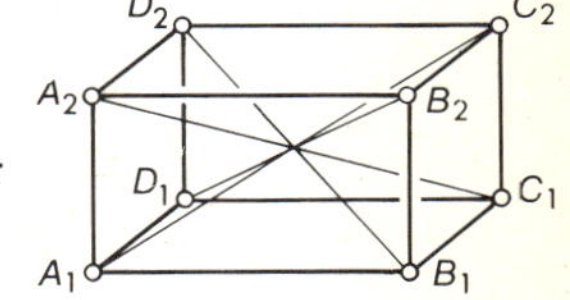

59.2.

4. Schreibe zu den in Aufg. 3 gegebenen Pfeilen jeweils den Gegenpfeil und alle zu ihm schiebungsgleichen in Fig. 59.2 an.

5. Gib in einem Parallelogramm mit den Ecken A, B, C, D und dem Mittelpunkt M schiebungsgleiche und auch entgegengesetzte Pfeile an, z. B. $\overrightarrow{MC} = -\overrightarrow{MA}$.

6. Zeige, daß folgende Vierecke $ABCD$ Parallelogramme sind:
a) $A(-2\,|\,1)$ $B(4\,|\,-1)$ $C(7\,|\,2)$ $D(1\,|\,4)$
b) $A(3\,|\,2\,|\,1)$ $B(6\,|\,3\,|\,4)$ $C(5\,|\,-1\,|\,2)$ $D(2\,|\,-2\,|\,-1)$
Gib die Vektorkoordinaten von $\overrightarrow{AB}$ bzw. $\overrightarrow{DC}$, von $\overrightarrow{BC}$ bzw. $\overrightarrow{AD}$ an.

7. Setze folgende Vektoren an die gegebenen Punkte an, d. h. gib die Spitze $P_2\,(Q_2, B)$ des Repräsentantenpfeiles an, der den Anfangspunkt $P_1\,(Q_1, A)$ hat.
a) $\mathfrak{a} = (2;\ 3;\ -1)$, $P_1(1\,|\,-1\,|\,3)$ b) $\mathfrak{b} = (-1;\ 3;\ 5)$, $Q_1(1\,|\,0\,|\,-1)$
c) $\mathfrak{w} = (2{,}5;\ -1)$, $A(0{,}5\,|\,1)$ d) $\mathfrak{a} = (a_x;\ a_y;\ a_z)$, $P_1(x_1\,|\,y_1\,|\,z_1)$

Ortspfeile

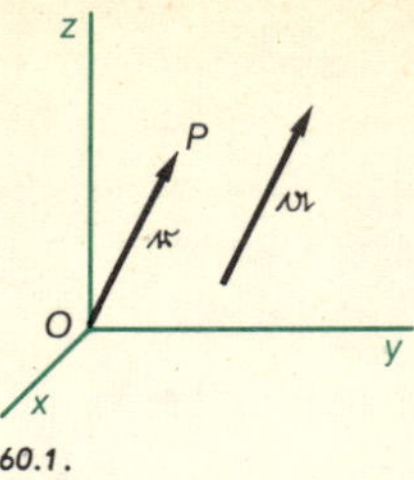

60.1.

Ein festgewählter Nullpunkt O und ein beliebiger Punkt P bestimmen den Pfeil $\overrightarrow{OP}$ und damit einen Vektor. Umgekehrt kann man jedem Vektor $\mathfrak{v}$ einen Punkt P zuordnen, nämlich die Spitze desjenigen Repräsentantenpfeils von $\mathfrak{v}$, der seinen Anfangspunkt in O hat. Die Schiebung $\mathfrak{v}$ führt O in P über (Fig. 60.1).

S 1 Allgemein gilt: *Nach Festlegung eines Ursprungs O lassen sich die Punkte des Raumes und die Vektoren einander umkehrbar eindeutig zuordnen.*

D 7 Man nennt solche Pfeile $\overrightarrow{OP}$, die ihren Anfangspunkt im Ursprung haben, auch **Ortspfeile**[1], weil sie den Ort eines Punktes im Raum festlegen. In der Regel bezeichnen wir sie mit dem Buchstaben $\mathfrak{r}$ und schreiben also $\mathfrak{r} = \overrightarrow{OP}$. Für $P(x \mid y \mid z)$ hat $\overrightarrow{OP}$ die Vektorkoordinaten $x-0,\ y-0,\ z-0$; man kann somit schreiben $\mathfrak{r} = (x\,;\,y\,;\,z)$.

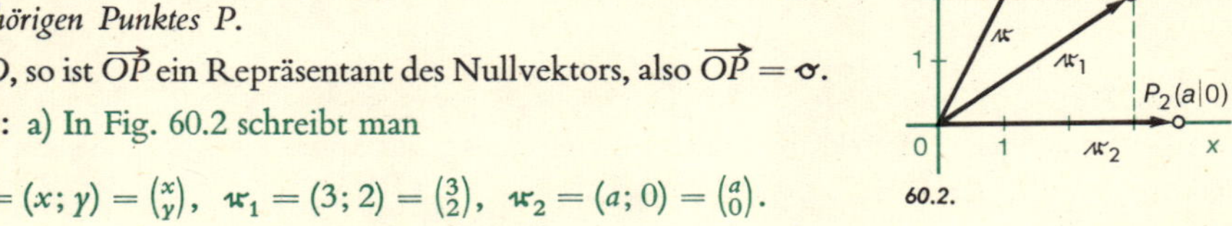

60.2.

Merke: *Die Koordinaten des Ortspfeils $\mathfrak{r}$ sind die Koordinaten x, y, z des zugehörigen Punktes P.*

Ist $P = O$, so ist $\overrightarrow{OP}$ ein Repräsentant des Nullvektors, also $\overrightarrow{OP} = \mathfrak{o}$.

Beispiele: a) In Fig. 60.2 schreibt man

$$\mathfrak{r} = (x; y) = \binom{x}{y},\quad \mathfrak{r}_1 = (3; 2) = \binom{3}{2},\quad \mathfrak{r}_2 = (a; 0) = \binom{a}{0}.$$

b) Der Vektor $\mathfrak{v} = (3; 4; 5)$ legt mittels des Ortspfeils $\mathfrak{r} = (3; 4; 5)$ den Punkt $P(3 \mid 4 \mid 5)$ fest. Es ist üblich, dann $\mathfrak{r} = \mathfrak{v}$ zu schreiben, so wie man auf S. 58 $\overrightarrow{P_1P_2} = \mathfrak{v}$ schrieb.

Bemerkung: In der Physik gibt es noch andere „gebundene Vektoren“. Bei elektrischen oder magnetischen (inhomogenen) Kraftfeldern, bei (inhomogenen) Flüssigkeitsströmungen ist jedem Punkt des von dem Feld erfüllten Raumes eine Kraft bzw. eine Geschwindigkeit zugeordnet, die nach Größe und Richtung wechselt. Obwohl hier keine Klasse paralleler Pfeile im Spiel ist, redet der Physiker von Vektoren und Vektorfeldern. — Kräfte, die z. B. an einem Hebel angreifen, kann man unbeschadet ihrer Wirkung in ihrer Richtung verschieben, aber nicht quer dazu. Hier spricht man von „linienflüchtigen“ (an eine Gerade gebundenen) Vektoren. Wie weit auch hier die auf Parallelverschiebbarkeit aufgebaute Vektorrechnung anwendbar ist, sehen wir später.

Aufgaben

8. Nenne und zeichne die Punkte, die zu $\mathfrak{r}_1 = \binom{2}{3}$, $\mathfrak{r}_2 = \begin{pmatrix}-1\\1\\0\end{pmatrix}$, $\mathfrak{r}_3 = \begin{pmatrix}0\\0\\5\end{pmatrix}$ gehören.

9. Schreibe die Ortspfeile an zu $P_1(3 \mid -1)$, $P_2(1 \mid -2 \mid 3)$, $P_3(0 \mid -\sqrt{2})$, $P_4(x_4 \mid y_4)$.

10. Das Paar $P_1(2 \mid -3 \mid 1)$, $P_2(3 \mid 0 \mid 5)$ bestimme $\mathfrak{v}$. Welchen Ortspfeil $\mathfrak{r}$ legt $\mathfrak{v}$ fest?

---

1. Vielfach liest man dafür „Ortsvektoren“.

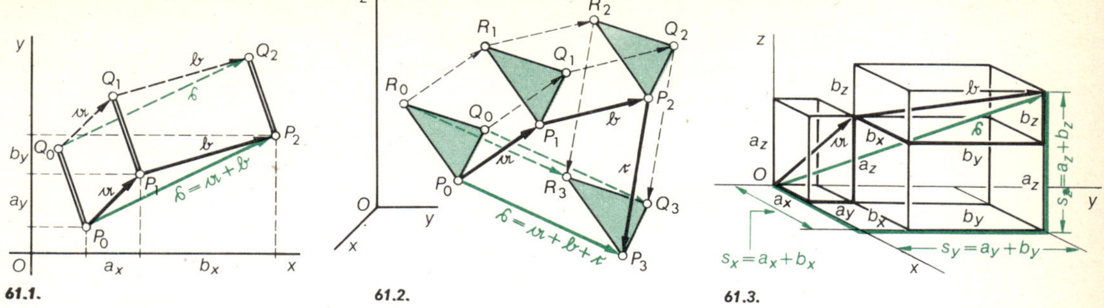

61.1. 61.2. 61.3.

12 Addition, Subtraktion, S-Multiplikation von Vektoren

Addition

Mehrere Parallelverschiebungen hintereinander lassen sich durch eine einzige Schiebung ersetzen (deren zugehöriger Vektor wird im folgenden mit $\mathfrak{s}$ bezeichnet).

Beispiele: 2 Schiebungen mit den zugehörigen Vektoren $\mathfrak{a}$ und $\mathfrak{b}$: in Fig. 61.1 Schiebungen der Ausgangsstrecke P_0Q_0 in der Ebene; in Fig. 61.3 Schiebungen des Ausgangspunktes O im Raum. 3 Schiebungen mit $\mathfrak{a}$, $\mathfrak{b}$, $\mathfrak{c}$: in Fig. 61.2 Schiebungen des Ausgangsdreiecks $P_0Q_0R_0$ (ebene oder räumliche Deutung). Hierbei gilt offensichtlich für die Koordinaten von $\mathfrak{s}$:

In Fig. 61.1, Fig. 61.3: $s_x = a_x + b_x$, $s_y = a_y + b_y$, $(s_z = a_z + b_z)$;

in Fig. 61.2: $s_x = a_x + b_x + c_x$, $s_y = a_y + b_y + c_y$, $s_z = a_z + b_z + c_z$.

Es liegt nahe, daß man $\mathfrak{s} = (a_x + b_x;\ a_y + b_y;\ a_z + b_z)$ die Summe von $\mathfrak{a}$ und $\mathfrak{b}$ nennt:

D 1 Die **Summe zweier Vektoren** $\mathfrak{a} = (a_x; a_y; a_z)$ und $\mathfrak{b} = (b_x; b_y; b_z)$ ist der Vektor $\boldsymbol{\mathfrak{a} + \mathfrak{b} = (a_x + b_x;\ a_y + b_y;\ a_z + b_z)}$. Ist $\mathfrak{c} = (c_x;\ c_y;\ c_z)$ ein dritter Summand, so ist entsprechend: $\mathfrak{a} + \mathfrak{b} + \mathfrak{c} = (a_x + b_x + c_x;\ a_y + b_y + c_y;\ a_z + b_z + c_z)$.
Für $a_x + b_x + c_x$, $a_y + b_y + c_y$, $a_z + b_z + c_z$ gelten Kommutativ- und Assoziativgesetz, also auch für $\mathfrak{a} + \mathfrak{b} + \mathfrak{c}$ (Zahlenpaare, Zahlentripel).

Wir wollen die Vektoraddition auch *ohne Bezug auf ein Koordinaten-System definieren* und ihre Gesetze geometrisch verdeutlichen.

D 1a Unter der *Summe zweier Vektoren* $\mathfrak{a}$ und $\mathfrak{b}$ versteht man den Vektor $\mathfrak{s}$, von dem man einen Repräsentanten durch „Aneinandersetzen" je eines Repräsentanten von $\mathfrak{a}$ und $\mathfrak{b}$ wie in Fig. 61.4 erhält. Man schreibt: $\mathfrak{s} = \mathfrak{a} + \mathfrak{b}$. Wieso sind D 1 und D 1a gleichwertig?

KG Die Gültigkeit des **Kommutativgesetzes** $\mathfrak{a} + \mathfrak{b} = \mathfrak{b} + \mathfrak{a}$ zeigt Fig. 61.5.
Beachte: $\mathfrak{a} + \mathfrak{b}$ ist Diagonale des von $\mathfrak{a}$ und $\mathfrak{b}$ „aufgespannten" Parallelogramms.

AG Die Gültigkeit des **Assoziativgesetzes** $(\mathfrak{a} + \mathfrak{b}) + \mathfrak{c} = \mathfrak{a} + (\mathfrak{b} + \mathfrak{c})$ zeigt Fig. 61.6 (deute eben oder räumlich!). Man darf also ohne Klammern $\mathfrak{a} + \mathfrak{b} + \mathfrak{c}$ schreiben (wie schon in D 1). Zusammen mit dem Kommutativgesetz gilt $\mathfrak{a} + \mathfrak{b} + \mathfrak{c} = \mathfrak{a} + \mathfrak{c} + \mathfrak{b} = \mathfrak{b} + \mathfrak{a} + \mathfrak{c}$ usw.; Reihenfolge und Teilzusammenfassung ist bei der Vektoraddition beliebig. (Vgl. Aufg. 1).

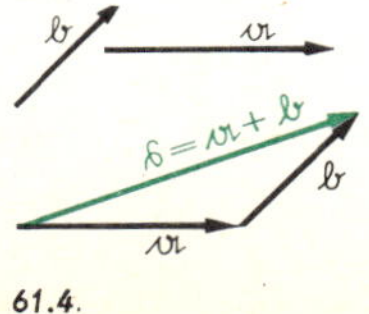

61.4.

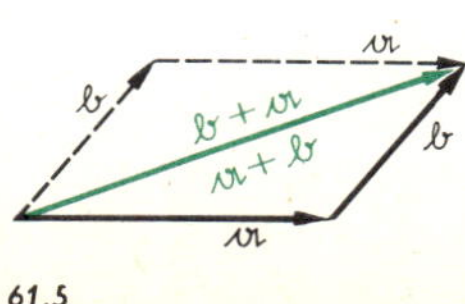

61.5

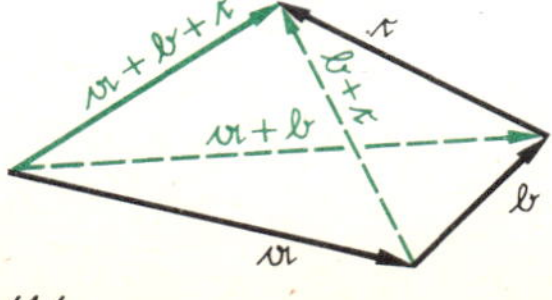

61.6.

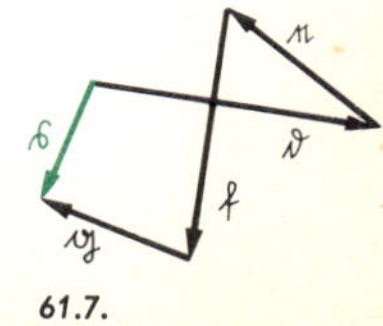

61.7.

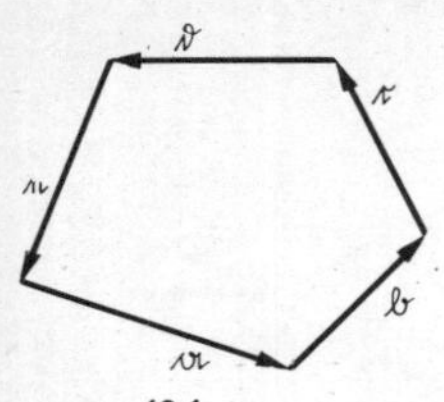

62.1.

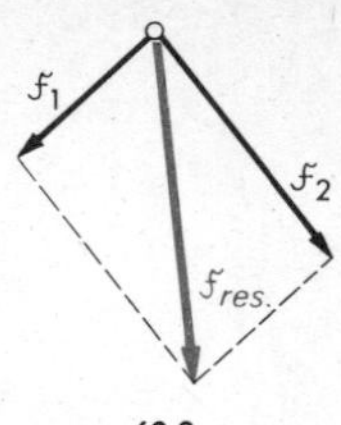

62.2.

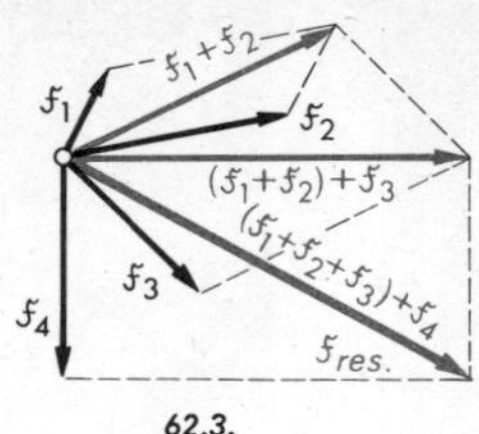

62.3.

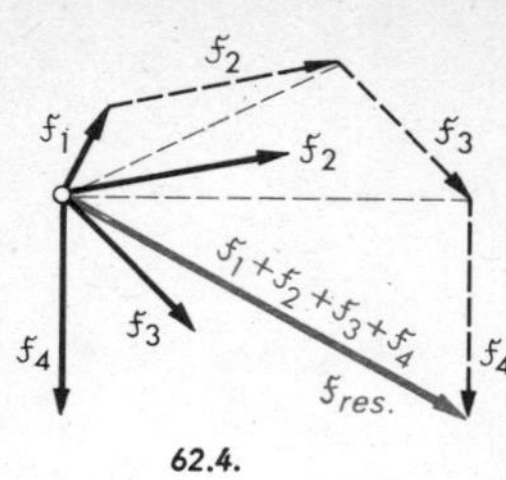

62.4.

Bei mehr als zwei Vektoren entstehen durch das Aneinandersetzen **„Vektorketten"**, vgl. Fig. 61.2 und $\mathfrak{d} + \mathfrak{n} + \mathfrak{f} + \mathfrak{y} = \mathfrak{s}$ in Fig. 61.7, wo sich bei Deutung in der Ebene die Pfeile von $\mathfrak{d}$ und $\mathfrak{f}$ überkreuzen; der Kreuzungspunkt hat keine Bedeutung. Bei räumlicher Deutung brauchen die Pfeile $\mathfrak{d}$ und $\mathfrak{f}$ keinen Punkt gemeinsam zu haben.

D 2 Wenn die Zusammensetzung von Pfeilen ein *geschlossenes* (ebenes oder räumliches) *Vieleck* ergibt wie in Fig. 62.1, so ist der Summenvektor der **Nullvektor** $\mathfrak{o}$.
In Fig. 62.1 ist $\mathfrak{a} + \mathfrak{b} + \mathfrak{c} + \mathfrak{d} + \mathfrak{n} = \mathfrak{o}$

Bemerkung: In der Mechanik entspricht der „Resultierenden" zweier in demselben Punkt angreifender Kräfte die Diagonale des Parallelogramms, das von den Pfeilen der Einzelkräfte aufgespannt wird (Fig. 62.2). Verdeutliche die Übereinstimmung des Ergebnisses mit der Vektoraddition durch Ansetzen eines parallelverschobenen Pfeiles an die Spitze eines anderen. Da die Parallelverschiebung einer *liniengebundenen* Kraft physikalisch nicht sinnvoll ist, wird die Darstellung in Fig. 62.2 dem physikalischen Sachverhalt besser gerecht als die in Fig. 61.4. Bei Zusammensetzung mehrerer Kräfte ist sie indes weniger übersichtlich als das „Aneinandersetzen", vgl. Fig. 62.3 und 62.4.

Subtraktion

D 3 Umkehrung der Addition: Bei gegebenen Vektoren $\mathfrak{a}$ und $\mathfrak{b}$ führen die Suchgleichungen $\mathfrak{a} + \mathfrak{d} = \mathfrak{b}$ und $\mathfrak{d} + \mathfrak{a} = \mathfrak{b}$ auf denselben Vektor $\mathfrak{d}$ (warum?). Entsprechend der Zahlenalgebra schreibt man $\mathfrak{d} = \mathfrak{b} - \mathfrak{a}$ und nennt den Vektor $\mathfrak{d}$ die **Differenz** von $\mathfrak{b}$ und $\mathfrak{a}$. Die Vektorkoordinaten der Differenz sind $d_x = b_x - a_x$, $d_y = b_y - a_y$, $d_z = b_z - a_z$. *Geometrisch* bieten sich 3 Möglichkeiten zur Bildung von $\mathfrak{d}$ aus $\mathfrak{b}$ und $\mathfrak{a}$ (Fig. 62.5 bis 9): Es wird jeweils bei einem beliebigen Punkt A begonnen. Beachte besonders die Figuren 62.6 und 62.8. Fig. 62.8 ergibt sich, wenn man zu $\mathfrak{a}$ den Gegenvektor $-\mathfrak{a}$ bildet (vgl. Fig. 62.9) und diesen an die Spitze des Minuendenpfeiles $\mathfrak{b}$ ansetzt. Merke zu Fig. 62.8:

S 1 **Man subtrahiert einen Vektor, indem man seinen Gegenvektor addiert.**
Auch ein Term wie $\mathfrak{a} + \mathfrak{b} - \mathfrak{c}$ heißt *Vektorsumme*; man deutet ihn am bequemsten als $\mathfrak{a} + \mathfrak{b} + (-\mathfrak{c})$.

S 2 *Die Menge aller Vektoren* (der Ebene, des Raumes) *bildet bezüglich der Addition eine kommutative Gruppe* (vgl. Alg. 1, S. 53).
Beweis: Bestätige, daß das Kommutativgesetz und die 4 Gruppenaxiome gelten:
I. Zu je zwei Elementen $\mathfrak{a}$ und $\mathfrak{b}$ gibt es genau *ein* Element $\mathfrak{c}$ der Menge, so daß $\mathfrak{a} + \mathfrak{b} = \mathfrak{c}$ ist.
II. Der Nullvektor $\mathfrak{o}$ ist neutrales Element der Addition: $\mathfrak{a} + \mathfrak{o} = \mathfrak{o} + \mathfrak{a} = \mathfrak{a}$.
III. Zu jedem Element $\mathfrak{a}$ gibt es in der Menge das „entgegengesetzte" Element $-\mathfrak{a}$, so daß $\mathfrak{a} + (-\mathfrak{a}) = (-\mathfrak{a}) + \mathfrak{a} = \mathfrak{o}$ ist.
IV. Es gilt das Assoziativgesetz: $(\mathfrak{a} + \mathfrak{b}) + \mathfrak{c} = \mathfrak{a} + (\mathfrak{b} + \mathfrak{c})$.

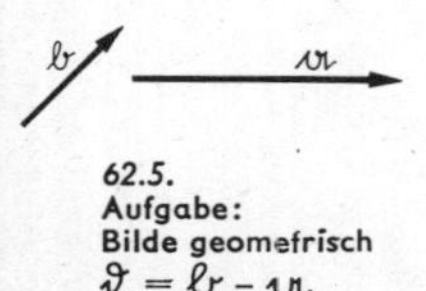

62.5.
Aufgabe:
Bilde geometrisch
$\mathfrak{d} = \mathfrak{b} - \mathfrak{a}$

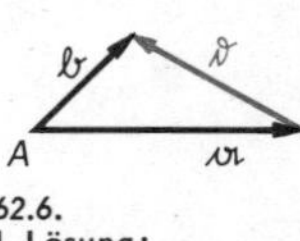

62.6.
1. Lösung:
$\mathfrak{a} + \mathfrak{d} = \mathfrak{b}$

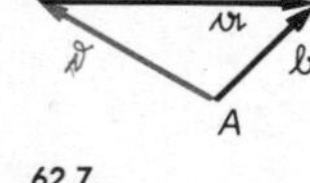

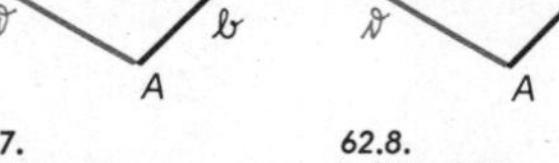

62.7.
2. Lösung:
$\mathfrak{d} + \mathfrak{a} = \mathfrak{b}$

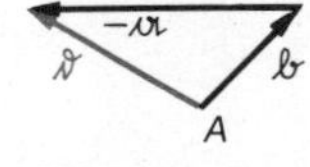

62.8.
3. Lösung:
$\mathfrak{d} = \mathfrak{b} + (-\mathfrak{a})$

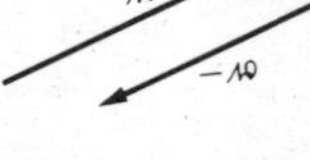

62.9.
Gegenvektoren

Aufgaben zur Addition und Subtraktion von Vektoren

1. Wenn man die Vektoren $\mathfrak{a}$, $\mathfrak{b}$, $\mathfrak{c}$ an *einen* Punkt anträgt, so wird durch sie i. a. ein „Parallelflach aufgespannt".
a) Zeichne Fig. 63.1 ab und bilde (mit verschiedenen Farben) alle möglichen Vertauschungen und auch Teilzusammenfassungen in $\mathfrak{s} = \mathfrak{a} + \mathfrak{b} + \mathfrak{c}$, z.B. $(\mathfrak{a} + \mathfrak{b}) + \mathfrak{c}$, $\mathfrak{b} + (\mathfrak{a} + \mathfrak{c})$, $\mathfrak{c} + \mathfrak{b} + \mathfrak{a}$. Deute 63.1 auch als ebene Figur!
b) Drücke die anderen 3 Raumdiagonalen als Vektoren durch $\mathfrak{a}$, $\mathfrak{b}$, $\mathfrak{c}$ aus. (Zu jedem Diagonalenvektor gibt es den Gegenvektor. Wähle einen von beiden.)

63.1.

2. a) Zeichne Fig. 63.1 nochmals und trage Repräsentanten für die Vektoren $\mathfrak{a} - \mathfrak{b}$, $\mathfrak{b} - \mathfrak{c}$, $\mathfrak{c} - \mathfrak{a}$ ein. Was ist über die Summe $(\mathfrak{a} - \mathfrak{b}) + (\mathfrak{b} - \mathfrak{c}) + (\mathfrak{c} - \mathfrak{a})$ zu sagen? Bilde die Summe aus diesen 3 Summanden an der Figur und bestimme sie auch rechnerisch durch Auflösen der Klammern.
b) Zeige, daß die 4 Raumdiagonalenvektoren in Aufg. 1 die Summe $\mathfrak{o}$ haben, wenn man sie geeignet orientiert, d.h. wenn man die Vektoren von Aufg. 1, wenn nötig, durch ihre Gegenvektoren ersetzt.

3. Zeige, daß $\mathfrak{a} - (-\mathfrak{b}) = \mathfrak{a} + \mathfrak{b}$ ist. Beachte, daß somit beim Auflösen von Klammern dieselben Vorzeichenregeln gelten wie in der Zahlenalgebra.

4. Bilde a) $\mathfrak{s} = \mathfrak{a} + \mathfrak{b} + \mathfrak{c}$, b) $\mathfrak{d} = \mathfrak{a} + \mathfrak{b} - \mathfrak{c}$,
c) $\mathfrak{u} = \mathfrak{a} - \mathfrak{b} - \mathfrak{c}$, d) $\mathfrak{w} = \mathfrak{a} - (\mathfrak{b} + \mathfrak{c})$,
wenn $\mathfrak{a} = \begin{pmatrix} 3 \\ 2 \\ 1 \end{pmatrix}$, $\mathfrak{b} = \begin{pmatrix} 2 \\ -3 \\ -4 \end{pmatrix}$, $\mathfrak{c} = \begin{pmatrix} 5 \\ -1 \\ -3 \end{pmatrix}$ ist.

5. a) Zeige durch Koordinatenrechnung, daß im Sechseck der Fig. 63.2 $\mathfrak{a} + \mathfrak{c} + \mathfrak{e} = \mathfrak{o}$ ist. Bestimme diese Summe auch zeichnerisch!
b) Warum kann man ohne neue Rechnung oder Zeichnung schließen, daß auch $\mathfrak{b} + \mathfrak{d} + \mathfrak{f} = \mathfrak{o}$ ist? Bilde zur Probe auch diese Summe.
c) Gilt dies für jedes ebene Sechseck?
d) Zeige für ein beliebiges ebenes oder windschiefes Sechseck[1], daß die Summe $\overrightarrow{P_1P_3} + \overrightarrow{P_2P_4} + \overrightarrow{P_3P_5} + \overrightarrow{P_4P_6} + \overrightarrow{P_5P_1} + \overrightarrow{P_6P_2}$ gleich dem Nullvektor $\mathfrak{o}$ ist. Versuche Verallgemeinerungen!

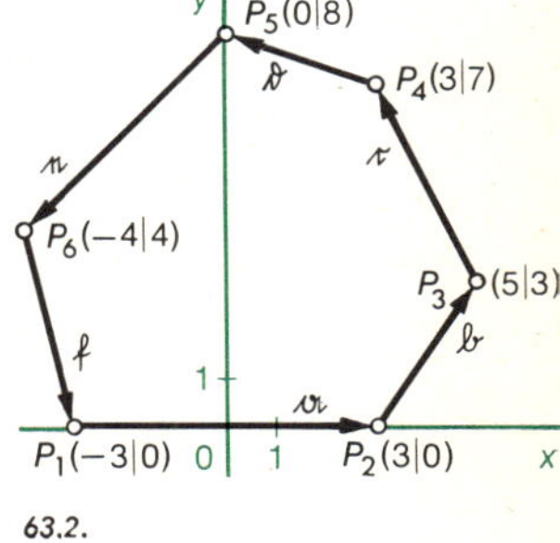

63.2.

6. In Fig. 63.3 ist dargestellt, wie mehrere Kräfte in derselben Ebene, aber mit verschiedenen Richtungen und Beträgen an demselben Punkt angreifen.
a) Prüfe durch eine Zeichnung nach, ob die Bedingung für das Gleichgewicht der Kräfte $\mathfrak{F}_1 + \mathfrak{F}_2 + \mathfrak{F}_3 + \mathfrak{F}_4 + \mathfrak{F}_5 = \mathfrak{o}$ erfüllt ist.
b) Bilde $\mathfrak{F}_1 + \mathfrak{F}_2 + \mathfrak{F}_3$ sowie $\mathfrak{F}_4 + \mathfrak{F}_5$ zeichnerisch.
c) Bilde $\mathfrak{F}_1 + \mathfrak{F}_2 + \mathfrak{F}_4 + \mathfrak{F}_5$.
Wieso ergeben sich in b) und c) neue Prüfungsmöglichkeiten für das Gleichgewicht der 5 Kräfte?

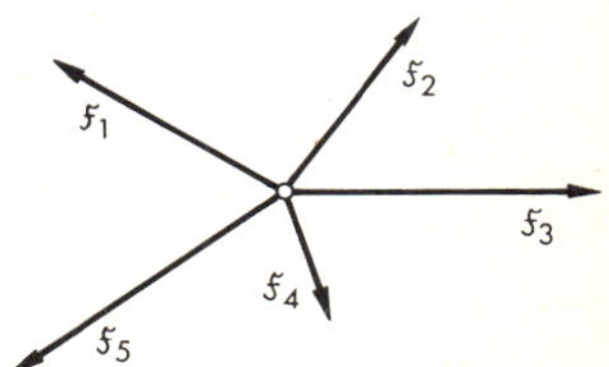
63.3.

1. windschief bedeutet: nicht in einer Ebene liegend.

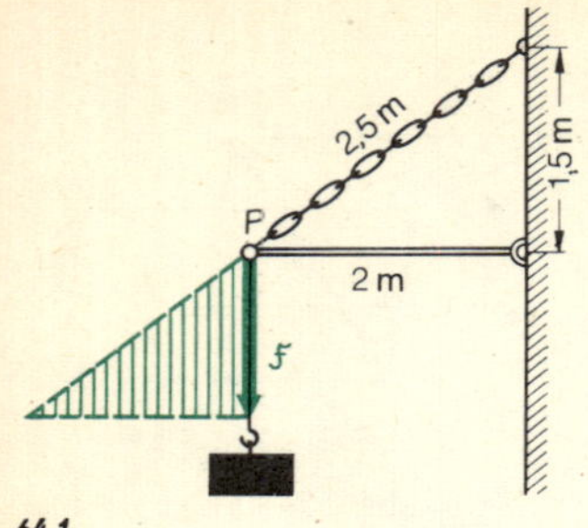

64.1.

7. Anwendung von Aufg. 6. In dem Ausleger von Fig. 64.1 wird durch eine angehängte Last (Pfeil $\mathfrak{f}$) der Stab so auf Druck, die Kette so auf Zug beansprucht, daß im Punkt P „Gleichgewicht herrscht“. Lies mit Hilfe des schraffierten Dreiecks die Druck- und die Zugspannung für $|\mathfrak{f}| = 120$ kp ab. Bemerkung: Die Pfeilkette für Kräfte, die an einem Punkt angreifen, heißt in der technischen Mechanik „Krafteck“. Bei Gleichgewicht ist es geschlossen (Dreieck in Fig. 64.1).

Multiplikation eines Vektors mit einer Zahl (S-Multiplikation)

Das S in der Überschrift kommt von „Skalar“. So nennt man in der Vektorrechnung oft die *Zahlen*. Die Bezeichnung stammt aus der Physik. Dort werden Größen wie Kraft und Geschwindigkeit Vektoren genannt. Größen, denen keine Richtung im Raum zukommt und die daher durch Anzeige auf einer Skala bestimmt sind (z. B. Temperatur, Zeit, Masse, Länge), heißen dort Skalare.

$\mathfrak{a} + \mathfrak{a} + \mathfrak{a} = 3\mathfrak{a}$ — 64.2.

$\frac{1}{3}\mathfrak{a}$ — 64.3.

$2\frac{2}{3}\mathfrak{a} = \frac{8}{3}\mathfrak{a}$ — 64.4.

$\sqrt{2}\,\mathfrak{a}$ — 64.5.

$-1{,}5\,\mathfrak{a}$ — 64.6.

Entsprechend der Zahlenalgebra schreibt man $\mathfrak{a} + \mathfrak{a} + \mathfrak{a} = \mathfrak{a} \cdot 3 = 3\mathfrak{a}$.
Da man Strecken auch in eine Anzahl gleicher Teile teilen kann, lassen sich Terme wie $\frac{1}{3}\mathfrak{a} = \mathfrak{a} : 3$, $2\frac{2}{3}\mathfrak{a} = \frac{8}{3}\mathfrak{a} = \frac{1}{3}\mathfrak{a} \cdot 8$ (Fig. 64.2, 3, 4), d. h. alle rationalen „Vielfachen“ von $\mathfrak{a}$, geometrisch definieren. Man kann Vektoren auch geometrisch mit irrationalen Zahlen multiplizieren, vgl. Fig. 64.5 (für Vektorkoordinaten besteht sowieso keine Schwierigkeit).
Die Richtung eines Vektors ändert sich bei S-Multiplikation mit positiven Zahlen nicht.

D 4 **Der Vektor $k\mathfrak{a}$** mit $k \in \mathbb{R}$ hat für $k > 0$ dieselbe *Richtung* wie $\mathfrak{a}$, für $k < 0$ entgegengesetzte Richtung. Die *Länge*[1] von $k\mathfrak{a}$ ist das $|k|$-fache der Länge von $\mathfrak{a}$. Insbesondere ist $(-1) \cdot \mathfrak{a} = -\mathfrak{a}$ (Gegenvektor zu $\mathfrak{a}$) und $1 \cdot \mathfrak{a} = \mathfrak{a}$. Außerdem setzt man fest: $k \cdot \mathfrak{a} = \mathfrak{a} \cdot k$. Beachte: Zahlenvariable (wie hier k) schreibt man mit lateinischen Buchstaben. Verdeutliche an Zahlenbeispielen und Figuren (vgl. Aufg. 8) auch die folgenden

Rechengesetze der S-Multiplikation:

AG	$m \cdot (n\mathfrak{a}) = (mn) \cdot \mathfrak{a} = n \cdot (m\mathfrak{a})$	Assoziativgesetz („Gemischte“ Gesetze, zweierlei Elemente)
DG	$(m + n)\mathfrak{a} = m\mathfrak{a} + n\mathfrak{a}$	1. Distributivgesetz
	$m(\mathfrak{a} + \mathfrak{b}) = m\mathfrak{a} + m\mathfrak{b}$	2. Distributivgesetz

Beispiel zur Addition, Subtraktion, S-Multiplikation:
In Fig. 65.1 *kann* das ebene Viereck $ABCD$ auch als Schrägbild eines windschiefen Vierecks aufgefaßt werden. Es sei $\overrightarrow{AU} = \frac{3}{2}\overrightarrow{AD}$ und $\overrightarrow{BV} = \frac{3}{2}\overrightarrow{BC}$. Zeige, daß man $\mathfrak{v} = \overrightarrow{UV}$ allein durch $\mathfrak{a} = \overrightarrow{AB}$ und $\mathfrak{b} = \overrightarrow{DC}$ ausdrücken kann. Beachte S. 65.

1. Unter der „Länge“ eines Vektors verstehen wir die Länge seiner Repräsentanten.

Lösung: Wir bezeichnen $\overrightarrow{AD}$ mit $\mathfrak{u}$ und $\overrightarrow{BC}$ mit $\mathfrak{w}$; dann ist $\overrightarrow{AU} = \frac{3}{2}\mathfrak{u}$, $\overrightarrow{BV} = \frac{3}{2}\mathfrak{w}$. Weiter ist

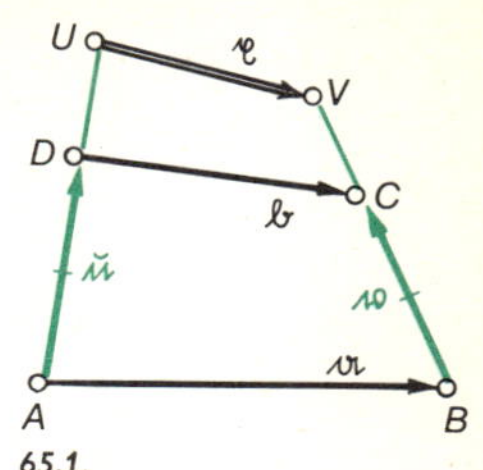

65.1.

$$\begin{array}{rcl|l} \mathfrak{u} + \mathfrak{b} &=& \mathfrak{a} + \mathfrak{w} & \cdot(-3) \\ \frac{3}{2}\mathfrak{u} + \mathfrak{p} &=& \mathfrak{a} + \frac{3}{2}\mathfrak{w} & \cdot(+2) \end{array}$$

$$2\mathfrak{p} - 3\mathfrak{b} = -\mathfrak{a}$$
$$2\mathfrak{p} = 3\mathfrak{b} - \mathfrak{a}$$

Man kann aus den beiden Gleichungen die Vektoren $\mathfrak{u}$ und $\mathfrak{w}$ auf einmal eliminieren.

Ergebnis: $\mathfrak{p} = \frac{3}{2}\mathfrak{b} - \frac{1}{2}\mathfrak{a}$.

Konstruiere nun $\mathfrak{p}$ direkt aus $\mathfrak{a}$ und $\mathfrak{b}$.

Bemerkung: Zur Aufstellung der Gleichungen geht man von A nach C bzw. nach V auf zwei Wegen, nämlich über D bzw. über B. Statt dessen kann man auch einen Rundweg zum Ausgangspunkt zurück machen: $\mathfrak{u} + \mathfrak{b} - \mathfrak{w} - \mathfrak{a} = \mathfrak{o}$ bzw. für die 2. Gleichung etwa $1{,}5\,\mathfrak{u} + \mathfrak{p} - 1{,}5\,\mathfrak{w} - \mathfrak{a} = \mathfrak{o}$. Solche Rundwege findet man oft leicht und kann sie in eine Gleichung übersetzen.

Aufgaben zur S-Multiplikation (in Verbindung mit Addition und Subtraktion)

8. Verdeutliche an Zahlenbeispielen und Figuren die Rechenregeln für die S-Multiplikation. (Sie bilden zusammen mit der Gruppeneigenschaft der Vektoraddition das Charakteristische der algebraischen Struktur „Vektorraum", auf die wir in § 14 eingehen werden.) Denke bei $m(n\,\mathfrak{a})$ auch an $(n\,\mathfrak{a}) : p$ und an $m \cdot (\mathfrak{a} : q)$.

9. a) Drücke in Aufg. 2 von § 11 die Vektoren Nr. 3 und Nr. 6 durch den zu Nr. 1, 2, 4 gehörenden Vektor aus. Läßt sich etwas Entsprechendes für Vektor Nr. 5 schreiben?
b) Beachte in der ebenen Figur 65.2 Parallelität und einfache Längenverhältnisse der Pfeile. Drücke $\mathfrak{d}$, $\mathfrak{n}$ und $\mathfrak{s}$ durch $\mathfrak{a}$, ferner $\mathfrak{r}$, $\mathfrak{f}$, $\mathfrak{y}$ durch $\mathfrak{b}$ aus. Drücke auch umgekehrt $\mathfrak{b}$, $\mathfrak{r}$, $\mathfrak{y}$ durch $\mathfrak{f}$ aus. (Beispiel: $\mathfrak{y} = -2\mathfrak{f}$)

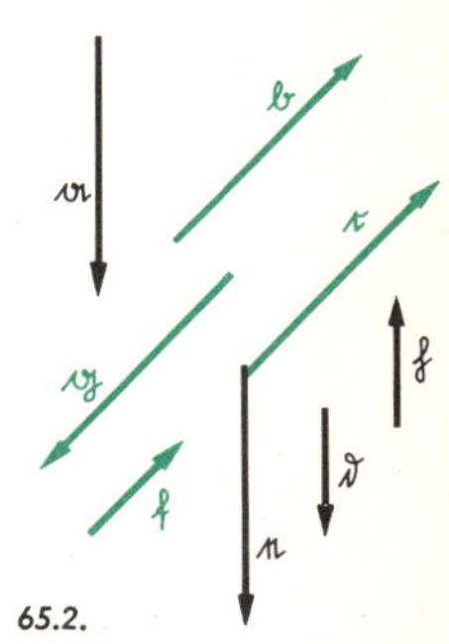
65.2.

10. Wo liegen alle Punkte P, für die $\mathfrak{x} = t \cdot \mathfrak{x}_0$ ist, wenn $\mathfrak{x}_0 \neq \mathfrak{o}$ ein fester Ortspfeil ist und t variiert $(-\infty < t < +\infty)$?

11. In Fig. 65.3 ist Dreieck $P_1'P_2'P_3'$ aus Dreieck $P_1P_2P_3$ durch zentrische Streckung von O aus im Verhältnis 3:2 entstanden (deute die Figur eben oder räumlich). Drücke die Ortspfeile der Punkte P_1', P_2', P_3' durch $\mathfrak{x}_1$, $\mathfrak{x}_2$, $\mathfrak{x}_3$ aus; drücke ebenso $\overrightarrow{P_1'P_2'}$ durch $\overrightarrow{P_1P_2}$ aus usw.

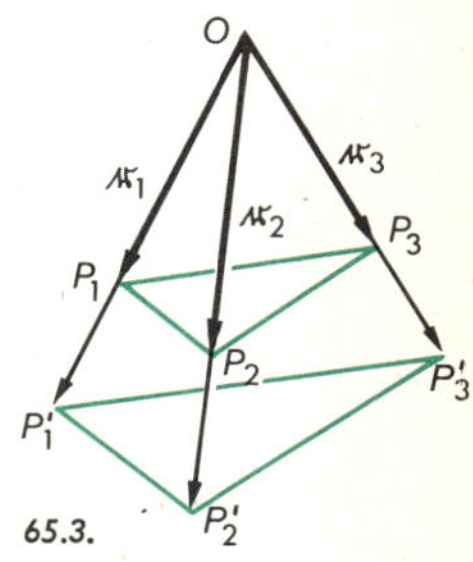

65.3.

12. In Fig. 65.4 sind die Pfeile $\mathfrak{a}$ und $\mathfrak{b}$ in bestimmter Lage gegeben zu denken (in der Ebene oder im Raum). Dann sind $\mathfrak{u}$ und $\mathfrak{w}$ festgelegt, lassen sich aber nicht durch $\mathfrak{a}$ und $\mathfrak{b}$ allein ausdrücken (dagegen ist die ganze Figur etwa durch $\mathfrak{a}$, $\mathfrak{b}$, $\mathfrak{u}$ bestimmt). $\mathfrak{m}$ geht von der Mitte des $\mathfrak{u}$-Pfeiles zur Mitte des $\mathfrak{w}$-Pfeiles. Zeige, daß $\mathfrak{m} = \frac{1}{2}(\mathfrak{a} + \mathfrak{b})$ ist (auch für eine windschiefe Figur!). Von welchem Satz der Geometrie ist dies eine Verallgemeinerung?
Anleitung: Das Beispiel auf S. 64 (mit Bemerkung auf dieser Seite).

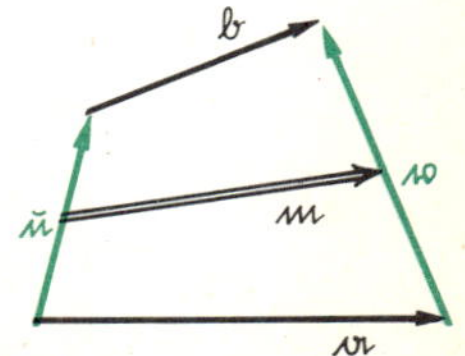
65.4.

13 Strecken, Geraden und Ebenen in Vektordarstellung

Wir wollen nun mit dem neuen Werkzeug „Analytische Geometrie“ treiben. Punkte werden durch Ortspfeile festgelegt, die vom Ursprung O ausgehen.
Wir beginnen mit einer schon in Koordinaten behandelten einfachen Aufgabe:

Mitte M einer Strecke P_1P_2 (Fig. 66.1, Ebene oder Raum)

$$\mathfrak{x}_m = \mathfrak{x}_1 + \tfrac{1}{2}(\mathfrak{x}_2 - \mathfrak{x}_1)$$
$$= \mathfrak{x}_1 + \tfrac{1}{2}\mathfrak{x}_2 - \tfrac{1}{2}\mathfrak{x}_1$$
$$\boldsymbol{\mathfrak{x}_m = \tfrac{1}{2}(\mathfrak{x}_1 + \mathfrak{x}_2)} \quad \textbf{(1)}$$

Ergebnis in Koordinaten:
$$x_m = \tfrac{1}{2}(x_1 + x_2)$$
$$y_m = \tfrac{1}{2}(y_1 + y_2) \quad \text{vgl. § 3 (I,5)}$$
$$(z_m = \tfrac{1}{2}(z_1 + z_2))$$

Andere Herleitung: $\mathfrak{x}_2 - \mathfrak{x}_m = \mathfrak{x}_m - \mathfrak{x}_1$ (Fig. 66.1)
Addition von $\mathfrak{x}_m$: $\mathfrak{x}_2 = 2\,\mathfrak{x}_m - \mathfrak{x}_1$
Addition von $\mathfrak{x}_1$: $\mathfrak{x}_1 + \mathfrak{x}_2 = 2\,\mathfrak{x}_m$
S-Multiplikation mit $\frac{1}{2}$: $\frac{1}{2}(\mathfrak{x}_1 + \mathfrak{x}_2) = \mathfrak{x}_m$

Beachte, daß das Auflösen der Vektorgleichung nach $\mathfrak{x}_m$ wie in der Zahlenalgebra erfolgt.

Beliebiger Teilpunkt P einer Strecke P_1P_2 (Ebene oder Raum)

Teilt man eine Strecke s im Verhältnis 2:3, so sind die Teilstrecken $s_1 = \frac{2}{5}s$, $s_2 = \frac{3}{5}s$; beim Verhältnis $\frac{p}{q} \in \mathbb{Q}^+$ ist $s_1 = \frac{p}{p+q}\,s$, $s_2 = \frac{q}{p+q}\,s$; oder für $k \in \mathbb{R}^+$ statt $\frac{p}{q} \in \mathbb{Q}^+$: $s_1 = \frac{k}{1+k}\,s$, $s_2 = \frac{1}{1+k}\,s$. Für den **inneren Teilpunkt** P der Strecke P_1P_2 erhält man somit (Fig. 66.2): $\mathfrak{x} = \mathfrak{x}_1 + \frac{p}{p+q}(\mathfrak{x}_2 - \mathfrak{x}_1) = \frac{p\,\mathfrak{x}_1 + q\,\mathfrak{x}_1 + p\,\mathfrak{x}_2 - p\,\mathfrak{x}_1}{p+q} = \frac{q\,\mathfrak{x}_1 + p\,\mathfrak{x}_2}{p+q}$
(Vgl. die erste Herleitung für M.) Ergebnis:

$$\boldsymbol{\mathfrak{x} = \frac{q\,\mathfrak{x}_1 + p\,\mathfrak{x}_2}{p+q}} \ \textbf{(2a)} \quad \text{bzw.} \quad \boldsymbol{\mathfrak{x} = \frac{\mathfrak{x}_1 + k\,\mathfrak{x}_2}{1+k}} \ \textbf{(2b)}, \quad x = \frac{x_1 + k\,x_2}{1+k}, \text{ analog für } y \text{ und } z.$$

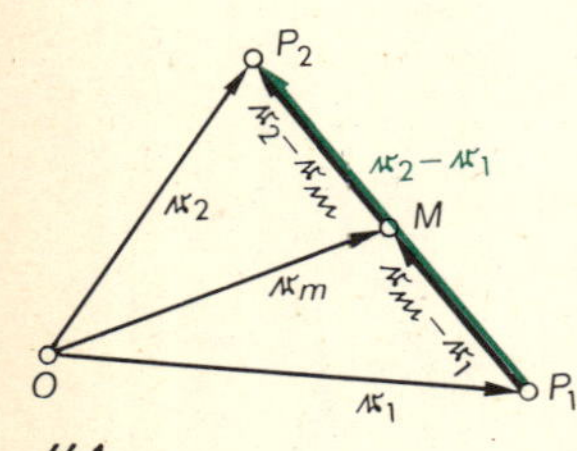

66.1.

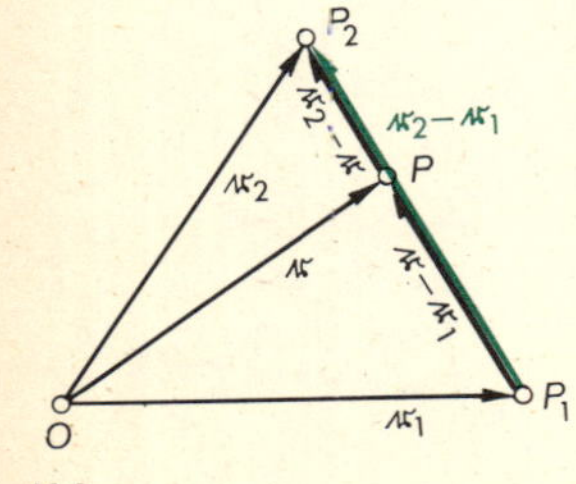

66.2.

Für $k < 0$ erhält man Punkte außerhalb der Strecke P_1P_2 auf ihrer Verlängerung, sog. **„äußere Teilpunkte“.** Ist umgekehrt $P(\neq P_2)$ auf der Gerade P_1P_2 gegeben, so gilt $\mathfrak{x} - \mathfrak{x}_1 = k(\mathfrak{x}_2 - \mathfrak{x})$ (*). Man kann dann k zwar nicht unmittelbar aus (*) berechnen, da die *Division durch einen Vektor nicht definiert* ist, aber man erhält k aus einem der Terme $\frac{x - x_1}{x_2 - x}$, $\frac{y - y_1}{y_2 - y}$, $\frac{z - z_1}{z_2 - z}$; diese Terme ergeben alle denselben Wert k für $x_2 \neq x$, $y_2 \neq y$, $z_2 \neq z$.

(Ist P_1P_2 parallel zu einer Koordinatenebene bzw. zu einer Koordinatenachse, so nehmen einer bzw. zwei dieser Terme die Form 0:0 an.)

Bemerkung: Wenn der Punkt P nicht auf der Gerade P_1P_2 liegt, so haben die beiden Vektoren $\mathfrak{x} - \mathfrak{x}_1$ und $\mathfrak{x}_2 - \mathfrak{x}$ weder gleiche noch entgegengesetzte Richtung, die Gleichung (*) ist in diesem Fall nicht erfüllbar.

Aufgaben zur Streckenteilung

1. Übertrage die 2. Herleitung von $\mathfrak{r}_m = \frac{1}{2}(\mathfrak{r}_1 + \mathfrak{r}_2)$ auf das Teilverhältnis k.

2. Gib im Viereck $A(-2\,|\,0)$ $B(4\,|\,-2)$ $C(3\,|\,2)$ $D(0\,|\,3)$ die Vektorkoordinaten der Mitte E von $\overrightarrow{AD}$, der Mitte F von $\overrightarrow{BC}$ und die von $\overrightarrow{AB}$, $\overrightarrow{DC}$, $\overrightarrow{EF}$ an. Zeige: $\overrightarrow{DC}$ und $\overrightarrow{EF}$ gehen durch S-Multiplikation aus $\overrightarrow{AB}$ hervor. Geometrische Bedeutung? Zeige: $\overrightarrow{EF} = \frac{1}{2}(\overrightarrow{AB} + \overrightarrow{DC})$.

3. Der Mittelpunkt M von $\overrightarrow{P_1P_2}$ wird mit O verbunden und $\overrightarrow{OM}$ in P halbiert. Drücke den Ortspfeil $\mathfrak{r}$ von P durch $\mathfrak{r}_1$ und $\mathfrak{r}_2$ aus. Schreibe das Ergebnis auch in Koordinaten für $P(x\,|\,y)$, $P_1(x_1\,|\,y_1)$, $P_2(x_2\,|\,y_2)$, werte es zahlenmäßig aus für $P_1(4\,|\,-1)$, $P_2(2\,|\,5)$.

4. a) Von einem Parallelogramm sind die Ecken P_1, P_2, P_3 durch ihre Ortspfeile $\mathfrak{r}_1$, $\mathfrak{r}_2$, $\mathfrak{r}_3$ gegeben. Gib $\mathfrak{r}_4$ an für die Ecke P_4 gegenüber P_2.

b) Werte das Ergebnis von a) aus für $P_1(0\,|\,0)$ $P_2(4\,|\,1)$ $P_3(1\,|\,3)$.

c) Was bedeuten geometrisch die Gleichungen $\mathfrak{r}_4 - \mathfrak{r}_1 = \mathfrak{r}_3 - \mathfrak{r}_2$; $\mathfrak{r}_3 - \mathfrak{r}_4 = \mathfrak{r}_2 - \mathfrak{r}_1$; $\frac{1}{2}(\mathfrak{r}_1 + \mathfrak{r}_3) = \frac{1}{2}(\mathfrak{r}_2 + \mathfrak{r}_4)$, die algebraisch leicht auseinander herzuleiten sind[1]?

5. a) Im Viereck $P_1P_2P_3P_4$ sind $M_{12}, M_{23}, M_{34}, M_{41}$ die Mitten der Seiten[2], M_{13} und M_{24} die der Diagonalen (Fig. 67.1). Drücke den Ortspfeil $\mathfrak{r}_{\mathrm{I}}$ für die Mitte M_{I} der Strecke $M_{12}M_{34}$ durch $\mathfrak{r}_1$, $\mathfrak{r}_2$, $\mathfrak{r}_3$, $\mathfrak{r}_4$ aus, ebenso $\mathfrak{r}_{\mathrm{II}}$ für die Mitte M_{II} von $M_{23}M_{41}$ und $\mathfrak{r}_{\mathrm{III}}$ für die Mitte M_{III} von $M_{13}M_{24}$. Was fällt auf?

b) Sprich das Ergebnis von a) als Satz aus, sowohl für ein ebenes Viereck als auch für ein (räumliches) Tetraeder $P_1P_2P_3P_4$ mit seinen 6 Kanten. (Das 2. Beispiel in d) ist ein Tetraeder.)

c) Was folgt über die Art des Vierecks $M_{12}M_{23}M_{34}M_{41}$?

d) Zahlenbeispiele: 1) $P_1(-2\,|\,0)$, $P_2(6\,|\,0)$, $P_3(4\,|\,5)$, $P_4(0\,|\,6)$
2) $P_1(1\,|\,-3\,|\,-1)$, $P_2(3\,|\,5\,|\,1)$, $P_3(-3\,|\,1\,|\,3)$, $P_4(-1\,|\,-1\,|\,7)$.

67.1.

6. a) Nach der Mittelstufengeometrie schneiden sich die Seitenhalbierenden („Schwerlinien") eines Dreiecks in *einem* Punkt S („Schwerpunkt"), der jede Seitenhalbierende im Verhältnis 2:1 teilt. Schreibe $\mathfrak{r}_s = \mathfrak{r}_1 + \frac{2}{3}\,\mathfrak{m}_1$ mit $\mathfrak{m}_1 = \overrightarrow{P_1M_1}$ (Fig. 67.2), leite so die Schwerpunktsformel her:

$$\mathfrak{r}_s = \frac{1}{3}(\mathfrak{r}_1 + \mathfrak{r}_2 + \mathfrak{r}_3) \qquad (3)$$

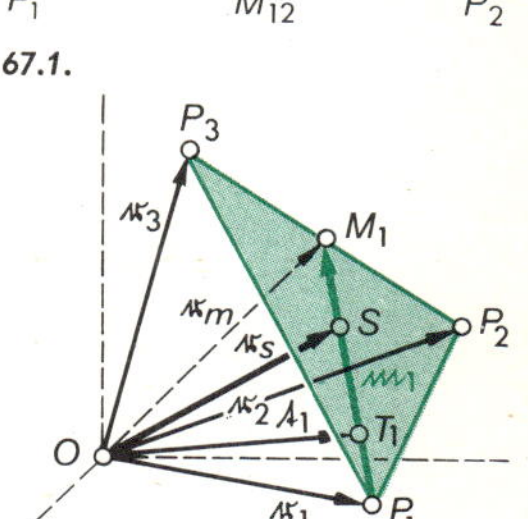

67.2.

b) Berechne die Schwerpunktskoordinaten für das Dreieck $A(-4\,|\,0)$ $B(4\,|\,-2)$ $C(0\,|\,5)$.

c) Von einem Dreieck ABC kennt man $C(4\,|\,8)$, die Mitte $D(5\,|\,3)$ von BC, den Schwerpunkt $S(2\,|\,2)$. Bestimme die Koordinaten der Ecken A und B.

▸ d) Das Dreieck $P_1P_2P_3$ sei durch die Ortspfeile $\mathfrak{r}_1$, $\mathfrak{r}_2$, $\mathfrak{r}_3$ gegeben, M_1 sei Mitte von $\overrightarrow{P_2P_3}$ (Fig. 67.2). Drücke den Ortspfeil $\mathfrak{t}_1$ von T_1, der $\overrightarrow{P_1M_1}$ im Verhältnis k teilt, durch $\mathfrak{r}_1$, $\mathfrak{r}_2$, $\mathfrak{r}_3$ aus. Welches einfache Teilverhältnis k ergibt ein $\mathfrak{t}_1$, das sich bei zyklischer Vertauschung von $\mathfrak{r}_1$, $\mathfrak{r}_2$, $\mathfrak{r}_3$ nicht ändert? Warum ist durch die Existenz *dieses* Teilpunktes der Schwerpunktsatz der Elementargeometrie bewiesen?

---

1. $\mathfrak{r}_1 + \mathfrak{r}_3 = \mathfrak{r}_2 + \mathfrak{r}_4$ erlaubt keine von O unabhängige Deutung.

2. Lies M eins-zwei, M zwei-drei usw., nicht M zwölf bzw. M dreiundzwanzig.

7. Berechne den Teilpunkt P von $\overrightarrow{P_1P_2}$ für $P_1(0\,|\,0)$, $P_2(3\,|\,0)$ [für $P_1(2\,|\,2)$, $P_2(5\,|\,4)$] und die Teilverhältnisse $k = 4, 2, 1, \frac{1}{2}, 0, -\frac{1}{2}, -1, -2, -4$, „$-\infty$“, „$+\infty$“. Wie bewegt sich P, wenn k alle Werte von $-\infty$ bis $+\infty$ durchläuft? Wohin rückt P für a) k gegen $-\infty$, b) k gegen -1 (wachsend, von -2 her), c) k gegen -1 (abnehmend, von 0 her), d) k gegen 0, e) k gegen $+1$, f) k gegen $+\infty$? Zeichne die errechneten Teilpunkte P ein für $P_1(0\,|\,0)$, $P_2(3\,|\,0)$ und beschrifte sie mit den zugehörigen k-Werten.

8. Teile die Strecke P_1P_2 im Verhältnis $1:3$ $(3:2)$ für $P_1(1\,|\,-1\,|\,2)$, $P_2(5\,|\,1\,|\,7)$.

9. Untersuche, ob $P(Q, R)$ auf P_1P_2 liegt. Wenn ja, wie teilt $P(Q, R)$ die Strecke P_1P_2?
a) $P_1(1\,|\,0)$, $P_2(7\,|\,0)$; $P(5\,|\,0)$
b) $P_1(0\,|\,-1)$, $P_2(0\,|\,5)$; $P(0\,|\,-3)$
c) $P_1(-4\,|\,-2)$, $P_2(2\,|\,1)$; $P(0\,|\,0)$, $Q(8\,|\,4)$
d) $P_1(6\,|\,4)$, $P_2(1\,|\,1)$; $P(4\,|\,3)$
e) $P_1(-4\,|\,-5\,|\,0)$, $P_2(0\,|\,3\,|\,5)$; $P(-1{,}5\,|\,0\,|\,3)$, $Q(2\,|\,7\,|\,7{,}5)$, $R(2{,}5\,|\,8\,|\,8)$.

Parameterdarstellung einer Gerade (in der Ebene, im Raum)

Wenn man k in $\mathfrak{r} = \dfrac{\mathfrak{r}_1 + k\,\mathfrak{r}_2}{1+k}$ als Parameter nimmt, so kann man für passend gewähltes k jeden Punkt der Gerade P_1P_2 (außer P_2) erhalten (vgl. S. 66). Einfacher erhält man eine **Parameterdarstellung der Gerade P_1P_2** nach Fig. 68.1: $\quad \boldsymbol{\mathfrak{r} = \mathfrak{r}_1 + t\,(\mathfrak{r}_2 - \mathfrak{r}_1)}$ **(4a)**

Gibt man die Gerade statt durch 2 Punkte durch einen Punkt P_1 und ihre Richtung, letztere durch einen Vektor $\mathfrak{u} \neq \mathfrak{o}$, so hat man $\quad \boldsymbol{\mathfrak{r} = \mathfrak{r}_1 + t\,\mathfrak{u}}$ **(4b)**

Falls dabei t die Zeit darstellt (etwa in Sekunden), so wird „$\mathfrak{u}$“ in der Zeiteinheit durchlaufen. Man schreibt dann $\mathfrak{w}$ statt $\mathfrak{u}$: $\mathfrak{w}$ gibt die Geschwindigkeit nach Größe und Richtung an. Statt P_1 schreibt man dann P_0 (Punkt für $t = 0$ sec; Fig. 68.2) und erhält für die

Darstellung einer geradlinig-gleichförmigen Bewegung: $\quad \boldsymbol{\mathfrak{r} = \mathfrak{r}_0 + t\,\mathfrak{w}}$ **(4c)**

Beispiel für den Übergang zu Koordinaten bei der Darstellung einer Bewegung:
Es seien $\mathfrak{r}_0$ und $\mathfrak{w}$ wie folgt gegeben: $\mathfrak{r} = (x; y; z)$; $\mathfrak{r}_0 = (2; 4; 3)$; $\mathfrak{w} = (1; -1; 2)$.
Dann sind die Bewegungsgleichungen in Koordinaten: $x = 2 + t$; $y = 4 - t$; $z = 3 + 2t$.

Parameterdarstellung einer Ebene im Raum

In Fig. 68.3 ist $\overrightarrow{OP} = \mathfrak{r} = \mathfrak{r}_1 + \frac{2}{3}(\mathfrak{r}_2 - \mathfrak{r}_1) + 2(\mathfrak{r}_3 - \mathfrak{r}_1)$. P liegt in der Ebene durch die 3 Punkte P_1, P_2, P_3. Beachte: $\mathfrak{r}_1, \mathfrak{r}_2, \mathfrak{r}_3$ liegen i.a. nicht in einer Ebene. Mit 2 Parametern u, v ist **jeder Punkt der Ebene** darstellbar: $\quad \boldsymbol{\mathfrak{r} = \mathfrak{r}_1 + u\,(\mathfrak{r}_2 - \mathfrak{r}_1) + v\,(\mathfrak{r}_3 - \mathfrak{r}_1)}$ **(5a)**

Man kann von der Ebene auch nur *einen* Punkt P_1 geben und sie durch zwei Vektoren „aufspannen“, die man an P_1 ansetzt, und die nicht in derselben Gerade liegen (Fig. 68.4). Diese seien $\mathfrak{u}$ und $\mathfrak{b}$ $(\mathfrak{u} \neq \mathfrak{o}$, $\mathfrak{b} \neq \mathfrak{o}$, $\mathfrak{b} \neq k\,\mathfrak{u})$. Dann ist $\quad \boldsymbol{\mathfrak{r} = \mathfrak{r}_1 + u\,\mathfrak{u} + v\,\mathfrak{b}}$ **(5b),**

in Koordinaten nebenan. Das zweite System ist zur Elimination von u und v etwas umgeschrieben.

$$\begin{array}{l|lcl} & x = x_1 + u\,a_x + v\,b_x & & a_x u + b_x v = x - x_1 \\ & y = y_1 + u\,a_y + v\,b_y & \text{bzw.} & a_y u + b_y v = y - y_1 \\ & z = z_1 + u\,a_z + v\,b_z & & a_z u + b_z v = z - z_1 \end{array} \Bigg\}\ (\ast)$$

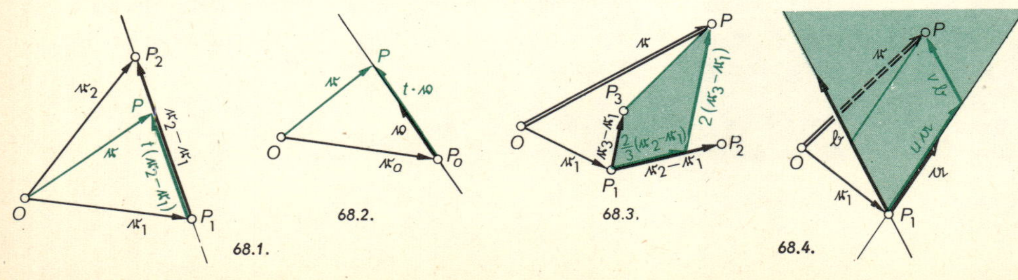

68.1. 68.2. 68.3. 68.4.

Die umständliche Elimination von u und v aus den 3 Gleichungen (*) ergibt (Aufg. 13):
$(a_y b_z - a_z b_y)(x - x_1) + (a_z b_x - a_x b_z)(y - y_1) + (a_x b_y - a_y b_x)(z - z_1) = 0$.
Diese Gleichung ist von der Form $A(x - x_1) + B(y - y_1) + C(z - z_1) = 0$ bzw. $Ax + By + Cz + D = 0$ mit $D = -(Ax_1 + By_1 + Cz_1)$. Vergleiche mit der allgemeinen Form der Geradengleichung (in der x, y-Ebene) $Ax + By + C = 0$.

Umgekehrt stellt jede Gleichung $\boldsymbol{Ax + By + Cz + D = 0}$, in der A, B, C nicht zugleich Null sind, eine **Ebene** dar. Begründung: Für $C \neq 0$ ergeben Schnitte mit Ebenen $z = \text{const.}$ parallele Geraden (wieso?). Da auch der Schnitt mit $x = 0$ eine Gerade ergibt, so erhält man eine Schar paralleler Geraden durch eine feste Gerade in der y, z-Ebene. Läßt man eine „bewegliche" Gerade die Schar durchlaufen, so überstreicht sie eine Ebene.

Für $C = 0$ lautet die Gleichung „$Ax + By + D = 0$, z beliebig"; man hat eine Ebene parallel zur z-Achse durch die Gerade m. d. Gl. $Ax + By + D = 0$ in der x, y-Ebene.

Aufgaben zur Gerade und zur Ebene

10. a) Gib eine Parameterdarstellung einer Gerade der x, y-Ebene durch P_1 und P_2 in Koordinaten an. Eliminiere den Parameter t und zeige, daß man die Zwei-Punkte-Form von § 4 erhält (Formel I (8), Seite 18).
b) Gib eine Parameterdarstellung für die Gerade durch $P_1(3 \mid 2 \mid 4)$ und $P_2(2 \mid 4 \mid 2)$ an. In welchen Punkten schneidet die Gerade die Koordinatenebenen? (Beachte, daß z. B. die x, y-Ebene durch $z = 0$ charakterisiert ist.)
Zeichne auch ein Schrägbild (vgl. Fig. 69.1) und ermittle die Ergebnisse zur Probe zeichnerisch.

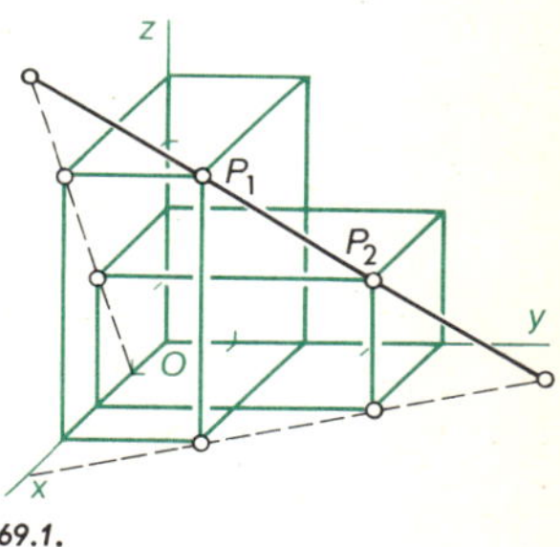

69.1.

11. a) Eine Gerade hat die Richtung des Vektors $\mathfrak{a} = \begin{pmatrix} 2 \\ 3 \\ -1 \end{pmatrix}$ und geht durch $P_1(3 \mid 4{,}5 \mid 1)$.
Wo schneidet sie die x, y-Ebene? Zeige, daß sie die z-Achse trifft. Wo?
b) Ein Punkt bewegt sich geradlinig gleichförmig und ist für $t = 1$ sec in $P_1(5 \mid -4 \mid 7)$ und für $t = 3$ sec in $P_3(1 \mid 2 \mid 4)$. Bestimme den Geschwindigkeitsvektor $\mathfrak{v}$, ferner $\mathfrak{r}_0$ für $t = 0$ sec und $\mathfrak{r}$ für den beliebigen Zeitpunkt t. Wann und wo erreicht der Punkt die y, z-Ebene (die x, z-Ebene; die Ebene m. d. Gl. $x = y$, z beliebig)?

12. Lege 2 Vektoren $\mathfrak{a}$ und $\mathfrak{b}$, die in (5b) eine Ebene im Raum aufspannen, in die Zeichenebene (Fig. 69.2) und trage von dem Punkt P_1 aus die Pfeile $2\mathfrak{a} + \mathfrak{b}$; $1{,}5\mathfrak{a} - 0{,}5\mathfrak{b}$; $-\mathfrak{a} + 1{,}2\mathfrak{b}$ ab. (P_1 soll ebenfalls in der Zeichenebene liegen.)

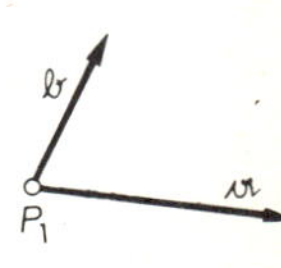

69.2.

▸ **13.** Eliminiere u und v aus (*) S. 68. Zeige $(A; B; C) \neq (0; 0; 0)$.

14. a) Ermittle unter Verwendung der nebenstehenden Parameterdarstellung einer Ebene, wo die Ebene die z-Achse (x-Achse, y-Achse) schneidet.

$$\begin{pmatrix} x \\ y \\ z \end{pmatrix} = \begin{pmatrix} 1 \\ 2 \\ 6 \end{pmatrix} + u \begin{pmatrix} 3 \\ 2 \\ -3 \end{pmatrix} + v \begin{pmatrix} -1 \\ 2 \\ 3 \end{pmatrix}$$

b) Eliminiere u und v aus den 3 Gleichungen für x, y, z und zeige, daß man als x, y, z-Gleichung der Ebene $6x - 3y + 4z = 24$ erhält. Schneide die Ebene mit Hilfe dieser Darstellung nochmals mit den Koordinatenachsen.

14 Lineare Abhängigkeit von Vektoren. Vektorräume

D 0 Ein Vektor $\mathfrak{a}$, der aus n Vektoren $\mathfrak{a}_1, \mathfrak{a}_2, \ldots, \mathfrak{a}_n$ wie folgt gebildet wird: $\mathfrak{a} = u_1\mathfrak{a}_1 + u_2\mathfrak{a}_2 + \cdots + u_n\mathfrak{a}_n$ $(u_1, u_2, \ldots, u_n \in \mathbb{R})$, heißt *lineare Kombination*[1] dieser n Vektoren. Man sagt auch: $\mathfrak{a}$ ist **linear abhängig** von den n Vektoren $\mathfrak{a}_1, \mathfrak{a}_2, \ldots, \mathfrak{a}_n$. Die verschiedenen Möglichkeiten solcher Bildungen untersuchen wir schrittweise.

Der eindimensionale Vektorraum. Kollinearität

Mit einem fest gegebenen Vektor $\mathfrak{a} \neq \mathfrak{o}$ bilden wir die Menge aller Vektoren $\boldsymbol{\mathfrak{p} = u\,\mathfrak{a}}$
D 1a $(u \in \mathbb{R})$, d.h. $\mathfrak{p}$ ist das u-fache von $\mathfrak{a}$. Diese einparametrige Schar von Vektoren $u\,\mathfrak{a}$ heißt ein **eindimensionaler Vektorraum.** Man nennt $\{\mathfrak{a}\}$ eine Basis dieses Vektorraums[2].

Geometrische Deutung: Für $u > 0$ hat $\mathfrak{p}$ dieselbe Richtung wie $\mathfrak{a}$, für $u < 0$ entgegengesetzte, für $u = 0$ ist $\mathfrak{p} = \mathfrak{o}$. Trägt man Repräsentanten von $\mathfrak{a}$ und $\mathfrak{p}$ an denselben Punkt
D 1b an, so fallen sie auf dieselbe Gerade. *Deshalb nennt man alle Vektoren dieses (eindimensionalen) Raumes auch (untereinander)* **kollinear.** Bei verschiedenen Anfangspunkten liegen die Pfeile auf derselben Gerade oder auf Parallelen. (Der Nullvektor gehört auch zu der Schar.)

S 1 Wenn wir aus n Vektoren $\mathfrak{p}_1 = u_1\mathfrak{a}$, $\mathfrak{p}_2 = u_2\mathfrak{a}$, ..., $\mathfrak{p}_n = u_n\mathfrak{a}$ dieses eindimensionalen Raumes eine beliebige *Linearkombination* $\mathfrak{p} = p_1\mathfrak{p}_1 + p_2\mathfrak{p}_2 + \cdots + p_n\mathfrak{p}_n$ $(p_i \in \mathbb{R})$, bilden, so erhalten wir wieder einen Vektor dieses eindimensionalen Raumes, denn es ist $\mathfrak{p} = (p_1u_1 + p_2u_2 + \cdots + p_nu_n)\,\mathfrak{a} = u\,\mathfrak{a}$.

Der zweidimensionale Vektorraum. Komplanarität

Nun nehmen wir zu $\mathfrak{a} \neq \mathfrak{o}$ einen Vektor $\mathfrak{b} \neq \mathfrak{o}$ hinzu, der *nicht* in dem zur Basis $\{\mathfrak{a}\}$ gehörenden Vektorraum liegt, der sich also *nicht* in der Form $\mathfrak{b} = u\,\mathfrak{a}$ darstellen läßt. Aus diesen beiden festen und nicht kollinearen Vektoren kombinieren wir die Menge aller Vektoren $\boldsymbol{\mathfrak{q} = u\,\mathfrak{a} + v\,\mathfrak{b}}$ $(u, v \in \mathbb{R})$, d.h. wir betrachten alle Linearkombinationen von $\mathfrak{a}$ und $\mathfrak{b}$.
D 2a Diese zweiparametrige Schar von Vektoren $u\,\mathfrak{a} + v\,\mathfrak{b}$ heißt ein **zweidimensionaler Vektorraum.** Man nennt $\{\mathfrak{a}, \mathfrak{b}\}$ eine *Basis* dieses Vektorraums[3].

Geometrische Deutung: Trägt man Repräsentanten von $\mathfrak{a}$ und $\mathfrak{b}$ an denselben Punkt an, so bestimmen sie eine Ebene. In dieser Ebene liegen auch (bei demselben Anfangspunkt) die Repräsentanten aller Vektoren $\mathfrak{q}$ der Schar (vgl. die Parameterdarstellung der Ebene in § 13
D 2b mit Fig. 68.4). *Deshalb nennt man alle Vektoren dieses (zweidimensionalen) Raumes auch (untereinander)* **komplanar**[4]. Bei verschiedenen Anfangspunkten liegen die Repräsentanten in einer Ebene oder in parallelen Ebenen (Fig. 70.1).

S 2 Wenn wir aus n Vektoren $\mathfrak{q}_1 = u_1\mathfrak{a} + v_1\mathfrak{b}, \ldots, \mathfrak{q}_n = u_n\mathfrak{a} + v_n\mathfrak{b}$ dieses zweidimensionalen Raumes eine beliebige Linearkombination bilden: $\mathfrak{q} = p_1\mathfrak{q}_1 + p_2\mathfrak{q}_2 + \cdots + p_n\mathfrak{q}_n$ $(p_i \in \mathbb{R})$, so erhalten wir wegen $\mathfrak{q} = (p_1u_1 + \cdots + p_nu_n)\,\mathfrak{a} + (p_1v_1 + \cdots + p_nv_n)\,\mathfrak{b}$ wieder einen Vektor dieses Raumes. Man sieht: Auch bei beliebiger Wiederholung von Linearkombinationen kommt man nicht aus dem Raum der Kombinationen $u\,\mathfrak{a} + v\,\mathfrak{b}$ hinaus.

---

1. Vgl. die in den Variablen x und y lineare Gleichung $Ax + By + C = 0$.
2. $\mathfrak{a}$ gehört selbst zu der Schar (wieso?).
3. $\mathfrak{a}$ und $\mathfrak{b}$ gehören selbst zu der Schar.
4. planus (lat.), eben.

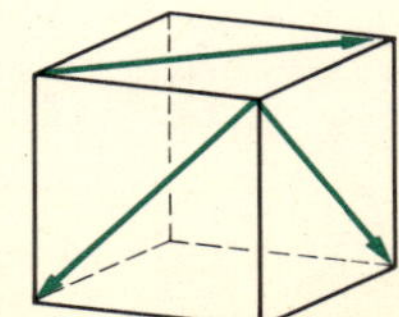
70.1.

Der dreidimensionale Vektorraum. Lineare Abhängigkeit

Jetzt nehmen wir zu 2 festen und nicht kollinearen Vektoren $\mathfrak{a}$ und $\mathfrak{b}$ einen Vektor $\mathfrak{c} \neq \mathfrak{o}$ hinzu, der nicht in dem von $\mathfrak{a}$ und $\mathfrak{b}$ erzeugten zweidimensionalen Vektorraum liegt, sich also *nicht* in der Form $u\,\mathfrak{a} + v\,\mathfrak{b}$ darstellen läßt. Aus diesen drei festen und nicht komplanaren Vektoren bilden wir die Menge aller Vektoren $\boldsymbol{\mathfrak{z} = u\,\mathfrak{a} + v\,\mathfrak{b} + w\,\mathfrak{c}}$ $(u, v, w \in \mathbb{R})$, also alle Linearkombinationen von $\mathfrak{a}$, $\mathfrak{b}$, $\mathfrak{c}$.

D 3a Diese dreiparametrige Schar von Vektoren $u\,\mathfrak{a} + v\,\mathfrak{b} + w\,\mathfrak{c}$ heißt ein **dreidimensionaler Vektorraum.** Man nennt $\{\mathfrak{a}, \mathfrak{b}, \mathfrak{c}\}$ eine *Basis* dieses Vektorraums[1].

Geometrische Deutung. Repräsentanten von $\mathfrak{a}$, $\mathfrak{b}$, $\mathfrak{c}$ seien an *einen* Punkt angetragen. Läßt man einen Repräsentanten von $\mathfrak{z}$ von demselben Punkt ausgehen, so liegt er in dem von $\mathfrak{a}$, $\mathfrak{b}$, $\mathfrak{c}$ aufgespannten Raum. In *logisch*-systematischer Fortsetzung unserer Folge von Vektorräumen für 1, 2, 3 Dimensionen müßte es auch Vektoren $\mathfrak{z}$ geben, die sich *nicht* in der Form $\mathfrak{z} = u\,\mathfrak{a} + v\,\mathfrak{b} + w\,\mathfrak{c}$ darstellen lassen, sondern in eine „vierte Dimension" hinausragen. Das ist aber in unserem *Erfahrungsraum* nicht der Fall. In ihm stellt zwar jede Gerade einen „eindimensionalen Unterraum" dar, jede Ebene einen zweidimensionalen; aber wir kennen nur *einen* dreidimensionalen Raum. Die Repräsentanten von $\mathfrak{a}$, $\mathfrak{b}$, $\mathfrak{c}$ spannen nicht *einen* von vielen Räumen auf, in dem dann $\mathfrak{z}$ bei linearer Kombination $\mathfrak{z} = u\,\mathfrak{a} + v\,\mathfrak{b} + w\,\mathfrak{c}$ läge als eine Besonderheit („Kon-Räumlichkeit"), sondern jedes Tripel nicht komplanarer Vektoren spannt den *einen* Raum auf, der unserer Erfahrung und Vorstellung zugänglich ist; *jeder* weitere Vektor $\mathfrak{z}$ liegt in ihm und läßt sich durch $\mathfrak{z} = u\,\mathfrak{a} + v\,\mathfrak{b} + w\,\mathfrak{c}$ darstellen. Vergleiche dazu den folgenden Abschnitt: Zerlegung eines Vektors in Komponenten. Es wurde deshalb auch keine neue Bezeichnung geprägt (etwa „konräumlich"), sondern man sagt für

D 3b $\mathfrak{z} = u\,\mathfrak{a} + v\,\mathfrak{b} + w\,\mathfrak{c}$ nach D 0 unspezialisiert: **$\mathfrak{z}$ ist linear abhängig von $\mathfrak{a}, \mathfrak{b}, \mathfrak{c}$.**

Entsprechend sagt man für $\mathfrak{y} = u\,\mathfrak{a} + v\,\mathfrak{b}$ neben „komplanar" auch „$\mathfrak{y}$ ist linear abhängig von $\mathfrak{a}$ und $\mathfrak{b}$", für $\mathfrak{x} = u\,\mathfrak{a}$ neben „kollinear" auch „$\mathfrak{x}$ ist linear abhängig von $\mathfrak{a}$".

Ebenso sagt man bei 3 *nicht* komplanaren bzw. bei 2 *nicht* kollinearen Vektoren, sie seien *linear unabhängig. Vier* linear unabhängige Vektoren gibt es in unserem *Erfahrungsraum* nicht.

Ausblick auf 4 und auf *n* Dimensionen

Einen Vektor, der aus dem dreidimensionalen Raum in eine „vierte Dimension" hinausragt, kann sich auch ein Mathematiker geometrisch anschaulich nicht *vorstellen*, aber *denken*, indem er *definiert*:

D 4 Wenn $\mathfrak{a}$, $\mathfrak{b}$, $\mathfrak{c}$ nicht komplanar sind, und wenn sich ein weiterer Vektor $\mathfrak{d}$ *nicht* in der Form $\mathfrak{d} = u\,\mathfrak{a} + v\,\mathfrak{b} + w\,\mathfrak{c}$ darstellen läßt, so heißen die 4 Vektoren **linear unabhängig.** — Er arbeitet dann mit 4 als linear unabhängig *vorausgesetzten* Vektoren $\mathfrak{a}, \mathfrak{b}, \mathfrak{c}, \mathfrak{d}$ algebraisch genau entsprechend, wie mit dreien. Der vierdimensionale Vektorraum mit der Basis $\{\mathfrak{a}, \mathfrak{b}, \mathfrak{c}, \mathfrak{d}\}$ und den Vektoren $u\,\mathfrak{a} + v\,\mathfrak{b} + w\,\mathfrak{c} + t\,\mathfrak{d}$ $(u, v, w, t \in \mathbb{R})$ enthält dann unendlich viele verschiedene dreidimensionale lineare Unterräume, die man „Hyperebenen" nennt. So kann man fortfahren und in Gedanken in einem *n*-dimensionalen Raum arbeiten[2].

Ein Beispiel in Koordinaten: In der x, y-Ebene ist $x^2 + y^2 = r^2$ die Gleichung eines Kreises, im Raum ist in einem Orthonormalsystem $x^2 + y^2 + z^2 = r^2$ die Gleichung einer Kugel und in einem vierdimensionalen Raum ist $x^2 + y^2 + z^2 + t^2 = r^2$ die Gleichung einer „Hyperkugel". Was stellt $x^2 = r^2$ auf der x-Achse, also in einem eindimensionalen Raum, dar?

1. $\mathfrak{a}$, $\mathfrak{b}$, $\mathfrak{c}$ gehören selbst zu der Schar, z. B. $\mathfrak{a}$ für $u = 1$, $v = w = 0$.
2. Dies sind nicht nur geistige Spielereien, es gibt wichtige Anwendungen. Z. B. nimmt man in der Relativitätstheorie mit Vorteil die Zeit als „4-te Dimension" zu den 3 Dimensionen des Raums hinzu.

Zerlegung eines Vektors in Komponenten

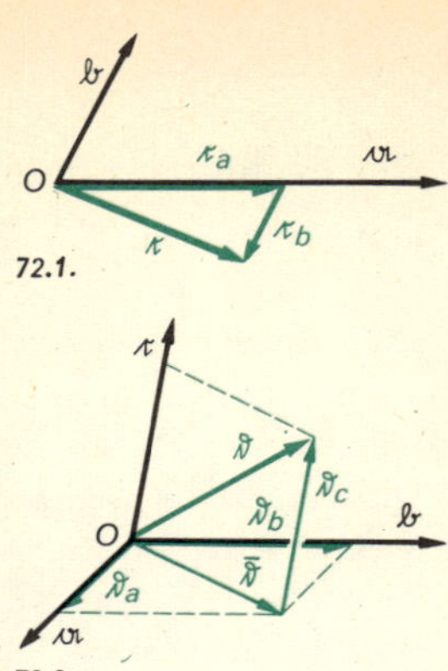

72.1.

72.2.

$\mathfrak{a}$ und $\mathfrak{b}$ seien nicht kollinear. Dann liegt (bzgl. eines Ursprungs O) nicht nur jeder Ortspfeil $u\,\mathfrak{a} + v\,\mathfrak{b}$ in der Ebene der Ortspfeile $\mathfrak{a}$ und $\mathfrak{b}$, sondern umgekehrt läßt sich jeder (etwa geometrisch) gegebene *Ortspfeil $\mathfrak{c}$ der Ebene eindeutig* in der Form $\mathfrak{c} = u\,\mathfrak{a} + v\,\mathfrak{b}$ darstellen: Wir ziehen die Parallele zu $\mathfrak{b}$ durch die Spitze des Ortspfeils $\mathfrak{c}$ und schneiden sie mit der Gerade des Ortspfeils $\mathfrak{a}$ (Fig. 72.1); $\mathfrak{c} = \mathfrak{c}_a + \mathfrak{c}_b$. Der Schnittpunkt existiert, weil nach Voraussetzung $\mathfrak{a}$ und $\mathfrak{b}$ nicht kollinear sind. Man spricht auch von der *Zerlegung eines Vektors in Komponenten* nach den (Richtungen der) gegebenen Vektoren $\mathfrak{a}$ und $\mathfrak{b}$.

Nun seien $\mathfrak{a}$, $\mathfrak{b}$, $\mathfrak{c}$ nicht komplanar. Dann liegt (bzgl. eines Ursprungs O) nicht nur jeder Ortspfeil $u\,\mathfrak{a} + v\,\mathfrak{b} + w\,\mathfrak{c}$ in dem Raum, der von den Ortspfeilen $\mathfrak{a}$, $\mathfrak{b}$, $\mathfrak{c}$ aufgespannt wird, sondern umgekehrt läßt sich jeder gegebene *Ortspfeil $\mathfrak{d}$ des 3-dimensionalen Raumes eindeutig in der Form $\mathfrak{d} = u\,\mathfrak{a} + v\,\mathfrak{b} + w\,\mathfrak{c}$* darstellen. Wir ziehen etwa die Parallele zu $\mathfrak{c}$ durch die Spitze des Ortspfeils $\mathfrak{d}$ (Fig. 72.2) bis zum Schnitt mit der von den Pfeilen $\mathfrak{a}$ und $\mathfrak{b}$ aufgespannten Ebene und erhalten zunächst die Komponenten $\mathfrak{c}_c = w \cdot \mathfrak{c}$ und $\bar{\mathfrak{d}}$ in der Ebene der Pfeile $\mathfrak{a}$ und $\mathfrak{b}$; man geht weiter vor wie oben. Der Schnittpunkt existiert, weil nach Voraussetzung $\mathfrak{a}$, $\mathfrak{b}$, $\mathfrak{c}$ nicht komplanar sind.

Bemerkung: In Beispiel 4 (S. 76) ergibt sich die Möglichkeit und Eindeutigkeit solcher „Zerlegungen nach gegebenen Vektoren" algebraisch beim Lösen von linearen Gleichungssystemen mit Zahlenkoeffizienten. Der allgemeine algebraische Beweis für diese Möglichkeit und Eindeutigkeit würde eine allgemeine Behandlung linearer Gleichungssysteme erfordern, die wir nicht vollständig durchführen.

Koordinaten- und Komponentendarstellung

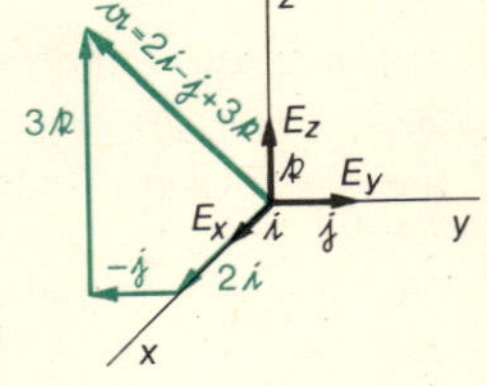

72.3.

Bezeichnet man die Ortspfeile $\overrightarrow{OE_x}$, $\overrightarrow{OE_y}$, $\overrightarrow{OE_z}$ vom Ursprung zu den *Einheitspunkten* auf den Achsen eines Koordinatensystems mit $\mathfrak{i}$, $\mathfrak{j}$, $\mathfrak{k}$, so kann man statt $\mathfrak{a} = (2; -1; 3)$ auch schreiben $\mathfrak{a} = 2\,\mathfrak{i} - \mathfrak{j} + 3\,\mathfrak{k}$, allgemein $\boldsymbol{\mathfrak{a} = a_x\,\mathfrak{i} + a_y\,\mathfrak{j} + a_z\,\mathfrak{k}}$.

D 5 Im Unterschied zu den **Koordinaten** $\boldsymbol{a_x, a_y, a_z}$ des Vektors $\mathfrak{a}$ nennt man $\boldsymbol{a_x\,\mathfrak{i}, a_y\,\mathfrak{j}, a_z\,\mathfrak{k}}$ die **Komponenten** von $\mathfrak{a}$ nach den Koordinatenachsen.
Diese Schreibweise ist gelegentlich von Vorteil (Fig. 72.3).

Lineare Abhängigkeit und Unabhängigkeit von Vektoren (untereinander)

Bei 3 komplanaren Vektoren $\mathfrak{a}$, $\mathfrak{b}$, $\mathfrak{c}$ kann jeder von den 2 anderen linear abhängig sein.
Beispiel: $\mathfrak{c} = \frac{1}{2}\mathfrak{a} - \frac{3}{4}\mathfrak{b} \Leftrightarrow \mathfrak{a} = \frac{3}{2}\mathfrak{b} + 2\mathfrak{c} \Leftrightarrow \mathfrak{b} = \frac{2}{3}\mathfrak{a} - \frac{4}{3}\mathfrak{c} \Leftrightarrow 2\mathfrak{a} - 3\mathfrak{b} - 4\mathfrak{c} = \mathfrak{o}$.
Hat man dagegen $\mathfrak{a}$, $\mathfrak{b} = 2\,\mathfrak{a}$ und $\mathfrak{c}$ nicht von der Form $u\,\mathfrak{a}$, so ist $\mathfrak{c}$ linear abhängig von $\mathfrak{a}$ und $\mathfrak{b}$. Trotzdem heißen $\mathfrak{a}$, $\mathfrak{b}$, $\mathfrak{c}$ linear abhängig.

D 6 *n* Vektoren heißen **linear abhängig,** wenn mindestens einer von den anderen linear abhängig ist; sie heißen **linear unabhängig,** wenn keiner von den anderen linear abhängig ist.

In D 6 ist keiner der Vektoren vor den anderen ausgezeichnet. Auch die folgende algebraische Bedingung für lineare Abhängigkeit bzw. Unabhängigkeit hat „symmetrische“ Form:
S 3 Die Vektoren $\mathfrak{a}_1, \mathfrak{a}_2, \ldots, \mathfrak{a}_n$ sind genau dann **linear unabhängig,** wenn die Gleichung $u_1 \mathfrak{a}_1 + u_2 \mathfrak{a}_2 + \cdots + u_n \mathfrak{a}_n = \mathfrak{o}$ (*) **nur** für $u_1 = u_2 = \cdots = u_n = 0$ erfüllt ist; sie sind **linear abhängig,** wenn (*) zu erfüllen ist, ohne daß *alle* n Koeffizienten $u_1, u_2, \ldots, u_n$ Null sind. (Ist einer der n Vektoren der Nullvektor, so sind sie linear abhängig; wieso?)

Der Beweis wird genügend deutlich am Beispiel von 3 Vektoren $\mathfrak{a}, \mathfrak{b}, \mathfrak{c}$.

I. Es sei $u\,\mathfrak{a} + v\,\mathfrak{b} + w\,\mathfrak{c} = \mathfrak{o}$ (**) nur für $u = v = w = 0$ erfüllt. Dann ist z.B. $\mathfrak{c}$ nicht in der Form $\mathfrak{c} = p\,\mathfrak{a} + q\,\mathfrak{b}$ darstellbar, denn sonst wäre (**) für $u = p$, $v = q$, $w = -1$ erfüllt. Entsprechendes gilt für $\mathfrak{a}$ und $\mathfrak{b}$. Also sind $\mathfrak{a}, \mathfrak{b}, \mathfrak{c}$ linear unabhängig. (Beachte: Dann kann keiner der Vektoren der Nullvektor sein.)

II. Ist (**) erfüllt und dabei etwa $w \neq 0$, dann folgt $\mathfrak{c} = -\frac{u}{w}\,\mathfrak{a} - \frac{v}{w}\,\mathfrak{b}$. $\mathfrak{a}, \mathfrak{b}, \mathfrak{c}$ sind also linear abhängig. Entsprechend folgt die Abhängigkeit für $u \neq 0$ oder $v \neq 0$.

Eine wichtige Schlußweise. Das Verfahren des Koeffizientenvergleichs

Wenn man weiß, daß zwei Vektoren $\mathfrak{a}, \mathfrak{b}$ (drei Vektoren $\mathfrak{a}, \mathfrak{b}, \mathfrak{c}$) linear unabhängig sind (oder wenn man dies voraussetzen will), so bedeutet dies, daß die Gleichung $u\,\mathfrak{a} + v\,\mathfrak{b} = \mathfrak{o}$ $(u\,\mathfrak{a} + v\,\mathfrak{b} + w\,\mathfrak{c} = \mathfrak{o})$ nur erfüllt sein kann, wenn u und v (u und v und w) Null sind. Oft treten solche Gleichungen zunächst in der Form $p\,\mathfrak{a} + q\,\mathfrak{b} + r\,\mathfrak{c} = u\,\mathfrak{a} + v\,\mathfrak{b} + w\,\mathfrak{c}$ (*) auf. Nach der Umformung in $(p-u)\,\mathfrak{a} + (q-v)\,\mathfrak{b} + (r-w)\,\mathfrak{c} = \mathfrak{o}$ kann man daraus schließen: $p - u = 0$ usw., bzw. $p = u$ *und* $q = v$ *und* $r = w$. Wenn man diesen Schluß künftig ohne die Umformung direkt an der Gleichung (*) macht, so spricht man von **„Koeffizientenvergleich“.** Warum kann man z.B. bei der Gleichung $p\,\mathfrak{a} + q\,\mathfrak{b} = w\,\mathfrak{c}$ ($\mathfrak{a}, \mathfrak{b}, \mathfrak{c}$ als linear unabhängig vorausgesetzt) unmittelbar $p = q = w = 0$ schließen?

Aufgaben

1. Zeige: Sind $\mathfrak{a}, \mathfrak{b}, \mathfrak{c}$ beliebig, so sind folgende 3 Vektoren komplanar:
a) $\mathfrak{x} = \mathfrak{b} + \mathfrak{c} - 2\,\mathfrak{a}$; $\mathfrak{y} = \mathfrak{c} + \mathfrak{a} - 2\,\mathfrak{b}$; $\mathfrak{z} = \mathfrak{a} + \mathfrak{b} - 2\,\mathfrak{c}$
▸ b) $\mathfrak{x} = \mathfrak{a} + 2\,\mathfrak{b} - \mathfrak{c}$; $\mathfrak{y} = 2\,\mathfrak{a} - \mathfrak{b} + 2\,\mathfrak{c}$; $\mathfrak{z} = 2\,\mathfrak{a} + 1{,}5\,\mathfrak{b}$
Anleitung: Suche u, v, w so, daß $u\,\mathfrak{x} + v\,\mathfrak{y} + w\,\mathfrak{z} = \mathfrak{o}$ ist.
▸ c) $\mathfrak{a}, \mathfrak{b}, \mathfrak{c}$ seien linear unabhängig; daraus werden gebildet $\mathfrak{d} = \mathfrak{a} + \mathfrak{b} + \mathfrak{c}$ und $\mathfrak{x}, \mathfrak{y}, \mathfrak{z}$ wie in a) oder b). Zeige, daß $\mathfrak{d}$ linear unabhängig von $\mathfrak{x}, \mathfrak{y}, \mathfrak{z}$ ist. Trotzdem sind $\mathfrak{d}, \mathfrak{x}, \mathfrak{y}, \mathfrak{z}$ linear abhängig. Wieso? Vgl. auch S. 75, Beispiel 3 und Aufg. 10.

2. Warum repräsentieren die Pfeile in Fig. 70.1 an einem Quader komplanare Vektoren? Zeichne auch 3 Flächendiagonalen, die nicht komplanare Vektoren repräsentieren.

3. Es sei $\mathfrak{b} = k\,\mathfrak{a}$ $(\mathfrak{a} \neq \mathfrak{o})$. Drücke $\mathfrak{c} = u\,\mathfrak{a} + v\,\mathfrak{b}$ aus,
a) allein in $\mathfrak{a}$, b) für $k \neq 0$ allein in $\mathfrak{b}$. Bestätige so, daß man mit allen Linearkombinationen nicht aus dem eindimensionalen Vektorraum von $\mathfrak{a}$ hinauskommt.

4. Es seien $\mathfrak{a}, \mathfrak{b}, \mathfrak{c}$ linear abhängig durch die Relation $3\,\mathfrak{a} - 2\,\mathfrak{b} + 5\,\mathfrak{c} = \mathfrak{o}$. Drücke die Linearkombination $\mathfrak{d} = 1{,}5\,\mathfrak{a} + \mathfrak{b} - 0{,}5\,\mathfrak{c}$ allein a) durch $\mathfrak{b}$ und $\mathfrak{c}$, b) durch $\mathfrak{c}$ und $\mathfrak{a}$, c) durch $\mathfrak{a}$ und $\mathfrak{b}$ aus. Zeichne auch Figuren dazu, wobei etwa die Vektoren $\mathfrak{a}$ und $\mathfrak{b}$ beliebig, aber nicht kollinear genommen werden dürfen.

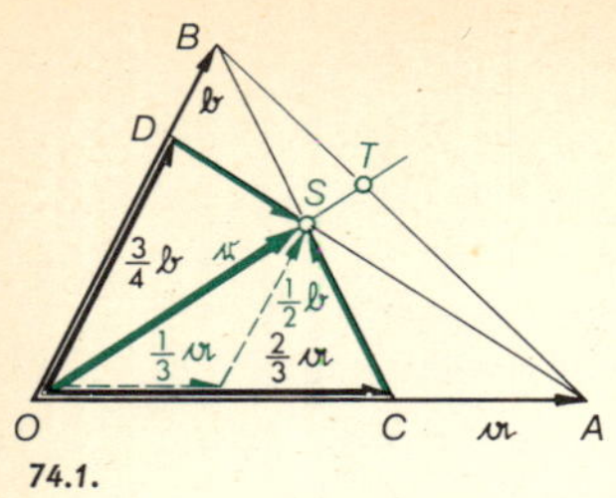

74.1.

Schnittpunktsberechnungen

Beispiel 1. Gegeben sei $\triangle\, OAB$ mit den Punkten C auf $\overline{OA}$ $(\overrightarrow{OC} = \frac{2}{3}\overrightarrow{OA})$ und D auf $\overrightarrow{OB}$ $(\overrightarrow{OD} = \frac{3}{4}\overrightarrow{OB})$. Berechne
a) den Schnittpunkt S der Geraden AD und BC,
b) den Schnittpunkt T der Geraden OS und AB (Fig. 74.1).

Lösung (Fig. 74.1) mit $\mathfrak{a}$ für $\overrightarrow{OA}$ und $\mathfrak{b}$ für $\overrightarrow{OB}$:

a) $\overrightarrow{OS} = \overrightarrow{OC} + u \cdot \overrightarrow{CB} \quad = \overrightarrow{OD} + v \cdot \overrightarrow{DA}$
$(\mathfrak{s} =)\ \frac{2}{3}\mathfrak{a} + u(\mathfrak{b} - \frac{2}{3}\mathfrak{a}) = \frac{3}{4}\mathfrak{b} + v(\mathfrak{a} - \frac{3}{4}\mathfrak{b})$
$(*)\ \mathfrak{b}(u + \frac{3}{4}v - \frac{3}{4}) \quad = \mathfrak{a}(v + \frac{2}{3}u - \frac{2}{3})$

Da $\mathfrak{a}$ und $\mathfrak{b}$ linear unabhängig sind, ist (*) nur zu erfüllen, wenn beide Klammern Null sind:

$$\begin{array}{rcl|c|c} 4u + 3v &=& 3 & +1 & -1 \\ 2u + 3v &=& 2 & -1 & +2 \\ \hline 2u && = 1;\ u = \frac{1}{2} && \\ 3v &=& 1;\ v = \frac{1}{3} && \end{array}$$

Ergebnis: $\overrightarrow{CS} = \frac{1}{2}\overrightarrow{CB}$ (also $\overrightarrow{SB} = \frac{1}{2}\overrightarrow{CB}$)
$\overrightarrow{DS} = \frac{1}{3}\overrightarrow{DA}$ (also $\overrightarrow{SA} = \frac{2}{3}\overrightarrow{DA}$)
$\mathfrak{s} = \frac{2}{3}\mathfrak{a} + \frac{1}{2}(\mathfrak{b} - \frac{2}{3}\mathfrak{a}) = \frac{1}{3}\mathfrak{a} + \frac{1}{2}\mathfrak{b}$;

zur Probe: $\mathfrak{s} = \frac{3}{4}\mathfrak{b} + \frac{1}{3}(\mathfrak{a} - \frac{3}{4}\mathfrak{b}) = \frac{1}{3}\mathfrak{a} + \frac{1}{2}\mathfrak{b}$.

b) Ansatz: $(\overrightarrow{OT} =)\quad s\,\mathfrak{s} = \mathfrak{a} + t(\mathfrak{b} - \mathfrak{a})$
Nach a): $s(\frac{1}{3}\mathfrak{a} + \frac{1}{2}\mathfrak{b}) = \mathfrak{a} + t(\mathfrak{b} - \mathfrak{a})$
$\mathfrak{a}(\frac{1}{3}s + t - 1) = \mathfrak{b}(t - \frac{1}{2}s)$

Die Gleichung ist nur zu erfüllen, indem beide Klammern Null sind, also für $s = \frac{6}{5}$, $t = \frac{3}{5}$ (rechne nach).

Ergebnis: $\overrightarrow{OT} = \frac{6}{5}\overrightarrow{OS}$ und $\overrightarrow{AT} = \frac{3}{5}\overrightarrow{AB}$.

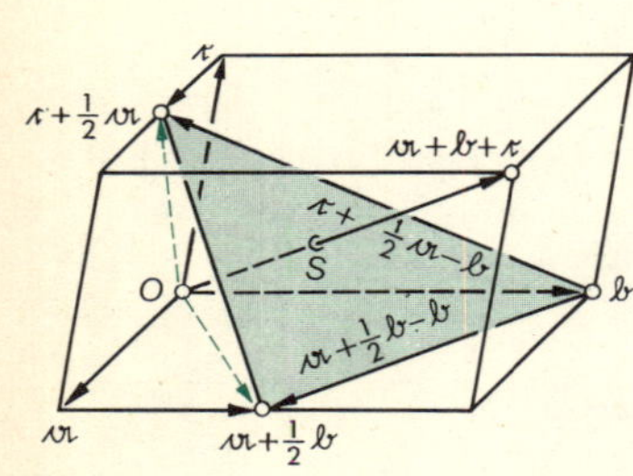

74.2.

Beispiel 2. Gegeben ist ein Spat durch 3 nicht komplanare Vektoren $\mathfrak{a}$, $\mathfrak{b}$, $\mathfrak{c}$ (Fig. 74.2). Durch eine Ecke und 2 Kantenmitten wird eine Ebene gelegt und von einer Raumdiagonale des Spats durchstoßen. Berechne den Durchstoßpunkt S.

Lösung: Für irgend einen Punkt P der Ebene gilt: $\overrightarrow{OP} = \mathfrak{b} + u\left(\mathfrak{a} + \frac{\mathfrak{b}}{2} - \mathfrak{b}\right) + v\left(\frac{\mathfrak{a}}{2} - \mathfrak{b} + \mathfrak{c}\right)$. Für irgend einen Punkt Q der Raumdiagonale gilt: $\overrightarrow{OQ} = w(\mathfrak{a} + \mathfrak{b} + \mathfrak{c})$. Für den Durchstoßpunkt gilt: $\overrightarrow{OP} = \overrightarrow{OQ}$; somit hat man die Bedingungsgleichung

$\mathfrak{b} + u(\mathfrak{a} - \frac{1}{2}\mathfrak{b}) + v(\frac{1}{2}\mathfrak{a} - \mathfrak{b} + \mathfrak{c}) = w(\mathfrak{a} + \mathfrak{b} + \mathfrak{c})$; anders geordnet
$\mathfrak{a}(u + \frac{1}{2}v - w) + \mathfrak{b}(1 - \frac{1}{2}u - v - w) + \mathfrak{c}(v - w) = \mathfrak{o}$.

Die Gleichung ist nur zu erfüllen, indem die 3 Klammern einzeln Null sind. Dies ist der Fall (rechne!) bei $\frac{2}{9}$, $\frac{4}{9}$, $\frac{4}{9}$ für u, v, w. Ergebnis: $\overline{OS}$ beträgt $\frac{4}{9}$ der Raumdiagonale.

Aufgaben

5. In dem Parallelogramm der Fig. 74.3 ist D die Mitte von $\overrightarrow{OA}$. Wie teilt der Schnittpunkt S
a) die Diagonale OC, b) die Strecke BD?

6. Die Seiten AB, BC, CA in Fig. 74.4 sind durch D, E, F alle im Verhältnis $2:1$ geteilt. Zeige, daß AD, BE, CF sich im Verhältnis $3:3:1$ teilen.

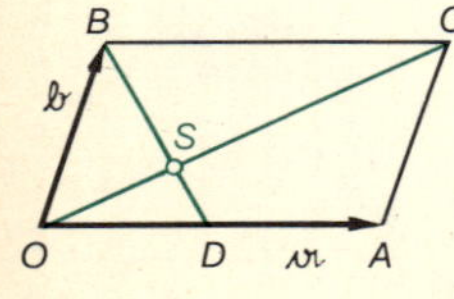

74.3.

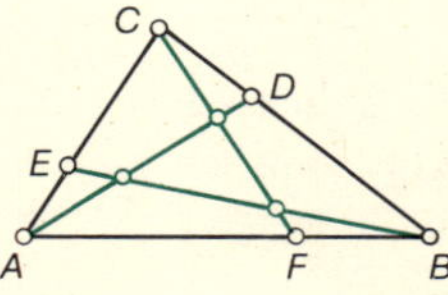

74.4.

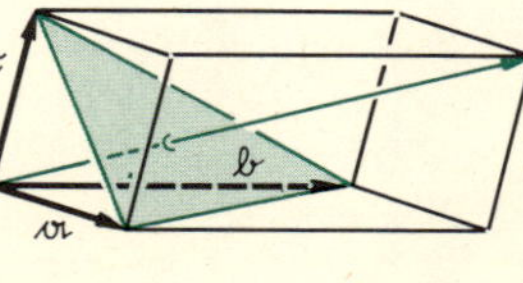
74.5.

74.6.

7. Berechne für einen Spat nach Fig. 74.5 den Durchstoßpunkt der eingezeichneten Raumdiagonale durch das eingezeichnete Dreieck. Zeige, daß dieser Durchstoßpunkt der Dreiecksschwerpunkt ist. In welchem Verhältnis wird die Raumdiagonale geteilt?

8. Berechne den Schwerpunkt eines Dreiecks als Schnittpunkt zweier Schwerlinien. Verfahre nach Fig. 74.6. (Vgl. auch S. 67, Aufg. 6.)

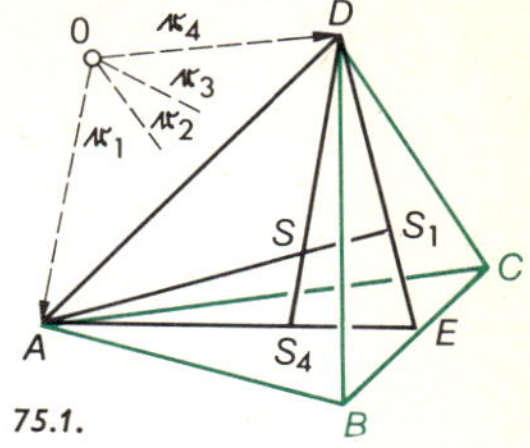

75.1.

9. a) Berechne den Schnittpunkt zweier Schwerlinien eines Tetraeders (Fig. 75.1).
Anleitung: E sei die Mitte von BC. Im Dreieck AED ist $\overline{ES_4} = \frac{1}{3}\overline{EA}$ und $\overline{ES_1} = \frac{1}{3}\overline{ED}$.
Nimm E als Anfangspunkt für ein Vorgehen nach Beisp. 1.

▸ b) Übertrage Aufg. 6d von § 13 auf einen Teilpunkt T_1 von $\overrightarrow{AS_1}$.
$\overrightarrow{OA} = \mathfrak{r}_1$ usw., $\overrightarrow{OS_1} = \frac{1}{3}(\mathfrak{r}_2 + \mathfrak{r}_3 + \mathfrak{r}_4)$.

Rechnerische Zerlegung eines Vektors nach gegebenen Vektoren

Beispiel 3: $\mathfrak{i}, \mathfrak{j}, \mathfrak{k}$ seien drei nicht komplanare, aber sonst ganz beliebige Vektoren. Wir können sie uns als Grundvektoren eines orthogonalen oder eines schiefen Systems vorstellen. Aus ihnen werden gebildet:

$$\mathfrak{a} = \mathfrak{i} + \mathfrak{j} - \mathfrak{k}; \quad \mathfrak{b} = \mathfrak{i} - 3\mathfrak{j} + \mathfrak{k}; \quad \mathfrak{d} = \mathfrak{i} + 3\mathfrak{j} - 2\mathfrak{k}.$$

Zeige, daß sich $\mathfrak{d}$ linear aus $\mathfrak{a}$ und $\mathfrak{b}$ kombinieren läßt, daß also $\mathfrak{d}$ in der Ebene liegt, die von $\mathfrak{a}$ und $\mathfrak{b}$ aufgespannt wird (wenn man alle drei an *einen* Punkt anträgt, etwa an O), und daß somit die Vektoren $\mathfrak{a}, \mathfrak{b}, \mathfrak{d}$ nicht auch den $\mathfrak{i}, \mathfrak{j}, \mathfrak{k}$-Raum aufspannen können.

Lösung. Die Behauptung lautet: Es gibt $u, v \in \mathbb{R}$, so daß $\mathfrak{d} = u\,\mathfrak{a} + v\,\mathfrak{b}$ ist.
Wir setzen $\mathfrak{a} = \mathfrak{i} + \mathfrak{j} - \mathfrak{k}$ usw. ein: $\mathfrak{i} + 3\mathfrak{j} - 2\mathfrak{k} = u(\mathfrak{i} + \mathfrak{j} - \mathfrak{k}) + v(\mathfrak{i} - 3\mathfrak{j} + \mathfrak{k})$.
Wir ordnen anders: $\mathfrak{i} + 3\mathfrak{j} - 2\mathfrak{k} = \mathfrak{i}(u + v) + \mathfrak{j}(u - 3v) + \mathfrak{k}(-u + v)$.
$\mathfrak{i}, \mathfrak{j}, \mathfrak{k}$ sind linear unabhängig, also muß gelten:

$$\left\{\begin{array}{rl} u + v = 1 & \text{(I)} \\ u - 3v = 3 & \text{(II)} \\ -u + v = -2 & \text{(III)} \end{array}\right.$$

Die Vektorgleichung ist nur gelöst für ein u, v-Paar, das alle 3 Gleichungen erfüllt.
Wir wählen zunächst (I) und (III):

$$\left\{\begin{array}{rl|l|l} u + v = & 1 & +1 & +1 \text{ (I)} \\ -u + v = & -2 & -1 & +1 \text{ (III)} \end{array}\right.$$
$$2u = 3; \quad u = 1{,}5$$
$$2v = -1; \quad v = -0{,}5$$

Es muß geprüft werden, ob auch (II) für die erhaltenen Lösungszahlen des Systems (I) und (III) gilt:
L. Term: $+\frac{3}{2} - 3\left(-\frac{1}{2}\right) = 3$; R. Term: 3. (II) ist erfüllt!

Ergebnis:
$\mathfrak{d} = \frac{3}{2}\mathfrak{a} - \frac{1}{2}\mathfrak{b}$.

Aufgabe

10. Zu den Vektoren $\mathfrak{i}, \mathfrak{j}, \mathfrak{k}, \mathfrak{a}, \mathfrak{b}$ aus Beispiel 3 nehmen wir die Linearkombination $\mathfrak{c} = -\mathfrak{i} + 2\mathfrak{j}$ hinzu. Zeige, daß sich $\mathfrak{c}$ *nicht* linear aus $\mathfrak{a}$ und $\mathfrak{b}$ kombinieren läßt; d.h., daß die Basisvektoren $\mathfrak{a}, \mathfrak{b}, \mathfrak{c}$ denselben dreidimensionalen Raum aufspannen wie die Einheitsvektoren $\mathfrak{i}, \mathfrak{j}, \mathfrak{k}$.
Anleitung: Verfahre wie in Beisp. 3, d.h. berechne u, v aus zwei der drei Gleichungen für die Koeffizienten. Warum genügt anschließend die Feststellung, daß die Probe in der dritten Gleichung nicht stimmt?

Beispiel 4. Zu $\mathfrak{i}$, $\mathfrak{j}$, $\mathfrak{k}$, $\mathfrak{a}$, $\mathfrak{b}$ aus Beisp. 3 und $\mathfrak{c} = -\mathfrak{i} + 2\mathfrak{j}$ aus Aufg. 10 nehmen wir hinzu $\mathfrak{n} = \mathfrak{i} + \mathfrak{j} + \mathfrak{k}$. Stelle $\mathfrak{n}$ in der Form $\mathfrak{n} = u\,\mathfrak{a} + v\,\mathfrak{b} + w\,\mathfrak{c}$ dar, d.h. zerlege $\mathfrak{n}$ nach den (Richtungen der) gegebenen Vektoren $\mathfrak{a}$, $\mathfrak{b}$, $\mathfrak{c}$.

Lösung. Ansatz: $\mathfrak{n} = u\,\mathfrak{a} + v\,\mathfrak{b} + w\,\mathfrak{c}$. (*Muß* sich nach Aufg. 10 erfüllen lassen.)

$$\left.\begin{aligned} \mathfrak{i} + \mathfrak{j} + \mathfrak{k} &= u(\mathfrak{i} + \mathfrak{j} - \mathfrak{k}) + v(\mathfrak{i} - 3\mathfrak{j} + \mathfrak{k}) + w(-\mathfrak{i} + 2\mathfrak{j}) \\ &= \mathfrak{i}(u + v - w) + \mathfrak{j}(u - 3v + 2w) + \mathfrak{k}(-u + v) \end{aligned}\right\}\ \text{Ist erfüllt, wenn folgendes System erfüllt ist:}$$

$$\begin{array}{lrcl|l} \text{(I)} & u + v - w &=& 1 & \cdot 2 \\ \text{(II)} & u - 3v + 2w &=& 1 & \cdot 1 \\ \text{(III)} & -u + v &=& 1 & \end{array}$$

Durch Elimination von w aus (I) und (II) erhält man

$$\begin{array}{lrcl} \text{(IV)} & 3u - v &=& 3 \end{array}$$

$$\begin{array}{lrcl|l|l} \text{(III)} & -u + v &=& 1 & 1 & 3 \\ \text{(IV)} & 3u - v &=& 3 & 1 & 1 \\ \hline & 2u &=& 4 & & \\ \text{(V)} & u &=& 2 & & \\ & 2v &=& 6 & & \\ \text{(VI)} & v &=& 3 & & \end{array}$$

(V) und (VI) in (I):

$$\begin{aligned} w &= u + v - 1 \\ &= 2 + 3 - 1 = 4 \\ \text{(VII)}\quad w &= 4 \end{aligned}$$

Ergebnis: $\mathfrak{n} = 2\,\mathfrak{a} + 3\,\mathfrak{b} + 4\,\mathfrak{c}$.

Aufgaben

11. $\mathfrak{i}$, $\mathfrak{j}$, $\mathfrak{k}$, $\mathfrak{a}$, $\mathfrak{b}$, $\mathfrak{c}$ sind wie in Beispiel 4 gegeben. Zerlege die Vektoren
a) $\mathfrak{f} = -\mathfrak{i} + \mathfrak{j} + \mathfrak{k}$, b) $\mathfrak{g} = 3\mathfrak{i} - \mathfrak{j} - 2\mathfrak{k}$ nach $\mathfrak{a}$, $\mathfrak{b}$, $\mathfrak{c}$ (wie $\mathfrak{n}$ in Beisp. 4).

12. Zerlege die Vektoren $\mathfrak{i}$, $\mathfrak{j}$, $\mathfrak{k}$ nach den Vektoren $\mathfrak{a}$, $\mathfrak{b}$, $\mathfrak{c}$ von Beisp. 3 und Aufg. 10. Zeige, daß sich $\mathfrak{i} = \mathfrak{a} + \mathfrak{b} + \mathfrak{c}$; $\mathfrak{j} = \frac{1}{2}\mathfrak{a} + \frac{1}{2}\mathfrak{b} + \mathfrak{c}$; $\mathfrak{k} = \frac{1}{2}\mathfrak{a} + \frac{3}{2}\mathfrak{b} + 2\mathfrak{c}$ ergibt. (Einführung einer neuen Basis $\{\mathfrak{a}, \mathfrak{b}, \mathfrak{c}\}$, Aufstellung von Transformationsformeln.)

13. Nach Aufg. 12 kann man jeden Vektor $\mathfrak{d}$, der in der Form $d_x\mathfrak{i} + d_y\mathfrak{j} + d_z\mathfrak{k}$ gegeben ist, ohne neues Lösen von Gleichungssystemen in der Form $u\,\mathfrak{a} + v\,\mathfrak{b} + w\,\mathfrak{c}$ schreiben, z.B. $\mathfrak{d} = \mathfrak{i} + 3\mathfrak{j} - 2\mathfrak{k} = (\mathfrak{a} + \mathfrak{b} + \mathfrak{c}) + 3(\frac{1}{2}\mathfrak{a} + \frac{1}{2}\mathfrak{b} + \mathfrak{c}) - 2(\frac{1}{2}\mathfrak{a} + \frac{3}{2}\mathfrak{b} + 2\mathfrak{c}) = \frac{3}{2}\mathfrak{a} - \frac{1}{2}\mathfrak{b}$. Führe dies durch a) für $\mathfrak{n}$ von Beisp. 4, b) für $\mathfrak{f}$ und $\mathfrak{g}$ von Aufg. 11 (vgl. die schon bekannten Ergebnisse, auch für $\mathfrak{d}$ in Beisp. 3), c) für $\mathfrak{h} = \mathfrak{i} - 2\mathfrak{j} + 2\mathfrak{k}$.

14. $\mathfrak{i}$ und $\mathfrak{j}$ seien beliebig nicht kollinear. Es sei $\mathfrak{a} = 2\mathfrak{i} - \mathfrak{j}$; $\mathfrak{b} = \mathfrak{i} + \mathfrak{j}$; $\mathfrak{c} = \frac{7}{2}\mathfrak{i} + 2\mathfrak{j}$.
a) Zeige, daß $\mathfrak{b}$ kein Vielfaches von $\mathfrak{a}$ ist ($\mathfrak{a}$ und $\mathfrak{b}$ bilden eine neue Basis).
b) Stelle nun $\mathfrak{c}$ in der Form $u\,\mathfrak{a} + v\,\mathfrak{b}$ dar, was nach a) möglich sein muß.
c) Stelle auch $\mathfrak{i}$ und $\mathfrak{j}$ in der Form $u\,\mathfrak{a} + v\,\mathfrak{b}$ dar. Hat man dies getan, so kann man jeden in der Form $d_x\mathfrak{i} + d_y\mathfrak{j}$ gegebenen Vektor $\mathfrak{d}$ unmittelbar in der Form $u\,\mathfrak{a} + v\,\mathfrak{b}$ schreiben. Führe dies durch für $\mathfrak{c} = 3{,}5\,\mathfrak{i} + 2\mathfrak{j}$ und für $\mathfrak{d} = \mathfrak{i} - 2\mathfrak{j}$.

▸**15.** In Aufg. 14 führte die geometrische Aufgabe der Zerlegung eines Vektors auf die Lösung von 2 Gleichungen in 2 Variablen. Umgekehrt kann man ein solches Gleichungssystem im Rahmen der Zeichengenauigkeit geometrisch lösen. Löse das Gleichungssystem $\begin{cases} 2u + v = 3{,}5 \\ -u + v = 2 \end{cases}$ bzw. $u \cdot \binom{2}{-1} + v \cdot \binom{1}{1} = \binom{3{,}5}{2}$ graphisch. Stelle dazu den Vektor $\mathfrak{c} = \binom{3{,}5}{2} = \frac{7}{2}\mathfrak{i} + 2\mathfrak{j}$ in der Form $u\,\mathfrak{a} + v\,\mathfrak{b}$ dar durch Zerlegen nach den Richtungen von $\mathfrak{a} = \binom{2}{-1}$ und $\mathfrak{b} = \binom{1}{1}$ (Fig. 76.1). Wieso liest man 0,5 für u und 2,5 für v ab?

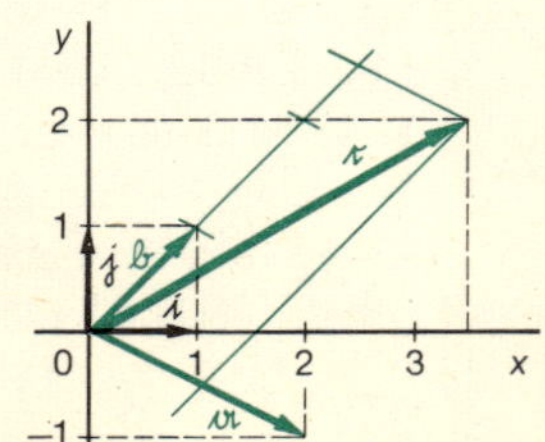

76.1.

16. a) Verfahre wie in Beisp. 4 mit $\mathfrak{n} = -\mathfrak{i} + 3\mathfrak{j} - \mathfrak{k}$; $\mathfrak{a} = \mathfrak{i} + \frac{1}{2}\mathfrak{j} + \mathfrak{k}$, $\mathfrak{b} = \mathfrak{i} + 2\mathfrak{j} - \mathfrak{k}$, $\mathfrak{c} = -\mathfrak{i} + \frac{3}{2}\mathfrak{j} + \mathfrak{k}$. b) Löse Aufg. 12 und 13a) für diese Vektoren.
c) $\mathfrak{n} = \mathfrak{i} + \mathfrak{j} + \mathfrak{k}$; $\mathfrak{a} = -\mathfrak{i} + \mathfrak{j} + \mathfrak{k}$, $\mathfrak{b} = \mathfrak{i} - \mathfrak{j} + \mathfrak{k}$, $\mathfrak{c} = \mathfrak{i} + \mathfrak{j} - \mathfrak{k}$.

17. $\mathfrak{i}, \mathfrak{j}, \mathfrak{k}, \mathfrak{l}$ seien 4 linear unabhängige Vektoren (4-dimensionaler Vektorraum). Es werden aus diesen ursprünglichen Basisvektoren gebildet
$\mathfrak{a} = -\mathfrak{i} + \mathfrak{j} + \mathfrak{k} + \mathfrak{l}$; $\mathfrak{b} = \mathfrak{i} - \mathfrak{j} + \mathfrak{k} + \mathfrak{l}$; $\mathfrak{c} = \mathfrak{i} + \mathfrak{j} - \mathfrak{k} + \mathfrak{l}$; $\mathfrak{d} = \mathfrak{i} + \mathfrak{j} + \mathfrak{k} - \mathfrak{l}$.
a) Zeige, daß mit $\mathfrak{i}, \mathfrak{j}, \mathfrak{k}, \mathfrak{l}$ auch $\mathfrak{a}, \mathfrak{b}, \mathfrak{c}, \mathfrak{d}$ linear unabhängig sind, sich also als neue Basis für den 4-dimensionalen $\mathfrak{i}, \mathfrak{j}, \mathfrak{k}, \mathfrak{l}$-Raum eignen.
b) Schreibe $\mathfrak{n} = \mathfrak{i} + \mathfrak{j} + \mathfrak{k} + \mathfrak{l}$ in der Form $\mathfrak{n} = t\mathfrak{a} + u\mathfrak{b} + v\mathfrak{c} + w\mathfrak{d}$.
c) Schreibe auch $\mathfrak{i}, \mathfrak{j}, \mathfrak{k}, \mathfrak{l}$ je in der Form $t\mathfrak{a} + u\mathfrak{b} + v\mathfrak{c} + w\mathfrak{d}$.
d) Hat man c) gelöst, so kann man jeden Vektor $\mathfrak{v} = q_1\mathfrak{i} + q_2\mathfrak{j} + q_3\mathfrak{k} + q_4\mathfrak{l}$ unmittelbar in der Form $t\mathfrak{a} + u\mathfrak{b} + v\mathfrak{c} + w\mathfrak{d}$ schreiben. Tue dies für $\mathfrak{n} = \mathfrak{i} + \mathfrak{j} + \mathfrak{k} + \mathfrak{l}$ und vergleiche mit dem Ergebnis von b).

Bemerkung zu Beispiel 4 und Aufg. 12/13

Ist im $\mathfrak{i}, \mathfrak{j}, \mathfrak{k}$-System $\mathfrak{a} = \begin{pmatrix}1\\1\\-1\end{pmatrix}$, $\mathfrak{b} = \begin{pmatrix}1\\-3\\1\end{pmatrix}$, $\mathfrak{c} = \begin{pmatrix}-1\\2\\0\end{pmatrix}$, $\mathfrak{d} = \begin{pmatrix}d_x\\d_y\\d_z\end{pmatrix}$ (wobei d_x, d_y, d_z gegeben seien), so ist die Aufgabe der Darstellung von $\mathfrak{d}$ in der Form $u\mathfrak{a} + v\mathfrak{b} + w\mathfrak{c}$ äquivalent mit der Lösung des Gleichungssystems:

(I) $1 \cdot u + 1 \cdot v + (-1) \cdot w = d_x$
(II) $1 \cdot u + (-3) \cdot v + 2 \cdot w = d_y$
(III) $(-1) \cdot u + 1 \cdot v + 0 \cdot w = d_z$

Lösung wie im Beispiel. Ergebnis:

$u = d_x \cdot 1 + d_y \cdot 0{,}5 + d_z \cdot 0{,}5$
$v = d_x \cdot 1 + d_y \cdot 0{,}5 + d_z \cdot 1{,}5$
$w = d_x \cdot 1 + d_y \cdot 1 + d_z \cdot 2$

Andere Schreibweise des Ergebnisses (für die „Koordinaten von $\mathfrak{d}$ im $\mathfrak{a}, \mathfrak{b}, \mathfrak{c}$-System")

$$\mathfrak{d} = \begin{pmatrix}u\\v\\w\end{pmatrix} = d_x\begin{pmatrix}1\\1\\1\end{pmatrix} + d_y\begin{pmatrix}0{,}5\\0{,}5\\1\end{pmatrix} + d_z\begin{pmatrix}0{,}5\\1{,}5\\2\end{pmatrix}$$

Der Vergleich mit $\mathfrak{d} = d_x\mathfrak{i} + d_y\mathfrak{j} + d_z\mathfrak{k}$ zeigt folgende Koordinatendarstellung von $\mathfrak{i}, \mathfrak{j}, \mathfrak{k}$ im System der Basis $\{\mathfrak{a}, \mathfrak{b}, \mathfrak{c}\}$ (z.B. $\mathfrak{i} = \mathfrak{a} + \mathfrak{b} + \mathfrak{c}$)

$$\mathfrak{i} = \begin{pmatrix}1\\1\\1\end{pmatrix};\quad \mathfrak{j} = \begin{pmatrix}0{,}5\\0{,}5\\1\end{pmatrix};\quad \mathfrak{k} = \begin{pmatrix}0{,}5\\1{,}5\\2\end{pmatrix}$$

Zum Begriff des Vektorraumes

Bevor wir weitere Verkettungen von Vektoren kennenlernen, werfen wir einen Blick zurück auf die Verkettungen, die zum Begriff des „Vektorraums" führten. Diese Verkettungen treten nämlich auch bei Objekten auf, die wir uns nicht als Pfeile, Schiebungen u.ä. anschaulich vorstellen. Auch in solchen Fällen spricht man von einem „Vektorraum". Das Wort „Raum" bedeutet dabei im allgemeinen nicht einen geometrischen Raum, sondern eine Menge mit bestimmter „Struktur". Dieser *verallgemeinerte Begriff eines „Vektorraumes"* wird festgelegt durch:

D 6 Eine Menge $\mathfrak{V}$ von Elementen $\mathfrak{a}, \mathfrak{b}, \mathfrak{c}, \ldots$ nennt man einen **Vektorraum über einem Körper K** (z.B. dem Körper der reellen Zahlen), wenn folgende Eigenschaften vorliegen:
1. Je zwei Elementen $\mathfrak{a}$ und $\mathfrak{b}$ von $\mathfrak{V}$ ist durch eine Verkettung, die Addition heißt[1], eindeutig ein Element $\mathfrak{c} = \mathfrak{a} + \mathfrak{b}$ aus $\mathfrak{V}$ zugeordnet, wobei $\mathfrak{V}$ bzgl. dieser Addition eine kommutative Gruppe bildet (5 Eigenschaften einschließlich der Kommutativität!).

1. Beachte: Es ist i. a. nicht die Addition im Bereich der reellen Zahlen.

2. Jedem Element $\mathfrak{v} \in \mathfrak{V}$ ist durch *S-Multiplikation* mit jedem Element $k \in K$ (z. B. mit jeder reellen Zahl k) eindeutig ein Element $k\mathfrak{v} \in \mathfrak{V}$ zugeordnet. Für diese Multiplikation mit Skalaren aus K gelten die Regeln:
a) $k_1 \cdot (k_2 \mathfrak{v}) = (k_1 k_2)\mathfrak{v}$, b) $(k_1 + k_2) \cdot \mathfrak{v} = k_1 \mathfrak{v} + k_2 \mathfrak{v}$, c) $k(\mathfrak{v} + \mathfrak{b}) = k\mathfrak{v} + k\mathfrak{b}$
d) Die Einheit $1 \in K$ ist das neutrale Element der S-Multiplikation: $1 \cdot \mathfrak{v} = \mathfrak{v}$.
Die Elemente von $\mathfrak{V}$ bezeichnet man kurz als „*Vektoren*".
3. Ein Vektorraum heißt *n-dimensional*, wenn es n linear unabhängige Vektoren gibt, aber je $(n+1)$ Vektoren linear abhängig sind.

Beispiele für eindimensionale Vektorräume

Physikalische „Größen" wie a) Höhendifferenzen, b) Temperaturdifferenzen, c) Zeitdifferenzen bilden je einen eindimensionalen Vektorraum. Jeder dieser „Vektoren" (z. B. eine Höhendifferenz) läßt sich als k-faches ($k \in \mathbb{R}$) eines Basisvektors (z. B. der Einheit 1 m) darstellen, und es gelten auch alle übrigen in D 6 aufgeführten Eigenschaften (prüfe nach). Demgegenüber bilden z. B. Höhen, Temperaturpunkte, Zeitpunkte, Massen keinen Vektorraum (man kann z. B. die Zeitpunkte „6 Uhr" und „7 Uhr" nicht addieren oder Massen nicht mit negativen Zahlen multiplizieren).

Beispiel für einen zweidimensionalen Vektorraum

Die zweiparametrige Funktionenschar $f(x) = a \cdot \sin x + b \cdot \cos x$ mit $a, b \in \mathbb{R}$ bildet einen zweidimensionalen Vektorraum über $\mathbb{R}$ mit den Basisvektoren (hier Funktionen) $\sin x$ und $\cos x$. Die Graphen der Funktionen dieses Raumes sind die Sinuslinien „um die x-Achse" mit derselben Periodenlänge 2π, aber beliebiger Amplitude und beliebiger Phasenverschiebung gegenüber der „normalen" Sinuslinie. – Derselbe Raum wird z. B. von den Basisvektoren $\sin x + \cos x$ und $\sin x - \cos x$ aufgespannt.

Beispiele für mehrdimensionale Vektorräume

Die Menge der Funktionen $f(x) = ax^2 + bx + c$ mit $a, b, c \in \mathbb{R}$ und den „Basisfunktionen" $f_1(x) = x^2$, $f_2(x) = x$, $f_3(x) = 1$ bildet einen dreidimensionalen Vektorraum. Dies ist leicht zu verallgemeinern auf einen n-dimensionalen Raum; ja, die Menge *aller* ganzen rationalen Funktionen bildet einen unendlich-dimensionalen Vektorraum.

Aufgaben zu diesem Abschnitt

▸ **18.** Gib weitere eindimensionale Vektorräume an, die physikalische Größen betreffen und nenne (wie oben) Gegenbeispiele dazu. Überlege auch Nullpunkte und „Ortspfeile".

19. a) Zeichne die Graphen der Basisvektoren $f_1(x) = \sin x$, $f_2(x) = \cos x$; ferner $f_3(x) = 1{,}5 \cdot \sin x$ und $f_4(x) = 2 \cdot \cos x$, zuletzt $f_5(x) = f_3(x) + f_4(x)$.
b) Stelle $f(x) = 2 \cdot \sin(x + \frac{1}{6}\pi)$ in der Form $a \cdot \sin x + b \cdot \cos x$ dar.
c) Stelle $f(x) = 2 \cdot \sin x - 1{,}5 \cdot \cos x$ in der Form $A \cdot \sin(x - \alpha)$ dar mit $A > 0$.

▸ **20.** Nenne eine Lösung der Gleichung $y' = y$ (zwei linear unabhängige Lösungen von $y'' = y$) und gib einen eindimensionalen (zweidimensionalen) Vektorraum an, dessen Elemente ebenfalls Lösungen der „Differentialgleichung" sind.

15 Das skalare Produkt zweier Vektoren

Der Längenvergleich bei Vektoren verschiedener Richtung

Bisher haben wir nur *kollineare* Vektoren bzgl. ihrer Länge *rechnerisch* miteinander verglichen. Wir sagten: Der Vektor $u\,\mathfrak{a}$ mit $u \in \mathbb{R}$ hat die $|u|$-fache Länge von $\mathfrak{a}$; ebenso hat $v\,\mathfrak{b}$ die $|v|$-fache Länge von $\mathfrak{b}$; $u\,\mathfrak{a}$ ist dann mittels $\mathfrak{a}$ gemessen, $v\,\mathfrak{b}$ mittels $\mathfrak{b}$.
Die beiden Basisvektoren $\mathfrak{a}$ und $\mathfrak{b}$ brauchen (im Bild mit *einem* Maßstab gemessen) nicht gleich lang zu sein. Sind $\mathfrak{a}$ und $\mathfrak{b}$ nicht kollinear, so haben wir zunächst keine Möglichkeit, die Länge der Linearkombination $\mathfrak{c} = u\,\mathfrak{a} + v\,\mathfrak{b}$, z.B. $\mathfrak{c} = 2\,\mathfrak{a} - 3\,\mathfrak{b}$, *rechnerisch* mit der Länge von $\mathfrak{a}$ oder $\mathfrak{b}$ zu vergleichen, wie man dies z.B. an den Pfeilen auf dem Zeichenpapier mit einem Maßstab oder dem Stechzirkel tun kann.

Um solche und andere „metrische" Aufgaben zu lösen, denken wir uns jeden Pfeil unabhängig von seiner Richtung mit einem starren Längenmaßstab in *einheitlicher* Weise gemessen. Es ist dann jedem Vektor $\mathfrak{a}$ ein zu $\mathfrak{a}$ kollinearer *Einheitsvektor* zugeordnet.

D 1 **Der Einheitsvektor in Richtung von $\mathfrak{a} \neq \mathfrak{o}$** wird mit $\mathfrak{a}^\circ$ bezeichnet.
Damit ist für $\mathfrak{a} \neq \mathfrak{o}$ die Darstellung $\boldsymbol{\mathfrak{a} = a \cdot \mathfrak{a}^\circ}$ (6) mit einem positiven Skalar a möglich. Für $\mathfrak{o}$ gilt mit einem beliebigen Einheitsvektor $\mathfrak{a}^\circ$ die Darstellung $\mathfrak{o} = 0 \cdot \mathfrak{a}^\circ$.

D 2 Die „Längenmaßzahl" **a heißt der Betrag von $\mathfrak{a}$.** Man schreibt $|\mathfrak{a}| = a$, $|\mathfrak{b}| = b$ usw.
Für die Einheitsvektoren $\mathfrak{a}^\circ$ und $\mathfrak{b}^\circ$ gilt: $|\mathfrak{a}^\circ| = |\mathfrak{b}^\circ| = 1$. (6a)

Es seien nun $\mathfrak{a}$ und $\mathfrak{b}$ zwei nicht kollineare Vektoren. In Fig. 79.1 werden sie durch die Pfeile $\overrightarrow{CB}$ und $\overrightarrow{CA}$ repräsentiert. Es ist dann $\overrightarrow{AB}$ Repräsentant von $\mathfrak{c} = \mathfrak{a} - \mathfrak{b}$. Wir stellen uns jetzt die *Aufgabe*, den Betrag von $\mathfrak{c}$ aus $\mathfrak{a}$ und $\mathfrak{b}$ zu „errechnen".
Diese Aufgabe löst mit Hilfe der Beträge a und b und des Winkels φ (Fig. 79.2, 3) bekanntlich der Kosinussatz:

$$c^2 = a^2 + b^2 - 2\,a\,b\cos\varphi \qquad (\star)$$

In bequemer Weise läßt sich dies in $\mathfrak{a}$, $\mathfrak{b}$, $\mathfrak{c}$ schreiben und rechnen, wenn man eine neue Verkettung zweier Vektoren einführt, das sog. skalare Produkt.
In Fig. 79.1 ist

$$\mathfrak{c} = \mathfrak{a} - \mathfrak{b} \qquad (\star\star)$$

Nimmt man vorläufig an, daß das neu zu definierende Produkt das Distributiv- und das Kommutativgesetz erfüllt (der Nachweis folgt auf S. 80), so erhält man aus (**) für die Multiplikation von $\mathfrak{c}$ mit sich selbst:

$$\mathfrak{c}\cdot\mathfrak{c} = (\mathfrak{a} - \mathfrak{b})\cdot(\mathfrak{a} - \mathfrak{b}) = \mathfrak{a}\cdot\mathfrak{a} + \mathfrak{b}\cdot\mathfrak{b} - 2\,\mathfrak{a}\cdot\mathfrak{b} \qquad (\star\star\star)$$

Der Vergleich mit Gleichung (*) legt die folgende Definition D 3 nahe.

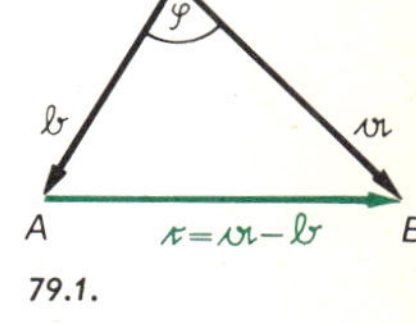

79.1.

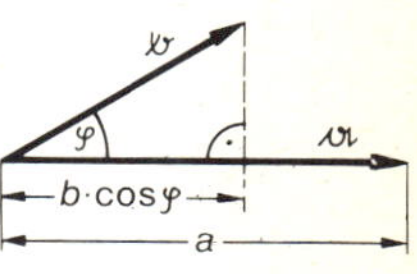

79.2.

Das skalare Produkt

D 3 Das **skalare Produkt zweier Vektoren $\mathfrak{a}$ und $\mathfrak{b}$** mit $\sphericalangle(\mathfrak{a}, \mathfrak{b}) = \varphi$ ist (Fig. 79.2, 3):

$$\boldsymbol{\mathfrak{a}\cdot\mathfrak{b} = |\mathfrak{a}|\cdot|\mathfrak{b}|\cos\varphi = a\cdot b\cdot\cos\varphi} \qquad (7)$$

Nach D 3 ist $\mathfrak{a}\cdot\mathfrak{a} = a\cdot a\cdot\cos 0^\circ = a^2$, ebenso $\mathfrak{b}\cdot\mathfrak{b} = b^2$, $\mathfrak{c}\cdot\mathfrak{c} = c^2$.
Die Gleichungen (*) und (***) stimmen dann also völlig überein.
Beachte, daß hier zwei Vektoren eine Zahl (ein Skalar) zugeordnet wird, woraus sich der Name erklärt. (Zuordnung eines Vektors Vollausg. § 18.)
Bemerkung: Statt $\mathfrak{a}\cdot\mathfrak{b}$ schreibt man auch $\mathfrak{a}\,\mathfrak{b}$, statt $\mathfrak{a}\cdot\mathfrak{a}$ auch $\mathfrak{a}^2$.

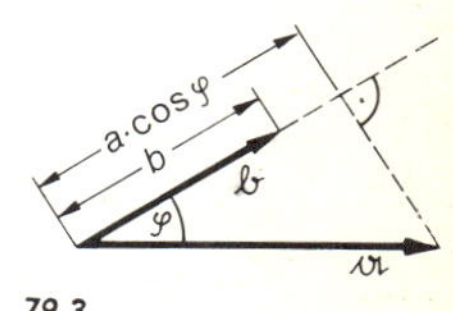

79.3.

1. *Vorzeichen von* $\mathfrak{a}\cdot\mathfrak{b}$ (Fig. 80.1): a) Ist $0 \leqq \varphi < 90°$, so ist $\mathfrak{a}\cdot\mathfrak{b} > 0$.
b) Ist $90° < \varphi \leqq 180°$, so ist $\mathfrak{a}\cdot\mathfrak{b} < 0$. c) Ist $\varphi = 90°$, so ist $\mathfrak{a}\cdot\mathfrak{b} = 0$.

Bemerkung 1: Nach D 3 ist ferner: $\mathfrak{a}\cdot\mathfrak{b} = a(b\cdot\cos\varphi)$, d.h. man multipliziert den Betrag des einen Vektors mit der Projektion $b\cdot\cos\varphi$ des anderen Vektors auf ihn (Fig. 79.2, 3).

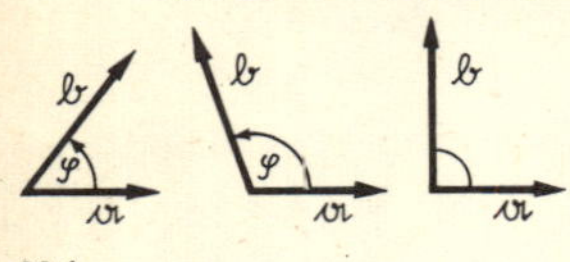

80.1.

Die Projektion kann dabei positiv, negativ oder gleich Null sein. Nimmt man in Fig. 80.1 statt φ den Winkel $360° - \varphi$ oder auch $-\varphi$, so ändert sich $\mathfrak{a}\cdot\mathfrak{b}$ nicht (wieso?).

2. *Sonderfälle des skalaren Produkts*

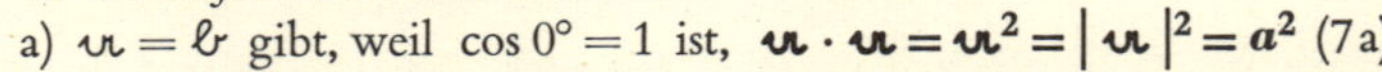

a) $\mathfrak{a} = \mathfrak{b}$ gibt, weil $\cos 0° = 1$ ist, $\boldsymbol{\mathfrak{a}\cdot\mathfrak{a} = \mathfrak{a}^2 = |\mathfrak{a}|^2 = a^2}$ (7a)

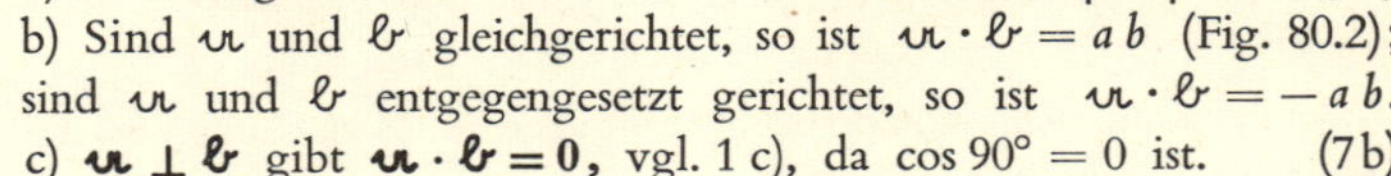

b) Sind $\mathfrak{a}$ und $\mathfrak{b}$ gleichgerichtet, so ist $\mathfrak{a}\cdot\mathfrak{b} = a\,b$ (Fig. 80.2); sind $\mathfrak{a}$ und $\mathfrak{b}$ entgegengesetzt gerichtet, so ist $\mathfrak{a}\cdot\mathfrak{b} = -a\,b$.

80.2.

c) $\boldsymbol{\mathfrak{a} \perp \mathfrak{b}}$ gibt $\boldsymbol{\mathfrak{a}\cdot\mathfrak{b} = 0}$, vgl. 1 c), da $\cos 90° = 0$ ist. (7b)

Beachte: Aus $\mathfrak{a}\cdot\mathfrak{b} = 0$ folgt $\mathfrak{a} = \mathfrak{o}$ oder $\mathfrak{b} = \mathfrak{o}$ oder $\mathfrak{a} \perp \mathfrak{b}$.

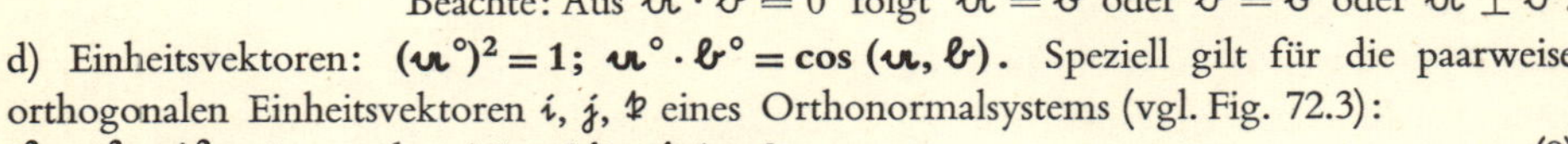

d) Einheitsvektoren: $\boldsymbol{(\mathfrak{a}^\circ)^2 = 1;\ \mathfrak{a}^\circ\cdot\mathfrak{b}^\circ = \cos(\mathfrak{a}, \mathfrak{b})}$. Speziell gilt für die paarweise orthogonalen Einheitsvektoren $\mathfrak{i}$, $\mathfrak{j}$, $\mathfrak{k}$ eines Orthonormalsystems (vgl. Fig. 72.3):

$$\boldsymbol{\mathfrak{i}^2 = \mathfrak{j}^2 = \mathfrak{k}^2 = 1} \quad \text{und} \quad \boldsymbol{\mathfrak{i}\,\mathfrak{j} = \mathfrak{j}\,\mathfrak{k} = \mathfrak{k}\,\mathfrak{i} = 0}. \tag{8}$$

3. *Gesetze der skalaren Multiplikation*

KG Kommutativgesetz: Aus D 3 folgt sofort: $\mathfrak{a}\cdot\mathfrak{b} = \mathfrak{b}\cdot\mathfrak{a}$

AG Assoziativgesetz: $(k\,\mathfrak{a})\,\mathfrak{b} = k(\mathfrak{a}\cdot\mathfrak{b}) = \mathfrak{a}\cdot(k\cdot\mathfrak{b})$ (für einen Skalar k als 3. Faktor)

DG Distributivgesetz: $\mathfrak{a}(\mathfrak{b} + \mathfrak{c}) = \mathfrak{a}\cdot\mathfrak{b} + \mathfrak{a}\cdot\mathfrak{c}$

Beweis: In Fig. 80.3 ist ein Schrägbild von 3 Repräsentanten der Vektoren $\mathfrak{a}$, $\mathfrak{b}$, $\mathfrak{c}$ gezeichnet mit zwei Hilfsebenen senkrecht zu $\mathfrak{a}$. Fig. 80.4 zeigt dasselbe orthogonal zu $\mathfrak{a}$ projiziert.

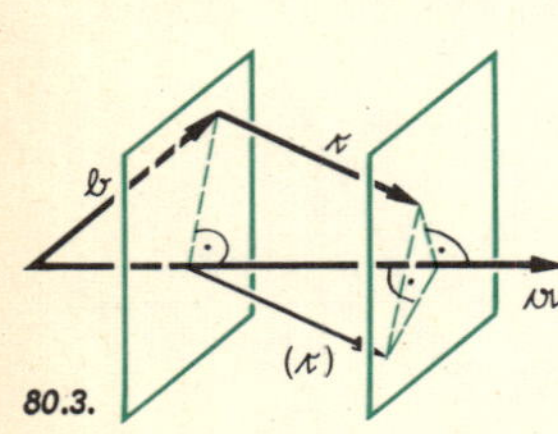

80.3.

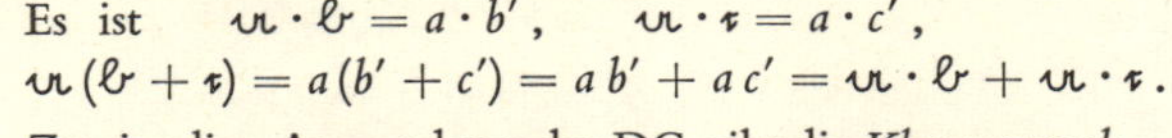

Es ist $\mathfrak{a}\cdot\mathfrak{b} = a\cdot b'$, $\mathfrak{a}\cdot\mathfrak{c} = a\cdot c'$,
$\mathfrak{a}(\mathfrak{b} + \mathfrak{c}) = a(b' + c') = a\,b' + a\,c' = \mathfrak{a}\cdot\mathfrak{b} + \mathfrak{a}\cdot\mathfrak{c}$.

Zweimalige Anwendung des DG gibt die *Klammerregel*: $(\mathfrak{a} + \mathfrak{b})(\mathfrak{c} + \mathfrak{d}) = \mathfrak{a}\,\mathfrak{c} + \mathfrak{b}\,\mathfrak{c} + \mathfrak{a}\,\mathfrak{d} + \mathfrak{b}\,\mathfrak{d}$. Ebenso gelten wie in der Zahlenalgebra die Formeln für $(\mathfrak{a} \pm \mathfrak{b})^2$, $(\mathfrak{a} + \mathfrak{b})(\mathfrak{a} - \mathfrak{b})$.

Bemerkung 2: Bei der Multiplikation von Zahlen ist durch das Produkt ($\neq 0$) und den einen Faktor ($\neq 0$) der andere Faktor bestimmt. Beachte, daß dies beim skalaren Produkt zweier Vektoren nicht gilt (vgl. Aufg. 4). *Es gibt keine Division eines Skalars durch einen Vektor.* Deshalb kann man in $\frac{\mathfrak{a}\,\mathfrak{b}}{\mathfrak{a}\,\mathfrak{c}}$, $\frac{\mathfrak{a}\,\mathfrak{b}}{\mathfrak{a}^2}$ nicht mit $\mathfrak{a}$ kürzen.

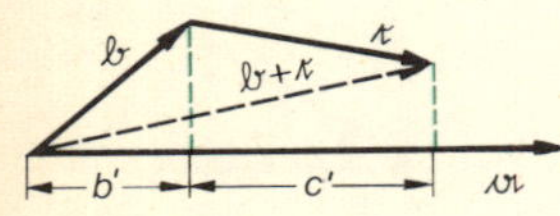

80.4.

Beispiele für die Verwendung des skalaren Produkts

1. *Berechnung des Winkels zweier Vektoren* aus ihrem skalaren Produkt:
Aus $\mathfrak{a}\cdot\mathfrak{b} = a\cdot b\cos\varphi$ folgt $\cos\varphi = \frac{\mathfrak{a}\cdot\mathfrak{b}}{a\cdot b}$, wobei $a = |\mathfrak{a}|$, $b = |\mathfrak{b}|$ ist.

2. Im Dreieck *ABC* der Fig. 79.1 war $\mathfrak{c} = \mathfrak{a} - \mathfrak{b}$. Die auf S. 79 durchgeführte Rechnung $c^2 = \mathfrak{c}^2 = (\mathfrak{a} - \mathfrak{b})^2 = \mathfrak{a}^2 - 2\,\mathfrak{a}\,\mathfrak{b} + \mathfrak{b}^2 = a^2 + b^2 - 2\,a\,b\cos\varphi$ (*Kosinussatz* der Trigonometrie) gehorcht den obigen Gesetzen. Für $\varphi = 90°$ ergibt sich der Satz des *Pythagoras*; was ergibt sich für $\varphi = 0°$, $\varphi = 180°$? Wie ist es, wenn φ stumpf ist?

Bemerkung: Es ist nicht überraschend, daß sich diese Sätze so einfach ergeben; wir haben sie ja in D 3 hineingesteckt. Ebenso einfach ergeben sich weitere Beziehungen, vgl. Beispiel 3 und 4 sowie die Aufgaben.

81.1.

3. Eine unregelmäßige *dreiseitige Pyramide SABC* (ein „Vierflach", Fig. 81.1) sei gegeben durch die Vektoren $\overrightarrow{SA} = \mathfrak{r}$, $\overrightarrow{SB} = \mathfrak{s}$, $\overrightarrow{SC} = \mathfrak{t}$. Dann ist $\overrightarrow{BC} = \mathfrak{a} = \mathfrak{t} - \mathfrak{s}$ usw. Wir bilden

$$\mathfrak{r}\mathfrak{a} + \mathfrak{s}\mathfrak{b} + \mathfrak{t}\mathfrak{c} = \mathfrak{r}(\mathfrak{t} - \mathfrak{s}) + \mathfrak{s}(\mathfrak{r} - \mathfrak{t}) + \mathfrak{t}(\mathfrak{s} - \mathfrak{r})$$
$$= \mathfrak{r}\mathfrak{t} - \mathfrak{r}\mathfrak{s} + \mathfrak{r}\mathfrak{s} - \mathfrak{s}\mathfrak{t} + \mathfrak{s}\mathfrak{t} - \mathfrak{r}\mathfrak{t} = 0,$$

d.h. $\mathfrak{r}\mathfrak{a} + \mathfrak{s}\mathfrak{b} + \mathfrak{t}\mathfrak{c} = 0$ gilt für *jedes* Vektortripel $\mathfrak{r}, \mathfrak{s}, \mathfrak{t}$. Daraus lesen wir folgenden Satz ab:

Wenn zwei Gegenkantenpaare eines Vierflachs orthogonal sind, so ist auch das dritte Gegenkantenpaar orthogonal.

Beweis: Aus der Voraussetzung $\mathfrak{r} \cdot \mathfrak{a} = 0$ und $\mathfrak{s} \cdot \mathfrak{b} = 0$ folgt $\mathfrak{t} \cdot \mathfrak{c} = 0$.
Was sagt dieser Satz aus, wenn $\mathfrak{r}, \mathfrak{s}, \mathfrak{t}$ in einer Ebene liegen (Fig. 81.2)?

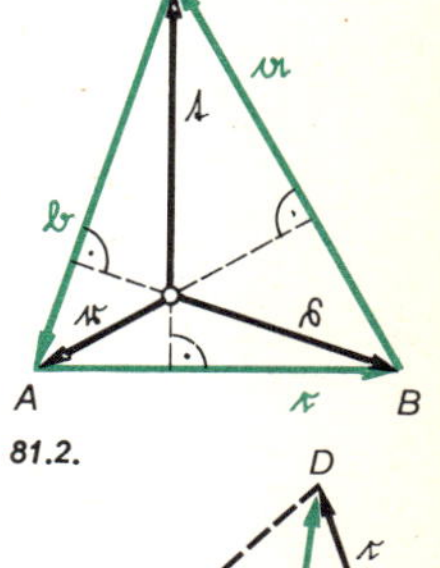

81.2.

4. Ein *Viereck ABCD* (eben oder windschief) sei gegeben durch $\overrightarrow{AB} = \mathfrak{a}$, $\overrightarrow{BC} = \mathfrak{b}$, $\overrightarrow{CD} = \mathfrak{c}$ (Fig. 81.3). Für $\overrightarrow{DA} = \mathfrak{d}$ gilt dann: $\mathfrak{a} + \mathfrak{b} + \mathfrak{c} + \mathfrak{d} = \mathfrak{o}$ bzw. $\mathfrak{d} = -(\mathfrak{a} + \mathfrak{b} + \mathfrak{c})$; ferner für die Diagonalen $\overrightarrow{AC} = \mathfrak{e} = \mathfrak{a} + \mathfrak{b}$, $\overrightarrow{BD} = \mathfrak{f} = \mathfrak{b} + \mathfrak{c}$. Wir bilden das skalare Produkt

$$\mathfrak{e} \cdot \mathfrak{f} = (\mathfrak{a} + \mathfrak{b})(\mathfrak{b} + \mathfrak{c}) = \mathfrak{a} \cdot \mathfrak{b} + \mathfrak{a} \cdot \mathfrak{c} + \mathfrak{b} \cdot \mathfrak{c} + \mathfrak{b}^2.$$

Die Summe der skalaren Produkte der gegebenen Vektoren kommt auch vor in $\mathfrak{d}^2 = \mathfrak{a}^2 + \mathfrak{b}^2 + \mathfrak{c}^2 + 2(\mathfrak{a}\mathfrak{b} + \mathfrak{a}\mathfrak{c} + \mathfrak{b}\mathfrak{c})$. Dadurch ist es möglich, $\mathfrak{e}\mathfrak{f}$ auch allein in den Quadraten der Seitenvektoren (einschließlich $\mathfrak{d}$) auszudrücken:

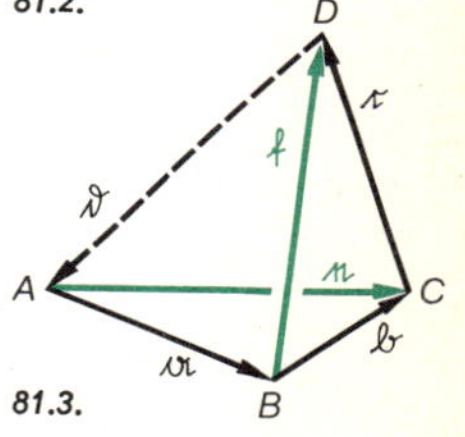

81.3.

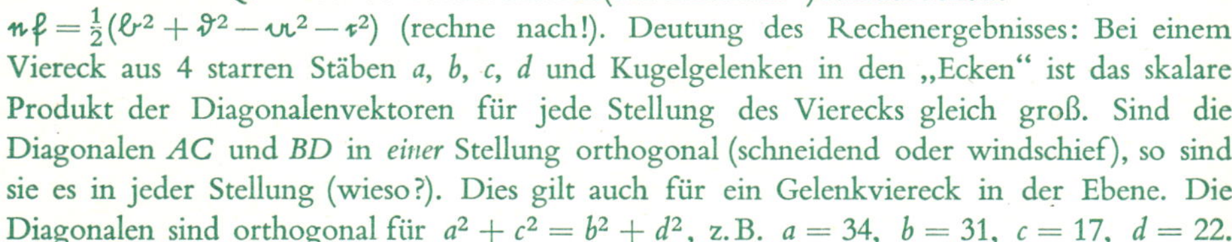

$\mathfrak{e}\mathfrak{f} = \frac{1}{2}(\mathfrak{b}^2 + \mathfrak{d}^2 - \mathfrak{a}^2 - \mathfrak{c}^2)$ (rechne nach!). Deutung des Rechenergebnisses: Bei einem Viereck aus 4 starren Stäben a, b, c, d und Kugelgelenken in den „Ecken" ist das skalare Produkt der Diagonalenvektoren für jede Stellung des Vierecks gleich groß. Sind die Diagonalen AC und BD in *einer* Stellung orthogonal (schneidend oder windschief), so sind sie es in jeder Stellung (wieso?). Dies gilt auch für ein Gelenkviereck in der Ebene. Die Diagonalen sind orthogonal für $a^2 + c^2 = b^2 + d^2$, z.B. $a = 34$, $b = 31$, $c = 17$, $d = 22$.

Statt weiterer Beispiele ist ein Teil der Aufgaben mit Anleitungen versehen.

Aufgaben

1. a) Gegeben ist $|\mathfrak{a}| = 4$, $|\mathfrak{b}| = 3$ und $\sphericalangle(\mathfrak{a}, \mathfrak{b}) = 60°$ (90°, 120°). Berechne $\mathfrak{a} \cdot \mathfrak{b}$.
b) Von 2 Vektoren kennt man $\mathfrak{a}^2 = 9$, $\mathfrak{b}^2 = 16$, $\mathfrak{a} \cdot \mathfrak{b} = 3\,(-6)$. Berechne $\sphericalangle(\mathfrak{a}, \mathfrak{b})$.

2. a) Gegeben sei nach Betrag und Richtung der Vektor $\mathfrak{a}$, und zwar sei $|\mathfrak{a}| = 3$. Das skalare Produkt $\mathfrak{a} \cdot \mathfrak{b}$ mit einem zweiten Vektor $\mathfrak{b}$ sei 6. Was läßt sich über $\mathfrak{b}$ sagen?
b) Von $\mathfrak{b}$ der Aufg. a) sei zusätzlich bekannt $|\mathfrak{b}| = 4$. Zeige, daß der Winkel $(\mathfrak{a}, \mathfrak{b})$ bestimmt ist, berechne ihn. Überlege: Trotzdem ist die Lage von $\mathfrak{b}$ noch nicht eindeutig bestimmt. Wie liegen die Lösungsvektoren $\mathfrak{b}$ zu $\mathfrak{a}$ a) in der Ebene, b) im Raum?

3. Von $\mathfrak{a}$ und $\mathfrak{b}$ sei bekannt $|\mathfrak{a}| = 4$ und $\mathfrak{a} - 2\mathfrak{b} \perp \mathfrak{a} + \mathfrak{b}$ und $|\mathfrak{a} - 2\mathfrak{b}| = 2|\mathfrak{a} + \mathfrak{b}|$.
a) Zeige, daß dadurch $|\mathfrak{b}|$ und $\mathfrak{a} \cdot \mathfrak{b}$ bestimmt ist; berechne beides sowie $\sphericalangle(\mathfrak{a}, \mathfrak{b})$.
b) Zeige, daß für $\mathfrak{a}, \mathfrak{b}$ gilt: $\mathfrak{a} \perp \mathfrak{a} + 4\mathfrak{b}$; $|\mathfrak{a} + 4\mathfrak{b}| = 3|\mathfrak{a}|$; $\mathfrak{b} \perp 5\mathfrak{a} + 2\mathfrak{b}$; $|5\mathfrak{a} + 2\mathfrak{b}| = 6|\mathfrak{b}|$; $7\mathfrak{a} + 4\mathfrak{b} \perp \mathfrak{a} - 8\mathfrak{b}$ und $|7\mathfrak{a} + 4\mathfrak{b}| = |\mathfrak{a} - 8\mathfrak{b}|$. Figur!

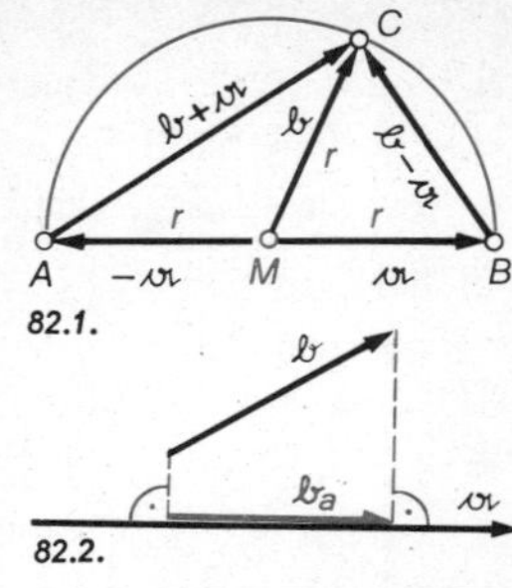

82.1.

4. Beweise vektoriell den Satz des Thales.
Anleitung: In Fig. 82.1 ist $\overrightarrow{AC} = \mathfrak{b} + \mathfrak{a}$, $\overrightarrow{BC} = \mathfrak{b} - \mathfrak{a}$. Berechne $(\mathfrak{b} + \mathfrak{a})(\mathfrak{b} - \mathfrak{a})$ nach der binomischen Formel und berücksichtige $|\mathfrak{b}| = |\mathfrak{a}| = r$ für den Kreis. Folgere daraus den Winkel, den $\overrightarrow{AC}$ und $\overrightarrow{BC}$ bilden.

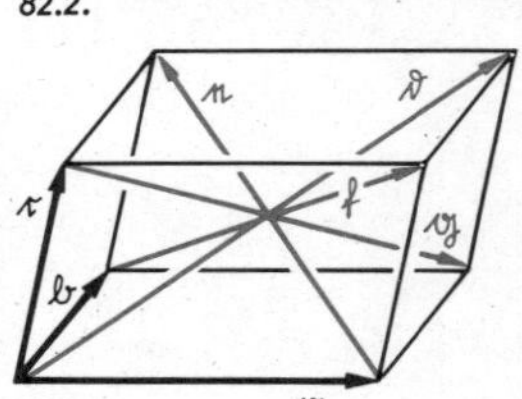

82.2.

5. a) Zeige: Wenn man die Projektion eines Vektors $\mathfrak{b}$ auf einen Vektor $\mathfrak{a}$ als einen Vektor $\mathfrak{b}_a$ in Richtung $\mathfrak{a}$ oder $-\mathfrak{a}$ auffaßt (Fig. 82.2), so gilt $\mathfrak{b}_a = \mathfrak{a}\,\dfrac{\mathfrak{a}\cdot\mathfrak{b}}{\mathfrak{a}^2}$.
b) Wie drückt sich $\mathfrak{a}_b$ durch $\mathfrak{a}$ und $\mathfrak{b}$ aus?

6. Was bedeuten $\mathfrak{a}(\mathfrak{b}\cdot\mathfrak{c})$, $(\mathfrak{a}\cdot\mathfrak{b})\mathfrak{c}$, $\mathfrak{b}(\mathfrak{c}\cdot\mathfrak{a})$, $(\mathfrak{a}\cdot\mathfrak{c})\mathfrak{b}$?

82.3.

7. Von einer dreiseitigen Pyramide (Fig. 81.1) sei gegeben:
$|\mathfrak{r}| = 7$, $|\mathfrak{s}| = 15$, $|\mathfrak{t}| = 8$,
$\sphericalangle(\mathfrak{r}, \mathfrak{s}) = 60°$, $\sphericalangle(\mathfrak{s}, \mathfrak{t}) = 90°$, $\sphericalangle(\mathfrak{t}, \mathfrak{r}) = 120°$.
Berechne a) die Beträge $|\mathfrak{a}|$, $|\mathfrak{b}|$, $|\mathfrak{c}|$ der Grundkanten
b) die übrigen Winkel der Seitenflächen sowie die Winkel der Grundfläche ABC.
Beispiele:
a) $|\mathfrak{c}|^2 = \mathfrak{c}^2$; $\mathfrak{c} = \mathfrak{s} - \mathfrak{r} \Rightarrow |\mathfrak{c}|^2 = \mathfrak{s}^2 - 2\mathfrak{r}\mathfrak{s} + \mathfrak{r}^2 = 15^2 - 2\cdot 7\cdot 15\cdot \frac{1}{2} + 7^2 = 169$.
b) Für $\sphericalangle SAB = \alpha_2$ gilt $\cos\alpha_2 = \dfrac{-\mathfrak{r}\mathfrak{c}}{|\mathfrak{r}|\cdot|\mathfrak{c}|}$ (warum „minus"?).
Dabei könnte man $\mathfrak{r}\cdot\mathfrak{c}$ aus $\mathfrak{s}^2 = (\mathfrak{r} + \mathfrak{c})^2 = \mathfrak{r}^2 + 2\mathfrak{r}\cdot\mathfrak{c} + \mathfrak{c}^2$ erhalten; einfacher $\mathfrak{r}\mathfrak{c} = \mathfrak{r}(\mathfrak{s} - \mathfrak{r}) = \mathfrak{r}\cdot\mathfrak{s} - \mathfrak{r}^2 = 7\cdot 15\cdot\frac{1}{2} - 7^2 = 3{,}5$.
Es ist somit $\cos\alpha_2 = \dfrac{-3{,}5}{7\cdot 13} = -\frac{1}{26} = -0{,}0385$; $\alpha_2 = 92°12'$.

8. a) Drücke im Parallelflach der Fig. 82.3 die Pfeile $\mathfrak{d}, \mathfrak{e}, \mathfrak{f}, \mathfrak{g}$ durch $\mathfrak{a}, \mathfrak{b}, \mathfrak{c}$ aus.
b) Zeige und fasse in Worte: $d^2 + e^2 + f^2 + g^2 = 4(a^2 + b^2 + c^2)$.
c) Berechne d für $a = 9$, $b = 6$, $c = 3$; $e = 10$, $f = 8$, $g = 12$.

9. a) Beweise: Im Parallelogramm gilt $e^2 + f^2 = 2(a^2 + b^2)$, wobei e und f die Diagonallängen, a und b die Seitenlängen sind. (Anleitung: Aufg. 8.)
b) Berechne die 2. Diagonale f (bzw. e) im Parallelogramm mit $a = 5$, $b = 10$, $e = 9$ ($a = 4$, $b = 7$, $f = 9$). Berechne auch den Winkel $(\mathfrak{a}, \mathfrak{b})$ aus a, b, e (a, b, f). Anl.:
$\mathfrak{e} = \mathfrak{a} + \mathfrak{b}$; $e^2 = a^2 + b^2 + 2\mathfrak{a}\mathfrak{b}$; $\mathfrak{a}\cdot\mathfrak{b} = \frac{1}{2}(e^2 - a^2 - b^2)$; $\cos(\mathfrak{a}, \mathfrak{b}) = \dfrac{\mathfrak{a}\cdot\mathfrak{b}}{a\cdot b}$.

10. Berechne im Parallelflach von Aufg. 8 auch sämtliche 6 Diagonalen der 3 Seitenflächen und sämtliche Winkel der Parallelogrammflächen, zunächst allgemein aus a, b, c; e, f, g und dann für die Zahlen der Aufg. 8c).
Anleitung: $\mathfrak{e} = -\mathfrak{a} + \mathfrak{b} + \mathfrak{c}$; $\mathfrak{e}^2 = \mathfrak{a}^2 + \mathfrak{b}^2 + \mathfrak{c}^2 - 2\mathfrak{a}\mathfrak{b} - 2\mathfrak{a}\mathfrak{c} + 2\mathfrak{b}\mathfrak{c}$.
Darin sind e^2, a^2, b^2, c^2 bekannt. Für $\mathfrak{f}^2$ und $\mathfrak{g}^2$ erhält man entsprechende Gleichungen, so daß man $\mathfrak{a}\mathfrak{b}$, $\mathfrak{a}\mathfrak{c}$, $\mathfrak{b}\mathfrak{c}$ aus dem System der 3 Gleichungen berechnen kann.
Teilergebnis: $2\mathfrak{a}\mathfrak{b} = a^2 + b^2 + c^2 - \frac{1}{2}e^2 - \frac{1}{2}f^2 = 44$; $\cos(\mathfrak{a}, \mathfrak{b}) = \dfrac{\mathfrak{a}\cdot\mathfrak{b}}{a\,b} = \frac{22}{54}$.

11. Zeige durch Rechnung: Steht ein Vektor $\mathfrak{c}$ senkrecht auf $\mathfrak{a}$ und auf $\mathfrak{b}$, so steht $\mathfrak{c}$ auf *jedem* Vektor der Ebene senkrecht, die durch $\mathfrak{a}$ und $\mathfrak{b}$ aufgespannt wird.

16 Skalares Produkt und Koordinaten, Metrik, Ortspfeile

Das skalare Produkt in rechtwinkligen Koordinaten

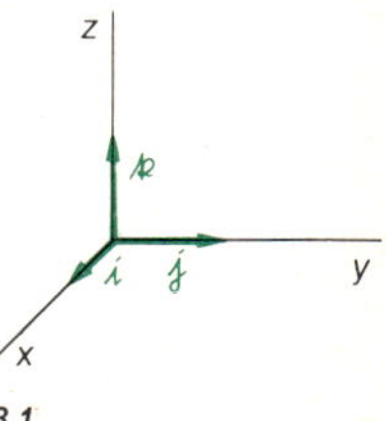

83.1.

1. Für die *Einheitsvektoren* $\mathfrak{i}, \mathfrak{j}, \mathfrak{k}$ in einem Orthonormalsystem (gleiche Einheiten auf allen Achsen! Vgl. Fig. 83.1) gilt $\mathfrak{i}^2 = \mathfrak{j}^2 = \mathfrak{k}^2 = 1$ (8a)
Wegen der paarweisen Orthogonalität gilt $\mathfrak{i}\,\mathfrak{j} = \mathfrak{j}\,\mathfrak{k} = \mathfrak{k}\,\mathfrak{i} = 0$ (8b).

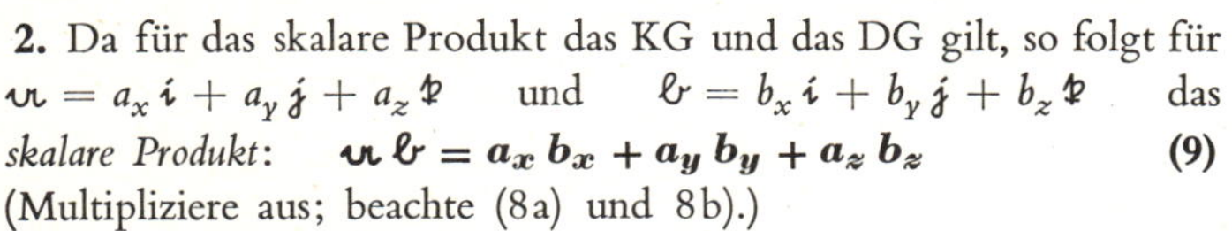

2. Da für das skalare Produkt das KG und das DG gilt, so folgt für $\mathfrak{a} = a_x\,\mathfrak{i} + a_y\,\mathfrak{j} + a_z\,\mathfrak{k}$ und $\mathfrak{b} = b_x\,\mathfrak{i} + b_y\,\mathfrak{j} + b_z\,\mathfrak{k}$ das *skalare Produkt*: $\boldsymbol{\mathfrak{a}\,\mathfrak{b} = a_x\,b_x + a_y\,b_y + a_z\,b_z}$ **(9)**
(Multipliziere aus; beachte (8a) und 8b).)

Für $\mathfrak{r}_1 = x_1\,\mathfrak{i} + y_1\,\mathfrak{j} + z_1\,\mathfrak{k}$ und $\mathfrak{r}_2 = x_2\,\mathfrak{i} + y_2\,\mathfrak{j} + z_2\,\mathfrak{k}$ ergibt sich entsprechend: $\boldsymbol{\mathfrak{r}_1\,\mathfrak{r}_2 = x_1\,x_2 + y_1\,y_2 + z_1\,z_2}$ **(9a)**

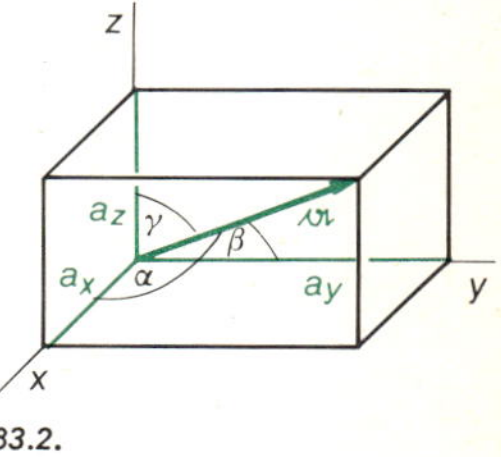

83.2.

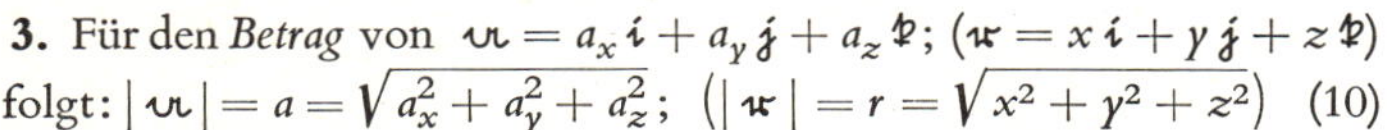

3. Für den *Betrag* von $\mathfrak{a} = a_x\,\mathfrak{i} + a_y\,\mathfrak{j} + a_z\,\mathfrak{k}$; $(\mathfrak{r} = x\,\mathfrak{i} + y\,\mathfrak{j} + z\,\mathfrak{k})$
folgt: $|\mathfrak{a}| = a = \sqrt{a_x^2 + a_y^2 + a_z^2}$; $\left(|\mathfrak{r}| = r = \sqrt{x^2 + y^2 + z^2}\right)$ (10)

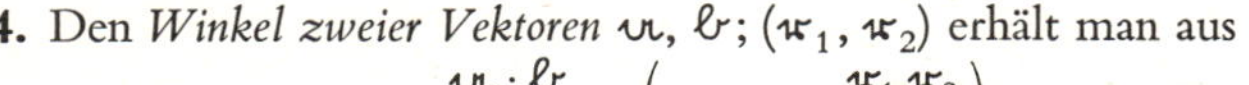

4. Den *Winkel zweier Vektoren* $\mathfrak{a}, \mathfrak{b}$; $(\mathfrak{r}_1, \mathfrak{r}_2)$ erhält man aus

$$\cos\varphi = \frac{\mathfrak{a}\cdot\mathfrak{b}}{a\cdot b}; \quad \left(\cos\varphi = \frac{\mathfrak{r}_1\,\mathfrak{r}_2}{r_1\,r_2}\right)$$

5. Speziell lautet die *Bedingung des Senkrechtstehens* in Koordinaten
$\mathfrak{a} \perp \mathfrak{b} \Rightarrow \mathfrak{a}\,\mathfrak{b} = 0$, also $a_x\,b_x + a_y\,b_y + a_z\,b_z = 0$; $\mathfrak{r}_1 \perp \mathfrak{r}_2 \Rightarrow x_1\,x_2 + y_1\,y_2 + z_1\,z_2 = 0$. (11)

6. *Richtungswinkel* α, β, γ eines Vektors $\mathfrak{a}$ mit den Koordinatenachsen (Fig. 83.2). Aus $\cos\alpha = \frac{\mathfrak{i}\,\mathfrak{a}}{1\cdot a} = \frac{a_x}{a}$, $\cos\beta = \frac{a_y}{a}$, $\cos\gamma = \frac{a_z}{a}$ folgt die wichtige Relation für α, β, γ: $\boldsymbol{\cos^2\alpha + \cos^2\beta + \cos^2\gamma = 1}$ **(12).** Ist α und β gegeben und $\cos^2\alpha + \cos^2\beta < 1$, so erhält man aus der Formel γ_1 und $\gamma_2 = 180° - \gamma_1$. Dies wird deutlich, wenn man sich α bzw. β als halbe Öffnungswinkel senkrechter Kreiskegel mit Spitze O und der x- bzw. y-Achse als Achse denkt. Die Kegel schneiden sich in 2 Mantellinien, zu denen γ_1 und γ_2 gehören.

7. *Einheitsvektoren:* Einheitsvektor in Richtung $\mathfrak{a}$: $\mathfrak{a}^0 = \frac{\mathfrak{a}}{a} = \frac{a_x}{a}\,\mathfrak{i} + \frac{a_y}{a}\,\mathfrak{j} + \frac{a_z}{a}\,\mathfrak{k}$ (13a)
Der Vergleich mit 6. zeigt $\mathfrak{a}^0 = \cos\alpha\cdot\mathfrak{i} + \cos\beta\cdot\mathfrak{j} + \cos\gamma\cdot\mathfrak{k}$ (13b)
Somit *Winkel zweier Vektoren*: $\cos\varphi = \cos\alpha_1\,\cos\alpha_2 + \cos\beta_1\,\cos\beta_2 + \cos\gamma_1\,\cos\gamma_2$ (14)

Bemerkung: Sind die 3 Vektoren $\mathfrak{i}, \mathfrak{j}, \mathfrak{k}$, mit einem starren Maßstab gemessen, *nicht* gleich lang und auch *nicht* paarweise orthogonal, aber linear unabhängig, so ist trotzdem jeder Punkt des Raumes durch $\mathfrak{r} = x\,\mathfrak{i} + y\,\mathfrak{j} + z\,\mathfrak{k}$ zu erfassen. Allerdings entfällt die Berechtigung, „Längen" und „Winkel" nach den für ein orthonormiertes System aufgestellten *einfachen* Formeln wie z. B. $r = \sqrt{x^2 + y^2 + z^2}$ zu berechnen. Wenn man dies trotzdem tut, so erhält man andere Ergebnisse als mit Maßstab und Winkelmesser im Raum der klassischen Physik, aber doch in sich konsequente. Daß solches und ähnliches sinnvoll sein kann, sei hier nur angedeutet. In der speziellen Relativitätstheorie z. B. nimmt man zu den 3 Dimensionen des Raumes (erfaßt durch orthonormierte x, y, z-Koordinatensysteme) die Zeit t als „4. Dimension" hinzu. Eine wichtige, von Lage und (gleichförmiger) Bewegung des Bezugssystems unabhängige Größe ist dann die „Distanz zweier Ereignisse" $\sqrt{(\Delta x)^2 + (\Delta y)^2 + (\Delta z)^2 - c^2\,(\Delta t)^2}$ (c = Lichtgeschwindigkeit), die eine durch das Minuszeichen ungewohnte, aber die Naturvorgänge richtige beschreibende „Metrik des vierdimensionalen Raum-Zeit-Kontinuums" angibt.

Anwendungen auf die analytische Geometrie der Ebene und des Raumes

Wir erfassen die Punkte des Raumes durch *Ortspfeile* $\mathfrak{r}$ und gehen von ihnen zu orthonormierten *Koordinaten* x, y, z über. Auch die *Komponenten* $x\,\mathfrak{i}$, $y\,\mathfrak{j}$, $z\,\mathfrak{k}$ werden wir gelegentlich verwenden. Es ist ja $\mathfrak{r} = x\,\mathfrak{i} + y\,\mathfrak{j} + z\,\mathfrak{k}$.

a) Entfernung des Punktes *P* von *O* in der Ebene: $\overline{OP} = |\mathfrak{r}| = \sqrt{x^2 + y^2}$.
Im Raum s. 3. auf S. 83.

b) Entfernung zweier Punkte P_1 und P_2: $\overline{P_1P_2} = |\mathfrak{r}_2 - \mathfrak{r}_1| = \sqrt{(x_2 - x_1)^2 + (y_2 - y_1)^2}$,
im Raum $\overline{P_1P_2} = |\mathfrak{r}_2 - \mathfrak{r}_1| = \sqrt{(x_2 - x_1)^2 + (y_2 - y_1)^2 + (z_2 - z_1)^2}$ (vgl. § 3, S. 10).

c) Gleichung eines Kreises um *O* mit Radius 5 in der Ebene: $|\mathfrak{r}| = 5$ bzw. $\mathfrak{r}^2 = 25$.
Gleichung einer Kugel um *O* mit Radius a im Raum: $|\mathfrak{r}| = a$ bzw. $\mathfrak{r}^2 = a^2$.
In Koordinaten: $x^2 + y^2 = 25$ bzw. $x^2 + y^2 + z^2 = a^2$ (vgl. § 6).

Bemerkung: Die Verwendung des Buchstabens r für einen festen Kreis- oder Kugelradius wie in § 6 könnte hier zu Mißverständnissen führen, weil wir r meist als Variable für den Betrag eines Ortspfeiles $\mathfrak{r}$ wählen.

d) Die Hesse-Form der Geraden- und Ebenengleichung: $\mathfrak{q}^0$ sei ein von O ausgehender Einheitspfeil. Wir betrachten sein skalares Produkt mit einem beliebigen Ortspfeil $\mathfrak{r}$.
Es ist $\mathfrak{r}\,\mathfrak{q}^0 = r \cdot 1 \cdot \cos\varphi$. Nach Fig. 84.1 bedeutet $r \cdot \cos\varphi$ die orthogonale Projektion von $\mathfrak{r}$ auf die Gerade, in der $\mathfrak{q}^0$ liegt; dabei ist $r \cdot \cos\varphi \gtreqless 0$ (wieso?). In Fig. 84.1 ist z. B. $r \cdot \cos\varphi = \overline{OQ} > 0$.

Alle Punkte der Ebene (des Raumes) mit *derselben* Projektion ihres Ortspfeils $\mathfrak{r}$ auf $\mathfrak{q}^0$ liegen auf einer Gerade (in einer Ebene) orthogonal zu $\mathfrak{q}^0$. Anders gesagt: Die Gleichung $\mathfrak{r}\,\mathfrak{q}^0 = \text{const.}$ ist erfüllt für die Ortspfeile $\mathfrak{r}$ aller Punkte einer Gerade (einer Ebene).

Damit haben wir eine neue Möglichkeit, *in der Ebene eine Gerade, im Raum eine Ebene* durch eine *Vektorgleichung* bzw. *Gleichung in Koordinaten* zu erfassen.

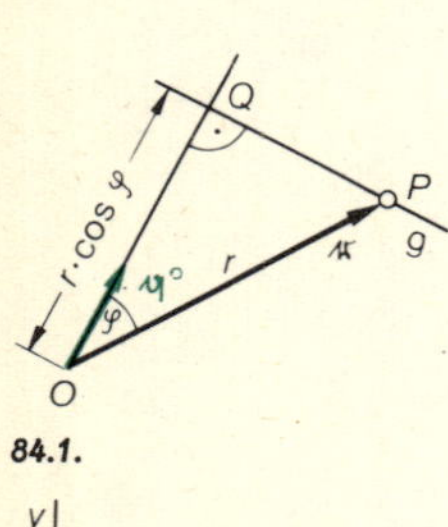

84.1.

In der Ebene: Die Gerade g gehe zunächst nicht durch den Ursprung O (Fig. 84.2). Wir zeichnen die Senkrechte OQ zu g mit $Q \in g$ und bezeichnen den Ortspfeil $\overrightarrow{OQ}$ mit $\mathfrak{q} = q \cdot \mathfrak{q}^0$. Durch $\mathfrak{q}$ ist die Gerade g festgelegt. Es gilt dann für alle Punkte P der Gerade (bzw. für deren Ortspfeile $\mathfrak{r}$) $\mathfrak{r} \cdot \mathfrak{q}^0 = q$ oder auch $\mathfrak{r}\,\mathfrak{q} = \mathfrak{q}^2$ (15). (Eine andere Herleitung dieser Gleichung vgl. Aufg. 10.)

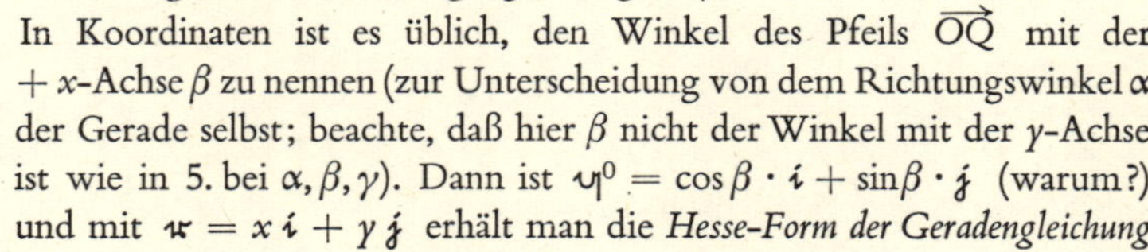

In Koordinaten ist es üblich, den Winkel des Pfeils $\overrightarrow{OQ}$ mit der $+x$-Achse β zu nennen (zur Unterscheidung von dem Richtungswinkel α der Gerade selbst; beachte, daß hier β nicht der Winkel mit der y-Achse ist wie in 5. bei α, β, γ). Dann ist $\mathfrak{q}^0 = \cos\beta \cdot \mathfrak{i} + \sin\beta \cdot \mathfrak{j}$ (warum?) und mit $\mathfrak{r} = x\,\mathfrak{i} + y\,\mathfrak{j}$ erhält man die *Hesse-Form der Geradengleichung*

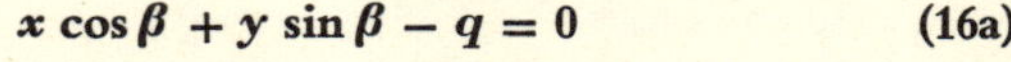

$$\boldsymbol{x \cos\beta + y \sin\beta - q = 0} \qquad \textbf{(16a)}$$

84.2.

Wenn g durch O geht (Fig. 84.3), so muß man durch O die Senkrechte zu g zeichnen und den Pfeil $\mathfrak{q}^0$ in die eine oder andere der beiden Gegenrichtungen legen; es ist dann $q = 0$, $\mathfrak{q} = \mathfrak{o}$. Die Gleichungsform $\mathfrak{r}\,\mathfrak{q} = \mathfrak{q}^2$ versagt (wieso?), dagegen bleibt $\mathfrak{r}\,\mathfrak{q}^0 = q$ sowie die Gleichung in Koordinaten für $q = 0$ gültig.

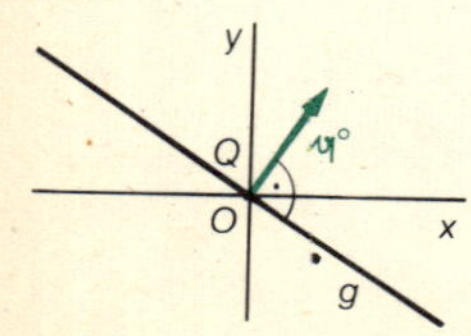

84.3.

Im Raum: Für einen beliebigen Ebenenpunkt P (Fig. 85.1) gelten ebenfalls die Gleichungen $\mathfrak{r}\,\mathfrak{n}^0 = q$ bzw. $\mathfrak{r}\,\mathfrak{n} = \mathfrak{n}^2$ (15)
Die „Stellung" einer Ebene im Raum wird durch die Richtung einer zu ihr orthogonalen Gerade angegeben. In Koordinaten ist
$\mathfrak{n}^0 = \cos\alpha \cdot \mathfrak{i} + \cos\beta \cdot \mathfrak{j} + \cos\gamma \cdot \mathfrak{k}$, wobei α, β, γ die Richtungswinkel von $\mathfrak{n}^0$ mit der x, y, z-Achse sind (Fig. 85.1).
Mit $\mathfrak{r} = x\,\mathfrak{i} + y\,\mathfrak{j} + z\,\mathfrak{k}$ erhält man aus (15) die *Hesse-Form der*

Ebenengleichung $\quad \boldsymbol{x \cdot \cos\alpha + y \cdot \cos\beta + z \cdot \cos\gamma - q = 0}$ **(16b)**

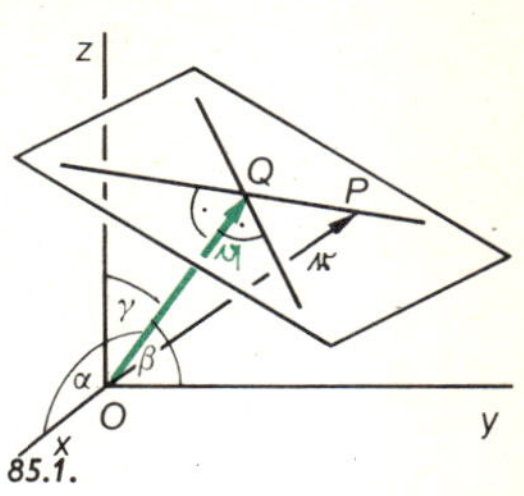

85.1.

e) Der Abstand eines Punktes von einer Gerade (einer Ebene):
In Fig. 85.2 ist $q + d = \mathfrak{r}_1\,\mathfrak{n}^0$, also $d = \mathfrak{r}_1\,\mathfrak{n}^0 - q$. Ist P_1 durch $\mathfrak{r}_1$ und g durch $\mathfrak{n}^0$ und q gegeben, so läßt sich d berechnen (dabei ist $d \gtreqless 0$). Für den Abstand Punkt-Ebene gilt dasselbe. In Koordinaten ist

in der Ebene $\quad \boldsymbol{d = x_1 \cdot \cos\alpha + y_1 \cdot \cos\beta - q}$ **(17a)**

im Raum $\quad \boldsymbol{d = x_1 \cdot \cos\alpha + y_1 \cdot \cos\beta + z_1 \cdot \cos\gamma - q}$ **(17b)**

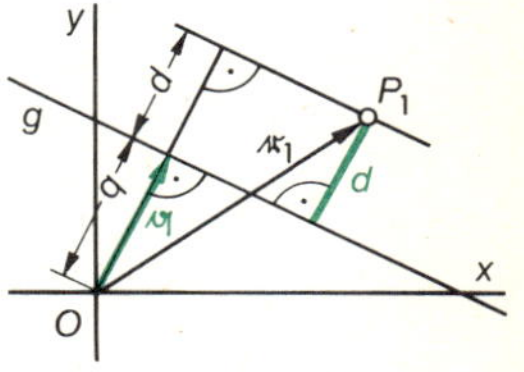

85.2.

Das bedeutet: Setzt man in (21a) bzw. (21b) statt x, y, (z) die Koordinaten eines Punktes der betreffenden Gerade (Ebene) ein, so erhält man natürlich Null („Inzidenzprobe"). Setzt man die Koordinaten eines Punktes P_1 ein, der außerhalb der Gerade g (Ebene E) liegt, so bedeutet der Wert des Terms in (17b) die Maßzahl d des Abstands, und zwar ist $d > 0$ ($d < 0$), wenn P_1 und O auf verschiedenen (gleichen) Seiten von g bzw. von E liegen. Ist $O \in g$ ($O \in E$), so bestimmt die Wahl von $\mathfrak{n}^0$ das Vorzeichen von d. Beim Einsetzen in eine beliebige Ebenengleichung $Ax + By + Cz + D = 0$ (*) erhält man d im allgemeinen nicht (wähle z.B. die Ebene mit der Gleichung $2Ax + 2By + 2Cz + 2D = 0$).

Zur Umwandlung von (*) in die Hesseform muß mit einer Zahl multipliziert oder dividiert werden, so daß die neuen Koeffizienten von x, y, z Richtungskosinus eines Tripels von zusammengehörigen Richtungswinkeln α, β, γ sein können. Dies ist der Fall beim Divisor $\sqrt{A^2 + B^2 + C^2}$, falls $D < 0$ ist, oder $-\sqrt{A^2 + B^2 + C^2}$, falls $D > 0$ ist; warum sind dies die beiden einzigen Möglichkeiten? Vgl. die Relation 5. auf S. 83). Die neuen Koeffizienten sind dann

$$A_0 = A : \sqrt{A^2 + B^2 + C^2}, \;\ldots, \quad \text{bzw.} \quad A_0 = A : \left(-\sqrt{A^2 + B^2 + C^2}\right).$$

Für $P(x_1 \mid y_1 \mid z_1)$ ist der Abstand: $\quad d = A_0 x_1 + B_0 y_1 + C_0 z_1 + D_0, \; D_0 > 0$ (17c)

Für die Geradengleichung in der Ebene verfährt man entsprechend (Aufg. 14).

f) Vektorgleichung eines Rotationskegels (Fig. 85.3): Ein Rotationskegel habe seine Spitze im Ursprung O, seine Achse sei durch $\mathfrak{n}^0$ gegeben, und der halbe Öffnungswinkel sei δ. Für den Ortspfeil $\mathfrak{r}$ zu einem beliebigen Punkt P des Kegelmantels, bringen wir zum Ausdruck, daß $\cos\delta = \dfrac{\mathfrak{r} \cdot \mathfrak{n}^0}{|\mathfrak{r}| \cdot |\mathfrak{n}^0|}$ konstant ist und erhalten als Gleichung $\dfrac{\mathfrak{r} \cdot \mathfrak{n}^0}{\sqrt{\mathfrak{r}^2}} = \cos\delta$ oder
$x \cdot \cos\alpha + y \cdot \cos\beta + z \cdot \cos\gamma = \cos\delta \cdot \sqrt{x^2 + y^2 + z^2}$.
Zum Fall der beliebigen Lage der Kegelspitze sowie zu den Koordinatengleichungen für spezielle Kegel vgl. Aufg. 21.

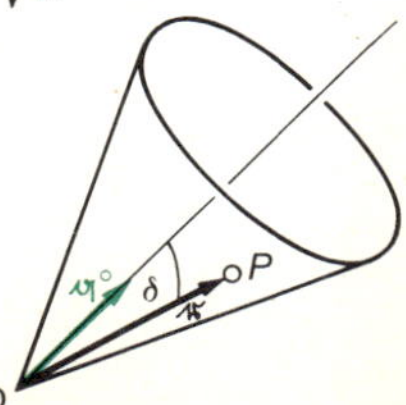

85.3.

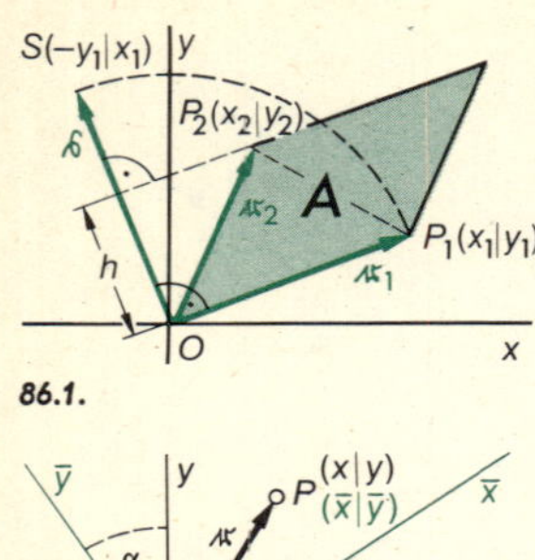

86.1.

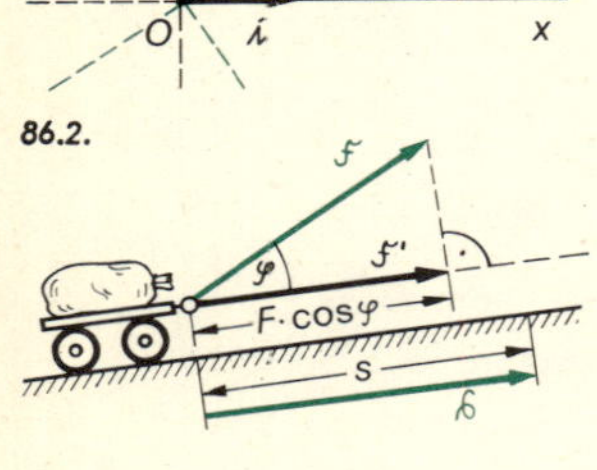

86.2.

F.cos φ

s

86.3.

g) Flächeninhalt eines Parallelogramms (*eines Dreiecks*) in der x, y-Ebene. In Fig. 86.1 ist das getönte Parallelogramm durch $\mathfrak{r}_1$ und $\mathfrak{r}_2$ bestimmt. Wählt man $\mathfrak{s} \perp \mathfrak{r}_1$ und $s = r_1$, so gilt für den Inhalt A der Parallelogrammfläche: $|A| = r_1 \cdot h = s \cdot h = |\mathfrak{s}\,\mathfrak{r}_2|$; man schreibt ohne das Zeichen für den absoluten Betrag:

$$A = \mathfrak{s}\,\mathfrak{r}_2 = (-y_1\,\mathfrak{i} + x_1\,\mathfrak{j})\,(x_2\,\mathfrak{i} + y_2\,\mathfrak{j}) = x_1 y_2 - x_2 y_1 \gtreqless 0.$$

$\triangle$ ***OP₁P₂*** **hat den Flächeninhalt** $\boldsymbol{A = \frac{1}{2}(x_1 y_2 - x_2 y_1)}$ **(18)**

Die Formeln gelten auch in schiefwinkligen Systemen; Flächeneinheit ist das von $\overrightarrow{OE_x} = (1; 0)$ und $\overrightarrow{OE_y} = (0; 1)$ aufgespannte Parallelogramm. Man erhält $A > 0$ $(A < 0)$, wenn $\triangle OP_1P_2$ beim Umlaufen in der Reihenfolge O, P_1, P_2 zur Linken (Rechten) liegt. Verdeutliche dies. (Ausführlicher: Vollausgabe § 17.)

h) Koordinatentransformationen: Die Komponentendarstellung von Ortspfeilen führt zusammen mit der skalaren Multiplikation bequem zu Formeln für den Übergang zu einem neuen Koordinatensystem. *Drehung des Achsenkreuzes in der Ebene* (Fig. 86.2): Das neue System mit $\bar{\mathfrak{i}}$, $\bar{\mathfrak{j}}$ sei um $\sphericalangle\,\alpha$ gegen das alte gedreht. Dann ist $\mathfrak{r} = x\,\mathfrak{i} + y\,\mathfrak{j} = \bar{x}\,\bar{\mathfrak{i}} + \bar{y}\,\bar{\mathfrak{j}}$. Multiplikation mit $\mathfrak{i}$ bzw. $\mathfrak{j}$ gibt

$x \cdot 1 + y \cdot 0 = \bar{x} \cdot \cos\alpha + \bar{y} \cdot \cos(90° + \alpha)$ bzw. die folgenden
$x \cdot 0 + y \cdot 1 = \bar{x} \cdot \cos(90° - \alpha) + \bar{y}\cos\alpha$ Gleichungen (19a).

Die Multiplikation mit $\bar{\mathfrak{i}}$ bzw. $\bar{\mathfrak{j}}$ gibt (Aufg. 23) die Gleichungen der inversen Transformation:

$$\begin{aligned} x &= \bar{x} \cdot \cos\alpha - \bar{y} \cdot \sin\alpha \\ y &= \bar{x} \cdot \sin\alpha + \bar{y} \cdot \cos\alpha \end{aligned} \quad (19\text{a}) \qquad \text{bzw.} \qquad \begin{aligned} \bar{x} &= x \cdot \cos\alpha + y \cdot \sin\alpha \\ \bar{y} &= -x \cdot \sin\alpha + y \cdot \cos\alpha \end{aligned} \quad (19\text{b})$$

Eine Verwendung des skalaren Produkts in der Physik

Wirkt eine konstante Kraft $\mathfrak{F}$ längs des geraden Wegstücks $\mathfrak{s}$ und bildet $\mathfrak{F}$ mit $\mathfrak{s}$ den Winkel φ (Fig. 86.3), so verrichtet nur diejenige Komponente $\mathfrak{F}'$ von $\mathfrak{F}$ Arbeit, die parallel zu $\mathfrak{s}$ ist. Diese Arbeit W ist definiert durch $W = F' \cdot s = F \cdot s \cdot \cos\varphi = \mathfrak{F} \cdot \mathfrak{s}$.

Aufgaben

1. Berechne die Beträge der Vektoren: $\mathfrak{v} = 2\,\mathfrak{i} + 6\,\mathfrak{j} - 3\,\mathfrak{k}$; $\mathfrak{F} = 6\,\mathfrak{i} - 4\,\mathfrak{k}$; $\mathfrak{r}_1 = -0{,}9\,\mathfrak{i} + 1{,}2\,\mathfrak{j}$; $\mathfrak{r}_2 = -\frac{1}{3}\mathfrak{i} + \frac{2}{3}\mathfrak{j} - \frac{2}{3}\mathfrak{k}$; $\mathfrak{e} = \mathfrak{i} + \mathfrak{j} + \mathfrak{k}$; $\mathfrak{w} = 2\,\mathfrak{k}$.

2. Schreibe die Einheitsvektoren $\mathfrak{v}^0$, $\mathfrak{F}^0$, $\mathfrak{r}_1^0$ usw. an für $\mathfrak{v}$, $\mathfrak{F}$ usw. von Aufg. 1.

3. Berechne für die Punkte $P_1(3\,|\,4)$, $P_2(-5\,|\,10)$ die Entfernungen $\overline{OP_1}$, $\overline{OP_2}$, $\overline{P_1P_2}$.

4. a) Berechne $\overline{OP_1}$, $\overline{OP_2}$, $\overline{P_1P_2}$ für $P_1(9\,|\,6\,|\,-2)$ und $P_2(7\,|\,-4\,|\,9)$.
b) Berechne die Seitenlängen für $\triangle\,A(-8\,|\,2\,|\,-5)$ $B(-2\,|\,12\,|\,10)$ $C(10\,|\,8\,|\,-4)$.

5. Berechne das skalare Produkt $W = \mathfrak{F} \cdot \mathfrak{s}$ für $\mathfrak{F} = 3\,\mathfrak{j} - \mathfrak{k}$ und $\mathfrak{s} = 3\,\mathfrak{i} + 5\,\mathfrak{j}$.

6. a) Bestimme den Winkel zwischen $\mathfrak{F}_1 = 4\,\mathfrak{i} + 5\,\mathfrak{j} - 2\,\mathfrak{k}$ und $\mathfrak{F}_2 = -3\,\mathfrak{j} + 6\,\mathfrak{k}$.
b) Bestimme die Resultierende $\mathfrak{F} = \mathfrak{F}_1 + \mathfrak{F}_2$ und $|\mathfrak{F}|$ und $\sphericalangle(\mathfrak{F}, \mathfrak{F}_1)$, $\sphericalangle(\mathfrak{F}, \mathfrak{F}_2)$.

7.

$\mathfrak{v} = 3\,\mathfrak{i} + 4\,\mathfrak{j} - 5\,\mathfrak{k}$	$a = \lvert\mathfrak{v}\rvert =$	$\mathfrak{v}^0 =$	$\cos\sphericalangle(\mathfrak{b}, \mathfrak{c})$ und $\sphericalangle(\mathfrak{b}, \mathfrak{c})$?
$\mathfrak{b} = 2\,\mathfrak{i} - 3\,\mathfrak{j} - 6\,\mathfrak{k}$	$b = \lvert\mathfrak{b}\rvert =$	$\mathfrak{b}^0 =$	$\cos\sphericalangle(\mathfrak{c}, \mathfrak{v})$ und $\sphericalangle(\mathfrak{c}, \mathfrak{v})$?
$\mathfrak{c} = -\mathfrak{i} + 7\,\mathfrak{j} - 5\,\mathfrak{k}$	$c = \lvert\mathfrak{c}\rvert =$	$\mathfrak{c}^0 =$	$\cos\sphericalangle(\mathfrak{v}, \mathfrak{b})$ und $\sphericalangle(\mathfrak{v}, \mathfrak{b})$?

8. a) Bestimme y so, daß $\mathfrak{r}_1 = 3\,\mathfrak{i} + y\,\mathfrak{j}$ auf $\mathfrak{r}_2 = 4\,\mathfrak{i} - 2\,\mathfrak{j}$ senkrecht steht.
b) Bestimme x so, daß $\mathfrak{r}_1 = x\,\mathfrak{i} + 2\,\mathfrak{j} - 5\,\mathfrak{k}$ zu $\mathfrak{r}_2 = 4\,\mathfrak{i} - \mathfrak{j} + 2\,\mathfrak{k}$ orthogonal ist.

9. Von $P_0(x_0 \mid y_0 \mid z_0)$ aus sind angetragen die Pfeile $\mathfrak{a} = (1; 2; 2)$, $\mathfrak{b} = (7; 4; 4)$. Gib eine Parameterdarstellung der Gerade durch P_0, die den Winkel a) zwischen $\mathfrak{a}$ und $\mathfrak{b}$, b) zwischen $\mathfrak{a}$ und $-\mathfrak{b}$ halbiert. Warum müssen die Ergebnisgeraden senkrecht aufeinander stehen? Bestätige dies rechnerisch.
Anleitung: Geh zu $\mathfrak{a}^0$ und $\mathfrak{b}^0$ über; bilde $\mathfrak{a}^0 + \mathfrak{b}^0$ bzw. $\mathfrak{a}^0 - \mathfrak{b}^0$ für die Richtungen.
c) Ebenso für $\mathfrak{a} = \mathfrak{i} + 2\,\mathfrak{j} + 2\,\mathfrak{k}$, $\mathfrak{t} = 4\,\mathfrak{i} + 4\,\mathfrak{j} + 7\,\mathfrak{k}$ bzw. $-\mathfrak{t}$.

10. a) Leite die Geradengleichung $\mathfrak{r}\,\mathfrak{n} = \mathfrak{n}^2$ auch nach Fig. 87.1 her, d.h. drücke aus, daß $\mathfrak{r} - \mathfrak{n} \perp \mathfrak{n}$ ist.
b) Gilt dies auch für eine Ebene im Raum?

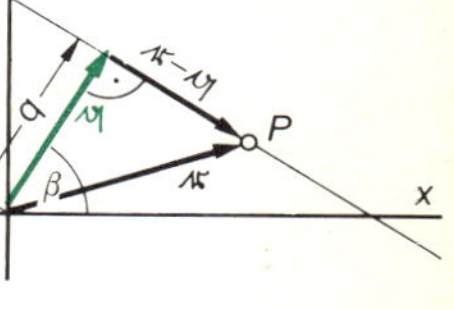

87.1.

11. Eine Ebene E sei gegeben durch $\mathfrak{n} = \mathfrak{i} + 2\,\mathfrak{j} + 2\,\mathfrak{k}$ (vgl. Abschnitt d) auf S. 84).
a) Stelle ihre Gleichung in Koordinaten auf nach $\mathfrak{r}\,\mathfrak{n} = \mathfrak{n}^2$.
b) Wie lautet die Hesse-Form? Welchen Abstand hat $P_1(1 \mid 3 \mid 4)$ von der Ebene E?

12. a) Lege durch $P_2(3 \mid 7 \mid 5)$ die Senkrechte zur Ebene E von Aufg. 11, Fußpunkt F_2. Ermittle den Abstand, den P_2 von E hat, b) „nach Hesse", c) als Distanz $\overline{P_2F_2}$,
d) Gib die Koordinaten des Spiegelbildes $P_2^\star$ von P_2 bezüglich E an.
e) Verfahre ebenso für $P_1(1 \mid 3 \mid 4)$ von Aufg. 11. $\overline{P_1F_1}$ berechnet sich mühsamer als $\overline{P_2F_2}$ (warum?), der Abstand „nach Hesse" berechnet sich gleich einfach.
f) Zeichne ein Schrägbild, Einheit 1 cm, x-Achse unter 45°, Verkürzungsverhältnis $\frac{1}{2}\sqrt{2}$. Zeichne die Strecken $P_2P_2^\star$, $P_1P_1^\star$. Stelle die Ebene E durch ihre Schnittgeraden mit den Koordinatenebenen dar (man nennt sie die „Spuren" der Ebene).

13. Bringe die Ebenengleichung $3\,x + 6\,y - 2\,z = 14$ auf die Hesse-Form und berechne dann die Abstände folgender Punkte von der Ebene: $P_1(-2 \mid 9 \mid 3)$, $P_2(1 \mid 2 \mid 4)$, $P_3(2 \mid 3 \mid 5)$, $O(0 \mid 0 \mid 0)$. Was bedeuten etwaige negative Vorzeichen?

14. Bringe die Geradengleichung $A\,x + B\,y + C = 0$ auf die Hesse-Form, schreibe den Abstand d des Punktes $P_1(x_1 \mid y_1)$ von der Gerade an und zeige, daß man wieder die Abstandsformel (I, 11) von S. 25 erhält (dort $Q(u \mid v)$ und für d der absolute Betrag).

15. Welches Gebilde wird durch $(\mathfrak{r} - \mathfrak{r}_0)\,\mathfrak{a} = 0$ dargestellt, wobei $\mathfrak{r}$ ein variabler und $\mathfrak{r}_0$ ein fester Ortspfeil, $\mathfrak{a}$ ein fester Vektor ist a) in der Ebene, b) im Raum?
c) Lege eine Gerade orthogonal zu $\mathfrak{a} = -3\,\mathfrak{i} + 2\,\mathfrak{j}$ durch $P_0(4 \mid 3)$. Wie heißt ihre Gleichung in x und y? (Setze $\mathfrak{r} = x\,\mathfrak{i} + y\,\mathfrak{j}$).
d) Lege eine Ebene orthogonal zu $\mathfrak{a} = \mathfrak{i} + 2\,\mathfrak{j} + 3\,\mathfrak{k}$ durch $P_0(2 \mid 3 \mid 1)$. Gleichung?

16. a) Lege die Ebene E_1 orthogonal zu $\mathfrak{a} = 2\,\mathfrak{i} + 3\,\mathfrak{j} + 6\,\mathfrak{k}$ durch $P_1(3 \mid 1 \mid 2)$, bringe auf die Hesse-Form und gib den Abstand der Ebene von O an.
b) Lege E_2 parallel zu E_1 durch $P_2(2 \mid 2 \mid 3)$; gib ihren Abstand von O (E_1) an.
c) Die Gerade P_1P_3 mit $P_3(7 \mid 7 \mid 0)$ durchstößt E_2 in Q_2. Koordinaten von Q_2?
d) Die Gerade P_1P_2 durchstößt die x, z-Ebene in P_4, die y, z-Ebene in P_5.
e) Lege die Senkrechte OF_1 (OF_2) zu E_1 (E_2); gib die Koordinaten des Fußpunktes F_1 (F_2) an. Berechne so zur Probe die Abstände in a) und b).
f) Zeichne ein Schrägbild ohne F_1 und F_2, sonst wie in Aufg. 12f).

17. a) Berechne für die Ebene durch $P_0(2\,|\,3\,|\,4)$ senkrecht zu $\mathfrak{n} = (1;\,2;\,3)$ den Schnitt mit der Gerade durch $P_1(2\,|\,0\,|-1)$ parallel zu $\mathfrak{b} = (2;-1;\,1)$.
b) Dieselbe Ebene; Gerade durch P_1 parallel zu $\mathfrak{c} = (1;\,1;-1)$
c) Dieselbe Ebene; Gerade durch $P_2(-1\,|\,3\,|\,5)$ parallel zu $\mathfrak{c}$.
Deute die Rechenergebnisse!

18. Welches Gebilde wird durch $(\mathfrak{r} - \mathfrak{r}_0)^2 = a^2$ dargestellt a) in der Ebene, b) im Raume? $\mathfrak{r}$ ist variabel, $\mathfrak{r}_0$ wird festgehalten. Gehe zu Koordinaten über!

19. a) Prüfe, ob alle folgenden Punkte auf derselben Kugel um O liegen: $P_1(4\,|-4\,|\,7)$, $P_2(4\,|\,1\,|-8)$, $P_3(0\,|\,9\,|\,0)$, $P_4(5\,|\,0\,|\,7{,}5)$, $P_5(-3\,|\,6\,|-6)$, $P_6(3\,|\,5\,|\,7)$.
b) Suche den Mittelpunkt der Kugel durch $P_1(1\,|-4\,|\,2)$, $P_2(-1\,|\,0\,|-4)$, $P_3(7\,|\,5\,|\,5)$, $P_4(4\,|-3\,|\,0)$. *Anleitung:* Setze $M(u\,|\,v\,|\,w)$. Stelle 3 Gleichungen auf.

20. Deute geometrisch in der Ebene die Gleichung $(\mathfrak{r} - \mathfrak{r}_1)\,\mathfrak{r}_1 = 0$, wenn $\mathfrak{r}_1$ ein beliebiger, aber festgehaltener Ortspfeil des Kreises $\mathfrak{r}^2 = a^2$ ist. Leite daraus die Gleichung $x_1 x + y_1 y = a^2$ her. Was ergibt sich im Raum für die Kugel $\mathfrak{r}^2 = a^2$?

21. a) Schreibe die Gleichung eines Rotationskegels nach f) auf S. 85 in Koordinaten wurzelfrei für $\mathfrak{y}^0 = \mathfrak{k}$, $\delta = 45^0$. Zeige, daß sich $x^2 + y^2 - z^2 = 0$ ergibt.
b) Schneide diesen Kegel mit Ebenen $z = c$; $x = a$; $y = b$. Was ergibt sich?
c) Verfahre ebenso für den beliebigen festen Winkel δ und $\mathfrak{y}^0 = \mathfrak{i}$.
d) $\delta = 45°$ und $\mathfrak{y}^0 = \dfrac{1}{\sqrt{2}}(\mathfrak{i} + \mathfrak{j})$ e) $\cos\delta = \dfrac{1}{\sqrt{3}}$ und $\mathfrak{y}^0 = \dfrac{1}{\sqrt{3}}(\mathfrak{i} + \mathfrak{j} + \mathfrak{k})$.
f) Schreibe die Kegelgleichung an, wenn die Kegelspitze in P_0 mit dem Ortspfeil $\mathfrak{r}_0$ liegt.

22. Berechne den Inhalt von a) $\triangle\, O P_1(5\,|\,2)\; P_2(3\,|\,6)$, b) $\triangle\, O A(4\,|\,1)\; B(-2\,|\,3)$, c) $\triangle\, A(2\,|\,4)\; B(0\,|\,7)\; C(-3\,|\,1)$. Lege in c) den Ursprung nach A.

23. Leite die Gleichungen der inversen Transformation für die Drehung des Achsenkreuzes in Abschn. h), S. 86, her. Löse (19a) auch algebraisch nach $\bar{x}$ und $\bar{y}$ auf.

24. Berechne den Abstand d des Punktes $P_1(1\,|\,6)$ von der Gerade g durch $P_0(3\,|\,0)$ mit der Richtung $\mathfrak{n} = \mathfrak{i} + 2\,\mathfrak{j}$. *Anleitung* ohne „Hesse-Form": Der Pfeil von P_1 zum nächsten Punkt P der Gerade sei $\mathfrak{e}$. Zeichne! Es gilt $\mathfrak{r}_1 + \mathfrak{e} = \mathfrak{r}_0 + t\cdot\mathfrak{n}$. *Skalare Multiplikation mit* $\mathfrak{n}$ *läßt wegen der Bedingung* $\mathfrak{e} \perp \mathfrak{n}$ das *Glied* $\mathfrak{n}\,\mathfrak{e}$ *verschwinden.* Bestimme t, dazu den Fußpunkt P, sowie $\mathfrak{e}$ und $d = |\,\mathfrak{e}\,|$. Löse analog folgende wichtige Aufgabe:

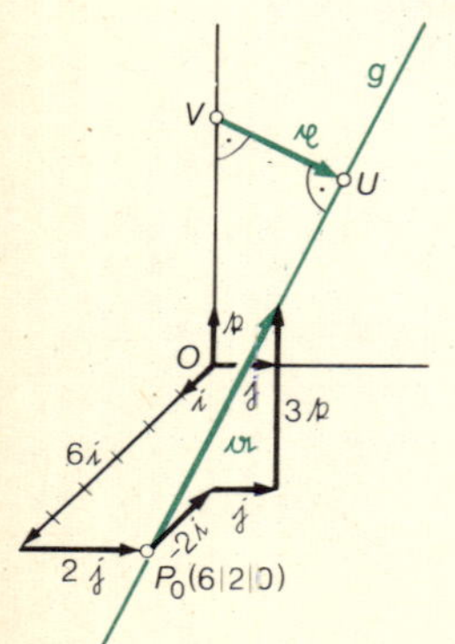

88.1.

Kürzester Abstand zweier windschiefer Geraden

25. a) Bestimme den kürzesten Abstand, den die Gerade g durch $P_0(6\,|\,2\,|\,0)$ mit der Richtung $\mathfrak{n} = -2\,\mathfrak{i} + \mathfrak{j} + 3\,\mathfrak{k}$ von der z-Achse hat. (Vgl. Fig. 88.1). Gesucht sind die Fußpunkte U auf g und V auf der z-Achse, der Abstand als Vektor $\mathfrak{e}$ und $d = |\,\mathfrak{e}\,|$. *Anleitung* (Fig. 88.1): Geschlossene Vektorkette mit $u\,\mathfrak{n}$ und $v\,\mathfrak{k}$. Die beiden rechten Winkel ermöglichen Multiplikationen, bei denen $\mathfrak{e}$ eliminiert wird (vgl. Aufgabe 24). In Fig. 88.1 ist $\mathfrak{e}$ mit $u = 1{,}5$ und $v = 4$ gezeichnet. Ist dies der Lösungsvektor?
b) Wähle g wie in Aufg. a). Nimm statt der z-Achse die Gerade h durch den Ursprung O mit der Richtung $\mathfrak{b} = \mathfrak{i} + 2\,\mathfrak{j} + 3\,\mathfrak{k}$.
c) Wähle h wie in b) und statt g die Parallele g_1 zu g durch $P_1(7\,|-6\,|\,8)$.

20 Abbildung durch Parallelprojektion. Axiale Affinität

89.1.

❶ Welche Eigenschaften hat der Schatten, den ein Dachfenster (ein ebenes quadratisches Gitter) bei Sonnenlicht auf den Dachboden (auf eine ebene Platte) wirft? (Fig. 89.1)

❷ Wie sieht der Schatten aus, den ein ebenes Parallelogrammgitter im Sonnenlicht auf eine ebene Fläche wirft?

Affine Abbildung einer Ebene E auf eine Ebene $\bar{E}$

D 1 Wir bilden zwei nicht parallele Ebenen E und $\bar{E}$ so aufeinander ab, daß die Punkte $P \in E$ durch parallele *Projektionsgeraden* p auf die Punkte $\bar{P} \in \bar{E}$ projiziert werden. Diese Projektionsart heißt **Parallelprojektion,** und die so erzeugte Abbildung der Ebene E auf die Ebene $\bar{E}$ nennt man eine **axiale Affinität**[1].
Damit jedem Punkt P eindeutig ein *Bildpunkt* $\bar{P}$ zugeordnet wird, muß man noch voraussetzen: **p sei nicht parallel zu $\bar{E}$.** Soll umgekehrt zu jedem $\bar{P} \in \bar{E}$ auch genau ein *Originalpunkt* $P \in E$ gehören, so darf **p nicht parallel zu E** sein. Sind beide Forderungen erfüllt, so sagt man: Die Abbildung ist *umkehrbar eindeutig* oder auch *eineindeutig*; kurz $P \longleftrightarrow \bar{P}$ (lies: dem Punkt P wird $\bar{P}$ zugeordnet und umgekehrt). Die Schnittgerade $\boldsymbol{s}$ von E und $\bar{E}$ heißt **Affinitätsachse,** kurz **Achse.**

Wir nehmen folgende *Grundtatsachen der Raumgeometrie* als gültig an: Bei Parallelprojektion wird jede Gerade $g \subset E$ durch eine Ebene projiziert, jede Strecke $a \subset E$ durch einen ebenen Streifen. Parallele Geraden (Strecken) in E projizieren sich durch parallele Ebenen (Streifen).

Wir verwenden ferner die Eigenschaften: Nichtparallele Ebenen schneiden sich in Geraden; parallele Ebenen werden von einer (dazu nicht parallelen) Ebene in parallelen Geraden geschnitten.

Aus diesen Grundtatsachen und den Strahlensätzen ergeben sich folgende Eigenschaften der axialen Affinität (einschließlich Eigenschaft Nr. 1, die die Parallelprojektion definiert), vgl. Fig. 89.2:

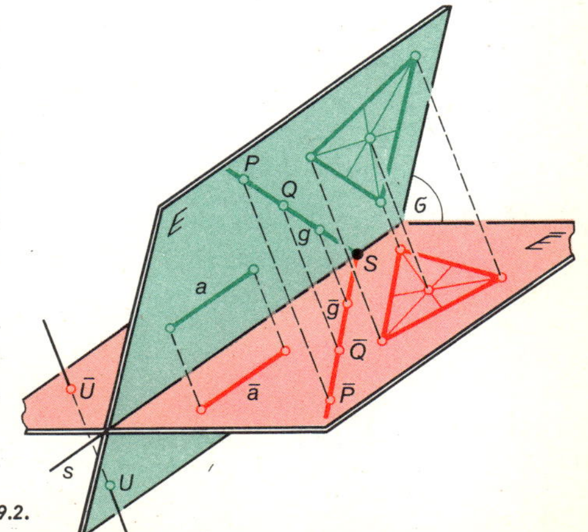

89.2.

1. affinis (lat.), verwandt; hier eine spezielle Verwandtschaft; sie heißt axial, weil sie eine „Achse" hat (bei anderen Affinitäten (§ 26) ist dies oft nicht der Fall).

Eigenschaften der axialen Affinität

S 1. *Die Verbindungsgeraden entsprechender* (d.h. einander zugeordneter) *Punkte sind parallel.*

2. *Die Punkte der Affinitätsachse werden auf sich selbst abgebildet.*

3. *Das Bild einer Gerade ist wieder eine Gerade.*

4. *Entsprechende Geraden schneiden sich auf der Affinitätsachse oder sind parallel zu ihr.*

5. *Parallele Geraden haben parallele Bilder.*

6. *Strecken parallel zur Affinitätsachse behalten ihre Länge. Strecken anderer Richtung werden i.a. verkürzt oder verlängert, und zwar parallele Strecken im selben Verhältnis.*
Winkel werden i.a. verändert.

7. *Teilverhältnisse bleiben erhalten. Insbesondere: Mitte bleibt Mitte.*

8. *Sämtliche Flächeninhalte werden im selben Verhältnis geändert.*

Andere Fassungen der Sätze 3, 5, 7:
Bei axialen Affinitäten zwischen E und $\bar{E}$ ist invariant[1]:
3′) das Geradesein von Linien,
5′) die Parallelität von Strecken und Geraden,
7′) das Teilverhältnis von 3 Punkten auf einer Gerade.

Oder kurz:
Axiale Affinitäten sind
3″) **geradentreu,**
5″) **parallelentreu,**
7″) **verhältnistreu.**

In Fig. 89.2 sind durch Vorgabe der Achse s und eines Paares sich entsprechender Punkte P und $\bar{P}$ genau die Ebenen E und $\bar{E}$ und die Richtung der Gerade p bestimmt, falls $P \neq \bar{P}$ $P\bar{P} \nparallel s$ und $P\bar{P} \cap s = \emptyset$ ist. Es gilt:

S 9. *Eine axiale Affinität* $E \to \bar{E}$ *ist eindeutig festgelegt durch Angabe der Affinitätsachse* s *und eines Paares zugeordneter Punkte* P *und* $\bar{P}$ *mit* $P \neq \bar{P}$, $P\bar{P} \nparallel s$ *und* $P\bar{P} \cap s = \emptyset$.

Aufgaben

1. a) Beweise die Eigenschaften 1 bis 7 im einzelnen. Welche der auf S. 89 genannten Grundtatsachen der Raumgeometrie sind dabei heranzuziehen?
b) Beweise Satz 8. Anleitung: Zerlege ein in E gelegenes Vieleck in Trapeze mittels Parallelen zur Affinitätsachse. Zeige, daß die Längen ihrer Grundseiten (und Mittelparallelen) bei der Abbildung gleich bleiben und alle Höhen im selben Verhältnis geändert werden. Nimm bei krummlinig begrenzten Flächenstücken an, daß man sie beliebig genau durch Trapeze „ausschöpfen“ kann.
c) Beweise folgende Erweiterung von S 7: Bei axialen Affinitäten ist das Verhältnis der Längen zweier paralleler Strecken invariant.
Anleitung: Die Strecken seien P_1Q_1 und P_2Q_2. Verschiebe P_1Q_1 in der Ebene E parallel nach $P_1^*Q_1^*$ so, daß P_1^* auf P_2 fällt.

2. a) Beweise: Die Eigenschaft „*Mittendreieck* eines anderen Dreiecks sein“ ist bei axial affinen Abbildungen invariant.
b) Der Flächeninhalt eines Dreiecks ist viermal so groß wie der Inhalt seines Mittendreiecks. Man sagt: Dieser Satz hat affinen Charakter. Was meint man mit dieser Aussage?

---

1. variare (lat.), verändern; „in“ ist verneinende Vorsilbe.

3. a) Zeige: Bei einer axial affinen Abbildung ist das Bild des Schwerpunkts eines Dreiecks ABC der Schwerpunkt des Bilddreiecks $\bar{A}\bar{B}\bar{C}$ (vgl. Fig. 105.2). Die Eigenschaft „Schwerpunkt eines Dreiecks sein" ist also gegenüber dieser Abbildung invariant (kurz: affininvariant).
b) Warum erhält man keine richtige Aussage, wenn man in a) den Begriff „Schwerpunkt" durch „Höhenschnittpunkt" ersetzt?

4. a) Zeige: Wenn $\bar{E} \parallel E$ ist (was in D 1 zunächst ausgeschlossen worden war), so geht bei einer Parallelprojektion $E \rightarrow \bar{E}$ jede Figur in eine kongruente über. Die Verwandtschaft der „*Kongruenz*" gilt als Sonderfall der Affinität. Was ändert bzw. spezialisiert sich an S 1 bis S 8? Zeichne!
b) Wie müssen die Projektionsgeraden gewählt werden, wenn bei nicht parallelen Ebenen E und $\bar{E}$ Original und Bild einer Figur kongruent sein sollen?

5. a) Begründe: Wird ein Prisma von zwei nicht parallelen Ebenen E und $\bar{E}$ geschnitten, so besteht zwischen beiden Schnittfiguren eine axiale Affinität. Wie ist es, wenn $E \parallel \bar{E}$ ist? Warum ist jede der Schnittflächen auch zur Grundfläche des Prismas affin?
b) Zeichne wie in Fig. 91.1 ein Schrägbild für den ebenen Schnitt einer 3-, 4-, 5-seitigen Säule. Welche der Sätze 1 bis 8 werden dabei verwendet?
c) Zeige: Eine ebene Figur ist zu ihrem Grundriß (Aufriß, Seitenriß) affin. Wann ist sie axial affin? Welche Gerade ist jeweils Affinitätsachse, wie verlaufen die Projektionsgeraden?

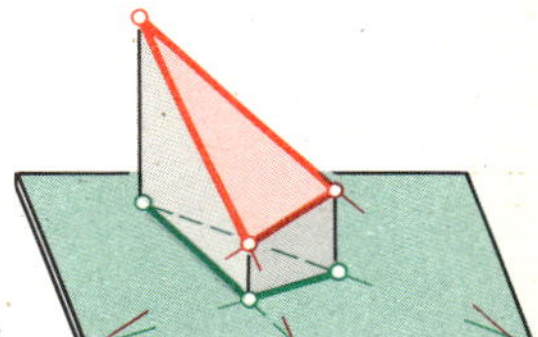
91.1.

Abbildungsgleichungen

Wir führen in den Ebenen E und $\bar{E}$ zwei rechtwinklige Koordinatensysteme x, y bzw. $\bar{x}, \bar{y}$ mit gleichen Einheiten ein wie in Fig. 91.2. Auf der Affinitätsachse s sollen x-Achse und $\bar{x}$-Achse zusammenfallen einschließlich Nullpunkten und Einheitspunkten. $P_0(0 \mid a)$ sei als Bild $\bar{P}_0(c \mid b)$ zugeordnet. Für die Koordinaten entsprechender Punkte $P(x \mid y)$ und $\bar{P}(\bar{x} \mid \bar{y})$ gilt dann (wegen zentrischer Streckung von S aus): $(\bar{x} - x) : y = c : a$ und $\bar{y} : y = b : a$.

Daraus folgen die **Abbildungsgleichungen:** $\bar{x} = x + \frac{c}{a}\, y,\ \bar{y} = \frac{b}{a}\, y$ mit $a, b \neq 0$ **(1a)**
und (für $\bar{P}$ als Original, P als Bild)
die **Gleichungen der inversen Abbildung:** $x = \bar{x} - \frac{c}{b}\, \bar{y},\ y = \frac{a}{b}\, \bar{y}$ mit $a, b \neq 0$ **(1b)**

Welche geometrischen Forderungen drückt die Bedingung $a, b \neq 0$ aus?

Beispiel: Ist die x-Achse wie in Fig. 91.2 Affinitätsachse, $\bar{P}_0(3 \mid 4)$ Bild von $P_0(0 \mid 2)$, so ist nach S 9 dadurch eindeutig eine axiale Affinität bestimmt. In Fig. 91.2 ist $a = 2$, $b = 4$, $c = 3$, also $\bar{x} = x + \frac{3}{2} y$ und $\bar{y} = 2y$ bzw. invers $x = \bar{x} - \frac{3}{4} \bar{y}$ und $y = \frac{1}{2} \bar{y}$.
Dem Punkt $P(6 \mid 10) \in E$ ist somit zugeordnet der Punkt $\bar{P}(21 \mid 20) \in \bar{E}$, während $\bar{Q}(-7 \mid 8) \in \bar{E}$ als Originalpunkt $Q(-13 \mid 4) \in E$ hat. (Rechne nach!)

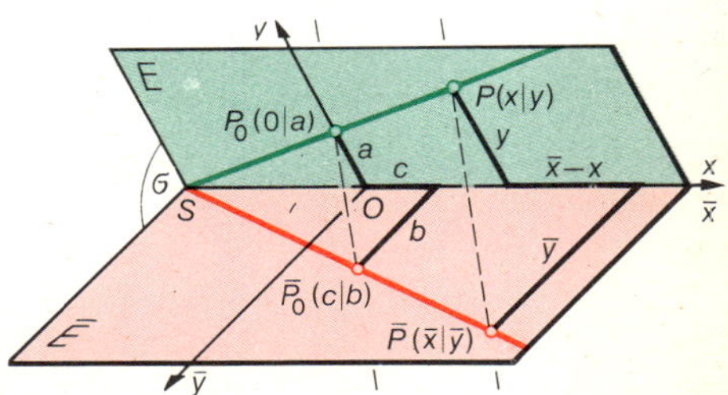

91.2.

Zwei Sonderfälle:

Die Abbildungsgleichungen sind besonders einfach bei folgender Wahl der Konstanten:

I. Für $\boldsymbol{c = 0}$ wird $\bar{x} = x$, $\bar{y} = \frac{b}{a} y$. Die Richtungen der Projektionsgerade p (Fig. 89.2) und der Achse s sind orthogonal. Diese Abbildung $E \longleftrightarrow \bar{E}$ heißt eine zu s *orthogonale Affinität.*

II. Für $\boldsymbol{a = b \neq 0}$ ist $\bar{x} = x + \frac{c}{a} y$, $\bar{y} = y$. P und $\bar{P}$ haben von s gleichen Abstand.

Aufgaben

6. Leite die Abbildungsgleichungen sowohl für die Sonderfälle als auch für den allgemeinen Fall (1a) her. Welche Sätze werden verwendet?

7. Bilde mittels der Abbildungsgleichungen (1a) folgende Geraden ab (d.h. stelle die Gleichungen der Bildgeraden auf):
a) $y = q$ mit $q = \text{const.}$ b) $y = m x$ c) $y = m x + q$ d) $y = -\frac{1}{m} x$
e) $x = p$ ($p = \text{const.}$, y beliebig)
Begründe damit erneut die Eigenschaften 3 bis 5. Zeige, daß Orthogonalität i.a. nicht erhalten bleibt, vgl. die Gerade d) mit b) oder c)!

8. Fig. 92.1 veranschaulicht die übliche Lage von Gegenstandsebene E und Bildebene $\bar{E}$ für das Zeichnen von Schrägbildern gegebener ebener Figuren, die horizontal liegen.
a) Vergleiche Fig. 92.1 mit Fig. 91.2.
b) Berechne b und c für $P_0(0 \mid 1)$, wenn $O\bar{P}_0$ mit der $\bar{x}$-Achse den Winkel $\alpha = 45°$ bilden und $\overline{O\bar{P}_0} = \frac{1}{2}\,\overline{OP_0}$ sein soll. (Es heißt α Verzerrungswinkel, $k = \frac{1}{2}$ Verzerrungsmaßstab.)
c) Drücke b und c für $P_0(0 \mid a)$ aus bei $\alpha = 60°$ ($30°$) und $k = \frac{1}{3}$ $(\frac{2}{3})$.

9. Zeichne im Grund- und Aufrißverfahren (senkr. Zweitafelproj., vgl. Fig. 92.2 u. 3)
a) in einer vertikalen Ebene $\bar{E}$ das Schrägbild eines in E liegenden Plättchenmusters
b) in einer horizontalen Ebene $\bar{E}$ den Schatten eines Gerüstes, das in einer vertikalen Ebene E liegt. (Richtung der Projektionsgerade siehe die Pfeile in Fig. 92.2 und 92.3).

▸ **10.** Zeichne zu Fig. 89.2 eine entsprechende Figur, jedoch mit Gitterlinien der Koordinatensysteme nach Fig. 91.2. Es sei $\bar{P}_0(3 \mid 4)$ Bildpunkt von $\bar{P}_0(3 \mid 4)$.
a) Zeichne zum Trapez mit den Eckpunkten $A(1 \mid 1)$, $B(5 \mid 1)$, $C(4 \mid 3)$, $D(2 \mid 3)$ das Bild. Lies die Koordinaten der Bildpunkte ab. Stelle die Abbildungsgleichungen auf. Berechne die Koordinaten der Ecken der Bildfigur.
b) Stelle die Gleichungen der Trapezseiten, der Mittelparallele und der Diagonalen auf. Berechne den Diagonalenschnittpunkt S. Berechne die Gleichungen bzw. Koordinaten ihrer Bilder sowohl mittels der Abbildungsgleichungen als auch unter Verwendung von a). Bestätige so die Sätze 3, 4, 5 und den Sonderfall von 7.
c) Wie teilen S bzw. sein Bild $\bar{S}$ die Diagonalen? Berechne den Flächeninhalt von Original und Bild. Bestätige so die Gültigkeit von Satz 7 und Satz 8.

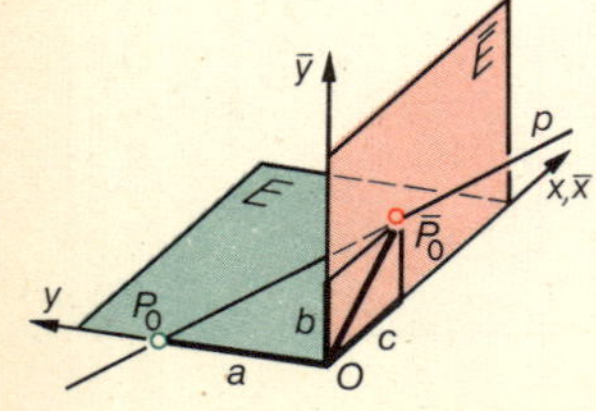

92.1.

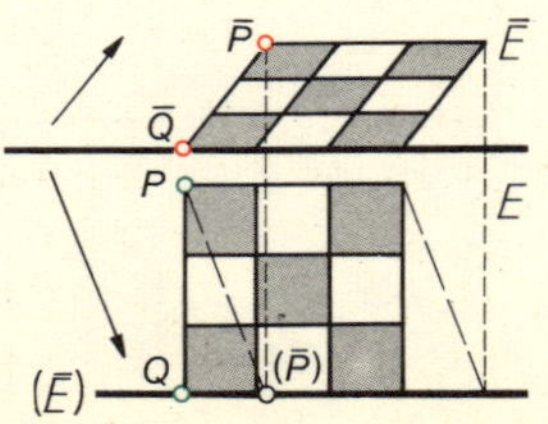

92.2.

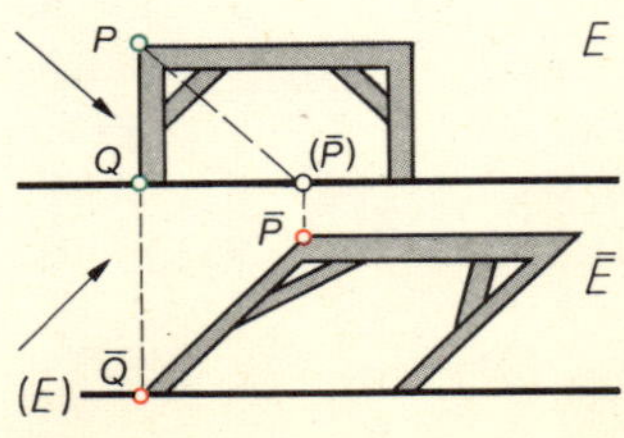

92.3.

Parallelprojektion eines Koordinatengitters

Bei der Herleitung der Abbildungsgleichungen (1a) legten wir in E und $\bar{E}$ zwei rechtwinklige Koordinatengitter mit gleichen Einheiten fest. Im folgenden sei in E wiederum ein solches Koordinatengitter gegeben. Dieses werde jetzt durch Parallelprojektion auf die Ebene $\bar{E}$ abgebildet und dort als Koordinatengitter verwendet (Fig. 93.1). Daraus folgt, daß der Bildpunkt $\bar{P}(\bar{x} \mid \bar{y})$ in $\bar{E}$ die gleichen Koordinaten hat wie der Originalpunkt $P(x \mid y)$ in E. Bei dieser Wahl der Koordinatensysteme zur Lagebeschreibung der Punkte und Figuren gilt also $\boldsymbol{\bar{x} = x}$ und $\boldsymbol{\bar{y} = y}$.

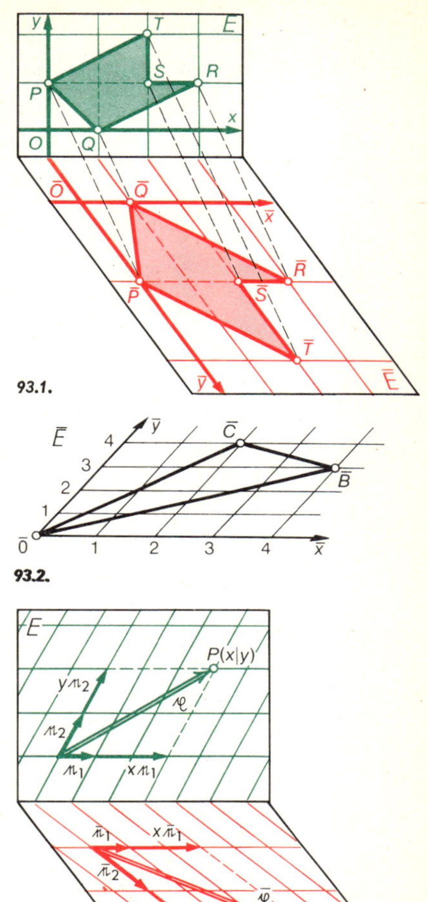

93.1.

93.2.

93.3.

Aufgaben

11. a) „Entzerre" das in Fig. 93.2 gegebene Schrägbild $\bar{O}\bar{B}\bar{C}$ eines Dreiecks OBC. Das Original des Koordinatengitters ist quadratisch; die x-Achse ist Affinitätsachse.

b) Wie lauten die Koordinaten der Dreiecksecken O, B, C und die Gleichungen der Dreiecksseiten im x, y-Achsenkreuz der Ebene E?

c) Berechne, ohne das Bild zu entzerren, aus den abgelesenen Koordinaten die Längen der Seiten, die Winkel und den Flächeninhalt des Originaldreiecks OBC. Vergleiche mit Messungen am entzerrten Bild (Aufg. a).

Bemerkung: In Aufg. 11 kann man also nach Wahl „entzerren" oder am verzerrten Bild die „wirklichen" Längen, Winkel usw. errechnen. In der *modernen Physik* gelingt es häufig nicht, die Erfahrungstatsachen und Meßergebnisse zu Bildern zu ordnen, die unsere Anschauung als „richtig" empfinden könnte. Trotzdem gelingt es meist, auf Grund scheinbar mangelhafter Bilder und Modelle mit Hilfe von geeigneten Formeln „richtige" Ergebnisse zu ermitteln, z. B. Atomreaktionen richtig vorherzusagen. Man hat dann mit dem Verstand einen Teil der Wirklichkeit erfaßt, demgegenüber sich unser Anschauungs- und Vorstellungsvermögen als unzulänglich erweist.

12. Was ergibt ein in E gelegenes Vektorzweibein bei Parallelprojektion
a) im allgemeinen, b) wenn der eine Vektor die Richtung der Affinitätsachse hat?

13. In Fig. 93.3 ist in E durch einen Ursprung O und zwei linear unabhängige Basisvektoren $\mathfrak{n}_1$ und $\mathfrak{n}_2$ ein Koordinatensystem festgelegt. Zeige: Verwendet man die Bilder $\bar{\mathfrak{n}}_1$ und $\bar{\mathfrak{n}}_2$ als Einheitsvektoren eines in $\bar{E}$ gelegenen Koordinatensystems, dann gilt für den durch O und $P(x \mid y)$ bestimmten Vektor $\mathfrak{r}$ und seinen Bildvektor $\bar{\mathfrak{r}}$ in $\bar{E}$:
$\mathfrak{r} = x \cdot \mathfrak{n}_1 + y \cdot \mathfrak{n}_2$; $\bar{\mathfrak{r}} = x \cdot \bar{\mathfrak{n}}_1 + y \cdot \bar{\mathfrak{n}}_2$. (Beachte: gleiche *Koordinaten* bei $\mathfrak{r}$ und $\bar{\mathfrak{r}}$).

Darstellung von Punktmengen durch allgemeine Parallelkoordinaten

Bemerkung: Als Hilfsmittel zur Lagebeschreibung der Punkte $\overline{P} \in \overline{E}$ in Fig. 93.2 und 93.3 wurden wir auf *allgemeine Parallelkoordinaten* geführt (vgl. § 2 D 6, Fig. 6.3). Zur Einübung sollen folgende Aufgaben mit allgemeinen Parallelkoordinaten bearbeitet werden.

14. a) Zeichne in einem schiefwinkligen Achsenkreuz $P(3 \mid 0)$, $Q(0 \mid 4)$, $R(1 \mid 1)$, $S(4 \mid 3)$, $T(-1 \mid 2)$, $U(5 \mid -5)$. Wähle als Einheit auf der x-Achse 1 cm, auf der y-Achse 0,5 cm.
b) Zeichne mit Farbe die Punktmengen ein: $x = 3$ und y bel. (rot), $y < -2$ und x bel. (blau), $x \geqq -1{,}5$ und y bel. (grün), $y = 0$ und $x \neq 0$ bel. (gelb).

15. a) Zeige: Die Zwei-Punkte-Form der Geradengleichung gilt auch jetzt.
b) Zeige dasselbe für die Achsenabschnittsform der Geradengleichung.
c) Inwieweit gilt auch die Punkt-Steigungsform und die Form $y = mx + b$? Haben die Koeffizienten m, b dieselbe Bedeutung wie bei Orthonormalsystemen?

16. Zeige: In einem allgemeinen Parallelkoordinatensystem stellt jede Gleichung 1. Grades $Ax + By + C = 0$ mit $(A; B) \neq (0; 0)$ eine Gerade dar und umgekehrt (vgl. § 4, S 8).

17. Markiere in einem schiefwinkligen Achsenkreuz die zu folgenden Relationen gehörigen Punkmengen:
a) $\frac{x}{2} + \frac{y}{1{,}5} \leqq 0$ *und* $4x - 3y \geqq 12$ *und* $x + y + 1 > 0$
b) $y = x$ *und* $y \leqq 2x$ *und* $y \leqq 2 - 0{,}5x$

18. Zeichne den zur Relation $x^2 + y^2 = 25$ gehörigen Graphen in einem schiefwinkligen Achsenkreuz mit Hilfe der Lösungspaare $(5; 0)$, $(4; 3)$, $(3; 4)$, $(0; 5)$, $(-3; 4)$, $(-4; 3)$ usw. Die Kurve ist kein Kreis!
Warum gilt die Entfernungsformel I (2) bzw. I (2') im schiefwinkligen Achsenkreuz (und im rechtwinkligen mit ungleichen Einheiten) nicht?

19. Zeige: Bei der üblichen Herstellung von Schrägbildern trägt man die Koordinaten der Punkte in ein schiefwinkliges Achsenkreuz mit ungleichen Einheiten ein.

20. Zeichne zwei verschiedene Vektorzweibeine $\{O, \mathfrak{n}_1, \mathfrak{n}_2\}$ bzw. $\{\overline{O}, \overline{\mathfrak{n}}_1, \overline{\mathfrak{n}}_2\}$ nebeneinander oder auf 2 Blätter. Betrachte diese 4 Vektoren als Basisvektoren. Trage in das erste eine beliebige Figur ein, z.B. die Vektorkette

$$\mathfrak{a} + \mathfrak{b} + \mathfrak{c} + \mathfrak{d} \text{ mit } \mathfrak{a} = \binom{6}{3}, \quad \mathfrak{b} = \binom{1{,}5}{3}, \quad \mathfrak{c} = \binom{-3}{-1{,}5}, \quad \mathfrak{d} = \binom{-1{,}5}{-4{,}5},$$

und in das andere Zweibein eine Figur mit den gleichen Koordinaten. Überlege, daß zwischen beiden Figuren die Eigenschaften 3, 5, 7 und 8 bestehen. Wie kann man einsehen, daß die zwei Figuren im allgemeinen nicht durch Parallelprojektion auseinander hervorgehen?

21. Zeige, daß die Formel (18) auf S. 86 für den Flächeninhalt eines Dreiecks auch für allgemeine Parallelkoordinaten gilt, wenn man als Flächeneinheit das Parallelogramm wählt, das die beiden Einheitsvektoren $\mathfrak{n}_1$ und $\mathfrak{n}_2$ auf den Achsen aufspannen.

21 Axiale Affinität in der Ebene

Fig. 89.2 ist ein Schrägbild der beiden Ebenen E und $\bar{E}$ in der Zeichenebene; die durch E und $\bar{E}$ bestimmte räumliche Figur ist also mittels Parallelprojektion auf die Zeichenebene abgebildet. Die Punkte P, $\bar{P}$, Q, $\bar{Q}$, S und die Geraden g, $\bar{g}$, s liegen jetzt in der Zeichenebene. In diesem Schrägbild ist dann jeder Figur der Zeichenebene (z.B. Strecke PQ) eine andere Figur derselben Ebene zugeordnet (Strecke $\bar{P}\bar{Q}$). Zur besseren Vorstellung kann man sich die Berandung der beiden Ebenenstücke gelöscht denken. Man sagt, die Zeichenebene sei dadurch *„auf sich selbst abgebildet"*. Da sämtliche Eigenschaften der Affinität, die zwischen zwei Ebenen im Raum besteht, erhalten bleiben, nennt man die Abbildung $P \to \bar{P}$
D 1 eine **Affinität in der Ebene.** Weil die Geraden $P\bar{P}$ und $Q\bar{Q}$ jetzt Schrägbilder paralleler Projektionsgeraden sind, so sind sie parallel. Sie heißen *Affinitätsgeraden* und ihre Richtung *Affinitätsrichtung*; das Schrägbild s der Schnittgerade von E und $\bar{E}$ nennt man wieder *Affinitätsachse*, und diese Affinität in der Ebene heißt wieder *axiale Affinität.*

Die Punkte der Achse werden auf sich selbst abgebildet; sie sind **Fixpunkte** der Abbildung. Die Affinitätsachse heißt daher **Fixpunktgerade.** Auch die Affinitätsgeraden werden auf sich abgebildet, aber nicht punktweise, sondern nur als Ganzes; sie heißen **Fixgeraden.**

Andere Erzeugung einer affinen Abbildung der Ebene auf sich

Legt man zwei wie in § 20 durch Parallelprojektion aufeinander abgebildete Ebenen E und $\bar{E}$ wie zwei bedruckte Papierblätter beliebig aufeinander, so sind i.a die *Verbindungsgeraden entsprechender Punkte* **nicht parallel,** und es gibt auch **keine Affinitätsachse** (vgl. Fig. 95.1). Wir können aber die beiden Ebenen so zueinander legen, daß alle acht in § 20 genannten Eigenschaften der Abbildung $P \to \bar{P}$ erhalten bleiben. Wir sprechen dann wieder von einer axialen Affinität, jetzt innerhalb einer Ebene.

Dies erreicht man ganz einfach durch Drehen der Ebene E um s, bis E auf $\bar{E}$ fällt. Bei der in § 20 räumlich gedachten Fig. 89.2 ergibt sich aus $P\bar{P} \parallel Q\bar{Q}$ zunächst $\overline{S\bar{P}} : \overline{S\bar{Q}} = \overline{SP} : \overline{SQ}$. Bei der Drehung bleiben die Längen der vier auf g bzw. auf $\bar{g}$ gelegenen Strecken SP usw. und die Lage des Schnittpunkts S unverändert. Nach dem Kehrsatz zum ersten Strahlensatz folgt die Parallelität von $P\bar{P}$ und $Q\bar{Q}$ in jeder Lage während der Drehung um die Achse s; auch in der Grenzlage, wenn E auf $\bar{E}$ fällt.

Ist PQ parallel zur Achse, dann ist $\bar{P}\bar{Q}$ ebenfalls parallel zu ihr und $\overline{PQ} = \overline{\bar{P}\bar{Q}}$. Daraus folgt ebenfalls $P\bar{P} \parallel Q\bar{Q}$. Man hat dann eine *axiale Affinität* in E mit s als Affinitätsachse. Sie ist durch s und ein Paar (P_0, $\bar{P}_0 \notin s$) bestimmt. Um E in $\bar{E}$ überzuführen, gibt es zwei Drehwinkel σ_1 und σ_2 (Fig. 95.2) (abgesehen von weiteren Drehwinkeln, die sich von σ_1 bzw. σ_2 um Vielfache des Vollwinkels unterscheiden). Je nach Wahl des Drehwinkels und der Richtung der Projektionsgerade liegen nachher Urpunkt und Bildpunkt auf derselben Seite der Achse s oder auf verschiedenen Seiten.

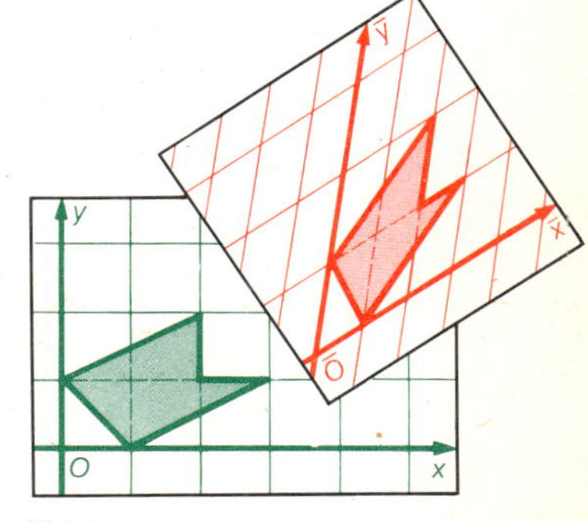

95.1.

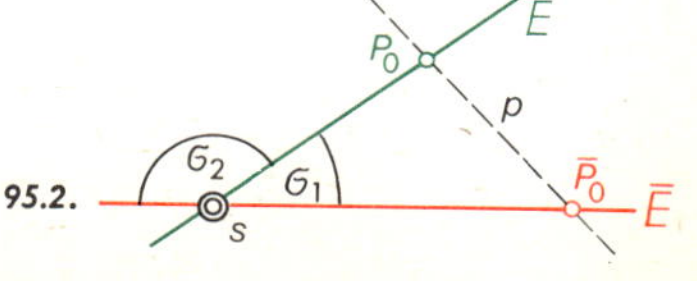

95.2.

Grundkonstruktionen bei der axialen Affinität

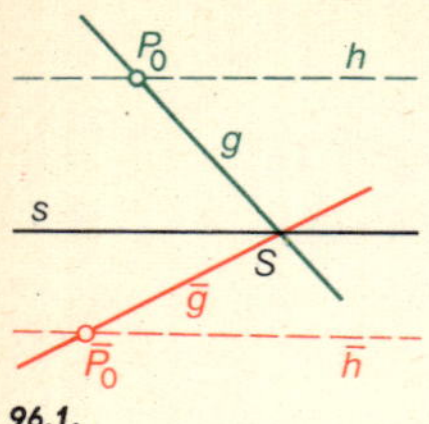

96.1.

Eine axiale Affinität sei *gegeben durch die Affinitätsachse s und ein Paar zugeordneter Punkte* $(P_0, \bar{P}_0)$ mit $P_0 \neq \bar{P}_0$, $P_0 \notin s$, $\bar{P}_0 \notin s$.

Nr. 1 ist als Sonderfall wichtig für die weiteren Konstruktionen.

1. Gegeben: Gerade g durch P_0, gesucht: Gerade $\bar{g}$. **a)** $g \cap s = \{S\}$; $S\bar{P}_0 = \bar{g}$ (Fig. 96.1). **b)** $h \parallel s$; $\bar{h} \parallel s$ durch $\bar{P}_0$ (Gestrichelt in 96.1). **c)** S außerhalb des Zeichenblattes; $H \in g$; $\bar{H}$ nach Fig. 96.2, 3 oder 4.

2. Gegeben: P, gesucht: $\bar{P}$. $P_0P = h$; $\bar{h}$ nach 1.; $P\bar{P} \parallel P_0\bar{P}_0$ (Fig. 96.2).

96.2.

3. Gegeben: P, gesucht: $\bar{P}$, wenn $s \cap P_0P$ nicht auf dem Zeichenblatt liegt. **a)** Hilfsgerade h_0 durch P_0; $\bar{h}_0$ durch $\bar{P}_0$; $h \parallel h_0$ durch P; $\bar{h} \parallel \bar{h}_0$; $P\bar{P} \parallel P_0\bar{P}_0$ (Fig. 96.3). **b)** Hilfspaar $(H, \bar{H})$ nach 2., dann wie Fig. 96.4.

4. Gegeben: g, gesucht: $\bar{g}$. **a)** $h \parallel g$ durch P_0; $\bar{h}$ nach 1.; $\bar{g} \parallel \bar{h}$ (Fig. 96.5). **b)** $h \parallel s$ durch P_0 gibt $H \in g$; $\bar{h} \parallel s$ durch $\bar{P}_0$; $H\bar{H} \parallel P_0\bar{P}_0$ (Fig. 96.6).

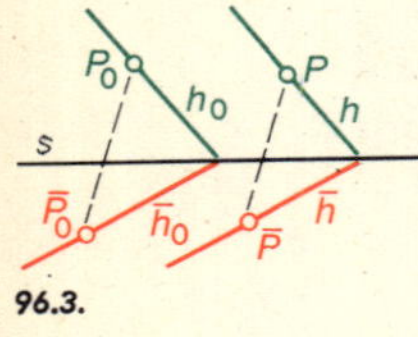

96.3.

Aufgaben

Bemerkung: In den Aufgaben 1 bis 3 sei stets die x-Achse Affinitätsachse und $\bar{P}_0$ Bild des Punktes P_0. Die angegebenen Koordinaten beschreiben die Lage für ein orthonomiertes oder ein beliebiges Parallelkoordinatensystem.

1. Konstruiere die Bilder der Punkte $A(4\,|\,3)$, $B(0\,|\,5)$, $C(-3\,|\,0)$, $D(-1\,|\,-1)$, $E(4\,|\,-1)$ für a) $P_0(0\,|\,3)$, $\bar{P}_0(-1\,|\,-2)$ b) $P_0(4\,|\,5)$, $\bar{P}_0(3\,|\,3)$ c) $P_0(1\,|\,3)$, $\bar{P}_0(1\,|\,4)$.

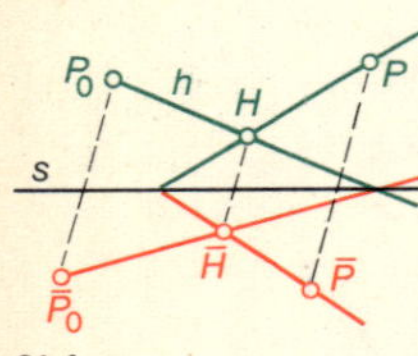

96.4.

2. Zeichne die affinen Bilder der Gitterlinien m.d.Gl. $x = a$ mit $a \in \{0, \pm 1, \pm 2, \pm 3\}$ und $y = b$ mit $b \in \{0, \pm 1, \pm 2, \pm 3\}$ für a) $P_0(0\,|\,3)$, $\bar{P}_0(3\,|\,-2)$ b) $P_0(2\,|\,3)$, $\bar{P}_0(2\,|\,1)$ c) $P_0(3\,|\,3)$, $\bar{P}_0(3\,|\,2)$.

3. Konstruiere die affinen Bilder der Geraden m.d.Gl. $y = 0{,}5\,x$, $y = 2$, $y = -2$, $y = -\frac{5}{3}x$, $x = -1$ für a) $P_0(0\,|\,3)$, $\bar{P}_0(3\,|\,-2)$ b) $P_0(-1\,|\,2)$, $\bar{P}_0(1\,|\,4)$ c) $P_0(1\,|\,-3{,}5)$, $\bar{P}_0(-1\,|\,-2)$.

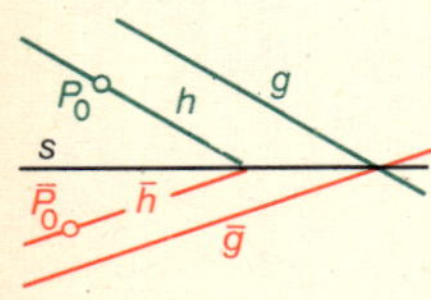

96.5.

4. Führe die Grundkonstruktionen Nr. 1 bis 4 aus. Wähle dabei P_0 und $\bar{P}_0$ auf derselben Seite der Affinitätsachse.

5. Löse Aufgabe 1b, 2b, 3b, wenn die y-Achse Affinitätsachse ist.

6. Das Viereck $A(1\,|\,0)$ $B(7\,|\,0)$ $C(7\,|\,4)$ $D(1\,|\,4)$ soll mittels einer axialen Affinität so abgebildet werden, daß AB Affinitätsachse ist und der Mittelpunkt a) des Vierecks, b) von CD c) von BC Bildpunkt von D ist. Konstruiere jeweils das Bild des Vierecks. Wähle ein beliebiges (schiefes) Parallelkoordinatensystem.

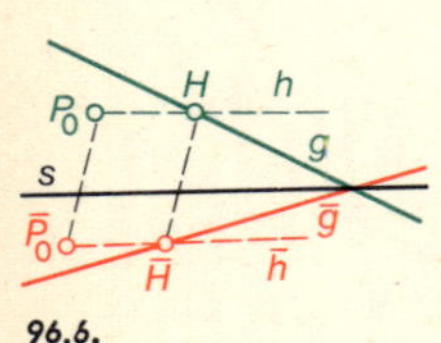

96.6.

▸ **7.** Kombiniere die Angaben „Affinitätsachse, 1 Paar entsprechender Punkte, 2 sich entsprechende Punktepaare, Richtung der Affinitätsgeraden, 1 Paar entsprechender Geraden, 2 Paare sich entsprechender Geraden“ so, daß jeweils eindeutig eine axiale Affinität dadurch festgelegt wird. Sind dabei noch zusätzliche Bedingungen notwendig?

Abbildungsgleichungen bei axial affiner Abbildung der Ebene auf sich

Bei der Herleitung der Abbildungsgleichungen (1a), Seite 91 (Fig. 91.2), war der Schnittwinkel σ der Ebenen E und $\bar{E}$ ohne Einfluß. Sie gelten auch für den Grenzfall, daß E durch Drehung auf $\bar{E}$ fällt (S. 95), also $\sigma = 0°$ oder $\sigma = 180°$ ist (warum?).
Da in Fig. 91.2 das x, y-Achsenkreuz und das $\bar{x}, \bar{y}$-Achsenkreuz kongruent zueinander vorausgesetzt werden, fallen sie bei $\sigma = 0°$ zusammen. Man kann dann $x, y, \bar{x}, \bar{y}$ als *Koordinaten in demselben Achsenkreuz* auffassen. Dies ist bei der rechnerischen Behandlung von Abbildungen der Ebene auf sich erwünscht und auch üblich.
Wählt man aber $\sigma = 180°$, so sind die y- und $\bar{y}$-Achse entgegengesetzt gerichtet. Will man auch hier das Bild auf das Achsenkreuz des Originals beziehen, so muß man $\bar{y}$ durch $-\bar{y}$ ersetzen, gleichzeitig b in $\bar{P}_0(c \mid b)$ durch $-b$ (warum?). Bei dieser Ersetzung bleiben die Abbildungsgleichungen unverändert (prüfe nach!).
Die Gleichungen (1a) in § 20 gelten also für eine beliebige axiale Affinität, wenn man die x-Achse in die Affinitätsachse und die y-Achse durch den Punkt P_0 legt, und wenn $P_0(0 \mid a)$ und $\bar{P}_0(c \mid b)$ ist. $P(x \mid y)$ und sein Bildpunkt $\bar{P}(\bar{x} \mid \bar{y})$ liegen genau dann auf derselben (auf verschiedener) Seite der Affinitätsachse, wenn $b : a > 0$ $(b : a < 0)$ ist.
Wählt man in der Ebene statt des rechtwinkligen ein **allgemeines Koordinatensystem,** so gelten auch dann noch die **Abbildungsgleichungen** $\bar{x} = x + \frac{c}{a}\,y,\quad \bar{y} = \frac{b}{a}\,y$ **(1a)** mit $a \cdot b \neq 0$, wie Fig. 97.1 zeigt. (Vgl. mit Seite 93.)

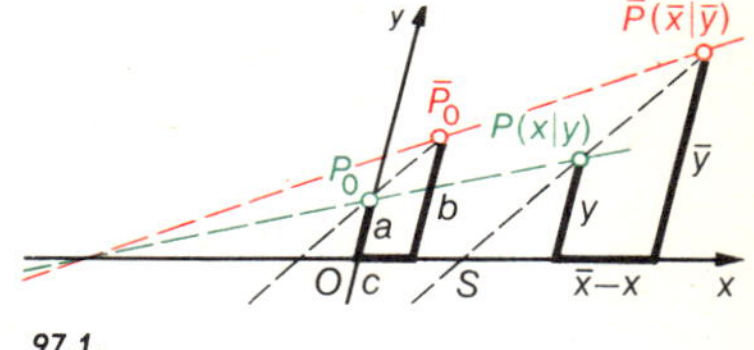

97.1.

Bemerkung: Wählt man wie bei Fig. 91.2 in E und $\bar{E}$ von vornherein zwei kongruente, aber schiefwinklige Parallelkoordinatensysteme, so gilt für den Übergang zu $\sigma = 0°$ alles zuvor Gesagte. Dreht man E um s bis $\sigma = 180°$, so fallen jetzt die Gitterlinien $x = u$ und $\bar{x} = u$ nicht mehr zusammen. Der vor der Drehung in E gelegene Punkt $P(u \mid v)$ hat nach der Drehung bezüglich des x, y-Achsenkreuzes nicht mehr die Koordinaten $(u; -v)$. Die algebraische Beschreibung der Abbildung $P \rightarrow \bar{P}$ erfolgt in diesem Fall also nicht durch die Gleichungen (1a).

Die verschiedenen Typen axialen Affinitäten

Da es in den Abbildungsgleichungen (1a) auf S. 91 nur auf die Quotienten $\frac{b}{a}$, $\frac{c}{a}$ mit $a \neq 0$, $b \neq 0$ ankommt, kann man statt (1a) schreiben $\bar{x} = x + r\,y,\ \bar{y} = k\,y,\ (k \neq 0)$ **(2a).**

I. Die **„identische Abbildung"** $\bar{x} = x,\ \bar{y} = y,$ also $\bar{P} = P$, erhält man für $r = 0$ *und* $k = 1$.

D 2 II. $k = 1$ gibt $\bar{x} = x + r\,y,\ \bar{y} = y.$ Hier ist also $P\bar{P}$ parallel zur Affinitätsachse. Diese axiale Affinität heißt **Scherung** (Fig. 97.2).

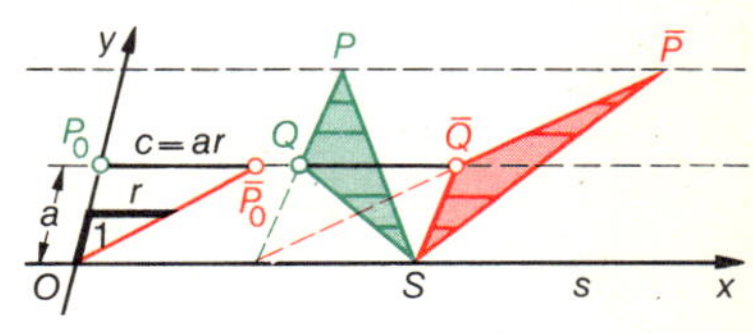

97.2.

Unterscheide sie scharf von der Schiebung. Bei der Scherung bleiben Achsenpunkte fest, bei einer Schiebung, die nicht die Identität ist, gibt es keine Fixpunkte.
Beim *„Scherungsfaktor"* r ist $|r|$ der Betrag des Pfeils, der $(0 \mid 1)$ in $(r \mid 1)$ überführt.

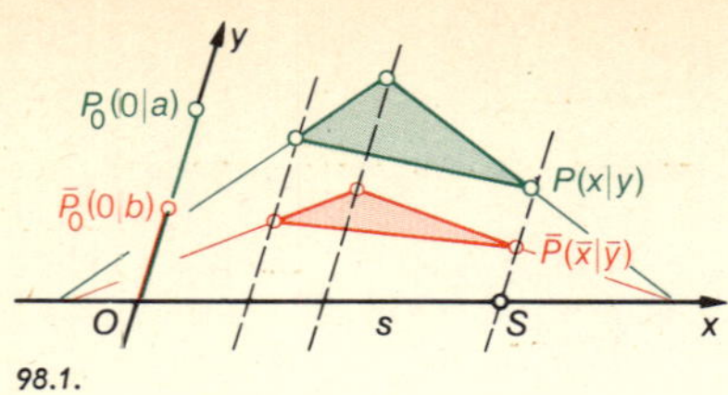

98.1.

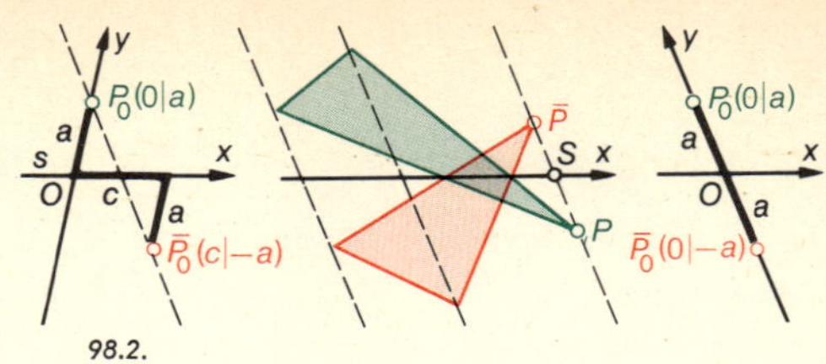

98.2.

III. $r = 0$ gibt $\bar{x} = x,\ \bar{y} = k\,y,\ k \neq 0$. Hier sind die Affinitätsgeraden parallel zur y-Achse.

D 3 Man nennt diese Affinität **schiefe Dehnung** in y-Richtung mit dem *Dehnungsfaktor* k (beim rechtwinkligen Achsenkreuz sagt man **orthogonale Affinität**).

Für $k > 1$ handelt es sich um eine Dehnung im wörtlichen Sinn (Fig. 98.1), für $0 < k < 1$ (Pressung) in verallgemeinertem Gebrauch des Wortes. Bei $k < 0$ liegen Original und Bild auf verschiedenen Seiten der Affinitätsachse, es kommt sozusagen zur Dehnung eine Affinspiegelung hinzu (vgl. D 4), bei der alle Figuren ihren Umlaufsinn ändern. Man faßt auch die Fälle mit $k < 0$ unter den Oberbegriff „schiefe Dehnung", hebt aber als Sonderfall hervor:

IV. $k = -1$, also $\bar{x} = x,\ \bar{y} = -y$. Hier wird $P\bar{P}$ durch die Affinitätsachse halbiert.

D 4 Diese Affinität nennt man **Schrägspiegelung** oder **Affinspiegelung** (Fig. 98.2). (Ist die y-Achse orthogonal zur Affinitätsachse, so handelt es sich um die gewöhnliche **Achsenspiegelung.**)

Man könnte denken, den betrachteten Sonderfällen der *Abbildungsgleichungen* entsprächen immer auch Sonderfälle der *Abbildung*, und der „allgemeine Fall" der Abbildung fehle noch. Das ist nicht der Fall, es gilt nämlich:

S 1 **Jede von der „Scherung" verschiedene axiale Affinität ist eine (schiefe) Dehnung.**

Beweis: In diesem Fall schneiden irgend zwei Affinitätsgeraden $P\bar{P}$ und $Q\bar{Q}$ die Achse s in S bzw. T. Ist nun $\overline{\bar{P}S} : \overline{PS} = |k|$, so ist wegen $P\bar{P} \parallel Q\bar{Q}$ und der Verhältnistreue paralleler Strecken auch $\overline{\bar{Q}T} : \overline{QT} = |k|$. Die Affinität ist also eine Dehnung in Affinitätsrichtung.

Der Fall III, in dem die y-Achse Affinitätsrichtung hat, umfaßt also, außer der Scherung, alle axialen Affinitäten. Hieraus erkennt man den folgenden Satz S 2.

Grundformen der Abbildungsgleichungen axialer Affinitäten

S 2 **a)** Eine axiale Affinität hat, wenn man die x-Achse in ihre Affinitätsachse legt und die y-Achse in Affinitätsrichtung wählt, Abbildungsgleichungen der Form $\bar{x} = x,\ \bar{y} = k\,y$ mit $k \neq 0$ **(3).** Sie ist eine **Dehnung** mit dem Dehnungsfaktor k. Für $k = 1$ ist sie speziell die **Identität;** $k = -1$ kennzeichnet den Sonderfall der Affinspiegelung an der x-Achse (Fig. 98.2).

b) Für eine **Scherung**, bei der man das Achsenkreuz nicht wie in a) wählen kann (wieso?), gelten in einem beliebigen Parallelkoordinatensystem mit der x-Achse als Scherungsachse und dem Scherungsfaktor r die Abbildungsgleichungen $\bar{x} = x + r\,y,\ \bar{y} = y$ **(4).**

Beachte: Zur Untersuchung einer Affinität ist es ratsam, nicht von vornherein ein bestimmtes Parallelkoordinatensystem zu wählen, sondern es jeweils dem Problem anzupassen.

Gleichsinnige und gegensinnige axiale Affinitäten

Für $k > 0$ ($k < 0$) liegen bei der schiefen Dehnung Original- und Bildpunkt stets auf gleicher (verschiedener) Seite der Affinitätsachse. Original- und Bildfigur haben gleichen (verschiedenen) Umlaufsinn; $k > 0$ ergibt gleichsinnige, $k < 0$ gegensinnige Affinitäten.

Aufgaben

8. Löse Aufgabe 1a, 2a, 3a rechnerisch.

9. Löse Aufgabe 1 für a) $P_0\,(1\,|\,2)$, $\bar{P}_0\,(-1\,|\,-2)$ b) $P_0\,(1\,|\,3)$, $\bar{P}_0\,(3\,|\,3)$

10. Löse Aufgabe 2 für a) $P_0\,(3\,|\,-2{,}5)$, $\bar{P}_0\,(1\,|\,2{,}5)$ b) $P_0\,(1\,|\,3{,}5)$, $\bar{P}_0\,(-1{,}5\,|\,3{,}5)$

11. Löse Aufgabe 3 für a) $P_0\,(0\,|\,1{,}5)$, $\bar{P}_0\,(3\,|\,-1{,}5)$ b) $P_0\,(0\,|\,-2)$, $\bar{P}_0\,(2\,|\,-2)$

12. Zeige: Zu jedem Dreieck gibt es 3 Schrägspiegelungen, welche das Dreieck jeweils auf sich abbilden. Gib die Achsen und die Affinitätsrichtungen der Spiegelungen an.

13. Löse Aufgabe 1b, 2b und 3b rechnerisch. Zur Gewinnung der Konstanten r und k für die Abbildungsgleichungen verschiebe zuerst $P_0\bar{P}_0$ parallel zur x-Achse so, daß P_0 auf die y-Achse zu liegen kommt. Warum ist dieses Verfahren zulässig?

14. Zeichne zu Fig. 97.1 die entsprechende Figur für $k < 0$. Bestätige damit die Gl. (1a).

▸ **15.** Wähle in Fig. 97.2 auf der x-Achse (Scherungsachse) einen von O verschiedenen Punkt $O^\star$ und $O^\star P_0$ als v-Achse. Zeige, daß die Abbildungsgleichungen der Scherung, die P_0 in $\bar{P}_0$ überführt, auch im x, v-System die Form (2a) haben. Bestätige so den Satz 2b).

16. a) Zeichne und berechne das Bild der Gitterlinien $x = a$ mit $a \in \{0, \pm 1, \pm 2, \pm 3, \ldots\}$ und $y = b$ mit $b \in \{0, \pm 1, \pm 2, \pm 3, \ldots\}$ bei der affinen Abbildung $\bar{x} = x$, $\bar{y} = \frac{1}{2}y$.
b) Zeichne eine beliebige, auch krummlinige Figur als Original und dann nach Augenmaß unter Benützung der Gitternetze ihr Bild. (Vgl. die Pflanze in Fig. 89.1.)
c) Nimm als Originalfigur die Graphen von $y = x^2$, $y = \frac{1}{x}$, $x^2 + y^2 = 25$. Stelle zunächst eine Wertetafel auf.

17. a) Bei einer axialen Affinität mit der x-Achse als Affinitätsachse sei $\bar{S}\,(2\,|\,-3)$ Bild des Schwerpunkts des Dreiecks $A\,(0\,|\,4)$ $B\,(4\,|\,2)$ $C\,(8\,|\,6)$. Konstruiere und berechne die Bilder der Eckpunkte des Dreiecks. Beachte Aufgabe 13.
b) Löse Aufgabe a) auch für $\bar{S}\,(0\,|\,4)$ bzw. $\bar{S}\,(4\,|\,3)$.

Konjugierte Richtungen

Jedes Parallelogramm $ABCD$ wird durch Schrägspiegelung mit der einen Diagonale d_1 als Achse und der Richtung der anderen Diagonale d_2 als Affinitätsrichtung auf sich selbst abgebildet. Gleiches gilt, wenn man die Rollen von d_1 und d_2 vertauscht. Dieselbe Eigenschaft hat auch das Paar der Mittelparallelen m_1 und m_2 eines Parallelogramms. Daß es nicht zu jeder Figur ein derartiges Geradenpaar gibt, zeigen z.B. Dreiecke und Trapeze.

D 5 Ist F eine punktsymmetrische Figur mit Zentrum M, so heißt jede Gerade durch M eine **Zentrale** von F. Zwei Durchmesser g_1 und g_2 heißen **konjugiert** bzgl. F, wenn die Schrägspiegelung an g_1 in Richtung von g_2 die Figur F auf sich abbildet. (Die Spiegelung an g_2 in Richtung g_1 bildet dann ebenfalls F auf sich ab. Wieso?) Auch die *Richtungen* g_1 und g_2 heißen *konjugiert* bzgl. F, ebenso die beiden Schrägspiegelungen.

Da beim Parallelogramm sowohl die Diagonalen als auch die Mittelparallelen durch den Mittelpunkt gehen, heißen sie auch Durchmesser. Man kann sagen:

S 3 Jedes Parallelogramm besitzt genau zwei Paare konjugierter Durchmesser, nämlich seine beiden Diagonalen und die zwei Mittelparallelen.

Zeichengeräte und einige Grundkonstruktionen der Affingeometrie

Die Grundkonstruktionen 1 bis 4 lassen sich auf zwei Konstruktionen zurückführen.

I. Zeichne die Gerade durch zwei vorgegebene Punkte.

II. Zeichne die Parallele zu einer Gerade durch einen Punkt.

Man braucht dabei nur ein Gerät zum Zeichnen von Parallelen (und damit auch zum Zeichnen beliebiger Geraden). Jede mit ihm ausgeführte Konstruktion liefert Figuren (einschließlich aller Hilfslinien) mit affininvarianten Eigenschaften. Etwa entstehende rechte Winkel, Rauten, gleichseitige Dreiecke sind rein zufällig; sie lassen sich durch diese Konstruktionsmittel nicht erzwingen. Für Skizzen erfüllt schon ein Geodreieck diese Aufgabe, für genauere Konstruktionen eignet sich z. B. ein auf Rollen verschiebbares Lineal (ohne Maßstab!), das als sogenannter Parallelenzeichner im Handel ist. Die Parallelogrammgelenke der Zeichenmaschinen für Techniker und Architekten haben die gleiche Wirkung.

Aus § 20, Satz 6, folgt, daß weder ein starrer Maßstab, noch der Zirkel zur Übertragung von Strecken verschiedener Richtung, noch der Winkelmesser zur Winkelübertragung Zeichengeräte darstellen, welche den Eigenschaften der Affinitäten angepaßt sind; sie liefern im allgemeinen Figuren mit nicht affininvarianten Eigenschaften.

Da nach § 20, Satz 6, und wegen § 20, Aufgabe 1c, in der affinen Geometrie nur der Längenvergleich von parallelen Strecken sinnvoll ist (einschließlich Strecken auf derselben Gerade), kann auch Übertragung von Strecken gleicher Richtung mit dem Parallelenzeichner erfolgen; vgl. Fig. 100.1. Gleiches gilt für die Konstruktion von Teilpunkten; vgl. Fig. 100.2.

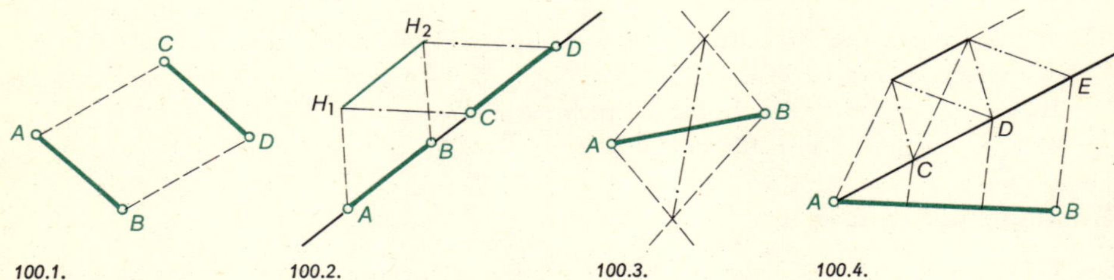

100.1. 100.2. 100.3. 100.4.

Grundaufgaben zum Zeichnen mit dem Parallelenzeichner (ohne Zirkel und Maßstab)

1. Gegeben: Pfeil $\overrightarrow{AB}$ und a) $C \notin$ Gerade AB (Fig. 100.1), b) $C \in$ Gerade AB (Fig. 100.2). Zeichne $\overrightarrow{CD} = \overrightarrow{AB}$.

2. Gegeben: Strecke AB.
a) Halbiere AB (Fig. 100.3), b) Teile AB im Verhältnis $1:2$ (Fig. 100.4).

Aufgaben (Benutze nur einen Parallelenzeichner)

18. a) Zeichne das Mittendreieck eines gegebenen Dreiecks ABC.
b) Zeichne durch A, B, C je die Parallele zur Gegenseite. Welche Gesamtfigur entsteht?

19. Teile eine gegebene Strecke AB im Verhältnis a) $5:3$, b) $1:1{,}25$.

20. Zeichne zu einem gegebenen Pfeil $\mathfrak{v}$ den Pfeil a) $0{,}8\,\mathfrak{v}$, b) $1{,}75\,\mathfrak{v}$.

22 Affinitäten mit gemeinsamer Achse

In § 21 haben wir gesehen: Jede *axiale Affinität* mit der *x-Achse als Affinitätsachse* kann (bei beliebiger Wahl der y-Achse!) dargestellt werden durch die Abbildungsgleichungen (S. 97):

$$\bar{x} = x + r y, \quad \bar{y} = k y \quad (k \neq 0) \tag{2a}$$

Wegen $k \neq 0$ kann man nach x und y auflösen und erhält dann die Gleichungen für die *inverse Abbildung:*

$$x = \bar{x} - \frac{r}{k}\bar{y}, \quad y = \frac{1}{k}\bar{y} \tag{2b}$$

S 1 Man kann sagen: Die Punkte $P(x \mid y)$ und $\bar{P}(\bar{x} \mid \bar{y})$ sind einander mittels (2a) und (2b) umkehrbar eindeutig („eineindeutig") durch eine axiale Affinität zugeordnet, deren Affinitätsachse die x-Achse ist.

Bemerkung: Ist in (2a) $k = 0$, so wird $P(x \mid y)$ abgebildet auf $\bar{P}(\bar{x} \mid 0)$, d.h. alle Punkte der x, y-Ebene haben als Bilder die Punkte der x-Achse. Man sagt: die Abbildung $P \to \bar{P}$ ist „entartet". Die inverse Abbildung ist dann nicht eindeutig (wieso?).

Darstellung mit Hilfe von Vektoren

1. Sind $P_1(x_1 \mid y_1)$, $P_2(x_2 \mid y_2)$ zwei verschiedene Punkte und $\bar{P}_1(\bar{x}_1 \mid \bar{y}_1)$, $\bar{P}_2(\bar{x}_2 \mid \bar{y}_2)$ ihre Bilder bei der durch (2a) definierten Abbildung der Ebene auf sich, so gilt:

$$\overrightarrow{P_1\bar{P}_1} = \begin{pmatrix} \bar{x}_1 - x_1 \\ \bar{y}_1 - y_1 \end{pmatrix} = \begin{pmatrix} r y_1 \\ (k-1) y_1 \end{pmatrix} = y_1 \begin{pmatrix} r \\ k-1 \end{pmatrix}, \qquad \overrightarrow{P_2\bar{P}_2} = y_2 \begin{pmatrix} r \\ k-1 \end{pmatrix}$$

Dies sind parallele (kollineare) Vektoren. Dadurch wird bestätigt: Einander zugeordnete Punktepaare liegen auf Parallelen; jede Gerade $P\bar{P}$ mit $P \neq \bar{P}$ wird als Ganzes auf sich abgebildet, sie ist *Fixgerade* (vgl. § 20, S 1).

Ist $y_1 = 0$, so ist $\overrightarrow{P_1\bar{P}_1} = \mathfrak{o}$; alle Punkte der x-Achse sind Fixpunkte; die x-Achse ist in diesem Fall *Fixpunktgerade.*

2. Für $\overrightarrow{P_1P_2} = \begin{pmatrix} u \\ v \end{pmatrix} = \begin{pmatrix} x_2 - x_1 \\ y_2 - y_1 \end{pmatrix}$ und $\overrightarrow{\bar{P}_1\bar{P}_2} = \begin{pmatrix} \bar{u} \\ \bar{v} \end{pmatrix} = \begin{pmatrix} \bar{x}_2 - \bar{x}_1 \\ \bar{y}_2 - \bar{y}_1 \end{pmatrix}$ gilt nach (2b):

$$\begin{pmatrix} \bar{u} \\ \bar{v} \end{pmatrix} = \begin{pmatrix} x_2 - x_1 + r(y_2 - y_1) \\ k(y_2 - y_1) \end{pmatrix} = \begin{pmatrix} u + r v \\ k v \end{pmatrix}, \text{ also } \bar{u} = u + r v, \ \bar{v} = k v \tag{5}$$

S 2 Die durch (2a) definierte eineindeutige Abbildung des *Punktraumes* der x, y-Ebene auf sich erzeugt also eine eineindeutige Abbildung des *linearen Vektorraumes* der x, y-Ebene auf sich. Dem Vektor $\begin{pmatrix} u \\ v \end{pmatrix}$ ist zugeordnet der Vektor $\begin{pmatrix} u + r v \\ k v \end{pmatrix}$ mit $k \neq 0$.

3. Ist $\overrightarrow{PQ} = \begin{pmatrix} u_1 \\ v_1 \end{pmatrix}$, $\overrightarrow{RS} = \begin{pmatrix} u_2 \\ v_2 \end{pmatrix}$ und $\overrightarrow{RS} = a \cdot \overrightarrow{PQ}$, also $u_2 = a \cdot u_1$, $v_2 = a \cdot v_1$, $(a \in \mathbb{R})$, so ist nach (5): $\overrightarrow{\bar{P}\bar{Q}} = \begin{pmatrix} \bar{u}_1 \\ \bar{v}_1 \end{pmatrix} = \begin{pmatrix} u_1 + r v_1 \\ k v_1 \end{pmatrix}$, $\overrightarrow{\bar{R}\bar{S}} = \begin{pmatrix} \bar{u}_2 \\ \bar{v}_2 \end{pmatrix} = \begin{pmatrix} u_2 + r v_2 \\ k v_2 \end{pmatrix} = a \begin{pmatrix} u_1 + r v_1 \\ k v_1 \end{pmatrix} = a \cdot \overrightarrow{\bar{P}\bar{Q}}$.

Wir sehen wieder: Parallele Strecken werden im selben Verhältnis abgebildet, insbesondere haben gleiche Pfeile auch gleiche Bildpfeile (vgl. § 20, S 5).

Aufgaben

1. a) Wende die Abbildung m. d. Gl. $\bar{x} = x + \frac{2}{3}y$, $\bar{y} = \frac{1}{6}y$ auf die Gerade m. d. Gl. $Ax + By + C = 0$ an und bestätige die Geradentreue. Untersuche Sonderfälle.
b) Welche Geraden werden als Ganzes (nicht Punkt für Punkt) auf sich abgebildet, sind also Fixgeraden? Nenne auch die Fixpunktgerade.

2. Löse Aufgabe 1 für a) $\bar{x} = x - 1{,}8\,y$, $\bar{y} = y$, b) $\bar{x} = x + y$, $\bar{y} = -y$.

3. a) Welche Vektorabbildung (S 2) wird durch $\bar{x} = x + \frac{3}{5}y$, $\bar{y} = \frac{2}{7}y$ erzeugt?
b) Berechne das Bild von $\mathfrak{a} = (2{,}1;\ -0{,}9)$, $\mathfrak{b} = (-3{,}7;\ 0)$, $\mathfrak{c} = (-3d;\ 5b)$.
c) Bestimme das Bild der Gerade 1) $\mathfrak{x} = \begin{pmatrix} 6 \\ 1 \end{pmatrix} + t\begin{pmatrix} 2 \\ 1{,}5 \end{pmatrix}$, 2) $\mathfrak{x} = \begin{pmatrix} a \\ b \end{pmatrix} + t\begin{pmatrix} c \\ d \end{pmatrix}$.

4. Löse Aufg. 3 für a) $\bar{x} = x + 4y$, $\bar{y} = y$, b) $\bar{x} = x$, $\bar{y} = -1{,}4\,y$, c) $\bar{x} = x$, $\bar{y} = -y$

5. Zeige für die Vektorabbildung in S 2 die Invarianz der Gesetze
a) $\mathfrak{a} + \mathfrak{b} = \mathfrak{b} + \mathfrak{a}$ b) $(\mathfrak{a} + \mathfrak{b}) + \mathfrak{c} = \mathfrak{a} + (\mathfrak{b} + \mathfrak{c})$
c) $(p + q)\,\mathfrak{a} = p\,\mathfrak{a} + q\,\mathfrak{a}$ d) $p\,(\mathfrak{a} + \mathfrak{b}) = p\,\mathfrak{a} + p\,\mathfrak{b}$.

Anl.: Setze $\mathfrak{a} = (a_x;\ a_y)$. $\mathfrak{b} = (b_x;\ b_y)$.

Verkettung axialer Affinitäten mit gleicher Achse

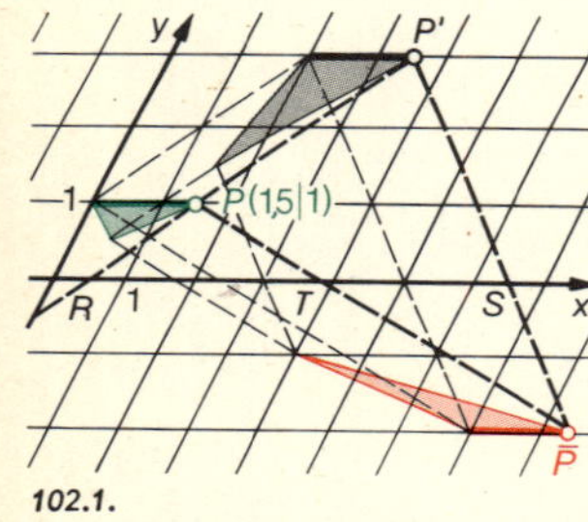

102.1.

1. Bisher haben wir jeweils nur *eine* axiale Affinität betrachtet und ihre Wirkung bei der Abbildung von Figuren untersucht. Nun sollen mehrere Affinitäten hintereinander ausgeführt werden; *„die Affinitäten werden miteinander verkettet"*. Die einzelnen Abbildungen bezeichnen wir kurz mit griechischen Buchstaben.

Beispiel: Die Affinität α mit $x' = x + 2y$, $y' = 3y$ führe P über in P', β mit $\bar{x} = x' + \frac{5}{3}y'$, $\bar{y} = -\frac{2}{3}y'$ bilde P' auf $\bar{P}$ ab (Fig. 102.1). $P\,(1{,}5 \mid 1)$ gibt $P'(3{,}5 \mid 3)$, $\bar{P}(8{,}5 \mid -2)$.
Allgemein: $P\,(x \mid y) \to P'(x + 2y \mid 3y) \to \bar{P}(x + 7y \mid -2y)$,
Die Abbildung $P \to \bar{P}$ ist bestimmt durch $\bar{x} = x + 7y$, $\bar{y} = -2y$; sie ist also wieder eine axiale Affinität mit der x-Achse als Achse (s. S 2).

D 1 *Statt* $P \to P'$ *schreiben wir auch* $\boldsymbol{\alpha(P) = P'}$ („α von P gleich P'" oder: „durch α wird P auf P' abgebildet"). Mit $\beta(P') = \bar{P}$ schreibt man die Abbildung $P \to \bar{P}$ als $\beta(\alpha(P)) = \bar{P}$ oder $\beta \circ \alpha(P) = \bar{P}$. Man spricht von dem **„Produkt"** $\boldsymbol{\beta \circ \alpha}$ der Abbildungen α und β und sagt statt „verketten" auch „multiplizieren"[1]. $\beta \circ \alpha$ liest man: „β verkettet mit α", kurz: „β mal α". Beachte: *Bei* $\beta \circ \alpha$ *wird zuerst die Abbildung* α, *dann die Abbildung* β *ausgeführt.*

S 3 **Das Produkt zweier** (nicht entarteter) **axialer Affinitäten (1) mit gemeinsamer Achse s ist wieder eine axiale Affinität mit s als Achse.** Satz 3 lautet in anderer Form:
Die Menge $\mathbb{A}_s$ *der nicht entarteten axialen Affinitäten mit gleicher Achse s ist abgeschlossen.*

Beweis: Für $\alpha \begin{cases} x' = x + r_1 y \\ y' = k_1 y,\ k_1 \neq 0 \end{cases}$ und $\beta \begin{cases} \bar{x} = x' + r_2 y' \\ \bar{y} = k_2 y',\ k_2 \neq 0 \end{cases}$ $\alpha, \beta \in \mathbb{A}_s$, erhält man

$$\beta \circ \alpha \begin{cases} \bar{x} = x + r_1 y + r_2 k_1 y \\ \bar{y} = k_2 k_1 y \end{cases} \quad \text{bzw.} \quad \beta \circ \alpha \begin{cases} \bar{x} = x + (r_1 + r_2 k_1)\,y \\ \bar{y} = k_2 k_1 y \end{cases} \qquad (4)$$

Nach Gleichung (2a) ist $(\beta \circ \alpha) \in \mathbb{A}_s$.

1. Die Begriffe „Produkt" und „multiplizieren" werden hier in verallgemeinertem Sinn gebraucht.

S 4 Sind α, β, γ drei axiale Affinitäten mit gemeinsamer Achse und verkettet man γ mit $\beta \circ \alpha$, so gilt das *Assoziativgesetz*: $\gamma \circ (\beta \circ \alpha) = (\gamma \circ \beta) \circ \alpha$

Beweis: Ist $\alpha(P) = P', \beta(P') = P''$ und $\gamma(P'') = P'''$, so kann man schreiben:

$\beta \circ \alpha(P) \quad = P''$	$\gamma \circ \beta(P') \quad = P'''$
$\gamma \circ (\beta \circ \alpha)(P) = \gamma(P'') = P'''$	also $(\gamma \circ \beta) \circ \alpha(P) = \gamma \circ \beta(P') = P'''$

2. Da nach S 1 die Menge $\mathbb{A}_s$ auch die identische Abbildung ε ($\bar{x} = x,\ \bar{y} = y$) enthält, gibt es in $\mathbb{A}_s$ ein sogenanntes *neutrales Element* ε der Produktbildung.

3. Zu jedem $\alpha \in \mathbb{A}_s$ gibt es genau ein $\beta \in \mathbb{A}_s$ mit $\beta \circ \alpha = \varepsilon$. Nach (4) ist $\beta \circ \alpha = \varepsilon$ genau dann, wenn $r_1 + r_2 k_1 = 0$ und $k_1 k_2 = 1$ ist ($k_1 \neq 0$ und $k_2 \neq 0$, da α und β nicht entartet sind). Der Vergleich mit (2b) zeigt, daß β die zu α *inverse Abbildung* ist. Man drückt dies durch die Schreibweise $\beta = \alpha^{-1}$ aus. Es ist dann $\alpha^{-1} \circ \alpha = \alpha \circ \alpha^{-1} = \varepsilon$.

4. Aus Nr. 1 bis 3 ergibt sich der Satz (vgl. Alg. 1, § 26):

S 5 *Die Menge $\mathbb{A}_s$ aller* (nicht entarteten) *axialen Affinitäten* (1) *mit gemeinsamer Affinitätsachse s bildet eine* **Gruppe** *hinsichtlich der Abbildungsverkettung.*

Aufgaben

6. Berechne und konstruiere wie im Beispiel P' und $\bar{P}$ für $P_1(0|4)$, $P_2(6|4)$, $P_3(-2|0)$, $P_4(-5|-4)$. Gib jeweils die Abbildungsgleichungen für $\beta \circ \alpha$, sowie den Dehnungs- bzw. Scherungsfaktor an. Bilde auch $\alpha \circ \beta$ und zeige, daß die *Produktbildung* nach D 1 *nicht durchweg kommutativ* ist.

a) $\alpha \begin{cases} x' = x + y \\ y' = y \end{cases}$ $\quad \beta \begin{cases} \bar{x} = x' \\ \bar{y} = 2y' \end{cases}$ $\qquad$ b) $\alpha \begin{cases} x' = x + 2y \\ y' = -y \end{cases}$ $\quad \beta \begin{cases} \bar{x} = x' + 0{,}6\, y' \\ \bar{y} = -y' \end{cases}$

c) $\alpha \begin{cases} x' = x + 2y \\ y' = y \end{cases}$ $\quad \beta \begin{cases} \bar{x} = x' + 0{,}5\, y' \\ \bar{y} = y' \end{cases}$ $\quad$ Welche besonderen Affinitäten stellen α, β und $\beta \circ \alpha$ in c) dar?

7. a) Berechne die Gleichungen von α^{-1} für $\alpha(\bar{x} = x + 3y;\ \bar{y} = 0{,}5\, y)$.
Ermittle $\alpha(P) = \bar{P}$ und $\alpha^{-1}(P) = P'$ für $P(0|1)$. Gib die Pfeile $\overrightarrow{P\bar{P}}$ und $\overrightarrow{PP'}$ an.
b) Bestimme mittels Koordinatenrechnung die Fixgeraden von α und α^{-1}.
c) Gib für einen beliebigen Punkt $P(a|b)$ die Pfeile $\overrightarrow{P\bar{P}}$ und $\overrightarrow{PP'}$ an.
d) Löse c) für $\bar{x} = x + ry$, $\bar{y} = ky$ mit $k \neq 0$.

8. Zeige mit Hilfe von (4), daß folgende Teilmengen von $\mathbb{A}_s$ je für sich Gruppen sind, sogenannte Untergruppen von $\mathbb{A}_s$: a) die flächentreuen Affinitäten, d.h. die Affinitäten mit dem Flächenmaßstab $+1$ (es sind die Scherungen aus $\mathbb{A}_s$),
b) die Affinitäten mit dem Flächenmaßstab $+1$ oder -1,
c) die gleichsinnigen Affinitäten, d) die Affinitäten mit gleicher Affinitätsrichtung.

9. a) Die Menge der gegensinnigen axialen Affinitäten mit gemeinsamer Affinitätsachse s ist keine Gruppe. Begründung?
b) Zeige rechnerisch mit (4) und durch Zeichnung: Die Menge aller Schrägspiegelungen bzgl. derselben Achse bildet keine Gruppe. Wie folgt dies aus a)? Vgl. Aufg. 8b).

23 Orthogonale Affinität. Euleraffinität

Abbildungsgleichungen der orthogonalen Affinität

Bei den affinen Dehnungen kann jede Richtung als Affinitätsrichtung gewählt werden, ausgenommen die Richtung der Achse selbst. Die Richtung senkrecht zur Achse wurde bisher kaum ausgezeichnet, da der rechte Winkel nicht affininvariant ist. Für unsere Anschauung ist er jedoch etwas Besonderes; für sie liegt daher die gewöhnliche Achsenspiegelung näher als die Schrägspiegelung. Wir betrachten nun den Sonderfall genauer, bei dem die Affinitätsrichtung orthogonal zur Achsenrichtung ist. Auch bei affinen Bildern gekrümmter Linien, die wir bisher nicht untersuchten, beschränken wir uns zunächst auf diesen Fall. Das quadratisch karierte Papier der Schulhefte leistet dabei gute Dienste. Man sagt (vgl. S. 98):

D 1 Eine Dehnung senkrecht zur Affinitätsachse heißt **orthogonale Affinität.**

S 1 Nach Aufg. 8d von § 22 gilt: *Die Menge aller orthogonalen Affinitäten mit gemeinsamer Affinitätsachse ist eine kommutative Gruppe.*

Zur algebraischen Darstellung wählt man zweckmäßig ein Orthonormalsystem mit der Affinitätsachse als x-Achse und einer der dazu orthogonalen Fixgeraden als y-Achse. Nach § 21, (3) (und auch aus Fig. 104.1) ergibt sich:

S 2 Die **orthogonale Affinität** $P(x \mid y) \to \bar{P}(\bar{x} \mid \bar{y})$ mit dem Dehnungsfaktor $k \neq 0$ hat die Abbildungsgleichungen $\boldsymbol{\bar{x} = x,\ \bar{y} = k\,y}$ und die inversen Gleichungen $\boldsymbol{x = \bar{x},\ y = \frac{1}{k}\bar{y}}$. (I)

Sonderfall: $k = -1$ definiert die **Spiegelung an der x-Achse** $\boldsymbol{\bar{x} = x,\ \bar{y} = -y}$. (Ia)

Für die zur y-Achse orthogonale Affinität mit Dehnungsmaßstab $m \neq 0$ lauten die Abbildungsgleichungen $\bar{x} = m\,x,\ \bar{y} = y$ und die inversen $x = m^{-1} \cdot \bar{x},\ y = \bar{y}$ (II)
$\big(P(x \mid y) \to \bar{P}(\bar{x} \mid \bar{y})$ in Fig. 104.1$\big)$

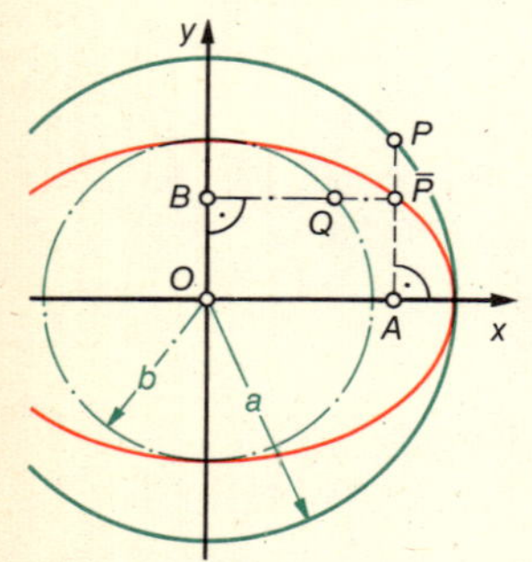

104.1.

Die Ellipse als orthogonalaffines Kreisbild

Als erste gekrümmte Linie bilden wir den Kreis affin ab. Wendet man (I) auf den Kreis m. d. Gl. $x^2 + y^2 = a^2$ an, so ergibt sich $\bar{x}^2 + \frac{1}{k^2}\bar{y}^2 = a^2$ bzw. $\frac{\bar{x}^2}{a^2} + \frac{\bar{y}^2}{k^2 a^2} = 1$; vgl. § 8, Aufg. 16. Das Bild ist die Ellipse mit der Gleichung $\frac{x^2}{a^2} + \frac{y^2}{b^2} = 1$ (III). Ihre Halbachsen sind a und $b = |k| \cdot a$.

Beachte: Nachdem die Relation für die Bildmenge mittels (I) gewonnen ist, kann man zur Vereinfachung bei $\bar{x}$ und $\bar{y}$ die Querstriche weglassen, vgl. (III). Der Kreis mit der Gleichung $x^2 + y^2 = b^2$ wird durch die orthogonale Affinität (II) ebenfalls auf eine Ellipse abgebildet. Diese hat die Gleichung $\frac{\bar{x}^2}{a^2} + \frac{\bar{y}^2}{b^2} = 1$ mit $a = |m| \cdot b$ und ist identisch mit der Ellipse (III), wenn $|m| = \frac{a}{b} = \frac{1}{|k|}$ mit k aus (I) gewählt wird. In Fig. 104.1 ist $\overline{\bar{P}B} : \overline{QB} = |m| = a : b$.

Für $a > b$ (Fig. 104.1) ist die x-Achse *Hauptachse* der Ellipse (III), der Kreis um O mit Radius a bzw. b ist ihr *Haupt-* bzw. *Nebenkreis* (vgl. § 9, Aufg. 7). Die Affinität (I) ist hier eine Pressung, die Affinität (II) eine Dehnung. Für $a < b$ sind die Begriffe Haupt- und Nebenachse, Haupt- und Nebenkreis, Pressung und Dehnung zu vertauschen. Zusammenfassend gilt:

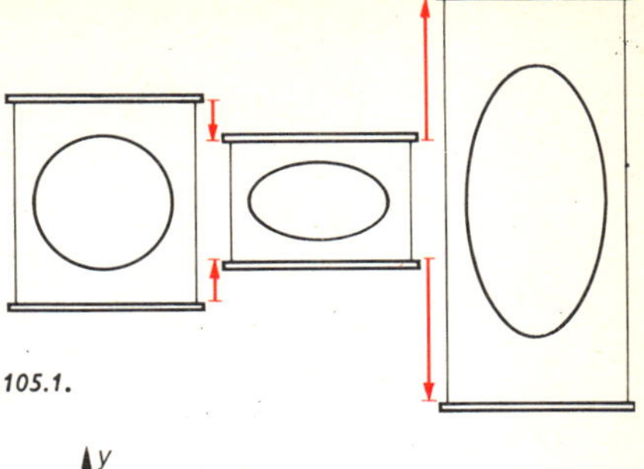

105.1.

S 3 *Die Ellipse m. d. Gl. (III) ist das orthogonal affine Bild sowohl ihres Hauptkreises (mit der Hauptsache als Affinitätsachse) als auch ihres Nebenkreises (mit der Nebenachse als Affinitätsachse).*

Man kann also einen Kreis, der auf ein gespanntes Gummituch gezeichnet ist (Fig. 105.1) durch Schrumpfenlassen oder durch Dehnen in eine Ellipse überführen.

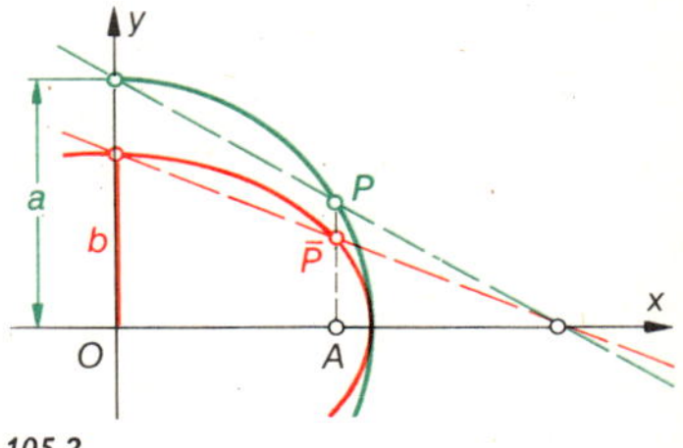

105.2.

Bemerkung 1: In die Ellipsengleichung (III) geht nicht der Dehnungsfaktor k bzw. m selbst ein, sondern sein Quadrat. Also ergeben die Dehnungen (I) bzw. (II) mit $k_1 = -k$ bzw. $k_2 = -m$ (bei $k, m > 0$ sind dies gegensinnige Affinitäten) die gleiche Bildkurve. Daraus folgt erneut die Symmetrie der Ellipse zur Haupt- und Nebenachse und damit auch zu deren Schnittpunkt O, dem Ellipsenmittelpunkt (warum?).

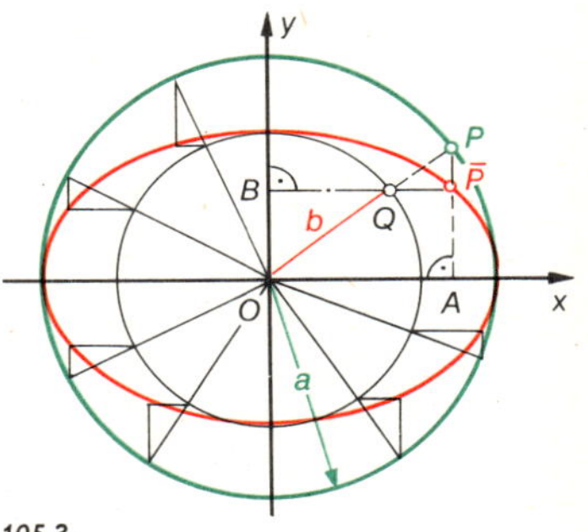

105.3.

Da die zu einer Achse orthogonalen Affinitäten nach S 1 eine Gruppe bilden, die Verkettung zweier Dehnungen also durch eine einzige Dehnung ersetzbar ist, gilt mit S 3 der allgemeinere Satz:

S 4 *Das zur Haupt- oder Nebenachse orthogonal affine Bild einer Ellipse ist wieder eine Ellipse mit demselben Mittelpunkt und denselben Symmetrieachsen.*

Konstruktion von Ellipsenpunkten mittels orthogonaler Affinität

Aufgabe: Konstruiere Punkte der Ellipse mit den Halbachsen a und b, wenn $a > b$ ist.

Lösung 1: Wende Grundkonstruktion 2 von S. 96 mit Kreispunkt $(0 \mid a)$ und Ellipsenscheitel $(0 \mid b)$ als zugeordnetem Punkt auf den Hauptkreis an (105.2). Nachteil des Verfahrens?

Lösung 2: In Fig. 104.1 ist $\overline{OP} = a$, $\overline{OQ} = b$ und $\overline{A\bar{P}} : \overline{AP} = \overline{OQ} : \overline{OP} = b : a$. Da $Q\bar{P} \parallel OA$ ist, liegt Q auf der Gerade OP. Zeichne nach Fig. 105.3 Haupt- und Nebenkreis der Ellipse. Eine beliebige Gerade durch O schneide die Kreise in P bzw. Q. Die Senkrechte zur Hauptachse durch P und die Senkrechte zur Nebenachse durch Q schneiden sich in $\bar{P}$.

Bemerkung 2: Diese Konstruktion heißt die *Hauptkreiskonstruktion* der Ellipse.

Bemerkung 3: Während bei Lösung 1 (Fig. 105.2) die Ellipsenpunkte als orthogonal affine Bilder der Hauptkreispunkte erscheinen, können sie bei Lösung 2 (Fig. 105.3) als Bilder sowohl der Hauptkreispunkte als auch der Nebenkreispunkte angesehen werden (wieso?).

Aufgaben

1. a) Begründe die in Bemerkung 1 angedeuteten Symmetrieeigenschaften im einzelnen. b) Wie folgt aus der axialen Affinität, daß jede Ellipse einen Mittelpunkt hat?

2. a) Leite die Gleichungen (II) der Spiegelung σ_y an der y-Achse her. Bestimme d. Gl. des Produktes $\sigma_y \circ \sigma_x = \sigma_o$ (σ_x Spiegelung an der x-Achse). Deute σ_o geometrisch. b) Ist ε die *identische Abbildung* der Ebene auf sich, so bildet die Menge $\{\varepsilon, \sigma_x, \sigma_y, \sigma_o\} = \mathfrak{W}_4$ eine kommutative Gruppe (*Kleinsche Vierergruppe*[1]). Zeige dies durch eine „Multiplikationstafel". Wie folgt $\sigma_x \circ \sigma_y \circ \sigma_o = \varepsilon$? Warum sind keine Klammern nötig? Beachte: Im Gegensatz zu den Gruppen in § 22 hat die $\mathfrak{W}_4$ nur endlich viele Elemente.

3. a) Bestimme die Gleichung des Bildes K' von Kreis K m. d. Gl. $x^2 + y^2 = 25$ bzgl. (I) mit $k_1 = \frac{4}{5}$, dann des Bildes $\bar{K}$ von K' bzgl. (I) mit $k_2 = \frac{3}{4}$. Gib das Produkt beider Abbildungen an! b) Löse Aufg. a), wenn K ein Kreis um O mit Radius a ist. c) Welche Bildkurve hat der Kreis $x^2 + y^2 = 25$, wenn Abbildung (I) mit $k = \frac{4}{5}$ und dann (II) mit $m = \frac{3}{4}$ ausgeführt wird? Zeichne! Welche in § 20 genannten Eigenschaften der axialen Affinitäten besitzt die Produktabbildung nicht? Beachte auch S. 95.

4. Konstruiere für die Ellipse § 9, Aufg. 3, mehrere Punkte nach Lösung 2.

5. Was für Ellipsen werden durch die Gleichungen dargestellt? a) $16x^2 + 9y^2 = 144$, b) $25x^2 + 4y^2 = 100$. Was ändert sich an den Konstruktionsverfahren 1 und 2?

6. Konstruiere die Ellipsenpunkte P, Q und berechne ihre Koordinaten.
a) $9x^2 + 25y^2 = 225$, $P(3 \mid ?)$, $Q(? \mid 1{,}5)$ b) $49x^2 + 16y^2 = 784$, $P(2 \mid ?)$, $Q(? \mid 3)$.

7. Konstruiere nach Fig. 105.3 den Nebenkreis einer Ellipse, von der ein Punkt P, der Hauptkreis und die Richtung der Hauptachse gegeben sind. Zahlenbeispiele § 9, Aufg. 4.

8. Die affinen Bilder der inneren (äußeren) Punkte eines Kreises heißen innere (äußere) Ellipsenpunkte. Zeige: Für die inneren Punkte der Ellipse $b^2x^2 + a^2y^2 = a^2b^2$ gilt die Ungleichung $b^2x^2 + a^2y^2 < a^2b^2$. Welche Relation gilt für die äußeren?

9. Die Ellipse mit den Halbachsen a und b begrenzt ein Flächenstück mit Inhalt $A = \pi a b$.

10. Wieso erhält man aus $x = a \cdot \cos\varphi$, $y = a \cdot \sin\varphi$ (vgl. I (15), S. 30) eine *Parameterdarstellung der Ellipse* $\bar{x} = a \cdot \cos\varphi$; $\bar{y} = b \cdot \sin\varphi$? ($\varphi$ ist nicht $\sphericalangle AO\bar{P}$ in Fig. 105.3!)

Das orthogonal affine Bild der rechtwinkligen Hyperbel

11. a) Zeige wie bei S 3: Das orthogonal affine Bild der rechtwinkligen Hyperbel m. d. Gl. $x^2 - y^2 = 1$ bzgl. einer ihrer Symmetrieachsen ist die Hyperbel m. d. Gl. $\frac{x^2}{a^2} - \frac{y^2}{b^2} = 1$. b) Verfahre wie in a) mit $b^2x^2 - a^2y^2 = \pm a^2b^2$ und beweise so: Das orthogonal affine Bild einer Hyperbel bzgl. einer ihrer Achsen ist stets eine Hyperbel mit denselben Symmetrieachsen. Zeichnung für 1) $a = b = 4$; $k = 0{,}5$, 2) $a = 4$, $b = 2$; $k = 3$.

12. Zeige: Das orthogonal affine Bild der Hyperbel $xy = c^2$, $c \neq 0$, bzgl. einer Asymptote als Affinitätsachse ist wieder eine rechtwinklige Hyperbel mit denselben Symmetrieachsen, denselben Asymptoten und demselben Mittelpunkt. Rechnerischer Nachweis! Sind die Bilder der Scheitel auch Scheitel des Bildes? Figur für $c = 2$; $k = 0{,}4$ $(1{,}5)$.

---

[1] Felix Klein (1849—1925), vgl. S. 131.

13. Zeige: Zieht man durch einen beliebigen Punkt a) einer rechtwinkligen Hyperbel, b) einer beliebigen Hyperbel Parallelen zu den Asymptoten, so ist die Fläche A des entstehenden Rechtecks bzw. Parallelogramms konstant. Für die Halbachsen a und b ist $A = \frac{1}{2}\,a\,b$; (Fig. 107.1). Warum gilt auch der Kehrsatz?

107.1.

Euler-Affinität

Beispiel: Es sei α eine zur x-Achse, β eine zur y-Achse orthogonale Affinität, für welche gilt: $\alpha(P) = P'$ mit $x' = x,\ y' = 5\,y$ und $\beta(P') = \bar{P}$ mit $\bar{x} = 2\,x',\ \bar{y} = y'$. Für das Produkt $\gamma = \beta \circ \alpha$ gilt dann $\gamma(P) = \bar{P}$ mit $\bar{x} = 2\,x,\ \bar{y} = 5\,y$ (Fig. 107.2).

Aus den Gleichungen und der Konstruktion ergibt sich: Die y-Achse und die x-Achse sind zwar Fixgeraden von γ, aber nicht Fixpunktgeraden. Der einzige Fixpunkt ist $O\,(0\,|\,0)$. Es gibt keine Fixpunktgerade. Warum genügt allein schon dieses Beispiel zum Beweis des folgenden Satzes?

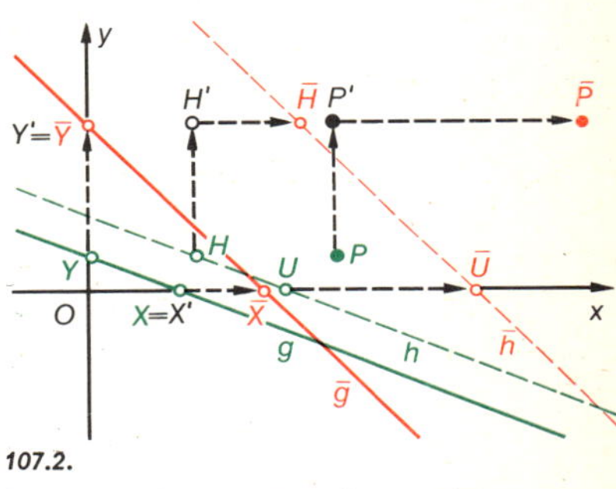

107.2.

S 5 *Die Menge aller axialen Affinitäten mit verschiedenen Achsen ist keine Gruppe.*

D 2 Die Abbildung $P\,(x\,|\,y) \to \bar{P}\,(\bar{x}\,|\,\bar{y})$ der Ebene auf sich mit $\boldsymbol{\bar{x} = k_1\,x,\ \bar{y} = k_2\,y}$ **(6)** mit $k_1\,k_2 \neq 0$ heißt **Euler-Affinität** (auch bei nicht orthogonalen Achsen, Fig. 107.3 bis 5).

Sonderfälle:

a) $k_1 = k_2 = k \neq 0$: zentrische Streckung von O aus mit Streckungsfaktor k (Fig. 107.5);
b) $k_1 = k_2 = -1$: Spiegelung an O; c) $k_1 = k_2 = 1$: identische Abbildung;
d) $k_1 = 1$; $k_2 \in \mathbb{R} - \{0;\,1\}$ bzw. $k_1 \in \mathbb{R} - \{0;\,1\}$; $k_2 = 1$: axiale Affinität, Fig. 107.4.

S 6 Die *Euler-Affinität* besitzt (wie die axiale Affinität) die Eigenschaften: *Umkehrbarkeit, Geradentreue, Parallelentreue* und *Verhältnistreue* (vgl. § 20).

Beweis: Man kann sie stets erzeugen aus einer Dehnung in y-Richtung $x' = x,\ y' = k_2\,y$ und einer Dehnung in x-Richtung $\bar{x} = k_1\,x',\ \bar{y} = y'$; dabei müssen die Dehnungsrichtungen nicht orthogonal sein.

D 3 Die Richtungen von x- und y-Achse heißen **Hauptrichtungen der Euler-Affinität (6).**

In Fig. 107.2 schneiden sich die Verbindungsgeraden der Paare zugeordneter Punkte $(X, \bar{X})$ und $(Y, \bar{Y})$ in O, $(X, \bar{X})$ und $(H, \bar{H})$ bzw. $(Y, \bar{Y})$ und $(H, \bar{H})$ in einem von O verschiedenen Punkt der x- bzw. y-Achse. Während beim Sonderfall der zentrischen Streckung diese Verbindungsgeraden alle durch einen Punkt (das Zentrum) gehen, gilt dies im allgemeinen Fall nicht.

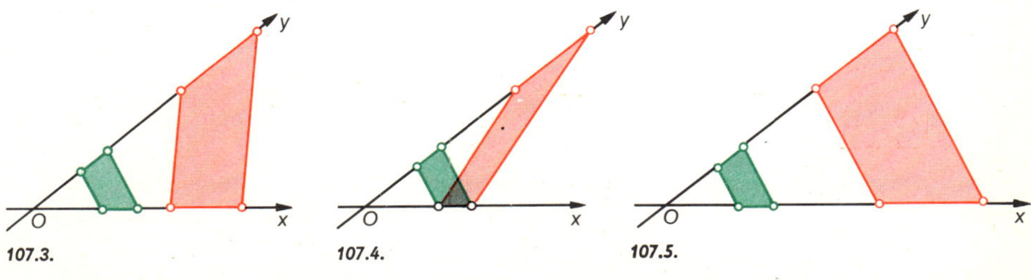

107.3. 107.4. 107.5.

Aufgaben

14. a) Bestimme sowohl konstruktiv als auch rechnerisch für die Euler-Affinität (6) mit $k_1 = 2$, $k_2 = 3$ das Bild der Punkte $A(1 \mid 1)$, $B(-1 \mid 1)$, $C(1 \mid -1)$ und der Geraden $y = \pm x$, $y = -x + 2$, $y = \frac{1}{2}x + 2$. Wähle am einfachsten ein Orthonormalsystem.
b) Zeige: Die Euler-Affinität (6) hat für $k_1 \neq k_2$ nur die x- und y-Achse als Fixgeraden und O als einzigen Fixpunkt. Zeige, daß sie das Geradenbüschel durch O auf sich abbildet. Wie ist es bei $k_1 = k_2$?

15. Konstruiere von der Ellipse mit der Gleichung $9x^2 + 16y^2 = 144$ die Punkte mit ganzzahligen x-Werten und deren Bilder bzgl. (6) mit $k_1 = 2$, $k_2 = \frac{1}{2}$. Zeichne die Ellipse und ihr Bild. Gib ihre Flächeninhalte an.

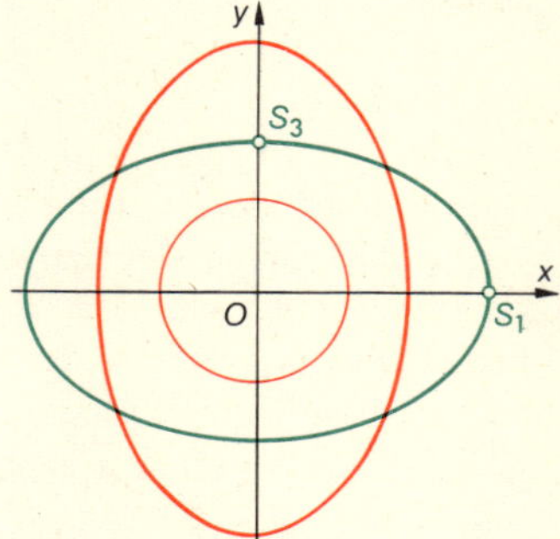

108.1.

16. Zeige durch Rechnung oder auch durch geometrische Überlegung:
a) Die Menge aller Euler-Affinitäten mit gleichem Fixpunkt und gleichen Hauptrichtungen bildet eine kommutative Gruppe.
b) Sind S_1 und S_3 in Fig. 108.1 Einheitspunkte der Achsen, so ist $x^2 + y^2 = 1$ die Ellipsengleichung.
c) Alle Ellipsen mit denselben Symmetrieachsen gehen durch die Abbildung m. d. Gl. (6) aus der Ellipse m. d. Gl. $x^2 + y^2 = 1$ hervor.
Beachte: Vom affinen Standpunkt aus gehören die Kreise zu den Ellipsen.
Aus c) ergibt sich ferner: Die Vierkreisbogen-Figur in Fig. 108.2 kann durch (Euler-)Affinitäten nicht auf eine Ellipse abgebildet werden. Zeige dies!

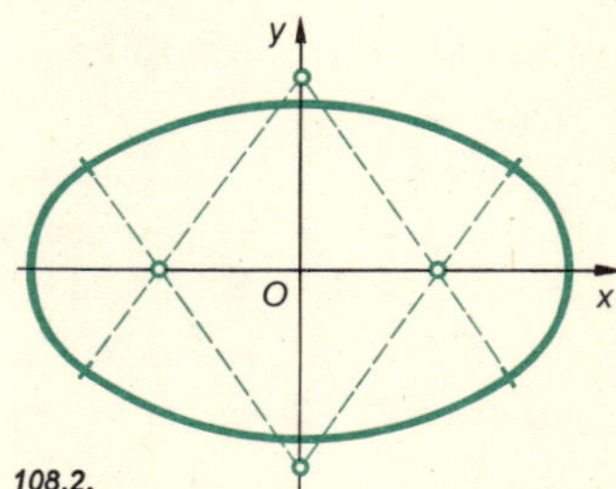

108.2.

17. Bleiben die Aussagen in Aufgaben 16c) richtig, wenn man das Wort „Ellipse“ durch „Hyperbel“ ersetzt, oder ist ein Zusatz erforderlich?

18. Die Spiegelung der Ebene an einem Ebenenpunkt und die identische Abbildung bilden eine Gruppe mit 2 Elementen. Nachweis! Inverse Elemente?

19. a) Vergleiche in Fig. 107.2 den Inhalt des Dreiecks OXY mit dem Inhalt seines Bildes.
S 7 b) Bei einer Euler-Affinität (6) gilt für den Flächeninhalt A eines Flächenstücks und den Inhalt $\bar{A}$ seines Bildes $\bar{A} = k_1 \cdot k_2 \cdot A$. Beweis! Unterscheide die Fälle $k_1 \cdot k_2 > 0$ und $k_1 \cdot k_2 < 0$. Achte dabei auf den Umlaufsinn bei Dreiecken.
c) Was gilt nach b) für die Inhalte der Original- und der Bildellipse in Aufgabe 15?
d) Wann sind Euler-Affinitäten „*flächentreu*“?
e) Welcher bekannte Satz über die Flächeninhalte ähnlicher Figuren folgt aus S 7?

▸ **20.** Wählt man wie in Fig. 107.1 die Asymptoten der Hyperbel als Hauptrichtungen der Euler-Affinitäten (6), so bildet jede der flächentreuen Abbildungen von (6) jede Hyperbel mit diesen Asymptoten auf sich selbst ab. Zeige dies.

24 Sekanten und Durchmesser der Ellipse

① Suche die gemeinsamen Punkte der Ellipse m. d. Gl. $9x^2 + 25y^2 = 225$ und der Gerade m. d. Gl. $3x - 5y - 3 = 0$.

Aufgabe: Bestimme die **Schnittpunkte einer Gerade $\bar{g}$ mit einer Ellipse,** welche durch ihre Lage und die Größe ihrer Halbachsen a und b mit $a > b$ gegeben ist.

Rechnerisches Verfahren: Man gewinnt die Koordinaten der Schnittpunkte wie in § 7.

Konstruktives Verfahren (mit Zirkel und Lineal, Fig. 109.1): Wir fassen die (durch ihre Halbachsen gegebene) Ellipse als orthogonal affines Bild ihres Hauptkreises auf und zeichnen diesen. Für dieselbe Affinität zeichnen wir zur gegebenen Gerade $\bar{g}$ die Originalgerade g. Wir verwenden dazu das Paar zugeordneter Geraden $\bar{p}$ und p parallel zur Hauptachse und den Fixpunkt A (Schnittpunkt von $\bar{g}$ und von g mit der Hauptachse). Schneidet g den Hauptkreis in P_1 und P_2, so sind die zugeordneten Punkte $\bar{P}_1$ und $\bar{P}_2$ die gesuchten Schnittpunkte.

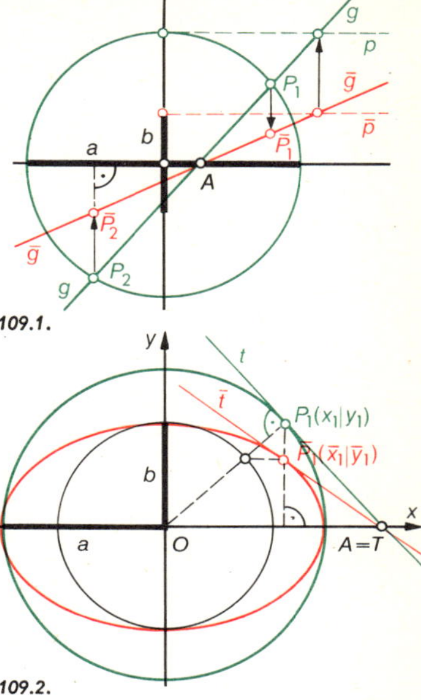

109.1.

109.2.

Beachte: Ersetzt man die Worte Hauptachse und Hauptkreis durch Nebenachse und Nebenkreis, ferner $a:b$ durch $b:a$, so erhält man wieder eine richtige Konstruktion. Die gemeinsamen Punkte von Ellipse und Gerade bilden den *Durchschnitt* der beiden Punktmengen Ellipse und Gerade. Er kann aus *zwei* Punkten oder aus *einem* Punkt bestehen oder *leer* sein.

Sonderfall: Die Ellipsentangente

Konstruktion der Tangente (Fig. 109.1): Dreht man in Fig. 109.1 die Gerade g so, daß die Hauptkreispunkte P_1 und P_2 in P zusammenfallen, so wird g Hauptkreistangente t in P und die zugeordnete Gerade $\bar{t}$ Tangente an die Ellipse mit dem Berührpunkt $\bar{P}$.

Beachte: Die Konstruktion in Fig. 109.2 ist identisch mit dem Verfahren in Fig. 53.1.

Bemerkung 1: Sowohl die Hauptkreis-Konstruktion als auch die Konstruktionen in Fig. 109.1 und 109.2 sind keine rein affinen Konstruktionen. Wieso?

Gleichung der Tangente (Fig. 33.1): Die Tangente an den Hauptkreis in $P(x_1 \mid y_1)$ hat nach S. 32 die Gleichung $x_1 x + y_1 y = a^2$ I (17).

Die orthogonale Affinität mit den Gleichungen $\bar{x} = x$, $\bar{y} = \frac{b}{a} y$ führt I (17) durch Einsetzen von $x = \bar{x}$, $y = \frac{a}{b} \bar{y}$ und $x_1 = \bar{x}_1$, $y_1 = \frac{a}{b} \bar{y}_1$ über in $\frac{\bar{x}_1 \bar{x}}{a^2} + \frac{\bar{y}_1 \bar{y}}{b^2} = 1$ bzw. (ohne Querstriche) $\mathbf{\frac{x_1 x}{a^2} + \frac{y_1 y}{b^2} = 1}$ I (26), die **Gleichung der Ellipsentangente** in $\mathbf{P_1(x_1 \mid y_1)}$.

Bemerkung 2: Würde $(x_1; y_1)$ in I (17) nicht durch $(\bar{x}_1; a\bar{y}_1 : b)$ ersetzt, so kämen in der Gleichung der Ellipsentangente die Koordinaten eines Hauptkreispunktes vor; dies wäre aber unerwünscht.

Aufgaben

1. Bestimme rechnerisch und konstruktiv die gemeinsamen Punkte der Ellipse und Gerade, also den Durchschnitt der beiden Punktmengen: a) $x^2 + 4y^2 = 25$; $x + 2y = 1$
b) $\frac{x^2}{25} + \frac{y^2}{4} = 1$; $y = -2{,}8x + 10$ c) $\frac{x^2}{36} + \frac{y^2}{16} = 1$; $y = \frac{1}{2}x + 5$

2. a) Beschreibe der Ellipse m. d. Gl. $x^2 + 4y^2 = 36$ ein Rechteck ein, dessen Seiten zu den Achsen parallel sind und sich wie $1 : \sqrt{2}$ verhalten. 2 Lösungen! Konstruktion und Rechnung!
b) Beschreibe der Ellipse m. d. Gl. $9x^2 + 16y^2 = 144$ ein Quadrat mit achsenparallelen Seiten ein.
c) Beschreibe der Ellipse m. d. Gl. $9x^2 + 16y^2 = 144$ ein gleichseitiges Dreieck ein, dessen eine Ecke in einem Hauptscheitel (Nebenscheitel) liegt.

3. Konstruiere und berechne die Tangenten an die Ellipse parallel zu der Gerade. Bestimme die Berührpunkte. Anleitung: Benutze die orthogonale Affinität.
a) $\frac{x^2}{25} + \frac{y^2}{4} = 1$, $y = 0{,}3x$ b) $\frac{x^2}{16} + \frac{y^2}{4} = 1$, $y = 4 - 2x$
c) $25x^2 + 144y^2 = 900$, $y = 3x$ d) $25x^2 + 16y^2 = 500$, $5x + 3y = 25$

4. Welche Lagen haben folgende Kurven zueinander? Bestimme rechnerisch die gemeinsamen Punkte, falls die Figur Zweifel läßt.
a) $\frac{x^2}{16} + y^2 = 1$, $y = x - 2$ b) $\frac{x^2}{9} + \frac{y^2}{4} = 1$, $3x - 4y + 12 = 0$
c) $4x^2 + 9y^2 = 1$, $y = x - 1$ d) $\frac{x^2}{36} + \frac{y^2}{16} = 1$, $x - 2y + 10 = 0$
e) $x^2 - y^2 = 16$, $3y = 2x + 1$ f) $9x^2 - 4y^2 = 144$, $3x + 2y - 6 = 0$

5. Bestimme m so, daß die Gerade $y = mx - 5$ die Ellipse $9x^2 + 16y^2 = 144$ berührt. Berührpunkte? Führe die Konstruktion mittels einer Affinität durch.

6. Lege die Tangenten von P_0 an die gegebene Ellipse (konstruktiv und rechnerisch):
a) $P_0(7 \mid 6)$, $4x^2 + 9y^2 = 36$ b) $P_0(-8 \mid 0)$, $3x^2 + 16y^2 = 48$
Für die rechnerische Lösung vgl. S. 33, Beispiel 2 und Aufgabe 12 (Kreis).

7. Löse die Aufgaben 4 a), b), c) von § 10 (S. 54) konstruktiv mit Hilfe der Affinität. (In b) z. B. ist die Gerade mit Berührpunkt zunächst nach der Gleichung zu zeichnen.)

8. Zerlege die Ellipse $4x^2 + 9y^2 = 144$ durch Ursprungsstrahlen in sechs flächengleiche Teile. Einer der Strahlen soll
a) mit der x-Achse, b) mit der y-Achse, c) mit der Gerade $y = x$ zusammenfallen.
Anleitung: Betrachte die Ellipse als affines Bild eines Kreises.

9. a) Die Tangente und die Normale im Punkt $P(4 \mid +?)$ der Ellipse $9x^2 + 25y^2 = 225$ schneiden ihre Nebenachse in T bzw. N. Zeige: P, T, N und die Brennpunkte F_1 und F_2 liegen auf einem Kreis.
▸ b) Zeige dasselbe für den beliebigen Punkt P auf $b^2x^2 + a^2y^2 = a^2b^2$.

Konjugierte Richtungen bei der Ellipse

❷ Wieso besitzt ein Kreis Durchmesserpaare mit konjugierten Richtungen? Beschreibe ihre Lage ohne den Ausdruck „konjugierte Richtung“. Wieviel solche Paare gibt es? Wiederhole § 21, D 5. Wie ist es beim Parallelogramm?

❸ Schneide die Ellipse $x^2 + 4y^2 = 16$ mit der Parallelenschar $y = x + c$. Berechne die Schnittpunkte einer beliebigen Gerade der Schar. Gib die Koordinaten der Sehnenmitte an. Welches ist die Ortslinie der Sehnenmitten?

❹ Zeichne in einem Kreis einen Durchmesser d_1 und den dazu orthogonalen (also konjugierten) Durchmesser d_2. Teile jeden von ihnen in 8 gleiche Teile und zeichne durch die Teilpunkte Sehnen, welche zu den Durchmessern parallel sind. Bilde die ganze Figur bzgl. eines dritten Kreisdurchmessers orthogonal affin ab. Welche Eigenschaften hat die Bildfigur? Was stellen die Bilder von d_1 und d_2 für die Bildfigur nach D 5 von § 21 dar?

Da ein Kreis durch „orthogonale Spiegelung“ (Geradenspiegelung), bzgl. eines jeden Durchmessers auf sich abgebildet wird, kann man nach D 5 von S. 99 sagen:

S 1 Der Kreis hat unendlich viele Paare konjugierter Durchmesser; es sind genau die Paare orthogonaler Kreisdurchmesser.

Mit dieser Ausdrucksweise gilt ferner: Die Tangenten in den Endpunkten eines Kreisdurchmessers sind parallel zum konjugierten Durchmesser.

D 1 Jede Sehne durch den Mittelpunkt einer Ellipse heißt **Durchmesser.**

Bildet man einen Kreis mit zwei orthogonalen (also konjugierten) Durchmessern samt den zu ihnen parallelen Sehnen und Tangenten durch orthogonale Affinität bzgl. eines dritten Durchmessers ab (Fig. 111.1), so erhält man eine Ellipse und zwei Durchmesser samt Sehnen und Tangenten, die zu ihnen parallel sind (Fig. 111.2). Die beiden **Ellipsendurchmesser** sind nach D 5 von S. 99 **konjugiert** (wieso?). Man kann nun sagen:

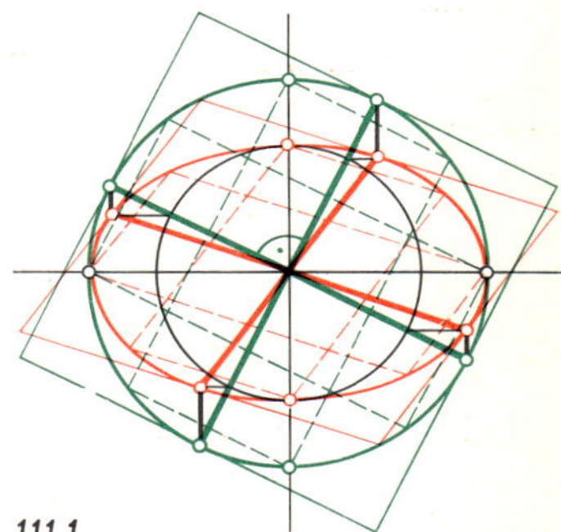

111.1.

S 2 a) *Die Ellipse besitzt unendlich viele Paare konjugierter Durchmesser; es sind genau die affinen Bilder von Paaren orthogonaler Kreisdurchmesser* (Fig. 111.1).

b) *Zu jeder Durchmesserrichtung gibt es eine konjugierte Richtung.*

c) *Die Tangenten in den Endpunkten eines Ellipsendurchmessers sind parallel zum konjugierten Durchmesser* (Fig. 111.2).

d) *Die Mitten paralleler Ellipsensehnen liegen auf einem Durchmesser. Seine Richtung ist zur Richtung der Sehnen konjugiert* (111.2).

e) *Haupt- und Nebenachse bilden das einzige Paar orthogonaler konjugierter Durchmesser einer Ellipse mit* $b \neq a$.

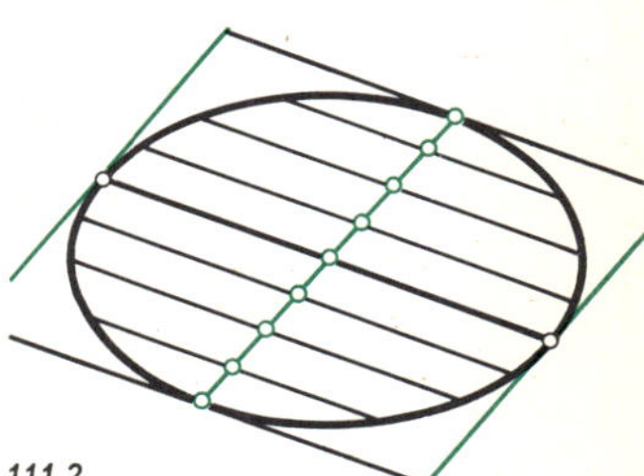

111.2.

Die im Satz 2d angegebene Eigenschaft der Ellipse ist nicht selbstverständlich. Ein Gegenbeispiel ist das *Vierkreisbogenoval* in Fig. 111.3 (vgl. auch S. 108): Die Mitten der zur Strecke A_1B_1 parallelen Sehnen des „rechten“ Bogens liegen auf einer Gerade g_1 durch M_1, die Mitten der parallelen Sehnen des „linken“ Bogens auf einer Gerade g_2 durch M_2. Man erkennt: $g_1 \neq g_2$, wenn die Sehnen nicht orthogonal zur Gerade M_1M_2 sind.

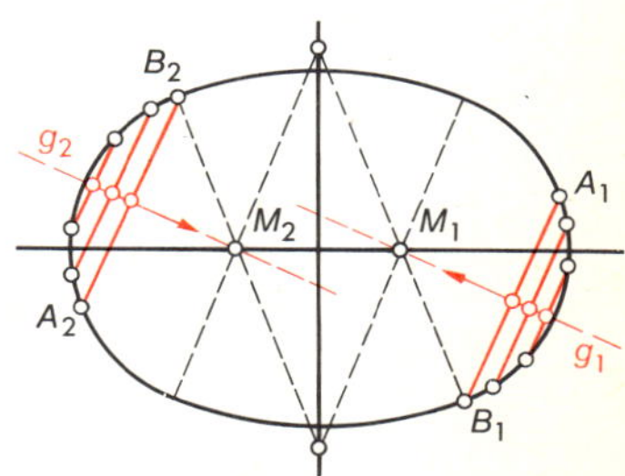

111.3. Vierkreisbogenfigur

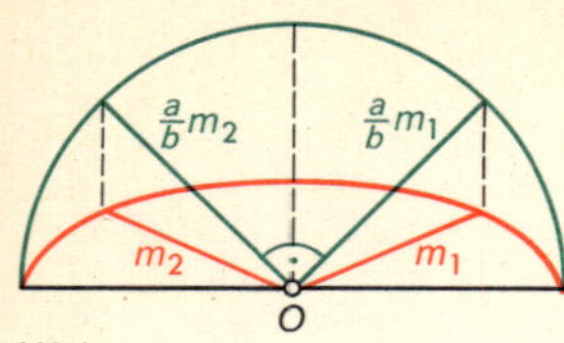

112.1.

Bestimmung der konjugierten Richtung zu einer Richtung bei der Ellipse

m_1 sei die Steigung eines gegebenen Ellipsendurchmessers. Bei der Hauptkreiskonstruktion ist er das Bild des Kreisdurchmessers mit der Steigung $\frac{a}{b}\,m_1$ (Fig. 112.1). Der dazu orthogonale Kreisdurchmesser hat die Steigung $-\frac{b}{a\,m_1}$. Sein Bild, also der Ellipsendurchmesser, der zum gegebenen konjugiert ist, hat dann die Steigung $m_2 = -\frac{b^2}{a^2\,m_1}$.

S 3 *Für die Steigungen m_1 und m_2 zweier konjugierter Durchmesser der Ellipse* mit der

Gleichung $\frac{x^2}{a^2} + \frac{y^2}{b^2}$ gilt $\boldsymbol{m_1 \cdot m_2 = -\frac{b^2}{a^2}}$ (7)

Sonderfall: Haupt- und Nebenachse sind zueinander konjugiert.

Aufgaben

10. Führe den Beweis zu Satz 3 ausführlich durch.

11. Zeige: Die Tangenten in den Endpunkten konjugierter Durchmesser einer Ellipse bilden ein Parallelogramm, in dem die Berührpunkte die Seitenmitten sind.

12. a) Der Ellipse m. d. Gl. $9x^2 + 25y^2 = 225$ soll ein Parallelogramm umbeschrieben werden, dessen Seiten konjugierte Richtungen haben und dessen eines Seitenpaar die Steigung $m_1 = 0{,}8$ hat.
b) Zeige: Sämtliche Parallelogramme mit konjugierten Seitenrichtungen (Diagonalenrichtungen), die man einer Ellipse umbeschreiben (einbeschreiben) kann, sind flächengleich. Wie groß ist das Verhältnis der Ellipsenfläche zur Parallelogrammfläche?

13. Jedes Paar konjugierter *Ellipsenhalbmesser* schneidet aus der Ellipse einen Ellipsenausschnitt mit demselben Flächeninhalt aus. Beweis? Maßzahl des Flächeninhalts?

14. Gegeben ist eine Ellipse und die Gleichung eines Durchmessers *d*. Bestimme die Richtung der Schrägspiegelung bzgl. der durch *d* bestimmten Gerade, welche die Kurve auf sich abbildet. Welche Winkel bilden die Affinitätsachse und eine der Fixgeraden mit der $+x$-Achse und miteinander?
a) $9x^2 + 16y^2 = 144,\ y = 1{,}5\,x$ b) $x^2 + 4y^2 = 4,\ y = -\frac{1}{2}x$

15. Welche Gleichung hat die Kurvensehne, die im Punkt P_0 halbiert wird?
a) $9x^2 + 25y^2 = 225,\ P_0\,(2{,}5\,|\,1)$ b) $4x^2 + 9y^2 = 144,\ P_0\,(3\,|\,-1)$

16. Wie heißt die Gleichung der Sehne, die durch den Punkt $P_1\,(4\,|\,+\,?)$ der Ellipse m. d. Gl. $9x^2 + 25y^2 = 225$ geht und durch die Gerade $y = -0{,}2\,x$ halbiert wird?

17. Zeige: Verbindet man irgendeinen Ellipsenpunkt mit den Endpunkten eines Durchmessers, so erhält man konjugierte Richtungen. Anleitung: Der Durchmesser sei *AB*, der Ellipsenpunkt *P*. Die Parallele zu *BP* durch *O* halbiert die Strecke *AP*.

25 Allgemeine Parallelprojektion von Kreisen und Ellipsen

❶ Eine Gerade s und ein Parallelogramm mit Ecke P_0 seien gegeben. Auf welcher Linie muß ein Punkt $\bar{P}_0$ gewählt werden, damit die durch s und P_0, $\bar{P}_0$ definierte axiale Affinität ein Rechteck als Parallelogrammbild liefert?

❷ Wie sieht der Schatten aus, den die Räder eines Fahrrades im Sonnenlicht auf ebenen Boden werfen? Vermutung?

Invariante Rechtwinkelpaare

In § 23 und 24 wurde das *orthogonal affine* Kreisbild, die Ellipse, untersucht. Wir fragen nun, ob das Bild eines Kreises bei nicht orthogonaler *axialer Affinität* ebenfalls eine Ellipse ist. Dies ist nur möglich, wenn es ein Paar *orthogonaler* Kreisdurchmesser d_1 und d_2 gibt, deren Bild $\bar{d}_1$ und $\bar{d}_2$ ein Paar *orthogonaler* konjugierter Ellipsendurchmesser ist, die Haupt- und die Nebenachse (§ 24, S 2e). d_1 und $\bar{d}_1$, d_2 und $\bar{d}_2$ bzw. deren Verlängerungen schneiden sich dabei je auf der Affinitätsachse s, falls $d_1 \nparallel s$ und $d_2 \nparallel s$ ist.

Ist nun in der Ebene eine axiale Affinität mit Achse s gegeben, ferner ein beliebiger Kreis mit Mittelpunkt O und sein Bildpunkt $\bar{O}$, so erhält man ein solches Rechtwinkelpaar (d_1, d_2) und $(\bar{d}_1, \bar{d}_2)$, wenn man einen Kreis zeichnet, der durch O und $\bar{O}$ geht und dessen Mittelpunkt M auf s liegt. M ist dann der Schnittpunkt von s mit der Mittelsenkrechte der Strecke $O\bar{O}$, falls $O\bar{O}$ nicht orthogonal zu s ist (Fig. 113.1).

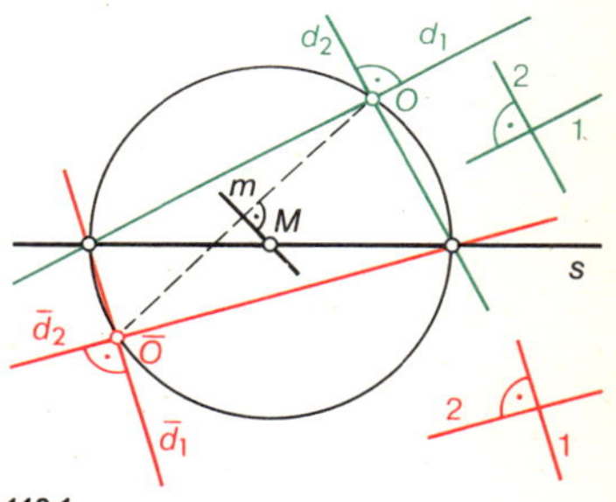

113.1.

Wählt man statt O, $\bar{O}$ ein anderes zugeordnetes Punktepaar $(P; \bar{P})$ der Abbildung, dann folgt aus der Parallelentreue der Affinitäten, daß die Parallelen zu den Kreisdurchmessern d_1 und d_2 durch den Punkt P wieder orthogonale Bildgeraden haben.

D 1 Ein Paar orthogonaler Richtungen, das bei einer Abbildung wieder in ein Paar orthogonaler Richtungen übergeht, heißt **invariantes Rechtwinkelpaar** der Abbildung.

Sonderfall: Bei einer orthogonalen Affinität mit dem Dehnungsfaktor $k \in \mathbb{R} - \{0; -1\}$ ist die Mittelsenkrechte m der Strecke $O\bar{O}$ parallel zur Affinitätsachse s (Fig. 113.2). Die Richtung der Achse und die dazu senkrechte Richtung stellen dann das invariante Rechtwinkelpaar dar. Für $k = -1$ (und $k = 1$) ist unmittelbar deutlich, daß bei der Geradenspiegelung (und der identischen Abbildung) jedes Rechtwinkelpaar invariant ist (Fig. 113.3).

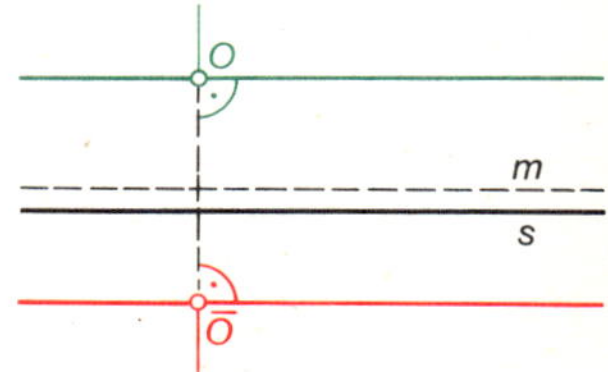

113.2.

Hieraus und aus der Eindeutigkeit der Konstruktion folgt:

S 1 Jede von der Geradenspiegelung und der Identität verschiedene axiale Affinität besitzt *genau ein invariantes Rechtwinkelpaar.* Bei Identität und Geradenspiegelung sind alle Rechtwinkelpaare invariant.

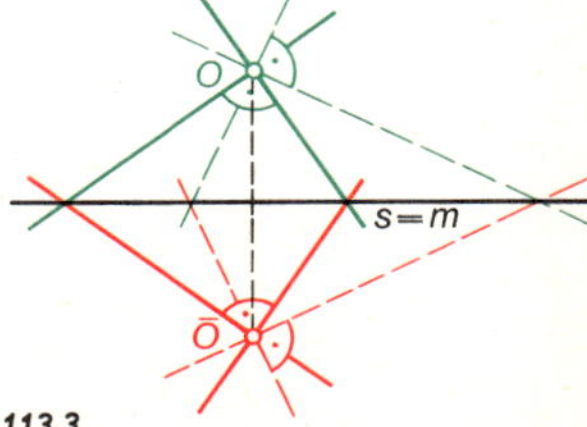

113.3.

Das axial affine Bild eines Kreises

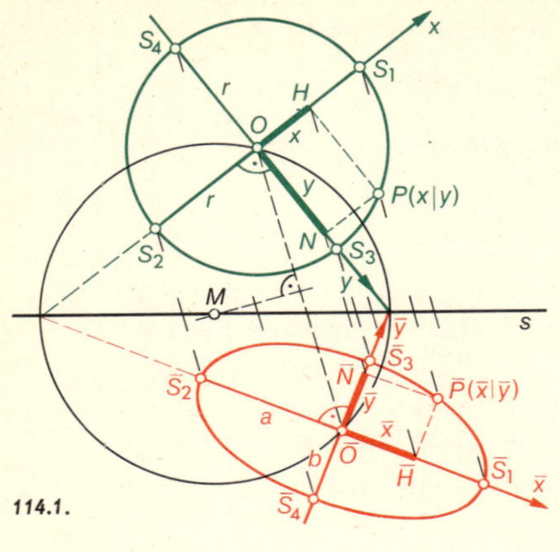

114.1.

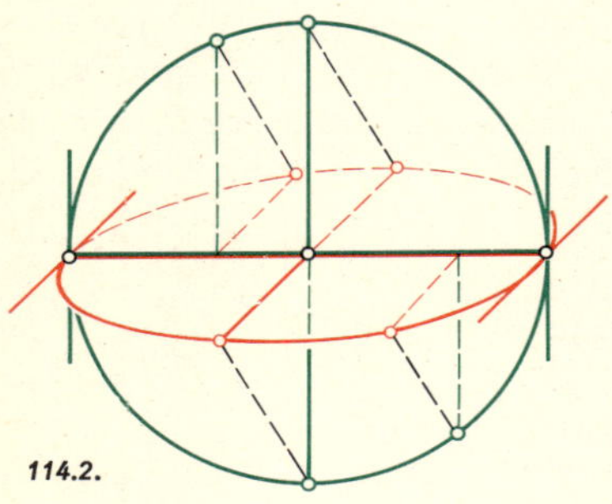

114.2.

Bei jeder von der Geradenspiegelung (und der Identität) verschiedenen axialen Affinität besitzt das Kreisbild stets genau ein Paar orthogonaler und zugleich konjugierter Durchmesser. Zur Beschreibung der Abbildung legt man in die beiden Rechtwinkelpaare zweckmäßig das x, y- bzw. das $\bar{x}, \bar{y}$-Achsenkreuz (Fig. 114.1).

Die Gleichung des Kreises sei

$$x^2 + y^2 = r^2 \qquad \text{(I)}$$

Ferner seien $\overline{\bar{O}\bar{S}_1} = \overline{\bar{O}\bar{S}_2} = a$, $\overline{\bar{O}\bar{S}_3} = \overline{\bar{O}\bar{S}_4} = b$. Für die axiale Affinität $P(x \mid y) \to \bar{P}(\bar{x} \mid \bar{y})$ gilt dann nach dem ersten Strahlensatz:

$$\overline{OH} : \overline{OS_1} = \overline{\bar{O}\bar{H}} : \overline{\bar{O}\bar{S}_1} \quad \text{und}$$
$$\overline{ON} : \overline{OS_3} = \overline{\bar{O}\bar{N}} : \overline{\bar{O}\bar{S}_3}\,.$$

Damit hat man die Abbildungsgleichungen

$$\frac{x}{r} = \frac{\bar{x}}{a} \quad \text{und} \quad \frac{y}{r} = \frac{\bar{y}}{b} \qquad \text{(II)}$$

(II) auf (I) angewandt gibt $\dfrac{\bar{x}^2}{a^2} + \dfrac{\bar{y}^2}{b^2} = 1$.

Das ist im orthogonalen $\bar{x}, \bar{y}$-Koordinatensystem die Gleichung einer Ellipse mit den Halbachsen a und b.

S 2 **Bei jeder nicht entarteten axialen Affinität ist das Bild eines Kreises eine Ellipse.**

Deutet man die durch die Achse s und das zugeordnete Punktepaar $(O; \bar{O})$ definierte axiale Affinität als Abbildung der x, y-Ebene E auf die $\bar{x}, \bar{y}$-Ebene $\bar{E}$ mittels Parallelprojektion (vgl. § 20), so gilt (vgl. Fig. 114.2):

S 3 **Jede nicht entartete Parallelprojektion eines Kreises auf eine Ebene ist eine Ellipse.**

Die Menge aller Projektionsgeraden p durch die Punkte des gegebenen Kreises kann gedeutet werden als die Menge aller Mantellinien eines Kreiszylinders. Dann läßt sich der vorangehende Satz folgendermaßen formulieren:

S 4 **Jeder ebene Schnitt eines (orthogonalen oder schiefen) Kreiszylinders ist eine Ellipse oder ein Parallelenpaar; letzteres entspricht einer entarteten Projektion.**

Legt man die Kreisebene E und die Ellipsenebene $\bar{E}$ so aufeinander, daß ihre Achsenkreuze zusammenfallen (beide sind ja orthogonal!) und deutet dann die Abbildung $P(x \mid y) \to \bar{P}(\bar{x} \mid \bar{y})$ mit den Abbildungsgleichungen (II) bzw. $\bar{x} = \frac{a}{r}x$, $\bar{y} = \frac{b}{r}y$ wieder als Abbildung der Ebene auf sich, so zeigt der Vergleich mit § 23, D 2, daß sie jetzt eine **Euler-Affinität** darstellt. Aus § 23, Aufgabe 16c, folgt so ebenfalls S 2.

Aufgaben

1. Zeichne ein beliebiges Parallelogramm. Gib eine Affinitätsachse s und die Affinitätsrichtung p vor. Konstruiere ein Rechteck (eine Raute) als Bild des Parallelogramms. Gibt es bei jeder Wahl von s und p ein solches Rechteck (eine Raute)?

2. Gegeben sei die Affinitätsachse s und ein Paar zugeordneter Punkte $A \notin s$ und $\bar{A} \notin s$ mit $A \neq \bar{A}$. Zeichne ein Rechteck (eine Raute) mit Ecke A (Mittelpunkt A), welches als Bild ein Rechteck (eine Raute) hat. Wähle sowohl gegensinnige als auch gleichsinnige Affinitäten. Berücksichtige auch den Fall der Scherung.

3. In einem Orthonormalsystem sei durch die x-Achse und das Paar sich entsprechender Punkte $P_0(0 \mid 4)$, $\bar{P}_0(7 \mid -3)$ eine axiale Affinität definiert. Konstruiere die 2 orthogonalen Geraden durch P_0, deren Bilder ebenfalls orthogonal sind. Bestimme die Gleichungen dieser 4 Geraden.

4. a) Was folgt aus S 3 für den Schatten des Rades in Vorübung 2?
b) Welche Lage hat das Bild des zur Achse parallelen Kreisdurchmessers?
c) Wie bildet sich ein Quadrat ab, welches dem Kreis umbeschrieben ist?
d) Welcher Satz folgt aus S 2 für das Kreisbild bei Scherungen?

5. Gegeben sind 2 konjugierte Durchmesser einer Ellipse. Konstruiere die Halbachsen nach Fig. 115.1.
Anleitung: Mit den 2 Durchmessern ist auch ein der Ellipse umbeschriebenes Parallelogramm gegeben. Zeichne über der längeren Parallelogrammseite das Quadrat. Der dem Quadrat einbeschriebene Kreis läßt sich axial affin auf die Ellipse abbilden.

115.1.

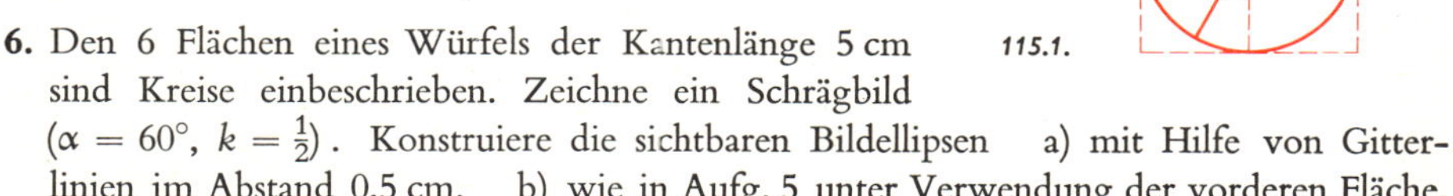

6. Den 6 Flächen eines Würfels der Kantenlänge 5 cm sind Kreise einbeschrieben. Zeichne ein Schrägbild $(\alpha = 60°,\ k = \frac{1}{2})$. Konstruiere die sichtbaren Bildellipsen a) mit Hilfe von Gitterlinien im Abstand 0,5 cm, b) wie in Aufg. 5 unter Verwendung der vorderen Fläche.

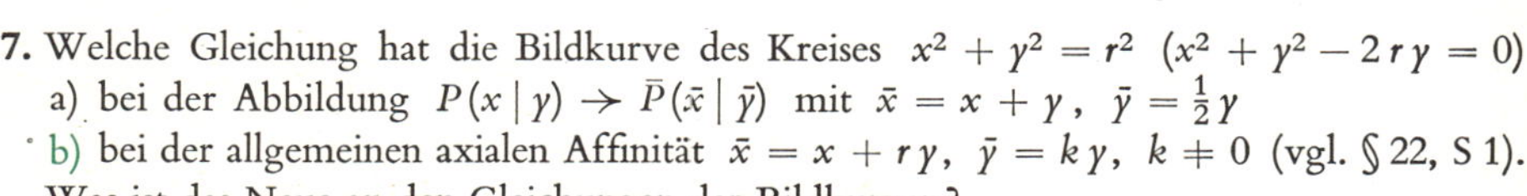

7. Welche Gleichung hat die Bildkurve des Kreises $x^2 + y^2 = r^2$ $(x^2 + y^2 - 2ry = 0)$
a) bei der Abbildung $P(x \mid y) \to \bar{P}(\bar{x} \mid \bar{y})$ mit $\bar{x} = x + y$, $\bar{y} = \frac{1}{2}y$
b) bei der allgemeinen axialen Affinität $\bar{x} = x + ry$, $\bar{y} = ky$, $k \neq 0$ (vgl. § 22, S 1).
Was ist das Neue an den Gleichungen der Bildkurven? Was für Kurven stellen sie nach S 2 dar? Warum hat die bekannte Kurve diese ungewohnte Gleichung?

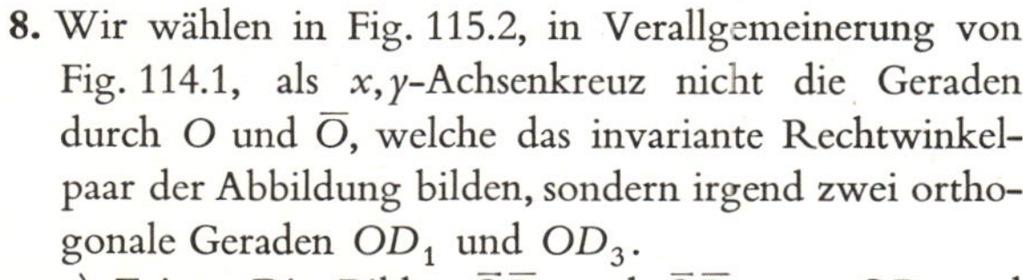

8. Wir wählen in Fig. 115.2, in Verallgemeinerung von Fig. 114.1, als x, y-Achsenkreuz nicht die Geraden durch O und $\bar{O}$, welche das invariante Rechtwinkelpaar der Abbildung bilden, sondern irgend zwei orthogonale Geraden OD_1 und OD_3.
a) Zeige: Die Bilder $\bar{O}\bar{D}_1$ und $\bar{O}\bar{D}_3$ von OD_1 und OD_3 haben konjugierte Richtungen bzgl. der Ellipse.

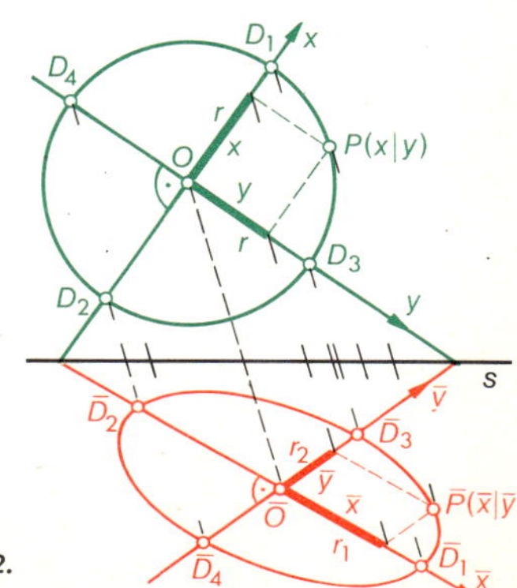

115.2.

b) Beweise: Wählt man $\overline{O}\overline{D}_1$ und $\overline{O}\overline{D}_3$ als schiefwinkliges $\bar{x}, \bar{y}$-Achsenkreuz und sind $\overline{D}_1\overline{D}_2$ und $\overline{D}_3\overline{D}_4$ irgend zwei konjugierte Ellipsendurchmesser mit den Längen $2\,r_1$ und $2\,r_2$, so lautet die Ellipsengleichung:

$$\frac{\bar{x}^2}{r_1^2} + \frac{\bar{y}^2}{r_2^2} = 1 \qquad \text{(III)}$$

c) Zeige: Wählt man $\overline{D}_1$ und $\overline{D}_2$ als Einheitspunkte auf den Koordinatenachsen, so lautet die Gleichung der Ellipse $\bar{x}^2 + \bar{y}^2 = 1$. Dasselbe wird erreicht, wenn man als „natürliche Koordinaten der Ellipse“ die Verhältnisse $\bar{x} : r_1 = \xi$, $\bar{y} : r_2 = \eta$ wählt. Diese sind invariant bei Affinitäten und auch bei Änderung der Einheiten auf den Achsen (warum?). Die Ellipsengleichung lautet mit ihnen: $\xi^2 + \eta^2 = 1$.

Das axial affine Bild einer Ellipse

S 5 Ersetzt man den Kreis in Fig. 115.2 durch eine Ellipse mit den Halbachsen a und b, so daß $\overline{D_1D_2} = 2\,a$ und $\overline{D_3D_4} = 2\,b$ ist, so lautet die Ellipsengleichung im x, y-Koordinatensystem:

$$\frac{x^2}{a^2} + \frac{y^2}{b^2} = 1$$

Bildet man nun wie in Aufg. 8a) ab, so sind die Bilder $\overline{D}_1\overline{D}_2$ und $\overline{D}_3\overline{D}_4$ *konjugierte Durchmesser* der Bildfigur auf der $\bar{x}$- und $\bar{y}$-Achse (warum?). Mit der Setzung $\overline{D}_1\overline{D}_3 = 2\,r_1$ und $\overline{D}_2\overline{D}_4 = 2\,r_2$ lauten die Abbildungsgleichungen entsprechend S. 114 (II):

$$\frac{x}{a} = \frac{\bar{x}}{r_1} \quad \text{und} \quad \frac{y}{b} = \frac{\bar{y}}{r_2}$$

Die Gleichung der Bildkurve im allgemeinen $\bar{x}, \bar{y}$-Parallelkoordinatensystem ist

$$\frac{\bar{x}^2}{r_1^2} + \frac{\bar{y}^2}{r_2^2} = 1 \qquad \text{(III)}$$

In Aufgabe 8b ergab sich ebenfalls (III), und zwar als Gleichung einer Ellipse, mit den konjugierten Durchmessern $2\,r_1$ und $2\,r_2$ auf den Koordinatenachsen. Umgekehrt stellt jede Gleichung (III) in jedem Parallelkoordinatensystem eine Ellipse dar (vgl. Aufg. 9). Es gilt also:

S 6 **Das Bild einer Ellipse ist bei jeder nicht entarteten axialen Affinität eine Ellipse.**

Deutet man die in Fig. 115.2 durch s und $(O, \overline{O})$ definierte axiale Affinität als Abbildung der x, y-Ebene E auf die $\bar{x}, \bar{y}$-Ebene $\overline{E}$ mittels Parallelprojektion, so gilt wie auf S. 114:

S 7 **Jede nicht entartete Parallelprojektion einer Ellipse auf eine Ebene ist eine Ellipse.**

Aufgaben

9. Zeige: Jedes schiefwinklige „Zweibein“ $\{O, \mathfrak{x}_1, \mathfrak{x}_2\}$ kann man durch Parallelprojektion eines gleichschenkligen orthogonalen Zweibeins erhalten.

10. Zeige: Jeder ebene Schnitt eines elliptischen Zylinders ist eine Ellipse oder ein Parallelenpaar; letzteres entspricht einer entarteten Projektion. Wann fällt das Parallelenpaar in eine einzige (Doppel-)Gerade zusammen? (Vgl. Satz 4 auf Seite 114.)

26 Die Menge der Affinitäten in der Ebene (andere Darstellung in der Vollausgabe)

Affine Abbildungen mit Fixpunkt O

Im folgenden seien $(x; y)$, $(x'; y')$, $(\bar{x}; \bar{y})$ die Koordinaten von Punkten P, P', $\bar{P}$ einer Ebene, bezogen auf dasselbe (im allgemeinen schiefwinklige) Achsenkreuz.

1. Beispiel: Die Abbildung $P(x \mid y) \to P'(x' \mid y')$ sei die axiale Affinität (Affinitätsachse: y-Achse)

$$\alpha \begin{cases} x' = 1{,}5\,x \\ y' = 0{,}25\,x + y \end{cases} \quad \text{(I)}$$

$P'(x' \mid y') \to \bar{P}(\bar{x} \mid \bar{y})$ die axiale Aff. (x-Achse)

$$\beta \begin{cases} \bar{x} = x' + y' \\ \bar{y} = 2\,y' \end{cases} \quad \text{(II)}$$

Die Abbildung $P(x \mid y) \to \bar{P}(\bar{x} \mid \bar{y})$ wird dann erhalten als Verkettung $\beta \circ \alpha = \gamma$, also

$$\gamma \begin{cases} \bar{x} = 1{,}75\,x + y \\ \bar{y} = 0{,}5\,x + 2\,y \end{cases} \quad \text{(III)}$$ (Rechne nach!).

Da die Abbildungen α und β *umkehrbar, geradentreu, parallelentreu* und *verhältnistreu* sind, gilt dies auch für γ (wieso?). Man nennt daher auch γ *eine affine Abbildung.*
Sie hat den Fixpunkt O (wieso?). Daß γ keine axiale Affinität ist, zeigt Aufg. 5.

2. In Verallgemeinerung von (III) betrachten wir nun die Abbildung

$P(x \mid y) \to \bar{P}(\bar{x} \mid \bar{y})$ mit den Abbildungsgleichungen

$$\begin{cases} \bar{x} = a_1 x + b_1 y \\ \bar{y} = a_2 x + b_2 y \end{cases}, \quad (a_1, b_1, a_2, b_2 \in \mathbb{R}) \qquad \textbf{(8)}$$

S 1 Wir zeigen: **Die Abbildung (8) ist** (unter der Bedingung $a_1 b_2 - a_2 b_1 \neq 0$, wie Abschnitt a) zeigen wird) **umkehrbar, geradentreu, parallelentreu und verhältnistreu.**

D 1 Man bezeichnet daher auch Abbildungen der Form (8) als Affinitäten. Da bei ihnen $O = \bar{O}$ ist (wieso?), nennen wir sie **Affinitäten mit Fixpunkt *O*.**

a) **Die inverse Abbildung zu (8):** Löst man (8) nach x und y auf, so erhält man (Aufg. 2)
$x = (b_2 \bar{x} - b_1 \bar{y}) : D$, $y = (a_1 \bar{y} - a_2 \bar{x}) : D$, falls $\boldsymbol{D = a_1 b_2 - a_2 b_1 \neq 0}$ ist. **(9)**
Die Gleichungen (9) sind von derselben Art wie die Gleichungen (8) (wieso?). $D \neq 0$ ist notwendig und hinreichend dafür, daß die *Zuordnung* $P(x \mid y) \to \bar{P}(\bar{x} \mid \bar{y})$ *in* (8) *umkehrbar ist.* Wir setzen $D \neq 0$ voraus, falls nichts anderes vermerkt ist.

b) **Geradentreue von (8):** Anstatt das *Bild* einer Gerade zu bestimmen, kann man wegen der Umkehrbarkeit der Abbildung ebensogut das *Urbild* der Gerade m. d. Gl. $A\bar{x} + B\bar{y} + C = 0$, $(A; B) \neq (0; 0)$, suchen; es hat nach (8) die Gleichung $(A a_1 + B a_2)\,x + (A b_1 + B b_2)\,y + C = 0$, ist also wieder eine Gerade (vgl. Aufg. 3). Entsprechend verfahren wir in c) und d).

c) **Parallelentreue von (8):** Bildet man die Parallelen m. d. Gl.: $A\bar{x} + B\bar{y} + C_1 = 0$ und $A\bar{x} + B\bar{y} + C_2 = 0$ ab, so erhält man wieder Gleichungen von Parallelen (vgl. Aufg. 4).

d) **Verhältnistreue von (8):** Sind P_1, P_2, P_3 Punkte auf g; $\bar{P}_1, \bar{P}_2, \bar{P}_3$ ihre Bilder auf $\bar{g}$, und ist $\overrightarrow{P_1P_3} = t \cdot \overrightarrow{P_1P_2}$, so ist $x_3 - x_1 = t(x_2 - x_1)$ und $y_3 - y_1 = t(y_2 - y_1)$. Nach (8):

$$\begin{aligned} \bar{x}_3 - \bar{x}_1 &= (a_1 x_3 + b_1 y_3) - (a_1 x_1 + b_1 y_1) \\ &= a_1 (x_3 - x_1) + b_1 (y_3 - y_1) \\ &= t \cdot [a_1 (x_2 - x_1) + b_1 (y_2 - y_1)] \\ &= t(\bar{x}_2 - \bar{x}_1)\,. \end{aligned}$$

Ebenso folgt $\bar{y}_3 - \bar{y}_1 = t(\bar{y}_2 - \bar{y}_1)$. Ist also $\overrightarrow{P_1P_3} = t \cdot \overrightarrow{P_1P_2}$, so ist auch $\overrightarrow{\bar{P}_1\bar{P}_3} = t \cdot \overrightarrow{\bar{P}_1\bar{P}_2}$.
Da ein Parallelogramm in ein Parallelogramm übergeht, gilt auch der Satz:

Das Längenverhältnis paralleler Strecken ist bei Abbildung (8) invariant.

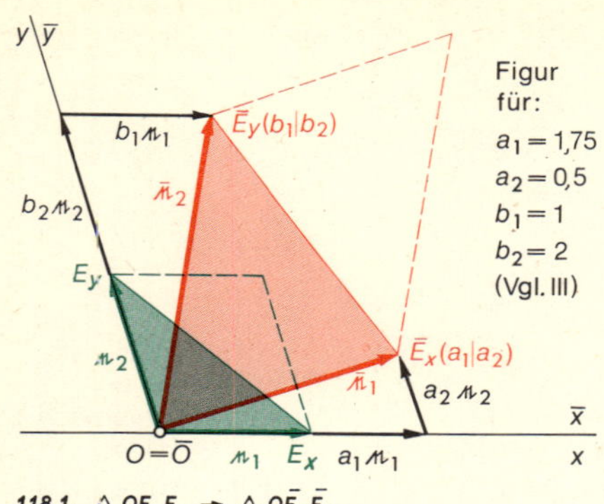

118.1. $\triangle OE_xE_y \rightarrow \triangle O\bar{E}_x\bar{E}_y$

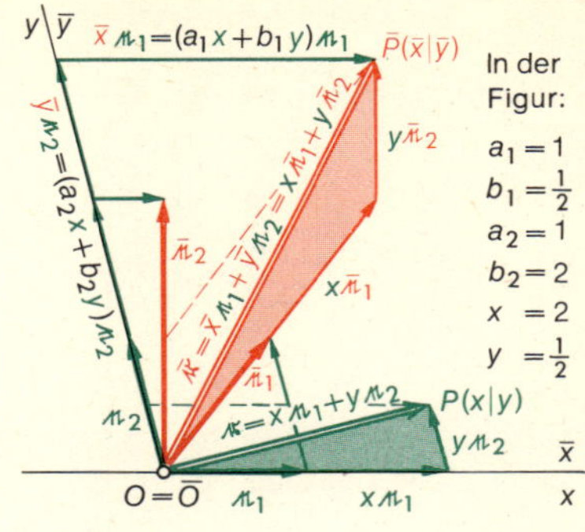

118.2.

3. Geometrische Festlegung von Affinitäten m. d. Gl. (8):

a) Sind $E_x(1\,|\,0)$ und $E_y(0\,|\,1)$ die Einheitspunkte der x- und y-Achse, und ist $\overrightarrow{OE_x} = \mathfrak{n}_1$, $\overrightarrow{OE_y} = \mathfrak{n}_2$, so sind ihre Bilder nach (8): $\bar{E}_x(a_1\,|\,a_2)$ und $\bar{E}_y(b_1\,|\,b_2)$ sowie $\overrightarrow{O\bar{E}_x} = \bar{\mathfrak{n}}_1 = a_1\mathfrak{n}_1 + a_2\mathfrak{n}_2$ und $\overrightarrow{O\bar{E}_y} = \bar{\mathfrak{n}}_2 = b_1\mathfrak{n}_1 + b_2\mathfrak{n}_2$ (Fig. 118.1).
In Fig. 118.1 sind die Zahlenwerte von (III) verwendet.
$\triangle OE_xE_y$ hat den Inhalt $A = \frac{1}{2}$ (halbes Einheitsparallelogramm).
Für $\triangle O\bar{E}_x\bar{E}_y$ ist nach § 16: $\bar{A} = \frac{1}{2}(a_1b_2 - a_2b_1) = \frac{1}{2}D$, also $\bar{A} : A = D \neq 0$.
$D \neq 0$ bedeutet dabei: $\bar{\mathfrak{n}}_1 \neq \mathfrak{o}, \bar{\mathfrak{n}}_2 \neq \mathfrak{o}$ und $\bar{\mathfrak{n}}_2 \neq k\bar{\mathfrak{n}}_1$, $(k \in \mathbb{R} - \{0\})$.

b) Für die Zuordnung $P(x\,|\,y) \rightarrow \bar{P}(\bar{x}\,|\,\bar{y})$ gilt (Fig. 118.2): $\overrightarrow{OP} = \mathfrak{r} = x\mathfrak{n}_1 + y\mathfrak{n}_2$; $\overrightarrow{O\bar{P}} = \bar{\mathfrak{r}} = \bar{x}\mathfrak{n}_1 + \bar{y}\mathfrak{n}_2$. Mit (8) und b) folgt hieraus:
$\bar{\mathfrak{r}} = (a_1x + b_1y)\mathfrak{n}_1 + (a_2x + b_2y)\mathfrak{n}_2 = x(a_1\mathfrak{n}_1 + a_2\mathfrak{n}_2) + y(b_1\mathfrak{n}_1 + b_2\mathfrak{n}_2) = x\bar{\mathfrak{n}}_1 + y\bar{\mathfrak{n}}_2$.

S 2 Man sieht: $\bar{P}$ *hat in einem* $\bar{\mathfrak{n}}_1, \bar{\mathfrak{n}}_2$*-System dieselben Koordinaten wie* P *im* $\mathfrak{n}_1, \mathfrak{n}_2$*-System.*

S 3 Es gilt also: Durch die Zuordnung $O \rightarrow O$, $E_x(1\,|\,0) \rightarrow \bar{E}_x(a_1\,|\,a_2)$, $E_y(0\,|\,1) \rightarrow \bar{E}_y(b_1\,|\,b_2)$ ist die Affinität (8) rechnerisch und geometrisch festgelegt. (Vgl. auch S. 119 unten.)

S 4 c) Sind OP_1P_2 und $O\bar{P}_1\bar{P}_2$ beliebige (nicht entartete) Dreiecke, so ist durch die Zuordnung $O \rightarrow O$, $P_1 \rightarrow \bar{P}_1$, $P_2 \rightarrow \bar{P}_2$ eine Affinität (8) ebenfalls festgelegt.

Beweis: $\begin{cases} \bar{x}_1 = a_1x_1 + b_1y_1 \\ \bar{x}_2 = a_1x_2 + b_1y_2 \end{cases} \Rightarrow a_1 = \begin{vmatrix} \bar{x}_1 & y_1 \\ \bar{x}_2 & y_2 \end{vmatrix} : A;\quad b_1 = \begin{vmatrix} x_1 & \bar{x}_1 \\ x_2 & \bar{x}_2 \end{vmatrix} : A$ mit $A = \begin{vmatrix} x_1 & y_1 \\ x_2 & y_2 \end{vmatrix} \neq 0$.
Entsprechend erhält man a_2 und b_2 aus $\bar{y}_1 = a_2x_1 + b_2y_1$, $\bar{y}_2 = a_2x_2 + b_2y_2$ (Aufg. 11).

Aufgaben

1. Bestimme die Gleichungen der inversen Abbildung zur Affinität (III).

2. Bestätige, daß (9) die inverse Abbildung zu (8) darstellt.

3. a) Führe die Begründung der Geradentreue von (8) ausführlich durch.
▸ b) Zeige: Aus $D \neq 0$ und $(A; B) \neq (0; 0)$ folgt $(Aa_1 + Ba_2;\ Ab_1 + Bb_2) \neq (0; 0)$.

4. Begründe ausführlich die Parallelentreue von (8). Oder aber zeige: Ist $g \,||\, h$, so führt $\bar{g} \cap \bar{h} = \bar{P}$ auf einen Widerspruch.

5. a) Setze in (III) $\bar{x} = x$, $\bar{y} = y$ und zeige so, daß (III) *nur* den *Fixpunkt* O besitzt.

▸ b) Zeige: Die Affinität $\bar{x} = 2x + 4y$, $\bar{y} = x + 5y$ (*) hat die *Fixpunktgerade* $x + 4y = 0$ und die *Fixgeraden* $y = x + c$. Gib Achse und Affinitätsrichtung von (*) an.

▸ c) Die Affinität (III) hat keine Fixpunktgerade (warum?), aber 2 Fixgeraden. Suche sie.

6. Berechne a) bei Abbildung (III), b) bei $\bar{x} = 2x + y$, $\bar{y} = x + 3y$ die Bilder von $P(2 \mid 1)$, $Q(1 \mid 1{,}5)$, $R(-2 \mid -1)$. Konstruiere die Bilder zum Vergleich nach S 2.

7. a) Bestimme die Inhalte A und $\bar{A}$ von $\triangle OE_xE_y$ und $\triangle O\bar{E}_x\bar{E}_y$ bei (III); bestätige $\bar{A} : A = D$.
b) Bilde $\triangle P(4 \mid 1)\; Q(3 \mid 4)\; R(0 \mid 2)$ mittels $\bar{x} = x + y$, $\bar{y} = 2x - y$ ab.
Berechne A, $\bar{A}$ und $\bar{A} : A$.

8. Zeige: Ist $\triangle O\bar{P}_1(\bar{x}_1 \mid \bar{y}_1)\; \bar{P}_2(\bar{x}_2 \mid \bar{y}_2)$ das Bild von $\triangle OP_1(x_1 \mid y_1)\; P_2(x_2 \mid y_2)$ bei Abbildung (8), und sind $\bar{A}$ und A die zugehörigen Inhalte, so ist $\bar{A} = D \cdot A$.

9. a) Bestimme a_2 und b_2 beim Beweis von S 4.

▸ b) Zeige beim Beweis von S 4, daß $D = a_1 b_2 - a_2 b_1 \neq 0$ ist.

c) Bestimme (8) für $P_1(2 \mid 1)$, $P_2(1 \mid 3)$, $\bar{P}_1(3 \mid 2)$, $\bar{P}_2(2 \mid 4)$.

10. Zeige nach Aufg. 9 und Fig. 119.1: Ist $\triangle \bar{P}_1\bar{P}_2\bar{P}_3$ das Bild von $\triangle P_1P_2P_3$ bei (8), so gilt für die Inhalte: $\bar{A} = D \cdot A$ (119.1).

11. Zeige: Bei Flächen, die man durch Dreiecke beliebig genau ausschöpfen kann, gilt:

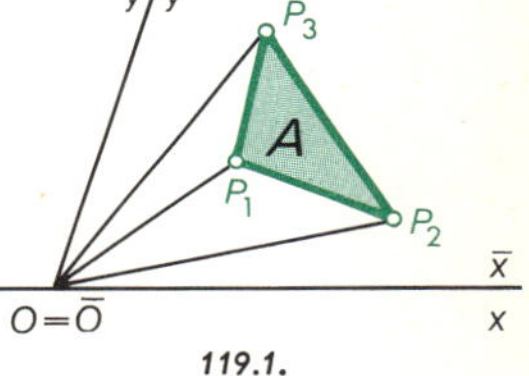

119.1.

S 5 *Flächeninhalte werden bei affinen Abbildungen mit Gl. (8) im gleichen Verhältnis geändert:*
Es ist $\bar{A} = D \cdot A$ mit $D = a_1 b_2 - a_2 b_1 = \begin{vmatrix} a_1 & a_2 \\ b_1 & b_2 \end{vmatrix}$
(Determinante der Abbildungsgleichungen).

S 6 *Ist $D > 0$ (< 0), so haben Original- und Bilddreieck gleichen (entgegengesetzten) Umlaufsinn.*

D 1 Man sagt: $D > 0$ kennzeichnet **gleichsinnige Affinitäten,** $D < 0$ **gegensinnige.** Affinitäten mit $D = 1$ heißen **gleichsinnig flächentreu,** mit $D = -1$ **gegensinnig flächentreu.**

Bemerkung: Wir kamen durch Zusammensetzen von axialen Affinitäten zu allgemeineren Affinitäten. Ein anderer Weg: Man bezieht die Originalfigur auf ein beliebiges x,y-Parallelkoordinatensystem mit Ursprung O, legt ein zweites beliebiges u,v-Parallelsystem mit Ursprung $\bar{O}$ in die Ebene (Fig. 119.2) und ordnet dem Punkt $P(x \mid y)$ das Bild $\bar{P}(u \mid v)$ zu durch $u = x$, $v = y$. Das u,v-System läßt sich im x,y-System durch 6 Zahlen $a_1, b_1, c_1, a_2, b_2, c_2$ festlegen (z. B. $\bar{O}$ durch $(c_1; c_2)$, in der Figur $\bar{O}(4 \mid 3)$). Dadurch kann man $\bar{P}$ auch als $\bar{P}(\bar{x} \mid \bar{y})$ auf das x,y-System beziehen, was wir hier nicht ausführen. Man erhält dann Abbildungsgleichungen von derselben Form, wie wir sie auf S. 120 durch zusätzliche Schiebung aus den auf anderem Wege erhaltenen Gleichungen (8) gewinnen werden (vgl. auch Aufg. 13).

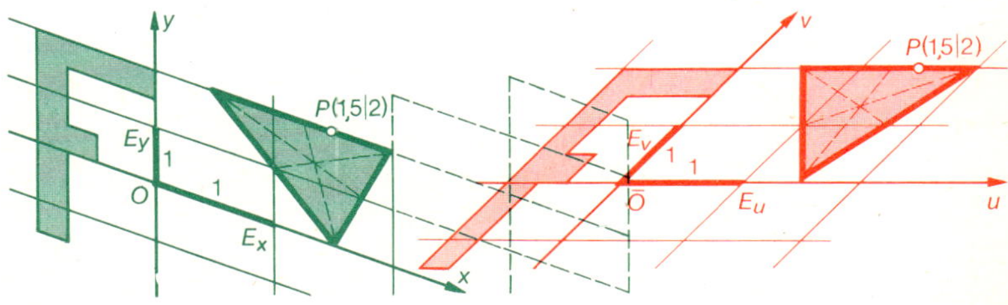

119.2. Gitterabbildung

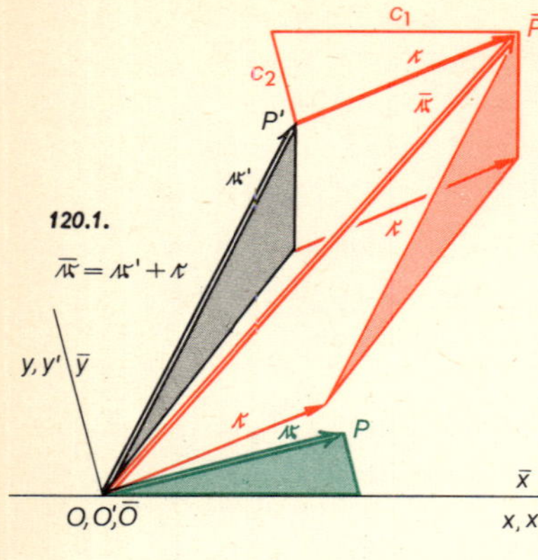

Die Menge $\mathbb{A}$ aller affinen Abbildungen (Allgemeine Affinität)

Auf S. 117 haben wir die Ebene auf sich abgebildet durch eine Affinität der Form (8). Nun wollen wir (8) noch verketten mit einer Parallelverschiebung (Schiebungsvektor $\mathfrak{c} = (c_1; c_2)$). Die 1. Abbildung bilde P auf P', die zweite P' auf $\bar{P}$ ab (Fig. 120.1). Dann ist mit $D = a_1 b_2 - a_2 b_1 \neq 0$

$$x' = a_1 x + b_1 y, \quad y' = a_2 x + b_2 y \tag{8}$$

und $$\bar{x} = x' + c_1, \quad \bar{y} = y' + c_2 \tag{10}$$

Für die Zuordnung $P(x \mid y) \to \bar{P}(\bar{x} \mid \bar{y})$ geben (8) und (10):

$$\begin{array}{l|l} \boldsymbol{\bar{x} = a_1 x + b_1 y + c_1,} & a_1, b_1, c_1, a_2, b_2, c_2 \in \mathbb{R}, \\ \boldsymbol{\bar{y} = a_2 x + b_2 y + c_2} & D = a_1 b_2 - a_2 b_1 \neq 0 \end{array} \tag{11}$$

Bei der Parallelverschiebung ändern sich die in S 1 und S 5 ausgedrückten Eigenschaften offenbar nicht. Gl. (11) erfaßt die Menge aller Affinitäten (8) samt deren Verkettungen mit Parallelverschiebungen. Die so entstandene Gesamtmenge von Abbildungen bezeichnet man

D 3 als **Menge $\mathbb{A}$ aller Affinitäten** oder als die **allgemeine Affinität.** (Vgl. Aufg. 14 und 15 b.)

S 7 **Die Menge $\mathbb{A}$ aller nicht entarteten affinen Abbildungen der Ebene ist eine Gruppe.**

Beweis: I. Die Verkettung (das „Produkt") zweier Abbildungen der Form (11) ist wieder eine solche Abbildung. Wenn $\alpha, \beta \in \mathbb{A}$, so $\beta \circ \alpha \in \mathbb{A}$ (*Abgeschlossenheit* von $\mathbb{A}$). Vgl. Aufg. 15.

II. Die Identität ε, nämlich $\bar{x} = x$, $\bar{y} = y$, ist das *neutrale Element* der Verkettung.

III. Die Verkettung ist assoziativ: $\gamma \circ (\beta \circ \alpha) = (\gamma \circ \beta) \circ \alpha$. Beweis wie auf S. 103.

IV. Zu jedem $\alpha \in \mathbb{A}$ gibt es die inverse Abbildung $\alpha^{-1} \in \mathbb{A}$, mit $\alpha^{-1} \circ \alpha = \varepsilon$. Vgl. Aufg. 16.

Bemerkung: Für $\mathfrak{c} = (c_1; c_2) \neq \mathfrak{o}$ ist O nicht Fixpunkt. Ob (11) einen anderen Fixpunkt oder gar eine Fixpunktgerade hat, ist nicht unmittelbar zu erkennen. Alle Fälle kommen vor.

Aufgaben

12. a) Begründe: Abbildung (11) ist festgelegt durch die Zuordnung $O(0 \mid 0) \to \bar{O}(c_1 \mid c_2)$, $E_x(1 \mid 0) \to \bar{E}_x(a_1 + c_1 \mid a_2 + c_2)$, $E_y(0 \mid 1) \to \bar{E}_y(b_1 + c_1 \mid b_2 + c_2)$ mit $D \neq 0$.
b) Übertrage hiernach S 2 und S 3 auf die Affinität mit den Gleichungen (11).

▸ **13.** Zeige: Sind $P_1 P_2 P_3$ und $\bar{P}_1 \bar{P}_2 \bar{P}_3$ beliebige (nicht entartete) Dreiecke, so legt die Zuordnung $P_1 \to \bar{P}_1$, $P_2 \to \bar{P}_2$, $P_3 \to \bar{P}_3$ eine Affinität (11) fest. Anleit.: Verwende S 4.

▸ **14.** Zeige: Wegen der Umkehrbarkeit und Geradentreue affiner Abbildungen müssen die Abbildungsgleichungen notwendig die Form (11) haben. (Vgl. hierzu die Vollausgabe.)

15. Bilde die Verkettung $\gamma = \beta \circ \alpha$ und zeige, daß $\gamma \in \mathbb{A}$ ist. (In b) sei $d_1 e_2 - d_2 e_1 \neq 0$).

a) $\alpha \begin{cases} \bar{x} = 2x + y + 3 \\ \bar{y} = x - 3y - 2 \end{cases}$ $\beta \begin{cases} \bar{x} = x - y - 1 \\ \bar{y} = -x + 2y + 1 \end{cases}$ b) α wie (11), $\beta \begin{cases} \bar{x} = d_1 x + e_1 y + f_1 \\ \bar{y} = d_2 x + e_2 y + f_2 \end{cases}$

16. Gib α^{-1} in Aufg. 15 a an. Zeige: $\alpha^{-1} \circ \alpha = \varepsilon$.

17. Zeige: Die Gruppe $\mathbb{A}$ ist nicht kommutativ (Verknüpfe z. B. Dehnung und Schiebung).

18. Zeige: Die Menge der gleichsinnig flächentreuen Affinitäten ($D = 1$) ist eine Gruppe. (Wie ist es bei Affinitäten mit $D = -1$? Wie verhält es sich bei Abbildungen mit $D^2 = 1$?)

Einige besondere Untergruppen der Menge $\mathbb{A}$ aller Affinitäten

Wählt man OE_xE_y und $O\bar{E}_x\bar{E}_y$ (Fig. 118.1) bzw. $a_1, a_2, b_1, b_2, c_1, c_2$ bei (11) in spezieller Weise, oder stellt man für die beiden Dreiecke bzw. für die 6 Koeffizienten von (11) besondere Bedingungen auf, so erhält man Teilmengen von $\mathbb{A}$, die oft wieder Gruppen sind, also Untergruppen von $\mathbb{A}$. Weise in folgenden Fällen die 4 Gruppeneigenschaften nach (S. 120).

1. $\bar{\mathfrak{n}}_1 = \mathfrak{n}_1 = (1;0)$ und $\bar{\mathfrak{n}}_2 = \mathfrak{n}_2 = (0;1)$ gibt $a_1 = b_2 = 1,\ a_2 = b_1 = 0$, also in (11): $\boldsymbol{\bar{x} = x + c_1,\ \bar{y} = y + c_2}$. Man erhält die **Translationen** als Untergruppe von $\mathbb{A}$.

2. $\mathfrak{i} = (c_1; c_2) = \mathfrak{o}$ gibt die Affinitäten (8) mit Fixpunkt O. Wir bezeichnen diese Untergruppe von $\mathbb{A}$ mit $\mathbb{A}_O$. (O kann jeder Punkt der Ebene sein, es gibt unendlich viele Untergruppen der Art $\mathbb{A}_O$). Im folgenden betrachten wir wieder Untergruppen von $\mathbb{A}_O$.

3. $\bar{\mathfrak{n}}_1 = \mathfrak{n}_1,\ \bar{\mathfrak{n}}_2 = \mathfrak{n}_2$ gibt $a_1 = b_2 = 1,\ a_2 = b_1 = 0$, also $\boldsymbol{\bar{x} = x,\ \bar{y} = y}$, die **Identität.** Sie ist eine (triviale) Untergruppe von $\mathbb{A}$ und $\mathbb{A}_O$ und ist Element jeder Untergruppe von $\mathbb{A}$.

4. $\bar{\mathfrak{n}}_1 = \mathfrak{n}_1$ gibt $\boldsymbol{\bar{x} = x + b_1 y,\ \bar{y} = b_2 y}$, also **axiale Affinitäten** mit der x-Achse als Affinitätsachse. Sie sind die Gruppe $\mathbb{A}_s$ von S 5 in § 22. (Was ergibt $\bar{\mathfrak{n}}_2 = \mathfrak{n}_2$ statt $\bar{\mathfrak{n}}_1 = \mathfrak{n}_1$?).

5. $\bar{\mathfrak{n}}_1 = \mathfrak{n}_1,\ \bar{\mathfrak{n}}_2 = (b_1; 1)$ gibt $\boldsymbol{\bar{x} = x + b_1 y,\ \bar{y} = y}$, die **Scherungen** bzgl. der x-Achse, eine kommutative Untergruppe von $\mathbb{A}_s$. (Wie ist es bei $\bar{\mathfrak{n}}_1 = \mathfrak{n}_1,\ \bar{\mathfrak{n}}_2 = b_2\mathfrak{n}_2$?)

6. $\bar{\mathfrak{n}}_1 = a_1\mathfrak{n}_1,\ \bar{\mathfrak{n}}_2 = b_2\mathfrak{n}_2$ gibt $\boldsymbol{\bar{x} = a_1 x,\ \bar{y} = b_2 y}$, die **Euler-Affinitäten** mit der x- und y-Achse als Hauptrichtungen. Sie bilden eine kommutative Gruppe (§ 23, Aufg. 16).

7. $a_1 = b_2 = k$ in Nr. 6 gibt $\boldsymbol{\bar{x} = k x,\ \bar{y} = k y}$, die **zentrischen Streckungen** bzgl. O. Sie bilden als Untergruppe der Euler-Affinitäten eine kommutative Gruppe.

Bisher haben wir im „Grunddreieck“ OE_xE_y (und auch in $\triangle O\bar{E}_x\bar{E}_y$) weder die Winkel gemessen noch die Längen von OE_x und OE_y verglichen; wir haben nur *affine* Mittel benutzt. Nun wollen wir auch *metrische* Mittel zulassen, z. B. Winkel messen und Streckenlängen mit *einer* Einheit vergleichen. Die affin gewonnenen Eigenschaften bleiben dabei erhalten.

8. Ist $\mathfrak{n}_1 \perp \mathfrak{n}_2,\ \bar{\mathfrak{n}}_1 \perp \bar{\mathfrak{n}}_2,\ |\mathfrak{n}_1| = |\mathfrak{n}_2| = |\bar{\mathfrak{n}}_1| = |\bar{\mathfrak{n}}_2| = 1$ mit $D > 0$ (Fig. 121.1), so entsteht $\triangle O\bar{E}_x\bar{E}_y$ aus $\triangle OE_xE_y$ durch Drehung um O mit Drehwinkel φ.

Auf S. 118 ergab sich:

$$(12)\quad \begin{cases} \bar{\mathfrak{n}}_1 = a_1\mathfrak{n}_1 + a_2\mathfrak{n}_2 & \Big|\cdot\mathfrak{n}_1 \Big|\cdot\mathfrak{n}_2 \\ \bar{\mathfrak{n}}_2 = b_1\mathfrak{n}_1 + b_2\mathfrak{n}_2 & \Big|\cdot\mathfrak{n}_1 \Big|\cdot\mathfrak{n}_2 \end{cases}$$

Wegen $\mathfrak{n}_1\cdot\bar{\mathfrak{n}}_1 = \cos\varphi;\quad \mathfrak{n}_2\cdot\bar{\mathfrak{n}}_1 = \sin\varphi;$ $\mathfrak{n}_1\cdot\bar{\mathfrak{n}}_2 = -\sin\varphi;\ \mathfrak{n}_2\cdot\bar{\mathfrak{n}}_2 = \cos\varphi;$ $\mathfrak{n}_1\cdot\mathfrak{n}_1 = \mathfrak{n}_2\cdot\mathfrak{n}_2 = 1;\quad \mathfrak{n}_1\cdot\mathfrak{n}_2 = 0$

gibt (12): $\cos\varphi = a_1;\ \sin\varphi = a_2;\ -\sin\varphi = b_1;\ \cos\varphi = b_2$. Es geht daher (8) über in:

$$(13)\quad \begin{cases} \boldsymbol{\bar{x} = x\cdot\cos\varphi - y\cdot\sin\varphi} \\ \boldsymbol{\bar{y} = x\cdot\sin\varphi + y\cdot\cos\varphi} \end{cases}$$

Drehungen um *O*, also **Kongruenzabbildungen.** Sie bilden eine kommutative Gruppe.

9. Aus (13) folgt, daß $\boldsymbol{\bar{x} = k(x\cdot\cos\varphi - y\cdot\sin\varphi),\ \bar{y} = k(x\cdot\sin\varphi + y\cdot\cos\varphi),\ k \neq 0}$, (14) Drehungen um O mit gleichzeitiger Streckung von O aus im Verhältnis $k:1$, also **Drehstreckungen bzgl. *O*** bedeuten, es sind **Ähnlichkeitsabbildungen.** Auch sie bilden eine kommutative Gruppe.

Gl. (14) lautet in der Form (8): $\bar{x} = ax - by,\ \bar{y} = bx + ay$ mit $D = a^2 + b^2 = k^2 > 0$. Bei (13) ist $D = 1$ (wieso?).

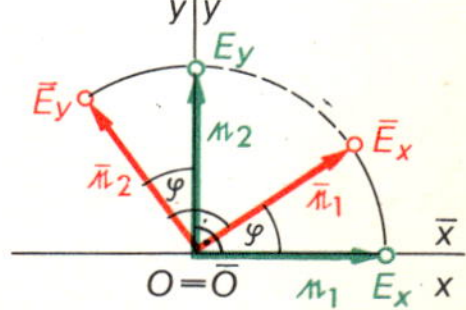

121.1. $\mathfrak{n}_1 \perp \mathfrak{n}_2,\ \bar{\mathfrak{n}}_1 \perp \bar{\mathfrak{n}}_2$

27 Parallelverschiebung von Ellipse, Hyperbel, Parabel. Die allgemeine Gleichung 2. Grades mit zwei Variablen

Die Parallelverschiebungen bilden eine wichtige Untergruppe der affinen Gruppe. Wir wollen sie auf Ellipse, Hyperbel und Parabel anwenden (vgl. § 26). Jedem Ebenenpunkt $P(x \mid y)$ wird durch die Gleichungen $\bar{x} = x + c_1$, $\bar{y} = y + c_2$ (I) als Bild $\bar{P}(\bar{x} \mid \bar{y})$ zugeordnet und so die ganze Ebene (samt Figuren) in sich um den Vektor $(c_1; c_2)$ verschoben (Fig. 122.1). (Im Gegensatz zu § 2, wo das *Achsenkreuz verschoben* wurde, bleibt dieses jetzt fest.) Wir verwenden im folgenden Orthonormalsysteme.

Ist eine Kurve in *Parameterdarstellung* gegeben, z. B. eine Ellipse durch $x = a \cdot \cos\varphi$, $y = b \cdot \sin\varphi$ (vgl. S. 106), so gilt für ihr Bild nach (I): $\bar{x} = a \cdot \cos\varphi + c_1$, $\bar{y} = b \cdot \sin\varphi + c_2$.

122.1.

Ist eine Kurve durch eine *Relation* zwischen x und y gegeben, z. B. durch $\frac{x^2}{a^2} + \frac{y^2}{b^2} = 1$ (★), so erhält man mittels $\begin{matrix} x = \bar{x} - c_1 \\ y = \bar{y} - c_2 \end{matrix}$ (I') die Gleichung des Bildes. (I') in (★) eingesetzt gibt als Gleichung der verschobenen Ellipse $\frac{(\bar{x} - c_1)^2}{a^2} + \frac{(\bar{y} - c_2)^2}{b^2} = 1$ (II).

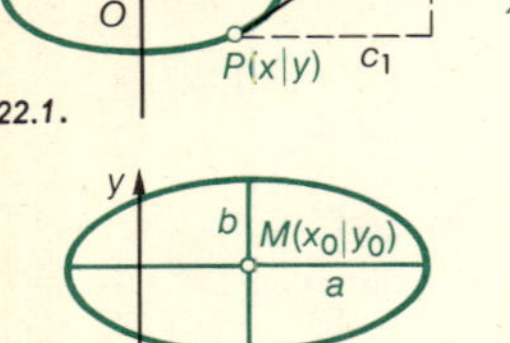

122.2.

Betrachtet man nur die Bildkurve, so läßt man die Querstriche weg. Sind die Mittelpunktskoordinaten $(x_0; y_0)$, so erhält man dann die

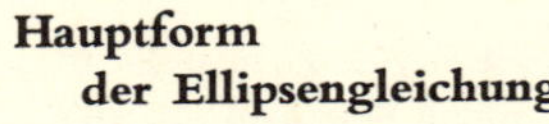

Hauptform der Ellipsengleichung $$\frac{(x - x_0)^2}{a^2} + \frac{(y - y_0)^2}{b^2} = 1 \quad (15)$$

Entsprechend für die **Hyperbel** (wenn die Hauptachse parallel zur x-Achse bzw. zur y-Achse ist):

$$\frac{(x - x_0)^2}{a^2} - \frac{(y - y_0)^2}{b^2} = 1 \quad (16)$$

$$-\frac{(x - x_0)^2}{a^2} + \frac{(y - y_0)^2}{b^2} = 1 \quad (17)$$

122.3.

Für die **Parabel** mit den *Scheitelkoordinaten* $(x_0; y_0)$ gilt bei $p > 0$ und Öffnung „nach rechts (links)" bzw. „nach oben (unten)":

$$(y - y_0)^2 = \pm 2p(x - x_0) \quad (18)$$

$$(x - x_0)^2 = \pm 2p(y - y_0) \quad (19)$$

Vergleiche zu diesen Gleichungen die Figuren 122.2, 122.3, 122.4.

122.4.

Beispiel 1: Die Ellipse mit $M(2 \mid 1)$, $a = 4$, $b = 3$ hat die Gleichung $\frac{(x-2)^2}{16} + \frac{(y-1)^2}{9} = 1$. Quadriert man aus und ordnet, so erhält man die Gleichung $9x^2 + 16y^2 - 36x - 32y - 92 = 0$.

Beispiel 2: Ist die Gleichung $x^2 - 3y^2 + 2x + 18y - 14 = 0$ gegeben, so ordnet man um: $x^2 + 2x - 3(y^2 - 6y) = 14$ und erhält durch „quadratische Ergänzung" (vgl. S. 27):

$$\left.\begin{matrix} x^2 + 2x + 1 - 3(y^2 - 6y + 9) = 14 + 1 - 3 \cdot 9 \\ (x+1)^2 - 3(y-3)^2 = -12 \end{matrix}\right\} \text{ bzw. } -\frac{(x+1)^2}{12} + \frac{(y-3)^2}{4} = 1$$

Dies ist die Gleichung einer Hyperbel mit dem Mittelpunkt $M(-1 \mid 3)$, der halben Hauptachse 2 parallel zur y-Achse und der halben Nebenachse $2\sqrt{3}$ parallel zur x-Achse.

(15) bis (19) führen beim Ausquadrieren und Ordnen auf eine Gleichung der Form

$$A x^2 + B y^2 + C x + D y + E = 0\,, \quad (A; B) \neq (0; 0) \qquad (20)$$

Allgemeine Gleichung 2. Grades ohne xy-Glied

Fall I: $A \neq 0$ und $B \neq 0$: Aus (20) kommt durch quadratische Ergänzung:

$$A\left(x^2 + \frac{C}{A}x\right) + B\left(y^2 + \frac{D}{B}y\right) = -E \quad \Big| \text{ mit } K \text{ als Abkürzung:}$$

$$A\left(x^2 + \frac{C}{A}x + \frac{C^2}{4A^2}\right) + B\left(y^2 + \frac{D}{B}y + \frac{D^2}{4B^2}\right) = \frac{C^2}{4A} + \frac{D^2}{4B} - E = K \qquad \text{(I)}$$

Für $K \neq 0$:
$$\frac{\left(x + \frac{C}{2A}\right)^2}{K:A} + \frac{\left(y + \frac{D}{2B}\right)^2}{K:B} = 1 \qquad \text{(II)}$$

S 1 *Unterfall 1:* A und B haben dasselbe Vorzeichen. Gleichung (20) beschreibt dann

a) für $K \neq 0$: α) eine **Ellipse,** falls K das gleiche Vorzeichen wie A und B hat,
β) **keinen Punkt,** falls K das entgegengesetztes Vorzeichen wie A und B hat;

b) für $K = 0$: **genau einen Punkt** mit den Koordinaten $x_1 = -C:2A$; $y_1 = -D:2B$.

S 2 *Unterfall 2:* A und B haben entgegengesetzte Vorzeichen. Gleichung (20) beschreibt nun

a) für $K \neq 0$: eine **Hyperbel** mit der Hauptachse parallel zur $x(y)$-Achse, falls K dasselbe Vorzeichen wie $A(B)$ hat,

b) für $K = 0$: ein **Geradenpaar** m. d. Gl. $\quad y + \frac{D}{2B} = \pm\sqrt{-A:B}\left(x + \frac{C}{2A}\right)$.

Fall II: $A = 0$ oder $B = 0$: Ist z. B. $A = 0$, also nach Voraussetzung $B \neq 0$, so wird aus (20)

$$B\left(y^2 + \frac{D}{B}y + \frac{D^2}{4B^2}\right) = -Cx - E + \frac{D^2}{4B} \text{ bzw. } \left(y + \frac{D}{2B}\right)^2 = -\frac{C}{B}x + \left(\frac{-E}{B} + \frac{D^2}{4B^2}\right) \qquad \text{(III)}$$

S 3 *Unterfall 1:* a) $A = 0,\ B \neq 0,\ C \neq 0$; (III) beschreibt eine **Parabel** (Achse $y = -D:2B$),

b) $A \neq 0,\ B = 0,\ D \neq 0$; (III) beschreibt ebenfalls eine **Parabel** (Achse $x = -C:2A$).

Unterfall 2: a) $A = 0,\ B \neq 0,\ C = 0$ ergibt in (III): $y + \frac{D}{2B} = \pm\sqrt{\frac{-4BE + D^2}{4B^2}}$.

Als Bild von (20) erhält man $\left\{\begin{array}{l}\textbf{zwei Parallelen,}\\ \textbf{eine Gerade,}\\ \textbf{keine Punkte,}\end{array}\right\}$ falls $D^2 - 4BE \gtreqless 0$ ist.

b) $A \neq 0,\ B = 0,\ D = 0$ ergibt dasselbe wie a), falls $C^2 - 4AE \gtreqless 0$ ist.

Bemerkung: Für $A \neq 0$, $B = 0$, $D \neq 0$ läßt sich (20) in die Form $y = ax^2 + bx + c$ (21) bringen, die Gleichung einer Parabel, welche für $a > 0$ ($a < 0$) nach oben (unten) geöffnet ist.

Beispiel 3: Parabel (Achse parallel zur y-Achse) durch $P_1(-1 \mid 1{,}5)$, $P_2(2 \mid 0)$, $P_3(4 \mid 4)$.

Lösung: Mit dem Ansatz $y = ax^2 + bx + c$ erhält man die 3 Inzidenzbedingungen:

$$\begin{aligned} a - b + c &= 1{,}5 \\ 4a + 2b + c &= 0 \\ 16a + 4b + c &= 4 \end{aligned}$$

Das System hat die Lösungszahlen 0,5; -1; 0 für $a; b; c$ (rechne nach). Die Parabel hat also die Gleichung $y = \frac{1}{2}x^2 - x$ oder nach quadratischer Ergänzung in der Hauptform $(x-1)^2 = 2\left(y + \frac{1}{2}\right)$ mit $p = 1$ und $S\left(1 \mid -\frac{1}{2}\right)$.

Aufgaben

1. a) Bestimme die Gleichung der Ellipse mit $a = 4$ und $b = 3$, deren Hauptachse auf die x-Achse fällt und die die y-Achse von rechts her berührt.

b) Wie lautet die Gleichung der Hyperbel mit der Hauptachse $2a = 6$ parallel zur x-Achse und der Nebenachse $2b = 10$, deren Mittelpunkt im I. Feld auf der 1. Winkelhalbierenden liegt und die durch den Koordinatenursprung O geht?

c) Welche Gleichung hat die Parabel mit Achse parallel zur x-Achse, die die y-Achse berührt und durch die Punkte $P_1(2 \mid 0)$ und $P_2(4{,}5 \mid 2{,}5)$ geht? (2 Lösungsparabeln)

2. Bestimme Art der Kurve, Mittelpunkt bzw. Scheitel, Halbachsen bzw. Parameter:
a) $4x^2 + 9y^2 - 32x + 18y + 37 = 0$ b) $x^2 + 2x - 10y + 6 = 0$
c) $4x^2 - y^2 + 20x + 6y = 0$ d) $y^2 = 4ax + 4a^2$ $(a \gtrless 0)$
e) $x^2 - y^2 - 2ax + 2a^2 = 0$ f) $4x^2 + 5y^2 + 40y = 0$

3. Zeige, daß Ellipse, Hyperbel, Parabel mit der Hauptachse auf der x-Achse die gemeinsame Gleichungsform $y^2 = 2px + qx^2$ $(p > 0,\ q \gtreqless 0)$ (21) (sogen. *Scheitelgleichung*) haben, wenn sie die y-Achse von rechts (bei $p > 0$!) berühren. Vgl. § 6, Aufg. 12.

4. Welche Gleichung hat die Hyperbel, deren Asymptoten die Gl. $y_{I;II} = 2 \pm \frac{1}{3}\sqrt{3}\,x$ haben und die a) durch den Ursprung O geht, b) einen Brennpunkt in O hat?

5. Bestimme Gleichung, Scheitel und Parameter für die Parabel, deren Achse parallel zur y-Achse ist und die durch folgende 3 Punkte P_1, P_2, P_3 geht:
a) $P_1(-4 \mid 0)$, $P_2(0 \mid 8)$, $P_3(6 \mid 5)$ b) $P_1(0 \mid 0)$, $P_2(2 \mid 3)$, $P_3(4 \mid 5)$
(Ansatz $y = ax^2 + bx + c$, Koeffizienten, Hauptform oder sofort Ansatz der Hauptform.)

6. Verfahre wie in Aufg. 5, wenn die Parabelachse parallel zur x-Achse ist.
a) $P_1(-3 \mid -3)$, $P_2(0 \mid 0)$, $P_3(5 \mid 3)$ b) $P_1(3 \mid 0)$, $P_2(0 \mid -1)$, $P_3(-5 \mid 4)$

7. Führe die Umformung bei S 3 für $A \neq 0$, $B = 0$, $D \neq 0$ durch samt geom. Deutung.

8. Bestimme die parameterfreie Gleichung und die Lage der Kurve mit der Parameterdarstellung: a) $x = 4 \cdot \cos t$, $y = 2 \cdot \cos 2t$ b) $x = a \cdot \cos 2t$, $y = b \cdot \sin t$

Bemerkung 1: Dreht man eine Kurve m. d. Gl. (20) um O, so erhält man die Gleichung der gedrehten Kurve, wenn man die Drehformel (13) in § 26 nach x und y auflöst, also $x = \bar{x} \cdot \cos\varphi + \bar{y} \cdot \sin\varphi$, $y = -\bar{x} \cdot \sin\varphi + \bar{y} \cdot \cos\varphi$ (*) bildet und in (20) einsetzt. Aus x^2 wird dann $\bar{x}^2 \cdot \cos^2\varphi + 2\bar{x}\bar{y} \cdot \sin\varphi \cdot \cos\varphi + \bar{y}^2 \cdot \sin^2\varphi$, usw. In der so entstehenden Gleichung 2. Grades tritt also im allgemeinen ein $\bar{x}\bar{y}$-Glied auf.

Umgekehrt stellt jede Gleichung der Form $ax^2 + bxy + cy^2 + dx + ey + f = 0$ (22) mit $(a; b; c) \neq (0; 0; 0)$ eine Kurve dar, die durch Drehung in eine Kurve m. d. Gl. (20) übergeht. Man nennt (22) die „allgemeine Gleichung 2. Grades“ (mit xy-Glied).
Beweis: Setzt man (*) in (22) ein, so hat das $\bar{x}\bar{y}$-Glied den Koeffizienten (rechne nach) $\bar{b} = 2(a - c)\sin\varphi \cdot \cos\varphi + b(\cos^2\varphi - \sin^2\varphi)$, also $\bar{b} = (a - c)\sin 2\varphi + b \cdot \cos 2\varphi$.
Wählt man nun φ so, daß $\bar{b} = 0$ ist, so hat die gedrehte Kurve eine Gleichung der Form (20). Dies ist der Fall für $\tan 2\varphi = b : (c - a)$; bei $c - a = 0$ für $\varphi = 45°$.
Bemerkung 2: Im Anhang wird gezeigt, daß man alle Kurven mit einer Gleichung der Form (20) oder (22) als „Kegelschnitte“ bezeichnen kann.

Abbildung durch Zentralprojektion

In § 20 von Kapitel III haben wir eine Ebene durch *Parallelprojektion* auf eine andere Ebene abgebildet. In § 25 ergab sich dabei als *Bild eines Kreises* eine Ellipse.
Nun wollen wir den Kreis von einem Zentrum S aus, also durch *Zentralprojektion*, auf eine Ebene abbilden.
Zunächst nehmen wir S auf der Senkrechte zur Kreisebene an, die durch den Kreismittelpunkt geht. Die Projektionsstrahlen bilden dann einen orthogonalen Kreiskegel (Fig. 125.1). Das Kreisbild entsteht somit als ebener Schnitt eines solchen Kegels.

Ebener Schnitt eines orthogonalen Kreiskegels

❶ Beobachte den Schattenrand, den der Lichtkegel einer Lampe auf Tisch, Boden, Wand, schrägem Pultdeckel hervorbringt. Wie ändert sich die Schattengrenze, wenn man die Lampe kippt? Beachte, daß die Kurven nicht immer „geschlossen" sind.

Ersetzt man den Zylinder in S 4 von § 25 durch einen orthogonalen Kreiskegel, so tritt die Frage auf, welche Schnittkurven sich jetzt ergeben. In Fig. 125.1 bis 3 geht die Zeichenebene durch die Kegelachse und ist senkrecht zur Schnittebene E.

In Fig. 125.1 ist der Neigungswinkel σ der Ebene E kleiner als der „Böschungswinkel" β des Kegels; die Ebene schneidet alle Mantellinien des Kegels, es entsteht daher eine geschlossene Schnittkurve.
In Fig. 125.2 ist $\sigma = \beta$, die Ebene ist parallel zu einer Mantellinie, die Schnittkurve reicht ins Unendliche.

In Fig. 125.3 ist $\sigma > \beta$, die Ebene dringt auch in den „Scheitelkegel" ein, es entstehen daher 2 Kurvenäste, die ins Unendliche reichen. In diesem Fall ist E parallel zu 2 Mantellinien.

Nach Fig. 125.1, 2, 3 vermutet man den Satz:

S 1 **Die Schnittkurve eines senkrechten Kreiskegels mit einer Ebene ist**
a) **eine Ellipse, wenn die Schnittebene zu *keiner* Mantellinie parallel ist,**
b) **eine Parabel, wenn die Schnittebene zu *einer* Mantellinie parallel ist,**
c) **eine Hyperbel, wenn die Schnittebene zu *zwei* Mantellinien parallel ist.**

Dabei ist angenommen, daß die Ebene nicht durch die Kegelspitze geht. Beweis: siehe Aufg. 5 und 6.

D 1 Die Kurven **Ellipse, Parabel, Hyperbel** nennt man **Kegelschnitte.**

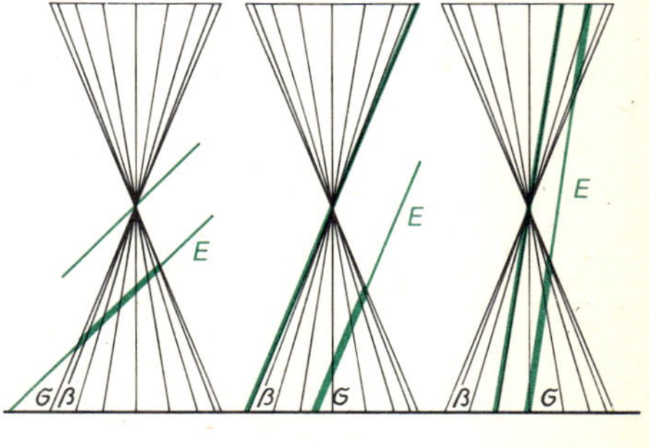

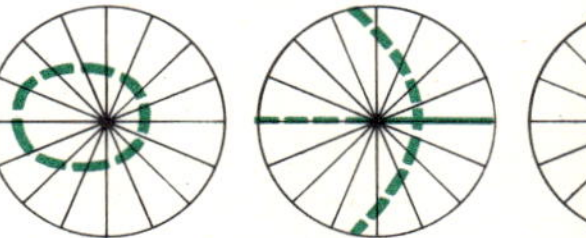

125.1, 2, 3.

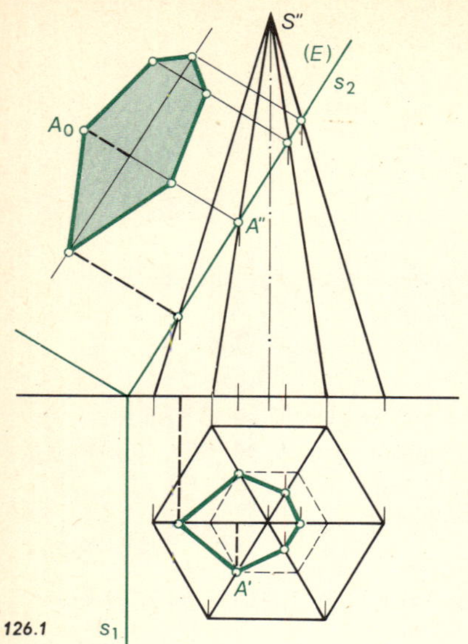

126.1

Konstruktion der Kegelschnitte

In Fig. 126.1 ist zunächst eine regelmäßige sechsseitige Pyramide, in Fig. 126.2 dann ein orthogonaler Kreiskegel in Grund- und Aufriß gezeichnet. Die senkrecht zur Aufrißebene (A. E.) verlaufende Schnittebene E wird um s_2 in die Aufrißebene umgeklappt. s_2 ist dabei die Schnittgerade von E mit der A. E. Die Längen von Strecken senkrecht zur Aufrißebene werden aus der Grundrißebene (G. E.) in die Umklappungsfigur übertragen. Verfolge die Konstruktion des Punktes A_0 in Fig. 126.1. Verwende zur Konstruktion von Kegelschnittpunkten in Fig. 126.2 entweder Hilfskreise parallel zur G. E. (bei P) oder Mantellinien (bei Q).

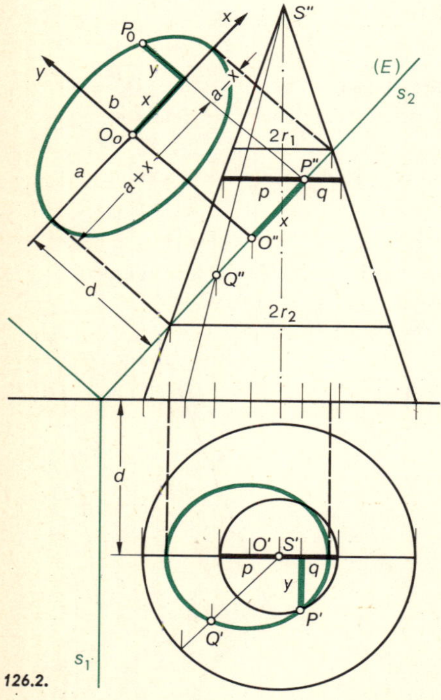

126.2.

Aufgaben

1. a) Schneide wie in Fig. 126.1 die um 30° um ihre Achse gedrehte Pyramide.
   b) Führe die Konstruktion in 126.2 durch für den Grundkreisradius $r = 8$ cm und für $\beta = 70°$, $\sigma = 45°$ (vgl. Fig. 125.1).
   c) Klappe die Schnittkurve auch in die Grundrißebene.
2. Übertrage die Konstruktion von Fig. 126.2
   a) auf einen Hyperbelschnitt (Fig. 125.3 und 127.1) für $r = 10$ (8) cm, $\beta = 30°$ (45°), $\sigma = 60°$ (90°). (Lege bei $\sigma = 90°$ die Schnittebene parallel zur Aufrißebene im Abstand 1,5 cm von der Kegelachse.) Beachte, daß die Kegelmantellinien, welche zur Schnittebene parallel sind, die Asymptotenrichtungen angeben;
   b) auf einen Parabelschnitt (127.2) $r = 8$ cm, $\beta = \sigma = 60°$. Wie ändert sich die Parabel, wenn man die Schnittebene parallel verschiebt?
3. Warum hat wohl A. Dürer als Schnittkurve statt einer Ellipse eine Eilinie mit nur einer Symmetrieachse erwartet? Vgl. das Sechseck in Fig. 126.1.
4. Suche in Fig. 126.1 und 2 und in Fig. 127.1 affine Figuren (d. h. je zwei Figuren, die durch affine Abbildung auseinander hervorgehen).

Bemerkung: Die Buchstaben a, b, x, p, q, r_1, r_2 in Fig. 126.2 beziehen sich auf Aufg. 5.

5. a) Verfolge nach Fig. 126.2 folgende Gleichungsherleitung und begründe sie: $y^2 = p\,q$;

$p : 2\,r_1 = (a + x) : 2\,a; \qquad q : 2\,r_2 = (a - x) : 2\,a$

also $\quad p = \frac{r_1}{a}(a + x)$ und $q = \frac{r_2}{a}(a - x)$,

somit $\quad y^2 = \frac{r_1}{a}(a + x) \cdot \frac{r_2}{a}(a - x)$

oder $\quad \frac{y^2}{r_1\,r_2} = \frac{a^2 - x^2}{a^2}$; also $\frac{x^2}{a^2} + \frac{y^2}{r_1\,r_2} = 1$

b) Wie kann man also die kleine Achse der Schnittellipse berechnen, wie läßt sie sich konstruieren?

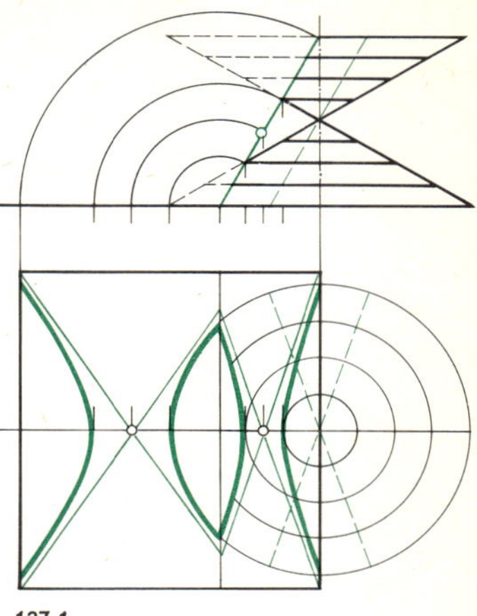

127.1.

6. a) Übertrage die Gleichungsherleitung in Aufg. 5 auf den hyperbolischen Schnitt. Wähle O in der Mitte zwischen den Kurvenscheiteln und nenne deren Abstand $2\,a$. Zeige, daß man erhält: $\frac{x^2}{a^2} - \frac{y^2}{r_1\,r_2} = 1$.

b) Mache dasselbe für den parabolischen Schnitt (Fig. 127.2). Begründe, daß $x : q = s_0 : 2\,r_0$ und daß $p = 2\,r_0$ ist. Leite so die Gleichung her: $y^2 = \frac{4\,r_0^2}{s_0}\,x$.

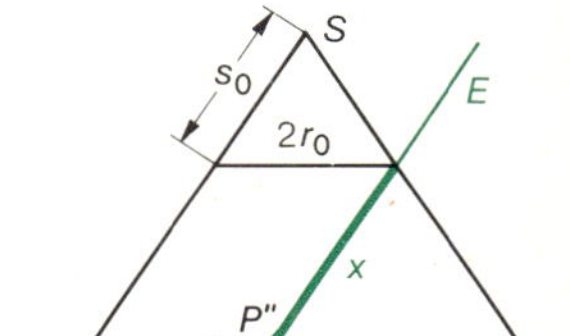

127.2.

7. a) Warum folgt aus S 3, daß der Schatten, den eine Kugel bei punktförmiger Lichtquelle auf eine beliebige Ebene wirft, eine Ellipse, Parabel oder Hyperbel als Rand hat?

b) Nach welchem Satz gilt dies auch für den Schatten einer Kreisscheibe? Warum nicht nach S 3?

8. a) Deute Fig. 127.3 als Darstellung eines Kegels und einer schiefen Schnittebene in Eintafelprojektion mit Höhenlinien und Höhenzahlen („kotierte Projektion"). Wie ergibt sich die eingezeichnete Schnittkurve?

b) Deute Fig. 127.3 nur als ebene Figur (Kreisschar und Parallelenschar). Der Punkt S hat von der gestrichelten Gerade den doppelten Abstand wie vom Mittelpunkt der Kreise. Warum gilt dasselbe von den übrigen Punkten der gezeichneten Kurve?

c) Deute Fig. 49.4 als Eintafelprojektion wie in a). Welcher Unterschied besteht dann zwischen Fig. 49.4 und Fig. 127.3?

d) Wie ändert sich Fig. 127.3 für einen hyperbolischen Schnitt?

e) Warum ist die Horizontalprojektion einer solchen Schnittellipse, -parabel oder -hyperbel wieder eine Ellipse, Parabel oder Hyperbel?

f) Wieso kann man aus 8b) bis 8e) schließen, daß für die Punkte eines Kegelschnitts das Verhältnis λ ihrer Abstände von einem festen Punkt und einer festen Gerade konstant ist?

Wie hängt die Art des Kegelschnitts von diesem Verhältnis λ ab?

9. Zeige: Parallele Schnittebenen schneiden den Kegel in ähnlichen Kurven.

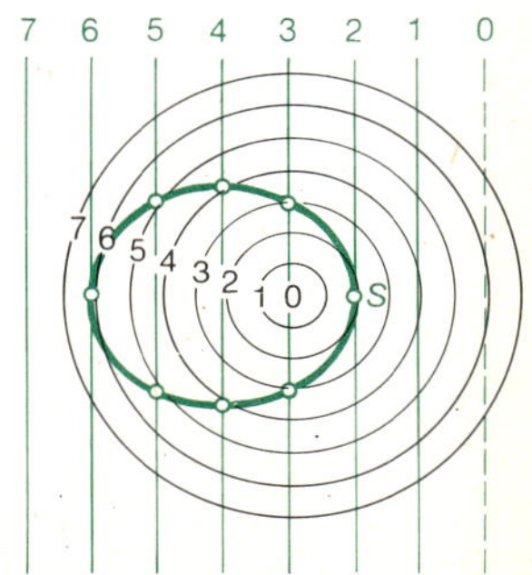

127.3.

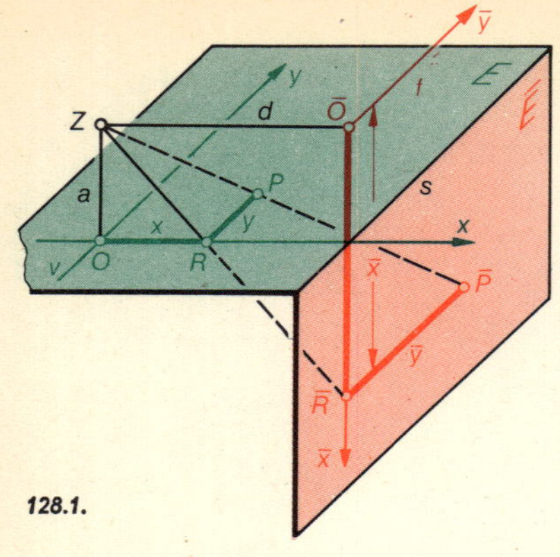

128.1.

Abbildung durch Zentralprojektion

Auf S. 125 hatte uns der Gedanke der Projektion eines Kreises auf eine Ebene von einem „Zentrum" Z aus zu der Betrachtung der ebenen Schnitte eines orthogonalen Kreiskegels geführt. Der Abbildung einer Ebene auf eine andere durch Zentralprojektion und der z.B. durch Zusammensetzung solcher Abbildungen entstehenden Gruppe der „Projektivitäten" bzw. „Kollineationen" ist in der Vollausgabe dieses Buches ein ganzes Kapitel IV gewidmet.

Hier folge nur ein Beispiel:

In Fig. 128.1 ist in einem Schrägbild je ein Stück einer **Ebene** E und einer zu ihr nicht parallelen **Bildebene** $\bar{E}$ skizziert. Das **Zentrum** Z, das weder in E noch in $\bar{E}$ liegt, wird mit dem Punkt P in E durch eine „Projektionsgerade" verbunden und diese wird von $\bar{E}$ in $\bar{P}$ geschnitten.

Die Abbildung $P \to \bar{P}$ heißt eine **Zentralkollineation**, die Schnittgerade s von E und $\bar{E}$ heißt **Kollineationsachse.** Ihre Punkte entsprechen sich selbst, sind also Fixpunkte.

Überlege, daß die Punkte der Gerade v in E (als y-Achse gewählt) kein Bild in $\bar{E}$ haben; v heißt daher **Verschwindungsgerade.** E und $\bar{E}$ werden also nicht ausnahmslos eineindeutig aufeinander abgebildet. (In $\bar{E}$ gibt es entsprechend eine Gerade, deren Punkte keine Bilder von Punkten der Ebene E sind. Man nennt sie **Fluchtgerade** f. In Fig. 128.1 liegt sie in dem „oberen" Teil von $\bar{E}$, der nicht gezeichnet ist. Beim Photographieren flacher Landschaften oder des Meeres ist f die Horizontlinie.)

Abbildungsgleichungen. In E und $\bar{E}$ sind zweckmäßige Orthonormalsysteme gewählt, deren Lage der Fig. 128.1 zu entnehmen ist. Man liest ab:

$$\frac{\bar{x}}{d} = \frac{a}{x}, \qquad \frac{\bar{y}}{y} = \frac{\overline{Z\bar{R}}}{\overline{ZR}} = \frac{d}{x} = \frac{\bar{x}}{a}.$$

Daraus folgen die Abbildungsgleichungen (23) und die Gleichungen (24) der Inversen:

$$\bar{x} = \frac{a\,d}{x}, \quad \bar{y} = \frac{d\,y}{x} \quad (23) \qquad\qquad x = \frac{a\,d}{\bar{x}}, \quad y = \frac{a\,\bar{y}}{\bar{x}} \quad (24)$$

Zur Verschwindungsgerade, zu den Bildern von Geraden und Parallelen siehe Aufg. 10 und 11.

Bilder von Kreisen. Eine Schar konzentrischer Kreise in E (Fig. 129.1) habe den Mittelpunkt M auf der x-Achse, also die Gleichung $(x-p)^2 + y^2 = r^2$ (I). Mit (24) folgt aus (I):

$$\left(\frac{a\,d}{\bar{x}} - p\right)^2 + \left(\frac{a\,\bar{y}}{\bar{x}}\right)^2 = r^2 \text{ bzw. } (a\,d - p\,\bar{x})^2 + a^2\,\bar{y}^2 = r^2\,\bar{x}^2 \text{ bzw.}$$

$$(p^2 - r^2)\,\bar{x}^2 - 2\,\bar{x}\cdot a\,d\,p + a^2\,\bar{y}^2 = -\,a^2\,d^2 \qquad \text{(II)}$$

Fall 1: $p^2 - r^2 \neq 0$. Man erhält dann durch quadratische Ergänzung:

$$(p^2 - r^2)\left(\bar{x}^2 - 2\,\bar{x}\cdot\frac{a\,d\,p}{p^2 - r^2} + \frac{a^2\,d^2\,p^2}{(p^2 - r^2)^2}\right) + a^2\,\bar{y}^2 = -\,a^2\,d^2 + \frac{a^2\,d^2\,p^2}{p^2 - r^2}$$

$$\frac{\left(\bar{x} - \dfrac{a\,d\,p}{p^2 - r^2}\right)^2}{\dfrac{a^2\,d^2\,r^2}{(p^2 - r^2)^2}} + \frac{\bar{y}^2}{\dfrac{d^2\,r^2}{p^2 - r^2}} = 1 \qquad \text{(III)}$$

a) Ist $p > r$, d.h. meidet der Kreis in E die Verschwindungsgerade v, so ist (III) die Gleichung einer Ellipse mit den Halbachsen

$$\frac{a\,d\,r}{p^2 - r^2} \quad \text{und} \quad \frac{d\,r}{\sqrt{p^2 - r^2}}$$

Vgl. die beiden Ellipsen der Ebene $\bar{E}$ in Fig. 129.1.

b) Ist $p < r$, d.h. schneidet der Kreis in E die Verschwindungsgerade v, dann ist in (III) der Nenner des y^2-Gliedes negativ, und (III) ist die Gleichung einer Hyperbel.

Von den Bildhyperbeln ist in Fig. 129.1 jeweils nur ein Ast gezeichnet; wo liegt der andere?

Fall 2: $p^2 - r^2 = 0$. Dann wird aus (II)

$$\bar{y}^2 = \frac{2\,d\,p}{a}\,\bar{x} - d^2 \quad \text{bzw.} \quad \bar{y}^2 = 2\,\frac{d\,p}{a}\left(\bar{x} - \frac{a\,d}{2\,p}\right) \quad \text{(IV)}$$

(IV) ist die Gleichung einer Parabel mit dem Parameter $d\,p : a$.

So ergibt sich (zunächst für die in Fig. 129.1 zugrundegelegten Lagen von E, $\bar{E}$ und M) der Satz

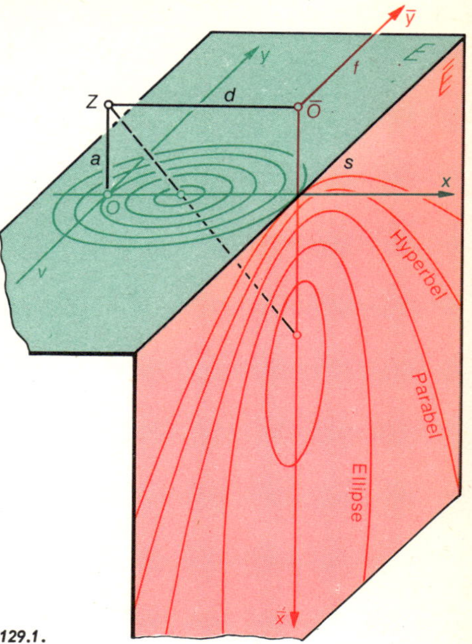

129.1.

S 2 **Die Zentralprojektion eines Kreises auf eine zur Kreisebene nichtparallele Ebene ergibt eine {Ellipse, Parabel, Hyperbel,} wenn der Kreis die Verschwindungsgerade {meidet, berührt, schneidet}.**

Dies gilt auch, wenn E und $\bar{E}$ keinen rechten Winkel miteinander bilden und vor allem, wenn der Kreismittelpunkt nicht in der zu s orthogonalen Ebene durch Z liegt wie in Fig. 129.1, aber wir beweisen dies hier nicht.

Aufgaben

10. Lies aus den Abbildungsgleichungen ab, daß den Punkten $P(x \mid y)$ in E mit $x = 0$ keine Bildpunkte $\bar{P}(\bar{x} \mid \bar{y})$ zugeordnet sind (Verschwindungsgerade!).

11. Wende (24) auf $y = m\,x + c$ bzw. $x = a$ an und zeige so: Das Bild einer Gerade ist wieder eine Gerade. Die Bilder von Parallelen $(m_1 = m_2;\, c_1 \neq c_2)$ sind im allgemeinen nicht parallel.

12. Setze in (23) bzw. (24) $a = d = 2$ und bestimme die Bilder folgender Kreise in E:

a) $(x-4)^2 + y^2 = 4$ b) $(x-2)^2 + y^2 = 4$ c) $x^2 + y^2 = 16$

13. In Fig. 129.1 ist $a = 4$, $d = 8$; für alle 5 Kreise ist $M(3 \mid 0)$, die Radien sind $r \in \{1, 2, 3, 4, 5\}$. Bestimme die Gleichungen der Bildkurven für $r \in \{1, 3, 5\}$ und zeichne sie danach mit der Einheit $\frac{1}{2}$ cm oder 1 cm in einem Orthonormalsystem. Vergleiche mit dem Schrägbild der Fig. 129.1 mit $\alpha = 45°$, $k = \frac{2}{3}$ und der Einheit 3 mm.

Vermischte Aufgaben zu den Kapiteln I bis III

Aufgaben zu Kapitel I

1. Welche Geraden gehen durch $P(1 \mid 2)$ und haben vom Ursprung O den Abstand 2? Anleitung: Bezeichne die Steigung mit m und benütze die Formel (11) Seite 25.

2. Welche Punkte haben von der Gerade m. d. Gl. $3x - 4y + 5 = 0$ den Abstand 1 und vom Ursprung O die Entfernung 5?

3. Bestimme Punkt D so, daß das Viereck $A(4{,}5 \mid -1{,}5)$ $B(11{,}5 \mid -0{,}5)$ $C(10{,}5 \mid 6{,}5)$ $D(x_0 \mid y_0)$ ein Quadrat ist. Lege vom Ursprung O aus die Tangenten an seinen Inkreis.

4. Gegeben sind die Punkte $A(3 \mid 1)$ und $B(-9 \mid -3)$.
a) Welche Gleichung hat der Kreis über der Strecke AB als Durchmesser?
b) Zeige: Alle Punkte P, für welche $\overline{BP} = 3 \cdot \overline{AP}$ ist, liegen auf einem Kreis.
c) Berechne die Schnittpunkte und die Schnittwinkel der beiden Kreise in a) und b).
d) Die Diagonalen des Drachenvierecks, das von den Mittelpunkten und den Schnittpunkten der beiden Kreise gebildet wird, erscheinen gleich lang. Prüfe nach.

5. a) Bestimme die Gleichungen der Kreise mit dem Radius $r = 3\sqrt{2}$, die durch den Punkt $P(1 \mid 6)$ gehen und deren Mittelpunkte auf der Gerade m. d. Gl. $y = 3$ liegen.
b) Bestimme für einen der Kreise die Gleichungen der Tangenten in dessen Schnittpunkten mit der x-Achse; ermittle deren Schnittwinkel. Berechne elementargeometrisch den Inhalt des Flächenstücks, das die zwei Tangenten mit dem Kreis begrenzen.

6. Bestimme die Kreise mit Radius $r = 3$, die den Kreis m. d. Gl. $x^2 + y^2 = 16$ rechtwinklig schneiden und a) die x-Achse berühren, b) den Mittelpunkt auf der Gerade m. d. Gl. $x + y = 1$ haben, c) durch $P(3 \mid 5)$ gehen.

7. Was läßt sich über einen Kreis K sagen, der die gegebenen Kreise K_1 mit $M_1(0 \mid 0)$, $r_1 = 5$ und K_2 mit $M_2(-2 \mid 0)$, $r_2 = 9$ rechtwinklig schneidet?
Anleitung: K habe den Mittelpunkt $M(u \mid v)$ und den Radius r. Man erhält nur 2 Bedingungen für 3 Variable u, v, r, (vgl. S. 34). Eliminiere r aus ihnen. Was besagt das Rechenergebnis geometrisch?

8. Das rechtwinklige Dreieck $O(0 \mid 0)$ $A(a \mid 0)$ $B(0 \mid b)$ ist fest. Q ist ein beliebiger Punkt auf OB. Die Orthogonale zu AB durch Q schneide OA in R. Bestimme die Gleichung der Ortslinie der Schnittpunkte P von AQ und BR, wenn Q auf OB bewegt wird. Für welche Punkte Q gilt $Q = P$? Gibt es zu jedem Q einen Punkt P? Gehört umgekehrt zu jedem Punkt der Linie, deren Gleichung man aufgestellt hat, ein Punkt Q?

9. $x^2 + y^2 - 2px + 9 = 0$ (I) ist die Gleichung einer Kreisschar (p ist Formvariable).
a) Bestimme Mittelpunkt und Radius r in Abhängigkeit vom „*Scharparameter*" p.
b) Bei welchen Zahlen p_1 und p_2 wird $r = 4$? Zeichne die zugehörigen Kreise K_1 und K_2.
c) Was ist über den Fall $p_3 = 3$ ($p_4 = -3$) zu sagen? (Vgl. S 3, S. 28).
d) Bei welchen Werten von p wird Gleichung (I) für kein reelles Zahlenpaar erfüllt?
e) Zeige, daß K_5 für $p_5 = 22{,}6$ die x-Achse bei $x = 0{,}2$ und bei $x = 45$ schneidet.

f) K_6 gehe durch $P(0{,}02 \mid 0)$. Wo schneidet K_6 die x-Achse nochmals? Grenzübergang?

g) Zeige: Kreise, die zu verschiedenen p-Werten gehören, haben keinen Punkt gemeinsam.

h) Zeige: Die Gleichung $[(x-5)^2 + y^2 - 16] + k \cdot [(x+5)^2 + y^2 - 16] = 0$ (II) stellt die Kreisschar (I) dar. (Anleitung: Bringe (II) auf die Form $x^2 + y^2 + \cdots = 0$.) Welche Rolle spielen für (II) die Kreise K_1 und K_2 von b)? Die „Numerierung" der Kreise durch p bzw. durch k ist verschieden. Berechne p zu gegebenem k und umgekehrt. (II) kann auch eine Gerade darstellen. Welche? Für welchen Wert von k? Warum ist diese Gerade durch (I) nicht erfaßt? Welcher Kreis von (I) ist durch (II) nicht erfaßt?

i) Bestimme den Kreis um $M'(0 \mid q)$, der durch $A_1(3 \mid 0)$ und damit auch durch $A_2(-3 \mid 0)$ geht. Für q als Scharparameter ergibt sich eine zweite Kreisschar, und zwar offensichtlich das Kreisbüschel mit den Grundpunkten A_1 und A_2 (vgl. S. 35). Zeige, daß jeder Kreis dieser 2. Schar jeden Kreis der 1. Schar rechtwinklig schneidet (vgl. S. 34).

10. In dem Punkt $P_1(e \mid y_1 > 0)$ der Ellipse m. d. Gl. $b^2 x^2 + a^2 y^2 = a^2 b^2$ wird die Tangente gezeichnet. Welchen Abstand hat der Brennpunkt $F_2(-e \mid 0)$ von dieser Tangente?

11. Die Normale der Ellipse m. d. Gl. $b^2 x^2 + a^2 y^2 = a^2 b^2$ in $P_1(x_1 \mid y_1)$ mit $y_1 \neq 0$ schneide die x-Achse in N. In welchem Verhältnis teilt N die Strecke OQ mit $Q(x_1 \mid 0)$?

12. Eine zu den Koordinatenachsen symmetrische Ellipse hat das Achsenverhältnis $a : b = 3 : 2$ (die x-Achse ist Hauptachse) und berührt die Gerade $A(6 \mid 0)\ B(0 \mid 4)$.
a) Bestimme die Ellipsengleichung und den Berührpunkt P. Zeichne (Längeneinh. 1 cm)!
b) Zeige: Ist AB die Diagonale des Quadrates $ACBD$, so geht der $\odot(B, \overline{BC})$ durch die Ellipsenbrennpunkte. Welche Koordinaten haben C und D und die Mitte des Quadrates?

13. Einer Raute mit den Diagonalenlängen 12 cm und $6\sqrt{2}$ cm soll eine Ellipse mit der Exzentrizität $e = 3$ cm einbeschrieben werden (Brennpunkte auf der längeren Diagonalen!).
a) Konstruiere von der Ellipse die Berührpunkte mit den Rautenseiten (Anl.: Zunächst G_1 in Fig. 55.1), die Scheitel und einige weitere Punkte. Zeichne die Kurve.
b) Ermittle die Gleichung der Ellipse für das Koordinatensystem, dessen x-Achse in die Hauptachse, dessen y-Achse in die Nebenachse der Ellipse gelegt wird. Bestimme die Koordinaten der Berührpunkte mit den Rautenseiten rechnerisch.

14. Die Normale im Punkt $P_1(x_1 \mid y_1)$ der Ellipse m. d. Gl. $4x^2 + 9y^2 = 144$ schneide die y-Achse in $N(0 \mid y_n)$. Zeige: $y_n = -\frac{5}{4} y_1$. Laß dann P_1 gegen den Nebenscheitel $S_3(0 \mid 4)$ rücken. Wie kommt es und was bedeutet es, daß man auch bei $y_1 = 4$ rechnerisch einen Wert y_n erhält, obwohl für $P_1 = S_3$ Normale und y-Achse zusammenfallen?

15. Auf der Hyperbel m. d. Gl. $x \cdot y = 6$ liegen 3 Punkte $A(-3 \mid -2)$, $B(6 \mid 1)$, $C(1 \mid 6)$.
a) Berechne den Höhenschnittpunkt H für $\triangle ABC$. Zeige: Auch H liegt auf der Hyperbel.
b) Beweise allgemein: Wenn die Punkte A, B, C auf einer rechtwinkligen Hyperbel liegen, so liegt auch der Höhenschnittpunkt H von $\triangle ABC$ auf ihr.
Anleitung: Warum genügt es, die Hyperbel m. d. Gl. $xy = 1$ zu betrachten? Wähle $A(a \mid \frac{1}{a})$ usw., beachte, daß sich die Terme für die Steigungen der Dreiecksseiten durch Kürzen sehr einfach schreiben lassen. (Ergebnis: $x_H = -1 : (abc)$, $y_H = -abc$.)

16. In dieser Aufgabe verwenden wir für Ortspfeile vom Ursprung O aus zu den Punkten P, Q, M, R die Buchstaben $\mathfrak{p}$, $\mathfrak{q}$, $\mathfrak{m}$, $\mathfrak{r}$. Eine Gerade p ist durch einen Punkt P_0 und den Vektor $\mathfrak{a}$ gegeben: $\mathfrak{p} = \mathfrak{p}_0 + t \cdot \mathfrak{a}$; eine zweite Gerade q entsprechend durch: $\mathfrak{q} = \mathfrak{q}_0 + t \cdot \mathfrak{b}$. Mittels des Parameters $t \in \mathbb{R}$ sind die Punkte P und Q beider Geraden einander zugeordnet. (Deutet man t als Zeit, so bewegen sich P und Q gleichförmig.)

a) Zeige: Die Mitten M der Strecken PQ liegen auf einer Gerade.

b) Die „Mittellinien" eines räumlichen Vierecks schneiden sich (vgl. § 13, Aufg. 5; $M_{\text{I}} = M_{\text{II}}$). Begründe dies mit Hilfe von a). Schneiden sich auch die Diagonalen?

c) Die Strecken PQ seien im Verhältnis $k \in \mathbb{R}$ geteilt. Zeige, daß die Teilpunkte R auf einer Gerade liegen (wie in a) für $k = 1$). Überlege, daß die Schar der Geraden PQ bei windschiefen Geraden p und q eine „Sattelfläche" erzeugt, auf der noch eine zweite Geradenschar liegt (zu der auch p und q gehören). Stelle aus Stäben ein Modell her.

17. Berechne die Vektoren $\mathfrak{x}$ aus folgenden Gleichungen. Bestätige mit d): Durch einen Vektor kann man nicht dividieren, d.h. aus $\mathfrak{a}\,\mathfrak{x} = \mathfrak{b}\,\mathfrak{x}$ folgt *nicht* $\mathfrak{a} = \mathfrak{b}$.

a) $3 \cdot \begin{pmatrix} 8 \\ -11 \\ -9 \end{pmatrix} - 5 \cdot \mathfrak{x} = -4 \cdot \begin{pmatrix} -1 \\ 2 \\ 3 \end{pmatrix}$

b) $5(\mathfrak{a} - \mathfrak{x}) + 2\,\mathfrak{a} + k(\mathfrak{x} - 2\,\mathfrak{b}) + 3\,\mathfrak{b} = 7\,\mathfrak{a} - k\,\mathfrak{x} - 2\,\mathfrak{b}$, $\quad k \in \mathbb{R}$

c) $4\,\mathfrak{x} \cdot \begin{pmatrix} 5 \\ -6 \end{pmatrix} + \begin{pmatrix} 5 \\ -1 \end{pmatrix} \begin{pmatrix} 3 \\ 2 \end{pmatrix} = 3\,\mathfrak{x} \cdot \begin{pmatrix} -2 \\ -8 \end{pmatrix}$

d) $\left(\mathfrak{a} + \begin{pmatrix} 5 \\ 1 \end{pmatrix}\right) \cdot \mathfrak{x} = \left(\mathfrak{a} + \begin{pmatrix} 3 \\ -3 \end{pmatrix}\right) \cdot \mathfrak{x}$.

18. a) Bestimme in einem Orthonormalsystem mit den Einheitsvektoren $\mathfrak{i}$, $\mathfrak{j}$, $\mathfrak{k}$ für den Punkt $P_0(10 \mid 30 \mid 15)$ den Ortspfeil $\mathfrak{r}_0$, den Einheitsvektor $\mathfrak{q}^0$ in Richtung $\mathfrak{r}_0$ und die Gleichung der zu $\mathfrak{q}^0$ orthogonalen Ebene E, welche vom Ursprung O den Abstand 14 hat.

b) Ein Massenpunkt soll sich mit der konstanten Geschwindigkeit $\mathfrak{v} = (4; -3; 0)$ durch den Raum bewegen. Zur Zeit $t_0 = 0$ befinde er sich in P_0. Berechne die Zeit t_E und die Koordinaten des Punktes P_E für den Durchstoßpunkt durch die Ebene E von a).

19. In Fig. 132.1 liege $\mathfrak{c}$ in der Ebene von $\mathfrak{a}$ und $\mathfrak{b}$, und es sei $|\mathfrak{a}| = 2$, $|\mathfrak{b}| = 1$, $|\mathfrak{c}| = 1$, $\sphericalangle(\mathfrak{a}, \mathfrak{b}) = 60°$, $\sphericalangle(\mathfrak{a}, \mathfrak{c}) = 40°$, $\sphericalangle(\mathfrak{b}, \mathfrak{c}) = 20°$. $\mathfrak{c}$ läßt sich „nach $\mathfrak{a}$ und $\mathfrak{b}$ zerlegen", d.h. in der Form $\mathfrak{c} = u\,\mathfrak{a} + v\,\mathfrak{b}$ darstellen. Berechne u und v.
Anl.: Multipliziere $\mathfrak{c} = u\,\mathfrak{a} + v\,\mathfrak{b}$ skalar mit $\mathfrak{a}$ bzw. mit $\mathfrak{b}$. Man erhält 2 Gleichungen für u und v. Gib weitere Lösungswege an (berechne z.B. zuerst x und y in 132.1 aus $\mathfrak{c}$ und den Winkeln).

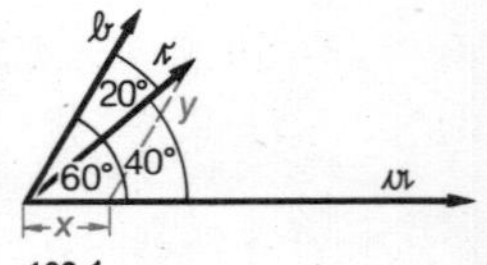

132.1.

20. a) In der Ebene sei eine Gerade g festgelegt durch den Punkt P_1 und einen Normalenvektor $\mathfrak{n}$ (Fig. 132.2). Begründe ihre Vektorgleichung $(\mathfrak{r} - \mathfrak{r}_1) \cdot \mathfrak{n} = 0$. Schreibe in Koordinaten!

b) Übertrage a) auf die Vektorgleichung einer Ebene E durch P_1 mit dem Normalenvektor $\mathfrak{n}$ (Schrägbildskizze!). Schreibe in Koordinaten mit $\mathfrak{n} = (n_x; n_y; n_z)$ und begründe so, daß für die Ebene mit der Gleichung $Ax + By + Cz + D = 0$ der Vektor $(A; B; C)$ Normalenvektor ist.

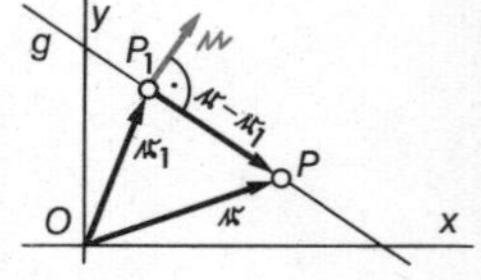

132.2.

22. Welchen Abstand hat $P_1(6 \mid 0 \mid 4)$ von der Ebene E durch $P_0(0 \mid 4 \mid 0)$, die von P_0 aus durch die Vektoren $\mathfrak{a} = (2; 1; 0)$ und $\mathfrak{b} = (-1; 0; 1)$ aufgespannt ist? Fußpunkt?
Anleitung: Normalenvektor $\mathfrak{x}$ von P_1 auf E, skalare Multiplikation mit $\mathfrak{a}$ bzw. $\mathfrak{b}$.

23. Gegeben sind in einem Orthonormalsystem die Punkte $P_1(8 \mid 4 \mid 1)$ und $P_2(-4 \mid 7 \mid 4)$.

a) Zeige: $\overline{OP_1} = \overline{OP_2}$ und $OP_1 \perp OP_2$ („gleichschenklig-rechtwinkliges Zweibein").

b) Suche P_3 so, daß $\overline{OP_3} = \overline{OP_1}\ (= \overline{OP_2})$ *und* $OP_3 \perp OP_1$ *und* $OP_3 \perp OP_2$ ist (entsprechendes räumliches Dreibein). Zeige, daß sich zwei Lösungspunkte mit ganzzahligen Koordinaten ergeben. Wieso folgt daraus, daß es im *Raum* gleichseitige Dreiecke mit Gitterpunkten als Ecken gibt (was in der Ebene nicht der Fall ist!)?

Anleitung zu b): Berücksichtige die Orthogonalitätsbedingungen; schreibe das Zwischenergebnis mit einem Scharparameter, für den man dann die Längenbedingung hat.

25. Eine dreiseitige Pyramide (Fig. 81.1 und 133.1) sei gegeben durch die Vektoren $\overrightarrow{SA} = \mathfrak{a}$, $\overrightarrow{SB} = \mathfrak{b}$, $\overrightarrow{SC} = \mathfrak{c}$; es ist dann z.B. $\overrightarrow{AB} = \mathfrak{b} - \mathfrak{a}$. Die Senkrechte zur Ebene SBC durch A (SAC durch B) schneide die Ebene in H_1 (H_2). $\overrightarrow{AH_1} = \mathfrak{h}_1$ ist orthogonal z.B. zu H_1S und H_1C, aber auch (windschief) orthogonal z.B. zu SC (vgl. auch S. 82, Aufg. 11). Es gilt also $\mathfrak{h}_1 \cdot \mathfrak{c} = 0\,(\star)$; entsprechend $\mathfrak{h}_2 \cdot \mathfrak{c} = 0\ (\star\star)$.

a) Verdeutliche an einem Stabmodell, daß sich AH_1 und BH_2 für eine unregelmäßige Pyramide i.a. nicht schneiden.

b) Beweise: Wenn sich die Höhen AH_1 und BH_2 im Punkt H schneiden (anders als in Fig. 133.1), dann sind die Kanten AB und SC orthogonal, d.h. dann gilt $(\mathfrak{b} - \mathfrak{a}) \cdot \mathfrak{c} = 0$.

Anleitung: Setze $\overrightarrow{AH} = u\,\mathfrak{h}_1$, $\overrightarrow{BH} = v\,\mathfrak{h}_2$, setze dies nebst $\overrightarrow{SA} = \mathfrak{a}$, $\overrightarrow{SB} = \mathfrak{b}$ in $\overrightarrow{SA} + \overrightarrow{AH} = \overrightarrow{SB} + \overrightarrow{BH}$ ein (wieso gilt dies?), multipliziere skalar mit $\mathfrak{c}$, beachte $(\star)$ und $(\star\star)$.

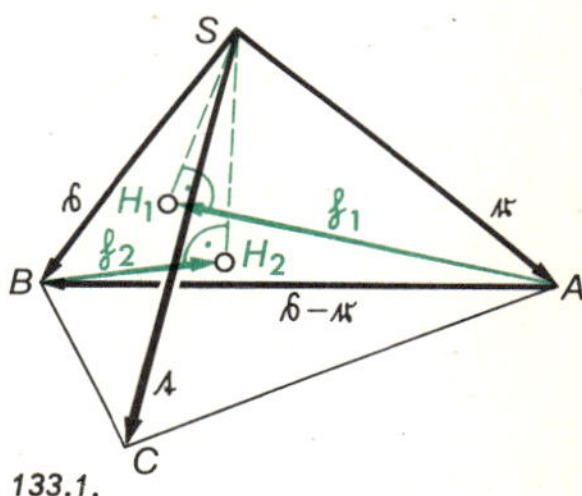

133.1.

26. Gegeben sind in einem Orthonormalsystem die Ebene E m.d.Gl. $x + 2y + 2z = 12$ und die Gerade g durch die Punkte $A(4 \mid 5 \mid 8)$ und $B(1 \mid 2 \mid -1)$.

a) Bestimme die Abstände der Punkte A, B und O von E (Hessesche Normalform!)

b) **Bestimme $g \cap E = \{D\}$, sowie $\overline{AD} : \overline{DB}$. (Probe mit den Abständen!)**

c) Gib einen Normalenvektor $\mathfrak{n}$ von E an (von O aus) sowie $\mathfrak{n}^\circ$. Projiziere $A(B)$ orthogonal auf E nach $A_0(B_0)$. Koordinaten von $A_0(B_0)$? Berechne für $A(B)$ den Abstand von E erneut.

d) Gib eine Parameterdarstellung an für die senkrechte Projektion p von g auf E.

e) Berechne den Winkel α, den g mit der Ebene E bildet, erstens als Winkel zwischen g und p, zweitens zur Probe aus dem Winkel β von g mit einem Normalenvektor von E.

f) Gib eine Parameterdarstellung an für das Spiegelbild g' von g bezüglich E.

g) Trage in ein Schrägbild alle vorkommenden Punkte und Geraden ein, sowie die Ebene E durch ihre Spuren in den 3 Koordinatenebenen. Längeneinheit auf der y- und z-Achse je 1 cm, auf der x-Achse $\frac{1}{2}\sqrt{2}$ cm, Verzerrungswinkel 45°.

27. Gegeben: $P_1(-2 \mid -3 \mid 1)$, $P_2(2 \mid 4 \mid 5)$, $P_3(-1 \mid -5 \mid 3)$ (Orthonormalsystem!)

a) Gib eine Parameterdarstellung an für die Halbierende w von $\sphericalangle(\overrightarrow{P_1P_2}, \overrightarrow{P_1P_3})$.

b) Zeige, daß w die Gerade P_2P_3 schneidet und daß der Schnittpunkt S die Dreiecksseite $\overline{P_2P_3}$ im Verhältnis der Dreiecksseiten $\overline{P_1P_2}$ und $\overline{P_1P_3}$ teilt.

29. Gegeben sind die Punkte $P(2 \mid 0 \mid 0)$, $Q(-1 \mid 3 \mid 0)$ und $S(0 \mid 0 \mid 2)$ (Orthonormalsystem!)

a) Bestimme den Punkt R so, daß der Ursprung O Höhenschnittpunkt von $\triangle PQR$ ist.

b) Die durch S gehende Gerade $p(q, r)$ sei zu der $P(Q, R)$ gegenüberliegenden Ebene des Tetraeders $PQRS$ orthogonal. Gib Parameterdarstellungen für die 3 Geraden an.
c) Berechne die Koordinaten der Punkte P_1, Q_1, R_1, in denen p, q, r die Ebene PQR schneiden. Wie könnte man das Dreieck $P_1Q_1R_1$ auch aus dem Dreieck PQR erhalten?

31. Berechne die Durchstoßpunkte der Gerade durch $P_0(1 \mid -2 \mid -1)$ in Richtung des Vektors $\mathfrak{u} = (2; 1; 1)$ mit der Kugel vom Radius $c = 3$ und Mittelpunkt $M(3 \mid 2 \mid 0)$.
Anleitung: $\mathfrak{x} = \mathfrak{x}_0 + t\,\mathfrak{u}$ (I), $(\mathfrak{x} - \mathfrak{x}_m)^2 = c^2$ (II). (I) in (II) eingesetzt führt auf $\mathfrak{u}^2 \cdot t^2 + 2\,\mathfrak{u}(\mathfrak{x}_0 - \mathfrak{x}_m) \cdot t + (\mathfrak{x}_0 - \mathfrak{x}_m)^2 - c^2 = 0$ (III), (quadratische Gleichung in t).
1. Weg: Setze die skalaren Produkte in (III) ein; dabei ist $\mathfrak{x}_0 - \mathfrak{x}_m = (-2; -4; -1)$.
2. Weg: Schreibe schon (I) und (II) in Koordinaten; setze x, y, z aus (I') in (II') ein.

33. Bei dem Rotationskegel in Fig. 85.3 sei $\mathfrak{y}^0 = \cos\beta \cdot \mathfrak{j} + \sin\beta \cdot \mathfrak{k}$.
a) Wie liegt die Kegelachse? Wie lautet in diesem Fall die Kegelgleichung von S. 85?
b) Schneide den Kegel mit der Ebene m. d. Gl. $z = c$ $(c \in \mathbb{R})$. Welche Schnittkurven entstehen für $\delta < \beta$ $(\delta = \beta, \delta > \beta)$?
c) Untersuche und zeichne die Schnittkurve für $c = 3\,\text{cm}$ und $\delta = 30°$, $\beta = 60°$ $(\delta = 30°, \beta = 30°; \delta = 40°, \beta = 10°)$. Welche Kurve ergibt sich für $\delta = \beta = 45°$?

Die Additionstheoreme der trigonometrischen Funktionen

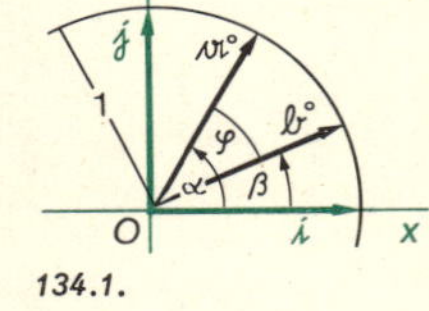

134.1.

34. a) Lege die Einheitsvektoren $\mathfrak{a}^0 = \binom{\cos\alpha}{\sin\alpha}$, $\mathfrak{b}^0 = \binom{\cos\beta}{\sin\beta}$ vom Scheitel O aus in die zweiten Schenkel der Winkel α bzw. β (Fig. 134.1, zunächst $\alpha > \beta > 0$), bilde das skalare Produkt $\mathfrak{a}^0 \cdot \mathfrak{b}^0 = 1 \cdot 1 \cdot \cos\varphi$ in Koordinaten und zeige so:

$$\mathbf{\cos(\alpha - \beta) = \cos\alpha \cdot \cos\beta + \sin\alpha \cdot \sin\beta} \qquad \text{(I)}$$

b) Wie folgt (I) auch für 1) $\beta > \alpha > 0$, 2) $\alpha < \beta < 0$, 3) $\beta < \alpha < 0$?
c) Ist $\alpha > 0, \beta < 0$, z.B. $\cos[60° - (-20°)] = \cos 60° \cdot \cos(-20°) + \sin 60° \cdot \sin(-20°)$, so kann man schreiben $\cos(60° + 20°) = \cos 60° \cdot \cos 20° - \sin 60° \cdot \sin 20°$.
Zeige so, daß allgemein gilt: $\mathbf{\cos(\alpha + \beta) = \cos\alpha \cdot \cos\beta - \sin\alpha \cdot \sin\beta}$ **(II)**
Für $\alpha = 150°, \beta = -150°$ z.B. ergibt sich $\alpha - \beta = 300°$. Warum darf man in diesem Fall in (I) als Winkel zwischen $\mathfrak{a}^0$ und $\mathfrak{b}^0$ auch 60° nehmen (Ergänzungswinkel auf 360°)?
d) Schreibe $\sin(\alpha + \beta) = \cos[90° - (\alpha + \beta)] = \cos[(90° - \alpha) - \beta]$, verwende (I) nebst $\cos(90° - \alpha) = \sin\alpha$ usw., zeige: $\mathbf{\sin(\alpha + \beta) = \sin\alpha \cdot \cos\beta + \cos\alpha \cdot \sin\beta}$ **(III)**
und (über $\beta < 0$, umgeschrieben): $\mathbf{\sin(\alpha - \beta) = \sin\alpha \cdot \cos\beta - \cos\alpha \cdot \sin\beta}$ **(IV)**
e) $\mathbf{\tan(\alpha + \beta)} = \sin(\alpha + \beta) : \cos(\alpha + \beta) = \mathbf{(\tan\alpha + \tan\beta) : (1 - \tan\alpha \tan\beta)}$ **(V)**
Zeige dies. Stelle ebenso Formeln auf für $\tan(\alpha - \beta)$, $\cot(\alpha + \beta)$, $\cot(\alpha - \beta)$.

Die Punktspiegelung (in der Ebene und im Raum)

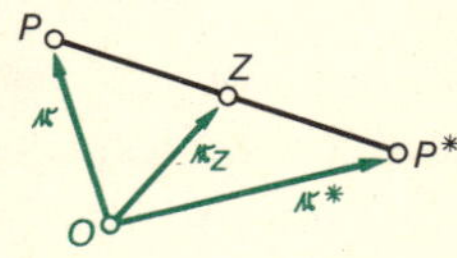

134.2.

Spiegelt man den Punkt P am „Zentrum" Z nach $P^\star$ (Fig. 134.2), so gilt $\mathfrak{x}_z = \frac{1}{2}(\mathfrak{x} + \mathfrak{x}^\star)$ bzw. $\mathfrak{x}^\star = 2\,\mathfrak{x}_z - \mathfrak{x}$ $(\star)$.

36. Zeige vektoriell: Die Verkettung von 2 (4; $2n$) Punktspiegelungen ergibt eine Schiebung, die von 3 (5; $2n + 1$) Punktspiegelungen wieder eine Punktspiegelung; ebenso die Verkettung einer Schiebung mit einer Punktspiegelung.

Winkel von Ebenen und Geraden[1]

D 1 Es seien E_1 und E_2 zwei Ebenen mit der Schnittgerade g (Fig. 135.1). Eine dritte Ebene $G \perp g$ schneide E_1 in e_1 und E_2 in e_2; dann heißt $\sphericalangle(e_1, e_2) = \gamma$ mit $0 < \gamma \leqq 90°$ der **Keilwinkel** der Ebenen E_1 und E_2.

S 1 Sind $\mathfrak{n}_1^0$ und $\mathfrak{n}_2^0$ die zur Hesseform gehörenden Einheitsvektoren (sog. Normalenvektoren) von E_1 und E_2 (vgl. S. 85), so ist $\sphericalangle(\mathfrak{n}_1^0, \mathfrak{n}_2^0)$ entweder der Keilwinkel von E_1 und E_2 oder seine Ergänzung zu 180° (Fig. 135.1).

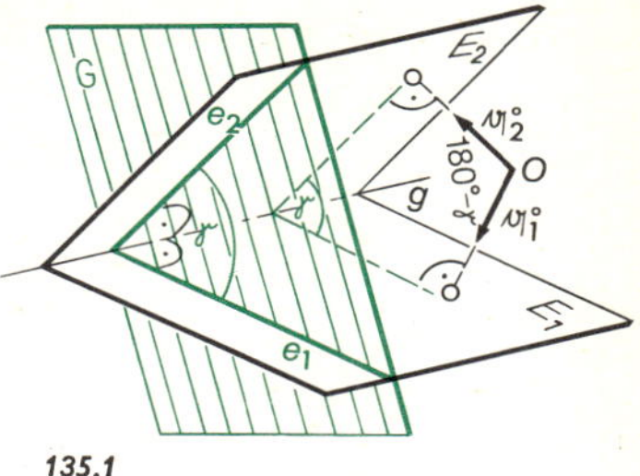

135.1

Aufgaben

44. **(1.)** Bestimme für folgende Ebenenpaare ihre Keilwinkel mit Hilfe des Winkels ihrer Normalenvektoren (zur Umwandlung der Gleichungen in die Hesseform vgl. S. 85):
a) $2x + y + 2z = 8;\ 6x - 3y + 2z = 12$ b) $x + y + z = 0;\ -x - 5y + z = -5$

45. **(2.)** a) Zeige: Die Gleichung $\frac{x}{a} + \frac{y}{b} + \frac{z}{c} = 1$ mit $abc \neq 0$ (★) stellt eine Ebene dar mit den Achsenabschnitten a, b, c. (Vgl. für die Gerade in der Ebene S. 18 unten.)
b) Bringe die Ebenengleichungen in Aufg. 1a) auf die Achsenabschnittsform (★). Zeichne die Ebenenpunkte A, B, C auf den Achsen und das Dreieck ABC (Schrägbild!).
c) Wie lautet die Gleichung der Ebene durch $A(6\,|\,0\,|\,0)$, $B(0\,|\,8\,|\,0)$, $C(0\,|\,0\,|\,2)$? Schreibe die Gleichung auch nennerfrei und in der Hesseschen Normalform.
d) Bestimme die Keilwinkel der Ebene in c) mit den Koordinatenebenen.

D 2 Die Gerade g schneide die Ebene E in S, die Ebene $H \perp E$ durch g schneide E in h; dann heißt $\sphericalangle(g, h) = \alpha$ mit $0 < \alpha \leqq 90°$ der *Schnittwinkel* von g und E (135.2).

S 2 Der Winkel α ergänzt den Winkel β zwischen der Ebenennormale in S und der Gerade g zu 90° (Fig. 135.2).

135.2.

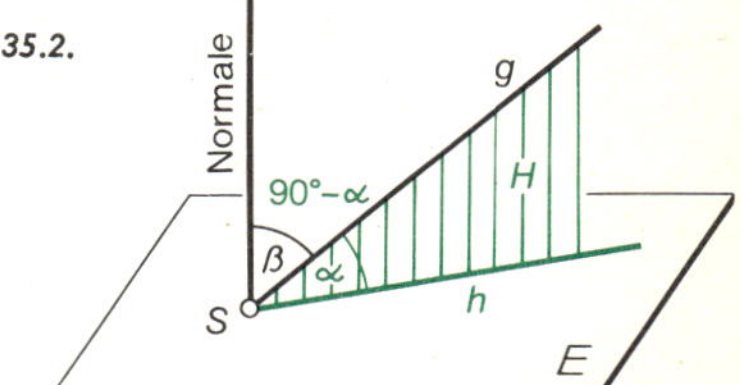

Beispiel: $E\colon 3x + 2y + 6z = 18$; $g\colon \mathfrak{x} = \mathfrak{x}_0 + t \cdot \mathfrak{v}$ mit $\mathfrak{x}_0 = (4; 7; 5)$, $\mathfrak{v} = (-1; -2; -2)$.

Man erhält $\mathfrak{n}^0 = \frac{1}{\sqrt{3^2 + 2^2 + 6^2}}\begin{pmatrix}3\\2\\6\end{pmatrix} = \frac{1}{7}\begin{pmatrix}3\\2\\6\end{pmatrix}$; $\mathfrak{v}^0 = \frac{1}{\sqrt{1 + 4 + 4}}\begin{pmatrix}-1\\-2\\-2\end{pmatrix} = \frac{1}{3}\begin{pmatrix}-1\\-2\\-2\end{pmatrix}$,

und daraus $\cos\beta = |\mathfrak{n}^0 \cdot \mathfrak{v}^0| = \frac{1}{21} \cdot |-3 - 4 - 12| = \frac{19}{21} = 0{,}9048$; $\beta = 25°12'$, $\alpha = 90° - \beta = 64°48'$.

(Der Schnittpunkt S von E und g ist $S(2\,|\,3\,|\,1)$. Rechne nach. Zeichne ein Schrägbild.)

46. **(5.)** Berechne jeweils den Schnittwinkel für folgende Ebenen E und Geraden g. Bestimme auch die Winkel von E mit den Koordinatenachsen und den Schnittpunkt von E und g.
a) E: Achsenabschnitte $a = 4$, $b = 6$, $c = 2$; g durch $Q_0(7\,|\,3\,|\,5)$ mit $\mathfrak{v} = (4; 0; 3)$.
b) E durch $P_1(2\,|\,0\,|\,2)$, $P_2(1\,|\,6\,|\,0)$, $P_3(0\,|\,4\,|\,2)$; g durch $Q_1(3\,|\,1\,|\,7)$, $Q_2(2\,|\,2{,}5\,|\,4)$.
c) E mit $P_1(3\,|\,0\,|\,1)$ und $\mathfrak{b} = (0; 3; -1)$, $\mathfrak{c} = (-4; 6; -3)$; g wie in a).

---

1. Diese Seite ist in § 19 der Vollausgabe enthalten. Hinter jeder Aufgabennummer ist in Klammern die entsprechende Aufgabennummer aus § 19 der Vollausgabe angegeben.

47. Gegeben ist die Abbildung $\alpha: P(x \mid y) \to \bar{P}(\bar{x} \mid \bar{y})$ mit $\bar{x} = x$, $\bar{y} = y + sx + t$ $(s, t \in \mathbb{R})$.
a) Begründe rechnerisch: α ist umkehrbar, geraden- und parallelentreu. Untersuche α auf Fixpunkte und Fixgeraden.

b) Berechne mit $s = \frac{3}{2}$, $t = 3$ (mit $s = \frac{5}{6}$, $t = -\frac{5}{2}$) für den Originalpunkt $A(-1 \mid 2)$ $(A(\frac{3}{2} \mid 1))$ die Koordinaten des Bildes $\bar{A}$. Konstruiere das Bild $\bar{O}\bar{P}\bar{Q}$ des Dreiecks OPQ mit $P(3 \mid 0)$, $Q(3 \mid -2)$ $(P(-3 \mid 0)$, $Q(-3 \mid 1))$; verwende dabei A, $\bar{A}$ und die Ergebnisse von a). Berechne die Flächeninhalte der zwei Dreiecke und bestätige damit S 5 von § 26. Verwende ein Orthonormalsystem. Zeige (elementargeometrisch): Der Umkreis von $\triangle\bar{O}\bar{P}\bar{Q}$ ist nicht das Bild des Umkreises von $\triangle OPQ$.

c) Berechne die Steigungen derjenigen orthogonalen Ursprungsgeraden e, f, deren Bilder $\bar{e}$, $\bar{f}$ wieder orthogonal sind. Konstruiere diese Geraden. Was folgt aus a) für das Bild eines anderen Geradenpaares e_1, f_1 mit den berechneten Steigungen?

48. Gegeben sind die Abbildungen $P(x \mid y) \to \bar{P}(\bar{x} \mid \bar{y})$ mit

$$\alpha \begin{cases} \bar{x} = x + y \\ \bar{y} = y \end{cases} \quad \beta \begin{cases} \bar{x} = x \\ \bar{y} = 2y \end{cases} \quad \left(\alpha \begin{cases} \bar{x} = x + 2y \\ \bar{y} = \quad -y \end{cases} \quad \beta \begin{cases} \bar{x} = x + \frac{3}{5}y \\ \bar{y} = \quad - \; y \end{cases} \right)$$

Bestimme die Gleichungen der folgenden Abbildungen

a) α^{-1}, β^{-1}, $\beta \circ \alpha$, $\alpha \circ \beta$, $\alpha^{-1} \circ \beta^{-1}$, $(\beta \circ \alpha)^{-1}$, $\beta^{-1} \circ \alpha^{-1}$, $(\alpha \circ \beta)^{-1}$

b) $\alpha^{-1} \circ (\beta \circ \alpha)$, $(\beta \circ \alpha) \circ \alpha^{-1}$, $(\beta \circ \alpha) \circ \beta^{-1}$

c) $(\alpha \circ \alpha) \circ \alpha$, $\alpha \circ (\alpha \circ \alpha)$, $(\alpha \circ \beta) \circ (\beta^{-1} \circ \alpha^{-1})$. Welche Gesetze des Zahlenrechnens sind in a) bis c) auf das „Rechnen" mit den Abbildungen $\alpha, \alpha^{-1}, \beta, \beta^{-1}$ usw. übertragbar?

50. Zeichne in ein orthonormiertes u, v-System die rechtwinklige Hyperbel m. d. Gl. $u\,v = 2$ mittels einer Wertetafel. Wie lautet ihre Gleichung, wenn man ihre Symmetrieachsen als Achsen eines orthonormierten x, y-Systems wählt? Konstruiere von einigen Kurvenpunkten das orthogonal-affine Bild bez. der x-Achse (y-Achse) mit dem Dehnungsfaktor $k = \frac{3}{2}$ (3). Bestimme die Gleichung der Bildkurve.

53. a) Begründe: $\bar{x} = \frac{1}{5}x$, $\bar{y} = \frac{11}{5}y$ $\left(\bar{x} = \frac{5}{6}x,\ \bar{y} = \frac{15}{7}y\right)$ erzeugt eine umkehrbare, geraden-, parallelen- und verhältnistreue Abbildung α: $P(x \mid y) \to \bar{P}(\bar{x} \mid \bar{y})$. Gibt es Fixpunkte und Fixgeraden? b) Zerlege die Abbildung α von a) in zwei Dehnungen β, γ mit der x- bzw. y-Achse als Affinitätsachse, so daß $\alpha = \gamma \circ \beta$ ist.

c) Lege ein Orthonormalsystem zugrunde und ermittle eine Beziehung zwischen den Koordinaten zweier Punkte P_1, P_2 so, daß die Originalstrecke P_1P_2 und ihr Bild bezüglich α gleiche Länge haben. Zeige, daß eine solche Strecke P_1P_2 genau eine von zwei bestimmten Steigungen m_1 und m_2 hat. Für welche Eulerschen Affinitäten $\lambda: \bar{x} = k_1 x$, $\bar{y} = k_2 y$ mit $k_1, k_2 \in \mathbb{R} - \{0\}$ gibt es jeweils zwei solche Steigungen und damit zwei zugehörige Geradenscharen? Gib für α bzw. λ die Gleichungen dieser Scharen an. Welche Steigungen m_1 und m_2 ergeben sich, wenn λ flächentreu ist?

▸ d) Bei c) seien nun die Originalpunkte in der Ebene E, die Bildpunkte in $\bar{E}$ gelegen. Ist g die durch O gehende Gerade einer der beiden Scharen und $\bar{g}$ ihr Bild, so werde $E(\bar{E})$ längs $g(\bar{g})$ aufgeschnitten. Dann kann man die Ebenen so zusammenheften, daß entsprechende Punkte von g und $\bar{g}$ aufeinanderfallen. Warum? Dreht man jetzt E, $\bar{E}$ um g, so schneiden sich entsprechende Geraden der Ebenen auf g und die Verbindungsgeraden entsprechender Punkte sind parallel. Nachweis! Durch besondere Wahl der Lage von E und $\bar{E}$ können also die durch diese Euler-Affinitäten bestimmten Zuordnungen auch mittels Parallelprojektion erzeugt werden.

54. a) Gegeben ist die Scherung σ: $\bar{x} = x + ry$, $\bar{y} = y$ und die Schiebung τ: $\bar{x} = x + q$, $\bar{y} = y$. Zeige: Die Abbildung $\alpha = \tau \circ \sigma$ hat die Gleichungen $\bar{x} = x + ry + q$, $\bar{y} = y$ und es gilt $\tau \circ \sigma = \sigma \circ \tau$.

b) Begründe rechnerisch, daß α umkehrbar, geraden- und parallelentreu ist. Untersuche α auf Fixpunkte und Fixgeraden.

▸ c) Zeige, daß α eine Scherung mit der Achse a: $y = -\frac{q}{r}$ ist.

▸ d) Zeige, daß die Scherungen mit der Scherungsachse parallel zur x-Achse eine Gruppe bilden; allerdings nur, wenn man die Schiebungen in x-Richtung hinzunimmt (wieso?). Wie kann man anschaulich die Schiebung als Grenzfall einer Scherung auffassen?

55. a) Gib die Menge L aller Euler-Affinitäten an, die die Achsen eines Orthonormalsystems als Fixgeraden haben und die Parabel m.d.Gl. $y^2 = 2x$ auf sich abbilden.

b) **Zeige: $\alpha \in L$ bildet *alle* Parabeln der Schar $y^2 = cx$ ($c \in \mathbb{R} \setminus \{0\}$) auf sich ab.**

c) Beweise: L ist eine kommutative Untergruppe der Gruppe $\mathbb{A}$ (der Gruppe $\mathbb{L}$ aller Euler-Affinitäten mit den Koordinatenachsen als Fixgeraden).

57. P sei ein Punkt auf der Ellipse m.d.Gl. $x^2 + 4y^2 = 36$, t sei die Tangente an E in P. $\bar{P}$ liege auf t derart, daß das (orientierte) Dreieck $OP\bar{P}$ den Flächeninhalt $+9$ hat.

a) Bestimme die Ortskurve $\bar{E}$ von $\bar{P}$, wenn P auf der Ellipse E geführt wird. Wie erhält man die Koordinaten von $\bar{P}$ aus denen von P (Abbildungsgleichungen)?

b) Zeige: Wendet man die Abbildungsgleichungen in a) auf alle Punkte der Ebene an, so ist damit eine Affinität α definiert.

60. α sei die gleichsinnige Affinität mit Fixpunkt O, die das Einheitsquadrat eines Orthonormalsystems auf das Parallelogramm $O(0 \mid 0)$ $P(2 \mid -1)$ $Q(3 \mid 0)$ $R(1 \mid 1)$ abbildet.

a) Zeichne das ganzzahlige Koordinatengitter (je von -2 bis $+2$) und sein Bild.

b) Gib die Abbildungsgleichungen von α und α^{-1} an. Fixpunkte? Fixgeraden?

c) Zeige: α läßt sich darstellen als Produkt $\alpha = \bar{\alpha} \circ \sigma$ aus einer Scherung σ, die O festläßt und $E_y(0 \mid 1)$ nach R bringt, und einer axialen Affinität $\bar{\alpha}$. Gib Achse, Richtung und Dehnungsfaktor von $\bar{\alpha}$ an. Stelle die Gleichungen von $\bar{\alpha}$ auf.

67. g_1 und g_2 seien zwei sich schneidende Geraden. α_1 sei eine Dehnung mit der Achse g_1, der Richtung von g_2 und dem Dehnungsfaktor $k \in \mathbb{R}$; die Dehnung α_2 habe die Achse g_2, die Richtung von g_1 und den Dehnungsfaktor $-k$. Ordnet man jedem Punkt der Ebene als Bildpunkt den Mittelpunkt $\bar{P}$ der Strecke P_1P_2 zu, wobei $P_1 = \alpha_1(P)$ sei und $P_2 = \alpha_2(P)$, so erhält man eine Abbildung α der Ebene in sich.

a) Zeige: $k^2 \neq 1$ ist notwendige Bedingung für die Umkehrbarkeit von α.

b) Wie werden die Parallelen zu g_1 bzw. g_2 abgebildet? Hier und in c) sei $k^2 \neq 1$.

c) Wähle g_1 und g_2 als Achsen eines Koordinatensystems und zeige durch Aufstellung von Abbildungsgleichungen, daß α eine Euler-Affinität ist. Für welche Werte von k wird α gleichsinnig (gegensinnig)? Läßt sich k so wählen, daß α gleichsinnig (gegensinnig) flächentreu wird? Wann wird α eine Streckung?

Geschichtliches

Die Bezeichnung „analytische Geometrie“ charakterisiert eine bestimmte *Methode*, Geometrie zu treiben. Sie sagt zunächst nichts aus über die untersuchten geometrischen Gebilde und Zusammenhänge. Eine Hauptvoraussetzung für diese Methode war die Entwicklung der *Algebra* (vgl. Alg. 1, Geschichtliches). *François Viète* bezeichnete um 1590 nicht nur die „Unbekannte“, sondern auch als bekannt vorausgesetzte Zahlen mit Buchstaben und rechnete mit ihnen. Durch eine Gleichung mit „Formvariablen“ wurden so mit *einem* Schlag alle einzelnen Zahlengleichungen dieser Art erfaßt. Da *Viète* seine Kunst „ars analytica“ nannte, hieß ihre Anwendung auf die Geometrie dann „analytische Geometrie“. Man verstand darunter zunächst die rechnerische Behandlung und Anwendung z. B. der Strahlensätze, der Satzgruppe des Pythagoras, der Proportionen am rechtwinkligen Dreieck mit seiner Höhe und am Kreis mit Sehnen und Sekanten.

Koordinatengeometrie

Für das, was man heute analytische Geometrie nennt, war ursprünglich eine zweite Hauptvoraussetzung die Verwendung von *Koordinaten*: Man bezieht die geometrischen Objekte auf ein *Koordinatensystem* und legt ihre Punkte durch Zahlen (Zahlenpaare, Zahlentripel) fest. Als Mittel zur Ortsfestlegung kommen Koordinaten schon frühzeitig vor. *Hipparch* führte um 150 v. Chr. die geographische Länge und Breite eines Erdortes ein. Im 14. Jahrhundert finden sich graphische Darstellungen veränderlicher Naturerscheinungen mit der Zeit als 1. Koordinate. Im 16. Jahrhundert begann man, mit Hilfe der Koordinaten Algebra und Geometrie in Verbindung zu bringen (vgl. § 2 und 3).

Als eigentliche Begründer der analytischen Geometrie gelten aber (unabhängig voneinander) *Pierre Fermat* (1601—1665) und *René Descartes* (1596—1650). Sie fassen die zwei Koordinaten x und y eines Punktes als *Variablen* auf. Einer algebraischen Beziehung (einer „Relation“) zwischen den Koordinaten eines Punktes entspricht i. a. eine Kurve (als Punktmenge); umgekehrt läßt sich zu einer durch eine geometrische Gesetzmäßigkeit definierten Kurve i. a. eine „Gleichung“ für die Koordinaten ihrer Punkte finden.

Fermats grundlegende Schrift heißt: „Einführung in die Lehre von den geometrischen Örtern“. Er sagt darin, er wolle „diesen Wissenszweig einer eigens angepaßten Analyse unterwerfen, damit in Zukunft ein allgemeiner Zugang zu den geometrischen Ortslinien offenstehe“. Er traf mit diesen Worten den Kern der Sache. Bei den Griechen war jede Aufgabe ein neues Problem, das für sich gelöst wurde. *Fermat* bringt eine *Methode*, die in gleicher Weise auf viele Aufgaben anwendbar ist. Es ist auch heute noch eine der Aufgaben der analytischen Geometrie, die geometrischen Eigenschaften von Figuren und geometrische Forderungen durch Gleichungen in den Koordinaten auszudrücken.

Eine andere Aufgabe ist die Untersuchung von Kurven, deren Gleichung gegeben ist; bei einer Gleichung 2. Grades z. B. fragt man, ob es sich um eine Ellipse, Hyperbel, Parabel oder ein Geradenpaar handelt, wie diese Gebilde liegen und wie groß gegebenenfalls ihre Achsen sind usw. Dies letztere wurde rein analytisch zum erstenmal von *Leonhard Euler* (1707—1783) durchgeführt. Kurven höherer Ordnung wurden auf diese Weise von *Isaac Newton* (1643—1727), dann besonders von *Euler* und *Gabriel Cramer* (1704—1752) untersucht. In dieselbe Zeit fällt die Ausdehnung der Koordinatengeometrie auf den Raum.

Vektorgeometrie

In der Vektorrechnung werden Punktepaare *bzw. gleichlange und gleichgerichtete Pfeile in Klassen zusammengefaßt zu „Vektoren“. Mit diesen Vektoren* wird „gerechnet“, nach Regeln, die weithin dieselben sind wie die gewohnten algebraischen Regeln für *das Rechnen mit Zahlen*. Dadurch ist es vielfach möglich, komplizierte *Überlegungen* durch einfache Rechnungen zu ersetzen. Als geistiger Vater des „geometrischen Rechnens“ ist *Ferdinand Möbius* (1790—1868) zu nennen. Die *Bezeichnungen*, die dann *Hermann Günther Grassmann* (1809—1877) in seiner „Ausdehnungslehre“ verwendet hat, sind großenteils noch heute üblich. Unabhängig von ihm entwickelte *William Hamilton* (1805—1865) eine Vektorrechnung, die weniger den Bedürfnissen der Geometrie angepaßt war als vielmehr denen der Mechanik und der Elektrodynamik (Maxwellsche Gesetze) im dreidimensionalen Raum. So wurde die Vektorrechnung zunächst vorwiegend von theoretischen Physikern und von Ingenieuren verwendet. In neuerer Zeit wurde die Theorie wieder von Mathematikern aufgegriffen. Es ergab sich dabei eine neue Darstellung der Systeme linearer Gleichungen und ihrer Eigenschaften (Lösbarkeit, Unabhängigkeit, Lösungsmengen) in geometrischer Sprache (z. B. mit „Hyperebenen"). Die Menge der betrachteten Vektoren (und Zahlen) bildet zusammen mit den definierten Verknüpfungen und deren Gesetzen eine „algebraische Struktur". Diese gehört zu den wichtigsten Grundstrukturen der Mathematik, weil sie nicht nur in der Geometrie zu finden ist, sondern in vielen Bereichen („Vektorraum"). Übrigens haben mehrdimensionale Geometrien bzw. „Räume" auch sehr fruchtbare naturwissenschaftliche Anwendungen gefunden. Erwähnt sei hier nur die Relativitätstheorie im vierdimensionalen „Raum-Zeit-Kontinuum".

Die geometrischen Objekte.
Geometrische Verwandtschaften und Abbildungen

Die eigentliche Domäne der analytischen Geometrie waren früher (auch in den Gymnasien) die „höheren" Kurven, angefangen bei den Kurven 2. Ordnung Ellipse, Hyperbel, Parabel. Diese Kurven waren in anderer Weise schon im Altertum untersucht worden. Bei *Menaichmos* um 360 v. Chr. findet man sie als Schnitte eines Kegels mit einer Ebene. *Euklid* hat um 300 v. Chr. im Rahmen seiner berühmten „Elemente" vier Bücher „Kegelschnitte" geschrieben, die allerdings verloren sind. Erhalten ist aber ein achtbändiges Werk über Kegelschnitte von *Apollonius* (um 200 v. Chr.), in dem alle früheren Kenntnisse zusammengefaßt und erweitert sind. Das Werk bildet auf diesem Gebiet den Abschluß für Jahrhunderte. — Im 6. Jahrhundert n. Chr. findet sich die Fadenkonstruktion der Ellipse. Die darauf beruhende physikalische Eigenschaft („Brennpunkte") wird von *Albrecht Dürer* (1471—1528) erwähnt. *Dürer* zeichnete Schnitte eines Kegels auch nach darstellend-geometrischen Methoden.

Seit *Felix Klein* (1849—1925) hat sich das Interesse von den Einzelfiguren auf die Untersuchung von *geometrischen Abbildungen* verlagert (Beispiel: Die affinen Abbildungen). Hierbei entstehen aus einer Figur auf gesetzmäßige Weise andere, die einen Teil der Eigenschaften der Ausgangsfigur behalten haben. Es gelingt, gleichartige „Abbildungen" in *Gruppen* zu ordnen mit gemeinsamen „Invarianten", d. h. Eigenschaften, die bei der Abbildung erhalten bleiben. Die affine „Verwandtschaft" von Kreis und Ellipse ist in diesem Buch ausführlich behandelt. Man kann damit aus bekannten Eigenschaften des Kreises auf Eigenschaften der Ellipse schließen.

In der Koordinatengeometrie werden geometrische Abbildungen durch „Abbildungsgleichungen" erfaßt. Wie man aus den Gleichungen zweier Abbildungen die Gleichungen der aus ihnen zusammengesetzten Abbildung erhält, hat man in einfache „Rechenregeln" gefaßt. Man arbeitet nur mit dem Schema der Koeffizienten (also ohne die Koordinaten x, y, $\bar{x}$, $\bar{y}$, x', y' usw.), mit sogenannten Matrizen, z. B. $\begin{pmatrix} a_{11} & a_{12} \\ a_{21} & a_{22} \end{pmatrix}$ und kann solche Matrizen nach verhältnismäßig einfachen Regeln „multiplizieren", d. h. die Matrix der zusammengesetzten Abbildung ermitteln. Diese abkürzende Schreibweise wurde im vorliegenden Buch nicht verwendet, weil keine routinemäßige Beherrschung der Abbildungsgeometrie angestrebt wird.

Durch das Auffinden und Untersuchen von geometrischen Verwandtschaften konnte in die fast unübersehbar gewordene Vielfalt der geometrischen Erkenntnisse Übersicht und Ordnung gebracht werden.

Mathematische Zeichen

Implikation $\Rightarrow$ und Äquivalenz $\Leftrightarrow$ (zwischen Aussageformen A und B)

$A \Rightarrow B$ bedeutet: Die Lösungsmenge von A ist eine Teilmenge der Lösungsmenge von B.

Oder: A ist eine hinreichende Bedingung für B (ob auch notwendig, bleibt offen).
Oder: B ist eine notwendige Bedingung für A (ob auch hinreichend, bleibt offen).
Oder: wenn A gilt, so gilt auch B (ob $B \Rightarrow A$, bleibt offen).

$A \Leftrightarrow B$ bedeutet: A hat die gleiche Lösungsmenge wie B.

Oder: A ist eine notwendige *und* hinreichende Bedingung für B.
Oder: A ist genau dann (dann und nur dann) erfüllt, wenn B erfüllt ist.
Oder: wenn A gilt, so gilt auch B *und* umgekehrt. Oder: A äquivalent B.

Mengen Schreibweisen

$M_1 = \{1, 2, 3, 4\}$ aufzählende Form
$M_1 = \{x \mid x$ ist eine natürliche Zahl und $x^2 < 20\}$ beschreibende Form
(M_1 ist die Menge aller x, für die gilt: x ist eine natürliche Zahl und $x^2 < 20$.)

$M_2 = \{1, 2, 3, 4, \ldots\}$ unendliche Menge
$3 \in M_1$ 3 ist ein Element von M_1
$5 \notin M_1$ 5 ist nicht Element von M_1
$\emptyset$ oder $\{\,\}$ leere Menge, sie hat kein Element

Unendliche Zahlenmengen

$\mathbb{N} = \{1, 2, 3, \ldots\}$	Menge der natürlichen Zahlen
$\mathbb{N}_0 = \{0, 1, 2, 3, \ldots\}$	Menge der nicht negativen ganzen Zahlen
$\mathbb{Z} = \{\ldots, -2, -1, 0, 1, 2, \ldots\}$	Menge der ganzen Zahlen
$\mathbb{Z}^- = \{-1, -2, -3, \ldots\}$	Menge der negativen ganzen Zahlen
$\mathbb{Q} = \left\{x \mid x = \frac{p}{q};\ p \in \mathbb{Z},\ q \in \mathbb{Z} \setminus \{0\}\right\}$	Menge der rationalen Zahlen
$\mathbb{Q}^+ = \left\{x \mid x = \frac{p}{q};\ p, q \in \mathbb{N} \text{ oder } p, q \in \mathbb{Z}^-\right\}$	Menge der positiven rationalen Zahlen
$\mathbb{Q}_0^+ = \mathbb{Q}^+ \cup \{0\}$	Menge der nicht negativen rationalen Zahlen
$\mathbb{R}$ Menge der reellen Zahlen	$\mathbb{C}$ Menge der komplexen Zahlen

Relationen zwischen Mengen

$A = B$ A gleich B bedeutet $x \in A \Leftrightarrow x \in B$
$A \subset B$ A Teilmenge von B bedeutet $x \in A \Rightarrow x \in B$ (Also auch $\emptyset \subset A$ und $A \subset A$)

Operationen mit Mengen

$A \cup B$ A vereinigt mit B (Vereinigungsmenge) bedeutet: $x \in (A \cup B) \Leftrightarrow x \in A$ *oder* $x \in B$ („*oder*" im nicht ausschließenden Sinn)
$A \cap B$ A geschnitten mit B (Schnittmenge) bedeutet: $x \in (A \cap B) \Leftrightarrow x \in A$ *und* $x \in B$
$A \setminus B$ A ohne B (Differenzmenge) bedeutet: $x \in (A \setminus B) \Leftrightarrow x \in A$ *und* $x \notin B$

Wichtige Begriffe

Funktion. Die Menge A ist abgebildet in die Menge B, wenn jedem Element $x \in A$ genau ein Element $y \in B$ zugeordnet ist. Man schreibt $x \to y$ (lies: x abgebildet auf y). Bedeutet f die Zuordnungsvorschrift, so schreibt man auch $x \to f(x)$ bzw. $x \to y$ mit $y = f(x)$.
Eine Funktion f läßt sich auch auffassen als eine Menge von Paaren (x, y), nämlich als die Menge $\{(x, y) \mid y = f(x)\}$. $f(x)$ ist der Funktionswert, der zu x gehört.

Vektoren

$\overrightarrow{P_1P_2}$	**Pfeil** P_1P_2 (gerichtete Strecke) mit Anfangspunkt P_1 und Spitze P_2.
$\overrightarrow{P_1P_2} = \overrightarrow{Q_1Q_2}$	schiebungsgleiche Pfeile, wenn $\overrightarrow{P_1P_2}$ durch Schiebung in $\overrightarrow{Q_1Q_2}$ übergeht.
$\mathfrak{a}, \mathfrak{b}, \mathfrak{c}$	(oder $\mathfrak{a}$, $\mathfrak{b}$, $\mathfrak{c}$ oder $\vec{a}, \vec{b}, \vec{c}$) **Vektoren** (als Klassen schiebungsgleicher Pfeile), auch als Schiebungen (Translationen) zu deuten.
$\overrightarrow{P_1P_2} = \mathfrak{a}$	drückt aus, daß $\overrightarrow{P_1P_2}$ ein Repräsentant des Vektors $\mathfrak{a}$ ist.
$\mathfrak{o}$	Nullvektor (Länge 0, ohne Richtung), Nullschiebung (Identität).

Koordinatendarstellung: Für $P_1\,(x_1 \mid y_1)$, $P_2\,(x_2 \mid y_2)$ bzw. $P_1\,(x_1 \mid y_1 \mid z_1)$, $P_2\,(x_2 \mid y_2 \mid z_2)$ ist $\overrightarrow{P_1P_2} = (x_2 - x_1;\; y_2 - y_1) = \begin{pmatrix} x_2 - x_1 \\ y_2 - y_1 \end{pmatrix}$ bzw.
$\overrightarrow{P_1P_2} = (x_2 - x_1;\; y_2 - y_1;\; z_2 - z_1) = \begin{pmatrix} x_2 - x_1 \\ y_2 - y_1 \\ z_2 - z_1 \end{pmatrix}$ oder $\mathfrak{a} = (a_x;\; a_y) = \begin{pmatrix} a_x \\ a_y \end{pmatrix}$ bzw.
$\mathfrak{a} = (a_x;\; a_y;\; a_z) = \begin{pmatrix} a_x \\ a_y \\ a_z \end{pmatrix}$ mit den Vektorkoordinaten $\begin{cases} a_x = x_2 - x_1 \\ a_y = y_2 - y_1 \\ a_z = z_2 - z_1 \end{cases}$

$\overrightarrow{P_2P_1}$ ist der Gegenpfeil zu $\overrightarrow{P_1P_2}$; $-\mathfrak{a}$ ist der Gegenvektor zu $\mathfrak{a}$.

S-Multiplikation: Ist $k \in \mathbb{R}$, so hat $k\,\mathfrak{a}$ die $|k|$-fache Länge von $\mathfrak{a}$, der Vektor $k\,\mathfrak{a}$ hat dieselbe (die entgegengesetzte) Richtung wie $\mathfrak{a}$, wenn $k > 0$ $(k < 0)$ ist.
Ist $\mathfrak{a} \neq \mathfrak{o}$ fest und nimmt u alle Werte aus $\mathbb{R}$ an, so bilden die Vektoren $\mathfrak{x} = u\,\mathfrak{a}$ einen **eindimensionalen Vektorraum;** die Vektoren sind **kollinear.**
Sind $\mathfrak{a} \neq \mathfrak{o}$, $\mathfrak{b} \neq \mathfrak{o}$ fest, nicht kollinear, und $u, v \in \mathbb{R}$, so bilden die Vektoren $\mathfrak{x} = u\,\mathfrak{a} + v\,\mathfrak{b}$ einen **zweidimensionalen Vektorraum;** die Vektoren sind **komplanar.**
Sind $\mathfrak{a} \neq \mathfrak{o}$, $\mathfrak{b} \neq \mathfrak{o}$, $\mathfrak{c} \neq \mathfrak{o}$ fest sowie nicht komplanar, und ist $u, v, w \in \mathbb{R}$, so bilden $\mathfrak{z} = u\,\mathfrak{a} + v\,\mathfrak{b} + w\,\mathfrak{c}$ einen **dreidimensionalen Vektorraum.**
Ist $\mathfrak{a} = u_1\,\mathfrak{a}_1 + u_2\,\mathfrak{a}_2 + u_3\,\mathfrak{a}_3 + \cdots + u_n\,\mathfrak{a}_n$ mit $u_i \in \mathbb{R}$ für $i = 1, \ldots, n$, so heißt $\mathfrak{a}$ eine **Linearkombination** von $\mathfrak{a}_1, \mathfrak{a}_2, \ldots, \mathfrak{a}_n$ oder linear abhängig von $\mathfrak{a}_1, \mathfrak{a}_2, \ldots, \mathfrak{a}_n$.
$|\mathfrak{a}| = a$ ist der Betrag (die Länge) von $\mathfrak{a}$. $\mathfrak{a}^\circ$ ist der Einheitsvektor in Richtung $\mathfrak{a}$; es ist also $|\mathfrak{a}^\circ| = 1$ und $\mathfrak{a} = |\mathfrak{a}| \cdot \mathfrak{a}^\circ = a \cdot \mathfrak{a}^\circ$.

Sind E_x, E_y, E_z die Einheitspunkte eines schiefwinkligen Koordinatensystems und schreibt man $\overrightarrow{OE_x} = \mathfrak{i}$, $\overrightarrow{OE_y} = \mathfrak{j}$, $\overrightarrow{OE_z} = \mathfrak{k}$, so gilt für den Punkt $P\,(x \mid y \mid z)$:
$\overrightarrow{OP} = x\,\mathfrak{i} + y\,\mathfrak{j} + z\,\mathfrak{k}$. $\overrightarrow{OP} = \mathfrak{r}$ heißt der zu P gehörige **Ortspfeil** (Ortsvektor).
In einem rechtwinkligen Koordinatensystem mit gleichen Einheiten auf den Achsen, einem Orthonormalsystem, ist $|\mathfrak{i}| = |\mathfrak{j}| = |\mathfrak{k}| = 1$ und $\mathfrak{i}\,\mathfrak{j} = \mathfrak{j}\,\mathfrak{k} = \mathfrak{k}\,\mathfrak{i} = 0$.

Register (Die Zahlen geben die Seiten an.)

Die Abkürzungen bedeuten: A 7: Aufgabe 7, G: Gerade, K: Kreis, E: Ellipse, H: Hyperbel, P: Parabel